# 油气藏定量地质建模方法与应用

段太忠 王光付 廉培庆 张文彪 等著

石油工业出版社

## 内容提要

本书系统介绍了油气藏表征中定量地质建模的基本理论、方法和技术,以及该学科的最新研究进展,包括:构造地层格架建模方法、相建模方法、多点地质统计学建模方法、沉积模拟建模方法、裂缝性油藏建模方法等。为了与油藏数值模拟模型对接,本书还对地质模型的粗化方法、不确定性分析方法和利用动态资料修正地质模型的方法进行了详细阐述。本书也强调了测井与地震技术在地质建模中的重要应用。最后介绍了六个不同类型油气藏的地质建模实例。

本书可作为高等院校油气地质专业本科生和研究生参考书,也可供油气工业或相关行业专业技术人员使用或参考。

### 图书在版编目(CIP)数据

油气藏定量地质建模方法与应用/段太忠等著. —北京:石油工业出版社,2018.11
ISBN 978 – 7 – 5183 – 2595 – 5

Ⅰ. ①油… Ⅱ. ①段… Ⅲ. ①油气藏–地质模型–研究 Ⅳ. ①P618.130.2

中国版本图书馆 CIP 数据核字(2018)第 096628 号

出版发行:石油工业出版社
(北京安定门外安华里 2 区 1 号楼 100011)
网 址:www.petropub.com
编辑部:(010)64523543 图书营销中心:(010)64523633
经 销:全国新华书店
印 刷:北京中石油彩色印刷有限责任公司

2019 年 1 月第 1 版 2019 年 1 月第 1 次印刷
787×1092 毫米 开本:1/16 印张:23.75
字数:600 千字

定价:220.00 元
(如出现印装质量问题,我社图书营销中心负责调换)
版权所有,翻印必究

# 前　言

油气藏地质建模技术是当前油气藏开发的核心技术之一。油气藏三维地质模型是油气藏储量计算、油气藏开发方案设计、油气藏经济评价和油气藏全生命周期管理的基础,是数字化油气田的重要组成部分。油气藏地质建模过程中不确定性因素多且复杂,从而对建模人员的知识和经验提出了更高要求。

为了规范油气藏地质建模流程,提高油气藏地质模型的质量,促进油气藏地质建模技术的推广应用和发展,根据油气田开发专业标准化技术委员会对油气藏地质建模技术规范化的要求,并结合国内外油气藏三维地质建模技术的实践经验,笔者牵头三大油公司制定了油气藏三维地质模型建立的技术规范。为进一步配合技术规范的实施,加深技术人员对规范的理解,并指导技术人员建立高质量地质模型,在国家"十三五"专项课题《复杂油气藏定量表征与开发优化技术》(编号:2016ZX05033—003)和中国科学院先导A项目子课题《深层碳酸盐岩油气储层地质建模》(编号:XDA14010204)联合资助下,编写了本书。

本书系统介绍了油气藏表征中定量地质建模的基本理论、方法和实例,以及该学科的最新研究进展,主要包括:相建模方法、裂缝建模方法、多点地质统计学建模方法、沉积模拟建模方法等,特别是多点地质统计学和沉积模拟建模方面,涵盖了作者与团队最新的研究成果。油气藏建模的主要目的是提供模型给油气田开发人员开展数值模拟研究,为了进一步与数值模拟模型结合,本书还对地质模型的粗化方法、利用动态数据校正地质模型、以及模型不确定性分析方法进行了阐述。本书也强调了测井与地震技术在地质建模中的重要应用。本书最后通过六个典型油气藏建模实例进一步说明了不同类型油气藏建模的方法和流程。

本书共分为十二章。其中,第一章由王鸣川、赵磊、廉培庆编写;第二章由段太忠、商晓飞编写;第三章由段太忠、廉培庆、张文彪、李艳华编写;第四章由商晓飞、廉培庆编写;第五章由段太忠、商晓飞、赵磊、张涛编写;第六章由王鸣川、张文彪、赵磊编写;第七章由段太忠、刘彦锋、张文彪编写;第八章由段太忠、李蒙、苑书金编写;第九章由廉培庆、张文彪编写;第十章由段太忠、王鸣川编写;第十一章由段太忠、廉培庆编写;第十二章由王光付、张文彪、王鸣川、商晓飞、赵磊、张涛、王桐、廉培庆编写。此外,徐睿、张德民、贺婷婷也参与部分内容的编写。全书由段太忠、王光付、廉培庆统稿。

在本书编写过程中,得到了中国石化石油勘探开发研究院金之钧院士、郑和荣教授、何治亮教授、计秉玉教授、胡向阳教授、康志江教授等的支持和帮助,也得到中国石油大学(北京)吴胜和教授、沙特阿美北京研究中心李宇鹏研究员、Paradigm北京中心李菊红专家、斯伦贝谢北京中心张西坡经理等专家的帮助,还得到美国 Marathon 石油公司 Edward Yang 油气藏工程高级顾问、美国西弗吉尼亚大学 Dengliang Gao 教授、美国得克萨斯 Austin 大学 Chris Zahm、Jason Xavier 和 Charles Kerans 教授、加拿大卡尔加里大学 Deutsch 教授,以及 Miami 大学 Gregor Eberli 教授等的热情帮助,在此表示衷心感谢。另外,本书编写过程中参考了众多学者、专家的研究专著、论文,在此特别表示感谢。

由于本学科综合性强,覆盖面广,编者水平有限,尽管做了最大努力,书中肯定还存在不足之处,敬请读者批评指正。

# 目　　录

**第一章　地质建模流程与数据类型** (1)
　第一节　地质建模的目标 (1)
　第二节　油气藏地质建模工作流程 (3)
　第三节　地质建模资料类型与质量控制 (8)
　参考文献 (17)

**第二章　构造地层格架建模方法** (18)
　第一节　断层模型 (18)
　第二节　模型网格 (20)
　第三节　地层模型 (22)
　第四节　格架模型质量控制 (27)
　参考文献 (29)

**第三章　相建模方法** (30)
　第一节　岩相和岩石物理相或岩石类型 (30)
　第二节　沉积相测井自动识别方法 (34)
　第三节　相数据分析 (42)
　第四节　确定性相建模方法 (44)
　第五节　随机相建模方法 (60)
　第六节　其他主要相建模方法 (75)
　参考文献 (77)

**第四章　属性建模方法** (80)
　第一节　属性建模的原则 (80)
　第二节　属性数据分析与离散化 (81)
　第三节　孔隙度模型 (83)
　第四节　渗透率模型 (86)
　第五节　饱和度模型 (91)
　参考文献 (99)

**第五章　裂缝性油藏建模方法** (101)
　第一节　裂缝的类型及表征参数 (101)
　第二节　裂缝的表征方法 (107)
　第三节　裂缝建模流程与方法 (113)
　第四节　裂缝建模技术展望 (126)

参考文献 ……………………………………………………………………………（130）

# 第六章　多点地质统计建模 ……………………………………………………（134）
## 第一节　研究进展 ………………………………………………………………（134）
## 第二节　基本概念和术语 ………………………………………………………（138）
## 第三节　训练图像建立 …………………………………………………………（141）
## 第四节　多点地质统计建模算法 ………………………………………………（146）
参考文献 ……………………………………………………………………………（152）

# 第七章　基于沉积模拟的建模方法 ……………………………………………（156）
## 第一节　地层沉积正演模拟 ……………………………………………………（156）
## 第二节　地层沉积反演模拟 ……………………………………………………（164）
参考文献 ……………………………………………………………………………（198）

# 第八章　地震在建模中的应用 …………………………………………………（203）
## 第一节　储层建模常用的地震分析技术 ………………………………………（203）
## 第二节　地震在储层岩相建模中的应用 ………………………………………（214）
## 第三节　地震在储层物性建模中的应用 ………………………………………（217）
参考文献 ……………………………………………………………………………（231）

# 第九章　地质模型粗化方法 ……………………………………………………（234）
## 第一节　构造地层格架粗化 ……………………………………………………（234）
## 第二节　油藏属性参数粗化 ……………………………………………………（237）
## 第三节　粗化模型质量控制 ……………………………………………………（243）
参考文献 ……………………………………………………………………………（250）

# 第十章　基于历史拟合的地质模型优化 ………………………………………（252）
## 第一节　数据准备与初始化 ……………………………………………………（252）
## 第二节　历史拟合与地质模型修正 ……………………………………………（253）
## 第三节　自动历史拟合 …………………………………………………………（254）
## 第四节　自动历史拟合发展方向 ………………………………………………（264）
参考文献 ……………………………………………………………………………（265）

# 第十一章　地质模型不确定性分析 ……………………………………………（269）
## 第一节　不确定性因素分析 ……………………………………………………（269）
## 第二节　储层不确定性评价 ……………………………………………………（273）
## 第三节　不确定性评价方法及流程 ……………………………………………（277）
参考文献 ……………………………………………………………………………（282）

# 第十二章　油气藏地质建模实例 ………………………………………………（284）
## 第一节　辫状河三角洲油藏地质建模 …………………………………………（284）
## 第二节　浊积岩油藏地质建模 …………………………………………………（299）
## 第三节　断块砂岩油藏地质建模 ………………………………………………（316）

第四节　盐下湖相碳酸盐岩油藏建模 …………………………………………（327）
第五节　孔隙型碳酸盐岩油藏地质建模 …………………………………………（338）
第六节　裂缝性碳酸盐岩油藏建模 ………………………………………………（354）
参考文献 ………………………………………………………………………………（368）

# 第一章 地质建模流程与数据类型

地质建模贯穿于油气藏开发的始终,在不同的开发阶段,地质建模的目的、任务和目标不同。数据的丰富程度和准确性,以及建模人员的经验决定着地质建模的效果。本章在总结国内外地质建模人员建模经验的基础上,对地质建模的流程和建模所需的数据进行了详细介绍。

## 第一节 地质建模的目标

油田从发现到废弃要进行多次滚动开发,大体可分为油气藏评价阶段、开发早期阶段和开发中后期阶段。地质建模作为油气藏表征的核心,其目的就是运用不同阶段所获得的相应层次的基础资料,建立不同勘探开发阶段的储层地质模型,定量描述储层各项参数的三维空间分布,为油气田的总体勘探取向和开发中的油气藏工程数值模拟奠定坚实的基础(穆龙新,2000)。

### 一、不同开发阶段资料获取情况

在油气藏评价阶段及开发设计阶段,基础资料主要为大井距的探井和评价井资料(岩心、测井、测试资料)及地震勘探资料。在这一阶段,所建模型的分辨率相对较低(主要是垂向分辨率较低),但可满足勘探阶段油气藏评价和开发设计的要求,对评价井设计、储量计算、开发可行性评价以及优化油田开发方案具有十分重要的意义。

在开发早期阶段,由于开发井网的完成,基础资料大为丰富,因而可建立精度相对较高的储层模型。这类储层模型主要为优化开发实施方案及调整方案服务,如确定注采井井别、射孔方案、作业施工、配产配注以及进行开发动态分析等,以提高油田开发效益及油田采收率。

在开发中后期和三次采油阶段,可获得的基础资料更加丰富,井资料更多(井距更小,在开发井网基础上,又有加密井、检查井等),特别要指出的是,在该阶段可获取大量的动态资料,如多井试井、示踪剂地层测试及生产动态资料等,因而,可建立精度很高的储层模型。然而,由于储层参数的空间分布对剩余油分布的敏感性极强,同时储层特征及其细微变化对三次采油的敏感性远大于注水效率的敏感性,因此,为了适应该阶段对储层模型的精度需要,要求在开发井网(一般百米级或数百米级)条件下将井间数十米甚至数米级规模的储层参数的变化及其绝对值预测出来,即建立高精度的储层预测模型。

### 二、不同开发阶段建模任务与目标

裘亦楠(1991)根据不同开发阶段的研究任务所要求的储层地质模型的精细程度,将储层地质模型分为三类,即概念模型、静态模型和预测模型。

(一)概念模型

针对某一沉积(成因)类型的储层,把它具代表性的储层特征抽象出来,加以典型化和概念化,建立一个对这类储层在研究区内具有代表意义的储层地质模型。

概念模型并不是一个或一套具体储层的地质模型,而是代表某一地区某一类储层的基本面貌,如点坝砂体的储层概念模型——半连通体模式(图1-1a)。这种"半连通体模式"是从点坝侧积体沉积模式(图1-1b)中抽象和提炼出来的。它突出地表征了点坝侧积砂体与侧积泥质隔夹层(渗流屏障)的组合特征,其下半部连通,上半部不连通,即所谓的"半连通体"。

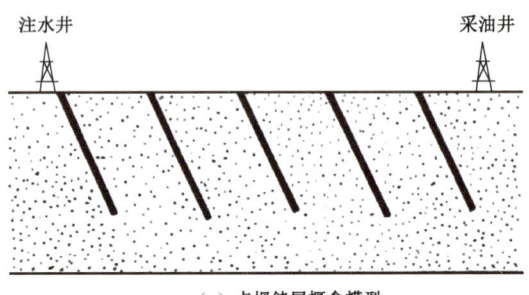

(a)点坝储层概念模型

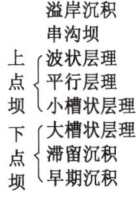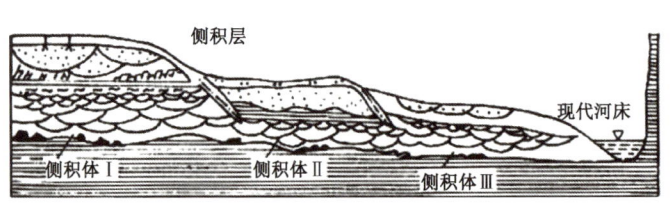

(b)点坝侧积体沉积模式

图1-1　点坝砂体的半连通模式(据薛培华,1991)

从油田发现开始,到油田评价阶段和开发设计阶段,主要应用储层概念模型研究各种开发战略问题。这个阶段油田仅有少数大井距的探井和评价井的岩心、测井及测试资料以及二维和三维地震勘探资料,因而不能详细地描述储层细致的非均质特征,只能依据少量信息,借鉴理论上的沉积模式、成岩模式建立工区储层概念模型。但是,这种概念模型对开发战略的确定是至关重要的,可避免战略上的失误。如在井距布置方面,席状砂体可采取大井距布井,河道砂体则需小井距,而块状底水油藏则采用水平井效果最好。

(二)静态模型

针对某一具体油田(或开发区)的一个(或)一套储层,将其储层特征在三维空间上的变化和分布如实地加以描述而建立的地质模型,称为储层静态模型。这种静态模型只是把多井井网所揭示的储层面貌描述出来,不追求井间参数的内插及外推预测精度。

这一模型主要为编制开发方案和调整方案服务,如确定注采井别、射孔方案、作业施工、配产配注及油田开发动态分析等。

20世纪60年代以来,国内各油田投入开发以后都建立了这样的静态模型,但大都是手工编制和二维显示的,如各种小层平面图、油层剖面图、栅状图等。20世纪80年代以后,国外逐步发展出一套利用计算机存储和显示的三维储层静态模型,即把储层网格化后,把各网格参数按三维空间分布位置存入计算机内,形成了三维数据体,这样就可以进行储层的三维显示,可以任意切片和切剖面(不同层位、不同方向剖面),以及进行各种运算和分析。这种模型可以直接与油藏数值模拟相连接,便于油藏管理。

### (三)预测模型

预测模型是比静态模型精度更高的储层地质模型。它要求对控制点间(井间)及以外地区的储层参数能作一定精度的内插和外推的预测。

实际上,在建立静态模型时,也进行了井间预测,但精度不高,这主要是由于技术条件和资料程度所限。地震资料覆盖面广但分辨率不足以确定三维空间任一点的储层参数绝对值,而井资料虽然垂向分辨率高但由于井距的限制不能代表整个三维储层。在目前条件下,采用的各种井间预测的地质统计学方法亦不能表征井间任意一点的储层参数绝对值。

当前建立储层预测模型的方法较多,就建立预测模型的技术而言,主要是采用随机建模技术,即将等概率的随机抽样方法(蒙特卡洛)与确定性的插值方法(克里金)相结合,所形成的地质统计学随机算法,来产生多个高精度的随机实现图像(预测模型)。因而,当前储层表征的核心就是运用各种资料、采用定量的方法与随机建模技术建立储层的预测模型。

## 第二节 油气藏地质建模工作流程

根据地质建模的目标不同,建模流程稍有差异。但是,主要的地质建模流程基本相同(图1-2),主要包括数据准备、地质格架建模、相建模、裂缝建模、属性建模和模型粗化六个步骤。值得注意的是,不管是地质格架建模,还是属性建模,都需要根据岩心、露头、测井、地震等数据,对模型结果进行质量控制(Pyrcz 和 Deutsch,2014;吴胜和,2010)。

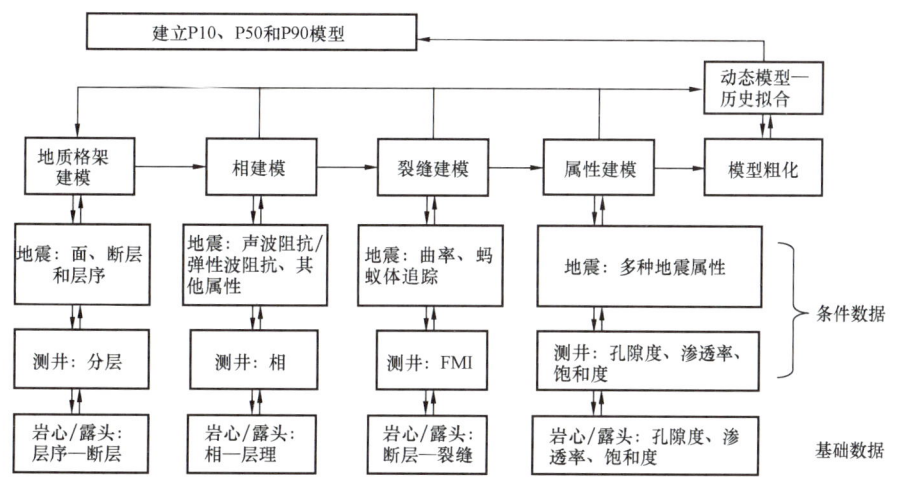

图1-2 地质建模流程图

## 一、地质格架建模

地质格架建模是油气藏地质建模的基础。地质格架决定了地质模型的空间范围和总的岩石体积,对地质储量起着决定性的作用。地质格架模型主要包括断层模型和层面模型,其建立过程如图1-3所示。

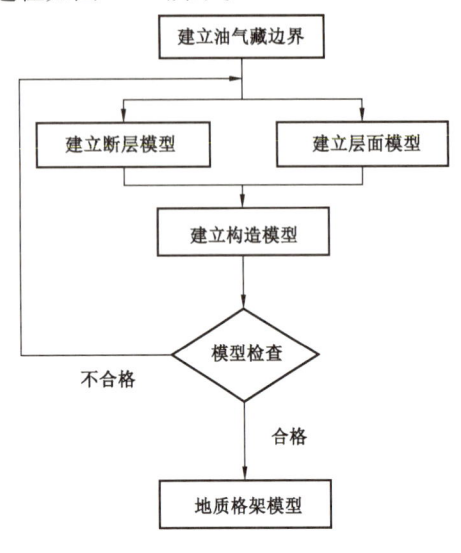

图1-3 地质格架建模流程

断层建模通过地震等获取的断层线和断层柱,井上获取的断点,构造图获取的断层参数(包括断层类型、产状、发育层位、断层间接触关系等),采用插值方法,建立与井断点吻合的断层面。在断层接触关系复杂的情况下,需设置并调整断层之间的接触关系,使断层模型真实地反映实际的断层系统。层面模型是地层界面的空间展布。层面建模通过地震解释的层面数据(一般为关键层面),结合地质分层数据,在网格中建立反映地质实际的地层界面。在没有地震层面解释数据的情况下,次一级的地层界面,通常依据地质分层数据,采用一定的插值方法来建立。将建立的层面模型按照实际地层的发育模式叠合起来,每个层内部按照研究需要划分为一定数量的模拟层,并与断层模型耦合,即得到油气藏地质格架模型。

由于地质格架模型的质量决定了整个地质模型的质量,所以地质格架模型的质量检查必须引起足够重视。地质格架模型建立后,检查地震和地质解释的层面数据在井点处是否与井点分层数据一致。同时,在地层格架模型的基础上建立油气藏几何模型(如网格高度、网格体积等),检查几何模型是否有零值、负值或其他不符合值的情况出现,并根据出现的问题对地质格架模型进行适当修正。

## 二、相建模

相建模主要包括沉积相和岩相建模,其他对油气藏属性有约束作用的离散属性,如流动单元、岩石类型等模型的建立也属于相建模的范畴。

相模型一般对油气藏属性具有控制作用,因此,相模型的质量,对油气藏属性建模具有决定性影响。相建模可分为相数据分析、相建模方法选取和相模型建立三个步骤(图1-4)。

相数据分析是进行相建模的基础。首先需对测井相数据按照模型网格尺寸进行粗化,并在地质研究的基础上,对离散化的相数据进行统计分析,包括垂向相比例、概率、相厚度等。分析相与其他属性的相关关系,包括地震属性、储层物性等。通过相数据分析和相关关系分析,建立对工区的初步认识。在做统计分析时,应当根据地质认识对相数据进行质量控制,分析结果用于确定相模拟中的条件约束关系。

相建模方法应该根据油气藏表征的研究程度、数据的丰富程度和建模方法的适应性来选取,并根据所选建模方法对参数的要求,如两点地质统计建模方法的变差函数,多点地质统计建模的数据模板等,进一步分析相数据。依据建模方法,设置建模所需参数,即可进行相建模。

鉴于相模型对属性模型的控制作用,应对相模型进行质量控制。相模型的质量满足如下要求:相模型中相的分布与地质模式具有一致性,相模型的相统计特征与单井相统计特征,或/和

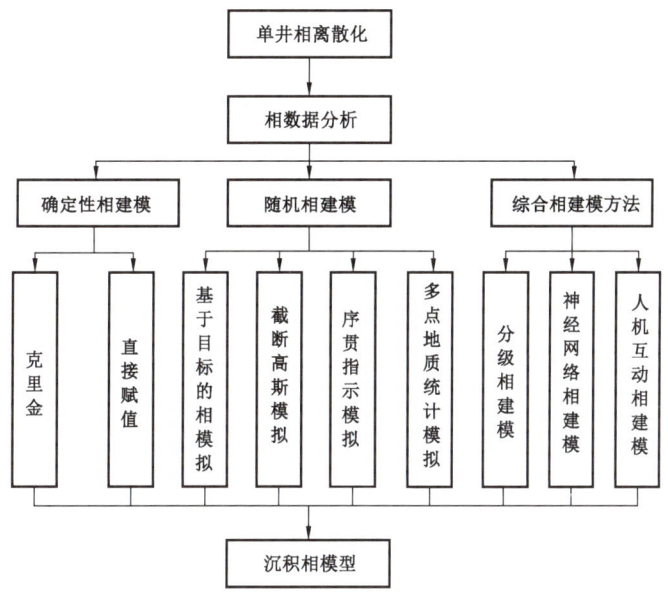

图 1-4 相建模流程

地震约束资料具有一致性。

## 三、裂缝建模

裂缝建模是裂缝性油气藏建模的一个重要部分。目前国内外对裂缝性油气藏建模的方法一般可分为等效连续性方法、离散性方法和综合法三类。

裂缝建模相对于常规油气藏建模,是一个相对独立的部分,主要包括数据准备、裂缝性质分析、裂缝概念模型、离散裂缝网络建模、动态校准和离散裂缝网络模型粗化六个部分。建立裂缝模型前,充分收集有关裂缝的静态信息与动态信息,包括野外露头、地质、岩心分析、地震、测井(包括成像测井)、地应力、试井、干扰试井、压裂、生产测井、示踪剂及生产动态等数据。对于存在人工压裂的油气藏,还应包括人工压裂微地震3D空间数据采集方式和微地震信号记录数据(图1-5)。

裂缝性质分析是根据岩心直接观测的数据、成像测井解释数据、常规测井数据以及由这些数据得到的二次分析数据等进行单井静态裂缝分析,如裂缝的纵向和平面特征分析、裂缝的分组及各组系的参数统计和裂缝密度及强度的计算;同时,与单井动态分析数据,如单井试采、产液、产油、含水、含气百分比等,进行对比研究,宏观上定性分析裂缝的平面分布特征。裂缝性质分析的另一重要工作就是对井间裂缝进行预测。对于井间大尺度裂缝,充分利用叠前叠后的地震属性信息,优选蚂蚁体、相干、曲率及各向异性等属性,刻画大尺度裂缝(大型断裂、断层),并分析大尺度裂缝的组系、参数及分布特征。对于井间小裂缝,将单井裂缝数据转换为单井裂缝密度曲线,分析裂缝密度曲线与基质模型、地震属性体的相关性,优选裂缝密度的控制条件,采用地质统计学建模方法,建立裂缝密度模型,并且需采用已有的单井开发动态信息对该裂缝密度体进行验证分析。

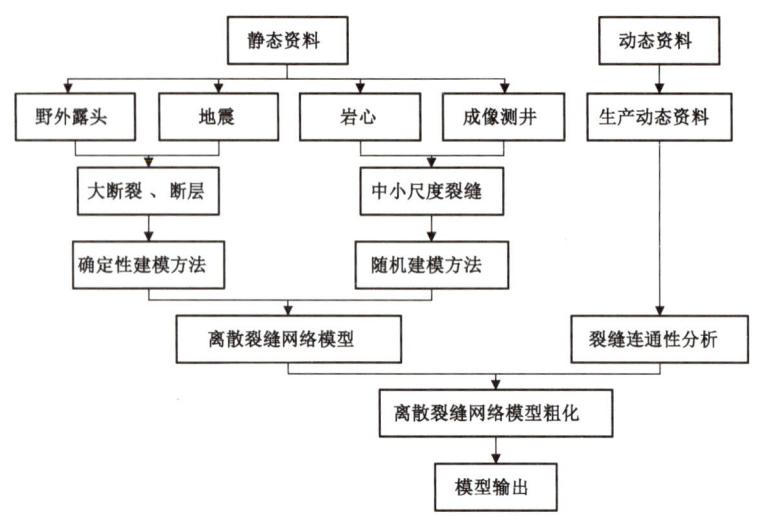

图 1-5 裂缝建模流程

从裂缝的角度(倾角、倾向)、长度(缝长、缝高及纵向裂缝切穿率)、开度、传导率及裂缝的空间分布形态(单井裂缝密度体、大尺度裂缝分布特征)等以上五类特征建立裂缝网络模型。不同尺度的裂缝采用不同的建模方法,对于地震可识别的大尺度裂缝采用确定性方法;对于地震难以识别的小尺度裂缝,一般采用随机建模方法。

通过试井参数如地层系数对模型进行动态校准,生成与动、静态数据一致的裂缝网络,将裂缝孔隙度、裂缝渗透率、耦合系数等参数粗化到基质模型中。

## 四、属性建模

广义的属性建模包括相和油气藏的孔隙度、渗透率、饱和度、净毛比等的建模,但相通常作为油气藏孔隙度、净毛比等属性的空间展布的控制因素,因此,本文所说的油气藏属性建模指狭义上的油气藏的孔隙度、渗透率、饱和度和净毛比建模。

由于实际油气藏都存在一定程度的非均质性,表现在油气藏属性分布具有一定的趋势性和聚集特征。因此,在属性建模之前,应该首先对油气藏的储层特征进行充分研究,获取油气藏属性分布的控制因素,如沉积相、趋势面等,然后应用这些属性分布控制因素作为属性建模的约束条件,采用适当的井间插值或随机模拟方法,建立油气藏属性模型(图 1-6)。

## 五、模型粗化

为了精细刻画储层的地质特征,地质模型的网格数量巨大,严重影响油藏数值模拟的效率,为了快速高效地对油气藏进行数值模拟,有必要对地质模型进行粗化。粗化的原则是粗网格模型能够反映细网格模型的地质特征和流动响应。模型粗化包括地质格架模型粗化、相模型粗化和属性模型粗化,粗化的流程如图 1-7 所示。

地质格架模型粗化就是在设计好的油藏数值模拟网格的基础上,将断层、层面模型按照一定的计算方法用粗网格地质格架模型代替。主要包括平面网格的粗化和层内垂向网格的粗化。

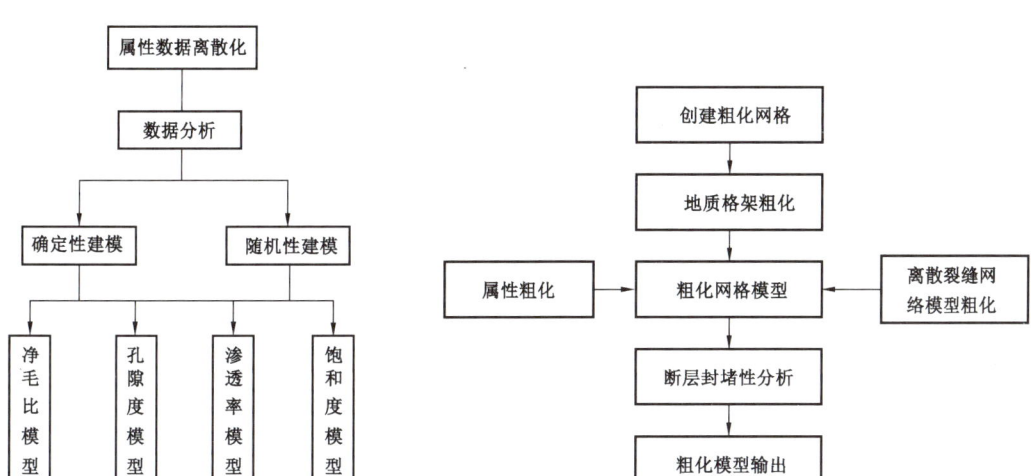

图1-6 属性建模流程　　　　图1-7 模型粗化流程

相和属性模型粗化是在粗网格地质格架模型的基础上,通过一定的"均化"算法,将细网格模型的网格值平均到粗网格模型中去。对属性有约束作用的离散模型,通常采用取优的均化方法。属性模型的粗化通常采用算术平均、调和平均、均方根等方法。

断层面的封堵性对整个油藏的渗透性、地下流体的流动特征具有巨大的影响,模型粗化时,需针对断层面的封堵性进行分析。沿断层面提取断层网格的岩性数据,对断层网格面进行渗透率、厚度和泥岩涂抹系数计算,结合网格渗透率计算断层的传导率。

## 六、历史拟合模型修正

动态历史拟合是将油气藏实际的油气水流动参数化,按照一定的模拟条件(如定产量、定井底压力等),采用一定的模拟算法,使油气藏地质模型模拟实际油气藏的生产,然后对比模型模拟值与实际动态值的过程(图1-8)。

动态历史拟合是油气藏地质模型动静结合最关键的一环。动态历史拟合既可以反映地质模型对流动的响应特征,也可以对地质模型不符合动态的原因进行分析,降低地质模型的不确定性。动态历史拟合方法主要包括手工历史拟合和自动历史拟合两类,其中自动历史拟合方法主要有梯度类方法、进化方法、人工神经网络和集合卡尔曼滤波方法等。

## 七、不确定性分析

不确定性是油气藏勘探开发和油气藏定量地质建模最显著的特征之一。根据不确定性因素对油气藏定量表征与建模的影响程度和类型,将不确定性因素进行分级和分类。设定不确定性因素评价的标准,分析不确定性因素对评价指标的敏感性程度。对不确定性敏感分析得到的不确定性变量进行实验设计,从大量的随机概率模型里抽取最少量的模型描述所有可能的结果。针对不同的研究区,理论上每个不确定性因素在其变化范围内都可以取无数个值,实际操作中,通常取不确定性因素的三种值:最大值(代表乐观值)、中间值(代表最可能值)、最小值(代表悲观值)。采用样本代表总体的实验设计方法,将不确定性因素与其取值水平进行

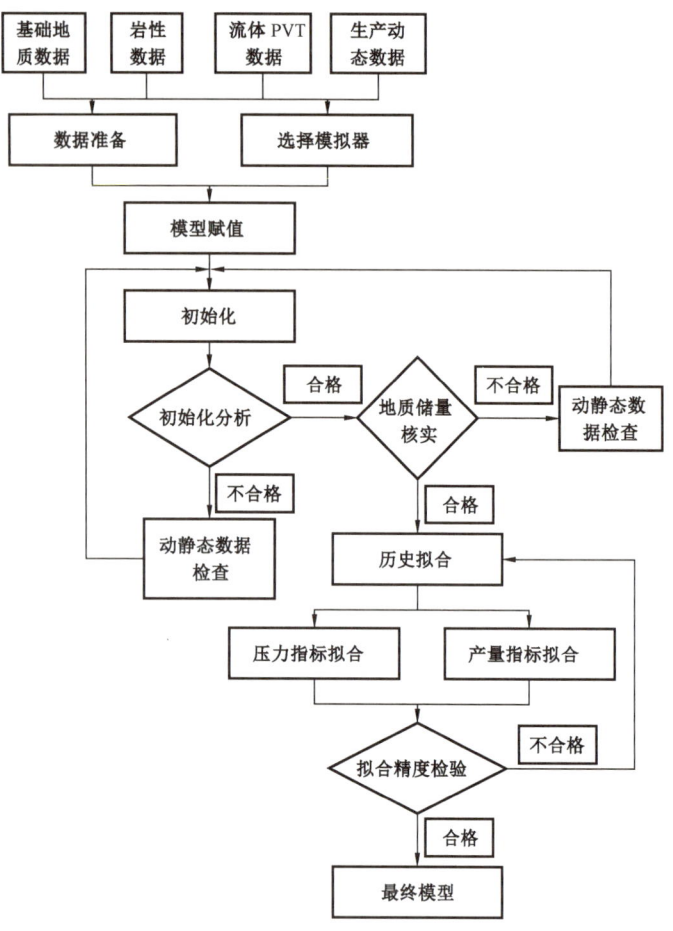

图1-8 动态历史拟合流程

设计,作出模型优选方案表。

根据模型优选方案表,建立各方案设计所需要的三维定量地质模型。绘制不确定性因素评价标准对应的概率密度图和累积概率分布曲线,选择累积概率分布曲线上概率为10%、50%和90%所对应储量下的模型,即乐观、最可能和悲观的地质模型。

## 第三节 地质建模资料类型与质量控制

油藏地质建模是对前期地质研究量化的一个最终成果,是连接地震、测井、地质、油藏各个学科的桥梁和纽带,并在计算机中建立一个资料齐全的数据库,在此基础上采用合适的建模方法,建立定量的、能正确反映油藏地质特征的三维地质模型,也是储层研究向更高阶段发展的体现(尹艳树、吴胜和,2006;吴胜和、李宇鹏,2007)。建模所需资料类型多而繁杂,原始数据的准确性是建立合理储层模型的先决条件,因此储层地质建模工作的第一步是对不同来源的数据进行有效的分类、检查和校正,并实时进行有效的数据质量控制,为下一步建立高质量的油藏地质模型打下良好的基础,最终完成油藏总体的定量描述成果,从而加深和提高对油藏认识的全面性和科学性(Deutsch,1992)。

## 一、数据准备

现阶段可以获取到所有的动静态数据,可按照数据来源分门别类进行数据收集(图1-9),包括单井数据、岩心数据、测井数据、录井数据、解释成果数据、地震解释层面数据、地震解释断层数据、地震属性数据、地震反演数据、射孔试油数据、生产检测数据等,几乎都可以应用到建模中。在数据准备阶段,需要对数据进行检查和格式的整理。

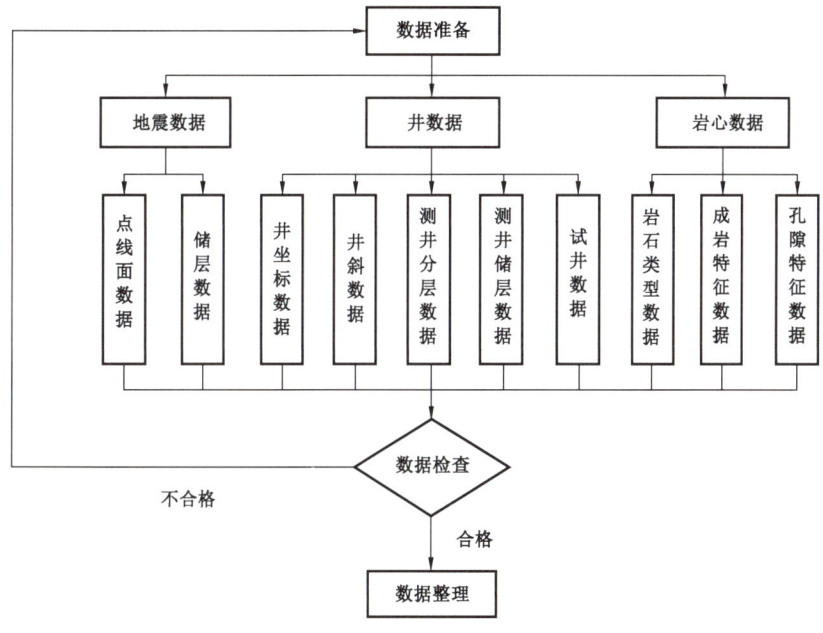

图1-9 数据准备

所有的数据需要满足以下几个条件:(1)完整性,即所收集的资料尽可能齐全,工区内所有类型的资料都要搜集到,不能有遗漏;(2)合理性,所有的数据都必须符合地质规律及常规的认识,如构造层面数据不能产生大的突起,井斜数据产生的井轨迹应该是平缓的;(3)时效性,即资料必须是最新的成果数据;(4)唯一性,如井名等数据,一定要保证所有关于井名的数据一致,否则会出现不匹配的情况;(5)规范性,一般将汉字用字母或者数字代替,防止出现软件不识别的情况。

## 二、井相关数据

井数据包括很多种类型,如井基本信息、测井数据、录井数据、解释成果数据、分层数据、断点数据等。

### (一)井基本信息

包括井名、$X$坐标、$Y$坐标、补心海拔、完井深度、井别等(表1-1)。需要注意的是,在某些软件中,井口横纵坐标可能需要互换,钻井数据中的大地坐标和某些软件中的坐标是相反的。补心海拔为钻井平台到地面的距离,测井数据、井轨迹数据之间相互深度转换连接需要用到。完井深度指实际钻进井深度。井别包括各种井类型,如探井分为地质井、参数井、预探井、评价井、水文井等;开发类井分为开发井、调整井等,不同的井别可以用数字符号代替。

表1–1 某油田井基本信息

| 井名 | X坐标 | Y坐标 | 补心海拔(m) | 井总长度(m) |
|---|---|---|---|---|
| S95 | 15270130.01 | 4577752.57 | 938.5 | 3707.5 |
| S96 | 15270151.15 | 4578463.06 | 941.2 | 4758.8 |
| S97 | 15268742.99 | 4578546.05 | 936.3 | 4817.7 |
| S106 | 15271656.00 | 4577975.01 | 937.5 | 3721.5 |
| S107 | 15268502.01 | 4577896.00 | 936.6 | 3713.4 |
| S108 | 15269749.99 | 4577560.04 | 935.2 | 3699.1 |
| S109 | 15271295.71 | 4578120.92 | 938.1 | 3711.8 |
| S110 | 15268511.38 | 4577351.52 | 939.0 | 3696.9 |
| S111 | 15270151.15 | 4578463.06 | 941.2 | 4407.8 |
| S112 | 15270371.88 | 4577932.8 | 936.2 | 6063.8 |

## (二)井轨迹数据

井轨迹数据包括测点深度、井斜角、方位角等,也有一些油田通过偏移量来实现(表1–2),它们之间只需一组数据即可,相互之间可转换。需要注意的是,测深需要从0m开始,井斜角和方位角都有一定的范围,超过此范围需要进行修正,如井斜角0°~90°之间,方位角在0°~360°之间。遇到空值区域,需要按照趋势进行上下插值。

表1–2 某油田井轨迹数据

| 测深(m) | 倾角(°) | 方位角(°) | X偏移量(m) | Y偏移量(m) | 垂深(m) |
|---|---|---|---|---|---|
| 3888.18 | 0 | 0 | 0 | 0 | 3888.18 |
| 3917.33 | 0.09588 | 74.45567 | 0.053659 | 0.025096758 | 3917.33 |
| 3946.45 | 0.08465 | 150.1804 | 0.093957 | 0.026155932 | 3946.45 |
| 3975.57 | 0.142758 | 168.9708 | 0.096447 | −0.049555518 | 3975.57 |
| 4004.67 | 0.115639 | 146.0361 | 0.121693 | −0.116231609 | 4004.67 |
| 4033.81 | 0.148013 | 117.2139 | 0.162136 | −0.146996231 | 4033.81 |
| 4062.93 | 0.217424 | 117.721 | 0.255501 | −0.185053875 | 4062.929 |
| 4092.02 | 0.235241 | 120.0299 | 0.357666 | −0.249720682 | 4092.019 |
| 4121.09 | 0.261287 | 105.5114 | 0.462233 | −0.30456288 | 4121.089 |
| 4150.18 | 0.274785 | 81.77914 | 0.613265 | −0.320623555 | 4150.179 |

## (三)分层数据

分层数据对于构造建模是非常重要的数据类型,一方面可划分地层,建立等时地层关系,另一方面,在建立构造模型时,也需要用单井分层数据进行校正,保证点(单井)—线(连井剖面线)—面(构造面)三者之间吻合。

原则上,属于地质分层的数据都可以整理到数据库中,包括含油层系分层、油层组分层、砂层组分层、小层分层、单层分层数据等。一般根据所描述的储层单元,采用该储层单元最细分的分层数据对储层的结构进行精细表征。一些特殊的分层数据如不整合面、过断层井,需要尤其注意,井分层数据可能会有缺失,需要利用前期地质认识取得的成果,确定不整合面或者断层面的边界点,并且和井分层数据进行核实,最终确立合理的井分层数据。分层数据必须经过补心海拔校正和井斜校正转换为层面真海拔之后才可用于构造建模。

### (四)测井曲线数据

测井曲线数据在建模中往往被称为"硬数据"(印兴耀和刘永社,2002),在没有取心井的井位或者层段,根据测井曲线,能够相对准确地预测地下储层物性结构。原始测井曲线数据一般有自然电位(SP)、伽马(GR)、井径(CAL)、中电阻率(ILM)、深电阻率(ILD)、声波时差(AC)、密度(DEN)、中子(CNL)、等,通过这些原始测井曲线数据进行计算,可得到孔隙度、渗透率、含水饱和度等测井曲线解释数据;另外,时深转换资料"时深对"(Checkshot)数据也可以当作测井曲线数据进行加载应用。测井曲线是连续性数据,常见的格式即为"las"格式,这种格式对于绝大多数的建模软件都通用,在设置好模板后,可直接利用测井曲线在建模前期进行地质分层,岩性解释等(图1-10)。

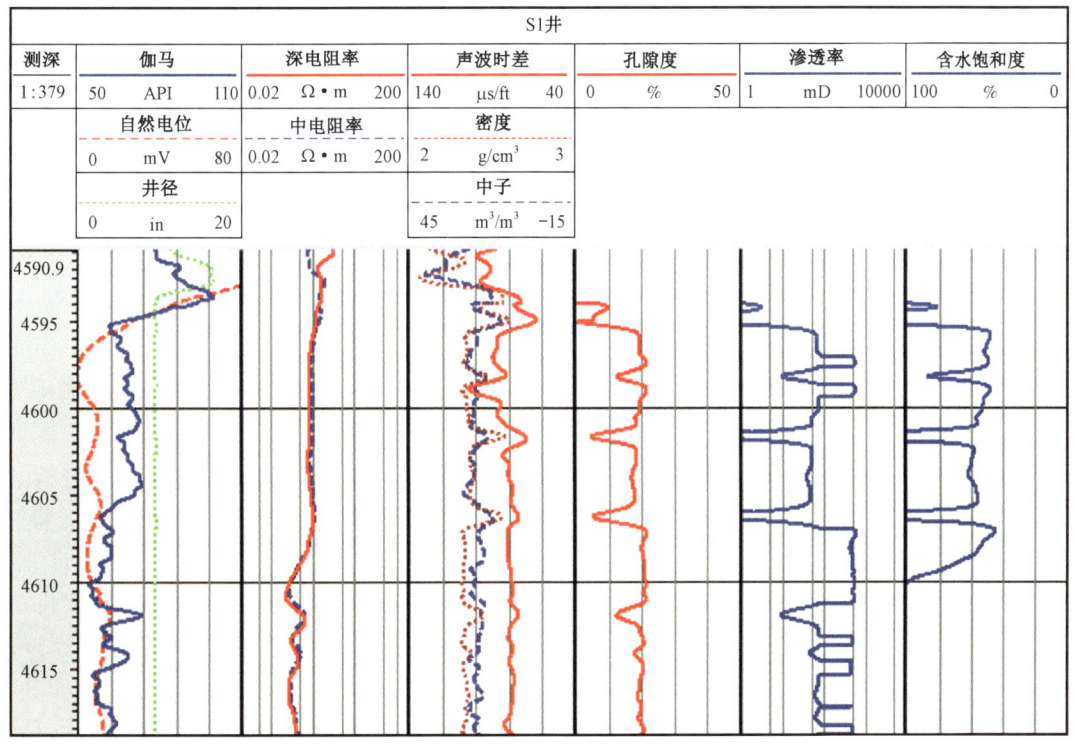

图1-10　某油田S1井测井曲线数据

## (五) 解释成果数据

解释成果数据的类型比较丰富,如电测解释、有效厚度、沉积相、岩相等单井解释数据等,它们属于离散数据。以沉积相数据为例,通过地质人员对测井曲线形态进行分析,划分出不同沉积环境下的不同沉积相类型,并赋予相对应的相代码(尹艳树等,2012),最终以井为载体,通过深度和相代码相结合的方式来表征(表1-3)。

表1-3 地质建模解释成果数据

| 井名 | 顶深(m) | 底深(m) | 相代码 | 沉积相 |
|---|---|---|---|---|
| B1 | 1078.4 | 1079.6 | 2 | 心滩坝 |
| B2 | 1079.6 | 1083.9 | 1 | 河道 |
| B3 | 1079.9 | 1081.4 | 3 | 泛滥平原 |
| B4 | 1096.6 | 1098.2 | 2 | 心滩坝 |
| B5 | 1098.2 | 1101.7 | 1 | 河道 |
| B6 | 1101.7 | 1104.0 | 3 | 泛滥平原 |
| B7 | 1082.7 | 1083.2 | 2 | 心滩坝 |
| B8 | 1083.2 | 1084.5 | 2 | 心滩坝 |
| B9 | 1084.5 | 1089.0 | 1 | 河道 |

## (六) 录井数据

录井数据一般不直接应用到建模中,但可通过离散数据的形式采集到建模数据库中。通过录井数据可迅速搞清地下地层、构造及含油气情况,如钻时录井可帮助判断地层岩性变化及缝洞发育情况;岩心录井可研究地下储层岩性、物性、电性、含油性等;气测录井可判断地层流体性质,间接评价储层;这些数据可为建模人员提供地下储层宏观认识,为建立符合地质实际的三维地质模型打下基础。

## (七) 射孔、试油数据

射孔数据包括井名、射孔井段、射孔次序等,本身是一种离散型数据(图1-11)。试油数据包括井名、试油顶底深、试油内容等,是利用专用的设备和方法,对通过地震勘查、钻井录井、测井等间接手段初步确定的可能含油(气)层位进行直接的测试,并取得目的层的产能、压力、温度、油气水性质等资料,可作为判断油层、水层的直接证据,可对模型的油水界面进行校正。以 Petrel 软件为例,试油内容可以有两种类型加载方式,一种为 production logs(生产测井),一种为 comment well log(注释曲线),production logs 在空间显示方式为一个方块,而 comment well log 可以在空间直观地显示出来(图1-12)。

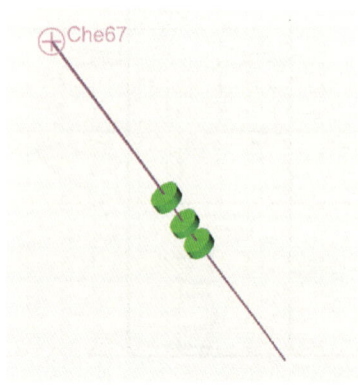

图1-11 三维地质建模射孔数据

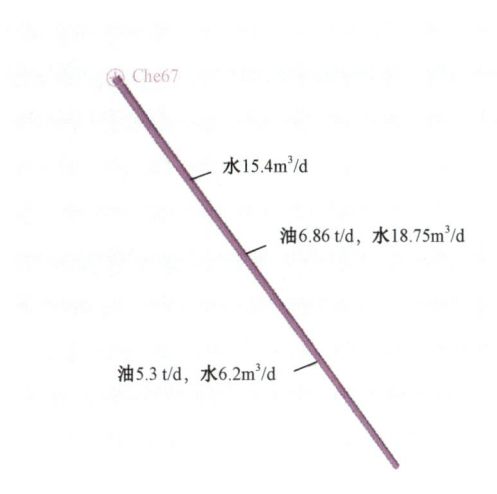
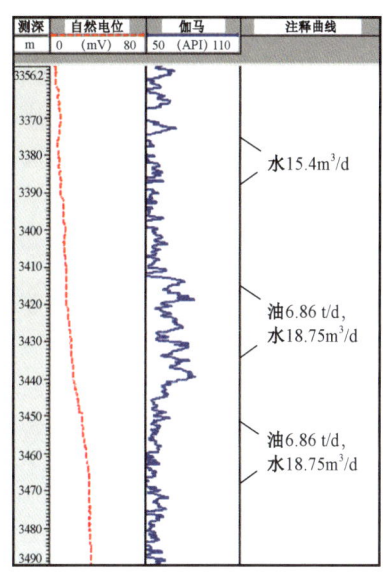

图 1-12 三维地质建模试油数据

## （八）生产动态资料

生产动态资料主要有采油井单井资料和注水井单井资料，对于分析油水在地下的运动规律和地下地质特征都具有重要的价值。采油井单井资料包括日、月、年的产油量、产气量、产液量等（图 1-13）；压力资料、水淹状况等。对于注水井，主要有月注水天数、注水方式、注水泵压、注水井油管压力、注水井套管压力、日注水量、月注水量、累计注水量等，另外还有实测油层压力数据、增注措施数据等。

利用生产动态数据，可以判断井间连通性，为模型提供支持。另外在地震分辨率不能识别小断层，单井未过断点的断层，生产动态资料可以辅助验证是否存在断层，建立高精度的断层模型。

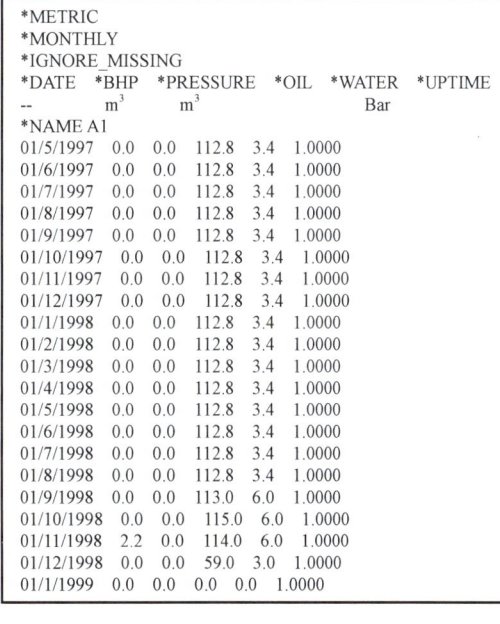

图 1-13 生产动态资料

## 三、地震及其他多维数据

地震数据包括地震波在储层中传导时记录、处理等所得到的各类数据，具有横向分辨率高、横向信息丰富的特点，20 世纪 90 年代后期以来，综合地震数据建立储层地质模型的技术得到了空前的发展（刘文岭，2008；陈更新，2014），可充分发挥地震数据横向分辨率高的特点（撒利明等，2015；赵磊等，2017），地震数据在地质建模中得到了越来越重要的运用。地震数据包括地震体数据、地震属性数据、地震层面及断层数据、反演数据、速度体数据及其他数据。

在建立模型的过程中,将三维地震精细解释的数据应用进来,可大大提高三维地质模型的构造质量,提高模型的精度;在建立岩相、沉积相和储层属性模型的时候,利用地震反演、属性等预测出来的储层信息,可以减少井间非确定性因素的影响,使三维地质模型和实际的地质情况相吻合。

(一)地震体数据

地震资料在建模过程中有着重要的作用,能够精确地测绘地下构造形态,了解地下构造特点。同时,通过地震反演等技术,可以直观地圈定储层,研究储层的空间分布,分析横向变化和连通性、断层对砂层的切割和封堵性,也可对裂缝型储层或碳酸盐岩储层进行预测。

用于解释地层及构造信息的地震数据体,包括三维地震体和二维数据体两类,格式一般为 SEG – Y 格式,可以直接加载到建模软件中(图 1 – 14)。

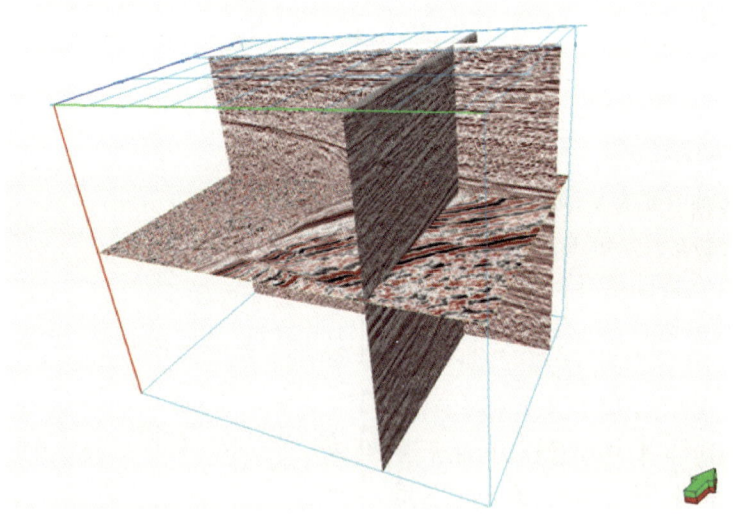

图 1 – 14　地震体数据

(二)地震属性数据

地震属性描述和量化了地震数据特征,是地震资料所包含全部信息的子集。属性数据类型较多,基于储层特征的地震属性包括八项 80 多条,通常可以从数学意义上将地震属性划分为几何学、运动学、动力学及统计学属性。这些地震属性数据可以由地球物理人员解释,直接应用到建模工区,有些大型一体化建模软件也有此类功能,可以直接在工区内进行计算生成。地震属性资料具有多解性,一般作为软数据,协同约束硬数据参与建模,提高井间及垂向上的预测精度。

(三)地震层面及断层数据

利用地震反射波传播时间、地震反射同相性特征、地震波速度等信息,研究地层界面分布范围及起伏形态、断层发育情况及分布状况,并利用合理的时间—深度关系将地震时间剖面中的旅行时间转换为地层界面深度信息,绘制地质构造图,为油气藏建模提供基础构造资料。包括地震解释的层面数据、断层数据等,断层数据包括断层多边形、断层线、断层棍等(图1-15)。

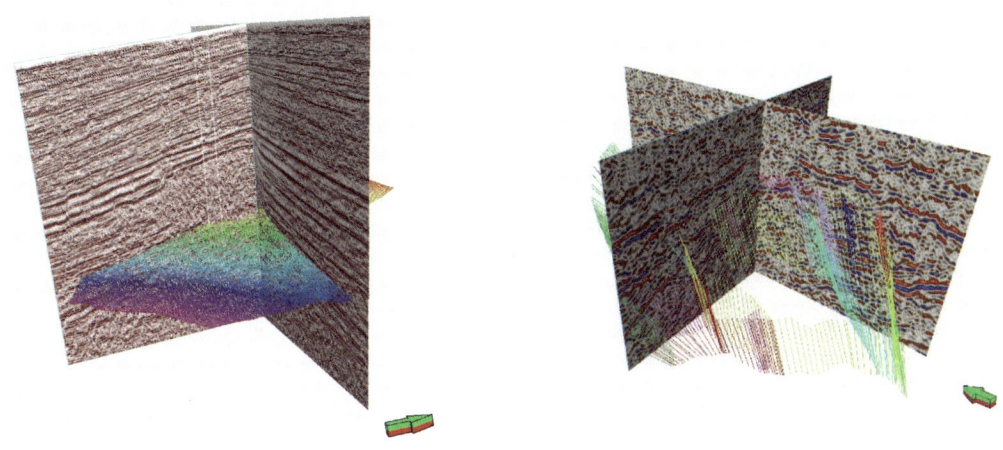

图1-15　地震解释层面及断层数据

(四)其他数据

除了常规数据,一些辅助数据也可以应用到建模中,如带空格和Tab分界的数据都能通过普通ASCII浮点数据进行应用,数据类型包括:

(1)线数据,包括断层多边形、数字化的等值线、边界数据等;

(2)点数据,包括厚度点、地层对比的断点、等值点等,点数据和线数据常常可以互相转换;

(3)函数数据,即两组数据之间的函数关系式;

(4)网格数据,如ECLIPSE生成的流体模拟网格数据;

(5)属性数据,包括Gslib、VIP、ECLIPSE、CMG等生成的属性数据;

(6)约束图,包括沉积相图、孔隙度、渗透率、饱和度等数字化后的等值线图可以引入到建模过程中;

(7)图片数据,图片也可直接加载进工区中,图片格式包括BMP、JPG、PCX、TIFF和TARGA等格式。

## 四、数据质量控制

在建模的过程中,由于现代油藏数据的复杂性和浩大性,资料的整理与检查可能需要耗费掉整个项目60%的时间(Ziegel,2005);从整体项目的角度,在前期第一时间检查出不必要的错误,可以减少后期三维地质建模修改所需要的时间,提升油藏开发效率。

在建模过程中进行质量控制,主要为剔除和修正一些违反地质规律的异常点。对于单井模型,需要逐一检查井位坐标、补心海拔、各类测井二次解释曲线等,考虑基础数据之间是否存在着一定的逻辑关系(孙业恒,2011),如:(1)同一层的顶面深度小于或等于底面深度;(2)上一层的底面深度小于或等于下一层的顶面深度;(3)有效厚度小于或等于砂层厚度;(4)小层

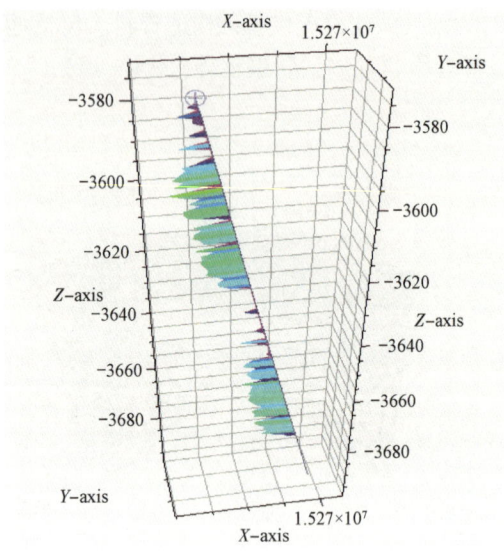

图 1-16 三维可视化方法检测解释曲线数据

数据表与小层顶面构造图的一致性;(5)小层数据表与小层平面图的一致性;(6)孔隙度、渗透率、饱和度参数奇异点;(7)岩心、测井、地震及试井解释数据的一致性。

数据质量检查方法主要有四种:(1)逻辑关系判断法,通过检查数据之间是否满足上述逻辑关系,发现可能存在错误的数据;(2)三维可视化检测,利用软件自身强大的三维可视化窗口,通过三维视窗检测数据异常值,对单井井轨迹和单井属性可以直观地检查出异常点(图 1-16);(3)图示对比法,通过可视化的方式,将数据点和数据值显示在同一窗口、同一坐标系统下,对比不同来源数据的一致性以及数据值的奇异性;(4)统计分析法,采用柱状图、直方图或散点图的方式,按层或相带统计各种属性的分布范围、平均值,分析属性值分布的合理性和规律性(图 1-17)。

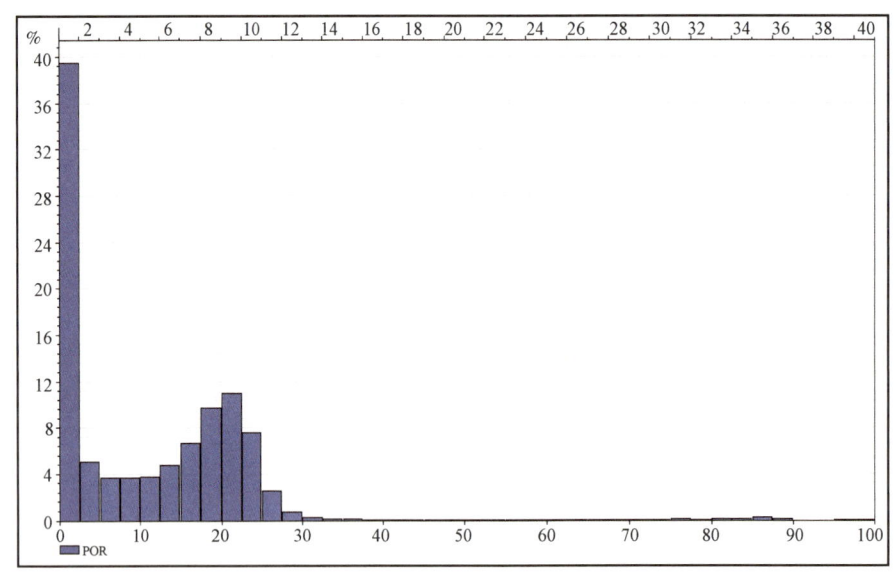

图 1-17 直方图法检测解释曲线数据

在数据质量控制的过程中,有以下几个方面需要注意:

(1)不同时期的井名定义可能不同,需要在尊重前期命名的基础上,对所有的井进行井名上的统一,尤其是有分支井、侧钻井和导眼井的情况,更需要注意。

(2)井位数据 $X$、$Y$ 坐标一般与直角坐标相反,需要进行互换;另外在建模时常常需要校正井头数据的补心海拔,去掉井架的补心高差和地表高低起伏造成的准确度影响,统一基准面为海平面。

(3)井轨迹数据测点深度一般从 0m 开始,方位角不要超过 360°,井倾角一般在 90°范围内。在空间可对三维空间井轨迹进行检查,如遇到不符合实际情况,如出现大角度井轨迹,需要进行检查。另外,不同方法测得的井轨迹数据值也不尽相同,一般而言,最小曲率法比平均角法得到的 $X$、$Y$、$Z$ 数据更为精确,尤其是在井斜角较大的情况下。

(4)在分层数据录用的过程中,需要注意不同数据类型的数据代表的含义不同,如 MD(测深)、TVD(垂深)、SSTVD(水下垂深)、TVT(真实垂直厚度)、TST(真实地层厚度);分层数据的顶底深度定义需要注意,有些软件是用顶深定义分层,但也有一些软件利用底深定义分层,需要进行统一。

(5)测井数据中,不同类型不同时间得到的测井数据,精度、量纲等都可能有区别,因此,在利用测井数据进行分析前,需要对它们进行统一;无效值设置一般用常数 -999.25 代替,但在不同的软件中,无效值的设置可能不同,需要进行统一。

## 参 考 文 献

刘文岭. 2008. 地震约束储层地质建模技术. 石油学报,29(1):64-68.
穆龙新. 2000. 储层精细研究方法. 北京:石油工业出版社.
裘亦楠. 1991. 储层地质模型. 石油学报,12(4):55-61.
孙业恒. 2011. 油藏地质模型质量控制与验证方法. 断块油气田,18(1):43-46.
吴胜和. 2010. 储层表征与建模. 北京:石油工业出版社.
吴胜和,李宇鹏. 2007. 储层地质建模的现状与展望. 海相油气地质,12(3):53-60.
薛培华. 1991. 河流点坝相储层模式概论. 北京:石油工业出版社.
尹艳树,吴胜和. 2006. 储层随机建模研究进展. 天然气地球科学,17(2):210-216.
尹艳树,张昌民,尹太举,等. 2012. 萨尔图油田辫状河储层三维层次建模. 西南石油大学学报(自然科学版),34(1):13-18.
印兴耀,刘永社. 2002. 储层建模中地质统计学整合地震数据的方法及研究进展. 石油地球物理勘探,37(4):423-430.
撒利明,杨午阳,姚逢昌,等. 2015. 地震反演技术回顾与展望. 石油地球物理勘探,50(1):184-202.
陈更新,赵凡,曹正林,等. 2014. 地震反演、地质协同约束储层精细建模研究. 天然气地球科学,25(11):1839-1846.
赵磊,柯岭,段太忠,等. 2017. 基于地震反演及多信息协同约束的冲积扇储层精细建模. 东北石油大学学报,41(1):63-72.
油气藏三维定量地质模型建立技术规范. 中华人民共和国石油天然气行业标准,SY/T 7378—2017.
ZiegelER. 2005. Geostatistical Reservoir Modeling. England:Oxford University Press,113-113.
Pyrcz J. Michael,Deutsch V. Clayton. 2014. Geostatistical Reservoir Modeling. Oxford Universtiy Press.
Deutsch C V. 1992. Annealing Techniques Applied to Reservoir Modeling and the Integration of Geological and Engineering(Well Test)Data. Doctoral Dissertation of Stanford University.

# 第二章　构造地层格架建模方法

油气藏构造地层格架模型反映了油气藏的基本空间框架,是后续相建模和属性建模的基础。在进行油气藏各种属性的空间分布模拟之前,搭建准确的构造与地层格架是非常重要的。通常是确定油气藏规模或储量的首要因素。构造地层格架模型的建立通常包括三大步骤:首先,通过地震解释成果,结合钻井揭示的断点数据,建立断层模型;其次,进行以断层模型为框架的平面网格化;最后在断层模型控制下,建立各个地层层面和地层模型,并在纵向上形成具有一定网格分辨率的三维网格体。高质量的构造地层格架模型需要能够准确描述研究区断层的展布特征(包括断层的走向、倾向、倾角和断层间的相互关系)及地层发育特征,包括地层的构造起伏、地层厚度变化等。

## 第一节　断层模型

断层模型由一系列三维断层面组成,能够表示出断层的空间位置、断层产状及断层的发育模式(断层之间的相互关系,如截切关系)等特征。断层模型的建立主要是基于地震勘探解释出来的断层数据,包括断层多边形、断层线,以及钻井揭示出来的井断点数据,将这些数据通过一定的数学插值,并根据对断层性质及相互之间截切关系的认识对断面进行编辑处理而成的。

### 一、建模准备

在建模工区范围内,首先要收集整理一些与断层相关的数据,按照不同的格式要求输入建模系统。断层数据通常来源于以下几方面:(1)由物探方法(地震解释)获取的测线剖面数据,包括断层多边形、断层棍;(2)由钻井中获取的井上断点数据;(3)由野外勘探获取的断层参数数据。非常重要的一个基础环节就是根据平面或剖面构造图落实工区内每一条断层的类型、产状、发育层位以及断层之间的相互关系(是截断还是切割)等,尤其需要注意一些逆冲断层和生长断层的存在。

### 二、生成断面

生成断面的过程即断面插值,是将导入的断层数据,通过一定的插值方法计算生成断层面。断面生成过程中需要设置的参数主要是断层柱的条数、断层柱的控制点个数、光滑程度以及垂向延伸长度等。生成的断面一般需要利用穿过该断面的钻井所解释出来的断点数据进行校正,也就是说断面的插值结果必须与断点位置吻合。

一个空间的三维曲面一般可以采用三角点网格法、结构化网格面、离散网格插值法(DSI)等多种方式来构建。在构造建模系统中,通常采用由断层柱控制的样条曲面来构建断面(王昌宏等,2007)。如图2-1所示,每个断面由若干个纵向的骨架线条断层柱组成,每条断层柱又由数个关键点控制其形态。断层柱的走向将直接影响网格柱的走向,控制后面生成的格架网格模型。断层柱的条数与控制点个数越少,所描述出来的断面形态越简单,反之,较多的断层柱条数与控制点可描述更复杂的断面形态。

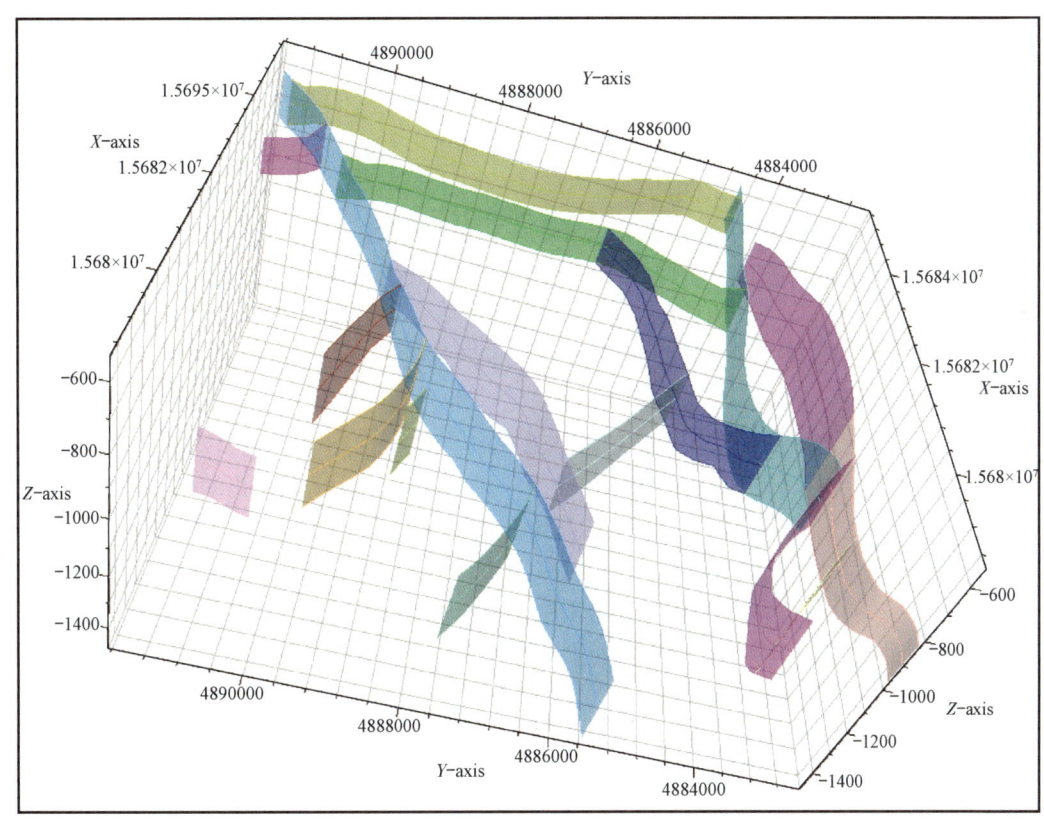

图 2-1 断面插值视图

## 三、断面修正

初次生成的断面难以与实际断层的展布规律相一致,因此还需要对断面进行修正,其目的主要在于:(1)编辑断面的形态,使其与断层描述的信息协调一致,如铲式断层等;(2)处理断层之间复杂的相互关系,如一些 Y 形断层、λ 形断层或交叉断层等。正确修正断面之间的关系,将直接影响着构造框架和储层网格模型的建立。为了表达出更加准确、客观的断层模型,常常需要涉及断层连接、断层切割等操作(图 2-2)。

若两断层靠得很近但没有连接,这会给后续的带断层的四边形网格化、层面插入骨架网格带来困难。断层柱的连接可以是自动连接也可手动连接。对于相对简单的断层,如果两个断层的某两个断层柱相对距离在一定范围内,且纵向不会发生切割关系,断层柱高低长

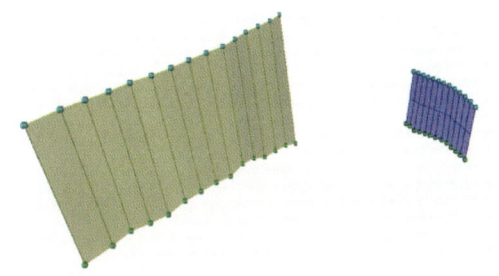

图 2-2 基于断层柱(Pillar)的
断面结构示意图

短相似,则可将它们自动连接成一个断层。在复杂断层或者发生切割关系时,需要人工干预进行手动连接断层。

当断层柱在纵向上相交时,需要对断层进行切割,这无疑增加了建模的难度。避免切割的办法之一就是减少模型的厚度,使得断层的切割发生在模型之外。如果避免不了断层的切割,在断层建模的时候则必须要考虑进行断面处理。与断层连接一样,确定切割处断层柱的位置是关键,如果发现连接不匹配,必须先进行人工编辑再进行连接。处理断面截切的原则主要有:(1)明确断裂系统发育史,早期的断层不能切割晚期的断层;(2)主、从断层要分清,主断裂不允许被截切;(3)明确断层之间的接触关系,如果断面可交则不可切割。

正确编辑、处理断面形态及断层间接触关系的过程既困难又耗时,特别是在断层条数多、接触关系复杂的情况下。目前对断面之间关系的处理主要是基于节点或者二叉树这两种方法。节点方法是在储层中一个特殊水平面上通过核查断层关系来创建一个断层网格,它不会容许断层关系随着断层的长度或深度而出现变化。断层的相交或切割都是通过在网格中共享节点来定义的,并且通常需要人工调试。这种方法比较适合断层交叉编辑,而一些诸如 Y 形、λ 形等类型的断层截切都是比较特殊的断层关系,需要通过编辑节点和断面断层柱来实现。在二叉树方法中,断层截切则相对简单,只需要定义相互之间的截切关系,但是处理交叉断层时不能准确提供断层倾角、倾向的变化,当存在许多小断层时,识别主断层也比较容易出错。

不同建模软件的断面模型编辑功能各有所长,各软件在断层建模技术方面也存在一定的差异。进行断层建模时,应结合断层特征选定处理方法,尽可能建立准确、美观的断层模型。

## 第二节 模 型 网 格

### 一、网格类型

建立模型网格是构造建模极为重要的一步。在地质建模中,网格类型有多种,每种网格各有其优点和适用范围(邹起阳等,2011),其中比较常用的是正交网格和角点网格。通常所说的网格都是角点网格,即能用两个方向(通常用主、次方向)作为定点索引的任意四边形网格。油气藏数值模拟网格设计将在第九章介绍。

#### (一)正交网格

正交网格是比较常见的一种网格类型,即网格在 $X$、$Y$ 平面正交,它的优点是计算速度快,构建方式简单,缺点是不能在断层处很好地表征出断层的错断程度。如图 2-3 所示,在断层断失部位,采用正交网格处理就会出现与地质规律不符的情况,即构造特征失真。因此,在有断层的地方,正交网格是不适用的,在没有断层的情况下,可应用正交网格进行地层的三维网格化。

#### (二)角点网格

角点网格是在正交网格之后发展出来的,最早由 ECLIPSE 油藏数值模拟软件在 1983 年推出。角点网格克服了正交网格在处理断层时的局限性,在断层处理、复杂地层接触关系等方面的处理已很完善。角点网格目前是地质建模和数模软件的主流应用网格技术(图 2-3)。严格来讲由于角点网格是非等体积网格,不满足地质统计学模拟计算要求,不能直接用于地质统计学模拟计算,如相模拟和油气藏属性模拟。但是,如果角点网格设计比较均匀,网格间体积(面积)相差较小,实践中可以用于地质统计学模拟计算。网格大小不等的角点网格在油气藏数模中得到广泛使用,因为其油气藏模型参数均通过转换或粗化来自已经建好的合理地质模型,不涉及直接的地质统计学建模模拟计算。

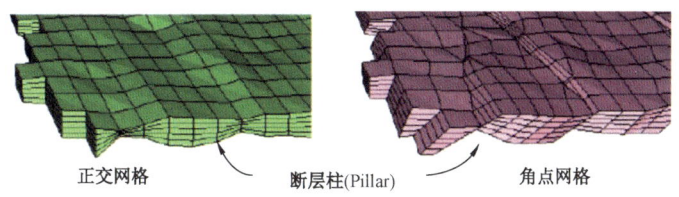

图2-3　正交网格与角点网格(据RMS技术手册,2010)

## 二、平面网格设置

### (一)网格方向

在平面网格设置时,通常需要设定一个主方向和一个次方向以便控制网格的走向。设定方向一般要根据某一特定要素,例如,主方向与工区的长轴方向平行而次方向与工区短轴平行;又如主方向平行于物源,次方向垂直于物源;或者主方向近似平行于主断层方向。一般地,设定网格方向更多地考虑断层展布特征,选择主方向平行该区断裂,因为在建立骨架网格模型时,断层会对网格质量有较大的影响。实际上,工区的选取也是要根据断裂的走向进行的(图2-4)。

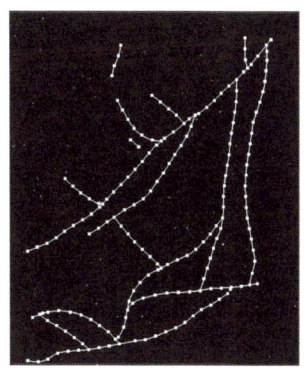

图2-4　骨架网格特征线

### (二)网格大小

平面上的网格分别沿 $X$、$Y$ 方向划分。网格大小则要根据研究目标区的地质体规模和井网密度、井距等参数来设定。网格步长设置太大会使其精度过粗,例如对于200m的井网,网格大小如果设置为100m、150m或大于200m,则很难反映出储层内部的非均质性,不能满足油藏开发的需要。此外,虽然网格尺寸越小意味着模型精度越高,但也要避免一味追求精细而造成的误区,如在油藏评价阶段,井距一般在1000m以上,若将平面网格大小设置在 10m×10m,则表现出来的储层性质在空间繁冗复杂,会出现"不识庐山真面目"的现象,很难寻找出地质规律。这反而没有从实质上提高模型的精度,只是简单增加了网格数据量大小,模型运算时会需要更多的硬件条件和时耗。平面网格一般以井间内插4~8个网格为宜,如200m的井网,平面网格大小应设置为 25m×25m 至 50m×50m。

## 三、骨架网格建立

骨架网格是一套综合断层模型与平面网格划分方案的三维网格格架,由网格化的断面和上、中、下三个骨架网格面构成。建立骨架网格是为了给层面与地层模型建立一套辅助的角点网格支撑系统,所创建出的骨架网格不代表任何表面,而是代表了断层顶、中、底部的位置及断层信息,地层层面会在以后被插入网格骨架模型中,也就是说,层面和地层模型将在该网格系统的支撑下建立,类似于搭盖房屋时先行构架的房梁系统。

在构建网格模型时,首先从中面骨架网格开始创建。在建立过程中,需要先将建立好的断层模型投影到二维视图中,显示出来的就是各个断面的中线;然后定义模型的边界,设置网格边界线、断块的分割线和主、次方向上的趋势线以及主、次方向网格(横向网格和纵向网格)的大小(步长)等。

断层在网格面上的交线称为断层线,会被镶嵌到网格之中。为了能在四边形网格(角点网格)中表现断层,必须把断层强行绑定到网格中且不改变四边形网格的基本拓扑结构,这样既表现了断层又能保证网格结构有序,这种让网格的某些部分变作断层线的过程就是断层绑定。创建的网格不可避免地会被内部的多条断层线所切割,形成相对封闭的断块(图2-5)。

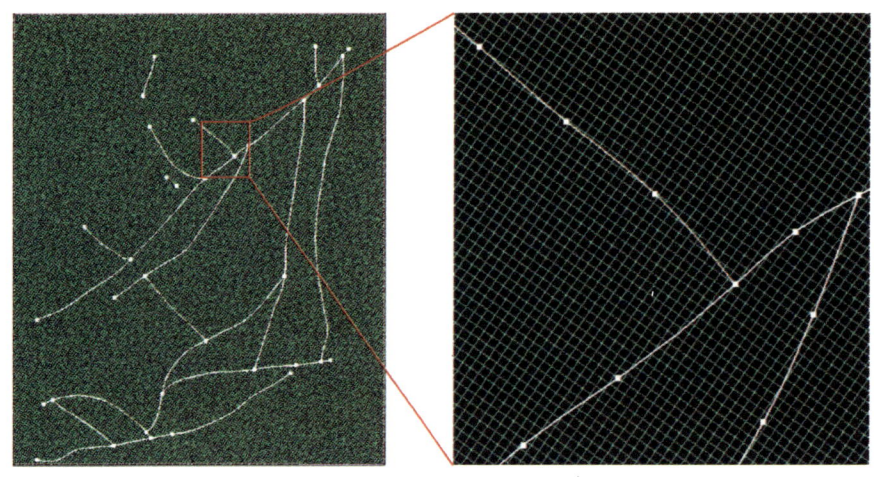

图2-5 骨架网格剖分结果

完成以上设置后,最终在断层模型的基础上,综合断层信息的二维网格分布,即可得到中面骨架网格剖分结果。中面骨架网格创建成功后,再根据断层在模型中控制的地层纵向厚度,会自动生成顶、底面骨架网格及网格化断面(顶、底骨架剖面连接了各断面的顶、底位置),从而构成一个格架网格模型。网格的形态主要根据中面骨架网格及断层面断层柱趋势而变化。该结果决定了后续层面插值及地层建模的平面网格大小及网格形态。

## 第三节 地层模型

### 一、关键层面的建模

骨架网格模型的上、中、下网格具有断层信息,但不具有准确到具体构造的信息。创建层面可以理解为把骨架模型的网格节点赋予实际层面数据的高度值。所谓关键层面,主要是指地震解释的级别较高的层面,通常是准层序组或准层序的界面,一般具有非常明显的岩性和波阻抗变化,在地震及钻、测井上能够被较好地识别与解释出来。这些关键层面模型的建立,可以作为内部较小级别的层面建模的趋势控制(图2-6)。

图 2-6　格架网格三维视图

关键层面的建模数据主要来自地震解释的层面和钻井解释的分层信息。层面建模通常采用的算法既有数理统计学方法,如样条插值法、离散光滑插值法、多重网格逼近法等,也有地质统计学方法,如具有外部漂移的克里金方法、贝叶斯克里金方法等(吴胜和,2010)。

在关键层面建模过程中,一般要进行一些参数设置:(1)设置层面之间的接触关系,包括整合、超覆、剥蚀等;(2)选择参与插值的井分层点以及地震层位解释数据等;(3)设置断层影响范围;(4)选择插值算法并设置平滑程度、平滑次数等。设置完成后,即可得到关键层面的插值结果(图 2-7)。

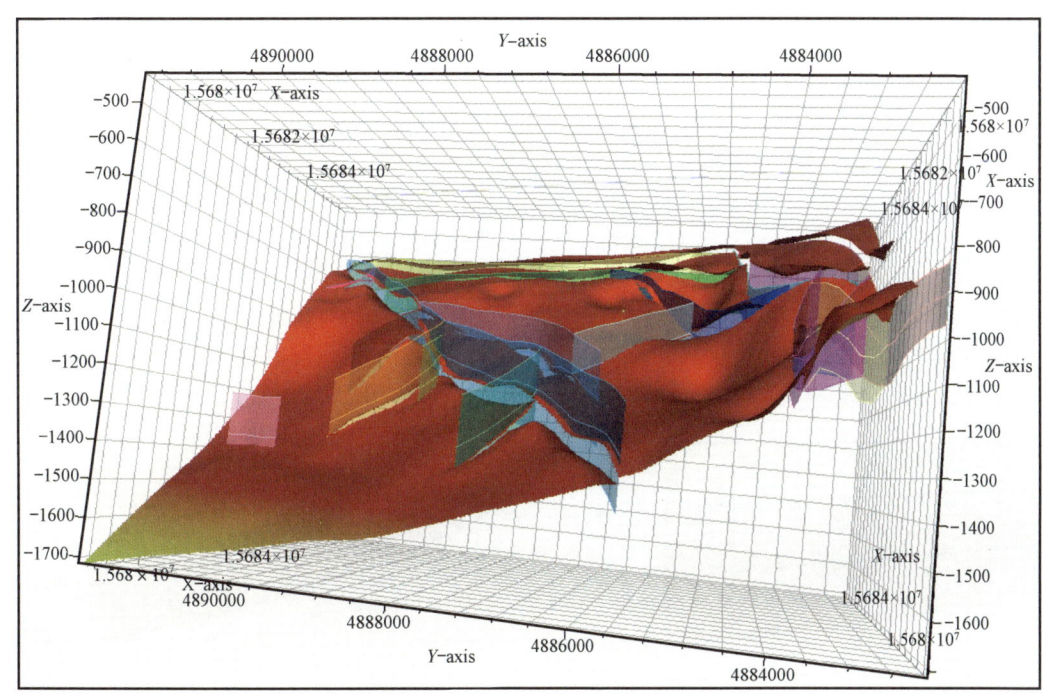

图 2-7　关键层面插值结果

在以上设置中,最为关键也是比较难处理的是处理层面与断层之间的关系。真实的地下断层其错断位置会在纵向上出现一定宽度的断裂破碎带,而在构造建模中,一般是以一个简单断面的形式来近似表示断层,也就是说,断层上、下两盘的层面均是直接与该断层的断面相交。由于地震解释在断层附近对地层层位的追踪准确性不高,应用在地质建模中也要设置一定的距离断面的区域来代表地震数据的可靠性较小。在插值过程中,将断层周围有效区域的层面按其趋势延伸到断面位置,具体做法是:(1)设置断层的水平断距(以网格数为单位);(2)根据层面的断层线和断距,估算断层线两侧的上、下盘;(3)重新计算断层线之间(水平断距内)网格节点的高程值,将相应值处的层面抠除并转变为断面网格;(4)将上、下两盘层面按相应趋势延伸至断面,根据断层性质做出合理的新的层面与断面的交线;(5)对生成后的网格(层面)进行平滑处理。

## 二、补充层面的建模

关键层面模型建立完成后,其内部的一些孔隙度、渗透率等属性参数变化频繁且值域范围非常宽泛,为了提高分辨率,降低不确定性,从而更好地分析地质规律,需要将地层继续划分为多个小层或单层。这些较小级别的小层或单层层面需要按照一定的层序地层学知识进行内插,以便更好地反映出储层的层序结构,包括地层的尖灭、剥蚀、超覆等不整合关系以及小层或单层的微幅度构造特征。精细地层格架能够更好地反映储层岩性、物性的分布特征,也能更清楚地表达出地层的沉积规律。

根据层序地层学原理(邓宏文等,2002),一定范围内(一般以油藏为单位),地层的分布具有垂向加积、地层超覆、侧向前积、削蚀等多种样式。在地层模型中,具体表现有以下类型。

### (一)比例式

地层内部层面及其与顶、底面呈整合接触。不同的小层或单层厚度会有所差别,但各地层单元在平面各处的厚度比例是相似的,也就是说变化趋势是一致的。这类地层是在基本稳定的构造—沉积背景下形成的,横向上的厚度变化主要是因为不同部位的构造沉降差异和(或)沉积速率不同造成的(图2-8)。

### (二)超覆式

地层内部层面与地面斜交、与顶面平行,是由地层向盆地边缘(或盆地内部凸起)超覆而形成的。水体渐进时,沉积范围逐渐扩大,新沉积的地层覆盖在老地层之上并向陆地方向扩展,而与更老的地层侵蚀面呈不整合接触。建立这种地层模型时,应选择平行于顶的从上到下的层面内插方式(图2-9)。

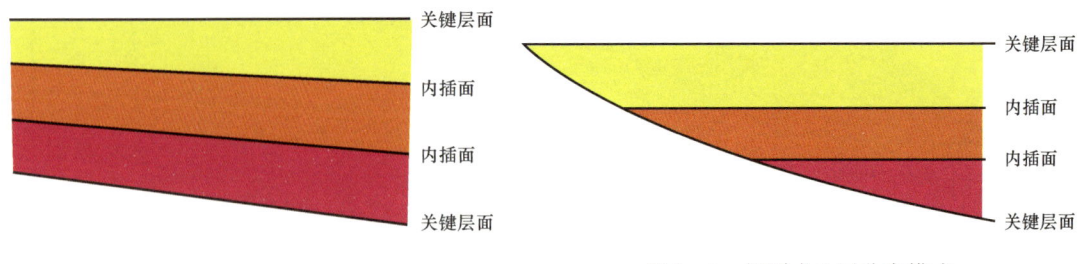

图2-8 比例式地层分布模式　　　　图2-9 超覆式地层分布模式

## (三) 前积式

地层内部各层面与顶面斜交而与底面则相互平行,其内部地层沿某一方向前积排列。这种地层样式常见于三角洲沉积的地层中,是建设性三角洲向海(湖)推进时形成的。该类地层建模时应选择平行于底的从下到上的层面内插方式(图2-10)。

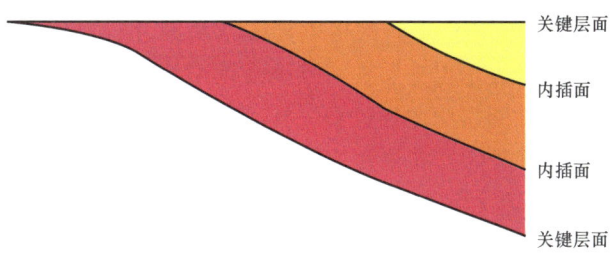

图2-10 前积式地层分布模式

## (四) 复合式

复合式地层为上述各样式地层的组合型式。例如超覆式与剥蚀式组合,地层沿底面向上超覆,在其上部又被顶面所削蚀截切。这种地层在顶、底面均有不整合的情况,都不可作为趋势面,而是应选择内部的等时面作为趋势面进行内插建模(图2-11)。

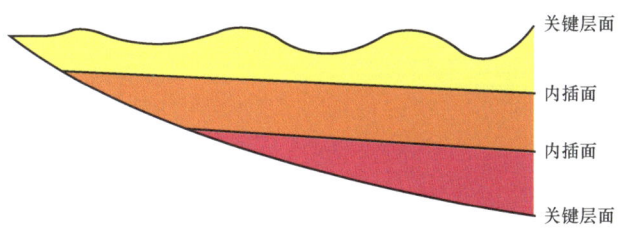

图2-11 复合式地层分布模式(据吴胜和,2010)

一般在地质建模设置中,往往将上述地层样式归纳为三种,即整合型(比例式、波动式)、超覆型、退覆—剥蚀型(前积式、剥蚀式)。对应在地层模型的垂直方向上,可归结为三种类型的层面或构造网格的搭建方式:平行于底面、平行于顶面和线性(顶、底面间等比例)插值(狄效儒,2012)(图2-12)。

图2-12 三种层序网格构造方式示意图:依次为平行底、顶、线性插值(据狄效儒,2012)

### 三、三维地层体模型

断层模型与地层模型建立完成后,针对各个层面之间的地层体格架需要进行纵向网格细分。垂向网格的精度需要视研究的目的而定。比如要分析数十米至数百米的层序级别储集体的纵向分布,则垂向网格可以不用太细,垂向网格步长不超过储集单元的厚度即可。而要表征厚度1m以内的夹层的空间展布时,垂向网格则要非常精细,网格尺寸需要设置得很小,最小应保证夹层的厚度,否则很难表示出夹层在三维地质体中的分布。

在划分垂向网格层时,如同层面内插过程一样,同样需要遵循等时原则,即要按照相应的地层样式进行内插。网格的划分方式主要有两种,第一种是按比例划分垂向网格,即在地层顶、底面为整合面时,可采用等比例式网格划分,此时只需要设置每个小层(或单层)的垂向网格个数即可;第二种是按厚度来划分垂向网格,当地层顶面或底面为不整合类型时,采用不等比例的网格划分方法,该方法需要设置地层单元内的垂向单网格厚度,并以整合面为趋势。若顶、底面均为不整合面,则还需要设置一个趋势面作为参考。

垂向网格结合平面网格进行三维网格化,将地质体在三维空间内分成许多个网格,最终建立一个三维网格化的地质体构造模型(图2-13)。

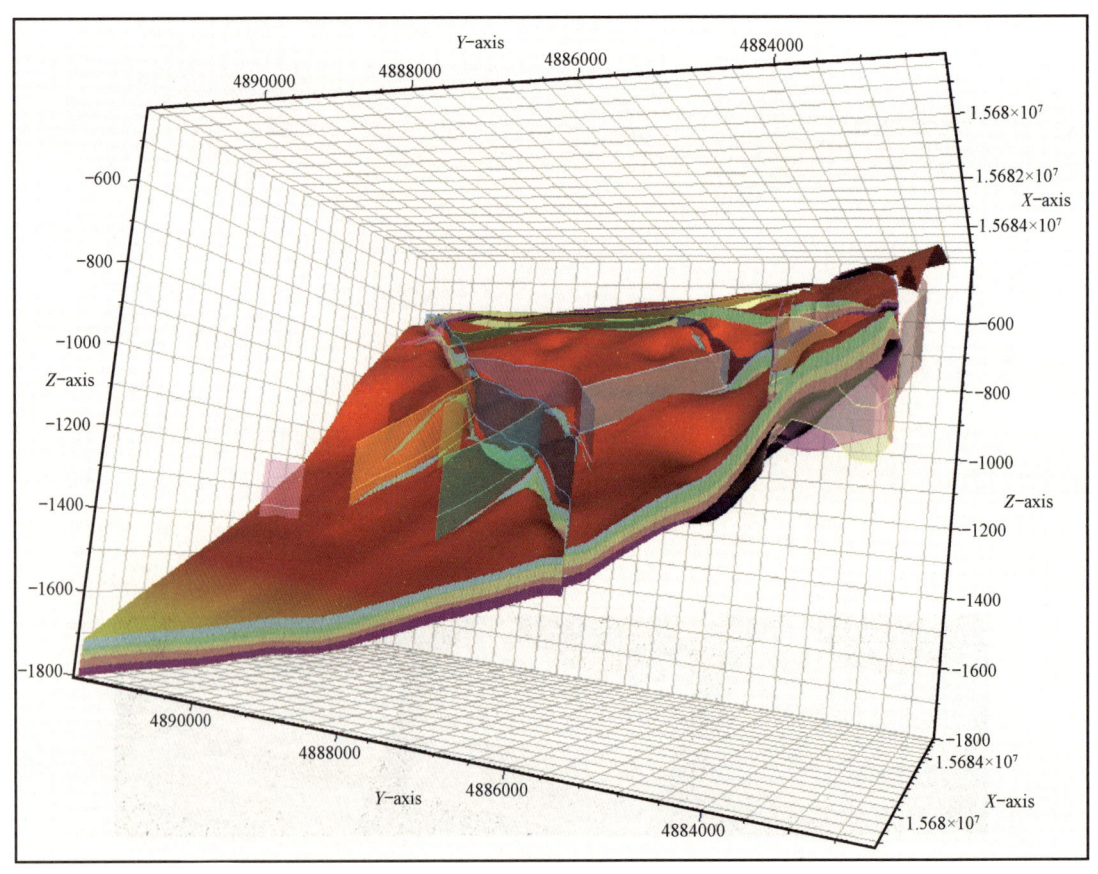

图2-13 三维网格化地层模型示意图

## 第四节　格架模型质量控制

构造(格架)模型包括从断层模型到层面模型、经网格化最后成为地层格架体,构造模型是三维地质模型的基础。高质量的构造模型能够准确描述建模(研究)区域内的地层发育特征和断层展布(尤其是断层之间的相互关系),为后续的相模型、属性模型建立打下坚实的基础。因此,对构造(格架)模型进行质量控制、提高模型质量是建模工作的重点。构造模型质量控制包括基础数据复查、断层模型质量控制、平面网格质量复查、层面模型质量控制和垂向网格质量控制五个方面。

### 一、基础数据复查

构造建模所需的基础数据来源于井资料和地震勘探资料,其中井资料包括井位坐标、补心海拔、井斜以及地层对比获得的分层和断点数据,地震勘探资料主要有断层数据和层面数据。通过和其他资料对比核实确保所加载的井位坐标数据为井口坐标,补心海拔准确无误,并在三维窗口下检查井位、井轨迹有无异常。地震方面,要检查各种地震解释得到的断层数据是否一致,地震解释层面是否与地质分层数据一致。通过以上基础数据的复查,保证输入数据的准确性和一致性。

### 二、断层模型质量控制

断层模型是构造建模中非常重要的一部分,也是问题最多、难度最大的一个环节。断层模型的质量好坏直接影响到下一步网格化过程中的网格质量。不合理、质量差的断层模型将导致网格的扭曲变形,进而在填充层位时,使上、下层位的网格质量进一步变差,出现错误累积,严重影响整个地质模型的质量。对断层模型的质量控制主要从以下三个方面进行考虑。

(1)检查地震解释的断层数据所生成的每个独立的断层。检查顶、底层面的断层多边形,确保能够准确反映出断层的发育特征,尤其是不同层面的断层上、下盘错动关系要保持一致(Karen S H 等,2001、2006)。另外,应尽量使用数量较少、形态简单的断层柱。

(2)根据前期构造地质的认识,明确断层之间的相互关系。保证建模区域内的交叉断层都进行了连接,连接断层柱的倾向应与两断层的倾向一致。若有断层削截现象,则要保证削截位置的断层柱均被削截,关键断层柱应一一对应,并且该断层末端必须与削截断层相连。

(3)某个断层中断层线和断层棍的顶、底点不能出现突变,应尽可能平滑,并确保任何一条断层没有延伸到其他断层的下面(何登发等,2005;管树巍等,2011)。如果断层只断穿了建模地层范围内的某几个层位,应将断层长度延伸到建模的顶、底层面之外,断层的活动性在后面的层面模型中进行控制。

### 三、平面网格质量控制

控制网格模型的质量,主要是根据断层模型整体格局,通过调整断层趋势、控制网格数量等方法来实现的。

前已述及,平面网格化过程涉及的主要参数是网格方向和网格步长。网格的边界通常会沿断层走向进行选取,为了更好地在角点网格中表示断层、提高网格质量,有时需要对平面网格的方向进行设置并添加一些趋势线,即引导线,这些引导线可以反映网格整体或局部的走向,并最终影响网格化的质量。网格方向一般与工区主断裂方向一致,必要时还需要考虑物源等一些沉积因素,因此,要确保建模工区内没有互相矛盾的趋势方向。趋势线的引入实际上就是人为去干预网格的剖分,以此控制、提高网格的质量。

网格步长的选取要考虑网格需要达到什么样的精度。通过网格化生成的平面网格不应有急剧变化、严重扭曲、变形甚至翻转,否则网格质量很差,应返回断层建模步骤对影响网格质量的断层进行编辑后再进行平面网格化,直至产生合格的平面网格。

### 四、层面模型质量控制

在层面建模中,创建关键层面至关重要,只有建立了准确的地层框架才能保证地层在正确的方向上细分。由于构造建模中断层是以断面的形式来表示,因此层面与断层(断面)是直接相交的,其交线与关键层面的构造原始数据都会影响层位建模的质量(Segonds D 等,1998)。有时生成的层面与断层的交线会表现出错误的断层与层面相交关系,甚至出现断层性质的反转(下降盘高于上升盘)。因此,要提高地层框架建模的质量,就需要根据各构造面上断层的断距,调整每个层面与断层的交线(上升盘线和下降盘线),使层面与断层的交切关系达到合理。

在生成小层(或单层)层面的时候最好利用井分层数据所生成的地层厚度图,这样就可以避免当小层(或单层)厚度较小时地层在某些地方发生不合理的缺失现象。生成层面的时候还要考虑设置正确的地层接触关系,如整合型、超覆型、前积型等。

### 五、垂向网格质量控制

垂向网格化是构造建模的最后一步,其目的是将纵向上的地层单元进行细分。经过细化后的网格加入属性模型后才能精细刻画沉积相、储层属性的展布特征。垂向网格的大小一般根据研究目的确定,并不是垂向网格划分越细则生成的模型精度就越高,而模型精度主要与建模工区的井控程度有关。

沉积相表征是其他油气藏属性表征的基础,决定了垂向网格的设计。沉积相表征的尺度从岩心到测井,再到三维地质模型网格化,是一步一步粗化(平均化)的过程,其非均质性也逐渐被平均化。从单一资料数据代表的空间尺度来看,岩心尺度最小,其次是测井,然后是三维地质模型网格。单井沉积相研究一般首先起始于岩心精细描述与解释,再扩展到仅基于测井曲线的沉积相研究,进而得到所有各单井沉积相解释成果。由于井资料反映的单一沉积相的厚度从几厘米到几十米不等,因此,在测井沉积相资料地质模型网格化过程中,需要将保留原始地质非均质性作为设置地质网格尺度的原则之一。

三维地质模型的网格决定了模型的大小(总网格数)和模型的水平方向、垂向分辨率,通常垂向优于地震分辨率,水平方向优于井距。垂向分辨率太细,虽然可以捕捉更多地质细节,但是会导致模型太大,运行速度低;垂向分辨率太粗,会脱离沉积相反映的实际,达不到研究所需。由于每个模型在建立之初都是为了解决特定的问题,因此,在做网格划分的时候需要通盘考虑,给出一个合适的网格厚度,最终目的是确保纵向上的储层非均质性能最大程度反映到三维网格中(图2-14)。

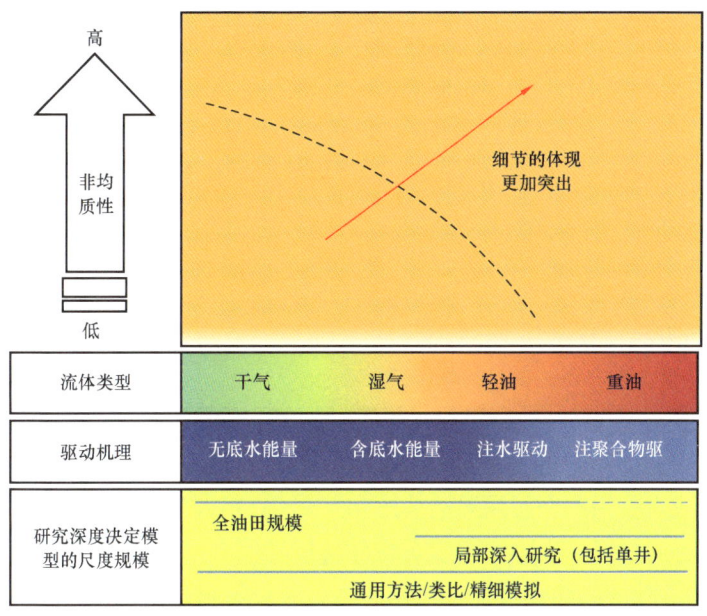

图2-14 网格划分与储层非均质程度(据Schlumberger,2015)

## 参 考 文 献

邓宏文,王红亮,祝永军,等.2002.高分辨率层序地层学——原理及应用.北京:地质出版社.
狄效儒.2012.三维地质构造建模.西安科技大学.
管树巍,何登发.2011.复杂构造建模的理论与技术架构.石油学报,32(6):991-999.
何登发,杨庚,管树巍,等.2005.前陆盆地构造建模的原理与基本方法.石油勘探与开发,32(3):7-13.
王昌宏,于海生,崔京彬,等.2007.基于面片处理的三维地质构造建模技术研究.石油地球物理勘探,42(3):325-330.
吴胜和.2010.储层表征与建模.北京:石油工业出版社.
吴胜和,金振奎,黄沧钿,等.1999.储层建模.北京:石油工业出版社.
邹起阳,闫振华,徐阳东.2011.应用Petrel进行构造建模的研究.长江大学学报(自然科学版),8(2):62-64.
Karen S H, John W N, Dynamic G. 2001. Improvements in 3-D structural modeling of growth-faulted reservoirs. SEG Int'l Exposition and annual meeting, San Antonio, Texas.
Karen S H, John W N, Erk H N. 2006. Application of the fused fault block method in structural modeling and reservoir gridding of complex structures. SEG annual meeting, New Orleans.
Segonds D, Bennis C, Mallet J L. 1998. 3-D structural modeling: a new approach to interactively modify complex surfaces. SEG Meeting.
Schlumberger. 2015. Petrel RE 操作技巧:如何对模型粗化过程进行质量控制. http://www.slb-sis.com.cn/html/case/jq/ECLIPSE/eclipse2/2015/0522/397.html.

# 第三章 相建模方法

相控建模以相(沉积微相、岩石物理相、地震相等地质因素类型)为约束条件,分析并模拟各种油气藏物性、含油(气)性等属性模型。相控的出发点是承认不同相之间油气藏性质存在差异,建模过程充分体现了地质思维和地质知识,同时增加了地质因素对属性模型的控制。本章主要介绍地质建模中常采用的相类型及其划分与识别,确定性相建模方法与随机相建模方法,以及某些特殊油气藏相建模方法。相建模是油气藏地质建模的核心内容之一,多点地质统计学相建模和沉积模拟相建模方法是目前该研究领域的最前沿方法,本章将详细论述。

## 第一节 岩相和岩石物理相或岩石类型

由于沉积相、成岩作用和岩石润湿性彼此相互影响,相似的岩相、沉积在相同的沉积环境下,由于成岩作用不同可以呈现不同的岩石物理特征。反之,沉积在不同环境下的岩相也可以呈现相似的岩石物理特性和动态特征。而储层岩石类型是用动态特征的标准将地质相或岩相分类的结果。深入理解岩相、沉积环境、成岩作用及岩石—流体间相互作用,对于揭示岩相和岩石物理相组合或岩石类型之间的关系有很大的帮助。

### 一、地质建模中相的基本概念

本节中,将岩相定义为一种沉积相或亚相,它是基于沉积结构(Dunham,1962;Folk,1970;Embry 和 Klovan 1971)、颗粒类型(石英、长石骨架颗粒、球粒、鲕粒)或沉积构造(交错层、生物搅动、叠层构造等)来划分的。岩相组合是在相同沉积环境下、具有相关成因联系的几个岩相的集合。

岩石物理相是由指具有相似物性特征和孔渗关系的岩石单元,可以用常规岩心分析和压汞曲线进行表征和分类,通常一个岩石物理相由多个岩相组成。岩石物理相能较好地反映储层储集性能的成因特征,特别是不同岩石物理相造成的产能差异,可以指导储层的评价,从而为储量计算、油气藏动态模拟、油田开发措施和油藏管理提供科学依据。

为了对岩石物理相进一步细分,提出了岩石类型的概念。岩石类型是在具有相似的孔渗关系、毛细管压力和饱和度分布特征的岩石单元,它们可能形成于相似地质条件下(不是必要条件),经历了相似的沉积、成岩作用,进而形成了相似的孔隙网络系统和润湿性。常规岩心分析通常不足以表征岩石类型,需要用特殊岩心分析来描述。

岩石物理岩石类型划分是地质研究与岩石物理分析结合的过程。通过这一过程,各种静态的岩石物理参数和从特殊岩心分析中获得的动态数据得到了有效结合,其中孔隙度、渗透率和孔喉分布定义了岩石结构,而毛细管压力、相对渗透率及润湿性则描述了岩石—流体间的相互关系。研究岩石物理相三维分布规律是三维地质建模的基础。

## 二、储层岩石物理相与岩石类型

通过岩石物理分析方法如特殊岩心分析,可以划分岩石物理相或岩石物理岩石类型。由于地下流体流动特征与岩石组构、孔隙类型、孔隙度、渗透率等静态参数和毛细管压力曲线、相对渗透率曲线等动态参数均有关,而不仅仅是其中一种或几种,因此,根据岩石物理不同参数的岩石类型划分方法有很多种,且不存在一种适用于所有油藏的岩石类型划分方法。

调研国外关于岩石类型分类方面的研究文献,划分岩石类型的岩石物理方法主要有:孔隙度与含水饱和度乘积法、$J$ 函数法、岩石质量指数法(RQI)、流动分层指数法(FZI)、离散岩石类型法(DRT)、Winland $R_{35}$ 方法。各种方法的优缺点见表 3-1,目前最常用的两种方法为 FZI/DRT 法和 Winland $R_{35}$ 方法。

表 3-1 基于岩石物理的岩石类型划分方法

| 划分方法 | 公式 | 优缺点 | 备注 |
|---|---|---|---|
| $J$ 函数法 | $J(S_w^*) = \dfrac{P_c}{\sigma\cos\theta} \cdot \sqrt{\dfrac{K}{\phi}}$ | 假设迂曲度为常数,不适用于非均质油藏 | 不常用 |
| 阿尔奇公式法 | $S_w = C\phi^{-a}$ | 假设 $m=n=2$,并不适用所有岩性 | 不常用 |
| 岩石质量指数法(RQI) | $RQI = 0.0314\sqrt{\dfrac{K}{\phi}}$ | 基于水动力半径划分岩石类型,考虑了岩石流动能力 | 常用 |
| 流动分层指数法(FZI) | $FZI = \dfrac{RQI}{\phi_z}$ | | 常用 |
| 离散岩石类型法(DRT) | $DRT = \text{Round}[2\lg(FZI) + 10.6]$ | | |
| Winland $R_{35}$ 法 | $\lg(R_{35}) = 0.732 + 0.588\lg(K) - 0.864\lg(\phi)$ | 考虑了岩石孔喉结构的影响,但需要确定特征孔喉半径 | 常用 |

流动单元指数方法:平均水力半径是阐明水力单元和储层岩石的孔隙度、渗透率、毛细管压力和地质变化之间关系的关键。应用 Darcy 和 Poiseuille 公式,可以得到孔隙度和渗透率间的关系式,如公式(3-1)所示:

$$K = \frac{r^2 \phi_e}{8 \tau^2} = \frac{\phi_e}{2\tau^2}\left(\frac{r}{2}\right)^2 = \frac{\phi_e r_{mh}^2}{2\tau^2} \qquad (3-1)$$

式中 $r_{mh}$——平均水力半径;

$\tau$——迂曲度。

上面的公式表明孔隙度、渗透率间的关系取决于孔隙空间的地质特征,如孔隙半径 $r$ 和孔喉形状。因此我们可以根据每单元颗粒体积的表面积($S_{gv}$)和有效孔隙度($\phi_e$)来计算平均水力半径:

$$r_{mh} = \frac{1}{S_{gv}}\left(\frac{\phi_e}{1-\phi_e}\right) \qquad (3-2)$$

将公式(3-2)中的 $r_{mh}$ 代入到公式(3-3)中,可以得到如下公式:

$$K = \frac{\phi_e^3}{(1-\phi_e)^2}\left(\frac{1}{F_s \tau^2 S_{gv}}\right) \quad (3-3)$$

式中 $F_s\tau^2$——Kozeny 常数。

岩石质量指数 RQI 和孔隙体积与颗粒体积比 $\phi_z$ 定义如下:

$$\phi_z = \left(\frac{\phi_e}{1-\phi_e}\right) \quad (3-4)$$

$$\text{RQI} = 0.0314\sqrt{\frac{K}{\phi_z}} \quad (3-5)$$

定义流动单元指数 FZI,并通过公式(3-4)和(3-5)将其与岩石质量指数 RQI 联系起来:

$$\text{FZI} = \frac{1}{\sqrt{F_s}\,\tau\,S_{gv}} = \frac{\text{RQI}}{\phi_z} \quad (3-6)$$

尽管使用 Winland $R_{35}$ 或 FZI 等方法可以建立岩石物理相的 3D 模型,但建立流体模型必须通过特殊岩心分析,因为具有相似结构(相似的孔喉分布和毛细管压力)的岩石,由于流体在垂向上所处位置的不同,也可能显示不同的动态特征。

Winland $R_{35}$ 方法:Winland 通过对科罗拉多 Spindle 油田 321 块不同水湿岩心样品的研究,得到了在不同进汞饱和度下孔隙度、渗透率与孔喉半径间的关系,并发现当进汞饱和度为 35% 时,孔喉半径与孔隙度、渗透率之间的相关性最好(Kolodzie,1980):

$$\lg(R_{35}) = 0.732 + 0.588\lg(K_{\text{air}}) - 0.864\lg(\phi) \quad (3-7)$$

式中 $R_{35}$——压汞毛细管压力测试时进汞饱和度为 35% 时对应的孔喉半径,μm;

$K_{\text{air}}$——气测渗透率,mD;

$\phi$——孔隙度,%。

根据 $R_{35}$ 值的不同,划分出五种不同流动特性的物性流动单元,可以非常方便地作为岩石类型划分的标准,这五种流动单元分别为:Mega—porous( >10μm);Macro—porous(2 ~ 10μm);Meso—porous(0.5 ~ 0.2μm);Micro—porous(0.1 ~ 0.5μm);Nano—porou(<0.1μm)。

Winland $R_{35}$ 方法发表后在很多油田中得到了应用。然而,孔隙度和渗透率与孔喉半径间的最好相关性并不总是发生在进汞饱和度为 35% 的时候。Pittman(1992)在对某油田研究时拟合了进汞饱和度从 10% 到 75% 对应的孔喉半径与孔隙度和渗透率之间的经验公式,并得出当进汞饱和度为 25% 时孔喉半径与孔隙度和渗透率之间的相关性最好(表3-2)。Spearing、Allen、McAylay(2001)发现相关性最好的进汞饱和度低于 35%;Porras 等(2001)发现此值为 45%;Rezaee、Jafari 和 Kazenzadeh(2006)指出针对碳酸盐岩孔隙网络,进汞饱和度为 50% 时可靠性最高。这说明研究要结合不同油田的实际,具体问题具体分析。

表3-2　不同进汞饱和度对应孔喉半径与孔隙度、渗透率之间的经验公式（据 Pittman,1992）

| 拟合公式 | 相关系数（$R^2$） |
| --- | --- |
| $\lg(R_{10}) = 0.459 + 0.500\lg(K) - 0.385\lg(\phi)$ | 0.901 |
| $\lg(R_{15}) = 0.333 + 0.509\lg(K) - 0.344\lg(\phi)$ | 0.919 |
| $\lg(R_{20}) = 0.218 + 0.519\lg(K) - 0.303\lg(\phi)$ | 0.926 |
| $\lg(R_{25}) = 0.204 + 0.531\lg(K) - 0.350\lg(\phi)$ | 0.926 |
| $\lg(R_{30}) = 0.215 + 0.547\lg(K) - 0.420\lg(\phi)$ | 0.923 |
| $\lg(R_{35}) = 0.255 + 0.565\lg(K) - 0.523\lg(\phi)$ | 0.918 |
| $\lg(R_{40}) = 0.360 + 0.582\lg(K) - 0.680\lg(\phi)$ | 0.918 |
| $\lg(R_{45}) = 0.609 + 0.608\lg(K) - 0.974\lg(\phi)$ | 0.913 |
| $\lg(R_{50}) = 0.778 + 0.626\lg(K) - 1.205\lg(\phi)$ | 0.908 |
| $\lg(R_{55}) = 0.948 + 0.632\lg(K) - 1.426\lg(\phi)$ | 0.900 |
| $\lg(R_{60}) = 1.096 + 0.648\lg(K) - 1.666\lg(\phi)$ | 0.893 |
| $\lg(R_{65}) = 1.372 + 0.643\lg(K) - 1.979\lg(\phi)$ | 0.876 |
| $\lg(R_{70}) = 1.664 + 0.627\lg(K) - 2.314\lg(\phi)$ | 0.862 |
| $\lg(R_{75}) = 1.880 + 0.609\lg(K) - 2.626\lg(\phi)$ | 0.820 |

流动单元指数方法与 Winland $R_{35}$ 方法的关系：把 FZI/DRT 方法推导中的公式（3-1）转化为对数形式，可以得到如下形式：

$$\lg r_{mh} = C + 0.5\lg K - 0.5\lg\phi_e \quad (3-8)$$

与 $R_{35}$ 公式进行对比：

$$\lg(R_{35}) = 0.732 + 0.588\lg(K_{air}) - 0.864\lg(\phi) \quad (3-9)$$

可以明显的看出，FZI/DRT 方法的平均水力单元半径计算公式与 Winland $R_{35}$ 方法的孔喉半径计算公式具有相似性，唯一的区别在于计算公式的拟合系数。实用中，两者可以均等选用。图 3-1 显示基于 Winland $R_{30}$ 方法识别的五种典型岩石类型及其相应的孔喉分布曲线和毛细管压力曲线。图 3-2 则显示基于 FZI 方法识别的三种典型岩石类型及其相应的孔隙度—渗透率关系。

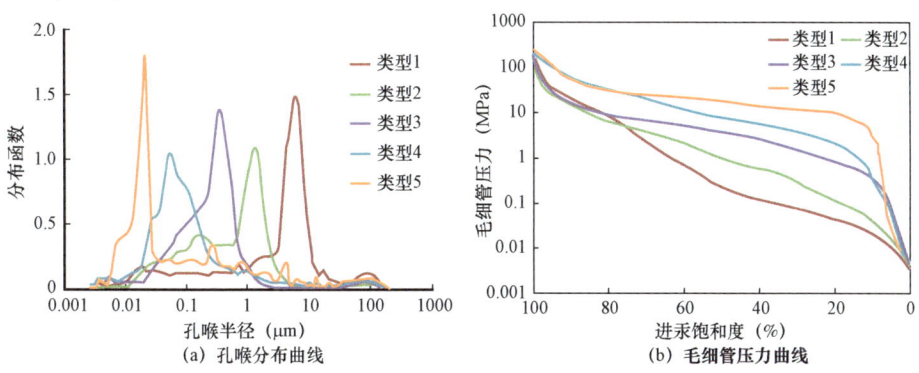

图 3-1　五种典型岩石类型的毛细管压力曲线和孔喉分布曲线

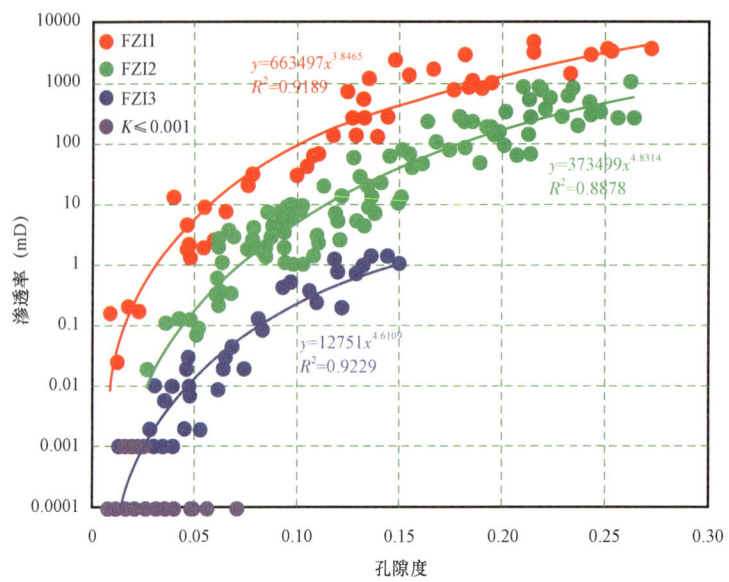

图 3-2 基于 FZI 方法划分的三种典型岩石类型
岩样孔隙度—渗透率交会图

# 第二节 沉积相测井自动识别方法

沉积相或岩石物理相的测井自动识别技术能极大提高测井沉积相解释或岩石类型划分的效率和客观性,本节以沉积相自动识别为例阐述该项技术。在油藏地质建模和储量计算中,对于参与约束的井的沉积相精度要求越来越高,而岩心资料有限、人工判别未取心井沉积相的标准不统一,给传统方法识别碳酸盐岩沉积相带来了挑战。随着测井技术和智能识别技术的发展,沉积相的自动识别有了快速发展。本节描述了一套以主成分分析和 KNN 算法分类为主,电阻率正演去流体影响、均值滤波去齿化和众数滤波确定边界为辅的碳酸盐岩沉积相识别技术,并制定了相应的技术流程。该方法对其他类型岩石的自动识别也有借鉴意义。

## 一、主成分分析(PCA)

中东地区 Y 油田目标储层为晚白垩纪海相碳酸盐岩沉积,主要沉积在阿拉伯板块被动大陆边缘的碳酸盐岩缓坡带上,包括从高能的生物礁滩相到低能的潟湖相和开阔海相。储集空间以孔、洞为主,其次是微裂缝,孔、洞、缝大约占全部孔隙体积的 52%、30% 和 18%,储层储集空间类型为孔隙、孔洞型。储层孔隙度主要分布在 5% ~ 25%,平均 14.83%;渗透率主要分布在 1 ~ 17mD,平均 6.33mD。根据岩石组合特征、测井及地震特征并结合区域沉积背景可以划分出以下几种沉积亚相:浅滩相、滩前相、滩间相、潟湖相和开阔海相。

选取累积方差贡献率大于 85% 的主成分代表输入的多维测井信息,保证在原始信息损失最小的情况下,以少量综合变量取代原有多维测井信息,简化数据结构,从而解决复杂的碳酸盐岩岩性识别难题。利用测井资料识别沉积相,需要从原始测井曲线中构建与沉积相有关的主成分,用于建立沉积相知识库。多元线性回归有可能出现变量之间多重共线性,而主成分分析可以消除评价指标之间的相关性影响。因为主成分分析在对原指标变量进行变换后形成了彼此相互独立的主成分,而且实践证明指标之间相关程度越高,主成分分析效果越好。它要比多元回归繁琐,但是结果会更可靠、更精确。主成分可以起到降维的作用,将解释变量的个数进行归约,并不是删除。

本节选取与沉积相有关的无铀伽马(CGR)、总伽马(SGR)、光电吸收截面指数(PE)、去油层电阻率(RT)、声波(DT)、密度(DEN)、中子(CNL)作为原始曲线,进行主成分分析,主要步骤如下:

步骤一,对原始曲线标准化处理

$$y_{ij} = \frac{x_{ij} - mean_j}{std_j} \quad (3-10)$$

式中　$y_{ij}$——标准化后的曲线;

$x_{ij}$——标准化前的曲线;

$mean_j$——样本均值,$mean_j = \frac{1}{n}\sum_{i=1}^{n} x_{ij}$;

$std_j$——标准方差,$std_j = \sqrt{\frac{1}{n-1}\sum_{i=1}^{n}(x_{ij} - mean_j)^2}$;

$i$——样品维数,$i = 1,2,\cdots,n$;

$j$——曲线维数,$j = 1,2,\cdots,m$。

通过处理,得到标准化后的无铀伽马(CGR′)、总伽马(SGR′)、光电吸收截面指数(PE′)、电阻率(RT′)、声波(DT′)、密度(DEN′)、中子(CNL′)。

步骤二,计算样本的相关系数矩阵 **R**

$$\mathbf{R} = \begin{bmatrix} r_{11} & r_{12} & r_{1m} \\ & L & \\ r_{21} & r_{22} & r_{2m} \\ M & O & M \\ r_{m1} & r_{m2} & r_{mm} \end{bmatrix} \quad (3-11)$$

步骤三,用雅可比方法求出矩阵 **R** 的特征值 $\lambda_j(j = 1,2,\cdots,m)$ 和特征向量 $\mathbf{P} = (p_{i,j})_{m \times m}$。

步骤四,建立主成分。根据特征值累计方差贡献率 $\sum_{j=1}^{k}\lambda_j / \sum_{j=1}^{m}\lambda_j \geq T$（$T$ 为阈值）的准则确定 $k$,从而建立前 $k$ 个主成分。

根据 Y 油田测井数据,得到了相关系数矩阵,以及特征值、特征向量、方差贡献率,见表 3-3 和表 3-4。

表 3-3 相关系数矩阵

|  | CGR′ | SGR′ | PE′ | RT′ | DT′ | DEN′ | CNL′ |
| --- | --- | --- | --- | --- | --- | --- | --- |
| CGR′ | 1.0000 | 0.4648 | -0.1980 | 0.3277 | 0.0200 | -0.0539 | 0.0583 |
| SGR′ | 0.4648 | 1.0000 | -0.0510 | -0.0714 | -0.0200 | 0.0300 | -0.0520 |
| PE′ | -0.1980 | -0.0510 | 1.0000 | 0.0245 | 0.2360 | -0.2678 | 0.1407 |
| RT′ | 0.3277 | -0.0714 | 0.0245 | 1.0000 | -0.5381 | 0.3999 | -0.5530 |
| DT′ | 0.0200 | -0.0200 | 0.2360 | -0.5381 | 1.0000 | -0.6699 | 0.6768 |
| DEN′ | -0.0539 | 0.0300 | -0.2678 | 0.3999 | -0.6699 | 1.0000 | -0.7878 |
| CNL′ | 0.0583 | -0.0520 | 0.1407 | -0.5530 | 0.6768 | -0.7878 | 1.0000 |

表 3-4 特征值、特征向量、方差贡献率

| 特征向量 | 特征值 | 分量1 | 分量2 | 分量3 | 分量4 | 分量5 | 分量6 | 分量7 | 方差贡献率(%) | 累计贡献率(%) |
| --- | --- | --- | --- | --- | --- | --- | --- | --- | --- | --- |
| F1 | 2.893 | -0.062 | -0.032 | 0.176 | -0.413 | 0.507 | -0.509 | 0.526 | 41.33 | 41.33 |
| F2 | 1.525 | 0.723 | 0.629 | -0.218 | 0.096 | 0.071 | -0.101 | 0.104 | 21.79 | 63.11 |
| F3 | 1.033 | -0.175 | 0.021 | -0.816 | -0.519 | -0.035 | 0.175 | 0.049 | 14.76 | 77.88 |
| F4 | 0.809 | 0.336 | -0.666 | -0.400 | 0.429 | 0.034 | -0.221 | 0.223 | 11.56 | 89.43 |
| F5 | 0.359 | -0.189 | 0.165 | -0.020 | 0.037 | -0.785 | -0.441 | 0.353 | 5.13 | 94.57 |
| F6 | 0.236 | 0.392 | -0.251 | 0.290 | -0.357 | -0.277 | 0.544 | 0.447 | 3.37 | 97.93 |
| F7 | 0.145 | -0.375 | 0.264 | -0.112 | 0.487 | 0.207 | 0.401 | 0.580 | 2.07 | 100.00 |

根据累积方差贡献率大于90%，可得到 Y 油田目的层沉积亚相的四个主成分方程式：

$$F_1 = -0.062\text{CGR}' - 0.032\text{SGR}' + 0.176\text{PE}' - 0.413\text{RT}' +$$
$$0.507\text{DT}' - 0.509\text{DEN}' + 0.526\text{CNL}' \quad (3-12)$$

$$F_2 = 0.723\text{CGR}' + 0.629\text{SGR}' - 0.218\text{PE}' + 0.096\text{RT}' +$$
$$0.071\text{DT}' - 0.101\text{DEN}' + 0.104\text{CNL}' \quad (3-13)$$

$$F_3 = -0.175\text{CGR}' + 0.021\text{SGR}' - 0.816\text{PE}' - 0.519\text{RT}' -$$
$$0.035\text{DT}' + 0.175\text{DEN}' + 0.049\text{CNL}' \quad (3-14)$$

$$F_4 = 0.336\text{CGR}' - 0.666\text{SGR}' - 0.400\text{PE}' + 0.429\text{RT}' +$$
$$0.034\text{DT}' - 0.221\text{DEN}' + 0.223\text{CNL}' \quad (3-15)$$

对 10 口井五类沉积亚相的四个主成分分别作了密度函数图(图 3-3)。根据曲线的重叠相似性可以看出，在主成分 1 上五类沉积亚相反映互相独立，表明权系数较大的孔隙度曲线（声波、密度、中子）对碳酸盐岩沉积亚相反映最为敏感，其中浅滩的值最大，频率分布最宽，滩前的频率最高，开阔海和潟湖值最低，出现频率较低。而在主成分 2 上有三类区分度较大，一类为滩前，一类为浅滩和滩间，还有一类为开阔海和潟湖，由此表明权系数较大的伽马曲线

(去铀伽马、总伽马)在浅滩和滩间之间,开阔海和潟湖具有相似的伽马射线强度。主成分3的情况和主成分2类似。主成分4上可分为四类,开阔海和潟湖为一类,其余互相独立。通过以上分析,利用四个主成分可以区分五类沉积亚相。

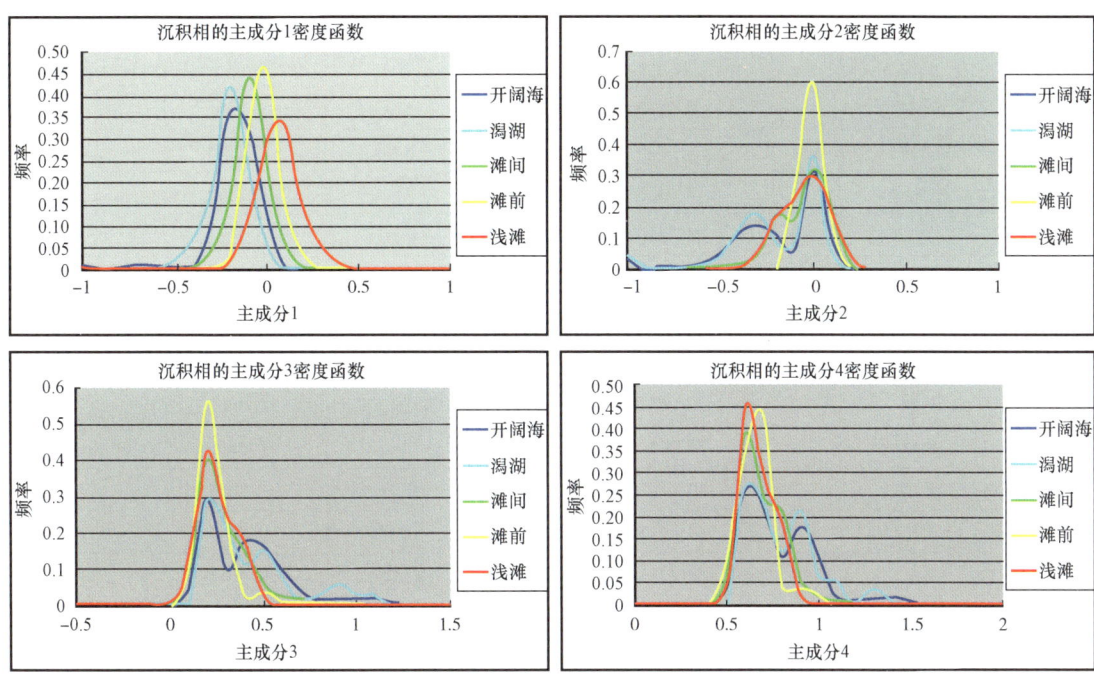

图3-3 四个主成分变量的密度函数(据李艳华等,2017)

## 二、沉积亚相分类预测

在Y油田沉积亚相识别过程中,先后尝试了传统的判别分析法、神经网络法、自组织映射法等,效果均不甚理想。它们或者很难给出合理的判别公式或判别准则,或者过于依赖数学模型而忽略了地质专家的经验,不能处理好类域的交叉或重叠较多的情况;或者学习样本数量不能太多,遇到几千个以上的学习样本时往往无法收敛、速度很慢;或者难以确定分组的含义,无法给出测井相和沉积相的转化关系,常导致识别结果准确率较低。

$K$ 最近邻分类算法(KNN算法)是一个理论上比较成熟的方法。该方法的思路是,如果一个样本在特征空间中的 $K$ 个最相似(即特征空间中最邻近)的样本中的大多数属于某一个类别,则该样本也属于这个类别。计算一个点 A 与其他所有点之间的距离,取出与该点最近的 $K$ 个点,然后统计这 $K$ 个点里面所属分类比例最大的,则点 A 属于该分类。通过 KNN 算法,可以建立沉积相类型和测井曲线的联系(谭学群等,2016)。

KNN方法靠周围有限的邻近样本,而不是靠判别类域的方法确定所属类别,对于类域交叉或重叠较多的待分样本集,KNN方法较其他方法更为适合。该算法比较适用于样本容量比较大的类域的自动分类。那些样本容量较小的类域采用这种算法比较容易产生误分。

根据主成分分析得到的四个主成分变量和岩心分析得到的沉积亚相,建立了KNN学习样本参数。为了对学习样本的沉积亚相和最终预测的沉积亚相实施基本的质量监控,引入了测井解释孔隙度。表3-5显示,总体上浅滩和滩前对应的孔隙度较高,开阔海对应的孔隙度较低,符合碳酸盐岩沉积相分布的基本特点,表明样本中对于亚相的划分具有一定的可信度。相应地,预测的沉积亚相和孔隙度也应符合上述规律。

表3-5 KNN学习样本参数(据李艳华等,2017)

| 井号 | 亚相 | 代号 | 主成分1 | 主成分2 | 主成分3 | 主成分4 | 孔隙度(%) |
|---|---|---|---|---|---|---|---|
| B1 | 开阔海 | 1 | -0.0288 | 0.2346 | -0.0841 | -0.2365 | 2.4 |
| B1 | 开阔海 | 1 | -0.0376 | 0.2270 | -0.0833 | -0.2384 | 2.4 |
| B1 | 开阔海 | 1 | -0.0455 | 0.2217 | -0.0829 | -0.2395 | 3.0 |
| B3 | 浅滩 | 5 | -0.0516 | 0.1019 | -0.0517 | -0.2331 | 11.1 |
| B3 | 浅滩 | 5 | -0.0570 | 0.1012 | -0.0520 | -0.2357 | 11.1 |
| B3 | 浅滩 | 5 | -0.0626 | 0.1002 | -0.0521 | -0.2384 | 11.8 |
| B3 | 浅滩 | 5 | -0.0684 | 0.0992 | -0.0522 | -0.2413 | 12.3 |
| A3 | 潟湖 | 2 | -0.0601 | 0.1284 | -0.1373 | -0.3663 | 9.7 |
| A3 | 潟湖 | 2 | -0.0602 | 0.1289 | -0.1381 | -0.3659 | 9.9 |
| A3 | 潟湖 | 2 | -0.0601 | 0.1288 | -0.1385 | -0.3653 | 9.7 |
| A3 | 潟湖 | 2 | -0.0593 | 0.1291 | -0.1387 | -0.3645 | 9.2 |
| B2 | 高能 | 4 | -0.1116 | 0.0284 | -0.0562 | -0.1851 | 12.4 |
| B2 | 高能 | 4 | -0.1130 | 0.0281 | -0.0563 | -0.1862 | 13.2 |
| B2 | 高能 | 4 | -0.1146 | 0.0272 | -0.0564 | -0.1874 | 13.2 |
| B2 | 高能 | 4 | -0.1161 | 0.0255 | -0.0563 | -0.1881 | 9.2 |
| B2 | 高能 | 4 | -0.1174 | 0.0235 | -0.0563 | -0.1885 | 6.8 |
| A2 | 低能 | 3 | -0.0769 | 0.1643 | -0.0337 | -0.2799 | 8.1 |
| A2 | 低能 | 3 | -0.0765 | 0.1681 | -0.0342 | -0.2803 | 8.1 |
| A2 | 低能 | 3 | -0.0763 | 0.1712 | -0.0347 | -0.2808 | 8.1 |

任意选取$K$的初始值为9,意为从每组学习样本中,取与某一预测样本最相似(即各主成分参数值相差最小)的九个样本点,组成样本集。预测时,在筛选的最相似的九个样本中,取占多数的亚相类型作为所预测样本的亚相类型。如果和岩心分析的亚相结果一致,即为符合。

通过实验,当$K=1\sim10$时,预测精度在85%~90%;当$K=11$时,预测精度达到90%以上;当$K>11$时,预测精度相对稳定,提高幅度不大,但增加了计算量。故取$K=11$作为KNN预测参数。

## 三、辅助预测技术

### (一)电阻率正演去油层

考虑到利用油层的学习样本预测油水同层、水层等其他非油层的数据可能带来误差,需要在主成分分析前对储层中的流体进行处理,以免不同流体对沉积相预测的影响。研究采用了将流体统一替换为水层的方法,具有较好的效果。由于电阻率受流体影响最大,重点对电阻率作了流体替换。从岩石物理角度出发,要正演得到地层电阻率,可从地层水电阻率、孔隙度、饱和度等出发,推导出电阻率。本文利用阿尔奇公式,并假定全部地层都为水层,即 $S_w = 100\%$,反推或正演去油层后的电阻率。

$$R_t = \frac{abR_w}{S_w^n \phi^m} \quad (3-16)$$

为了验证去油层电阻率是否合理,需要保证在水层处该电阻率和原始地层电阻率重合,且利用测井解释的含水饱和度正演拟合地层电阻率必须接近原始地层深电阻率。对比原始电阻率、去油电阻率和正演拟合的模型电阻率(图3-4),可以看出,在整个显示井段,模型电阻率和原始电阻率基本重合,表明模型可靠;在深度3040m以下纯水层,去油层电阻率和原始电阻率基本重合,表明置换为水的去油电阻率较为合理。

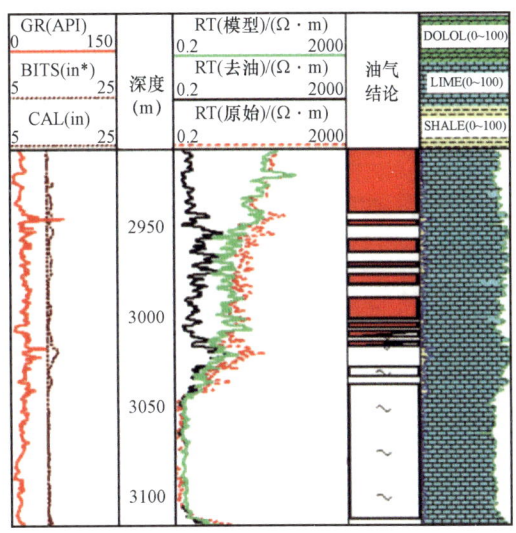

图3-4 电阻率正演去油层影响图

### (二)均值滤波去齿化和众数滤波确定边界

本节对主成分采取了均值滤波去齿化技术以消除高频带来的影响,对沉积亚相的预测结果采取了众数滤波确定边界技术。

沉积亚相往往具有一定的厚度,而主成分中的高频成分势必给沉积亚相的划分带来不稳定性,因此需要对四个主成分进行一定窗长的均值滤波,以消除主成分中的锯齿状。其中窗长的选择依据是

窗长采样点数 = 最小沉积亚相厚度 / 采样间距

也可以在此基础上根据沉积亚相的划分精度进行优化调整。通过计算,得到研究区窗长采样点数是60。

利用 KNN 对沉积亚相进行预测,在最小沉积亚相厚度内仍可能有少数不稳定值,因此,需要进一步对该结果滤波。考虑到沉积亚相为离散的整数代号,研究采用了在前述窗长的基础上提取众数的方法滤波。经试验,这样得到的沉积亚相在厚度、顶底边界上与实际样本吻合较好。

在对岩心井的预测结果检验合格后,窗长参数保持固定,以用于预测非取心井的沉积相。

## 四、沉积相自动识别技术流程

以岩心刻度沉积亚相为基础建立标准,通过一系列相转化为代号、电阻率正演去油层影响、曲线标准化、提取主成分、滤波、建立学习样本和预测样本、KNN 预测、盲井检验等方法,建立了碳酸盐岩沉积相的测井自动识别技术流程,如图3-5所示。

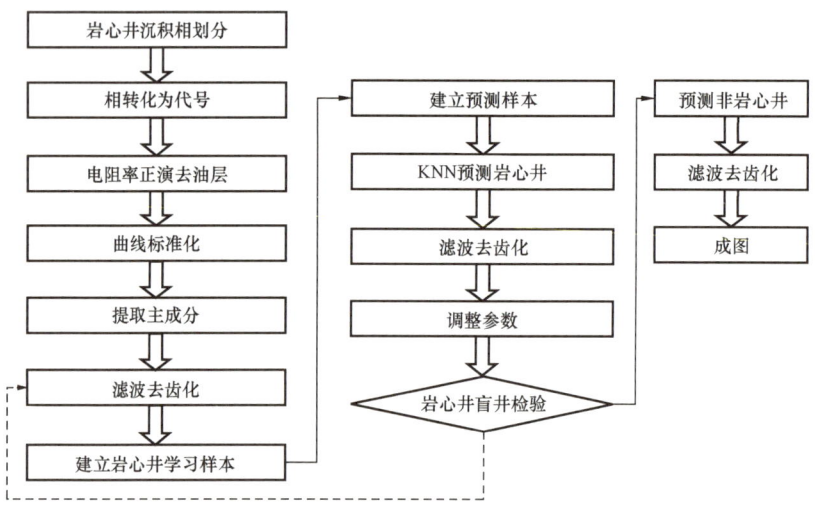

图 3-5 沉积相测井自动识别技术流程(据李艳华等,2017)

## 五、预测结果比较

### (一)KNN 和 ANN(人工神经网络)

通过岩心刻度,以基于岩心的人工地质分析沉积亚相为样本,分别采用 KNN 方法和 ANN 方法进行了沉积亚相预测,对预测结果进行了比较。

以 5262 个岩心数据作为学习样本,利用基于主成分分析的 KNN 分类算法对研究区的一口岩心井进行了盲井试验,即该井不作为学习样本,仅用来检验,结果如图 3-6 所示。可以看

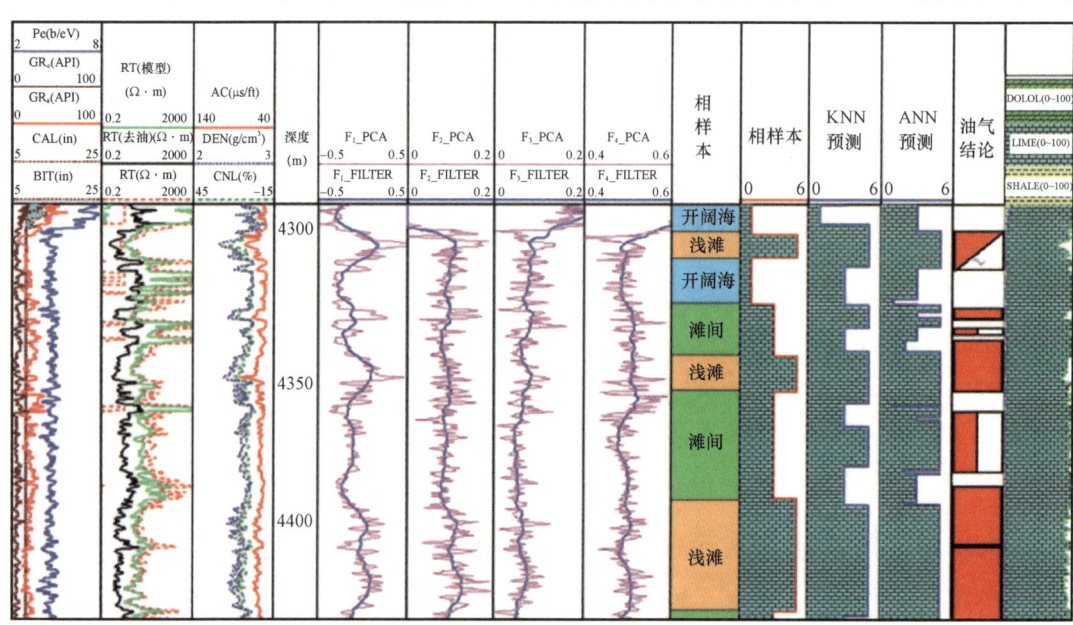

图 3-6 KNN 预测结果和岩心样本、神经网络(ANN)预测结果比较

出，KNN 预测结果和沉积相样本基本吻合，且 KNN 纵向预测精度上有了提高。该方法不需要反复调整参数，具有稳定性和可重复性，多次运行结果完全一致。同时不用独立的学习过程，学习和预测同时进行，整个过程运行速度很快，只需 15s 左右。

而对于 ANN 方法，仍用上述同样的样本进行学习，网络结构为输入层 1 层 4 个节点，隐含层 1 层 3 个节点，输出层 1 层为模式识别，学习效率 0.7，运行 40 万次。得到的结果是无法收敛，学习过程约为 20min。经多次试验，当训练样本大于 500 个时，收敛较慢甚至不收敛。当 ANN 训练样本在 204 个时，由于样本有限，仅对少数井具有一定预测效果，但稳定性和精度不如 KNN 预测结果，可重复性差。

通过比较可以发现，ANN 训练样本数量不能太大，其预测稳定性、精度仍有待提高，学习速度较慢。而 KNN 预测对学习样本的数量基本没有限制，运行速度快，预测结果稳定、可靠，特别适合岩心样本多、井点多的油田开发区块，能很好地满足研究区碳酸盐岩油藏地质建模及储量计算的高要求。

利用 KNN 方法对全区 10 余口样本井逐一进行盲井检验，总体上沉积亚相的预测符合率达到 90% 以上。

## （二）自组织映射（SOM）预测结果分析

自组织映射是一种无监督模式识别方法，在没有已知样本的情况下直接对未知样本进行分析，根据样本间的关系自动完成分类，近年来被广泛应用于各类模式识别中。该方法判别出的是反映沉积相的测井相类别，具体对应地质上哪种沉积相或沉积微相仍需我们结合其他信息最终判定，以实现测井相到地质相的转换。

研究中样本数量为 4476，输入节点数为 4，网络结构为 9，学习效率为 0.2。运行时长约 1h，分类结果如图 3-7 所示。比较 SOM 分类结果和沉积亚相后发现，二者相关性不强，很难找到规律对 SOM 分类结果进行合并。

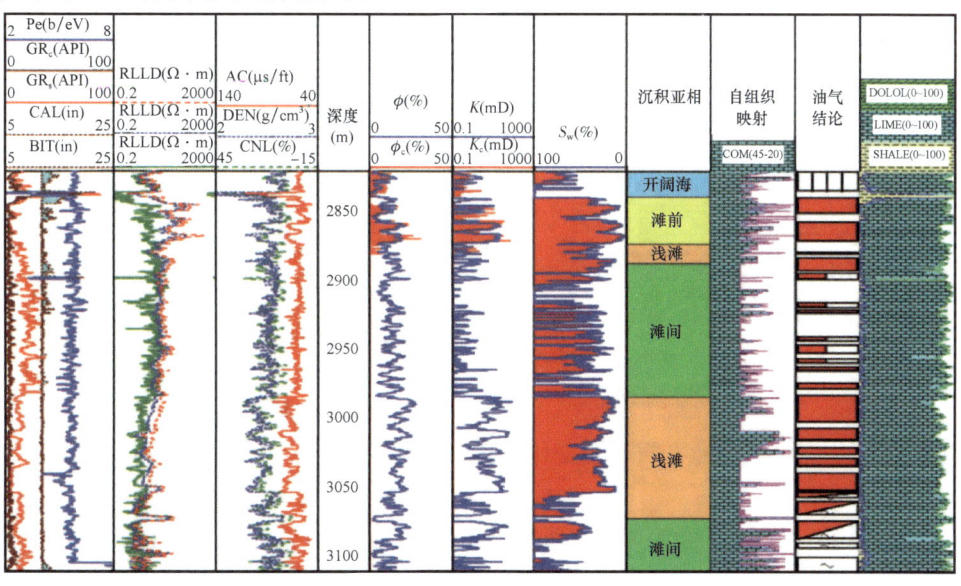

图 3-7　自组织映射（SOM）预测结果

分析认为,大数据量时SOM方法预测研究区碳酸盐岩沉积相运行时间长、预测结果与沉积相关联性不强。因此,该方法可能并不适合研究区碳酸盐岩沉积相的预测。

## 第三节 相数据分析

沉积相数据分析是确定模拟方法以及控制模拟结果的重要基础,通常在单井沉积相结果网格化之后,需要从多个角度对其进行统计分析。主要包括:
(1)各小层沉积相纵向比例分布;
(2)各相类型厚度分布统计特征;
(3)能够约束沉积相分布的第二变量分布特征;
(4)控制沉积相展布方向和规模的变差函数分析结果。

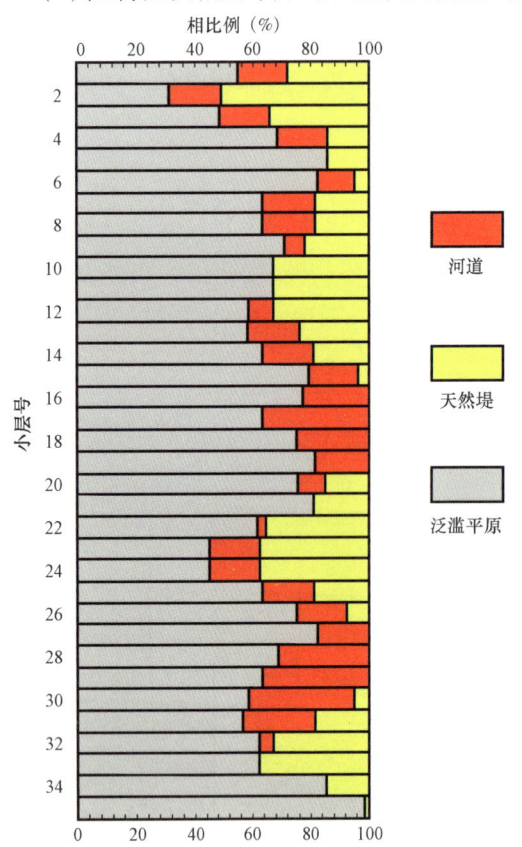

图3-8 沉积相纵向比例分布

沉积相纵向比例的分布主要为了反映垂向沉积的韵律特征,比如对于河道沉积,纵向由底部到顶部往往是含泥砾滞留沉积、河道主体沉积、废弃河道沉积,整个沉积过程中泥质含量呈现逐渐增高的过程,需要将这一垂向变化体现在三维相模型中(图3-8)。

单井相沉积厚度分布统计是为了掌握不同沉积微相类型的厚度范围,基于这些定量参数可以结合地区经验公式计算沉积微相的宽度,作为沉积模拟过程(如基于目标模拟)中的输入参数。不同沉积相类型,其厚度分布存在差异,比如在河流相沉积中,单一河道砂体的厚度较大,在24~32m,而天然堤砂体的厚度较河道砂体小,在4~20m(图3-9)。

第二变量分析主要是为了增加沉积相模拟的控制条件,对于三维空间模拟常用到的第二变量为地震属性。常用的地震属性以地震波阻抗(AI)最多,通过单井统计及交会图分析各沉积微相与波阻抗的关系。波阻抗低反映存在较高的孔隙度,对应在河流相中的河道或者天然堤储层,随着储层泥质含量的增大,孔隙度越来越小,波阻抗值呈现出增大的趋势。

基于两者之间的相关性分析,在沉积相三维模拟中通过波阻抗协同约束控制,井间预测可信度更高(图3-10)。

变差函数是地质统计学模拟中最关键的参数,决定着模拟目标的展布方向和规模。在相数据分析时,需要分别从主变程、次变程和垂直变程三个方向进行变差函数的拟合。较好的变差函数要求块金值小(趋近于0)、变程内有足够的数据点、变程之外数据平稳,变差函数的方向主要根据沉积物源方向确定。变差函数分析时,为了保证对同一网格层的数据点进行对比分析,需要在去网格趋势模式下进行(图3-11)。

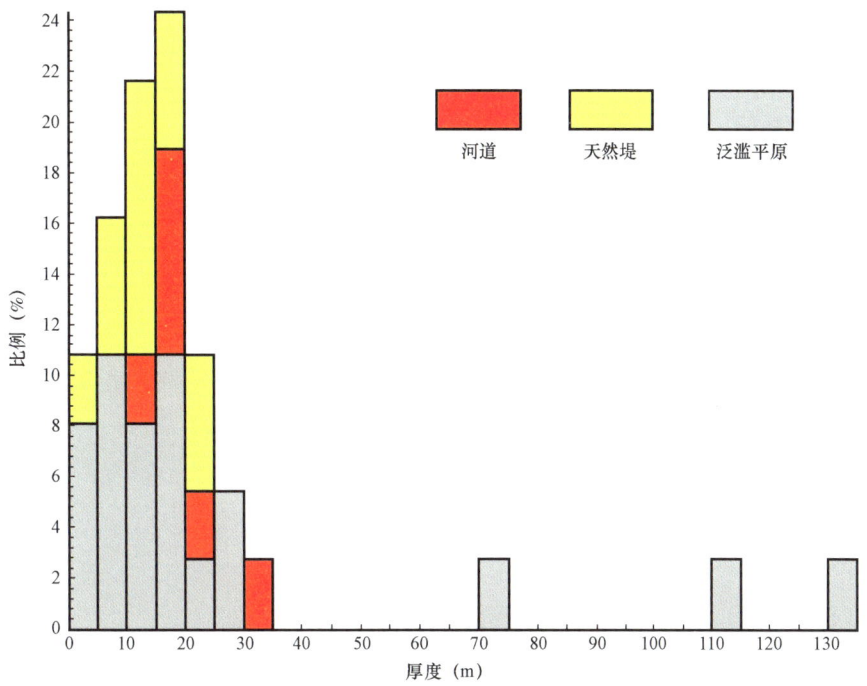

图3-9 各沉积相类型厚度统计分布

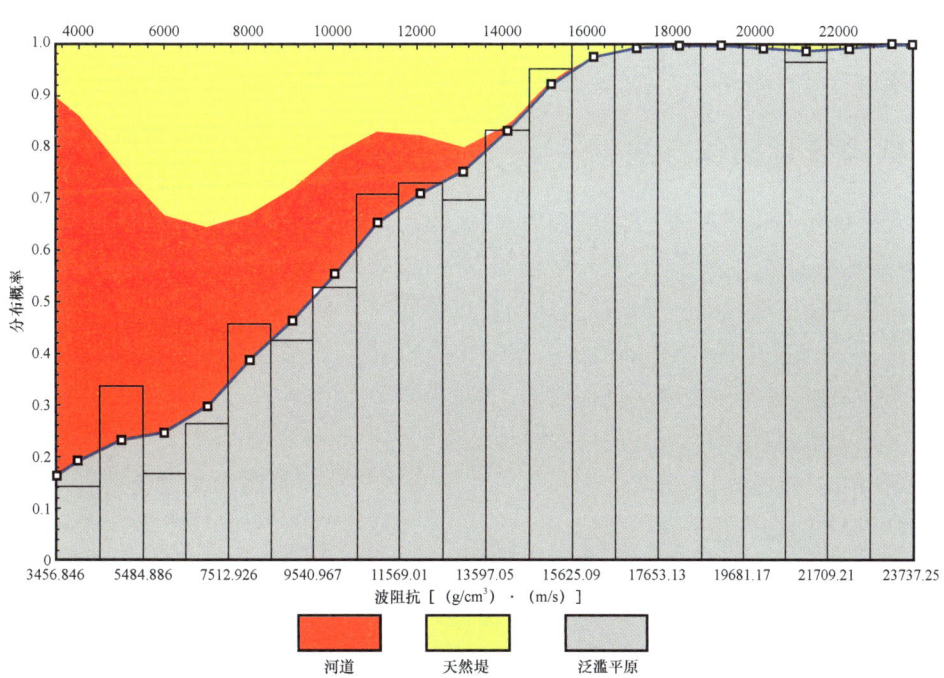

图3-10 第二变量与沉积相分布相关性统计

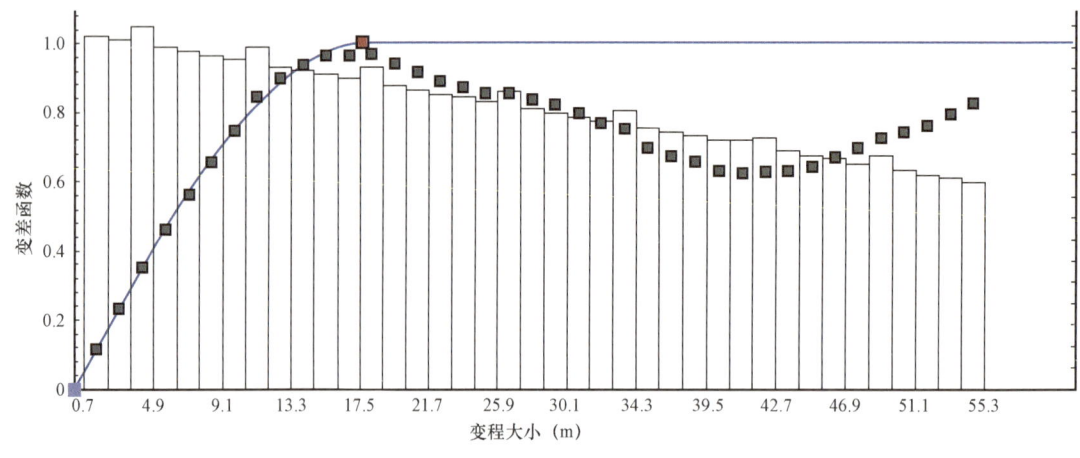

图 3-11 变差函数分析

## 第四节 确定性相建模方法

确定性建模对井间未知区给出确定性的预测结果,即从已知确定性资料的控制点(如井点)出发,推测出点间(如井间)确定的和唯一的储层参数。目前,确定性建模所应用的储层预测方法主要有三种,即地震学方法、沉积学方法和储层插值方法。地震学方法和沉积学方法将在第七章和第八章详细描述,本节主要介绍储层插值方法。储层插值建模,是指应用插值方法对储层进行井间内插和井外推测,从而建立储层地质模型的方法。该方法大致可以分为传统的统计学插值方法和地质统计学估值方法(主要是克里金方法)。

### 一、数理统计插值方法

常规数理统计方法很多,如三角网插值法、距离反比加权法、径向基函数插值法、多重网格逼近法、离散光滑插值法、样条插值法、最近邻点法、移动最小二乘法等。一般插值方法可分为局部插值与整体插值两大类。局部插值法的特点是每一个插值点只影响其周围的局部区域,如距离反比、B 样条插值等;整体插值法则基于整体插值点,一般要求解一个线性方程组,变动或改变一个插值点,就会改变整个插值曲面,如薄板样条插值等。

在储层建模中,应用该类方法的前提是地质参数在井间具有数理统计关系,即某种数学函数关系,如三角网方法的前提是井间参数值是井眼参数与井间距离的线性函数。应用这一函数关系,即可对井间进行储层参数插值,并建立储层地质模型。当然,这类方法也可整合地震信息进行插值。

不同插值方法的内涵及应用范畴各有差别(表 3-6),在实际应用中,应根据地质参数的空间分布特征、原始数据类型及插值网格节点规模选择合适的插值方法。

表 3-6 主要数理统计插值方法简表(据吴胜和,2010)

| 算法 | 算法描述 | 算法应用范围 |
|---|---|---|
| 三角网插值法 | 首先基于已知点连接三角形网格,并以此为基础,将处于各个三角形内的未知点,通过各个三角形边作线性插值。该算法稳定性好,效率高;插值结果数值介于已知点数值范围;在已知点少的情况下会出现明显的受三角形控制趋势;同时三角网络外的未知点将无法进行插值计算 | 在已知点数目较多且分布均匀的情况下插值效果较好,适用于构造或平面参数分布插值;在已知点稀疏且分布不均的情况下,插值效果表现出明显的受已知点三角形控制的趋势 |
| 距离反比加权法 | 将未知点值表示为其周围已知点的加权平均,权系数与到各已知点的距离成反比。该算法简单、效率高;与三角网法相比,可对每个未知点进行插值计算;插值结果数值介于已知点数值范围,但容易在井点处出现"牛眼"现象 | 应用最广的插值方法,可单独使用,也常与其他插值方法进行综合。基本上适用于任何类型的网格面或三维网格体属性插值 |
| 径向基函数插值法 | 在径向基函数空间中,以各已知点为中心,距离 $r$ 为变量的基函数的线性组合构建插值函数。采用不同特性的径向基函数,可适应不同建模模型的需要。该方法在求解基函数权系数时,需要解一个与已知点规模一致的线性方程组,因此已知点个数最好限定在一定数量 | 径向基函数法可适用于各种类型的网格化面插值,如构造层面、平均储层参数分布等;已知点个数不能太多,最好在 200 个以下,且分布均匀;只适用于井点数据 |
| 多重网格逼近法 | 基本思想是将整个插值过程分解为网格由粗到细的多次迭代计算。该算法效率非常高,稳定性好;对没有原始点分布位置处,也能保持很好的趋势 | 可综合地震、等值线及井点数据插值,例如地震层位解释数据的网格化插值、平面储层属性参数的网格化插值 |
| 离散光滑插值法 | 基于对目标体的离散化,通过设立目标准则及约束条件,将各种地质模型特征加入到算法中,并最终通过迭代方法求模型的最优解。该算法非常灵活,可根据不同的情况设立适应的目标准则与约束条件。但当插值网格节点较多时,算法效率会变得很低 | 目前该方法已成为地质体几何建模的主流技术,特别是对于复杂地质体几何外形建模,如岩浆侵入岩体、地层复杂断裂及挠曲褶皱等。同时,可将地质目标体边界作为约束条件,可实现平面相控储层参数插值等 |
| 样条插值法 | 使用某种数学函数,对一些限定的点值,通过控制估计方差,利用一些特征节点,用多项式拟合的方式来产生平滑的插值曲线 | 适用于构造层面插值 |
| 最邻近点法 | 对每一个未知点,从所有已知点中找到与之最近的一个,然后将此已知点的值赋给这个未知点 | 适用于大规模已知点信息的计算 |
| 移动最小二乘法 | 在每一个未知点处拟合一个曲面,然后在此曲面上取未知点处的值,采用拟合误差平方加权之和达到最小作为函数优化条件 | 适用于各种类型的网格化面插值计算 |

## 二、克里金插值方法

由于传统的数理统计学插值方法只考虑观测点与待估点之间的距离,而不考虑地质规律所造成的储层参数在空间上的相关性,因此插值精度较低。为了提高对储层参数的估值精度,人们广泛应用克里金方法来进行井间插值。克里金方法是一种主要的地质统计学估值方法,根据待估点周围的若干已知信息,应用变差函数对估点的未知值做出最优(即估计方差最小)、无偏(即估计值的均值和观测值的均值相等)估计。

## （一）区域化变量

能用其空间分布来表征一个自然现象的变量叫区域化变量。区域化变量是克里金技术应用的理论基础。它的特点是利用随机函数来分析和处理观测数据，建立统计关系，求取估计方差。

常规手段所获取资料（如钻井、测井或地震）的处理结果可作为区域变量的观测值。这些观测值在一定程度上可以表示出区域化变量在区域上的变化特征和趋势，再加上所表征的自然现象所具有的某种连续性，使得区域化变量具有空间结构特征。另一方面，由于观测数据本身特性各异、观测过程的误差及随机因素，区域化变量具有随机性的特点。

在统计模式的建立过程中，需要把空间一点 $x_i$ 处的观测值 $Z(x_i)$ 解释为在空间上该点处的一个随机变量 $Z(x_i)$ 的一个随机实现。这样，在空间各点处定义的随机变量的集合就可以构成一个随机函数 $Z(x)$。因此，表征 $Z(x)$ 的空间变异性问题就转化为研究随机函数 $Z(x)$ 在各点处的随机变量 $Z(x_i)$ 和 $Z(x_j)$ 之间的相关关系问题。

如果随机函数 $Z(x)$ 的分布函数有一个期望值，这个期望值是 $x$ 的函数，则为 $Z(x)$ 的一阶矩，记为

$$E[Z(x)] = m(x) \tag{3-17}$$

如果随机函数 $Z(x)$ 的方差存在，将随机变量 $Z(x)$ 对于其期望值 $m(x)$ 的中心二阶矩定义为方差，即

$$\mathrm{Var}[Z(x)] = E[(Z(x) - m(x))^2] \tag{3-18}$$

如果随机变量 $Z(x_1)$ 和 $Z(x_2)$ 都有方差，那么其协方差函数也存在，它作为 $Z(x)$ 的混合二阶矩是两个位置 $x_1$ 和 $x_2$ 的函数，可记为

$$C(x_1, x_2) = E\{[Z(x_1) - m(x_1)][Z(x_2) - m(x_2)]\} \tag{3-19}$$

当随机函数 $Z(x)$ 满足以下条件时，称之为二阶平稳。

(1) 它的数学期望存在且与 $x$ 无关：

$$E[z(x)] = m \tag{3-20}$$

式中 $m$——常数，与 $x$ 无关。

(2) 对每一个随机变量 $Z(x)$ 和 $Z(x+h)$，其协方差存在且平稳，仅依赖于两点间的距离 $h$，与 $x$ 无关：

$$C(x+h, x) = C(h) = E[Z(x+h)Z(h)] - m^2 \tag{3-21}$$

式中 $h$——矢量距离，称为滞后距。

如果随机函数不满足二阶平稳假设，在实际应用中可适当放宽条件。若随机函数满足以下条件，称之为满足内蕴假设或称本征假设。

(1) 在整个研究区内满足：

$$E[Z(x+h) - Z(h)] = 0 \tag{3-22}$$

(2) 对三维空间的向量 $h$,增量 $E[Z(x+h)-Z(h)]$ 具有一个与 $x$ 无关的方差:

$$\mathrm{Var}[Z(x+h)-Z(x)] = E\{[Z(x+h)-Z(x)]^2\} \tag{3-23}$$

有些随机函数的协方差无限大,不满足二阶平稳假设,但能满足内蕴假设。

### (二) 变差函数

#### 1. 基本概念

变差函数是区域化变量空间变异性的一种度量,反映了空间变异程度随距离变化而变化的特征。变差函数强调三维空间上的数据构形,从而可定量描述区域化变量的空间相关性,即地质规律所造成的储层参数在空间上的相关性。它是克里金技术及随机模拟中的一个重要工具。

设 $Z(x)$ 是一个随机函数,如果差函数 $Z(x+h)-Z(x)$ 的一阶矩和二阶矩仅依赖于点 $x+h$ 和 $x$ 之差 $h$ (即 $Z(x)$ 为二阶平稳或满足内蕴假设),那么定义这一差函数的方差的一半为变差函数 $\gamma(h)$,或称为半变差函数(为简明起见,后文均称为变差函数):

$$\gamma(h) = \frac{1}{2}\mathrm{Var}[Z(x+h)-Z(x)] \tag{3-24}$$

$$\gamma(h) = \frac{1}{2}E\{[Z(x+h)-Z(x)]-E[Z(x+h)-Z(x)]^2\} \tag{3-25}$$

假设 $E[Z(x+h)-Z(x)]=0$,则变差函数可写成

$$\gamma(h) = \frac{1}{2}E[(Z(x+h)-Z(x))^2] \tag{3-26}$$

变差函数 $\gamma(h)$ 随滞后距 $h$ 变化的各项特征,表达了区域化变量的各种空间变异性质。这些特征包括影响区域的大小、空间各向异性的程度,以及变量在空间的连续性。这些特征可通过变差函数图[变差函数 $\gamma(h)$ 随 $h$ 的变化图]的各项参数,即变程、块金值、基台值来表示(图 3-12)。

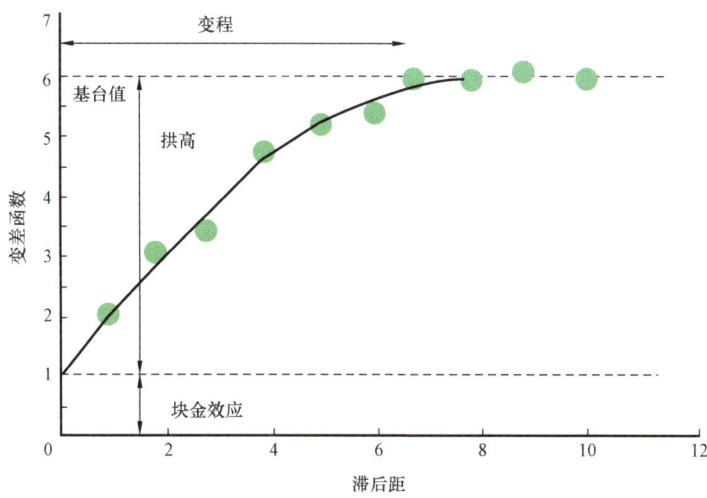

图 3-12 变差函数图(据 Journel 和 Huijbregts,1978)

1)变程

变程指区域化变量在空间上具有相关性的范围,在变程范围之内,数据具有相关性;而在变程之外,数据之间互不相关,即在变程以外的观测值不对估计结果产生影响。具体来说,假如某个属性在空间上是各向同性的,也就是说在各个方向上的变化一致,那么,以某一观测点为球心,以变程为半径画一个球体,该观测点和球体内的所有其他数据相关;反之,超出这个范围的数据与该点无关。因此,变程的大小反映了变量空间相关性的大小,变程相对较大,意味着该方向的观测数据在较大范围内相关;反之,则相关性较小。如图3-13所示,图中三幅图像的变程不同,则图像的空间相关性也不同,如图3-13a变程最小,其空间相关性也最小,图3-13c变程最大,其空间相关性也最大。因此,变程是地质统计学中一个十分重要的参数。

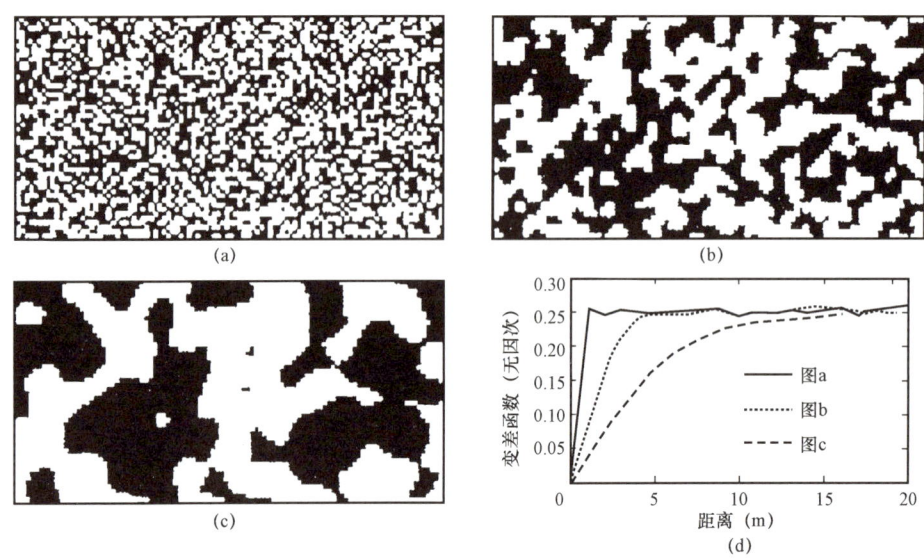

图3-13 具有不同变程的克里金插值图像(据Deutsch和Journel,1998)

2)块金值

变差函数如果在原点间断,这在地质统计学中称为"块金效应",表现为在很短的距离内有较大的空间变异性。在数学上,块金值相当于变量纯随机性的部分。如果无论$h$多么小,两个随机变量都不相关,这种现象称为纯块金效应。

3)基台值

基台值代表变量在空间上总变异性大小,即当$h$大于变程时的变差函数值,其为块金值和拱高之和。拱高为在取得有效数据的尺度上,可观测得到的变异性幅度的大小。当块金值等于0时,基台值为拱高。

4)变差函数与协方差函数的关系

在二阶平稳假设条件下,变差函数$\gamma(h)$与协方差函数$C(h)$均存在且平稳,此时,两者具有如图3-14所示的消长关系。以块金值为0的情况为例。在原点处,$\gamma(h)$为0,且随着$h$增大而增大,到变程$a$处达到基台值;而$C(h)$在原点处的值$C(0)$为变差函数的基台值,且随着

$h$ 增大而减小,到变程 $a$ 处趋于 0。

$$c(h) = c(0) - \gamma(h) \tag{3-27}$$

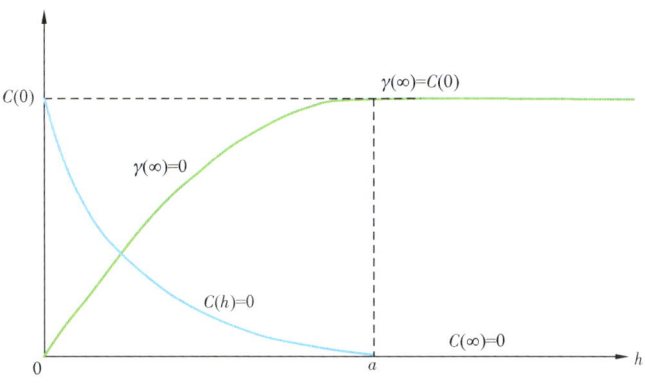

图 3-14 变差函数与协方差函数关系示意图
（据王仁铎和胡光道,1988）

## 2. 变量的各向异性

不同方向的变差函数可反映变量的各向异性特征,包括有无各向异性及各向异性的类型。如果各个方向的变差图基本相同,则为各向同性,否则为各向异性。

各向异性的特征主要通过变程和基台值来反映。如图 3-15 所示,由于两个图像在垂向和水平方向上的变程均有差异,导致图像形态有很大的差别,其中图 3-15a 的水平变程小于图 3-15b,其垂向变程又大于图 3-15b,导致两个图像目标物体的几何形态截然不同。

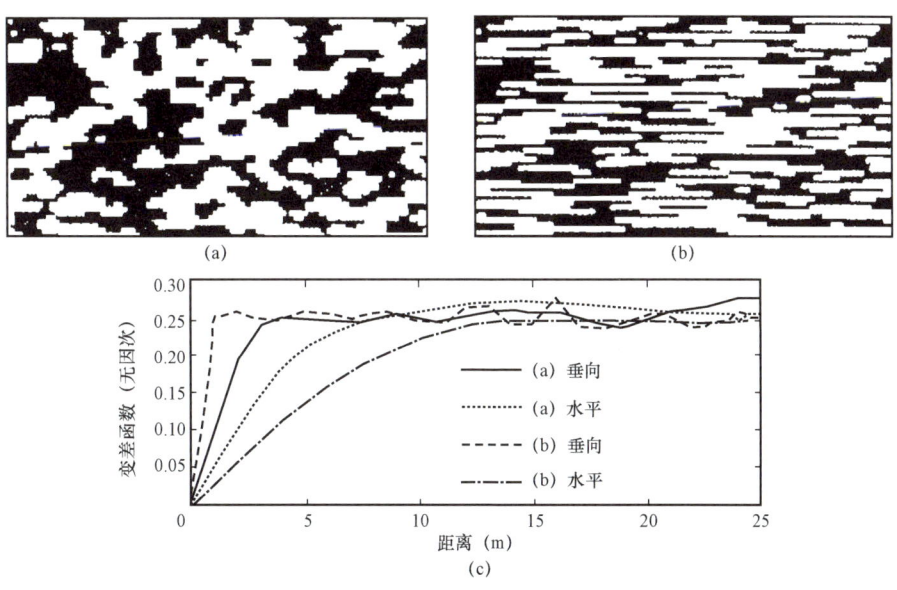

图 3-15 各向异性的影响（据 Deutsch 和 Journel,1998）

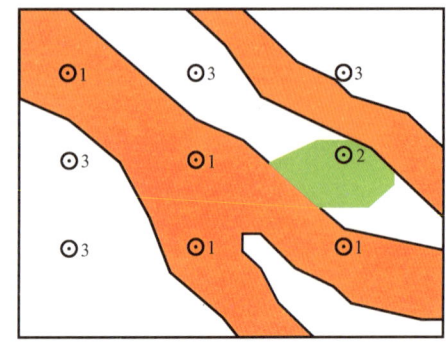

图 3-16　地质变量的各向异性示意图
（据吴胜和，2010）

在大多数沉积环境中，地质变量的相关性在不同的方向是不一样的。在平面上，顺主流线的变程往往大于垂直主流线方向（图 3-16）；而由于地质体的垂向规模通常小于平面规模，垂向变程往往远小于平面各个方向。

各向异性又可分为几何各向异性和带状各向异性。如果变差函数在空间各个方向上的变程不同，但基台值不变（即变异程度相等），则称其为几何各向异性（图 3-17），这种情况能用一个简单的几何坐标变换将各向异性结构变换为各向同性结构。如果不同方向的变差函数具有不同的基台值，则称为带状各向异性（图 3-18），其中变程可以相同，也可以不同。这种情况不能通过坐标的线性变换转化为各向同性。

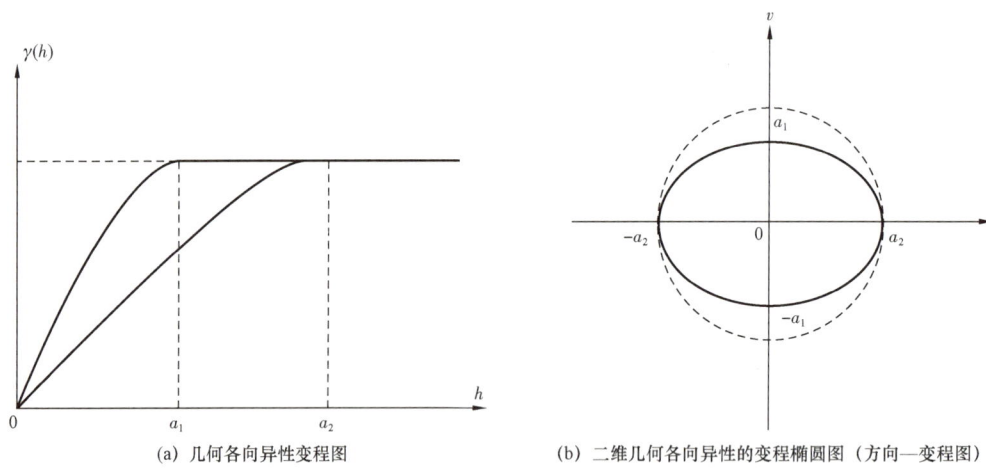

(a) 几何各向异性变程图　　(b) 二维几何各向异性的变程椭圆图（方向—变程图）

图 3-17　几何各向异性（据 Deutsch 和 Journel，1998）

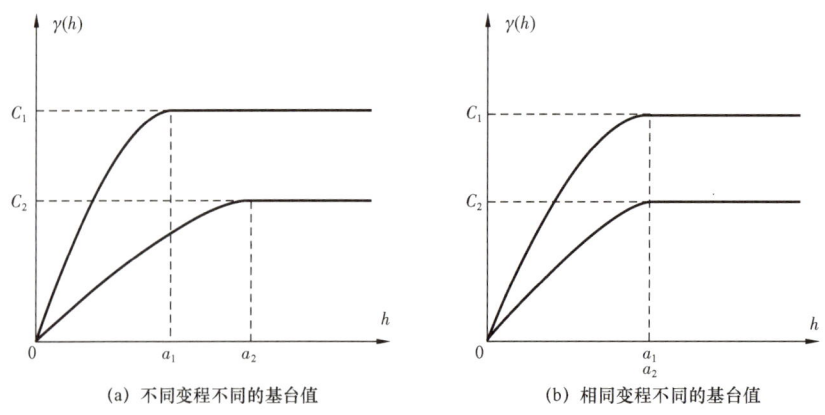

(a) 不同变程不同的基台值　　(b) 相同变程不同的基台值

图 3-18　两个方向带状各向异性（据王仁铎和胡光道，1988）

3. 变差函数结构分析

通过有限的区域化变量空间观测值来构建相应的理论变差函数模型,以表征该变量的主要结构特征,即为区域化变量的"结构分析"。结构分析是地质统计学研究的第一步,也是非常重要的一步。在结构分析的基础上,才能作进一步的克里金估值、条件模拟等。结构分析不仅需要对所研究的区域化变量的地质特征有基本的认识,而且要求在选用各种地质统计学工具方面具有一定的技巧和经验。这一方面增加了工作的复杂性,另一方面也使地质学家能加入自己的认识和经验,这也正是克里金技术区别于其他方法的特点所在。结构分析一般包括以下几个方面。

1) 数据准备

数据准备包括区域化变量的选取、数据质量检测及校正、数据的变换(如对渗透率进行对数变换)、数据的统计(如分相带对储层参数计算平均值、方差,作直方图、相关散点图等)、丛聚数据的解串等。

2) 实验变差函数的计算

实验变差函数 $\gamma^*(h)$ 是指应用观察值计算的变差函数。对于不同的滞后距 $h$,可算出相应的 $\gamma^*(h)$。在 $h - \gamma^*(h)$ 坐标图上标出各点 $[h, \gamma^*(h)]$,便可得到实验变差函数图。在 $\gamma^*(h)$ 的计算中,可利用的数据对越多,则算出的变差函数的代表性越强,可靠性也越大;如果可利用的数据对太少,则算出的变差函数值不太可靠,也没有多大的实际意义。

(1) 一维实验变差函数的计算。

实验变差函数的计算公式由式(3-26)变换得到。在实际计算时,均沿某一个方向进行计算。因此,一维变差函数的计算公式可表达为

$$\gamma^*(h) = \frac{1}{2N(h)} \sum_{i=1}^{N(h)} [Z(x_i) - Z(x_i + h)]^2 \qquad (3-28)$$

式中 $\gamma^*(h)$ ——实验变差函数计算值;

$N(h)$ ——滞后距为 $h$ 时的点对数;

$Z(x_i)$ ——第 $i$ 点的区域化变量值,$i = 1, \cdots, N(h)$;

$Z(x_i + h)$ ——距 $i$ 点距离为 $h$ 处的区域化变量值。

对于选定的 $h$ 而言,实验变差函数值 $\gamma^*(h)$ 为 $[Z(x_i) - Z(x_i + h)]^2$ 的算术平均值的一半。对于某一方向,要选择多个滞后 $h$(相当于步长);对于不同的 $h$,要分别计算变差函数值 $\gamma^*(h)$。多个 $h$ 与 $\gamma^*(h)$ 便可构成实验变差函数图。

(2) 二维实验变差函数的计算。

在二维情况下,要分不同方向进行一维变差函数计算。

首先,通过各方向试算,确定主变程方向和次变程方向。主变程方向为变程最大的方向,与此正交的方向为次变程方向(二维上变程最小的方向)。在实际计算时,参考地质背景知识,如主物源或主流线方向为主变程方向,与此正交的方向为次变程方向(图3-19)。在实际计算时,为了避免点对太少,往往考虑滞后距容限和角度容限(图3-20)。

滞后距容限:在进行变差函数计算时,允许大于或者小于步长一定范围内的点也参与计算,这个范围被称为滞后距容限,一般用步长的百分数表示。例如,50%的滞后距容限表示距

离在 0.5~1.5 倍步长范围内的点都可以参与一个步长的实验变差函数的计算。

角度容限：在进行变差函数计算时，允许偏离搜索方向一定角度的数据点参与计算。这个允许偏离的角度称为角度容限。

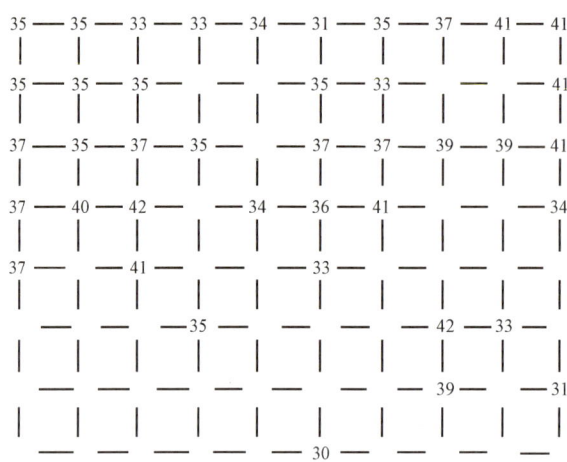

图 3-19　二维实验变差函数计算时平面数据点分布示意图（据吴胜和，2010）

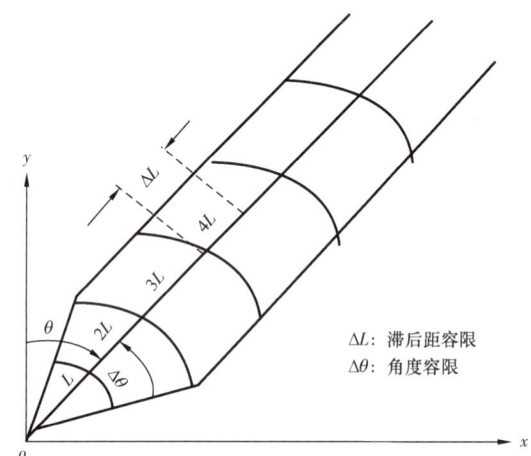

图 3-20　滞后距容限和角度容限示意图（据吴胜和，2010）

**4. 变差函数理论模型**

假设 $Z(x)$ 为满足本征假设的区域化变量，则常见的理论变差函数主要有以下五类。

1）球状模型

变差函数由一个真实变程 $a$ 和正的方差贡献或基台值 $c$ 来确定。

$$r(h) = c \cdot \text{Sph}\left(\frac{h}{a}\right) = \begin{cases} c\left[1.5\left(\dfrac{h}{a}\right) - 0.5\left(\dfrac{h}{a}\right)^3\right], & h \leq a \\ c, & h \geq a \end{cases} \quad (3-29)$$

式中　$c$——基台值；

$a$——变程；

$h$——滞后距。

接近原点处，变差函数呈线性形状，在变程处达到基台值。原点处变差函数的切线在变程 2/3 处与基台值相交（图 3-21）。

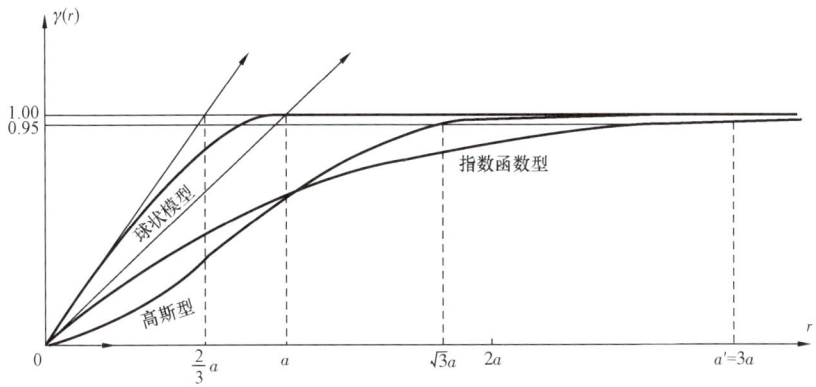

图 3-21 三种有基台值的理论变差函数模型（据贾爱林，2010）

2）指数模型

变差函数由一个真实变程 $a$（有效变程 $a/3$）和正的方差贡献 $c$ 来确定。

$$r(h) = c \cdot \exp\left(\frac{h}{a}\right) = c\left[1 - \exp\left(-\frac{3h}{a}\right)\right] \quad (3-30)$$

变差函数渐近地逼近基台值。在实际变程 $a$ 处，变差函数为 $0.95c$。模型在原点处为直线（图 3-21）。

3）高斯模型

变差函数由一个真实变程 $a$ 和正的方差贡献 $c$ 来确定。

$$r(h) = c\left[1 - \exp\left(-\frac{(3h)^2}{a^2}\right)\right] \quad (3-31)$$

变差函数渐近地逼近基台值。在实际变程 $a$ 处，变差函数为 $0.95c$。模型在原点处为抛物线（图 3-21）。为一种连续性好但稳定性较差的模型。

4）幂函数模型

变差函数由一个幂值 $0 < \omega < 2$ 和正斜率 $c$ 确定。

$$r(h) = c \cdot h^\omega \quad (3-32)$$

幂函数模型为一种无基台值的变差函数模型。这是一种特殊的模型，当参数 $\omega$ 改变时，它可以表示原点附近的各种形状（图 3-22）。当 $\omega = 1$ 时，变差函数为一直线，即为线性模型，这一模型即为著名的布朗运动

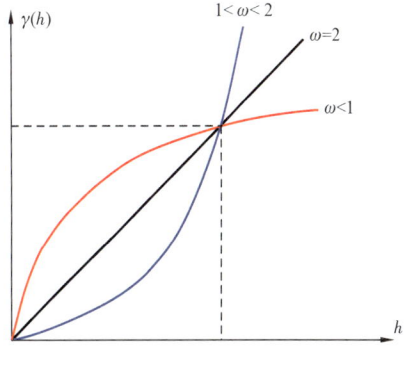

图 3-22 幂函数模型
（据贾爱林，2010）

(其随机函数的理论模型为随机行走过程)的变差函数模型 $r(h) = c \cdot h$;当 $\omega \neq 1$ 时,变差函数为抛物线形,为分数布朗运动的变差函数模型。

**5. 理论变差函数的最优拟合**

复杂的区域化变量往往包含各种尺度上多层次、多方向的变化性。大尺度的变化性总是包含着小尺度的变化性,但却不能从大尺度的变化性中区分出小尺度的变化性。例如,对于 200m 宽的河道,在 $h = 50m$ 的观测尺度上可以将其与河道间的变化性区分出来,但却无法区分层理和矿物成分的变化性(即无法找出更细微的结构),它们在 50m 尺度得到的结构上只能作为块金效应出现。如观测尺度为 500m,河道的变化也只能作为块金效应。代表微观变化性的变程极小的球状模型,可近似地看做纯块金效应型。

上述多层次变化反映在变差函数上即为多层次结构。将不同结构组合为统一结构的过程称为结构套合,也就是将不同距离 $h$ 上和不同方向 $\alpha$ 上同时起作用的变化性用分段函数的形式表达出来。

在实验变差函数图中,$\gamma^*(h)$ 点相对较为离散,因而需要拟合出一条最优的理论变差函数曲线。在最优拟合时,应选择合适的理论变差函数模型(曲线方程),同时还需要进行结构套合,从而得到一条反映不同层次(或不同空间规模)结构的、统一的、最优的理论变差函数曲线。

结构套合可以表示为多个变差函数之和,每一个变差函数表示一种特定尺度上的变化性。结构套合的表达式可以写成

$$\gamma(h) = \gamma_0(h) + \gamma_1(h) + \cdots + \gamma_n(h) \tag{3-33}$$

例如,某区域化变量在某一方向上的变化性由 $\gamma_0(h)$、$\gamma_1(h)$、$\gamma_2(h)$ 组成。$\gamma_0(h)$ 表示变量在微观上的变化性,其变程 $a$ 极小,可近似看成纯块金效应(图 3-23),其表达式为

$$\gamma_0(h) = \begin{cases} 0, & h = 0 \\ c_0, & h > 0 \end{cases} \tag{3-34}$$

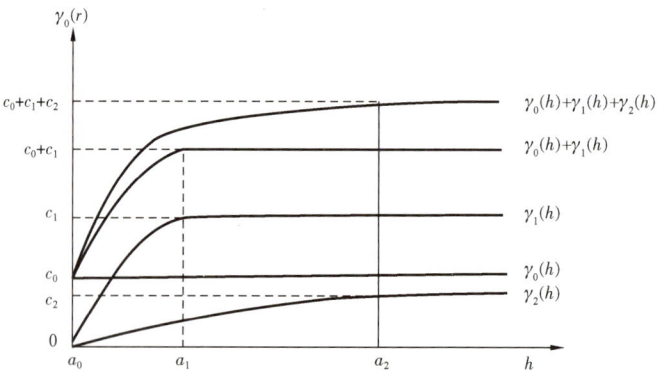

图 3-23 变差函数结构套合示意图(据侯景儒,1998)

$\gamma_1(h)$ 表示矿层及岩层的交互现象,可以用一个球状模型来描述,其变程 $a_1 = 10m$(图 3-13),其表达式为

$$\gamma_1(h) = \begin{cases} c_1\left[\dfrac{3}{2}\dfrac{h}{a_1} - \dfrac{1}{2}\left(\dfrac{h}{a_1}\right)^3\right], 0 \leq h \leq a_1 \\ c_1, h > a_1 \end{cases} \quad (3-35)$$

$\gamma_2(h)$ 表示矿化带可能存在的范围,也是一个球状模型,其变程 $a_2 = 200\mathrm{m}$(图 3-23),其表达式为

$$\gamma_2(h) = \begin{cases} c_2\left[\dfrac{3}{2}\dfrac{h}{a_2} - \dfrac{1}{2}\left(\dfrac{h}{a_2}\right)^3\right], 0 \leq h \leq a_2 \\ c_1, h > a_2 \end{cases} \quad (3-36)$$

总的结构套合可表示为

$$\gamma(h) = \gamma_0(h) + \gamma_1(h) + \gamma_2(h) \quad (3-37)$$

写成分段函数的叠加形式为

$$\gamma(h) = \begin{cases} 0, h = 0 \\ c_0 + \dfrac{3h}{2}\left(\dfrac{c_1}{a_1} + \dfrac{c_2}{a_2}\right) - \dfrac{h^3}{2}\left(\dfrac{c_1}{a_1^3} + \dfrac{c_2}{a_2^3}\right), 0 < h \leq a_1 \\ c_0 + c_1 + c_2\left[\dfrac{3}{2}\dfrac{h}{a_2} - \dfrac{1}{2}\left(\dfrac{h}{a_2}\right)^3\right], a_1 < h \leq a_2 \\ c_0 + c_1 + c_2, h > a_2 \end{cases} \quad (3-38)$$

6. 变差函数最优性检验

变差函数是否符合实际,应进行检验,一种实用的检验方法称为交叉验证法,检验标准是各实测点的克里金估计值与实测值误差的平方平均值最小。估计误差的平方与克里金估计方差之比越接近1,则变差函数与实际空间变异规律的符合程度越高。实际上,这种方法在检验变差函数的同时,也在检验所使用的克里金方法的适用性。

在结构分析过程中,应充分考虑研究区的地质特征。在计算实验变差函数之前,应首先了解地质情况;在构建出理论变差函数之后,应对其进行初步的地质解释。一般地,较长的变程和较小的基台值表示地质变量具有较大的空间连续性,而且变化平缓。对于同一区域化变量来说,相似的变差函数表明相似的地质成因,而完全不同的变差函数则说明其地质成因截然不同。

(三)克里金插值方法

克里金插值是一种局部估计的方法。它提供了区域化变量在一个局部区域平均值的最佳估计,即最优(估计方差最小)、无偏(估计误差的数学期望为0)的估计。克里金估计根据实测数据,应用变差函数所提供的空间结构信息,通过求解克里金方程组计算局部估计值。该方法充分考虑了空间数据的结构性和随机性,从而使克里金方法优于其他一些传统的统计方法。

1. 基本原理

下面以普通克里金为例说明克里金的估值方法。

设 $x_1,\cdots,x_n$ 为区域上的一系列观测点,$Z(x_1),\cdots,Z(x_n)$ 为相应的观测值。区域化变量 $Z(x)$ 在 $x_0$ 处的随机变量 $Z^*(x_0)$ 可采用一个线性组合来估计:

$$Z^*(x_0) = \sum_{i=1}^{n} \lambda_i z(x_i) \qquad (3-39)$$

式中 $\lambda_i$——权系数。

从式(3-39)可知,求取 $Z^*(x_0)$ 的关键是利用统计模型确定 $\lambda_i$ 的值。根据无偏性和估计方差最小的标准选取 $\lambda_i$:

$$E[Z^*(x_0) - Z(x_0)] = 0 \qquad (3-40)$$

$$E(\{[Z^*(x_0) - Z(x_0)] - E[Z^*(x_0) - Z(x_0)]\}^2) \qquad (3-41)$$
$$= E[Z^*(x_0) - Z(x_0)^2] = \min$$

从这两个关系式可推导出求取 $\lambda_i$ 的克里金方程组。

首先,从二阶平稳假设出发,可知 $E[Z(x)]$ 为常数(在搜寻邻域内),表达式为

$$E[Z^*(x_0) - Z(x_0)]$$
$$= E[\sum_{i=1}^{n} \lambda_i z(x_i) - Z(x_0)] \qquad (3-42)$$
$$= (\sum_{i=1}^{n} \lambda_i) m - m = 0$$

可得到关系式:

$$\sum_{i=1}^{n} \lambda_i = 1 \qquad (3-43)$$

为了使估计方差达到最小,可利用拉格朗日乘子法,式(3-27)对各个 $\lambda_i$ 的偏导数等于0:

$$\frac{\partial}{\partial \lambda_j}[E[Z^*(x_0) - Z(x_0)]^2 - 2\mu \sum_{i=1}^{n} \lambda_j] = 0 \quad j=1,\cdots,n \qquad (3-44)$$

式中 $\mu$——拉格朗日常数。

进一步推导可得到 $n+1$ 阶线性方程组,即克里金方程组:

$$\begin{cases} \sum_{i=1}^{n} C(x_i - x_j)\lambda_i - \mu = C(x_0 - x_j) \\ \sum_{i=1}^{n} \lambda_i = 1 \end{cases} \quad j=1,\cdots,n \qquad (3-45)$$

式中 $x_i - x_j$——$i$ 点与 $j$ 点之间的距离;
$C(x_i - x_j)$——空间 $i$ 点与 $j$ 点间的协方差;
$C(x_0 - x_j)$——空间待估点与 $j$ 点间的协方差。

当随机函数不满足二阶平稳,而满足内蕴假设时,可用变差函数 $\gamma(h)$ 来表示克里金方程组:

$$\begin{cases} \sum_{i=1}^{n} \gamma(x_i - x_j)\lambda_i - \mu = C(x_0 - x_j) \\ \sum_{i=1}^{n} \lambda_i = 1 \end{cases} \quad j = 1, \cdots, n \quad (3-46)$$

通过求解上述方程组,可得到一系列 $\lambda_i (i=1,\cdots,n)$,据此可求解估计点的克里金估计值。最小的估计方差,即克里金方差可用以下公式求解:

$$\delta_k^2 = C(x_i - x_0) + \mu - \sum_{i=1}^{n} \lambda_i C(x_i - x_0) \quad (3-47)$$

或用变差函数表示:

$$\delta_k^2 = \sum_{i=1}^{n} \lambda_i \gamma(x_i - x_0) + \mu - r(x_i - x_0) \quad (3-48)$$

2. 基本步骤

下面以一个实例来说明克里金估值的基本步骤。

1) 数据准备

针对研究区,准备已有的观测数据。如图 3-24 所示。在平面上 $s_1$、$s_2$、$s_3$ 和 $s_4$ 处取了四个样品,其孔隙度分别为 $\phi_1=21\%$、$\phi_2=17\%$、$\phi_3=16\%$、$\phi_4=20\%$,要求估算 $s_0$ 点处的孔隙度 $\phi_0$。其他参数值为:块金值 $c_0=3$,变程 $a=200$,拱高 $c=15$。

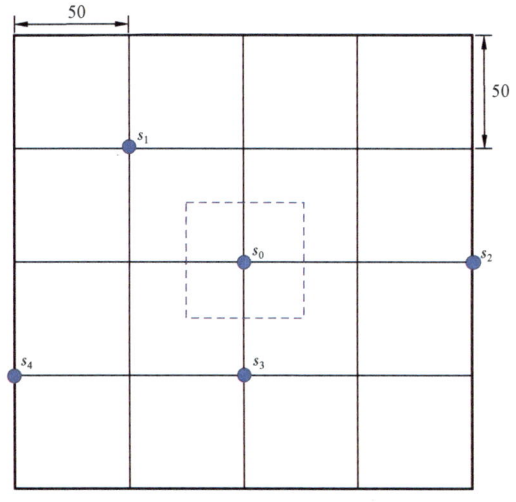

图 3-24 取样点平面位置图

2) 结构分析

根据上述数据,参考原型模型,确定储层的变差函数。研究表明,研究区 $Z(x)$ 为二阶平稳,平面上的二维变差函数为一个各向同性的球状模型。

变差函数为

$$\gamma(h) = \begin{cases} 0, h = 0 \\ 3 + 15\left(\dfrac{3}{2} \cdot \dfrac{h}{200} - \dfrac{1}{2} \cdot \dfrac{h^3}{200^3}\right) & 0 < h \leqslant 200 \\ 18, h > 200 \end{cases} \quad (3-49)$$

3)求解权系数

通过克里金方程组,求取权系数。

普通克里金方程组(3-46)可变换为矩阵形式:$[K][\lambda]=[M]$,则:

$$[\lambda] = [K]^{-1}[M] \quad (3-50)$$

其中:

$$[\lambda] = \begin{bmatrix} \lambda_1 \\ \lambda_2 \\ \lambda_3 \\ \lambda_4 \\ -\mu \end{bmatrix},\ [K] = \begin{bmatrix} c_{11} & c_{12} & c_{13} & c_{14} & 1 \\ c_{21} & c_{22} & c_{23} & c_{24} & 1 \\ c_{31} & c_{32} & c_{33} & c_{34} & 1 \\ c_{41} & c_{42} & c_{43} & c_{44} & 1 \\ 1 & 1 & 1 & 1 & 0 \end{bmatrix},\ [M] = \begin{bmatrix} c_{01} \\ c_{02} \\ c_{03} \\ c_{04} \\ 1 \end{bmatrix}$$

在上述矩阵中,$[\lambda]$为权系数矩阵;$[K]$为观测点之间的协方差矩阵;$c_{12}$是指1号点与2号点之间的距离,其他同理;$[M]$为待估点与取样点之间的协方差矩阵;$c_{01}$表示指待估点与1号点之间的距离,其他同理。

上述矩阵求解可分为以下三个环节。

(1)求解矩阵中的协方差值。

协方差矩阵中的协方差为未知数。在解矩阵求权系数 $\lambda$ 前,需要先求协方差。

协方差的求取可根据两个公式,即变差函数表达式(3-49)和变差函数与协方差函数的关系式(3-27),可得

$$c_{11} = 18 - \gamma(0) = 18,\ c_{12} = 18 - \gamma(50\sqrt{10}) = 0.92,\ c_{01} = 18 - \gamma(50\sqrt{2}) = 7.38$$

将计算的协方差代入式(3-34)得到如下矩阵:

$$\begin{bmatrix} 18 & 0.92 & 3.73 & 3.73 & 1 \\ 0.92 & 18 & 3.73 & 0 & 1 \\ 3.73 & 3.73 & 18 & 4.69 & 1 \\ 3.73 & 0 & 4.69 & 18 & 1 \\ 1 & 1 & 1 & 1 & 0 \end{bmatrix}^{-1} \begin{bmatrix} 7.38 \\ 4.69 \\ 9.49 \\ 3.73 \\ 1 \end{bmatrix} = \begin{bmatrix} \lambda_1 \\ \lambda_2 \\ \lambda_3 \\ \lambda_4 \\ -\mu \end{bmatrix} \quad (3-51)$$

(2)解矩阵,求权系数。

解上述矩阵,便可求得四个取样点对待估点 $s_0$ 估值的贡献(权系数)。通过计算,四个权系数分别是:$\lambda_1 = 0.3277, \lambda_2 = 0.1820, \lambda_3 = 0.4360, \lambda_4 = 0.0543$。

(3)加权求和,计算估值。

根据四个点的观测值及计算的权系数,进行加权求和,即可计算 $s_0$ 点的估值。

$$\begin{aligned}\phi_0^* &= 0.3277\phi_1 + 0.1820\phi_2 + 0.4360\phi_3 + 0.0543\phi_4 \\ &= 0.3277 \times 21\% + 0.1820 \times 17\% + 0.4360 \times 16\% + 0.0543 \times 20\% \\ &= 18.04\%\end{aligned} \quad (3-52)$$

#### 3. 克里金估计法优缺点

1) 优点

克里金技术可以对变量的空间相关性进行分析，进行局部的最优估计，并能提供估计误差。与其他空间估值技术（如距离反比加权法、样条插值法等）相比，其优点主要有以下几点。

(1) 估计的无偏性和最佳性。

克里金技术利用区域化变量理论，把空间各处的观测值看成随机变量，把估计问题转化为随机函数的最佳无偏估值问题，从而更能反映实际情况，并具有更坚实的理论基础。而其他的一些网格化方法没有相应的理论加以描述，无法预先从理论上考虑某种估值方法的适用性。

(2) 反映了变量的空间结构性。

区域化变量理论认为空间变量是随机性和结构性的统一，认为空间变量对某一估计点的影响不仅与其距离相关，而且与空间数据的构形有关。而一些常规插值方法仅仅只考虑数据点与待估点的空间距离，认为数据在空间上是完全随机的，只要两个数据点在空间上与待估点距离一样，就给予相同的加权系数，这显然是不合理的。

(3) 反映了地质学家的认识。

在克里金估计方法中，权系数的求取是通过变差函数来获取的，而变差函数反映了变量空间相关性随距离变化的规律，其主要参数（变程、基台值和块金值）具有明显的地质意义。地质学家可根据自己对研究区的认识进行修改，从而加入地质学家的认识。

(4) 可得到估值的精度。

在进行克里金估值时，可以同时计算变量在估计点的估计方差，作为估计精度的度量，体现了估计误差的分布。这样，研究人员可以根据估计结果的精度进行修正，以便计算结果更加可靠。

克里金方法很多，包括：简单克里金、普通克里金、泛克里金法、具有趋势的克里金、具有外部漂移的克里金、协同克里金和指示克里金等。由于研究目的和条件的不同，可以用不同的克里金法。当区域化变量满足二阶平稳假设时，可用普通克里金法；在非平稳条件下采用泛克里金法；对多个变量的协同区域化现象可用协同克里金法；对有特异值的数据可采用指示克里金法。吴胜和(2010)将常用的克里金方法分为四类，即基本克里金方法、具有趋势的克里金方法、整合外部信息的克里金方法、基于指示变换的克里金方法，见表3-7。

表3-7 常用克里金方法的分类

| 方法分类 | 常用方法类型 |
| --- | --- |
| 基本克里金方法 | 简单克里金 |
| | 普通克里金 |
| 具有趋势的克里金方法 | 泛克里金 |
| | 叠合趋势的克里金 |

续表

| 方法分类 | 常用方法类型 |
|---|---|
| 整合外部信息的克里金方法 | 具有外部漂移的克里金 |
|  | 协同克里金 |
|  | 贝叶斯克里金 |
| 基于指示变换的克里金方法 | 指示克里金 |

2）缺点

在实际应用过程中，克里金方法也存在一些局限性，主要表现在：

（1）在某些情况下，变差函数很难求准，这就影响到克里金方法的预测精度。在观测点距离大于实际变程时，由于观测尺度太大而出现块金效应，即块金效应的尺度效应。这样，很难了解观测点之间的变化。如在200m井网内，储层孔隙度横向变化的实际变程为100m，这时便难于得到井间孔隙度的变化，其变差函数在200m的尺度上出现块金效应。在井点较少时，如在某一方向只有两口井时，可以利用的数据太少，计算出的变差函数点太少难于拟合理论变差函数曲线，计算出的变差函数值也不可靠。

（2）克里金插值为局部估计方法，对该估计值的整体空间相关性考虑不够，它保证了数据的估计局部最优，却不能保证数据的总体最优，因为克里金估值的方差比原始数据的方差要小。因此，当井点较少且分布不均时，可能会出现较大的估计误差，尤其是在井点之外的无井区域误差更大。

## 第五节　随机相建模方法

储层随机相建模是一项综合利用多学科知识再现储层非均质性的技术。采用随机建模方法所建立的储层模型不是一个，而是多个，即一定范围内的多种可能实现，以满足油田开发决策在一定风险范围内的正确性，这是与确定性建模方法的重要差别。在实际应用中，利用多个等概率随机模型进行油藏数值模拟，可以得到一簇动态预测结果，据此可对油藏开发动态预测的不确定性进行综合分析，从而提高动态预测的可靠性（李少华等，2007）。

### 一、随机模拟原理

随机模拟以随机函数理论为基础，基本思想是从一个随机函数$Z(\mu)$中抽取多个可能的实现，对于每一种实现，所模拟参数的统计学理论分布特征与控制点参数值统计分布特征是一致的，即人工合成反映$Z(\mu)$空间分布的可供选择的、等概率的高分辨率实现，记为$\{Z^l(u), u \in A\}$，$l=1,\cdots,L$，代表变量$Z(\mu)$在非均质场$A$中空间分布的$L$个可能的实现。

各个实现之间的差别则是储层不确定性的直接反映。如果所有实现都相同或者相差很小，说明模型中的不确定因素少；如果各实现之间相差较大，则说明不确定性大。由此可见，随机建模的重要目的之一便是对不确定性进行评价。若用观测的实验数据对模拟过程进行条件限制，使得采样点的模拟值与实测值相同（即忠于硬数据），称为条件模拟，否则为非条件模拟。

变量 Z(μ) 可以是类型变量,如岩石类型的变化,也可以是储层中的孔隙度、渗透率等连续性变量。大多数基于随机函数的模拟方法可以用于联合模拟几个变量,但推断和模拟交互协方差在计算机上难以实现,其中一个简单的替代方法是先模拟最重要、自相关性最好的变量(主要变量),然后通过他们的相关关系来模拟其他相关变量。例如在油藏描述中,先模拟给定岩相的孔隙度分布,因为孔隙度在空间的变化幅度小、自相关性好,然后在给定孔隙度的条件下,再模拟渗透率的分布。这种变量相关关系可直接从样品的渗透率和孔隙度的散点图中推断出。应用同样的方法,可以模拟其他变量的分布。

## 二、随机模拟方法

随机建模方法可分为三类:第一类以目标对象为模拟单元,用于模拟与几何形态有关的储层非均质性,如沉积相、断层分布等。第二类以像元为单元的随机方法,用来模拟各种连续性参数及离散参数。第三类为两种以上随机建模方法综合的方法。其中用于离散模型模拟的方法包括布尔模拟、示性点过程、马尔可夫随机场、序贯指示模拟等;用于连续模型随机模拟的方法包括模拟退火、序贯指示、分形模拟、矩阵分解、迭代方法、概率场模拟等。主要方法的特点见表 3-8,这里重点介绍以下几种方法。

表 3-8 主要随机建模方法及特点(据吕晓光,2000)

| 随机建模方法 | | | 特点 |
|---|---|---|---|
| 以目标对象为单元 | 示性点过程(布尔模拟) | | 从具体成因意义的对象出发,适用于离散变量模拟,可以模拟出地质家所熟悉的特征,进行条件模拟时费时、困难 |
| | 随机成因模型 | | 充分考虑了沉积形成的过程,再现当前的沉积结果。该模拟运算对计算机能力的要求极高 |
| 以像元为模拟单元 | 序贯模拟 | 序贯高斯 | 在某一位置局部条件概率(Lcpd)上随机抽样取值,在一组条件值内插入新值。序贯高斯假定 Lcpd 为正态分布,序贯指示直接预测某一门槛值下概率或不连续类型概率 |
| | | 序贯指示 | |
| | 预测+模拟误差 | 分形 | 首先建立预测模型,然后再加入噪声,建立符合原始数据,但是具有一定空间变化规律的模型,速度一般较快 |
| | | 转换带 | |
| | 模拟退火 | | 通过反复试错法建立储层模型,可以综合不同类型的信息,随解决问题的不同,运行速度不同 |
| | 概率场模拟 | | 所有实现的局部概率场都相同,速度快,适合于生成大量实现,用于不确定性评价 |
| | 其他 | 矩阵分解 | 需功能强大的计算机完成矩阵分解过程,一旦分解过程完成,速度很快 |
| | | 迭代方法 | 类似于模拟退火,但不如前者灵活 |
| 综合方法 | | | 结合两种或两种以上的随机方法建模,例如用布尔方法建立相模型,用序贯高斯模拟岩石物性。通过综合可以消除各种方法单独使用的缺陷 |

### (一)示性点过程模拟

示性点过程模拟方法根据点过程的概率定律,按照空间中几何物体的分布规律,产生这些物体的中心点的空间分布,然后将物体性质(如物体几何形状、大小、方向等)标注于各点之上,即通过随机模拟产生这些空间点的属性信息,并与已知条件信息进行匹配。从地质统计学角度来讲,示性点过程模拟是要模拟物体点及其性质在三维空间的联合分布。

基本原理:设 $U$ 为空间坐标的一个矢量,$X_K$ 为描述类型 $K$ 的几何尺寸(形状、大小、方向)的一个随机变量,几何尺寸可以由一个参数化的解析表达式来定义。通过 $X_K(u)$,$I_K(u,k)$ $(k=1,2,\cdots,K)$ 的联合分布,确定中心点在此处的几何形状、大小等属性。其中,$I_K(u,k)$ 是表示第 $K$ 类几何属性在位置 $U$ 处出现与否的随机函数。当 $U$ 属于 $X_K$ 则为 1,反之为 0。这样,通过在空间上先模拟目标的位置,再模拟目标的相关属性,在已知条件信息满足的情况下,能得到一次模拟实现。

根据不同的点过程理论,物体中心点在空间上的分布可以是独立的,也可以是相互关联或排斥的。在实际应用中,目标点位置通过以下规则确定:

(1)密度函数(各相比例和分布趋势),目标点密度在空间上的分布可以是均匀的,也可以根据地质规律赋予一定的分布趋势;

(2)关联函数(井间是否连通);

(3)排斥原则(同相或不同相物体之间不可接触的最小距离);

(4)相递变原则(不同相之间的递变关系),示性点过程的确定是一个"逐步逼近过程",用各种参数分布和相互作用的多种组合进行迭代,直至最终得到一个满意的图像结束。

以分流河道砂体模拟为例介绍示性点模拟过程,如图 3-25 所示,具体步骤如下:

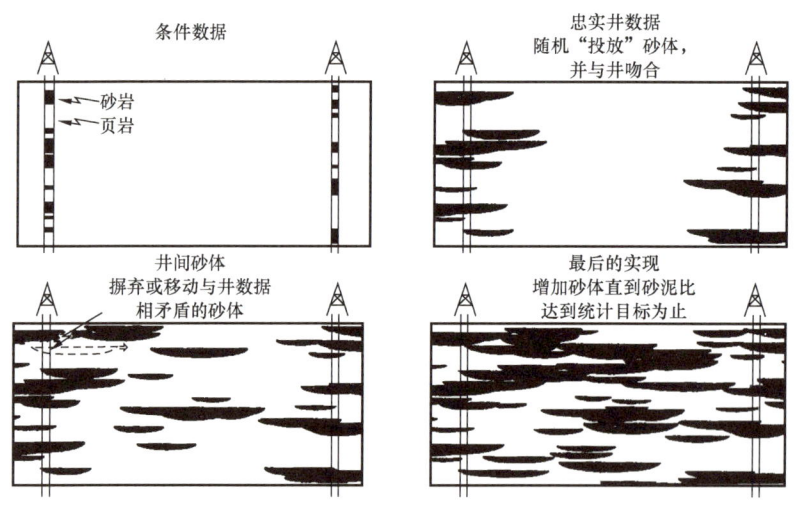

图 3-25 示性点过程模拟的简单图示(据 Srivastava,1994)

(1)确定一种岩相作为背景相,如在模拟三角洲平原的岩相时,可选择分流河道间泥岩作为背景相,将分流河道砂体作为模拟目标体;

(2)对于待模拟的目标体,随机地选择一些位置点,并给定其形态满足适当的大小、各向异性和方向;

(3)检查各位置点,并通过多次增加、取消或替换的过程模拟形态与先前的条件信息(如井数据或地震数据)相吻合;

(4)检查各种相分布是否达到已知比例(或目标函数),如果达到已知比例,则认可此次模拟过程,否则,回到上一步继续进行。

示性点过程模拟方法独有的优点是使用灵活,对一些地质数据(如相百分比、砂体宽厚比、各种相空间分布规律等)可以作为条件信息加入到模型中去,最大限度地综合地质家的认识,这相当于人机交互式的建模过程。另外,从数学上来说,空间数据不要求服从某种分布。

该方法适合于具有背景相的目标模拟,如冲积体系的河道和决口扇(其背景相为泛滥平原),三角洲分流河道和河口坝(其背景相为河道间和湖相泥岩)。另外,砂体中的非渗透泥质夹层、钙质胶结带、断层、裂缝均可利用此方法来模拟。

### (二)模拟退火方法

该方法不同于其他随机模拟建模方法,主要特点是它把模型需满足的原数据点的单元及多元统计关系、变差函数关系及地质认识等因素转化成一个组分优化问题,通过求解这个非线性优化问题的解来获得建模结果。

模拟退火最初是用于组分优化问题,要在很多成分的系统中找出最优的排序,使得系统整体能量或目标函数最小。模拟退火与热动力平衡类似,类似于金属冷却和退火。在高温状态下,分子能自由运动,分布紊乱而无序,随着温度缓慢下降,分子有序排列形成晶体(代表系统的最低能量状态)。

波尔兹曼(Boltzman)的概率分布函数为

$$P\{E\} = e^{-E/(k_B T)} \tag{3-53}$$

式中 $E$——能量,$J$;

$T$——温度,$K$;

$k_B$——玻尔兹曼常数,可把温度和能量关联起来。

式(3-37)表达了在温度为$T$时的热平衡状态系统下所具有的能量呈概率形式分布。默特罗波利斯(Metropolis)等把这一原理用来模拟分子的运动。一个系统从能量状态$E_1$到能量状态$E_2$变化的概率为

$$P = e^{-(E_2-E_1)/(kT)} \tag{3-54}$$

如果$E_2 < E_1$,则系统将总在变化,而且一般总是取有利的方向,但有时也取不利的方向。这种原理就叫 Metropolis 原理。一般地,任何类似于退火热动力过程的优化方法都叫模拟退火方法。

模拟退火的基本思路是对于一个初始的图像,连续地进行扰动,直到与一些预先定义的、包含在目标函数内的特征相吻合。在模拟退火中,有两个关键问题:其一为目标函数;其二为如何决定接受还是拒绝某一次扰动。

目标函数类似于真实退火过程中的吉布斯(Gibbs)自由能量,称能量函数,它表达每次模拟实现的空间特性与希望得到的空间特性之间的差别。空间特性可以是:

(1)单变量分布图(如直方图);

(2)变差函数或指示变差函数;

(3)主变量和二级变量(如地震勘探资料)的相关关系或它们之间的条件分布;

(4)岩相(或其他离散变量)的几何形态、体积含量、垂向层序、交错层理等,以及上述各项任意组合。

目标函数是模拟实现的变差函数和模型变差函数之间的差,表达式为

$$O = \sum_h \frac{[\gamma^*(h) - \gamma(h)]^2}{\gamma(h)^2} \qquad (3-55)$$

式中 $\gamma^*(h)$ ——模拟实现的变差函数;
$\gamma(h)$ ——预先定义的变差函数;
$O$ ——表达他们的差别,即能量。当能量为 0 时,表示模拟实现忠实预先定义的变差函数。

模拟退火的第二个关键问题是如何决定接受还是拒绝某一次扰动。接受扰动的概率分布由玻尔兹曼概率分布给出:

$$P\{\text{accpt}\} = \begin{cases} 1 & O_{\text{new}} \leqslant O_{\text{old}} \\ e^{-(O_{\text{new}} - O_{\text{old}})/t} & O_{\text{new}} > O_{\text{old}} \end{cases} \qquad (3-56)$$

在该分布中,所有理想的扰动($O_{\text{new}} \leqslant O_{\text{old}}$)都被接受,对于不理想的扰动($O_{\text{new}} > O_{\text{old}}$),则以一个指数分布的概率接受。指数分布中的参数 $t$ 类似于退火中的"温度"。$t$ 越高,接受一次不理想的扰动概率越大。温度 $t$ 不能降得太快,否则会使模拟实现陷入局部优化中,而且不再收敛;温度 $t$ 也不能降得太慢,否则会造成收敛速度太慢。

模拟退火法具体实现步骤如下:

(1)产生一个初始的参数场,它可以用其他模拟方法产生,或从单变量分布函数上随机取值放在网络节点上形成。如果有二级变量,也可从散点图的条件分布中提取数值作为初始值。

(2)建立目标函数,设置初始温度和退火计划。

(3)扰动初始的参数场,如交换两个不同的网络节点上的参数值。

(4)如果目标函数降低的话,接收扰动;如果目标函数值增加,则以一定的概率接收扰动(真实退火过程中的玻尔兹曼概率分布)。

(5)持续扰动过程,并降低接收不理想扰动的概率(降低玻尔兹曼概率分布的温度参数),直到目标函数足够低,在以后的迭代中没有任何改进为止。

图 3-26 为退火模拟的一个简单实例。在该例中,试图使最终图像忠实于泥岩的平均长度(如 60m)和平均厚度(如 10m)。能量函数可计为

$$O = (模拟的平均长度 - 60) + (模拟的平均厚度 - 10)$$

在模拟过程中,首先生成一个初始图像,然后通过不断地扰动使最终的目标函数或能量函数为 0,使最终模拟图像中泥岩的平均长度和厚度忠实于预先设置的目标。当然,该例与实际的模拟退火相比有较大简化,如目标函数太简单、没有用条件数据等,但说明了模拟退火的基本思路。

在储层描述和建模中,模拟退火方法可直接用于随机模拟,也可用于模拟实现的后处理。模拟退火的优点是可以将所期望的任何统计量组合纳入能量函数。缺点是当能量函数比较复杂时,算法收敛速度慢,且理论上缺乏统一的数学工具。

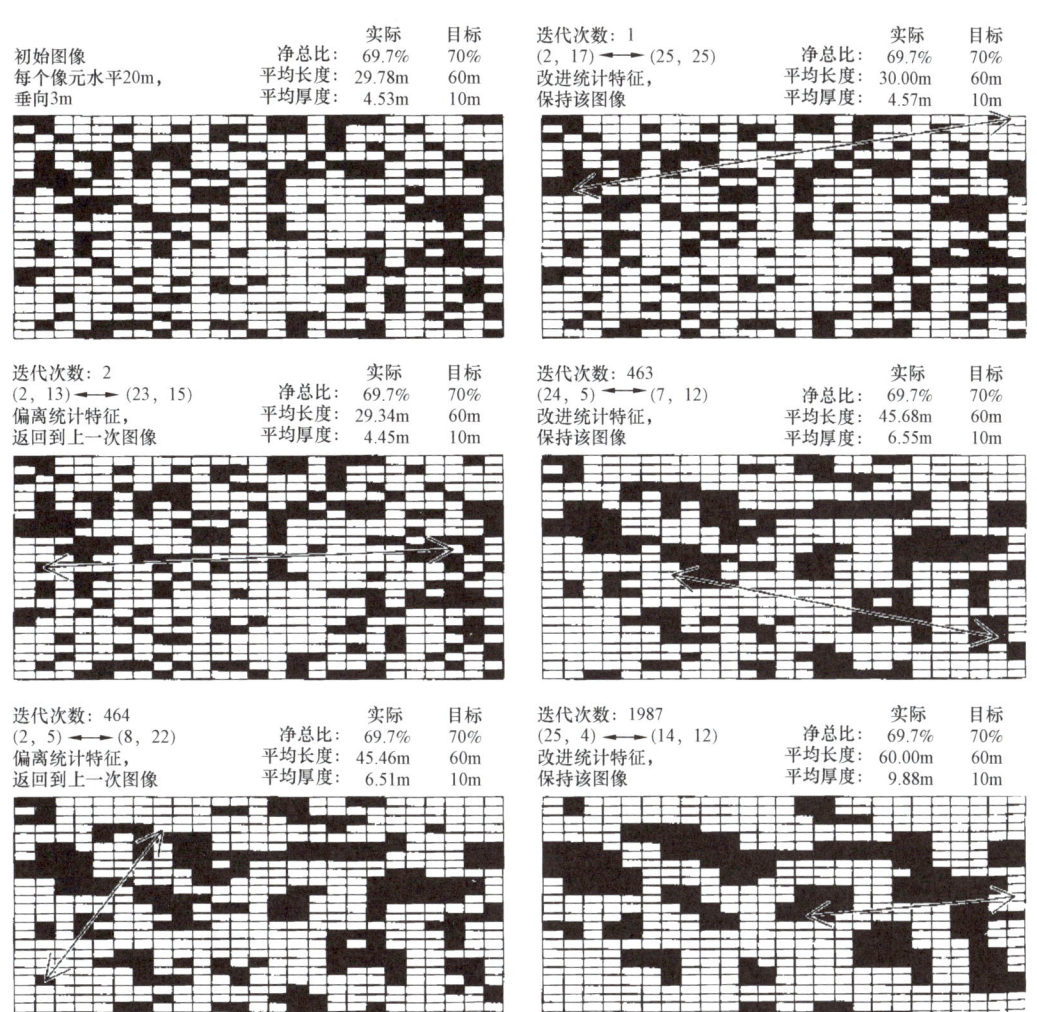

图3-26 模拟退火的简单图示(据Srivastava,1994)

## (三)序贯指示模拟

序贯指示模拟(Sequential Indicator Simulation,SIS)也称为顺序模拟,其总体思路是沿着随机路径序贯地求取各节点的累积条件分布函数(ccdf),并从累积条件分布函数中提取模拟值,用于提取ccdf的条件数据不仅包括原始的样品点,还包括已模拟过的点,这一模拟算法的目的是充分利用更多的条件数据来恢复变量的空间相关性;同时,由于每个模拟实现的模拟路径是随机的,而应用的条件数据不同,从而更有利于评价不同实现之间的差异(即不确定性)。

随机函数$Z(u)$的序贯模拟过程可分为以下几步(图3-27):

(1)随机地选择一个待模拟的网格节点;
(2)估计该节点的条件累积分布函数(ccdf);
(3)随机地从ccdf中提取一个分位数作为该节点的模拟值;
(4)将该新模拟值加到条件数据组中;
(5)重复步骤(1)~(4),直到所有节点都被模拟到为止,从而得到一个模拟实现$Z^{(l)}(u)$。

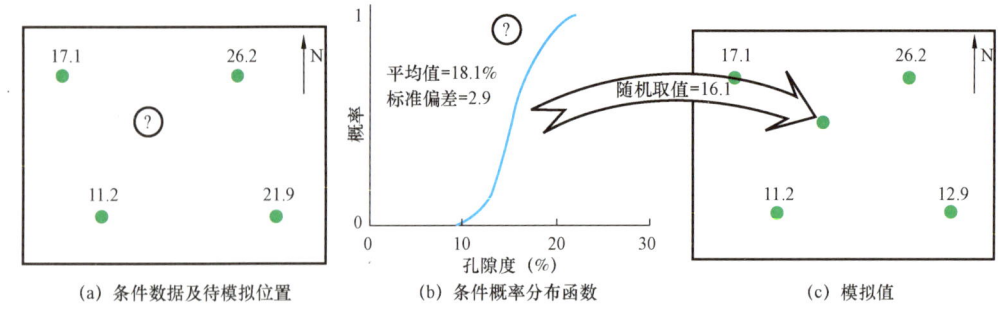

图 3-27 序贯模拟的简单图示（据 Srivastava,1994）

其中，在 $u=1$ 处，变量的 ccdf 由 $n$ 个原始样品数据求取，然后从 ccdf 中随机提取一个分位数作为该节点的值 $Z_1^{(l)}$。在下一个节点（$u=2$）处，将上一个节点的模拟值加到原始条件数据中，使得求取 ccdf 的条件数据由原来的 $n$ 个增加到 $n+1$ 个，从 ccdf 中取 $Z_2^{(l)}$，再将该值加入到下一个节点的模拟，条件信息容量又增加了1，从而变成 $n+2$。这样，一步步地按顺序对所有 $N$ 个节点进行随机模拟，即可得到一个模拟实现 $Z^{(l)}(u)$。在这种序贯模拟过程中，需要确定 $N$ 个累积条件分布函数：

$$P\{Z_1 \leq z_1 \mid (n)\}$$
$$P\{Z_2 \leq z_2 \mid (n+1)\}$$
$$P\{Z_3 \leq z_3 \mid (n+2)\} \qquad (3-57)$$
$$\ldots$$
$$P\{Z_N \leq z_N \mid (n+N-1)\}$$

序贯模拟方法可用于高斯随机模拟和指示随机模拟，其差别主要是 ccdf 的求取方法不同。在序贯高斯模拟方法中，所有的 ccdf 都假设为高斯分布，其均值和方差由克里金方程组给出，而在序贯指示模拟中，ccdf 是由指示克里金插值并通过非参数化建模得出的。另外，马尔科夫—贝叶斯模拟方法和指示主成分模拟方法也应用了序贯模拟的思路。

在计算机实现中，如果严格按照序贯模拟原理，那么确定的 ccdf 数据越来越多，因而条件信息容量从 $n$ 增加到 $n+N-1$，计算过程也将越来越复杂。在实际应用中，由于较近的数据往往屏蔽了较远数据的影响，因此只保留较近的数据作为求取 ccdf 的条件信息。但是，搜寻半径不能过小，条件数据的范围必须大到足以体现变差函数。一种解决方法是采用多级网格的概念，即用两步或多步来模拟 $N$ 个节点。第一步，用粗网格来体现大变程的变差函数；第二步，对余下的网格，用小的条件数据的范围来模拟。在序贯模拟中，模拟 $N$ 个节点的顺序最好是随机的。因为，如果 $N$ 个节点是按行访问的，将会沿行出现人为的效应。

（四）截断高斯模拟

该方法通过一系列门槛值及截断规则对三维连续变量进行截断而建立类型变量的三维分布。截断高斯域属于离散随机模型，用于研究离散型变量或类型变量。

1. 基本思路

在空间 $D$ 中，有 $n$ 种排序的相，$F_1, F_2, \cdots, F_n$。

设 $\{Y(x)|x\in D\}$ 是一个定义在空间 $D$ 上平稳的高斯随机函数（高斯场），均值为0，方差为1。

$T$ 为截断平稳高斯场的门槛值，相对于 $n$ 种相，有 $n-1$ 个门槛值。门槛值可以是常数，也可以根据地质规律给出门槛值趋势，如门槛值与深度的函数，或门槛值与平面位置的函数。门槛值对平稳高斯场的截断，可用下式表示：

$$F_i = \{x\in D | t_{i-1} < y(x) \leq t_i\} \tag{3-58}$$

式(3-58)表明，连续的高斯场被门槛值截断为离散的相，其中，在 $t_{i-1}$ 和 $t_i$ 之间的高斯场均属于 $F_i$ 相。

在截断高斯模拟中，由于目标体的分布取决于一系列门槛值对连续变量的截断，因此，模拟实现中的相分布将是排序的，即被模拟的类型变量的顺序是固定的。如图3-28所示，相1、相2和相3依次分布，相1和相2接触，相2与相3接触，而相1不可能与相3直接接触。由此可见，这一方法适合于相带呈排序分布的沉积相模拟，如三角洲（平原、前缘和前三角洲）、呈同心分布的湖相（滨湖、浅湖、深湖）、滨面（上滨、中滨、下滨）等的随机模拟。

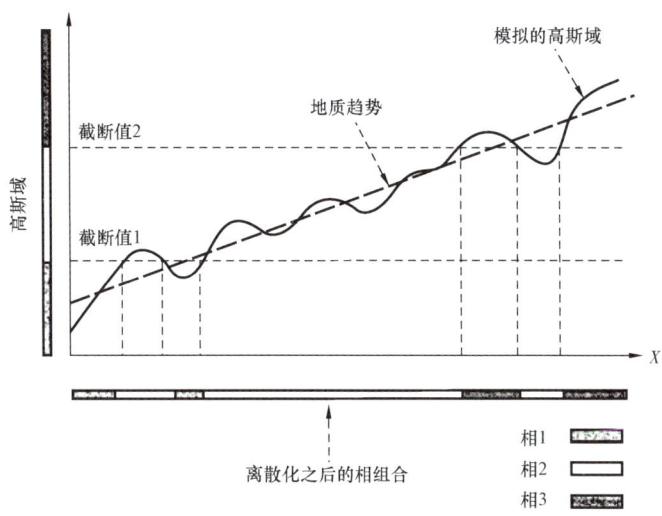

图3-28　连续高斯域的截断示意图（据吴胜和，2010）

截断高斯模拟包括三个主要环节：
(1)通过相比例曲线确定门槛值；
(2)根据门槛值对条件数据进行高斯变换，并通过误差模拟得到高斯场；
(3)通过门槛值对高斯场进行截断，从而得到相分布模型。

2. 门槛值的确定

门槛值主要通过相比例分布统计获得。确定门槛值的原则是保证不同相在研究区域内应占据的比例 $P_i(i=1,2,\cdots,n)$。分以下两种情况讨论。

1)沉积相平稳分布下门槛值的确定

若沉积相空间分布具有平稳性，$P_i$ 不随位置变化而变化，门槛值 $t_i$ 也不随位置变化而变化,即门槛值为常数。如图 3-29 所示,在井点剖面上,两个门槛值 $t_1$ 和 $t_2$ 为常数,不随深度变化。这时,门槛值可直接通过研究区内不同相占据的比例 $P_i$ 获得(图 3-30)。首先,根据各相的比例,绘制沉积相累积概率分布图(横坐标为高斯分布值,纵坐标为各相累积比例);然后,根据累积比例值的分位数(累积比例值与曲线的交点在横坐标的投影)确定门槛值的分布,例如 $F_1$ 的分位数为 $t_1$,相 $F_1$ 和相 $F_2$ 的累积比例的分位数为 $t_2$,相 $F_1$ 到 $F_{n-1}$ 的累积比例的分位数为 $t_{n-1}$。

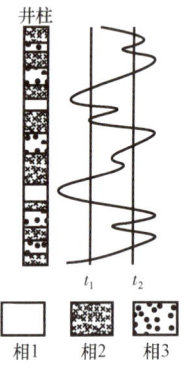

图 3-29 沉积相平稳分布下的门槛值
(据王家华和张团峰,2001)

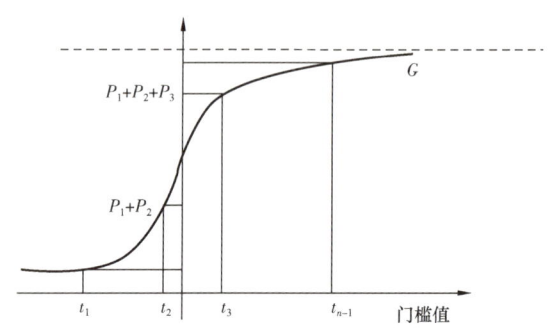

图 3-30 沉积相平稳分布下门槛值的求取
(据王家华和张团峰,2001)

2)沉积相非平稳分布下门槛值的确定

在沉积相分布非平稳情况下,$P_i$ 随位置(垂向或平面)变化而变化,门槛值 $t_i$ 也随位置变化而变化。如图 3-31 所示,在井点剖面上,两个门槛值 $t_1$ 和 $t_2$ 随深度的变化而变化。在此情况下,需要制作相比例曲线以确定门槛值函数。相比例曲线是指各相累积比例随某一空间方向的变化,如沿垂向的变化或沿平面某方向的变化。图 3-32 为五口井的垂向相分布及相比例曲线(横坐标为相累积比例,纵坐标为归一化厚度)。一般来说,平面上各井的目的层段厚度可能有差别,而垂向相比例曲线需要统一的垂向刻度,因此,需要对各井进行归一化后,按照一定的步长,统计各相累积比例。

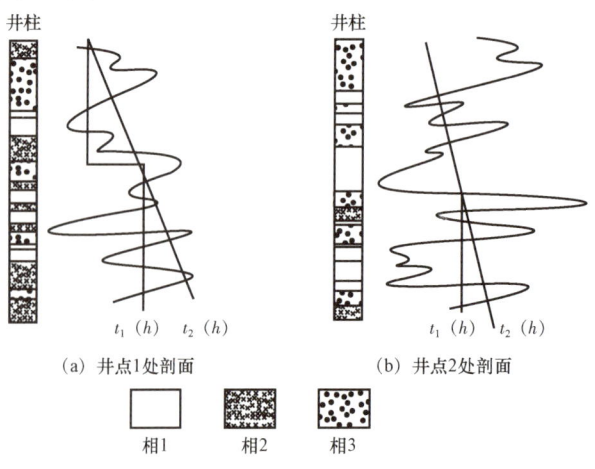

图 3-31 门槛值随深度变化示意图(据王家华和张团峰,2001)

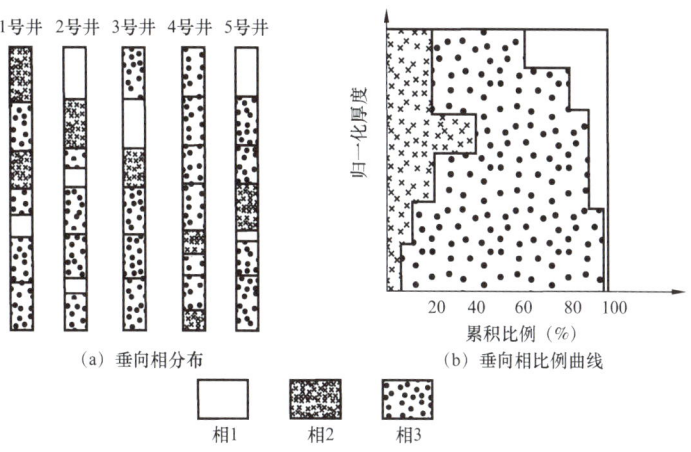

图 3-32 五口井的垂向相分布及垂向相比例曲线
（据王家华和张团峰,2001）

## （五）分形条件模拟

Mandelbrot 于 1983 年提出的分形理论可用于描述自然界许多复杂和不规则的形态。任何一个无限复杂的、不可微分的形态或结构,在其内部存在某种自相似性,即局部与整体相似。

### 1. 分形理论原理

分形分布与欧几里德空间物体充满整个空间的情况不同,它并不充满整个空间。在 $d$ 维欧几里德空间内,大小为 $rL$ 的物体充满规模为 $L$ 的空间的数量可表达为

$$N = r^{-d} \tag{3-59}$$

以 $r=1/2$ 为例, $d=1$ 时, $1/2L$ 的两个线段充填长度为 $L$ 的线条; $d=2$ 时,四个边长为 $1/2L$ 的小正方形充填边长为 $L$ 的大正方形; $d=3$ 时,八个边长为 $1/2L$ 的小立方体充填边长为 $L$ 的大立方体。

分形分布并不充满整个空间,其特征可用物体数量密度与形态规模的关系来描述:

$$N = r^{-D} \tag{3-60}$$

式中　$D$——分形维数(小于 $d$);
　　　$N$——分割形态的次数。

图 3-33 为一个规则的分形分布,从大正方形中抠除边长为原边长 $1/3$ ($r=1/3$) 的小正方形,这时图形的面积为原大正方形的 $8/9$。这一过程以更小的规模重

图 3-33　谢尔宾斯基地毯形态(据罗良,2011)

复进行,当 $N=5$ 时,便得到如图 3-33 所示的谢尔宾斯基地毯形态。这时,分形维数为

$$D = -\ln N/\ln r = \ln 8/\ln 3 = 1.893$$

分形维数表征了分形形态的间断特征。在分形几何应用中,通常用间断指数($H$)来表征其分形特征。间断指数($H$)为欧几里德维数($d$)与分形维数($D$)之差,即

$$H = d - D \tag{3-61}$$

在上例中,欧几里德维数($d$)为 2,分形维数($D$)为 1.893,则间断指数($H$)为 0.107。间断指数可用多种方法来求取,如谱分析、变差函数、盒子计数法等。

### 2. 储层参数的分形随机模拟

利用分形几何方法确定井间储层参数分布的主要方法是分形条件模拟方法。通常要满足在有测量值的井点位置,模拟值要与测量值一致;井间参数变化主趋势上要与克里金等光滑插值的趋势一致;井间参数的非均质特征要求其预测值与真值一致。

Hewett(1986)首次将分形几何应用于储层参数分布的描述。他认为,井筒数据(岩石物理参数)的分形特征可用分数高斯噪声(fGn)或分数布朗运动(fBm)来描述。fGn 和 fBm 实际上是幂函数模型的变差函数,即任一规模上变量的方差与其他规模上变量的方差呈正比,其比率取决于分形维数(或间断指数)。这就是分形几何的统计自相似性,即任何规模上变量的变化与任何其他规模上变量的变化相似,而不像简单自相似性那样简单地放大或缩小。

分数高斯噪声(fGn)的变差函数可记为

$$r(h) = \frac{1}{2} V_H \delta^{2H-2} = 2 - \left(\frac{|h|}{\delta}\right)^{2H} + 2\frac{|h|}{\delta} - \left(\frac{|h|}{\delta} - 1\right)^{2H} \tag{3-62}$$

式中　$V_H$——常数(近似为方差);
　　　$\delta$——平滑因子(测量的分辨率);
　　　$h$——滞后距;
　　　$H$——间断指数。

分数布朗运动(fBm)的变差函数可记为

$$r(h) = V_H h^{2H} \tag{3-63}$$

式中　$V_H$——常数;
　　　$h$——滞后距。

基于分形变差函数(fBm 或 fGn)的克里金方法称为分形克里金。它与一般的克里金方法的差别是应用分形变差函数来求取克里金权值,据此进行井间插值。Painter 在分形随机模拟中引入了 Levy—稳态概率分布,避免了高斯分布的假设,可用于成层性很强的地层条件下随机变量的分形模拟。

分形模拟一般采用误差模拟算法,其模拟实现为克里格估值加上随机"噪声"。在确定变量符合分形特征后,便可根据自相似性原理应用少量数据预测整个模拟目标区的变量分布。然而,在分形模拟应用中,一定要检验待模拟变量是否具有分形特征。由于地质情况的复杂性,不同规模的地质特征受控于不同的地质控制因素,而很多地质变量并不一定符合分形特征。

另外还要检验垂向与平面上分形特征的差别。在很多分形模拟的应用中,由于数据点比较稀少,往往用垂向分形维数代替平面分形维数。虽然很多学者证明垂向与平面上分形特征的相似性,但当模拟目标区纵、横向相变不符合沃尔特相序时,垂向和平面上的分形特征便不再相似。

3. 裂缝网络的分形预测

可应用分形方法研究地层裂缝网络的分布,基本假设为地层破裂后的裂缝分布在不同规模上具有自相似性。裂缝的分形维数一般采用"盒维数"法进行计算(Barton 和 Larsen,1985)。通过计算大"盒子"中不同尺度($l$)的小"盒子"数量求取分形维数。在二维裂缝分布的分形维数计算中,将与裂缝相交的盒子数目($N$)与盒子大小的倒数($1/l$)标绘在双对数坐标图上,其斜率即等于分形维数。例如,某区域裂缝采用不同尺度盒子(2.5m、5m、10m、20m)覆盖裂缝网络,分别计算出不同尺寸盒子的数目(图3-34)。根据盒子数目与盒子边长倒数之间的对数关系,求取斜率,可得到该裂缝网络的分形维数为1.808(图3-35)。

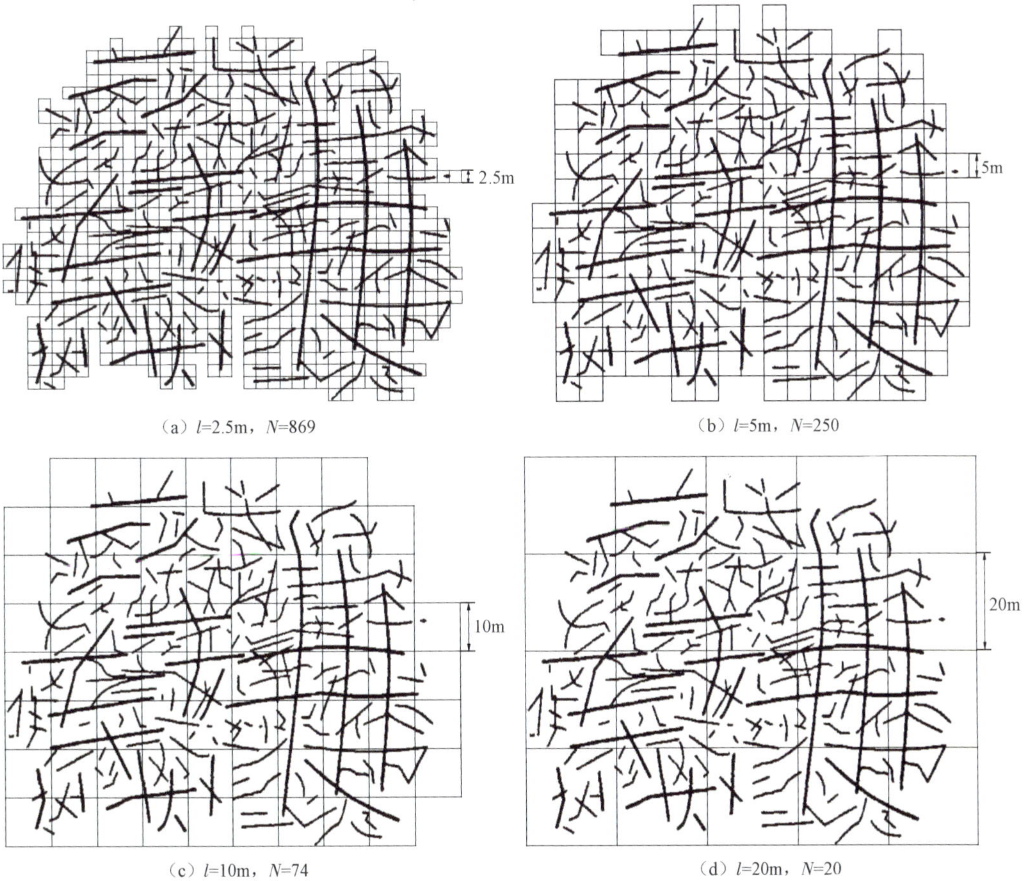

(a) $l$=2.5m,$N$=869

(b) $l$=5m,$N$=250

(c) $l$=10m,$N$=74

(d) $l$=20m,$N$=20

图3-34 采用不同尺度盒子覆盖裂缝网络

裂缝网络模型的建立一般采用迭代函数系统方法(Iterated Function System,IFS)(Barnesly,1988)。该方法对初始点群进行一系列的迭代数值变换,在每次迭代中,应用该系统的函数,对点群进行转换、映射、旋转、收缩及扭曲。在多次迭代以后,当图像中的点群符合分形目标

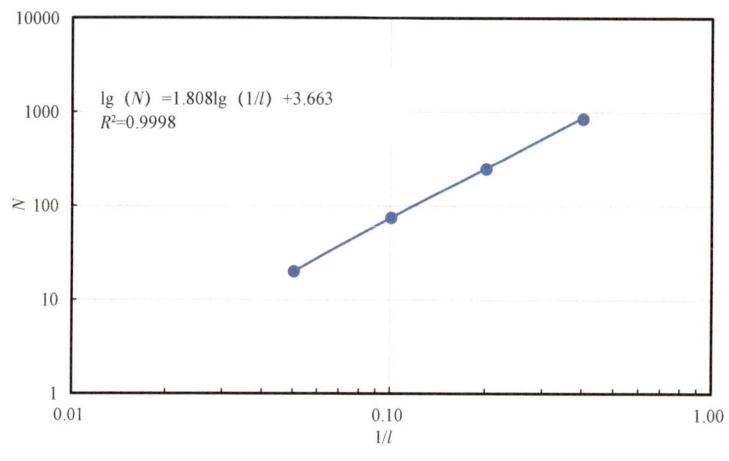

图 3-35 分数维数计算

时,终止迭代,得到最终的裂缝分布图像。Acuna 和 Yortsos 采用 IFS 方法生成裂缝图形,迭代前的初始形状为四边形,在计算中应用裂缝概率($P_f$)参数,对分形维数进行调整,生成更符合实际的裂缝图像(图 3-36)。

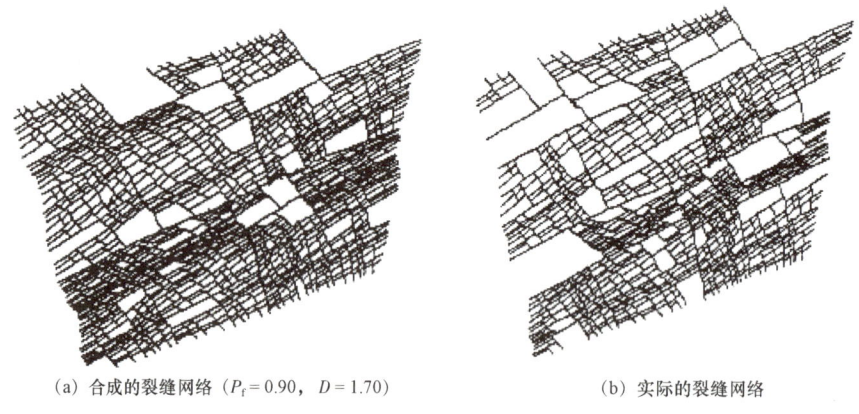

(a) 合成的裂缝网络 ($P_f$ = 0.90, $D$ = 1.70)　　　　　(b) 实际的裂缝网络

图 3-36　应用分形方法产生的裂缝与实际裂缝分布对比(据 Acuna 和 Yoortsos,1991)

### (六)人工神经网络

人工神经网络(ANN)是近年来发展迅速的一个前沿技术,广泛应用于油气领域储层多参数预测。人工神经元是生物神经元特性及功能的数学抽象,神经网络通常指由大量简单神经元互连而构成的一种计算结构,它可以模拟生物神经系统的工作过程,并用于解决实际问题。神经网络优化算法是利用神经网络中神经元的协同并行计算能力构成的优化算法,它将实际问题的优化解与神经网络的稳定状态相对应,将实际问题的优化过程映射为神经网络的优化过程。

在油气储层多参数的预测中,神经网络具有以下特点:收敛性及自适应学习能力强、容错性强、预测稳定性高。神经网络预测,实际上是通过对现有的由多参数及对应目标值组成的样本学习集的学习,来建立某种非线性模型,通过该模型对具有同样参数的预测集进行定量预测。可见,样本学习集中的参数与对应目标值之间是否有良好的相关性,就成为神经网络预测是否成功的首要问题。

1. 研究方法

首先立足于应用逐步多元线性回归对样本集中各参数与对应目标值之间的关系进行研究,从而筛选参数,组成新的样本学习集,用于神经网络学习,以提高神经网络预测精度。

1)多元线性回归

设随机变量(目标值)$y$ 及 $m$ 个变量(称参数)$x_0,x_1,\cdots,x_{m-1}$。给定 $n$ 组观测数据(样本集)$(x_{0,i},x_{1,i},\cdots,x_{m-1,i},y_i)(i=0,1,\cdots,n)$,对观测数据进行回归分析,得到线性表达式:

$$y = a_0x_0 + a_1x_1 + \cdots + a_{m-1}x_{m-1} + a_m \tag{3-64}$$

式中　$a_0,a_1,\cdots,a_{m-1},a_m$——回归系数。

根据最小二乘法原理,使

$$q = \frac{1}{n}\sum_{i=0}^{n-1}[y_i - (a_0x_{0,i} + a_1x_{1,i} + \cdots + a_{m-1}x_{m-1,i} + a_m)] \tag{3-65}$$

达到最小,从而得出回归系数 $a_0,a_1,\cdots,a_{m-1},a_m$,这里 $q$ 为 $m$ 个自变量对应的平均偏差平方和。

2)逐步多元线性回归及参数筛选

逐步的含义是,由于随机变量 $y$ 有 $m$ 个自变量,则进行 $m$ 步回归。各步回归所得的 $q_0$,$q_1,\cdots,q_{m-1}$ 平均偏差平方和,其结果存在两种变化趋势,先减小后增大或者逐渐减小。对于第一种情况,保留使平均偏差平方和减小的自变量,并将它们与对应的目标值形成新的样本学习集。对于第二种情况,说明所有自变量与目标值存在良好的相关性,全部保留,即保持原有样本学习集不变,说明本方法所筛选的最佳自变量组合并非数学意义上的最佳自变量组合,但它符合工程应用的精度要求。

2. 算法优选

1)人工神经元模型

每个神经元从邻近它的神经元接收信息,也向邻近于该单元的其他神经元发出信息。整个网络信息处理是通过这些神经元的相互作用完成的(图 3-37)。

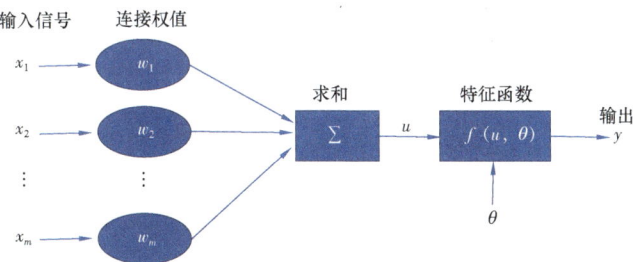

图 3-37　人工神经元模拟示意图

设 $X = (x_1,\cdots,x_{n-1},x_n)$ 为该神经元接收来自其他神经元的输入矢量,$W = (w_1,\cdots,w_{n-1},w_n)$ 为相应的权重,$\theta$ 为该神经元本身具有的阈值。输出 $y$ 可以表示为

$$y = f(\sum_{j=1}^{n}w_jx_j - \theta) = f(w,x - \theta) \tag{3-66}$$

特征函数 $f(x)$ 常采用 $S$ 形函数：$f(x)=1.0/[1.0+e^{-x}]$。

2）神经网络基本结构

以 BP 神经网络为例进行说明。神经网络基本结构有三层：输入层、隐含层、输出层。每一层均由神经元组成，层与层之间的神经元相互连接。输入层接受外界的输入，而输出层则把处理信息传送到外界，隐层可以视作一个存储规则、数学模型的大脑，其结构如图 3-38 所示。

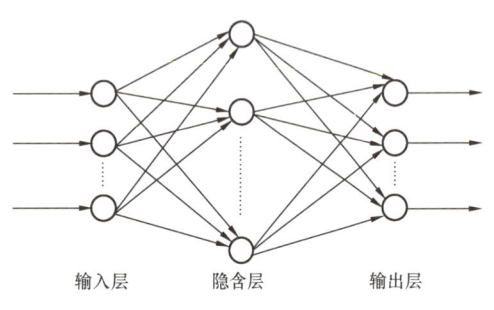

图 3-38 神经网络结构示意图

网络通过对训练样本的学习，经过权值和作用函数运算后，得到一个输出，让它和期望的样本进行比较，若有偏差，则从开始反向传播，调整权值，使网络输出与期望的样本尽量一致，直到网格收敛，学习阶段结束。在神经网络训练完成后，将预测集输入该网络中，即可得到预测值。

人工神经网络技术具有极强的自适应和自学习能力，其通过很强的非线性映射，能够精确地建立储层参数与测井响应之间的非线性模型。在地质模型中，综合历史储层资料的基础，采用神经网络技术，对大量宏观储层数据进行分析、学习与训练，选取具有代表性的储层参数，表示出各井点储层参数随时间的演变规律，进而有效预测储层参数的变化特征。

某研究区采用 BP 神经网络建立了岩石类型模型，步骤如下：首先选择关键井，根据岩心孔隙度和渗透率数据，计算了流动单元指数（FZI）和离散岩石类型（DRT）的值。其次，提取对应岩心段的测井数据，基于岩心的 FZI 和相同层段的测井数据，使用人工神经网络方法建立数学模型，预测关键井取心段的 FZI；比较预测结果和计算结果，不断调整模型，使二者吻合。然后利用调整后的模型预测所有井的 FZI 曲线，采用序贯指示模拟方法建立三维 FZI 模型；将 FZI 转换成 DRT，建立 DRT 模型（图 3-39）。

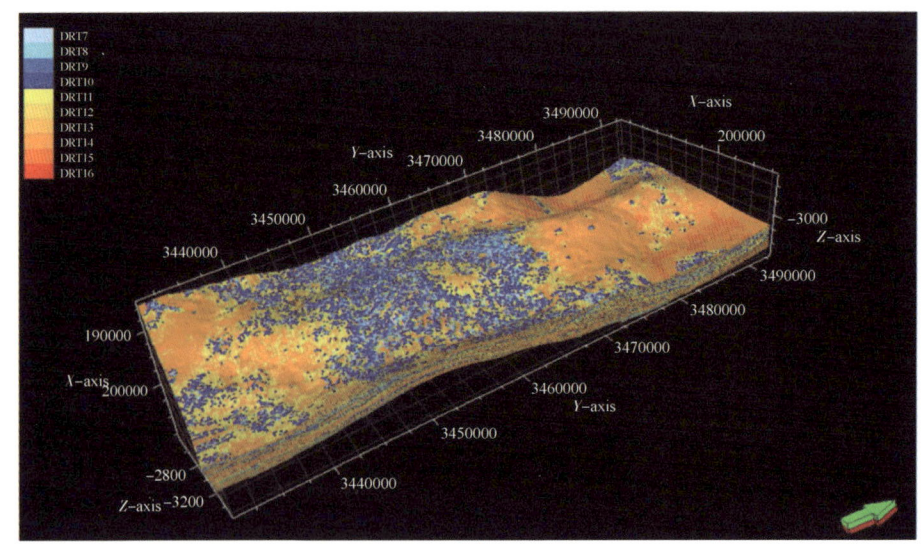

图 3-39 某研究区的 DRT 模型（据 Riyaz 等，2009）

## 第六节 其他主要相建模方法

沉积相建模,在确定性建模和随机建模的范畴内,除了常用到的地质统计学方法之外,还有一些较为综合的方法也常被用到,现针对几个主要方法加以描述。

### (一)基于相分类的建模方法

关于沉积相建模,还有一些较为直接的方法,主要基于三维地震勘探资料,在精细构造解释基础上,通过地震属性提取或波阻抗反演,得到能够反映岩性或岩相的连续属性;然后通过神经网络或结构分析的方法,对该三维连续属性进行分类,得到一系列离散属性体,该离散属性体并未定义属于哪种沉积相类型;最后,通过单井沉积相或岩相划分结果对已分好类的三维离散属性体进行标定,得到最终的三维相模型(图 3-40)。

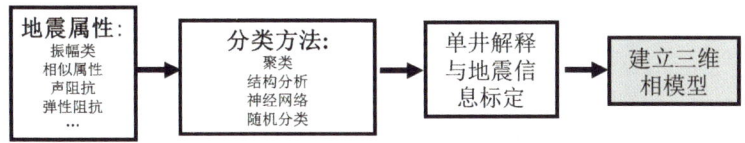

图 3-40 基于直接分类的相建模流程

直接相分类建模方法,主要适用于三维地震勘探资料基础较好,地震反射结构清晰的储层,通过地层切片以及其他相关属性处理后,能够反映出砂体的空间分布形态。例如西非某深水浊积砂岩油田(图 3-41),地震勘探资料的主频较高,地震切片能够清晰地展示出水道砂体的分布范围,再通过单井相标定,对浊积水道、天然堤和决口扇体进行了较好的区分。

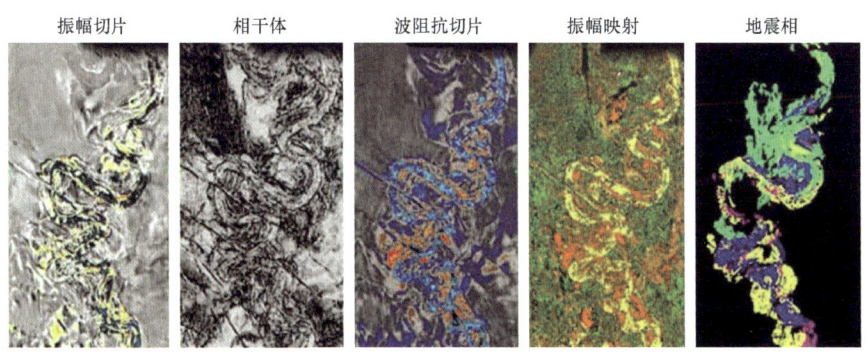

图 3-41 西非某深水油田直接分类相建模结果(据 RSI Website,2012)

直接分类相建模更多依附于实际的地质地球物理反射,能够最大程度反映地震预测的砂体空间结构,引入的随机因素较少,属于确定性建模的范畴,对于地震资料品质较高的油气田较为实用。

### (二)基于地质规则的相建模方法

模糊规则方法引入到沉积模拟领域始于 20 世纪 60 年代,该方法具有运算速度快、数据易于整合的优势,适用于事先明晰模拟规则但无法用数学表达式表达的情况,尤其对于一些复杂的非线性规则,该方法能够用较为直接的逻辑分类进行表达。

但模糊规则的使用需要有较为丰富的研究基础、经验公式或专家的过往经验,并预先定义好相互之间的对应关系。例如,对于曲流河点坝模拟,已有较为成熟的经验可参考,通过定义一系列的规则,如侧积体迁移方向、点坝生长规模与河水深度的关系、弯曲度大小与截弯取直的关系等等。基于这些规则,即可生成曲流河及点坝发育模型(图3-42),且模拟结果比较符合先验认识。该方法目前多数用于建模方法技术探索和学术型研究,但在工业界实际应用具有较大潜力。

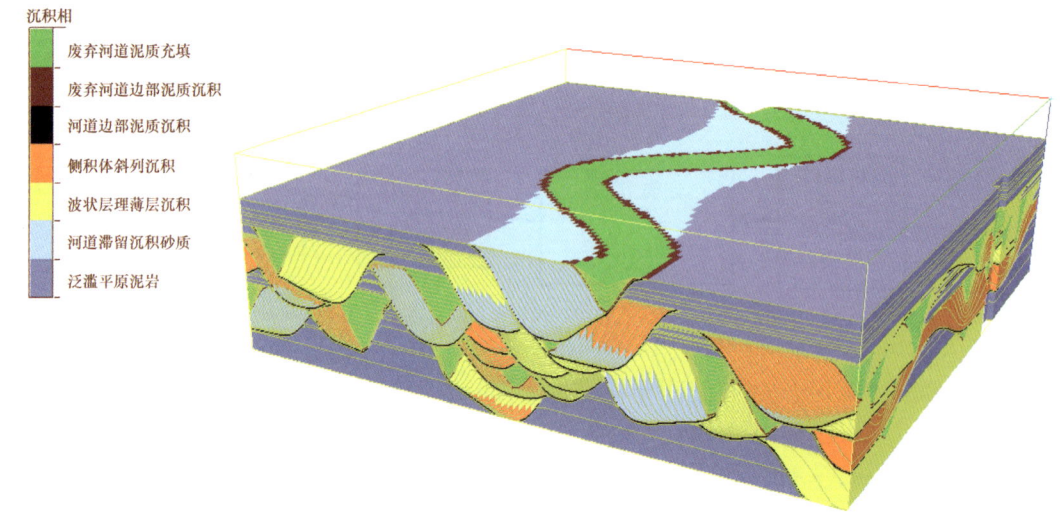

图3-42　基于过程规则的曲流河点坝建模(据Wen,2004)

### (三)综合相建模方法

不同的地质建模方法各有其优缺点,在实际工作中,为了最大程度降低地质模型的不确定性,往往需要综合各种方法的优势,综合建立一套地质模型。

常用的包括多级相建模,如对于三角洲沉积储层,先采用截断高斯方法建立平原、前缘以及前三角洲三种亚相,体现出各个亚相带之间的进积(或退积)接触关系;然后再基于每个亚相带分别模拟内部如分流河道、天然堤、决口扇等微相的分布,采用的方法可以是基于目标、序贯指示以及多点统计模拟等(图3-43)。这种分级建模的思路更体现了储层研究的层次性,也便于把握和分析每个环节可能存在的不确定性。

另外,多点地质统计学与其他方法相结合,也是当前综合地质建模技术之一。主要研究思路是首先采用基于目标的方法(非条件模拟)生成训练图像,基于该训练图像采用多点地质统计学方法建立三维模型,该综合技术比较适用于河流相储层模拟;或采用沉积正演模拟的方法建立三维训练图像,然后再结合多点地质统计学,达到最终模型条件化的结果(图3-44),该方法在碳酸盐岩台地模拟中具有较大的优势,也是未来具有发展潜力的方法之一。

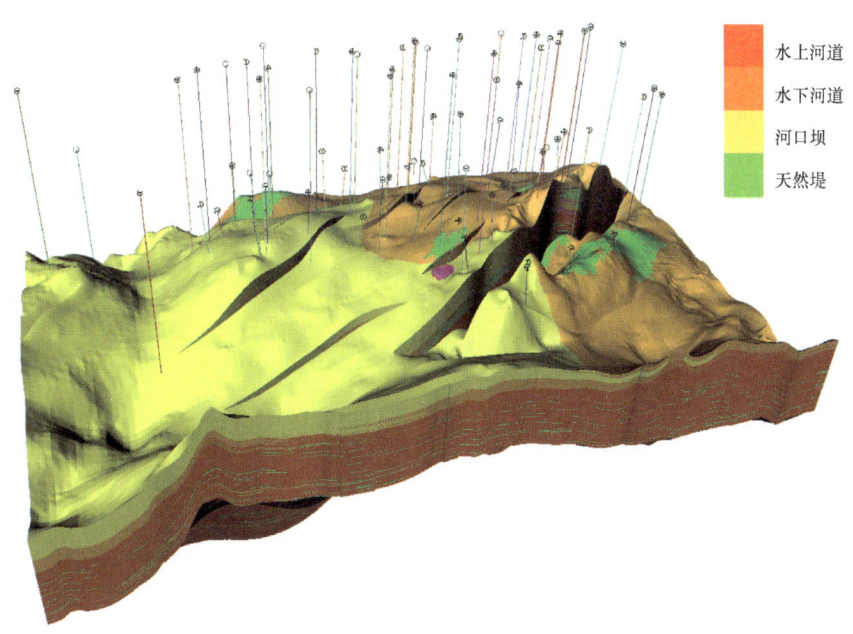

图 3-43 多级相建模思路建立三角洲相分布模型

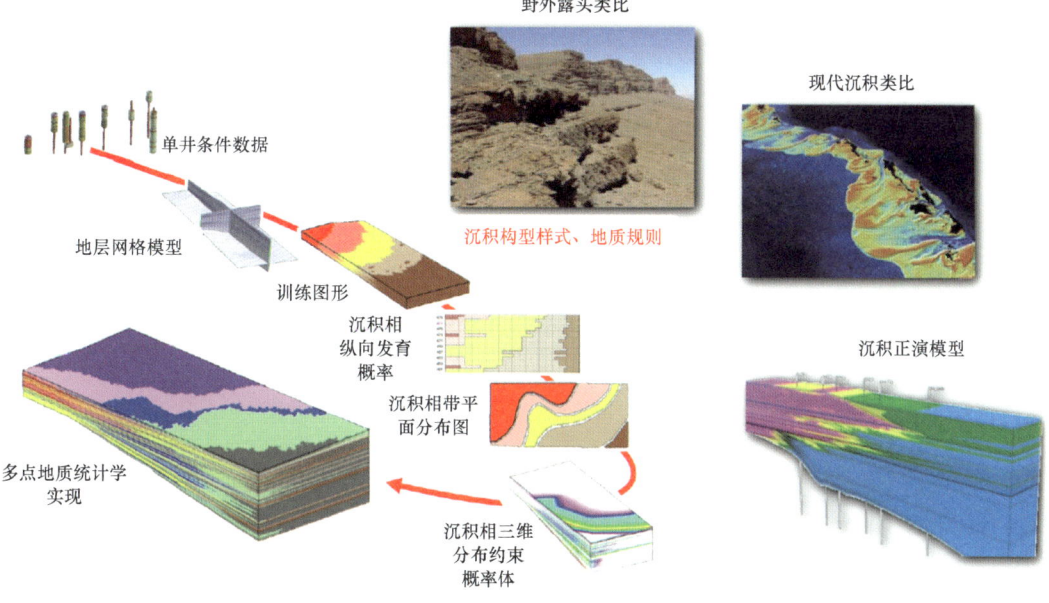

图 3-44 基于沉积正演与 MPS 结合的碳酸盐岩台地相建模方法（据 Harris 等，2011）

## 参 考 文 献

王仁铎，胡光道.1988. 线性地质统计学. 北京：地质出版社.

裘亦楠.1991. 储层地质模型. 石油学报，12(4)：55-61.

侯景儒，尹镇南，李维明，等.1998. 实用地质统计学（空间信息统计学）. 北京：地质出版社.

吕晓光,王德发,姜洪福. 储层地质模型及随机建模技术. 大庆石油地质与开发,2000,19(1):10-16.
王家华,张团峰. 2001. 油气储层随机建模. 北京:石油工业出版社.
胡向阳,熊琦华,吴胜和. 2001. 储层建模方法研究进展. 石油大学学报(自然科学版),25(1):107-112.
孙磊,孙龙德. 2004. 井间储层属性参数预测方法研究. 物探化探计算技术,26(4):316-319.
尹艳树,吴胜和. 2006. 储层随机建模研究进展. 天然气地球科学,17(2):210-216.
李少华,尹艳树,张昌民. 2007. 储层随机建模系列技术. 北京:石油工业出版社.
吴胜和,李宇鹏. 2007. 储层地质建模的现状与展望. 海相油气地质,12(3):53-60.
吴胜和. 2010. 储层表征与建模. 北京:石油工业出版社.
贾爱林. 2010. 精细油藏描述与地质建模技术. 北京:石油工业出版社.
罗良. 2011. 非对称分叉网络及分形多孔介质流动特性研究. 华中科技大学博士学位论文.
熊琦华,彭仕立,黄述旺,等. 1994. 岩石物理相研究方法初探——以辽河冷东—雷家地区为例. 石油学报,15(增刊):68-73.
卢西亚 F J. 2011. 碳酸盐岩储层表征. 夏义平,黄忠范,李明杰,等译. 第二版. 北京:石油工业出版社.
牛世忠,胡望水,王东辉,等. 2010. 红岗北扶余油藏岩石物理相相控建模及储量计算. 重庆科技学院学报(自然科学版),12(5):3-7.
谭学群,廉培庆. 2013. 碳酸盐岩油藏岩石分类方法研究. 科学技术与工程,13(14):3963-3966.
谭学群,廉培庆,邱茂君,等. 2013. 基于岩石类型约束的碳酸盐岩油藏地质建模方法:以扎格罗斯盆地碳酸盐岩油藏 A 为例. 石油与天然气地质,34(4):558-563.
谭学群,廉培庆,张俊法. 2016. 基于岩石类型的碳酸盐岩油藏描述方法. 山东东营:中国石油大学出版社.
李艳华,王红涛,王鸣川,等. 基于 PCA 和 KNN 的碳酸盐岩沉积相测井自动识别. 测井技术. 2017,41(1):57-63.
王玉玺,田昌炳,高计县,等. 2013. 常规测井资料定量解释碳酸盐岩微相——以伊拉克北 Rumaila 油田 Mishrif 组为例. 石油学报,34(6):1088-1097.
刘爱疆,左烈,李景景,等. 2013. 主成分分析法在碳酸盐岩岩性识别中的应用——以 YH 地区寒武系碳酸盐岩储层为例. 石油与天然气地质,34(2):92-196.
Acuna J A, Yortsos Y C. 1991. Numerical construction and flow simulation in networks of fractures using fractal geometry. SPE22703 presented at SPE Annual Technical Conference and Exhibition, Dallas, Texas.
Barton C C, Larsen E. 1985. Fractal geometry of two-dimensional fracture networks at Yucca Moumtain, Southwest Nevada. In: Fundamentals of Rock Joints. International Symposium on Fundamentals of Rock Joints, Bjorkliden, Sweden, 77-84.
Barnesly M. 1988. Fractals everywhere: Boston, Academic Press.
Deutsch C V, Journel A G. 1998. GSLIB: geostatistical software library and user's guide (Second Edition). New York: Oxford University Press.
Deutsch C V. 2002. Geostatistical reservoir modeling. London: Oxford University Press.
Hewett T A. 1986. Fractal distribution of reservoir heterogeneity and their influence on fluid transport, SPE15386 presented at SPE Annual Technical Conference and Exhibition, New Orleans, Louisiana.
Hewett T A, BEHRENS R A. 1990. Conditional simulation of reservoir heterogeneity with fractals. SPE Formation Evaluation, 5(3):217-225.
Journel A G, Huijbregts C J. 1978. Mining Geo-statistics. New York: Academic Press.
Journel A G. 1983. Non-Parametric Estimation of Spatial Distribution. Mathematical Geology, 15(3):445-468.
Journel A G. 1994. Geostatistics and reservoir geology. In: Yarus and Chamber (eds.). Stochastic Modeling and geostatistics: Principles, Methods, and Case Studies. AAPG Computer application in Geology, 3:56-67.
Journel A G. 2002. Combining knowledge from diverse sources: an alternative to traditional data independence hypotheses. Mathematical Geology, 34(5):573-596.

Matheron G, Beuchor H, Fouguet C, et al. 1987. Conditional simulation of the geometry of fluvio – deltaic reservoirs. SPE 16753 presented at SPE Annual Conference and Exhibition, Dallas Texas.

Matheron G. 1989. The internal consistency of models in geostatistics. In Geostatistics, Armstrong M. (Ed.), Kluwer Academic Publishers, Dordrecht, Netherlands, 1:21 – 38.

Painter S. 1998. Numerical method for conditional simulation of levy random fields. Mathematical Geology, 30(2):163 – 179.

Srivastava R M. 1994. An overview of stochastic methods for reservoir characterization. In: Yarus and chamber(eds.). Stochastic Modeling and Geostatistics: Principles, Methods, and Case Studies. AAPG Computer Application in Geology, 3:3 – 20.

Verduzco B, Marion B, Nalonnil A. 2010. Reducing Uncertainty in Seismic Interpretation using Crosswell Seismic. Aseg Extended Abstracts, 1:1 – 3.

Dunham R J. 1962. Classification of carbonate rocks according to depositional texture. In Ham WE (ed) Classifications of carbonate rocks—a symposium. AAPG Memoir, 1:108 – 121.

Embry A F, Klovan J S. 1971. A late devonian reef tract on northeastern Banks Island. N. W. T. Bulletin of Canadian Petroleum Geology, 4:730 – 781.

Gao D. 2011. Latest developments in seismic texture analysis for subsurface structure, facies, and reservoir characterization: A review. Geophysics, 76(2):1 – 13.

Gomes J S, Ribeiro M T, Christian J, et al. 2008. Carbonate reservoir rock typing – the link between geology and SCAL. Paper SPE 118284 presented at Abu Dhabi International Petroleum Exhibition and Conference, Abu Dhabi, UAE, 3 – 6 November.

Peralta O O. 2009. Rock types and flow units in static and dynamic reservoir modeling: Application to mature fields. Paper SPE 122227 presented at Latin American and Caribbean Petroleum Engineering Conference, 31 May – 3 June 2009, Cartagena de Indias, Colombia.

Spearing Mike, Allen Tim, McAulay Gavin. Review Of The Winland R35 Method For Net Pay Definition And Its Application In Low Permeability Sands. SCA, 2001.

Salman S M, Bellah S. 2009. Rock typing: An integrated reservoir characterization tool to construct a robust geological model in Abu Dhabi Carbonate Oil Field. Paper SPE 125498 presented at SPE/EAGE Reservoir Characterization and Simulation Conference, Abu Dhabi, UAE.

Rezaee M R, Jafari A, Kazemzadeh E. 2006. Relationship between permeability, porosity and pore throat size in carbonate rocks using regression analysis and neural networks. Journal of Geophysics Engineering, 3:370 – 376.

Fernando P T, Ahmed A G, Abdulla A M, et al. 2002. Rock type constrained 3D reservoir characterization and modeling. Paper SPE 78504 presented at Abu Dhabi International Petroleum Exhibition and Conference, 13 – 16 October, Abu Dhabi, United Arab Emirates.

Harris, et al. 2011. Enhancing Subsurface Reservoir Models – An Integrated MPS Approach Using Outcrop Analogs, Modern Analogs, and Forward Stratigraphic Models. Search and Discovery Article #50418.

Ozkan A, Stephen P C, Kitty L, et al. 2011. Prediction of lithofacies and reservoir quality using well logs, Late Cretaceous Williams Fork Formation, Mamm Creek field, Piceance Basin, Colorado. AAPG BULLETIN, 95(10):1699 – 1723.

Aghchelou M, Nabi – Bidhendi N, Shahvar M B. 2012. Lithofacies Estimation by Multi – Resolution Graph – Based Clustering of Petrophysical Well Logs: Case study of south pars gas field of Iran. Paper SPE162991 presented at Nigeria Annual International Conference and Exhibition, 6 – 8 August, Lagos, Nigeria.

Wen R. 2004. 3D Modeling of Stratigraphic Heterogeneity in Channelized Reservoirs: Methods and Applications in Seismic Attribute Facies Classification. CSEG Recorder, March:38 – 45.

Riyaz K, Ramin M M, Shahab H. 2009. Rock Type and Permeability Prediction of a Heterogeneous Carbonate Reservoir Using Artificial Neutral Networks Based on Flow Zone Index Approach. Paper SPE 120166 presented at the SPE Middle East Oil &Gas Show and Conference, 15 – 18 March, Kingdom of Bahrain.

# 第四章　属性建模方法

属性建模即是表征储层属性参数(如孔隙度、渗透率、含油饱和度等)在三维空间的分布,又称储层参数建模,是三维储层地质建模的一项重要内容。地质模型中的每一个层位、每一种相都会有对应的属性参数分布。对储层进行属性模拟并非是简单的网格插值,而需要对这些属性参数进行空间统计分析(分布直方图、变差函数、相关性统计等),目的是要反映出储层属性在三维空间的非均质程度。本章重点介绍储层属性的地质建模方法,包括属性参数的分析与变换以及孔隙度、渗透率和饱和度等几类重要参数的建模方法。

## 第一节　属性建模的原则

储层属性模型是对储层相关参数的分析与模拟,分析和预测储层"甜点"的分布。储层参数主要有孔隙度、渗透率、含油(水)饱和度等,这些属性参数的分布往往受岩相、成岩作用、构造等因素的控制而在空间中呈现出某种规律。例如,不同的沉积相其储层展布的范围、相序组合关系、优质储层的分布不同,对应其孔隙度、渗透率等物性参数的大小以及在平面和纵向上的非均质程度具有较大差异。因此,在进行储层属性建模过程中,首先要明确该类相模型中其属性参数的变化规律和影响因素。本节主要介绍两个储层参数建模应遵循的原则,即相控原则和趋势控制原则,尽可能使模型中储层属性参数的分布满足相应的地质规律。

### 一、相控原则

由于构造、沉积、成岩作用等过程的复杂多变,储层属性在各方向上的变化具有明显差异性。众多研究表明,造成储层属性较大非均质性的一个重要原因就是岩相(或沉积相)的控制。也就是说,储层参数在不同相之间的变化程度比在同种相之间要大得多,如河道砂体的参数分布与决口扇就有较大的差别(吴胜和等,1999)。对于储层参数这类连续性变量来说,其空间非均质程度严重受控于沉积相这类离散变量的非均质性。因此,在建立储层参数分布模型时,不能直接进行井间插值或模拟,要先确定岩相(或沉积相)、储层构型或流动单元模型,根据不同层(泥层、砂层)、不同相(砂体类型、流动单元等)的储层参数分布规律,分层、分相进行井间插值或随机模拟。这种"相控"的多步随机模拟方法能很好地符合沉积地质规律,且能避免多数连续变量模型对平稳性的严格要求。

### 二、趋势原则

对于不同的相除了其储层参数统计特征(如平均值)有差异外,另一个重要特征就是在横向和纵向上所表现出来的非均质性。通常储层参数,如渗透率,在平面上的分布具有方向性,如沿河道展布方向渗透率较大;在垂向上,储层参数也会表现出向上变大或变小的韵律性特征。另一方面,成岩作用和后期构造等因素对储层的形成和改造也会使储层参数的分布在宏观上呈现某种规律。在实际建模过程中,应充分考虑并应用这些趋势或规律,约束储层参数的分布,使模拟结果更符合地质实际。

有很多软数据或某些储层参数可作为二级变量参与到储层属性建模中,利用不同信息之间的相关关系来约束控制建模。例如地震波阻抗属性与孔隙度通常呈负相关关系,可将地震属性作为趋势,约束孔隙度模型的建立。渗透率参数变化范围很大(从几十到几千毫达西),直接对其模拟难以保证精度,若渗透率与孔隙度相关性较好(也可考虑含水饱和度等参数),则可先建立孔隙度模型,并以此为趋势约束建立渗透率模型。

## 第二节 属性数据分析与离散化

在储层参数建模之前,数据分析与变换是不可缺少的一项基础工作。数据分析可解释储层参数的分布规律,数据变换则是对数据分布进行灵活处理以便满足相应建模算法的要求,也就是,最终进入地质统计学算法的数据必须服从正态分布。地质统计学计算完成后,还要将数据进行对应的反变换。在数据变换前,需要将测井曲线中的孔隙度、渗透率、饱和度、净毛比等数据离散到三维网格中去。不同的属性应选用不同的离散化算法,如孔隙度、饱和度、净毛比数据宜采用有权重的算术平均法,渗透率宜采用调和平均或几何平均法等。

### 一、数据变换类型

数据变换是直接对离散化后的井数据进行分析和变换。如选择沉积相控的储层参数建模,则应分相进行数据分析和变换。数据变换类型主要包括截断变换、减小偏度变换、全局地质趋势变换和局部地质趋势变换。表4-1涵盖了各种数据的变换方式及其相应的数据分析。

表4-1 基本数据变换(据吴胜和,2010)

| 类别 | 数据变换 | 简单描述 |
| --- | --- | --- |
| 截断变换 | 原始数据截断 | 在建模前根据门限值对原始数据进行截断,大于或小于门限值的数值被变换为门限值 |
|  | 结果数据截断 | 在建模后根据门限值对建模结果数据进行截断,大于或小于门限值的数值被变换为门限值 |
| 减小偏度变换 | 对数变换 | 将数据取对数,从而减小数据分布范围 |
|  | 正态变换 | 将数据进行标准正态变换(数学期望为0,方差为1) |
| 全局地质趋势变换 | 压实趋势变换 | 沿垂直深度方向的物性趋势变换(一般由压实作用引起) |
|  | 沉积趋势变换 | 沿垂向网格坐标方向的沉积成因物性趋势变换 |
|  | 1D横向趋势变换 | 在大地坐标系下平面沿一个方向的趋势变换 |
|  | 2D横向趋势变换 | 一般的2D面趋势变换 |
| 局域地质趋势变换 | 地质体内部垂向趋势变换 | 在地质体范围内,受地质体顶底面控制的垂向趋势变换 |
|  | 地质体内部横向趋势变换 | 在地质体范围内,受地质体边界或轴线控制的横向趋势变换 |

## (一)截断变换

将井上离散出来的数据绘制出统计直方图以便观察数据的分布情况。在数据分布直方图中,若存在异常值(极大值或极小值),可根据实际情况自行设置最大值和最小值进行截断处理,超过最大值的数据直接取最大值,小于最小值的部分直接取最小值。如果是"相控"属性建模,则要分相统计参数,分别设置截断值进行数据处理。

## (二)减小偏度变换

减小偏度变换的主要目的是转换数据的分布模式,使其逐步减偏,最终符合算法要求标准正态分布统计模型。常用的变换方式是先用其他预变换将数据变换为适正态分布,最后使用标准正态变换达到最终目的。如对数变换—正态变换序列主要是针对渗透率数据进行的,因为自然界渗透率分布大致符合对数正态分布。标准正态变换是为了适应基于高斯域的参数建模算法,如序贯高斯等。这种建模算法要求建模输入的数据服从标准正态分布,而一般离散后的井数据都不满足此条件,需要将井数据进行标准正态变换。该类数据变换是通过累积概率分布曲线(cdf)的分段对应变换来实现的,其过程如图4-1所示。在建模过程中,数据变换过程都是在建模软件内部完成的。

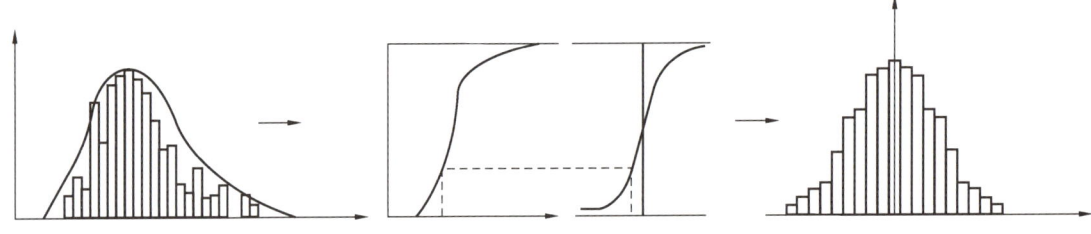

图4-1 标准正态变换示意图(据吴胜和,2010)

## (三)全局地质趋势变换

全局地质趋势变换是针对整个建模目标区进行的带有地质趋势的数据变换。不同沉积单元的参数在平面上存在规律性的变化。例如河流、三角洲等沉积从近物源到远物源端的储层参数变化、滨岸沙坝从沉积中心到边缘的物性变化等要进行一维横向趋势变换,若沉积环境复杂,需要利用井数据建立二维趋势面。在垂向上,地层压实作用一般表现出随深度变化的趋势,则需要做垂向压实趋势变换(图4-2)。

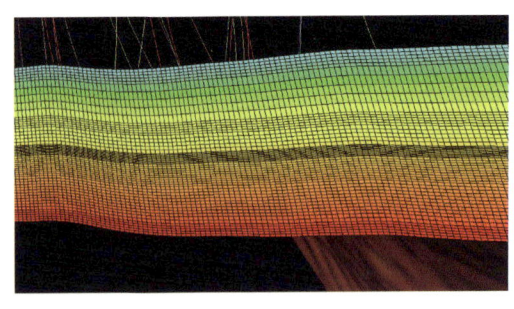

图4-2 垂向趋势示意图

## (四)局部地质趋势变换

局部趋势通常反映在地质体内部,包括单一构型单元、流动单元等。例如两条侧向拼接的河道储层,普通的建模一般会将其按统一的河道相进行处理,赋予相同的相指示代码值;构型建模时则会将其作为两个不同的单一河道对待(图4-3),针对不同的构型单元,分别设置内部的参数分布趋势(如分别设置截断值进行变换)。

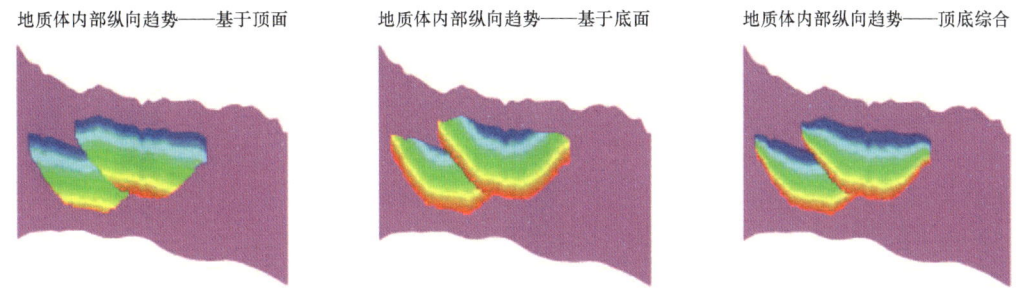

图 4-3 河道砂体储层参数内部垂向趋势分布示意图(据 RMS 技术手册,2010)

## 二、数据变换流程

一般建模软件都会有数据统计与趋势分析功能,对建模工作者而言,要完成的工作就是进行数据分析、设置数据变换参数。

数据变换基本有以下三个步骤:第一步,通过统计直方图查看建模数据的原始分布,一般会对数据分布的前后端进行截断(截断变换),目的是过滤掉不合理的奇异值,使数据近似呈正态分布;第二步,对过滤了奇异值的数据进行地质趋势分析,一般包括垂向压实趋势、平面横向趋势、地质体内部趋势等;第三步,对减去趋势后的数据进行统计分析,并根据建模算法的需要对数据进行变换,如序贯高斯模拟要求数据服从标准正态分布(图 4-4)。以上这三步为一般情况下的数据变换,实际建模时,应具体问题具体分析。

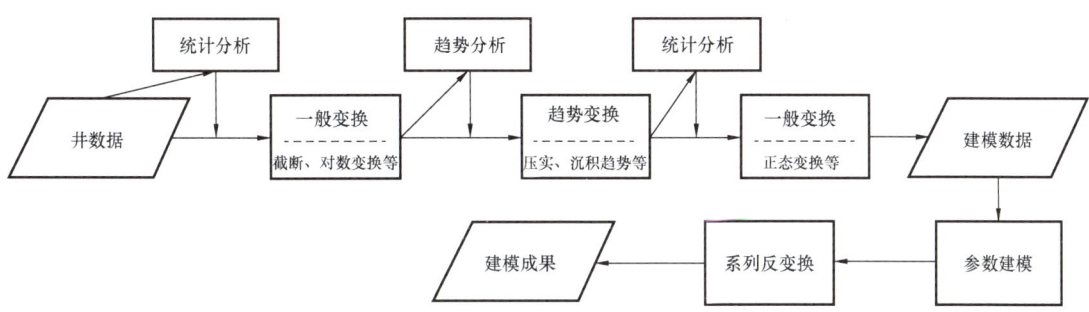

图 4-4 属性模拟的数据变换流程(据吴胜和,2010)

# 第三节 孔隙度模型

储层的孔隙度是识别储层储油能力、划分油层、确定有效厚度、计算储量和评价油藏特征的一个重要参数,是分析油气成藏和油田生产的基础,因此,对孔隙度进行地质建模是属性建模的重要一环。

## 一、孔隙度序贯高斯模拟

孔隙度数据一般都是通过井上解释得到的,在从测井到三维空间模拟之前,首先需要将其转换成正态分布,下一步就是需要建立变差函数模型。根据地质统计学分析,采用高斯模拟的方法,获取网格模拟值。在此介绍的序贯高斯模拟方法是通过随机路径访问每个网格节点,最终完成整个三维空间所有网格的模拟。

具体模拟步骤为:

(1)寻找邻域的条件数据和先前已模拟出来的网格节点数据;

(2)通过克里金方法建立条件概率分布,并利用简单或普通克里金方法计算均值和估计方差;

(3)在条件概率分布中随机提取一个值作为该网格点的模拟值。

通过改变随机种子数重复以上步骤,可以生成多个不同的模拟实现。如果孔隙度呈现多元高斯分布,则需要通过贝叶斯定理的回归应用方程把孔隙度数据的高斯分布进行分解,形成一系列的条件概率分布函数。每一个条件概率分布函数均是仅通过邻域的已知条件数据引用马尔柯夫链假设进行计算的。

## 二、整合地震数据的孔隙度序贯高斯模拟

地震数据常因对孔隙度的变化较为敏感而被广泛地应用于储层研究。地震所提供的宏观信息可以应用在相建模过程中,之后再利用其他地震信息分析不同相中的孔隙度变化。所以,整合地震数据的孔隙度建模是以相控原则为基础而进行的储层参数模拟。

### (一)地震数据对孔隙度的校正

在实际应用中,有多种地震属性可以考虑,如对孔隙度分析较可靠的波阻抗。应用该方法时,首先对地震数据进行处理,提取多种属性,通过神经网络、判别分析、规则推理以及一些回归型处理方法得到地震数据计算出的孔隙度。在标准化的过程中,利用井数据进行约束(参与计算的井数据需要先进行标准化),最终得到整合井和地震数据的孔隙度。

这个方法充分考虑了地震属性与孔隙度之间的相关性,如果有多个属性与孔隙度相关性较好,则可以对这些属性进行融合: $Z_\varphi S(u_\alpha),Z_\varphi \phi(u_\alpha),\alpha=1,\cdots,n_c$。图4-5是一个交会图

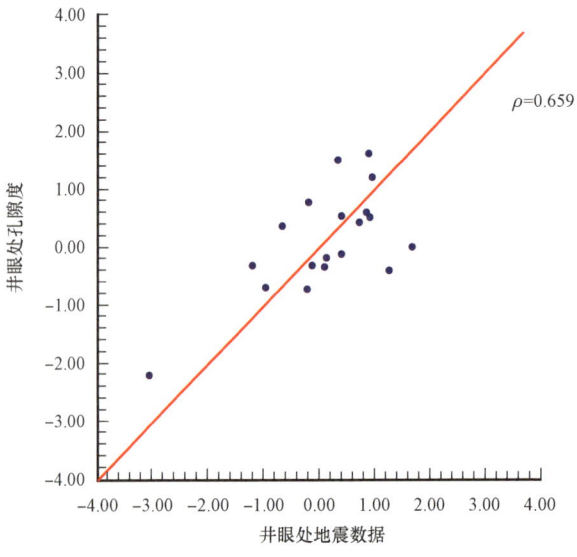

图4-5 正常得分变换后的地震数据与孔隙度数据交会图
(据 Michael 和 Deutsch,2014)

版的示例,通过地震与井获取的孔隙度的相关性,通过两点计算得到相关系数。如果选取的是邻区的井上信息或偏移的地震数据,则会严重影响这个相关系数,相关性可能会降低,因此,利用地震数据进行孔隙度模拟之前,需要进行数据清查和井位、孔隙度分布等的定位。

### (二)横向变差函数

一个完整的三维变差函数模型需要能够描述出孔隙度的空间相关特性,而变差函数理论的主要挑战在于水平方向,地震数据可作为较好的信息来源来指导水平变差函数的分析。

### (三)局部变异均值

地震数据可转换为孔隙度,然后利用其作为局部均值,而不是采用协同克里金的方法。首先从地震属性中计算所有区域的平均孔隙度(图4－6为两个图示),然后利用从地震中得到的孔隙度平均值进行基本的高斯模拟(简单克里金或普通克里金)。

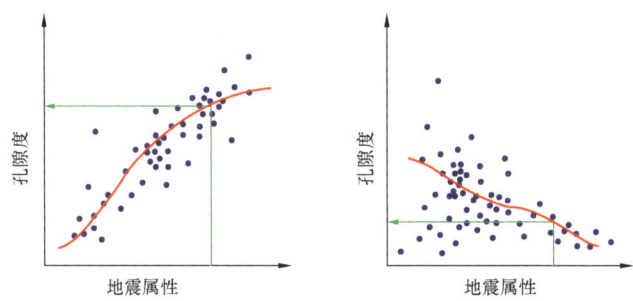

图4－6 地震属性与平均孔隙度关系的两个例子(据 Michael 和 Deutsch,2014)

克里金估值的计算如下:

$$y^*(u) - m(u) = \sum_{\alpha=1}^{n} \lambda_\alpha \cdot [y(u_\alpha) - m(u_\alpha)] \quad (4-1)$$

$$y^*(u) = \sum_{\alpha=1}^{n} \lambda_\alpha \cdot y(u_\alpha) + \left(1 - \sum_{\alpha=1}^{n} \lambda_\alpha\right) \cdot m(u) \quad (4-2)$$

式中 $y^*(u)$——克里金估值或用于高斯模拟的条件概率分布的均值;

$n$——局部数据的数量;

$\lambda_\alpha$——克里金权系数,$\alpha = 1,\cdots,n$;

$y(u_\alpha)$——局部转换的孔隙度数据;

$m(u)$——在位置 $u$ 处由地震反演得到的孔隙度均值(转换成高斯单位)。

当仅有少量局部数据时,这些硬数据的权系数和会较小,由地震得到的孔隙度均值会接受一个较高的权重;而当硬数据的权重较高时,由地震得到的孔隙度均值的权系数值可以适当降低。

### (四)同位协同克里金

许多协同克里金类型均需要明确地震数据所占有的权重。Doyen(1988)较早利用地震数据进行孔隙度协同模拟,随后很多学者也进行过改良和简化(Almeida,1993;Almeida 和 Journel,1994；Xu 和 Journel,1995）。同位协同克里金方法在第二章中也有所说明,其核心是在高斯转换过程中统计出孔隙度硬数据和地震软数据之间的相关性。

### （五）块协同克里金

同位协同克里金可用来匹配一个协同区域化模型,是一种粗略的估计,它可以避免交叉变差函数或协方差的计算,同时也可以处理大范围的地震数据。与序贯指示模拟一样,通过计算变差函数和交叉变差函数,可以分析与协同变量相匹配的数据点,从而在区域空间中得到协同性的变化差异,即哪些区域协同性好,哪些区域协同性差。最终,在序贯高斯模拟中可以执行块协同克里金方法,该方法可用以说明地震数据的应用范围（或协同范围）,并且从地震到孔隙度有不同程度的校正（Behrens 等,1998）。

### （六）随机反演

替代协同克里金的另一种整合地震数据的方法就是随机反演,其理念是早在 20 世纪 90 年代由 Elf 工作者提出来的,是对地震数据的一种直接解释（Bortoli 等,1993）。基本思想就是模拟波阻抗,通过一个先验地震模型处理波阻抗,并且通过随机抽样来优选波阻抗模型。

该方法最初由 Haas 和 Dubrule（1994）提出,其原理是产生一系列（约 10～100 个）具有代表性的剖面模型,并且基于每一个剖面,运行先验地震模型。每一个剖面的模拟均以井数据和先前已模拟的剖面为条件约束,模拟出来的剖面与原始地震数据的地震趋势最为接近的则为最终结果（Dubrule 等,1998、1994）。

## 第四节　渗透率模型

孔隙度模拟是在相模型基础上建立的（相控原则）,可直接用来评价孔隙体积、孔隙分布以及孔隙连通性,而渗透率模型的确定则还需要利用孔隙度来进行流体分析。

渗透率模拟主要有三种方法,包括孔隙度—渗透率转换、渗透率的高斯模拟和序贯指示模拟。目前被广泛应用于渗透率模拟的是序贯高斯模拟技术、孔隙度—渗透率转换、云变换、双变量方法,序贯指示技术只在具有充足数据条件的时候使用。

### 一、孔隙度—渗透率转换

#### （一）回归分析

通常,孔隙度和渗透率之间的关系可以用聚类回归分析得出。由于渗透率的分布直方图大多符合近似对数正态和偏正态特征,所以渗透率往往以对数形式表达。

回归方程如公式：

$$\lg(K)^* = a_0 + a_1 \cdot \phi + a_2 \cdot \phi^2 + \cdots + a_n \cdot \phi^n \tag{4-3}$$

式中　$\lg(K)^*$——预测渗透率对数；

　　　$a_i$——回归系数,$i=0,\cdots,n$；

　　　$\phi$——孔隙度。

对数线性回归通常只用到前面两项,从二阶 $a_2 \cdot \phi^2$ 开始则不再具备线性计算特征,只有极少数特殊情况下可能会考虑用到高阶($n \geq 3$)。回归系数 $a_i(i=0,\cdots,n)$ 的计算在大多数软件中都是自动完成的。图4-7给出了孔隙度—渗透率交会图版和二级回归曲线的一个例子,这些方程被直接用于通过已知的孔隙度数据来预测渗透率。

这种方法的优点是:(1)方法简单且多为自动计算;(2)可以近似呈现出孔隙度与渗透率的相关关系。但是该方法也有很多缺点,主要体现在渗透率的极低或极高值被平滑掉了,也就是预测出来的渗透率数据不可能像观测数据一样有极值的出现。这种方法所预测的渗透率值的变差函数或空间变异性是由孔隙度传导过来的,但通常要高于孔隙度变异程度。

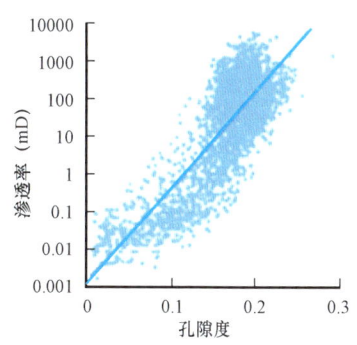

图4-7 孔隙度—渗透率交会图版和二级回归曲线

实际上,基于回归分析得到的渗透率不会产生渗透率不确定性,这在随机模拟时就会出现一些局限性,例如难以进行渗透率非均质性评价或进一步的储量评价等,而利用下面介绍的地质统计学方法计算渗透率则克服了这种局限。

## (二)条件期望

假如限定了渗透率(对数形式)与孔隙度之间存在一个相关关系,那么这个关系通常比上述回归分析中的简单多项式关系要复杂得多。实际上,由孔隙度给定的渗透率条件期望在捕捉复杂的非线性关系和渗透率偏差方面是非常灵活的。

建立一个条件期望曲线的流程大致为:

(1)将孔隙度与渗透率比值按孔隙度增大的趋势分成 $N$ 类;

(2)选择一个移动窗口,过滤出 $M$ 个孔隙度数据,这些数将会依赖观测值的有效性,$M$ 必须大于10以避免不规则波动,$M$ 通常小于 $N/10$ 以避免过度平滑;

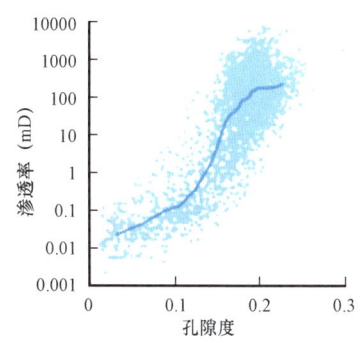

图4-8 孔隙度—渗透率交会图版中的条件期望曲线

(3)获取某一时刻在移动窗口中的 $M$ 个数据来计算孔隙度和渗透率比值的平均值,生成平滑的孔隙度渗透率比值的 $N$—$M$ 配对数。

(4)在平滑后的孔隙度—渗透率数据对中,通过内插可以预测渗透率。在每一个孔隙度窗口中,线性插值出来的渗透率可以被当作常量进行应用。

整个流程中,最关键的一步就是如何处理低值(低于最小平均的孔隙度值)和高值(高于最高的孔隙度值)的区域。图4-8展示的孔隙度—渗透率数据中,给出了条件期望曲线。有时候数据点太少以至于不能够完全描述出孔隙度与渗透率之间明确的相关性,这时可采用二元平滑算法来充填交会图。

## (三)条件概率分布中的蒙特卡洛抽样

该方法是对条件期望曲线的进一步改进。其思想大致是,在一个位置 $u$ 处,渗透率值可以通过蒙特卡洛抽样从孔隙度分布空间 $f[k|\phi(u)]$ 处的由孔隙度给定的渗透率条件概率分布中提取出来。因此,该方法首先要建立一系列的渗透率条件概率分布(图4-9),一般需要用到10个甚至10个以上的条件分布。建立条件分布的孔隙度"窗口"可以相互交叠。

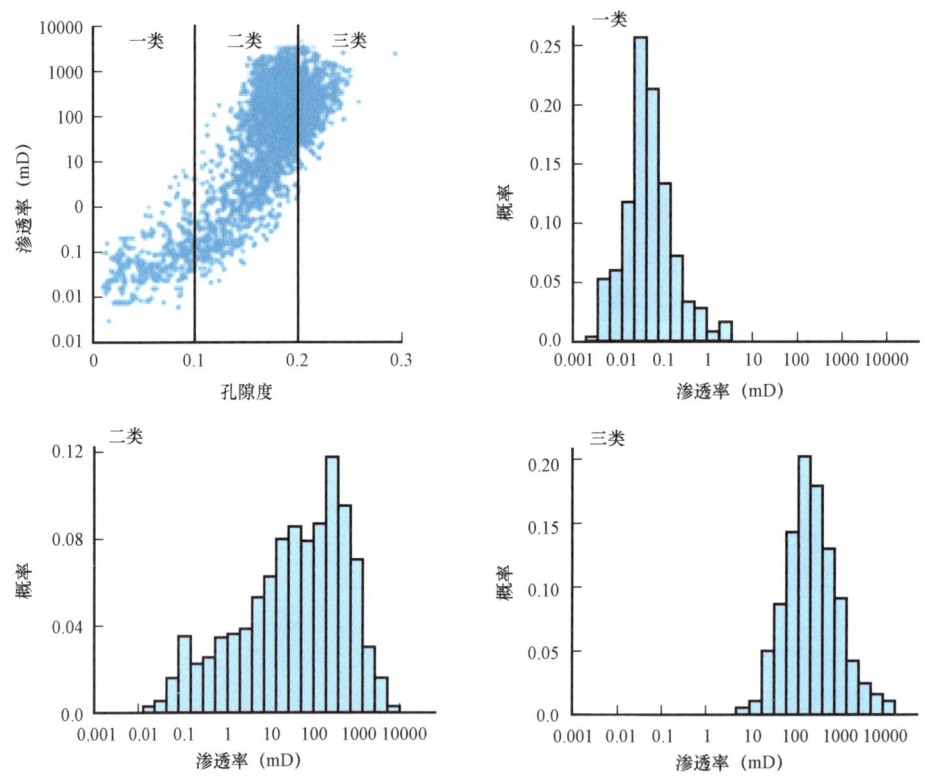

图4-9 孔隙度—渗透率交会图及其三个蒙特卡洛模拟的条件分布

通过这种方法,会重新生成渗透率的直方图和孔隙度—渗透率的全部散点图。由于渗透率与孔隙度在空间上有某种相关性可以用来进行渗透率预测,但是,如果没有考虑蒙特卡洛抽样,预测出的渗透率值的空间变化将会非常随机,因此,在这过程中,需要利用地质统计学方法来传递出正确的空间相关关系。

## (四)云变换

云变换是在蒙特卡洛抽样的基础上加强对渗透率(有孔隙度进行相关分析的约束条件)进行空间相关关系分析的一种方法。该方法对上述蒙特卡洛方法的增补就是应用了一个条件性的相关性概率场来从条件概率分布中进行抽样。概率场是一个有着特殊相关结构特性的均匀分布($U[0,1]$)的随机函数,并且被一个固定的协方差函数[$C(h)$]定型。为了进行云变换,概率场需要被条件化以便渗透率从条件集中(具有硬数据分布)提取出来。

正如之前介绍的蒙特卡洛抽样,会再次生成一个完整的孔隙度—渗透率散点,并形成渗透率的条件概率分布,而且还会通过概率场对其空间连续性进行加强(图4-10)。目前,许多学者将云变换视作一个孔隙度—渗透率转换的好方法,来从较好的孔隙度分布和孔隙度—渗透率关系中推测具有较差分布的渗透率,然而这种方法难以生成一个准确的并且具有空间连续性模型的直方图。

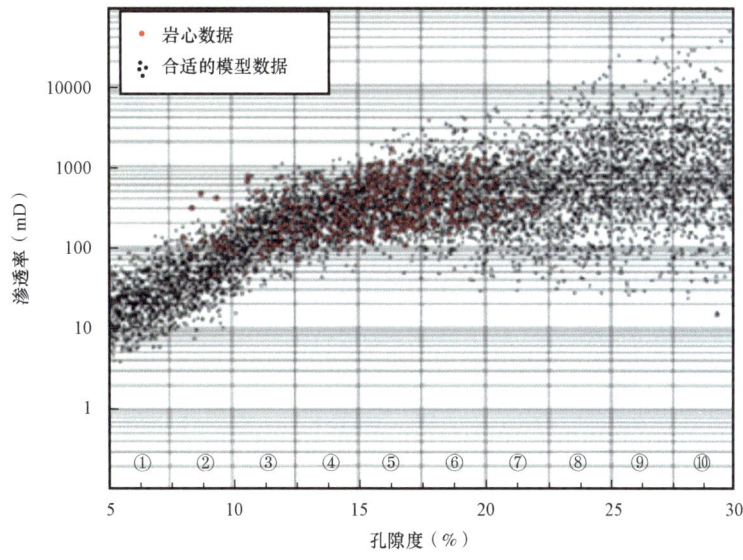

图4-10 云变换的渗透率模拟(据Michael和Deutsch,2014)

## 二、渗透率序贯高斯模拟

上一节孔隙度高斯模拟中描述的利用地震数据的协同克里金方法模拟孔隙度的流程,同样也可以很好地用于渗透率模拟,即利用孔隙度的协同克里金方法来模拟渗透率。模拟的流程如下:

(1)孔隙度与渗透率正态得分变换。这一步是得到需要渗透率的正态得分变差函数以及渗透率和孔隙度的正态得分变换之间的相关系数。完整的协同克里金将会需要一个协同区域化的孔隙度—渗透率线性模型。

(2)利用孔隙度作为协同变量的渗透率模拟,模拟之后进行检测并进行反正态变换。要较好地使用同位协同克里金方法就需要先模拟出整个区域的孔隙度分布。图4-11为对应于图4-7中的正态得分变换的孔隙度—渗透率交会图。

在质量较好的相模型中已经对渗透率的连续性进行了分析与计算,因此往往不太可能会出现一个非常复

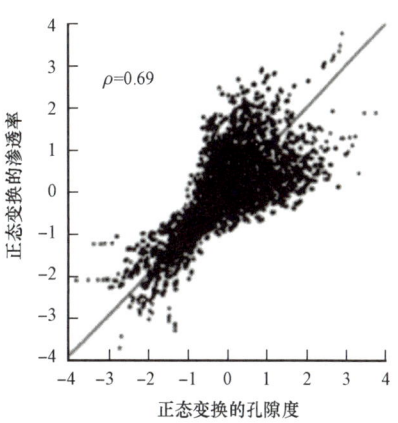

图4-11 正态得分变换的孔隙度—渗透率交会图

杂的渗透率模型,高斯技术在储层属性建模中被广泛使用是因为其方法简单易用并且能够再现多数需要的特性。然而,渗透率有时存在极高值(渗流通道)与极低值(渗流屏障)的强非均质性,在接下来的流体建模研究时都非常重要,接下来将要引入的指示方法或许可以用来明确渗透率存在极值情况下的连续性问题。

## 三、渗透率指示模拟

本节将着重介绍渗透率指示方法的技术理念和建模流程。当低于或高于门槛值的渗透率值的空间连续性不能够满足高斯模拟时,就会用到渗透率的指示方法。这种方法的优点是处理数据更为灵活,针对性更强,并且能降低建立模型的计算机时耗,同时也可考虑结合孔隙度的相关性进行协同克里金模拟。

在一个未取样的区域,指示克里金方法可以不经明确的高斯假设而直接估计条件概率分布。通过一系列门槛值 $z_j, j=1, \cdots, N_J$(渗透率通常用符号 $k$ 或 $K$ 表示,所以使用符号 $j$ 以免混淆),将渗透率变化范围进行分割。在概率分布上,分位数 0.1 与 0.9 之间可以设置 5~11 个门槛值。门槛值个数越少则整个流程越简化,而设置太多的门槛值将会导致一些不合理的顺序关系。

每一个门槛值内都要有变差函数,多个门槛值内可以是相同的变差函数,例如在 0.1 分位数的指示变差函数可以用于分位数 0.1、0.2 和 0.3 处。像块金效应参数和指示变差函数各向异性的方向将会从一个截断处到下一个截断处变得平滑,指示变差函数如果差别较大,就会难以模拟出合理的顺序关系。

孔隙度值需要被编码或者被转换成渗透率在门槛值 $z_j(j=1, \cdots, N_J)$ 处的先—后验概率,那么渗透率分布概率同样如此:

$$y(\boldsymbol{u}; z_j) = \text{Prob}\{Z(\boldsymbol{u}) \leq z_j \mid \varphi(\boldsymbol{u})\}, j=1, \cdots, N_J \tag{4-4}$$

一个特定区域内,如果孔隙度 $\varphi(\boldsymbol{u})$ 总体较大,则一般也含有较高的渗透率,换句话说,低于一个较低门槛值的渗透率分布的概率 $y(\boldsymbol{u}; z_j)$ 较小;同样,如果孔隙度 $\varphi(\boldsymbol{u})$ 总体较低,那么渗透率值也较低,低于一个较低门槛值的渗透率分布的概率 $y(\boldsymbol{u}; z_j)$ 较大。这些概率是从一个同位数值的交互图中利用条件概率分布计算出来的。

在每个位置 $u$ 处、每一个截断区间内,通过克里金的指示变换直接估计渗透率的不确定性分布。

$$[i(\boldsymbol{u}; z)]^* = \sum_{\alpha=1}^{n} \lambda_\alpha \cdot i(\boldsymbol{u}; z) + \sum_{\beta=1}^{n'} \lambda'_\beta \cdot y(\boldsymbol{u}_\beta; z_j), j=1, \cdots, N_J \tag{4-5}$$

式中,共有 $n$ 个邻域渗透率的硬数据,其指示变换为 $i(u_\alpha; z_j)$ 以及 $n'$ 个二级变量的孔隙度数据(同一位置通常只选取一个孔隙度值),其指示变换为 $i_{\text{soft}}(\boldsymbol{u}_\beta; z_j)$。$\lambda_\alpha (\alpha=1, \cdots, n)$ 和 $\lambda'_\beta (\beta=1, \cdots, n')$ 为权重,分别由指示协同克里金计算得到。

在每个截断区间内,渗透率指示值 $i$ 和孔隙度指示值 $y$ 之间可以建立一个协同区域的线性模式,通常习惯采用马尔柯夫—贝叶斯模式(Zhu 和 Journel,1993)。

每一个门槛值都需要校正参数 $B_j(j=1, \cdots, N_J)$。这些校正参数以及渗透率指示变差函数可以完全提供协同克里金所需要的交叉变差函数。相关系数 $B_j$ 通过对比同位的软硬指示数据而获得。

$$B_j = E\{Y(\boldsymbol{u};z_j) \mid I(\boldsymbol{u};z_j) = 1\} - E\{Y(\boldsymbol{u};z_j) \mid I(\boldsymbol{u};z_j) = 0\} \in [-1, +1] \quad (4-6)$$

$E\{\cdot\}$ 为期望值或简单认为是算术平均值。如果孔隙度与渗透率高度相关的话,那么期望 $E\{Y(\boldsymbol{u};z_j) \mid I(\boldsymbol{u};z_j) = 1\}$ 接近于 1,$E\{Y(\boldsymbol{u};z_j) \mid I(\boldsymbol{u};z_j) = 0\}$ 接近于 0,因此 $B_j$ 越接近于 1,孔隙度协同模拟渗透率结果越可靠。当 $B_j = 1$ 时,孔隙度指示数据则可以被当做硬数据;相反,当 $B_j = 0$ 时,孔隙度数据可以忽略,也就是说克里金权系数为零。

指示克里金就是对每一个门槛值内的一个概率估计产生一个具有不确定性的概率分布。这个指示克里金得到的分布可以随后被用于随机模拟作为序贯指示模拟算法的一部分。渗透率的指示模拟步骤可以概括如下:

(1)选取渗透率门槛值并在每一个门槛值区间内建立指示变差函数模型。多个门槛区间可以使用相同的变差函数模型。

(2)利用同位孔隙度与渗透率值的交会图,将孔隙度值转换为二级指示数值。

(3)计算每一个门槛值区间内的校正参数 $B_j$。如果参数近乎接近于零,说明渗透率与孔隙度没有相关性,则不考虑使用孔隙度指示值。

(4)执行序贯指示模拟建立多个渗透率模拟实现,再现渗透率条件数据和直方图、不同渗透率门槛之间的连续性以及与孔隙度的相关性。

## 第五节 饱和度模型

在储层三维地质模型中,含油饱和度模型对于油藏评价、计算地质储量具有重要意义。我们建立的含油饱和度模型通常是原始含油饱和度。油藏原始含油饱和度是在原始状态下储层中石油体积占有效孔隙体积的百分数,是评价油藏产能和开发方案的重要参数。

油藏含油饱和度的分布,受岩相、孔隙度和渗透率等多重因素的影响外,更与岩石的微观结构(尤其是岩石毛细管压力)有关。含油饱和度模型的建立,一般不采用随机模拟建模方法。近年来,研究人员在建模过程中多是基于含油饱和度参数与岩相、孔隙度、渗透率,以及毛细管压力的物理关系,当资料数据足够时,采用 J 函数建模方法计算含油饱和度,当资料数据不充分时,则采用较简单的含油饱和度—高度函数方法建立含油饱和度模型。

### 一、含油饱和度测定方法

在油水过渡带中,随着油藏深度的增加,含水饱和度逐渐增大。预测过渡带中的可采油量取决于作为深度函数的原始含油饱和度的分布,以及过渡带中原油的流动性。对于过渡带厚度较大的油藏,过渡带中原始流体的分布对油藏的可采储量可能有着重大的影响,进而影响油藏开发的经济性。通常确定性含油饱和度测定方法有岩心直接测定法、间接确定法和毛细管压力曲线计算法。

#### (一)岩心直接测定法

岩心直接测定方法是对用油基钻井液取心或密闭取心方式取到的岩心进行直接测定,得到储层原始含油饱和度。由于该方法要求被测定的岩心必须保持地下原始状态,所以实现起来比较困难。例如,要求岩心满足失水等于零,这在实际工作中很难满足,即便能够满足,费用也非常高,因此一般利用岩心直接测定储层原始含油饱和度的资料不太多。

### (二)间接确定法

间接确定法有两种:(1)利用岩心直接测定的储层原始含油饱和度与储层物性资料,研究储层参数与含油饱和度的关系;(2)根据油气储层的物性、岩性及测井曲线等特征,建立油气储层的导电模型,利用该模型确定储层含油饱和度。第一种方法因前述原因一般情况下资料较少;第二种方法是地球物理测井分析家常用的,其原因是:虽然利用该方法计算的含油饱和度在精度上不好衡量,但在岩心直接测定储层原始含油饱和度资料较少和毛细管压力曲线资料较少的情况下,它仍可起重要作用。

### (三)毛细管压力曲线计算法

油藏垂向上的油水分布与构造位置有密切关系,并能反映在毛细管压力曲线和相渗曲线上(图4-12)。按井的产出特征自上而下可分为三段:第Ⅰ段,水的相对渗透率为零,这一段只有原油可流动,称为纯油段;第Ⅱ段,油和水的相对渗透率大于零,油水两相流动,为油水同层段,或油水过渡段,所对应的$\Delta H$为油水过渡带的高度;第Ⅲ段,原油为残余油,油的相对渗透率为零,只有水可流动,为纯水段。油水界面一般指第Ⅱ段与第Ⅲ段之间的界面,而自由水面为第Ⅲ段的下限,毛细管压力为零,即含水饱和度为100%的界面。

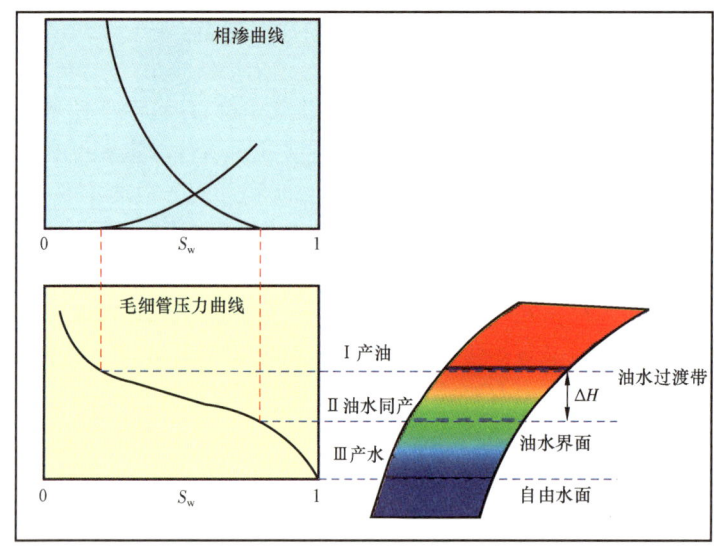

图4-12 油藏油水垂向分布图示意图

利用毛细管压力曲线计算含油饱和度的方法是:先将实验室毛细管压力变换为地层毛细管压力,然后将地层毛细管压力换算为油藏高度,最后用油藏高度或油水界面以上的高度从毛细管压力曲线查出储层原始含油饱和度,$S_o$(含油饱和度) = 100 - $S_w$(含水饱和度)。在岩心直接测定储层原始含油饱和度的资料不多的情况下,该方法为确定储层原始含油饱和度提供了有效途经。

该方法是目前最常用的计算含油饱和度的方法(胡勇等,2012),因为含油饱和度与毛细

管压力呈现比较明显的函数关系,因此,利用毛细管压力计算含油饱和度在油藏特殊地质背景情况下具有多种计算方法,其中最主要也是最常用的就是 J 函数,另外还有幂函数、λ 函数以及 Thomeer 法、Corey 方程等(表 4-2)。

表 4-2 毛细管压力计算方法

|  |  |
|---|---|
| λ 方程 | $S_w = S_{wirr} + \dfrac{C}{P_c^\lambda}$ |
| J 函数 | $J(S_w) = \dfrac{0.2166 P_c}{\sigma\cos\theta}\sqrt{\dfrac{K}{\phi}}$ |
| 指数函数 | $S_w = \dfrac{a}{P_c^b}$ |
| Thomeer 法 | $S_w = \left(1 - e^{\frac{G}{\lg\left(\frac{P_c}{P_d}\right)}}\right)$ |
| Corey 方程 | $S_w = S_{wirr} + (1 - S_{wirr})\left(\dfrac{P_{ce}}{P_c}\right)^{\frac{1}{n}}$ |

## 二、J 函数方法计算饱和度

### (一)J 函数与平均毛细管压力曲线

物性特征不同的岩心,其毛细管压力曲线不同,实验室测得的毛细管压力曲线只能描述油藏中取样点的特征,因而需要用计算公式(4-7)对岩样毛细管压力进行处理,常用 $J(S_w)$ 函数表示,处理后的各岩样曲线在形态上相对集中,能反映油藏平均特征。

$$J(S_w) = \frac{P_c}{\sigma\cos\theta}\sqrt{K/\Phi} \quad (4-7)$$

$$P_c = (\rho_w - \rho_o)gH \quad (4-8)$$

用 $J(S_w)$ 函数获得含油饱和度的一般方法是:对所有岩样的 $J - S_w$ 数据进行拟合,得出能代表整个油藏的平均含水饱和度关系式(4-9);也有学者分别拟合得出各岩样的饱和度关系式,再对阿尔奇公式中的系数 $a$、$b$ 进行算术平均,得到平均含水饱和度关系式;最终由含水饱和度换算得到油藏原始含油饱和度。

$$S_w = aJ^b \quad (4-9)$$

### (二)平均毛细管压力曲线分类

由于储层非均质性,毛细管压力曲线通常在毛细管压力 $P_c$ 和 $S_w$ 之间有不同的关系。当储层非均质性较强,即储层质量指数($RQI = 0.0314\sqrt{K/\Phi}$)变化较大时,无论是对所有岩样的 $J - S_w$ 数据进行拟合,还是对各岩样的 $J - S_w$ 数据拟合后再对系数进行平均(图 4-13),得到的 J 函数都难以代表所有岩样的毛细管压力曲线,不能有效表征油藏的非均质性,以此求取的含水饱和度会出现较大误差。

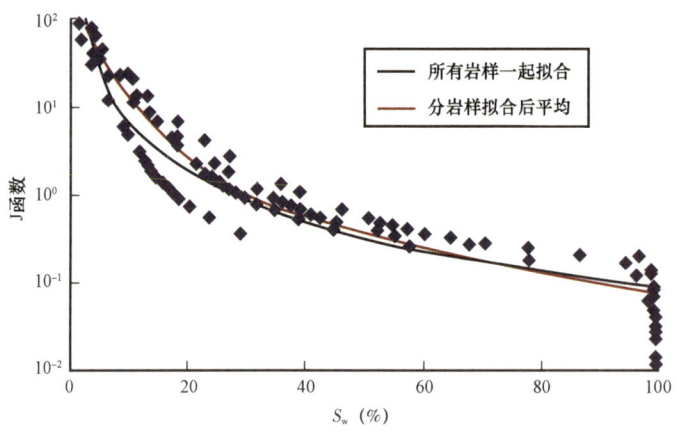

图4-13 平均毛细管压力曲线

由公式(4-7)和公式(4-8)可知，$J(S_w)$函数综合考虑了岩石孔隙度、渗透率和含油高度等参数，在同一油藏中含油高度变化不大时，能近似表现为储层质量指数RQI的函数，而实验证明，RQI值能很好地反映岩石的孔隙结构特征，可利用RQI值对平均毛细管压力曲线进行分类。综合考虑曲线歪度及分选，以其形态相对集中区域所属的RQI值区间为分类标准(0＜RQI≤0.0314、0.0314＜RQI≤0.0628、0.0628＜RQI≤0.0942、0.0942＜RQI≤0.1256)，由此将平均毛细管压力曲线分为四类(图4-14)，分类拟合含水饱和度方程。

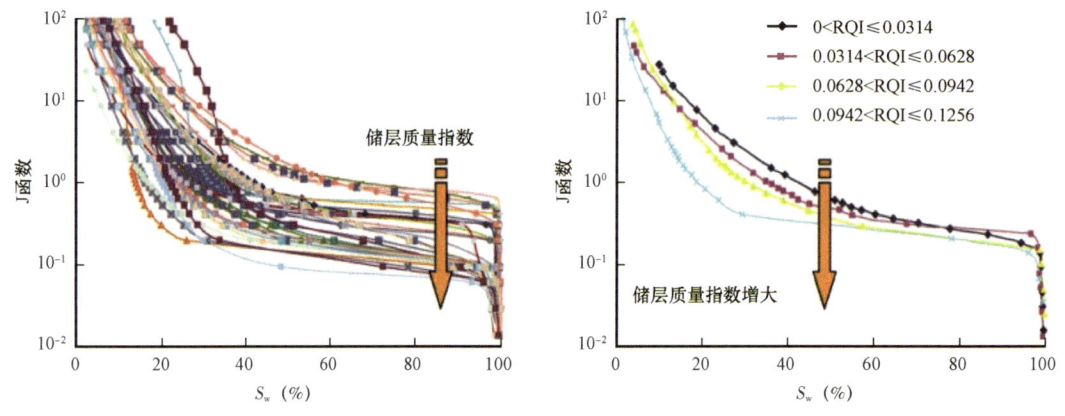

图4-14 储层质量指数与平均毛细管压力曲线关系

### (三)用J函数建立饱和度

国内外学者大多采用公式(4-9)计算含水饱和度，而对其他流体饱和度的计算方法未作进一步研究。但有学者认为，J函数求得的含水饱和度实际上为可动水饱和度，不包含束缚水饱和度[总含水饱和度由式(4-10)计算]，因此通过换算得到的含油饱和度并不能代表原始含油饱和度。

$$S_w = S_{wn}(1 - S_{wc}) + S_{wc} \qquad (4-10)$$

研究 J 函数发现，J 函数拟合实质上是用数学方法综合多个参数来描述含水饱和度，若将此处含水饱和度替换为其他流体饱和度，则可将 J 函数的拟合视为 J 函数与某种流体饱和度拟合的过程。因此将 J 函数与不同的流体饱和度拟合，就能够建立不同的流体饱和度函数，进而建立各类流体饱和度模型，即可动水饱和度、束缚水饱和度、可动油饱和度及残余油饱和度模型。

排驱法毛细管压力曲线可反映润湿相的最低残余饱和度（对于水湿油层，即通常所说的束缚水饱和度）和非润湿相残余饱和度（即残余油饱和度）。退汞毛细管压力曲线也可表示为采收率的函数，这就为进一步了解不同结构岩石的采收率提供了更为精细的计算方法，也为研究采收率与孔隙结构、流体性质之间的关系提供了一条新途径。

实际上，毛细管压力 $P_c$ 不仅是实验室毛细管压力，也是由地层条件下的毛细管压力 $P_{cr}$ 换算得到的，它与储层的含油高度、地层水和地层原油的密度等因素有关。在这种情况下，将 $P_c$ 代入公式计算得到的压汞饱和度实质上就是储层原始含油饱和度。

## 三、饱和度—高度函数方法

动态模型中的 $S_w$ 建模通常采用如下两种技术：(1) 基于孔隙体积加权将三维精细地质模型的含水饱和度粗化到数值模拟模型粗网格。(2) 基于网格中的岩石物理特征控制饱和度高度函数。推导饱和度—高度函数需要岩石类型、油藏条件、孔隙结构、油/水毛细管压力曲线等数据。要确定所有的岩石类型、油藏润湿性的变化以及孔隙度、渗透率范围需要大量的测试，但实际上测试的数量总是有限的，因此我们需要利用所掌握资料探索所获取数据之间的关系。

### （一）基于测井的毛细管压力曲线推导

如果基于油藏岩石类型控制、恢复状态、油藏条件下的毛细管压力曲线缺失，可利用岩心分析数据以及测井获得的含水饱和度数据来推导碳酸盐岩油藏中不同岩石类型的含水饱和度—高度函数。在确定了油藏条件下的自由水面深度（$P_c=0$）及油、水的平均密度后，通过含水饱和度—高度函数得到初始的油驱毛细管压力曲线。如果储层的构造幅度变化较大，则还需要确定不同深度的油和水的平均密度。

在这一过程中全部使用取心井资料，从而确保建立含水饱和度—高度函数时在井点处的岩石类型精度。该方法假定测井获得的饱和度是正确的，并且重视利用室内试验所确定的主要岩石类型的胶结系数和电阻率指数。

1. 油藏岩石类型划分

可根据高压压汞实验测量的孔喉尺寸分布的相似性、地质结构、岩性、孔隙度和渗透率将储集岩进行分类，例如，A 油藏综合油藏特征研究总共可识别九种岩石类型：四种表征白云岩岩层，五种表征石灰岩岩层。图 4-15 为白云岩和石灰岩划分岩石类型的岩石物理准则。地质模型中的孔隙度、岩性和渗透率粗化后，就可用这些准则来预测每一个模拟网格的岩石类型，获取孔隙度和岩石类型是预测饱和度的前提条件。

2. 饱和度—高度函数

采用取心井的岩心和测井资料推导岩石类型的饱和度—高度函数。在推导裸眼测井的含水饱和度时要注意排除无效的数据。自由水面之上的测井含水饱和度、岩心孔隙度、岩心渗透

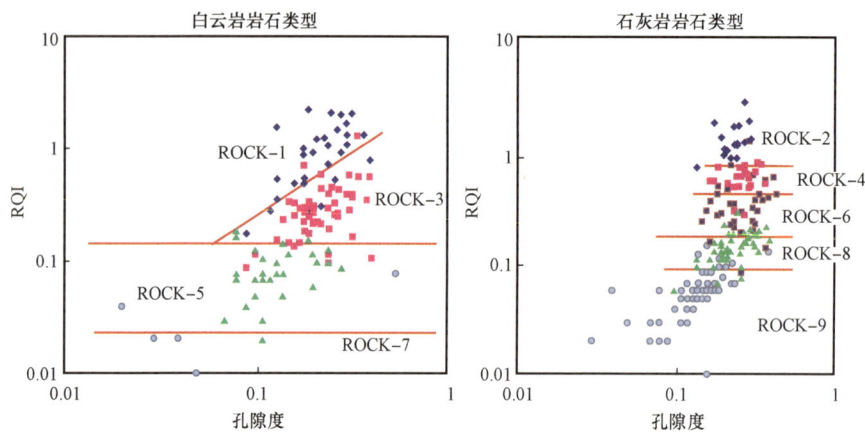

图4-15 白云岩和石灰岩中岩石类型的岩石物理关系(据Ghedan等,2006)

率及井点处岩石类型组成了一个数据样本库。每种岩石类型的孔隙度按照分布范围划分为三个带,根据不同岩心的孔隙度总体分布,可确定孔隙度下限,针对每一种岩石的三个孔隙度带均推导出了饱和度—高度函数(图4-16)。

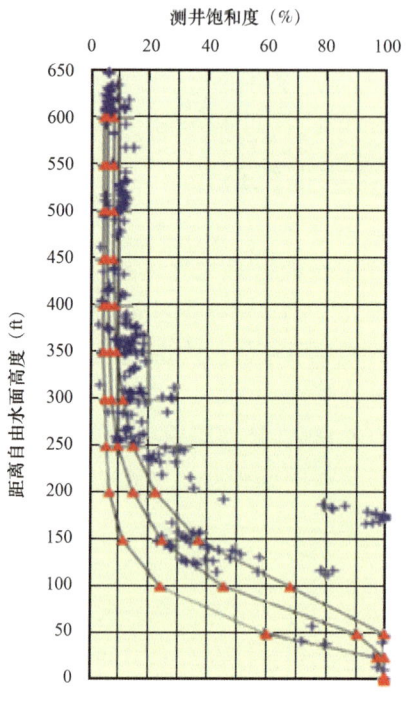

图4-16 岩石类型2的三个孔隙度带测井推导的
饱和度—高度函数(据Ghedan等,2006)

另外,地层测试、生产数据以及测井解释和岩心鉴定或测井预测的岩石类型可以用来确定岩石类型和干油层界限的相关性。图4-17为A油藏采用13口井的资料确定的所有岩石类型的束缚水饱和度、临界含水饱和度。

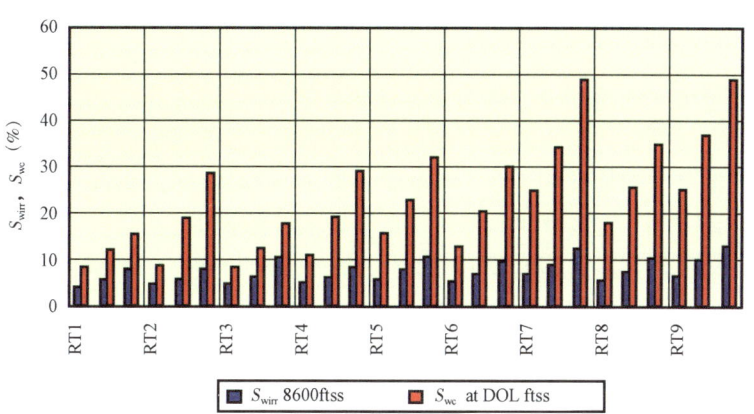

图4-17 不同岩石类型的束缚水饱和度、临界含水饱和度
(据 Ghedan 等,2006)

## (二)数值模拟模型饱和度初始化

在精确地将三维地质模型特征和孔隙体积粗化成数值模拟模型之后,地层储量便成为饱和度—高度关系及其控制参数(岩石类型和孔隙度)的函数。数值模拟模型应与地质模型的储量保持一致,并且数值模拟模型的含水饱和度剖面应同测井获得的含水饱和度吻合度较高。

图4-18为一些关键井的饱和度拟合结果,这些关键井的取心数据构成了油藏描述的基本要素。通过观察饱和度剖面拟合结果可以发现,预测的网格含水饱和度同测井含水饱和度的初始对比在储层上部是合理的,但在过渡带就过于乐观,这会造成地质储量的过高评估。为了量化这一观察结果,所有的井都采用测井含水饱和度与岩石类型计算含水饱和度之差 $\Delta S_w$ 来绘制频率直方图。图4-19为 A 油藏岩石类型3的两种饱和度之差的统计结果,该直方图呈现偏态分布,向正轴方向倾斜,平均误差为正值(+0.04),表示对 $S_w$ 估计较为乐观。

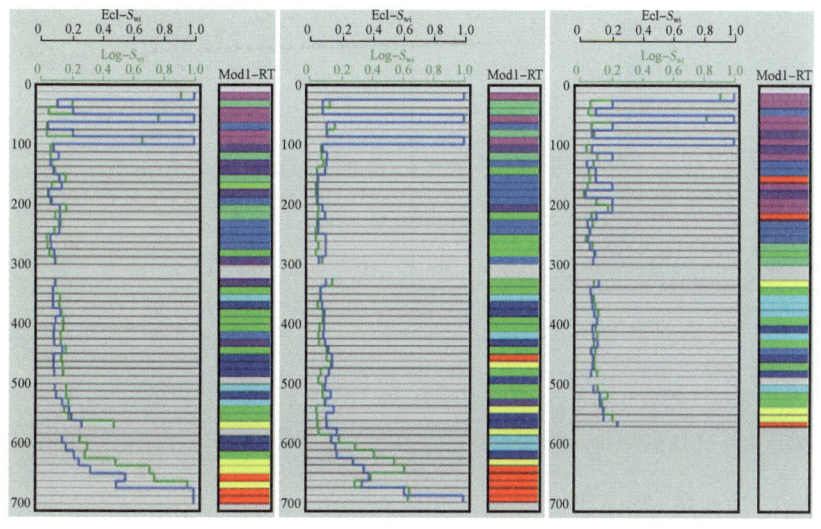

图4-18 三口关键井测井和毛细管压力曲线计算获取的饱和度对比
(根据原始毛细管压力系统)(据 Ghedan 等,2006)

## (三)新的饱和度—高度函数

采用测井推导出来的饱和度值作为基准会因解释不确定因素而受到影响:(1)电缆测井解释的含水饱和度准确度比基于蒙特卡洛模拟的结果低,这主要是由于阿尔奇参数 $m$ 和 $n$ 的不确定性和它在油藏中的变化引起的,更多地获取 $m$ 和 $n$ 数据会提高测井解释结果的可信度;(2)在 $S_w$ 曲线拟合中,过渡带比高部位构造获得的井数据少。

由于上述方法在拟合测井饱和度时具有不适应性,重新建立了预测测井含水饱和度的新函数。

针对每一种岩石类型的每一个孔隙度带,孔隙度平均值 $\phi$ 作为预测变量用于新的饱和度—高度函数。公式的形式如下:

$$S_w = a \times e^{-b\phi} + (c + d \times \phi) \times \exp(f \times H) \qquad (4-11)$$

式中 $a$、$b$、$c$、$d$、$f$——常数。

这些函数在过渡层效果较好,但在油藏构造的高部位解释的饱和度稍高。沿着油藏构造采用相同的 FWL 和油水重力数据,把饱和度—高度函数被转换成毛细管压力曲线。图 4-20 是采用新的饱和度—高度函数,计算的岩石类型 2 的三个孔隙度带的饱和度分布,可以看出,用新的函数关系计算的数据与测井数据吻合度更高。

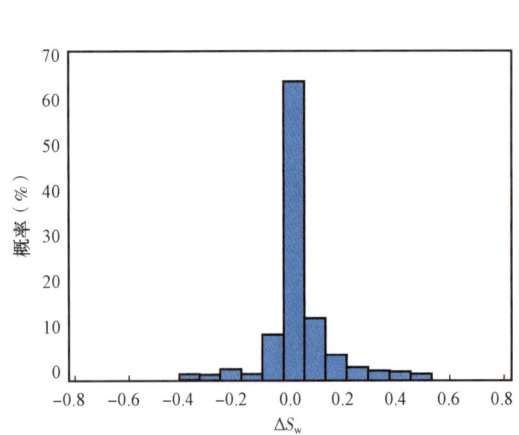
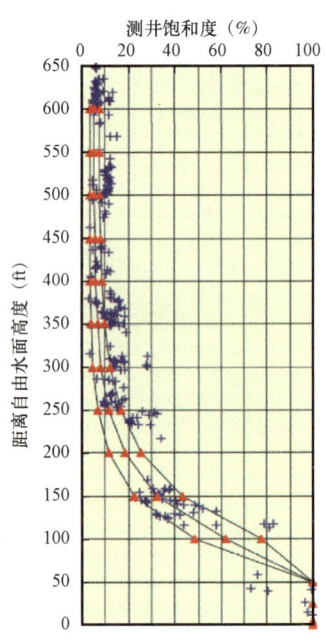

图 4-19　岩石类型 3 的 $\Delta S_{wi}$ 的直方图(根据原始毛细管压力系统)(据 Ghedan 等,2006)

图 4-20　岩石类型 2 的饱和度高度函数修正前后对比(据 Ghedan 等,2006)

利用新的 $P_c$ 曲线集对模拟模型重新初始化,确定出 $\Delta S_w$。将新得到的 $\Delta S_w$ 进行比较后发现,饱和度拟合精度有显著提高,$\Delta S_w$ 的平均值与零非常接近,并且它的标准偏差比之前要小,如图 4-21 所示。

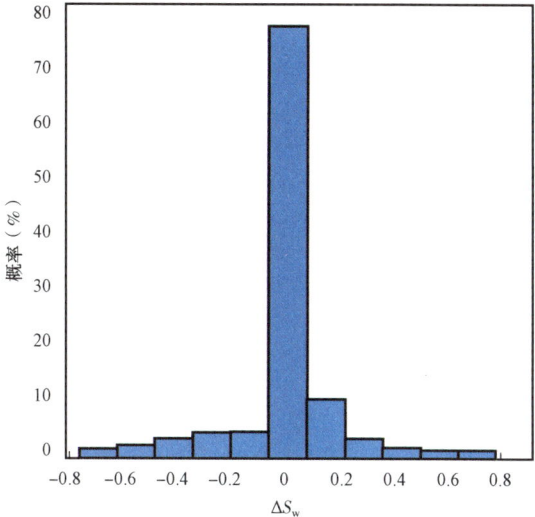

图4-21 采用新模型计算的岩石类型3的$\Delta S_{wi}$的直方图(据Ghedan等,2006)

## 参 考 文 献

胡勇,于兴河,陈恭洋,等.2012.平均毛细管压力函数分类及其在流体饱和度计算中的应用.石油勘探与开发,39(6):733-738.

吴胜和.2010.储层表征与建模.北京:石油工业出版社.

吴胜和,金振奎,黄沧钿,等.1999.储层建模.北京:石油工业出版社.

RMS软件技术手册[M].2010.北京:ROXAR技术有限公司.

Almeida A S,Journel A G. 1994. Joint simulation of multiple variables with a Markov – type coregionalization model. Mathematical Geology,26:565 – 588.

AlmeidaA S. 1993. Joint Simulation of Multiple Variables with a Markov – Type Coregionalization Model. PhD thesis, Stanford University,Stanford,CA.

Behrens R A,Macleod M K,Tran T T,et al. 1998. Incorporating seismic attribute maps in 3D reservoir models. SPE Reservoir Evaluation & Engineering,1(2):122 – 126.

Bortoli L J,Alabert F,Haas A,et al. 1993. Constraining stochastic images to seismic data. Geostatistics Troia,1:325 – 334.

Deutsch C V. 1996. Constrained modeling of histograms and cross plots with simulated annealing. Technometrics,38(3):266 – 274.

Doyen P M. 1988. Porosity from seismic data:a geostatistical approach. Geophysics,53(10):1263 – 1275.

Dubrule O,Thibaut M,Lamy P,et al. 1998. Geostatistical reservoir characterization constrained by seismic data. Petroleum Geoscience,2(2):223 – 253.

Haas A,Dubrule O. 1994. Geostatistical inversion——a sequential method of stochastic reservoir modeling constrained by seismic data. First Break,12(11):561 – 569.

Ghedan S G,Thiebot B M,Boyd D A. 2006. Modeling original Water Saturation in the transition zone of a carbonate oil reservoir. SPE Reservoir Evaluation and Engineering,9(6):681 – 687.

Lian P Q,Tan X Q,Ma C Y,et al. 2016. Saturation modeling in a carbonate reservoir using capillary pressure based saturation height function:a case study of the Svk reservoir in the Y Field. Journal of Petroleum Exploration and

Production Technology, 6:73 – 84.

Michael J F, Deutsch C V. 2014. Geostatistical reservoir modeling. Oxford University Press, UK.

Xu W, Journel A G. 1995. Histogram and scattergram smoothing using convex quadratic programming. Mathematical Geology, 27:83 – 103.

Zhu H, ournel A G. 1993. Formatting and integrating soft data: stochastic imaging via the Markov – Bayes algorithm. GeostatisticsTroia, 1:1 – 12.

# 第五章　裂缝性油藏建模方法

裂缝性油藏在世界范围内分布广泛,具有重要的经济和战略潜力,中国的裂缝性油气藏也在油气田开发生产中占有重要的地位。天然裂缝的发育,通常情况下不仅增加了油气储集空间,还可以改善油藏的渗流特征,可以说,裂缝性油藏产量的高低直接取决于裂缝的发育程度和分布特征。非常规气藏则必须通过水力压裂形成人工裂缝网络,才能形成工业规模的经济开采。因此,精确刻画裂缝几何形态,预测裂缝分布规律,进行定量化的裂缝三维地质建模研究,对裂缝型油气田进一步开发生产优化具有重要实际意义。本章主要介绍裂缝系统的参数表征、裂缝的探测和预测方法以及裂缝的三维地质建模方法。

## 第一节　裂缝的类型及表征参数

裂缝多是由于构造应力变形作用或成岩作用形成的,或者可直接理解为岩石受力而发生破裂作用的结果。对裂缝的类型进行划分,有助于裂缝的预测和三维模拟。本节简要介绍裂缝的影响因素及裂缝表征的一些必要参数。

### 一、裂缝发育的影响因素

储层裂缝在沉积盆地的各个演化阶段都可产生,具有复杂的形成机制和影响因素,既受构造应力、地应力等构造因素的影响,又受岩性、岩层厚度、埋藏深度、岩石物理性质和化学性质等非构造因素的影响。

(一)构造因素

构造应力的大小、方向、性质,以及作用于岩层的次数决定了裂缝发育的规模和发育程度。构造运动决定裂缝的发育方向,构造应力与构造几何之间的组合关系决定裂缝性质,岩层所受构造应力的次数越多、力度越大,裂缝发育程度越强。在构造应力作用下,岩石的破裂形式主要为张裂和剪裂(图5-1)。岩石发生形变致使构造局部应力相对集中并超过岩石抵抗力时,岩石产生褶皱、断层等地质构造。

褶皱和断层是影响裂缝发育的两大构造因素。褶皱引起的构造应力主要集中在褶皱的轴部和层间,容易发育张裂缝,其曲率值制约着裂缝的发育程度;断层不仅可以诱发与主断裂方向一致的裂缝,还会形成一系列与主断层方向斜交的次级剪切裂缝、节理或张剪性裂缝。断层的力学性质和断距大小对裂缝的性质和规模起着决定性作用。

(二)非构造因素

1. 岩性

岩石的粒度、脆性、结构和胶结程度,以及岩石的孔隙度、渗透率性质都是影响裂缝形成的

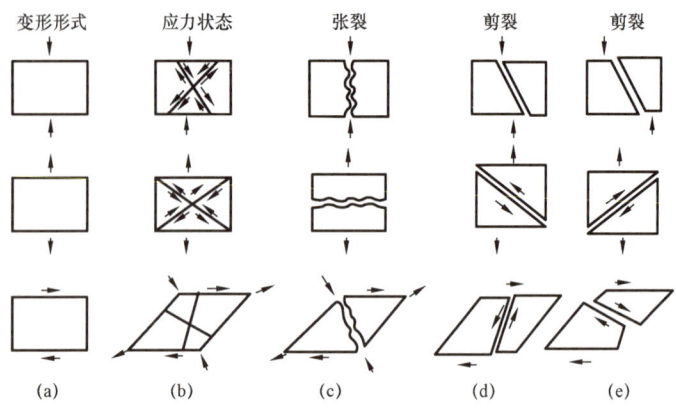

图 5-1 构造应力下的裂缝形成的力学机制(据任德生,2003)

岩性因素。不同类型岩石的抗压能力、抗剪能力存在差异,导致裂缝形成的机制不同。大量研究表明:岩石中的脆性成分增多会增加裂缝发育密度;粒度大的岩石比粒度小的岩石裂缝发育程度高;岩石成分和结构相似的低孔隙度岩石比高孔隙度岩石的裂缝发育程度高,但是成分较为均匀的砂岩则相反。

## 2. 岩层厚度

岩层厚度控制着裂缝的发育密度、裂缝间距及裂缝规模。在岩性相同的情况下,岩层的总体厚度越大,裂缝规模和裂缝间距越大,即裂缝越稀疏,裂缝密度越小。单层岩层厚度对裂缝发育也有影响,单层厚度越小,岩层抗压力、抗剪切力越小,越容易形成裂缝。在围压低的情况下,岩石的脆性一般较大,随着围压影响增强,岩石承受的应力差增大,岩石内部各部分之间产生相互作用的力以抵抗围压的能力增强,即应力变大,在一定程度上增大了岩石的韧性和极限强度(图 5-2)。

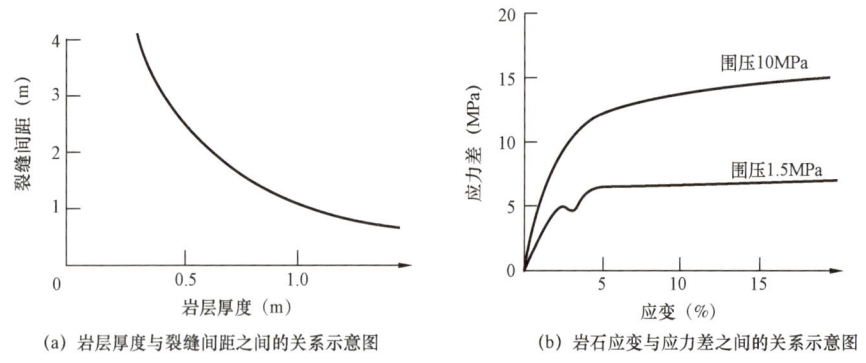

(a) 岩层厚度与裂缝间距之间的关系示意图　　(b) 岩石应变与应力差之间的关系示意图

图 5-2 岩层厚度、围压与裂缝发育程度之间的关系(据王嘉等,2006)

另外,当裂缝遇到地层界面或不连续面时,若厚度较小,岩性较脆,裂缝有可能穿透底层界面/不连续面沿着原方向继续发育(图 5-3a);若界面层厚度较大,裂缝会沿着界面呈"T"形的双方向发育(图 5-3b);若地层界面在单方向上受构造应力较强时,裂缝会沿着界面呈单方向发育(图 5-3c)。

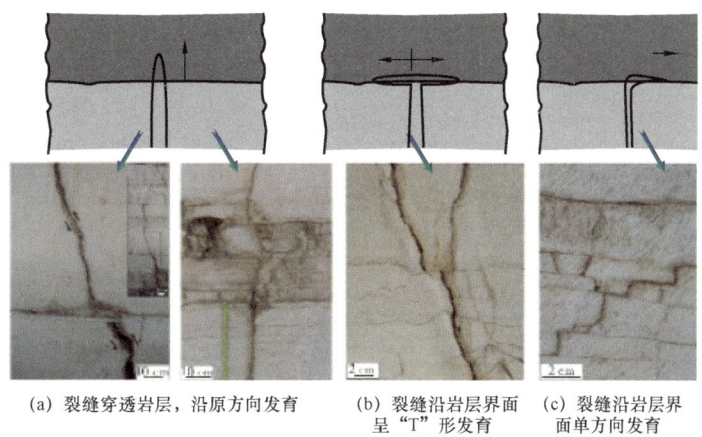

(a) 裂缝穿透岩层,沿原方向发育　　(b) 裂缝沿岩层界面呈"T"形发育　　(c) 裂缝沿岩层界面单方向发育

图 5-3　岩层界面/不连续面对裂缝发育的影响(据 Larsen B 等,2010)

### 3. 岩层埋深

埋藏较浅的岩层,其岩层顶面受到物理化学风化作用、机械破坏作用和生物作用,从而形成规模不一的裂缝(图 5-4)。随着岩层埋藏深度的增加,上覆岩层的重力作用及围压随之增大,岩石的破坏方式逐渐变为压剪破裂,围压的增大不仅增大了岩石的韧性,还增加了岩石的极限强度。岩层埋藏深度不同,地层温度也存在差异,深度增加,温度也会增加,岩层的韧性会逐渐增强。

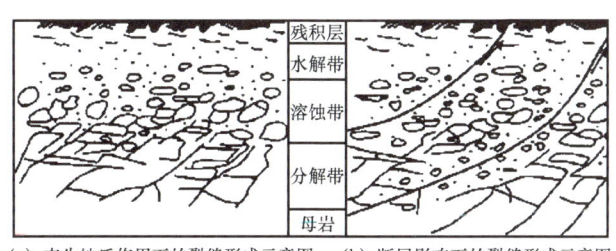

(a) 表生地质作用下的裂缝形成示意图　　(b) 断层影响下的裂缝形成示意图

图 5-4　表生地质作用和构造运动下的裂缝形成示意图(据 Wang Jinghong 等,2011)

## 二、裂缝表征参数

表征储层裂缝分布的基本参数包括裂缝的几何参数和属性参数。

### (一) 裂缝的几何参数

#### 1. 裂缝大小

不同规模的裂缝在油田开发过程中的影响明显不同,因而在裂缝描述过程中进行裂缝大小级次的划分十分必要,然后针对不同规模大小的裂缝进行研究。裂缝的大小主要指裂缝的长度与裂缝高度,它们之间具有较好的正相关性,并与岩层的分布密切相关。裂缝的大小可以根据裂缝切穿岩层的情况进行划分,通常分为两个等级,其中一级裂缝是指切穿若干岩层的裂缝,二级裂缝是局限于单层内的裂缝。

## 2. 裂缝宽度(开度)

裂缝的宽度(开度)指裂缝两壁之间的垂直距离。裂缝宽度是决定裂缝孔隙度和渗透率大小的重要参数,特别是与裂缝渗透率的关系很大。在实际储层中,裂缝宽度往往变化很大(图5-5),与裂缝面所受到的静岩压力有关。随着裂缝面受到的静岩压力增大,裂缝的开度呈负指数函数递减(曾联波,2008)。因此,在表征裂缝宽度时,应该恢复到地层围压条件下,它比地表岩心减压以后测量的宽度要小许多。

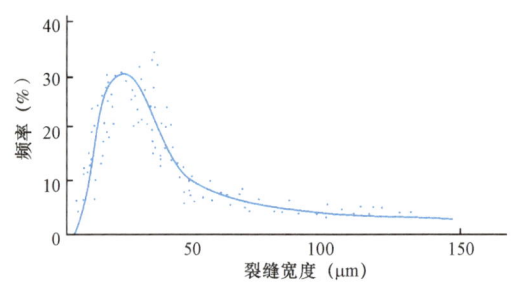

图5-5 裂缝宽度的统计频率分布图(据Nelson,1985)

## 3. 裂缝产状

裂缝产状指裂缝的走向、倾向和倾角,其在油藏开采过程中对流体流动有很大影响,因此,准确测定裂缝产状对于裂缝性储层的勘探和开发具有十分重要的意义。裂缝的走向与倾角可以利用定向岩心或成像测井资料进行确定。根据裂缝的倾角,一般可以将裂缝分为水平裂缝(倾角小于20°)、斜交裂缝(倾角为20°~70°)和高角度裂缝(倾角大于70°)。

## 4. 裂缝间距

裂缝间距是指同一组系两条平行裂缝之间的垂直距离。同一组系裂缝是指在统一构造应力场作用下形成的、具有成因联系的、产状相近的多条裂缝的组合。裂缝间距从几毫米到几十米变化较大,主要与控制裂缝形成和分布的岩层厚度密切相关。

## 5. 裂缝的密度

裂缝密度反映了裂缝的发育程度,它与裂缝孔隙度和渗透率直接相关。根据测量的参照系的不同,可分为以下三种类型。

1) 裂缝线密度

裂缝线密度是指与一条直线(垂直于流动方向的直线或岩心中线)相交的裂缝条数与该直线长度的比值:

$$L_{fD} = \frac{n_f}{L_B} \tag{5-1}$$

式中 $L_{fD}$——裂缝性密度,也称为裂缝频率或裂缝率;

$L_B$——测量直线的长度;

$n_f$——与测量直线相交的裂缝数。

裂缝线密度通常用来表征同一组系的裂缝密度。

2）裂缝面密度

裂缝面密度是指流动横截面上裂缝累计长度($L$)与该横截面积($S_B$)的比值：

$$A_{fD} = \frac{L}{S_B} = \frac{n_f l}{S_B} \quad (5-2)$$

式中　$A_{fD}$——裂缝面密度；
　　　$L$——裂缝总长度；
　　　$n_f$——裂缝总条数；
　　　$l$——裂缝平均长度；
　　　$S_B$——流动横截面积。

3）裂缝体积密度

裂缝体积密度指裂缝总表面积($S$)与岩石总体积($V_B$)的比值：

$$V_{fD} = \frac{S}{V_B} \quad (5-3)$$

## （二）裂缝的属性参数

### 1. 裂缝孔隙度

裂缝性储层具有两种孔隙系统：一种为基质岩块的孔隙，一种为裂缝和溶洞的孔隙。基岩孔隙分布比较均匀，而裂缝与溶洞孔隙分布则很不均匀，这就造成了裂缝性储层孔隙度的强烈非均质性。

裂缝孔隙度是指裂缝孔隙体积与岩石体积之比：

$$\phi_f = \frac{V_f}{V} \times 100\% \quad (5-4)$$

式中　$\phi_f$——裂缝孔隙度，%；
　　　$V_f$——裂缝孔隙体积，$m^3$；
　　　$V$——岩石体积，$m^3$。

裂缝孔隙度一般较小，大多数都小于0.5%，可利用裂缝宽度与密度的关系或岩心分析、试验等手段求得。

### 2. 裂缝渗透率

裂缝渗透率是衡量裂缝所起作用大小的重要参数，严重影响着油田的开发效果。裂缝的渗透率相比基岩渗透率要高1~2个数量级，其与孔隙度之间也没有基岩储层（或孔隙型储层）一样的相关关系。通常都是裂缝孔隙度很小，但由于裂缝连通性好、开度大，造成裂缝渗透率高（图5—6）。

裂缝渗透率具有两种含义，即固有裂缝渗透率和岩石裂缝渗透率。

1）固有裂缝渗透率

固有裂缝渗透率是只考虑流体沿单一裂缝或单一裂缝组系的流动能力，流体流动截面积只是裂缝孔隙面积。

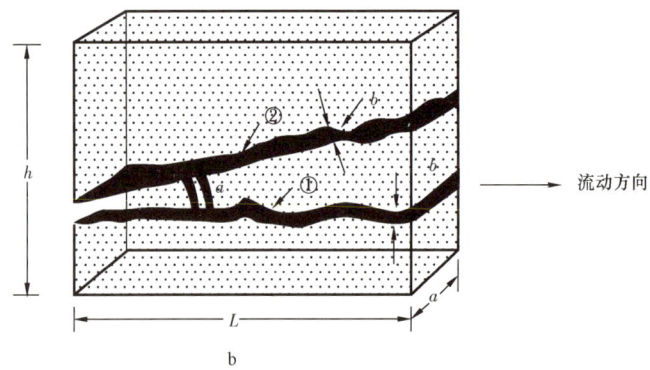

图 5-6 计算裂缝渗透率的简单地质模型(据范高尔夫·拉特,1982)

如图 5-6 中的计算固有裂缝渗透率的简单模型,对于裂缝 1 来说,裂缝平行于流动方向,根据流体驱动力与黏滞力的平衡方程,可知通过该裂缝的单位时间流量($Q_f$):

$$Q_f = a \cdot b \cdot \frac{b^2}{12\mu} \cdot \frac{(p_1 - p_2)}{l} = a \cdot \frac{b^3}{12\mu} \cdot \frac{(p_1 - p_2)}{l} \tag{5-5}$$

根据达西定律,流经截面 $a \cdot b$ 的流量可表达为

$$Q_f = a \cdot b \cdot \frac{K_{ff}}{\mu} \cdot \frac{(p_1 - p_2)}{L} \tag{5-6}$$

对比上述两式,则可求得固有裂缝渗透率($K_{ff}$):

$$K_{ff} = \frac{b^2}{12} \tag{5-7}$$

式中　$b$——裂缝宽度;

　　　$K_{ff}$——固有裂缝渗透率。

因此,固有裂缝渗透率与裂缝宽度及裂缝与流动方向的夹角有关。

如果裂缝与流动方向有一夹角 $\alpha$,如图 5-6 中的裂缝 2,则固有裂缝渗透率($K_{ff}$)为

$$K_{ff} = \frac{b^2}{12}\cos^2\alpha \tag{5-8}$$

2)岩石裂缝渗透率

根据达西方程,在以岩石为单元计算裂缝渗透率时,将裂缝与基质岩块作为统一的流体动力学单元整体考虑,这时所计算的裂缝渗透率为岩石裂缝渗透率。

在用达西方程计算流体流量时,流动截面积就不是 $a \cdot b$ 了,而是 $a \cdot h$($h$ 为岩石厚度):

$$Q = a \cdot h \cdot \frac{K_f}{\mu} \cdot \frac{(p_1 - p_2)}{l} \tag{5-9}$$

将上式与前述 $Q_f$ 公式对比,则可求得岩石裂缝渗透率($K_f$):

$$K_f = \frac{b^3}{12h} \tag{5-10}$$

同样,对于裂缝2来说,岩石裂缝渗透率($K_f$)为

$$K_f = \frac{b^3}{12h}\cos^2\alpha \tag{5-11}$$

对于具多条裂缝的岩石,裂缝渗透率为所有单一裂缝渗透率之和。如对于一个由两组裂缝组系(以A组、B组表示)构成的裂缝网络来说,岩石裂缝渗透率为

$$K_f = \frac{1}{12h}\left[\cos^2\alpha \sum_{i=1}^{n} b_i^3 + \cos^2\beta \sum_{j=1}^{m} b_j^3\right] \tag{5-12}$$

式中　$K_f$——岩石裂缝渗透率;

　　　$h$——岩层流动截面的高度;

　　　$a$——裂缝组系A与流动方向的夹角;

　　　$b_i$——裂缝组系A中第$i$条裂缝的宽度($i=1,2,\cdots,n$);

　　　$b$——裂缝组系B与流动方向的夹角;

　　　$b_j$——裂缝组系B中第$j$条裂缝的宽度($j=1,2,\cdots,m$)。

3)岩石总渗透率

裂缝性储层的总渗透率为岩石裂缝渗透率与基质岩块渗透率之和,即

$$K_t = K_f + K_m \tag{5-13}$$

式中　$K_t$——岩石总渗透率;

　　　$K_f$——常规裂缝渗透率,简称裂缝渗透率;

　　　$K_m$——基质岩块渗透率。

由于裂缝渗透率与流动方向有关,因此,岩石总渗透率亦取决于流动方向,在不同的流动方向上,岩石具有不同的总渗透率值。

# 第二节　裂缝的表征方法

在裂缝建模时需要对裂缝进行较好地表征和预测,而由于裂缝成因的复杂性,想要依靠某一种方法很难准确表征裂缝。本节简要介绍裂缝性油藏表征的几种方法。

## 一、野外露头与岩心裂缝研究

### (一)露头分析法

露头是全面观测裂缝平面展布及不同组系裂缝之间相互关系的最直观资料,不仅可以研究裂缝的成因类型与形成环境、不同组系裂缝的分布特征及其相互关系、裂缝的形成期次及其与应力场之间的关系、裂缝的产状与规模,还可以研究裂缝各参数之间的相互关系,总结控制裂缝形成与分布的主要地质因素。野外露头与储层裂缝比较可以指导对地下裂缝的认识,但在实际应用过程中要注意地下与地面裂缝的差异,主要由于在地面和地下存在着应力状态的差异(如由于应力释放和风化作用),使得通常情况下露头中的裂缝明显多于地下的实际裂缝。

### (二) 岩心分析法

露头、岩心等实体资料是描述裂缝最可靠的信息载体,通过岩心观察描述,可以准确表征出裂缝的长度、宽度、开度、方位、密度等参数。但是由于岩心资料只能反映地层的点信息且往往不能钻遇高角度裂缝,对裂缝这种三维构造地质现象数据的代表作用有限。

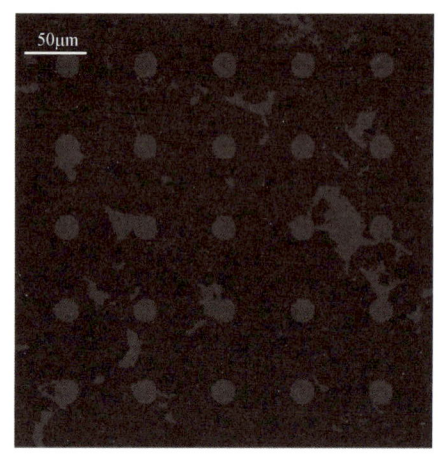

图 5 - 7 施加裂缝后砂岩数字岩心的水平横截面(据孙建孟等,2014)

值得注意的是,近年来逐渐兴起的数字岩心技术开始应用于微观裂缝表征研究中。数字岩心技术主要指根据岩石的微观结构信息重建反映岩石真实孔隙空间的三维数字岩心,包括了切片组合法、X射线立体成像法和基于薄片分析的图像重建法(姚军等,2005)。基于 Boltzman 方程和 N—S 方程,数字岩心可以用于研究微观尺度的渗流机制。孙建孟等(2014)运用 X 射线立体成像法构建了低渗透裂缝性储层岩石的三维数字岩心(图 5 - 7),其中红色圆点为定向排列的硬币形状裂缝,不规则红色部分为孔隙,蓝色部分为骨架,采用有限元方法计算其弹性参数,分析了裂缝及流体对弹性参数的影响。王鑫等(2013)在碳酸盐岩数字岩心基础上构建了裂缝系统,把定向排列的便士形状裂缝嵌入岩石基质中,通过裂缝开度、倾角等变量来控制裂缝形态,将裂缝分为平板和曲面两种类型,提出了一种利用组合式平板模型预测曲面裂缝岩石渗透率的新方法,在裂缝性碳酸盐岩微观渗流研究上取得了较大进展。

## 二、裂缝的测井信息识别

测井已经发展为地下特征描述最有效的技术之一,由于具有较高的分辨率,并且几乎所有井都可以获得完备的测井资料(赵良孝等,1994)。利用测井资料可对储层矿物成分、泥质含量、基质孔隙度、裂缝产状、裂缝密度等信息进行分析,总结各参数之间的关系,为有利储集体预测评价提供依据。

### (一) 双侧向—微球形聚焦测井

对高角度裂缝,深、浅侧向曲线平缓,深侧向电阻率大于浅侧向电阻率,呈"正差异"。在水平裂缝发育段,深、浅侧向曲线尖锐,深侧向电阻率小于浅侧向电阻率,呈较小的"负差异"。对于倾斜缝或网状裂缝,深、浅侧向曲线起伏较大,为中等值,深、浅电阻率几乎"无差异"。

### (二) 声波测井识别裂缝

一般认为声波测井计算的孔隙度为岩石基质孔隙度,原因是声波测井的首波沿着基质部分传播并绕过那些不均匀分布的孔洞和孔隙。但当地层中存在低角度裂缝(如水平裂缝)、网状裂缝时,声波的首波必须通过裂缝来传播。裂缝较发育时,声波穿过裂缝使其幅度受到很大衰减,造成首波没有记录,而其后到达的波反而被记录下来,表现为声波时差增大,即周波跳跃。因此,可利用声波时差的增大来定性识别低角度缝或网状缝发育井段。通过声波和中子测井结合起来形成的虚拟声波曲线与地震速度相对比,其差异性指示裂缝带的发育。

### (三) 密度测井识别裂缝

密度测井测量的是岩石的体积密度,主要反映地层的总孔隙度。如密度测井为极板推靠式仪器,当极板接触到天然裂缝时,由于钻井液的侵入会对密度测井产生一定的影响,引起密度测井值减小。

### (四) 井径测井的裂缝识别

对于基质孔隙较小的致密砂岩,钻井使得裂缝带容易破碎,裂缝相交处的岩块塌落,可造成钻井井眼的不规则及井径的增大。另一方面,由于裂缝具有渗透性,如果井眼规则,钻井液的侵入可在井壁形成泥饼,井径缩小(Iverson,1992)。因此,可以根据井眼的突然变化来预测裂缝的存在。井径测井对于低角度缝与泥质条带及薄层的响应很难区分;另外,其他原因(如岩石破碎、井壁垮塌)造成的井眼不规则,会影响该方法识别裂缝的准确性。

### (五) 电成像测井资料解释

电成像测井可对裂缝进行以下几点分析:裂缝分类及电成像特征;裂缝倾角的拾取;裂缝产状(裂缝开度、裂缝密度、裂缝孔隙度)的定量计算;电成像与常规测井结合综合评价裂缝发育程度、分布规律等。

## 三、地震信息预测裂缝

运用常规测井结合成像测井表征裂缝已在国内外各类裂缝性油藏评价中取得良好效果,但由于井资料的局限性,想要了解井间裂缝的分布情况还需要借助地震勘探资料。目前,利用地震勘探资料预测裂缝主要包括三大类方法,一是较为传统的叠后地震属性分析;二是叠前纵波方位各向异性检测;三是多分量转换波地震检测。

### (一) 地震属性分析

地震属性研究始于20世纪60年代,可将其分为振幅、波形、频率、衰减、相位、相关、能量、比率八大类。地震属性分析长期以来一直是裂缝识别与预测的主要方法。比较常用的地震属性信息大多是从叠后数据体中提取,在已有研究中振幅类、频率类、相位类及一些分析技术,如地震波形分类、时频分析等已被广泛应用于识别和预测裂缝发育带(巫芙蓉等,2006);而相干分析、曲率分析和频谱分解等方法主要围绕地震反射波形的突变来开展(李志勇等,2003)。总体来说,叠后地震属性预测裂缝多用于大尺度裂缝带研究中,对于小尺度的裂缝预测效果相对较差。需说明的是,对于近年来斯伦贝谢公司Petrel软件中蚂蚁追踪技术预测裂缝,笔者认为有其局限性。蚂蚁体识别技术其实质是图像处理技术在三维地震勘探资料处理中的延伸(程超等,2010),本质上仍属于三维地震勘探资料属性提取的范畴,预测精度与地震勘探资料的分辨率息息相关。所以笔者认为,目前蚂蚁体适用范围应在断裂系统、大断裂及伴生的小断裂的级别,还远达不到裂缝预测的精度要求。

### (二) 地震波各向异性检测

叠后预测技术对小尺度裂缝失效,其根本原因在于叠后地震勘探资料的信息量比较小

(黄伟传等,2007;高霞和谢庆宾,2007),缺乏偏移距信息和方位角信息,这样就失去了以各向异性来检测微断裂的理论依据和基础。而叠前纵波方位各向异性检测方法,通过对三维叠前地震勘探资料进行与方位角相关的去噪、保幅、反褶积、动静校正等处理,进行方位角各向异性椭圆计算。椭圆的长轴代表裂缝走向,长短轴之比指示裂缝强度,从而预测出三维空间分布的裂缝数据体,在各大油田裂缝预测中成为主流技术且效果较好(张广智等,2013)。该方法是基于 HTI 介质的理论公式,对于垂直缝和高角度缝效果较好,但是对于水平缝和低角度缝并不适用。叠前方位角各向异性法预测的裂缝强度和方位与 FMI 解释的单井裂缝密度和方位可以具有较好的对应关系(图 5-8)。

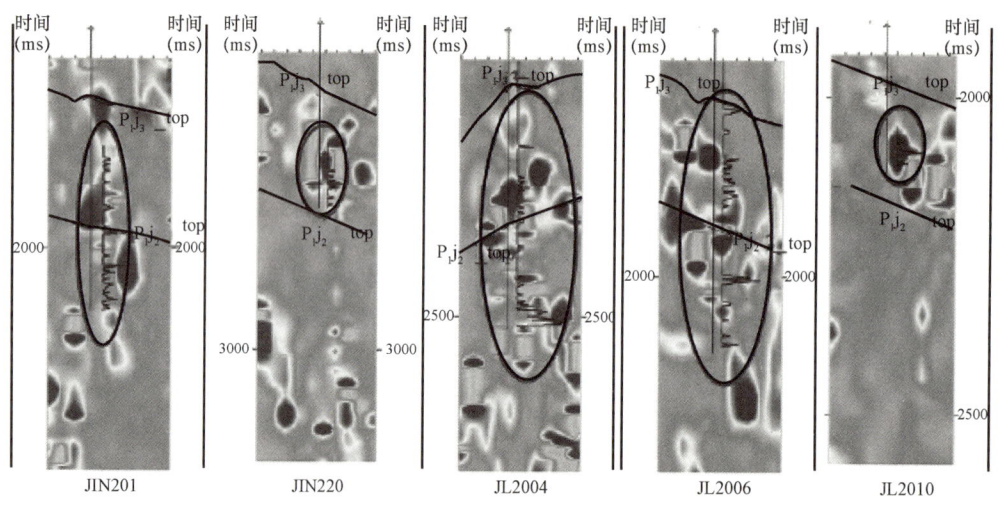

(a) 地震预测裂缝强度与FMI解释裂缝密度对比

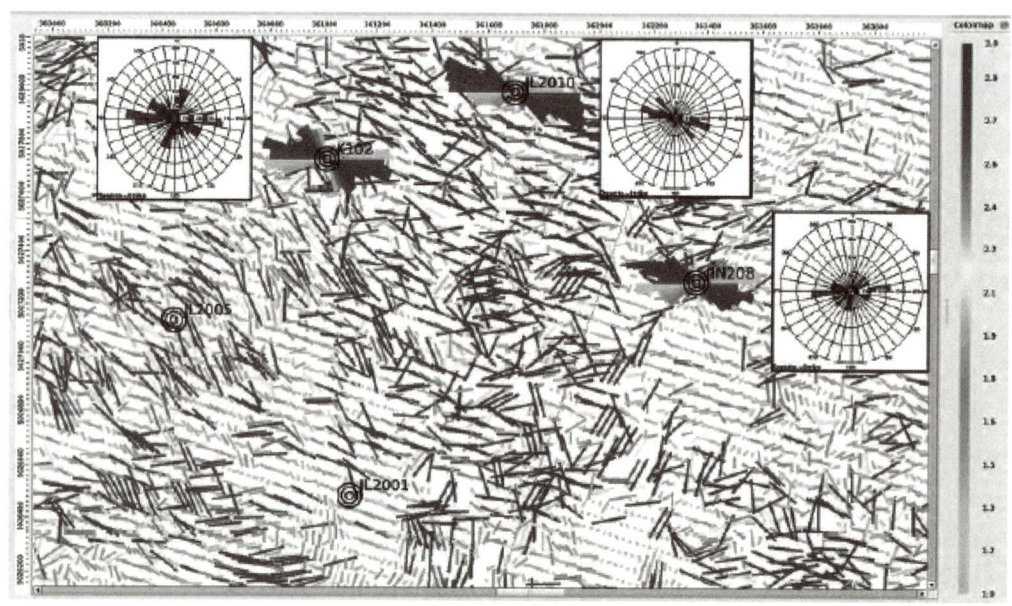

(b) 地震预测裂缝方位与FMI解释裂缝方位对比

图 5-8 叠前方位角各向异性预测裂缝发育结果与 FMI 解释成果对比(据邓西里,2015)

### (三) 多分量转换波地震检测

20世纪90年代以来,横波分裂现象的发现和多分量地震检测器的研发成功,使得运用多分量转换波预测裂缝成为可能(刘振峰等,2012)。转换波是介于横波和纵波之间的一种波形,兼有二者的优势,具有信噪比较高、频带宽、勘探深度大的特点,同时它克服了横波勘探激发难、成本高、静校正量大的缺点,是裂缝预测的理想方法。但是,由于多波解释系统相关软件研发难度较大,需要一整套相关的处理解释软件,包括多层裂缝介质转换波正演模拟、横波分裂分析、纵横波叠前联合反演、方位各向异性校正及全波属性分析等(马绍军等,2010),目前的商业软件还不能兼备这些功能,这是制约该技术工业化应用的重要原因。

除上述三大类地震预测方法外,还可利用垂直地震剖面法(VSP法)进行裂缝预测。该方法利用正交横波源激发的横波,应用三分量或四分量技术估计横波的偏振现象来预测裂缝。张山等(2011)将该方法与成像测井资料进行对比,虽然分辨率相对较低,但可以反映井旁几十米范围(约一个波长)的总体情况。由于成本相对较低,该方法主要用于采集宽方位角数据之前的风险评估中,判别速度对裂缝预测的影响。

## 四、构造应力场模拟法

构造应力场模拟法是通过对古构造应力场的反演计算,间接地定量模拟地层中裂缝分布规律,并预测裂缝发育带的方法。

用构造应力场模拟法反演古构造应力场,主要依据由地震勘探资料(或其他资料)所建立的现今构造图,经恢复处理得到断裂发生前的古构造图。再以古构造图所显示的变形场(构造高程等值线)和储层的岩石力学参数(弹性模量、泊松比、密度等)作为输入资料,应用弹性力学、板壳理论、断裂力学等学科的理论建立相应的力学—数学模型(丁中一等,1998)(图5-9)。根据构造的起伏变形和断层的位置取向,分别反演计算形成该构造和相应断层的古构造应力场。再根据古构造的结果来模拟和预测各类构造裂缝系统和断层伴生裂缝系统的分布规律。

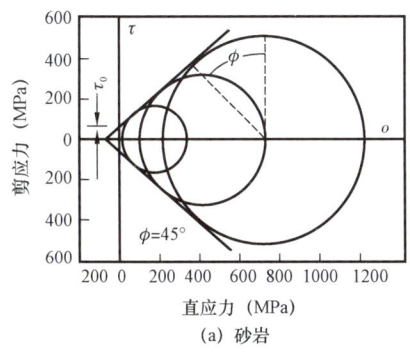
(a) 砂岩

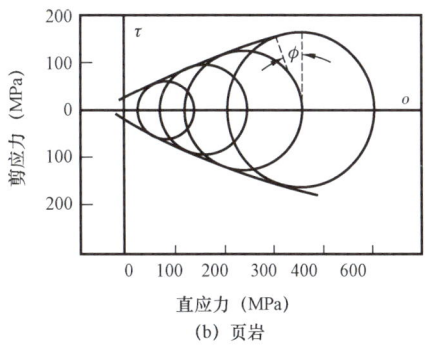
(b) 页岩

图5-9 不同围压下的莫尔包络线(据Howard,1972)

岩石力学地层学国外应用最广泛的就是层厚与裂缝间距关系的定量表征,有学者将其称为裂缝间距指数(Bai和Pollard,2000),定义为层厚与节理间距的比值(图5-10)。但这一表征参数的劣势在于对层厚的绝对依赖,使其在层厚数据无法获取的情况下失去实用性。而另一参数节理饱和度是指节理生长达到饱和时的节理密度,用以表征裂缝发育的程度。Tan等

(2014)定义了节理饱和率,其值为应力阴影尺寸与平均节理间距的比值。进一步将节理饱和度这一概念发展为不依赖层厚的参数,提高了露头和地下裂缝表征的可对比性。在不依赖于层厚的情况下,这一参数被应用于水平井FMI数据,成功地估计了地下垂直裂缝的发育程度。

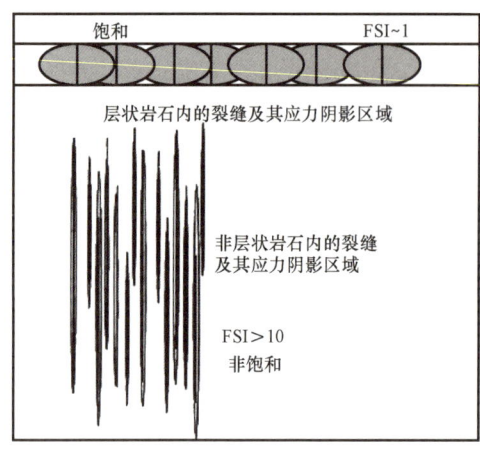

图5-10 低密度饱和节理与高密度非饱和节理(据Tan等,2014)

## 五、生产动态信息识别裂缝

储层中裂缝的存在对油藏开发有明显的影响,是造成裂缝性油藏开发过程中含水上升速度快、水淹水窜严重、平面矛盾严重、油井见水不均匀、低产低效井较多、采收率低的主要原因。因此,可以根据开发过程中的动态响应特征,利用油藏工程的方法来识别和评价储层中是否存在裂缝及其发育情况。

动态分析方法包括钻井液漏失分析法、示踪剂分析方法、试井分析方法、气测录井分析法、注水动态分析方法、压力分析方法等。钻井液漏失法主要通过钻井过程中钻遇裂缝段发生的钻井液漏失现象识别裂缝,漏失的多少反映了裂缝发育的程度;示踪剂分析法主要通过在注入井中加入示踪剂,在邻井中取样分析示踪剂浓度并绘制示踪剂的产出曲线,对其进行分析来确定裂缝的发育情况;试井分析法通过不同裂缝类型和发育程度在试井曲线上的反映来对裂缝进行分类;气测录井主要监测储层的油气活跃程度来推测裂缝发育带,还可进行地层压力系数分析;注水井的动态分析判别裂缝是指当注水压力不高时,吸水系数远高于油井产油指数,或当注水压力高于某一值时,指示曲线出现拐点,吸水系数急剧增加;压力分析主要指对储层进行压裂时,压裂施工曲线常常不出现峰值,只是顺着天然裂缝延伸,仅出现延伸压力(袁士义等,2004)。动态资料在表征多尺度储层裂缝上相比露头、岩心和测井等资料具有优势。井附近动态监测资料可以表征监测区域内多级规模的裂缝,而油藏规模的生产数据历史拟合则可以表征油藏规模的断裂。

值得注意的是,在生产开发尤其是注水开发中,裂缝这一地质属性必然会出现动态变化(Van den Hoek等,2008)。除了非常规油气藏开发中普遍实施的压裂会产生大规模裂缝外,注入水颗粒堵塞储层、孔隙憋压、注入水与地层水的温差等因素都会产生裂缝(Yew等,1983),并且随后期地层压力的增大或降低使裂缝开启、延伸或闭合,国外学者将其称为动态裂缝(Kuo等,1984)。该种裂缝多通过生产曲线等动态资料进行识别,表现为注水压力下降的同时注水量上升

(Dikken 和 Niko,1987)。动态裂缝的存在对油藏开发有利有弊,过快的延伸会造成方向性水淹和大量无效水循环,而适宜的延伸速度则能增大水驱波及体积以提高油藏采收率(图 5 - 11)。国外学者通过建立了考虑多种影响因素的动态裂缝数值模拟器,与常规数值模拟器进行耦合,对其横向和纵向的生长进行表征,以分析对油藏开发和剩余油分布的影响(Niko 等,1996;Gadde 和 Sharma,2001)。而国内相关的研究甚少,多数仅停留在定性判别的阶段。

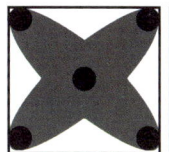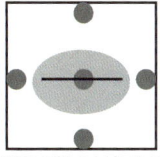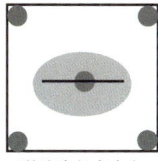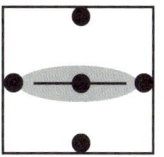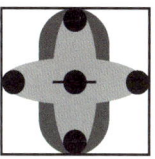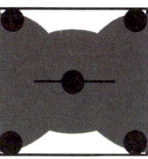

无裂缝　　裂缝直接向油井生长　　裂缝生长方向与油井有夹角　　裂缝快速向油井生长　　裂缝增大波及面积　　裂缝增大波及面积

图 5 - 11　不同裂缝生产速度与井网条件下波及面积示意图(据 Gadde 和 Sharma,2001)

## 第三节　裂缝建模流程与方法

裂缝地质建模与其他模型不同,裂缝既有连续属性也有离散属性。裂缝在空间上通常存在多个组系且有多个尺度,不同尺度裂缝的分布特点、几何形态及它们之间的空间配置关系都是需要考虑的信息。本节从裂缝尺度特征入手,分析裂缝地质建模时的流程和裂缝模型,再探讨目前比较常用的裂缝建模方法。

### 一、裂缝模型类型

裂缝地质建模是反映裂缝性油藏中裂缝的表征参数和裂缝空间分布的三维定量模型,它既能反映裂缝的分布规律,又能满足油藏工程研究的需要。国外在这方面研究较多,而国内一方面由于储层建模起步较晚,另一方面由于裂缝性油藏的复杂性,在裂缝性储层建模研究方面相对较少。如何综合运用岩心、测井、地震、动态、数值模拟等各项裂缝研究成果建立合理的裂缝三维地质模型是油藏描述的关键。综合目前国内外对裂缝性储层建模的方法一般可分为两大类:等效连续裂缝建模方法和离散裂缝网络建模方法。

#### (一)等效连续裂缝建模

等效连续模型是实际模拟中最常用的裂缝系统中的流体模型,基本原理是分离裂缝网络和基质中的流体,通过传递函数来模拟这两种介质间的交换。等效连续模型是基于网格的模型,并没有对单一裂缝进行详细描述,而是通过把储层划分为有限的网格,然后每个网格赋予一定的裂缝属性(如孔隙度和渗透率)来分析非均质性,并根据实际情况抽象为连续的单一介质或双重介质模型。

在单一介质模型中,基质孔隙度和渗透率较低,既不参与流动,也不充当存储空间,流体仅在相互连通的开启裂缝中流动(Carrera,1990;Davison,1985)。在每个网格中孔隙度为某个特定的数值,代表该网格内包含的所有裂缝的总孔隙度。在双重介质模型中,通过这种方法,分配到模型中各个网格的等效连续属性反映了裂缝和基质的综合影响,从全局的尺度来对储层进行理想化的公式表述。在该模型中,绝大多数的流体储集在基质中,通过裂缝来进行大规模地流动。基质和裂缝间的流动通过传导函数来表示。双孔隙度模拟方法是一种近似的处理,但是它在计算量上相比其他建模方法要经济得多。

这个概念最早是由 Barenblatt 和 Zheltov(1960)提出,最初的模型是一套针对裂缝和基质中微可压缩单相流的完整方程式,它们中的流体传递是在伪稳态流状态下。Warren 和 Root(1963)引入了裂缝性油藏的双重介质模型,该模型是由正交的网络间隙和被网络间隙切割形成的立方体共同构成,立方体代表基质,立方体之间的间隙代表互相连通的裂缝。随后,Blaskovich 等(1983)、Hill 和 Thomas(1985)先后提出了双孔隙度/双渗透率模型,该模型加入了基质之间的连通性,基质块体不再是独立的,这对整体的流体流动有贡献。该模型比双孔隙模型具有更广的适用性,双孔隙模型受到储层裂缝连通性的严格限制,而双孔隙度/双渗透率模型能够模拟多种类型的裂缝系统,包括裂缝较少发育到裂缝高度发育的各种情况。因为这种模型描述了基质到基质间的连通关系,所以由相分异产生的基质块体间的流动也可以模拟。目前双重孔隙度模型和双重渗透率模型被广泛应用,双重孔隙度模型假设裂缝连通而基质不连通,双重渗透率模型假设裂缝与基质均连通。

等效连续裂缝模型对裂缝不做单独处理,易于实现油藏模拟,但难以准确描述实际的流动特征,也解决不了不同来源数据的尺度问题,导致许多裂缝真实细节描述的缺失。

### (二)离散裂缝网络模型

离散裂缝网络模型(Discrete Fracture Network,简称DFN)是对连续性双重介质模型的改进,它给出了更加接近于实际的裂缝描述体系,通过展布在三维空间中的各类裂缝网络集合来构建整体的裂缝模型,每类裂缝网络由具有不同形状、大小、方位、方向的离散面元来表征裂缝片,多个具有一致特征的裂缝片组成了裂缝组,多个裂缝组构成裂缝系统,实现了对裂缝系统从几何形态到其渗流特征的有效描述。

DFN 自 20 世纪 70 年代产生以来,一直被许多的有限元和有限差分结构方面的学者所研究。Baca 等(1984)采用有限元的方法提出了一种针对裂缝地层中热量和溶质运移的单相流体二维模型;Sarda 等(2002)运用有线差分方法,提出了一种针对离散裂缝网格的系统程序,它通过控制反映裂缝单元和它们相对位置的节点来实现,结合裂缝和基质的局部网格加密技术,这种方法在处理大范围内储层裂缝分布和连通性问题时更加的灵活;Vitel 和 Souche(2007)提出了"管网"方法来构建精细或粗化的裂缝模型,管网的节点既代表了离散裂缝或基质块体,同时基质—基质、裂缝—裂缝、基质—裂缝的连通性也通过"管道"表述。这种方法的优势是基础系统不需要使用非结构化网格进行网格化处理。

离散裂缝网络模型可以接受地震、岩心分析、露头、地应力、测井、试井、示踪剂、压裂、生产动态等多方面的数据并进行整合,尽可能地符合各方面数据所揭示的综合特征,从而构建出一个能够反映整体裂缝信息的综合模型。同时,它可以通过生产、试井等动态数据,校验静态模型中设置的裂缝参数,从而保证了所建立模型地下裂缝分布的合理性。

离散裂缝网络模型模拟了裂缝的不同属性,并通过裂缝几何形态和传导性进行流体流动特性的预测,这种方法既可以是确定性的,也可以是随机性的。

#### 1. 确定性离散裂缝网络模型

确定性离散方法是利用裂缝的生长机制(Jensen 等,1989;Boerner 等,2001;Olson 等,2001),

采用岩石地质力学分析方法进行模拟，根据裂缝的生长历史对裂缝的生长及发育进行模拟，但利用确定性方法进行裂缝性储层建模时存在着许多内在缺陷，如应力场与裂缝发育关系、后期的成岩演化都是难以确定和统一的。

2. 随机性离散裂缝网络模型

离散随机模拟与确定性地质力学模拟方法相比具有许多优点。一是可以把不同来源的裂缝信息有机地结合起来得到每条裂缝的详细属性，同时避免了裂缝尺度的问题。二是随机模拟的方法可利用已知的裂缝和流体特性资料进行约束，实现模拟的离散裂缝网络模型与储层条件的有机结合。

离散裂缝网络模型根植于随机模拟，每个裂缝的建立遵循以下规则：裂缝片的形状是一个凸多边形（矩形、椭圆形或更复杂的形式）；裂缝片的大小符合已知分布（如负指数分布）；裂缝的位置服从空间分布函数；裂缝方位通过提取均匀或 Fisher 分布得到（Benedetto 等，2014）。本质上，这种模拟方法是基于目标的模拟，通过反复迭代使最终的裂缝分布符合给定的统计特征。当油藏中存在多组裂缝时，现有的模拟方法都是通过给定每组裂缝的方位、倾角、尺寸等参数分别进行模拟（Illman，2006；Chen 等，2015；彭仕宓等，2011；侯加根等，2012）。但是每组裂缝单独模拟导致无法考虑多组裂缝之间的空间配置关系，也就不能确定裂缝属性的空间分布及裂缝间的相互作用。

DFN 模型受限于我们如何能准确描述裂缝性储层及计算每一条裂缝的运算量问题。目前，随着裂缝表征技术的提高和相应软件的完善，我们可以实现真实的裂缝网格，该方法代表了一种针对精细地质模型的直接模拟方法。但是，针对于油田尺度的流体模型，DFN 所需要的计算量仍然很大，特别是当流动机理复杂，各种流动方案必须考虑的时候。

## 二、裂缝建模流程

目前针对裂缝性油藏的建模方法，主要借助于地震勘探、钻井、成像测井、生产动态、试井、分析测试等资料进行离散裂缝网络模型的建立。依据国内外对裂缝性油藏研究的实践，总结裂缝建模流程如下（图 5 - 12）。

### （一）数据准备与修正

充分收集有关裂缝表征参数的信息，使建立的模型尽可能符合地下裂缝展布特征。裂缝建模支持的数据包括：野外露头、地质、岩心分析、地震、测井（包括成像测井）、地应力、试井、干扰试井、压裂、生产测井、示踪剂及生产动态等数据。由于裂缝识别难度大，裂缝尺度不一，数据源多样，归结起来需要准备两大类数据：静态数据和动态数据。

1. 静态数据

（1）露头数据，包括裂缝开度、密度、迹线长度及充填情况等。

（2）井裂缝数据，包括深度、间距、倾角、方位、开度及充填情况等。

（3）点数据，如表征裂缝平面分布的散点数据和趋势数据。

（4）面数据，如裂缝平面分布密度数据或趋势数据。

（5）数据体，如地震属性体、裂缝密度属性体等。

对于存在人工压裂的油气藏，还应包括人工压裂微地震由三维空间数据采集方式和微地震信号记录数据。

2. 动态数据

主要包括试井、干扰试井、示踪剂等测试资料及生产动态等数据。

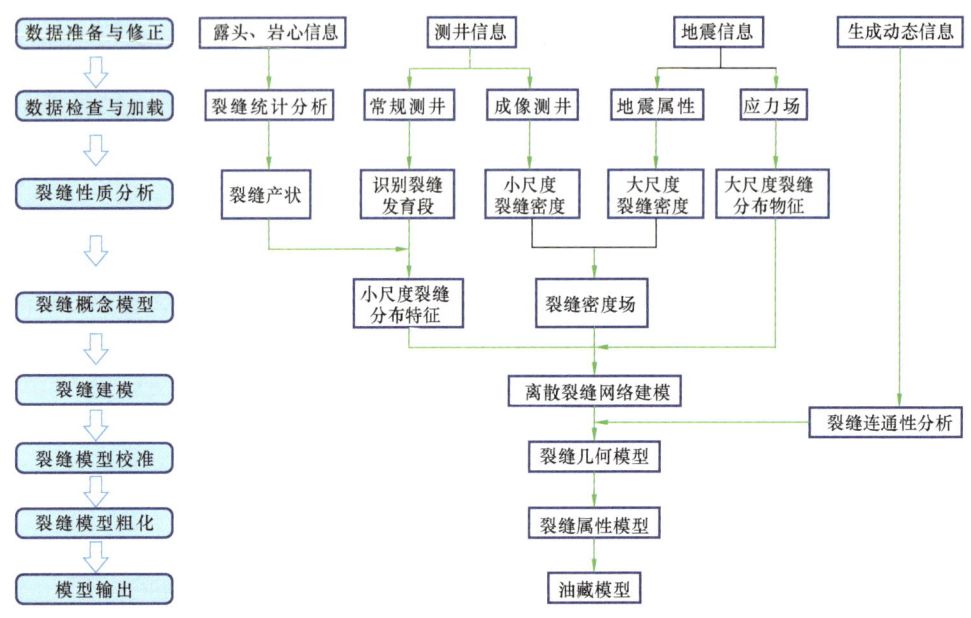

图 5-12 裂缝建模流程图

## (二)数据检查与加载

分析所采集数据的来源渠道,数据的完善程度,各类数据是否准确,是否符合井点与地质上的认识,点、线、面和体数据是否具有一致性。

裂缝建模过程中需要加载的数据主要包括:井头信息、井斜数据、曲线数据、裂缝数据、分层数据、地震属性数据及网格数据。每个裂缝建模软件要求的数据加载格式有所不同,需按照具体软件要求输入数据。

## (三)裂缝性质分析

1)单井静态分析

单井静态分析包括裂缝的纵向和平面特征分析、裂缝的分组及各组系的参数统计和裂缝密度及强度的计算。裂缝性质分析包括四种常用方法。

(1)岩心直接观测法:根据岩心观测结果(裂缝倾角、倾向、开度等)对裂缝进行分类;

(2)成像测井解释法:通过成像测井资料得到蝌蚪图,进而分析裂缝的倾角和方位角。

(3)玫瑰图分析法:将井点数据投放在玫瑰图上,根据图上裂缝簇分布对裂缝进行分类。

(4)常规测井识别法:利用常规测井声波、电阻率等曲线获得的裂缝响应信息,在纵向上识别单井裂缝发育段。

2）单井动态分析

将单井试采、产液、产油、含水率、气油比等生产动态数据与单井裂缝发育情况对比,宏观上定性分析裂缝的平面分布特征。

3）井间大尺度裂缝分析

充分利用叠前、叠后的地震属性信息进行大尺度裂缝分析。优选蚂蚁体、相干、曲率及各项异性等属性,刻画大尺度裂缝（大型断裂、断层）,并分析大尺度裂缝的组系、参数及分布特征。

4）井间裂缝预测

将单井裂缝数据转换为单井裂缝密度曲线,采用地质统计学建模方法,对井间裂缝的分布进行模拟,建立裂缝密度分布属性模型,用单井开发动态对该裂缝密度体进行验证分析。

5）裂缝概念模型

综合考虑不同尺度的裂缝在横向和纵向上的差异性,从概念和理论上表征油藏裂缝系统。大尺度裂缝概念模型通常与区域断裂、区域构造及应力场等宏观控制因素有关。单井裂缝通常与层位、岩性、层理及构造存在较强的对应性,小尺度裂缝概念模型较大尺度裂缝复杂。

6）离散裂缝网络建模

从裂缝的角度（倾角、倾向）、长度（缝长、缝高及纵向裂缝切穿率）、开度、传导率及裂缝的空间分布形态（单井裂缝密度体、大尺度裂缝分布特征）等五类特征建立裂缝网络模型。不同尺度的裂缝采用不同的建模方法。大尺度裂缝宜采用确定性与随机性相结合的建模方法；地震难以识别的中小尺度裂缝,以井上解释裂缝数据为基础,宜采用随机性建模方法进行模拟,同时可用地震数据或其他成果图件约束裂缝模拟。随机性建模主要的裂缝输入参数有：(1)裂缝方向,包括设置裂缝方向的趋势约束（三维网格或趋势面）和设置裂缝方向的约束方式（费希尔模型、平均倾角、平均方位、集中度）；(2)裂缝几何形态,包括设置裂缝的形状（边数、长宽比）、裂缝的长度、裂缝长度分配模型；(3)开度,主要为裂缝开度的分布模式；(4)传导率,可为参数,也可为开度的函数（开度的指数、幂函数等形式）；(5)裂缝分布,设置模型参与计算的部位,如果是整个模型,可用密度属性体约束。

7）储层裂缝参数的动态校准

利用动态测试数据对所建的离散裂缝网络模型进行检验,根据检验结果对裂缝网络模型做适当修改,使动静态数据一致。

8）离散裂缝网络模型粗化

选择要粗化的裂缝属性,主要包括裂缝孔隙度、渗透率、sigma 系数等,采用统计学方法或流动方程方法,将建好的裂缝模型转换成双孔隙度、双渗透率模型中的裂缝模型。

9）模型输出

按照油气藏数值模拟要求,对粗化后的模型进行输出。首先输出模型的网格系统和属性、裂缝的属性和参数,然后输出断层网格,最后输出井相关的网格数据。

## 三、裂缝模型约束条件

进行裂缝三维建模时,除了所需用到的裂缝参数为硬数据,还有一些规律及模式也是非常有必要获取的,这些认识将为建立更为准确和贴合实际的裂缝地质模型提供约束条件。裂缝建模的实质是将地下分布的裂缝尽可能地通过一定方法模拟展现出来,这就需要对裂缝的发育分布规律有较为清晰的认识,认识越准确,获取的信息越多,就能够把握更多的裂缝分布规律,建立的模型也更可靠。对裂缝分布规律的认识,其手段需要结合地质、地球物理、地质力学多学科综合研究,获取影响裂缝分布的内在因素,找出相应的约束变量,进而在裂缝模拟时加以应用。

### (一)裂缝的多尺度特征

裂缝性油藏中其储层裂缝既可是地下油气运移的通道,也可是油气储集的空间,而这主要取决于裂缝的尺度。明确储层裂缝的多尺度特征,准确地对各个尺度裂缝进行预测、分类及描述是油藏裂缝建模研究中的首要任务。

以往研究中,裂缝多尺度的分类多以其原因、受力等原则进行(秦启荣和苏培东,2006)。随着油藏储层裂缝研究的不断深入,学者们注意到不同尺度裂缝在油藏模拟时表现出不同的特征,油藏多尺度裂缝建模的概念随之被提出。根据不同的油藏特殊性质,其裂缝的尺度划分方案和标准不同。最早将裂缝尺度划分为小尺度和大尺度两个等级,随着检测和数据处理技术的发展,综合地质、测井、地震、动态等数据将储层裂缝进一步划分为三个等级:大尺度、中尺度和小尺度裂缝(表5-1)。

表5-1 油藏裂缝尺度分级(据薛艳梅等,2014)

| 裂缝地质特征 | 尺度范围 | 多尺度分级 | 主要预测方法 |
| --- | --- | --- | --- |
| 大尺度断裂 | 公里级 | 油藏宏观 | 地震数据 |
| 中尺度裂缝 | 米级、十米级 | 油藏细观 | 露头、测井数据 |
| 小尺度裂缝 | 厘米级、微米级 | 油藏微观 | 岩心扫描 |

不同尺度的裂缝其展布的规模、数量及分布规律都有所差异,因此,建模的方法和约束条件也要区分对待。如图5-13所示,我们所观测到的不同尺度的裂缝包括微裂缝、节理(或层理、页理)和断层,它们的尺度跨度在从微米到千米的范围内。每一种尺度的裂缝数量变化较大,从较少的大断裂到几十亿个小—微裂缝。不同尺度裂缝的观察和描述方法不同,在很大程度上控制了相应的确定性或随机性的建模方法。

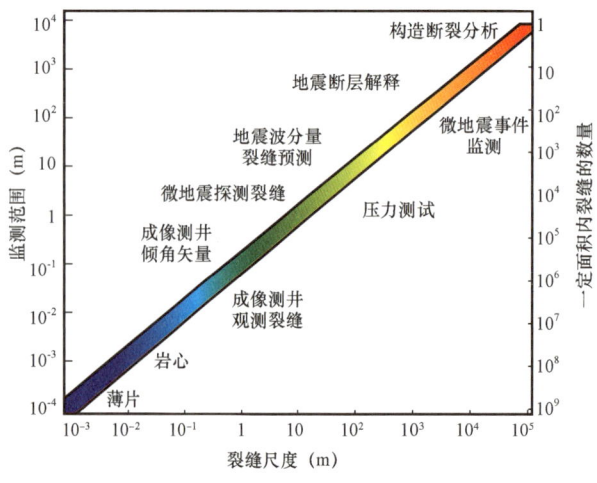

图5-13 裂缝多尺度性及其预测方法(据Zahm和Michelena,2018)

## (二)裂缝分布的约束条件

前已述及,裂缝分布受控的因素有很多,主要包括构造和非构造因素,构造因素要考虑裂缝分布与岩层构造部位的关系、小尺度裂缝分布与大尺度裂缝的关系;非构造因素要关注裂缝分布与沉积相带的关系、裂缝发育与成岩作用的关系。

### 1. 裂缝分布与局部构造的关系

构造裂缝按照倾角可分为低角度缝、斜交缝和高角度缝。影响不同类型裂缝发育的局部构造因素主要包括地层产状和断层两个方面,但由于不同类型裂缝具有不同的成因机制,因此受局部构造的影响程度又有所不同。通过前人的总结来看,低角度缝其产状总体较为杂乱,但往往能够表现出一定的优势产状,其发育明显受局部构造地层产状的控制,表现出裂缝产状与地层产状保持一致或裂缝面与地层层面呈小角度相较的特征。

高角度缝与斜交缝的发育则主要受古构造应力及断层综合的控制,尤其是后者。断裂控制裂缝的展布主要表现在:(1)斜交缝和部分高角度缝的走向和倾向于逆断层产状基本一致,即裂缝多为断层伴生裂缝;(2)斜交缝和高角度缝中有一定比例裂缝的走向与断层走向呈小角度相较,这些裂缝多为断层因后期推覆作用而形成的剪切缝;(3)距离断层的远近决定了裂缝的发育程度,尤其是高角度缝的发育在距断层较近的区域更为发育(图5-14、图5-15)。

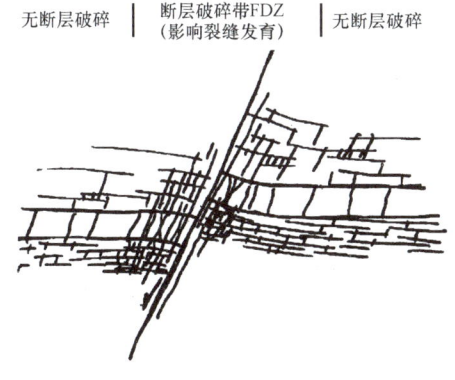

图5-14 裂缝与断层分布示意图

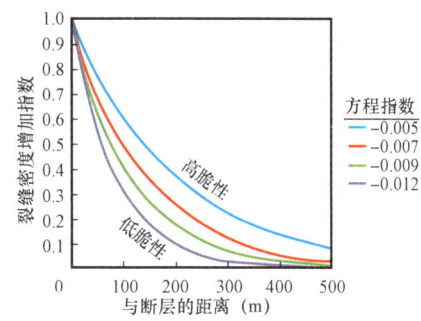

图5-15 裂缝发育程度随断层距离的变化
(据Zahm和Michelena,2018)

### 2. 裂缝发育与岩性的关系

岩性对裂缝发育的控制,从本质上讲是由于岩石成分、颗粒大小、颗粒排列方式等方面影响了岩石力学性质,进而控制了不同岩性在构造应力作用下的裂缝发育特征(曾联波等,2008)。例如,在碳酸盐矿物中,白云石和方解石属于脆性矿物,但不同类型的碳酸盐岩却表现出了不同的岩石力学行为,导致天然裂缝发育程度存在较大差别,这除了与不同岩石的粒屑、填隙物等结构组分有关外,还可能与构成不同岩类的脆性矿物组分比例有关。在石灰岩向白云岩转化过程中,由于晶粒变粗,脆性增加,因此总体上白云岩类比石灰岩类更易发育裂缝。就白云岩类和石灰岩类内各亚类岩性来说,可能又具有不同的情况(赵向原等,2015),如纯白云岩亚类中裂缝要比(含)灰质白云岩中更为发育(图5-16)。因此,岩性或岩相、沉积相的展布及其模型也是分析裂缝发育特征、建立裂缝模型时应该考虑的一类约束条件。

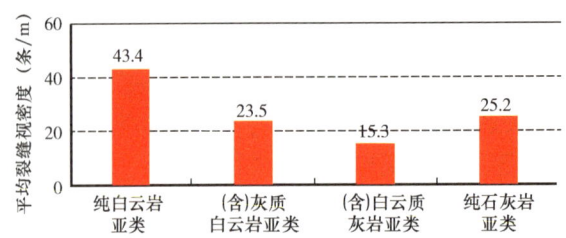

图 5-16 储层不同岩性裂缝发育程度比较(据赵向原等,2018)

### 3. 裂缝发育与地层厚度的关系

关于构造成因裂缝的分布与岩石力学层之间的关系,国内外许多学者均进行过较为详细的研究和论证(Laderia 和 Price,1981;Narr,1991)。学者们普遍认为,天然裂缝的形成与分布除受构造应力控制外,主要受岩石力学层控制,岩石力学层指一套岩石力学行为相近或岩石力学性质相一致的岩层,是控制裂缝起始和终止的一系列岩石力学性质相似的一个或多个地层单元(曾联波,2008)。

岩石力学层一般但不总是岩性均一层,即与通常所说的岩性层不完全一致,通常见到的一些裂缝同时穿过不同岩层的现象,被切穿的由不同岩性组成的岩层就可能是相同的岩石力学层。岩石力学层对裂缝的控制主要表现在两个方面:(1)裂缝主要在岩石力学层内发育,切穿整个岩石力学层并终止在岩石力学层上下的界面上;(2)岩石力学层的厚度控制了裂缝的发育程度和裂缝的规模,在一定的厚度范围内,随着层厚增大,裂缝密度减小,裂缝规模增大;而层厚越小,裂缝密度越大,但裂缝规模会随之减小(图 5-17)。岩石力学层与裂缝的关系是裂缝建模之前应该理清的一项裂缝表征内容。

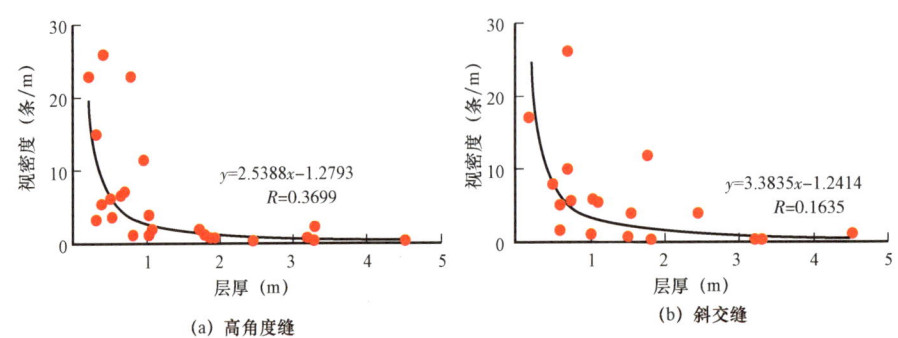

图 5-17 储层裂缝发育程度与岩层厚度之间的关系(据赵向原等,2018)

### 4. 裂缝发育程度与储层物性的关系

裂缝的发育有时也与储层非均质性有关,主要是储层孔隙度对裂缝发育有一定的控制作用。由于不同岩性内构造裂缝的发育程度具有较大差异,在研究储层物性对构造裂缝的控制作用过程中为了消除岩性因素的影响。如赵向原等(2017)根据白云岩类储层岩心样品实测孔隙度与取样岩心段构造裂缝线密度进行交会分析表明,绝大多数裂缝主要发育在孔隙度小于 10% 的储层中,且高角度缝与斜交缝的发育程度与储层孔隙度之间具有一定的相关性,表现出随着储层孔隙度增大,裂缝密度具有呈幂函数(指数为负数)减小的趋势,表明随着储层物性变好,裂缝发育程度越差。其中高角度缝与储层孔隙度之间的相关性仍略好于斜交缝,低角度缝与储层孔隙度之间并不具有明显的相关性(图5-18)。

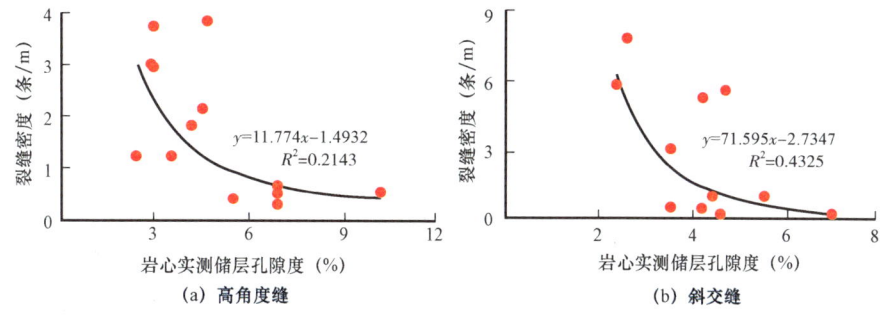

图 5-18 储层裂缝发育程度与储层孔隙度之间的关系(据赵向原等,2018)

## 四、裂缝地质模型

三维裂缝建模是采用定量化的手段表征储层裂缝及属性参数的三维空间分布(吴胜和,2010)。由于裂缝储集空间的特殊性,三维裂缝建模具有较大的难度,目前的建模方法仍有待提高。在此,简略地介绍与裂缝建模相关的裂缝密度模型、离散裂缝网络模型和裂缝物性参数模型。

### (一)裂缝密度模型

裂缝密度是描述裂缝发育程度的一个重要参数。通常密度大的地方,裂缝密集,形成高渗透带,能大大改善油气的流动,形成良好的储层;而裂缝密度低的地方往往形成致密储层。由于测量方式不同,裂缝密度一般可分为线密度、面密度和体积密度。线密度是垂直于裂缝方向的单位长度内的裂缝条数;面积密度是指裂缝累计长度与基质总面积的比值;体积密度则是裂缝总面积与基质总体积的比值。从岩心、成像测井解释成果中可以很容易计算出沿井轨迹方向的裂缝线密度,并可进一步估计裂缝面密度和体积密度。在计算储层裂缝的密度分布时一般选用线密度。

裂缝密度模型是反映裂缝密度三维分布的数据体,属于连续变量模型。三维裂缝密度模型通常是通过裂缝发育趋势数据约束下的单井裂缝密度插值得到。这类模型的建模方法,可以采用前述的储层属性建模方法,关键点在于:(1)单井裂缝密度;(2)裂缝分布趋势。

用以约束裂缝密度模型的趋势主要为体现裂缝发育程度的三维或者二维平面数据,主要通过以下两种方法获取:

1. 构造应力场模拟

构造应力作用是裂缝形成的根本原因。通过构造应力场模拟,可得到裂缝发育强度的分布趋势。主要是采用有限元法,计算各点的最大主应力、最小主应力和最大剪应力,并计算各点的主应力方向和剪应力方向,根据岩石的破裂极限来预测裂缝发育带和延伸方向,并根据应变能计算裂缝发育强度。

2. 地震属性解释

通过与裂缝发育程度有较好相关性的地震属性,如地震相干体、地震反演数据体等,建立裂缝发育程度的分布趋势。应用先进的地震技术,如三维三分量(3D3C)技术、横波分裂技术、纵波 AVO 和 AVA 技术等,提高裂缝预测的精度。

裂缝密度研究是裂缝建模的关键环节,裂缝密度模型直接影响最终裂缝模型的正确与否。对于大尺度裂缝,地震解释可以表征其分布规律和密度(图 5 – 19);而对于小尺度裂缝,地震解释则无能为力,只能依靠岩心和测井解释的裂缝密度通过空间插值得到裂缝在整个储层空间的分布密度。考虑到裂缝发育的复杂性和非均质性,通过直接插值得到的裂缝分布密度可靠性并不高。因此,建立裂缝密度模型时,需要结合裂缝发育与分布的约束条件,最终得到三维的裂缝密度场分布模型。

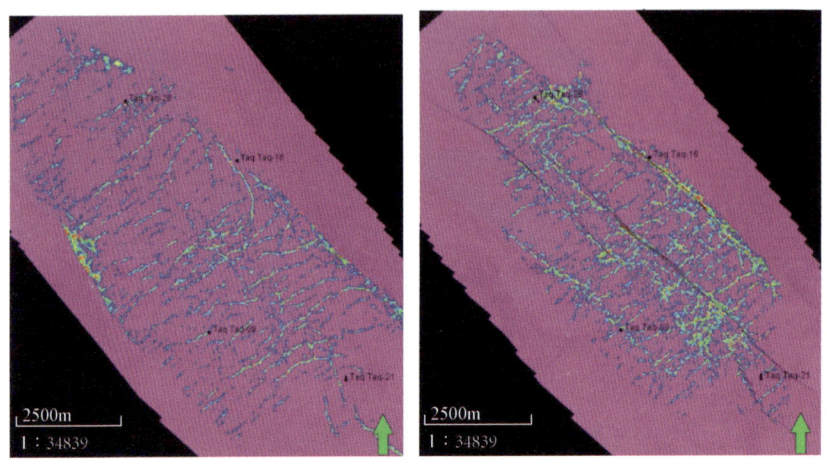

图 5 – 19　地震相关属性反映裂缝发育密度情况

### (二) 离散裂缝网络模型

离散裂缝网络模型在建模过程中,可以分级分步建立不同尺度、不同组系的裂缝,更加直观、层次分明地表征裂缝的三维分布。这类模型的建模方法主要有两种:(1)基于目标的随机建模方法。将裂缝作为"目标相",将地层作为背景相(图 5 – 20)。(2)分形几何方法。在裂缝分布具有自相似性的情况下,通过岩心裂缝或断层预测裂缝分布(图 5 – 21)。

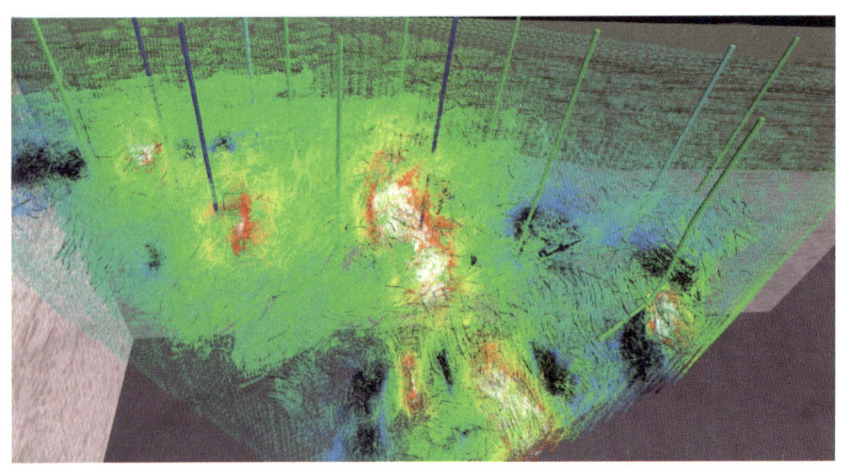

图 5 – 20　某油田各裂缝组系离散裂缝网络模型(据龚斌等,2017)

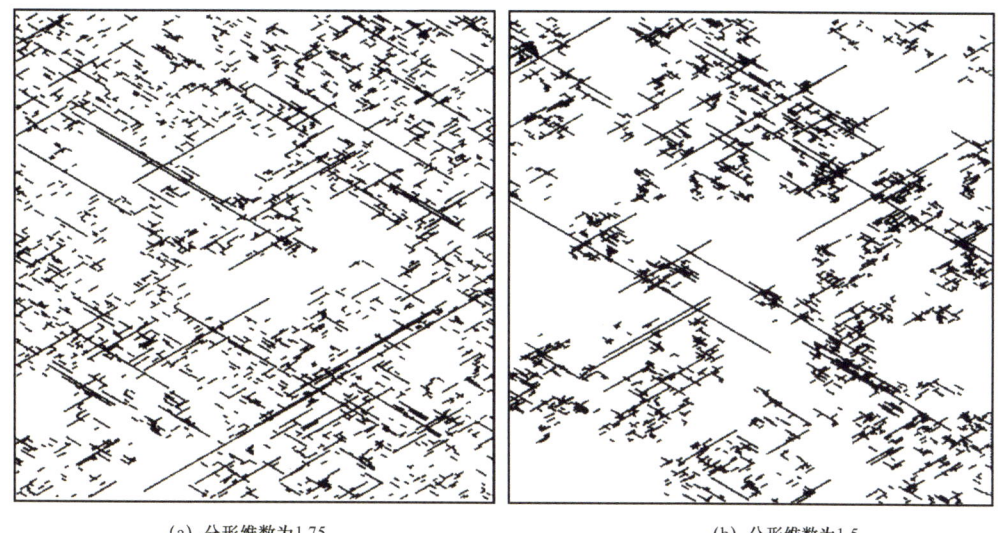

(a) 分形维数为1.75　　　　　　　　　　(b) 分形维数为1.5

图5-21　应用分形方法产生的裂缝网络(据 Bonnet 等,2001)

由于裂缝的离散性、复杂性和非均质性强等特点,用传统的建模方法难以准确描述裂缝的特征,因此需要根据实际的研究地质背景,本章主要以目前较为常用的裂缝 DFN 模型为例。通过以上对储层裂缝的识别和分布规律研究,将裂缝从尺度方面分为几大类(该处以大尺度和小尺度两类为例),对其分别采用不同思路进行建模,最后整合在一起。

1. 大尺度裂缝模型

依据测井和地震解释的层位及断层(大尺度裂缝)信息,建立起研究区储层的模型框架。由于大尺度裂缝信息可以从地震解释中直接得到,并且有较高的可靠性,因此采用确定性建模方法直接生成大尺度裂缝模型。图5-22中的面积较大、贯穿整个储层的裂缝片即是由地震属性解释直接得到的裂缝系统,可以直观观测到裂缝之间的连通和切割关系。

2. 小尺度裂缝模型

对于小尺度裂缝模型,由于裂缝的方位、倾角、长度、密度等属性参数都是通过工区内的裂缝信息统计分析得到,用确定性建模并不合适,目前采用离散裂缝网络模型(DFN)是一个趋势。

建立小尺度离散裂缝建模(DFN)方法时,首先需要准备建模所需的数据,包括裂缝产状统计数据,如前已述及的裂缝组系、走向、倾向、长度、开度等数据,以及裂缝密度分布模型。然后,采用基于目标的随机模拟方法,在裂缝产状数据和裂缝密度模型约束下,分步建立不同组系裂缝网络模型。其原理与步骤与基于目标的沉积相建模方法相似,只不过目标相为裂缝面元,

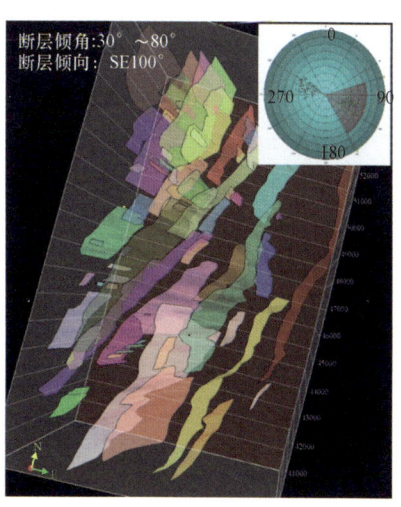

图5-22　地震解释得到的
大尺度裂缝展布模型

优化或模拟退火的目标函数为裂缝密度模型,即根据给定的裂缝产状参数,随机产生裂缝面元,直至产生的裂缝密度达到给定的裂缝密度模型。

对于离散裂缝模拟,需要综合多学科,目的是能够获取表征裂缝信息的多种资料。例如,通过成像测井获取单井的裂缝发育参数,结合地质力学参数(泊松比或杨氏模量)分析,以及控制裂缝分布的因素,得到裂缝在井间的发育密度和约束条件,最后采用相应的建模方法,建立裂缝三维展布模型(图 5-23、图 5-24)。

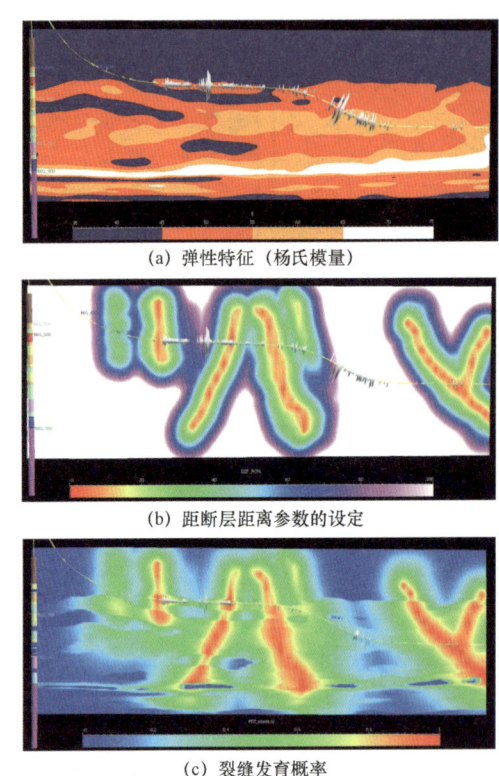

(a) 弹性特征(杨氏模量)

(b) 距断层距离参数的设定

(c) 裂缝发育概率

图 5-23　裂缝建模约束参数分析(据 Zahm 和 Michelena,2018)

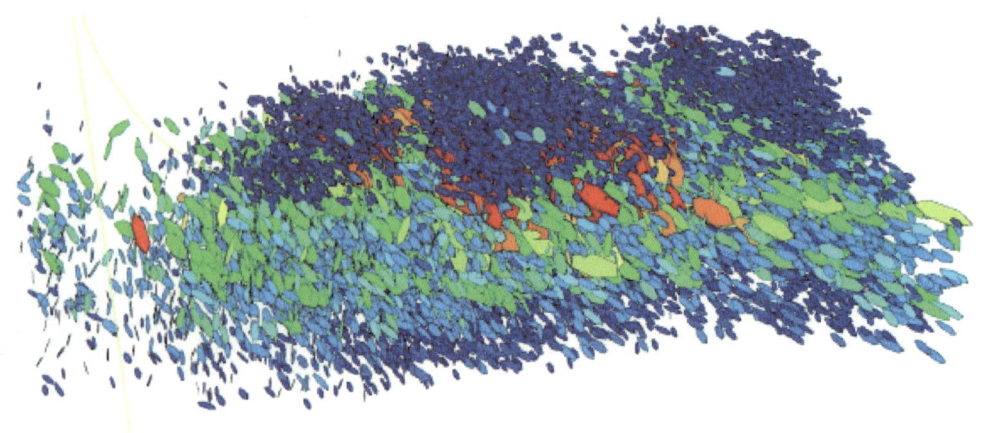

图 5-24　多信息综合表征约束下模拟的裂缝模型(据 Zahm 和 Michelena,2018)

由于裂缝系统既包括宏观的断层、断裂,也包括微观的小尺度裂缝,两者的形态在空间上可以认为是相互切割、叠加和融合在一起的。因此,通过对上述大、小尺度裂缝分别进行建模,然后将不同尺度的裂缝结构模型叠加在一起,即得到整个储层的裂缝网络模型格架(图5-25)。裂缝模型能直观反映出裂缝形态和分布规律,也为下一步的油藏工程数值模拟提供了依据。

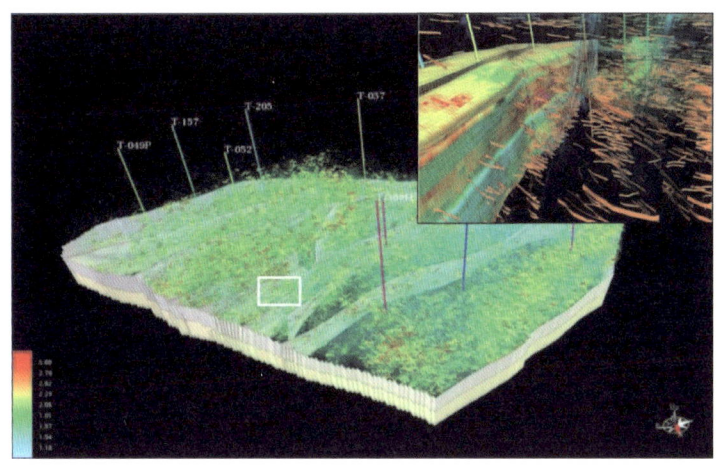

图5-25 多尺度裂缝DFN模型

(三)裂缝物性参数模型

裂缝物性参数模型反映裂缝孔隙度、渗透率的三维分布,属于连续变量模型。建模方法主要有两类:

(1)采用前述的储层参数建模方法进行建模。在密度模型约束下,通过单井裂缝物性参数进行插值或随机建模。在上述离散裂缝网络模型空间结构上,以测井解释的裂缝孔隙度、渗透率、饱和度等属性参数为基础,对数据进行变差函数分析,得到储层参数的主、次变程等信息,最后运用序贯高斯指示方法进行随机模拟,最终得到裂缝性储层的各种属性模型。图5-26是某储层的裂缝孔隙度模型,从中可以明显看出,裂缝孔隙度主要沿裂缝方向发育,体现出裂缝对储层的改造作用。

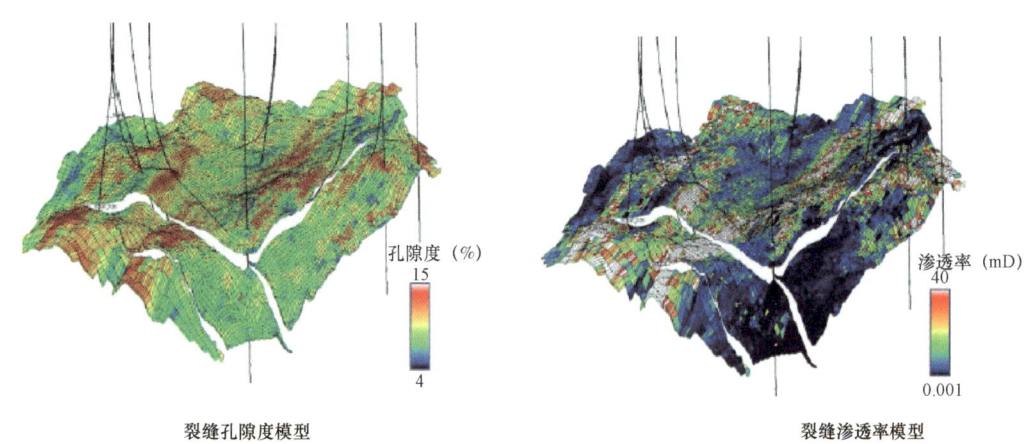

图5-26 裂缝属性模型

（2）以裂缝离散网络模型为基础,通过裂缝参数计算裂缝物性。在裂缝离散网络模型中,裂缝以面元形式分布,单个地层网格中裂缝的条数、方向、长度、面积均为已知数据,而裂缝的开度(宽度)数据可依据井眼统计数据得到。据此,可以计算裂缝贡献的储层物性参数,从而建立裂缝物性三维分布模型(图5-27)。

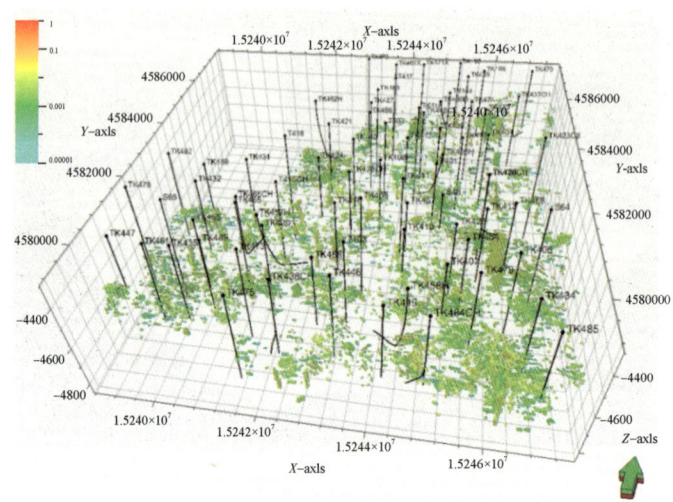

图5-27　某油田裂缝渗透率三维数据体(据侯加根等,2012)

## 第四节　裂缝建模技术展望

### 一、裂缝建模方法的展望

裂缝性储层建模是复杂的过程,将不同模拟方法有机结合会具有更大的优势,这也是裂缝建模的发展趋势。为描述出裂缝多尺度特征,目前有确定性与随机性相结合的建模方法。该方法建立模型包含不同尺度的裂缝类型,大尺度裂缝利用地震资料识别、中尺度裂缝利用地震属性识别和提取、小尺度裂缝根据井眼资料建立裂缝密度模型,各尺度模型在空间分布上进行约束。这种裂缝模型虽然多尺度共存,但真实的不同尺度间裂缝在空间的配置关系没有再现,也没有考虑裂缝的闭合性,无法区分裂缝的传导能力。

#### (一)确定性方法和随机方法相结合建模

综合利用地质力学和随机模拟的方法能够更好地反映裂缝性储层的空间非均质性,同时能够把各种地质信息有机地结合起来,这种离散裂缝网络模型具有覆盖不同大小尺度规模的能力(Rawnsley和Wei,2001)。

Swaby和Rawnsley(1996)利用形成裂缝的地质因素和控制其传导性的成因机制建立了三维裂缝网络模型。首先,通过三维地震资料解释得到储层的结构和构造,该解释成果识别出大尺度的断层;其次,在井点处利用岩心和成像测井进行小尺度的裂缝识别;井间裂缝通过单井产能和露头资料的校正、模拟得到;然后通过井点到三维空间的插值得到中间尺度的裂缝。同时考虑了裂缝生长、裂缝的相互作用、应力场等概念,使得所建立的模型更具有灵活性,并形成更能反映实际的裂缝网络。

### (二)利用神经网络进行建模

许多学者利用模糊逻辑和神经网络方法进行裂缝特征的研究(邢玉忠等,2004;Zellou 等,1995;Quinter 等,2001;Zellou 和 Quenes,2001;Boerner 等,2003)。这种方法首先识别出与岩石破裂有关的地质因素及数据信息(如地震属性、孔隙度、渗透率、岩性、层厚、应力状态、断层模式以及产能数据),然后利用人工神经网络(ANN)建立裂缝模型,该模型反映了地质参数与裂缝指数(如裂缝强度)间的非线性关系,同时根据地质因素对产生裂缝分布的贡献大小进行排序。对于开发程度较高的油藏,可利用产能数据进行模型的训练和校正,这种方法一方面考虑了储层中裂缝系统对流体流动所产生的影响,同时也具有预测单井产能的作用。

### (三)多点地质统计学裂缝模拟

多点地质统计学利用训练图像代替传统地质统计学的变差函数,能够模拟更加复杂的空间配置关系。已有的多点地质统计学建模算法多是以像素为基础,能够模拟多个网格之间的空间位置关系,在表征复杂沉积相类型的空间分布方面非常有利。而储层中的裂缝因构造性质常表现出多组产状,各组系的裂缝同样可以看成是储层空间中分布的离散属性。尽管已有学者尝试把多点地质统计学的思路用于裂缝建模(Xu 和 Dowd,2010;Alghalandis,2017),但还是局限在等效介质模型,或者说是仍采用像素网格的形式表示离散裂缝,对裂缝模拟的精度影响非常明显,不能准确表示裂缝分布,也不足以描述裂缝复杂的渗流特征及非均质性。

另一方面,多点地质统计学建立的模型,其可靠程度严重依赖训练图像的合理性。对于沉积相等离散属性的训练图像,习惯用二维概念来反映储层特征,如借助现代沉积、卫星照片、地震属性刻画等方法,其三维模式难以获取数字化成果。训练图像的平稳性也是对多点地质统计模拟的挑战,目前虽已有许多有效手段可解决非平稳问题,但其中间处理的环节难免造成一些细节信息的丢失,导致模型不确定性增加。训练图像的获取是多点地质统计模拟的关键,对于裂缝性储层的模拟更是如此,获取表征裂缝空间分布的训练图像,是突破多点地质统计学应用于裂缝建模的关键一步(Liu 等,2009)。目前相关的研究主要集中在基于目标建模获得训练图像,而其他方法的研究较少。

## 二、非常规油气藏裂缝建模进展

随着勘探开发程度不断加深,复杂裂缝性油气藏探明储量不断增加。中国发现的大量裂缝性油气藏,岩性复杂,类型多样,有低渗透致密砂岩油气藏、碳酸盐岩裂缝性油气藏、非常规页岩油气藏等。裂缝性油气藏在储层结构和驱油机理方面与常规孔隙性油气藏相比有着很大差异,尤其是非常规页岩气藏,其品质和产量高低直接取决于天然裂缝的发育程度。一方面,裂缝可以作为页岩中游离气的储集空间和运移通道,增加吸附气吸附面积和解析空间,从而提高吸附气和游离气的含量,又能提供有效的渗滤通道,提高储层的有效孔隙度和渗透率;另一方面,若裂缝过于发育,可能导致页岩气的逸散,影响气体的保存。在页岩气的储存和开发中,特别是在其单井初期的高产中,裂缝起了相当大的作用。因此,弄清微裂缝的发育规律,是页岩气综合研究的重要内容,对页岩气的勘探与开发具有十分重要的价值。

## （一）页岩裂缝发育特征、成因类型及控制因素

页岩中的裂缝包括裂隙、节理和断层裂缝，具有一定的延伸长度和宽度；可以是敞开的，也可能是闭合的；裂缝中可充满流体，也可能被其他矿物充满；裂缝是天然形成的，也可能是人工形成的。页岩储层与砂岩和碳酸盐岩储层相比较，塑性相对较强，微裂缝比较发育。目前总体认为页岩裂缝的发育特征为：天然裂缝包括高角度缝、层理缝以及长度为数微米至数十微米以上、连通性较好的微裂隙和粒间孔隙等，主要发育于富有机质页岩段，是页岩气赋存的优质储渗空间；裂缝宽度、密度、充填状况和裂缝孔隙度是表征天然裂缝的重要指标。

### 1. 页岩裂缝成因类型划分

裂缝分类方法众多，目前主要从裂缝成因、产状、几何形态、破裂性质等方面进行分类，其中以成因为基础的分类方案较为常用。页岩天然裂缝成因包括构造活动、有机质生烃和成岩作用等，多以构造成因为主。页岩裂缝依据成因可划分为构造裂缝和非构造裂缝（包括成岩缝和异常高压缝）两大类。

### 2. 页岩裂缝控制因素

影响页岩气藏储层裂缝的发育与分布因素有很多，与其他岩石类型的储层相比较，塑性相对较大的富含有机质页岩储层在裂缝发育的控制因素方面既有共性也有其特殊性。从地质角度来看，主要受内因和外因两大因素控制：外因主要包括区域构造应力、构造部位、沉积成岩作用和生烃过程产生的高异常地层压力；内因主要包括岩石、岩相和岩石矿物组成特征。

1）构造作用控制区域裂缝展布

构造作用是岩石破裂的重要外因，控制着构造裂缝的发育。应力越大，储层越容易破裂，应力方向发生变化的地方，对应的裂缝往往也比较发育。构造裂缝的发育与构造位置关系密切，构造裂缝形成于构造应力集中与释放过程中，在同等应力值变化区间内，应力变化梯度较大的地区，产生裂缝的几率也较大。另外，裂缝发育的密度受断层规模和活动强度的影响较大，在岩相条件相同时，页岩分布区内断层规模越大、活动性越强，则越容易产生裂缝，并且在同一裂缝组合中，微裂缝一般与大裂缝近于平行分布。

2）有机质丰度影响裂缝发育密度

在相同或相似的应力条件下，有机质丰度是影响黑色页岩裂缝发育程度的重要因素之一。有机碳含量越高，页岩的宏观裂缝以及在生烃过程中产生的微裂缝、微孔隙越发育。

3）岩性及矿物成分控制微裂缝形成

页岩中裂缝发育程度还与其岩性关系密切，岩性变化处往往是裂缝发育的地区。岩性包括岩石组分、粒度状况、胶结状况等，这些因素直接决定着岩石的抗压、抗张和抗剪强度，进而影响到地层受力时岩石断裂破坏的难易以及断裂破坏的程度。

岩性的差别也影响层理缝的发育，层理发育的页岩中微裂缝多于没有层理的泥岩，主要表现在发育于有机质条带中或边缘的微裂缝较多。

4）岩石力学性质的影响

页岩在应力达到岩石的强度极限时，就会发生破裂，裂缝是岩石破裂的结果。岩石的破裂有张裂与剪裂两种类型。在同一种应力场作用下，页岩破裂产生的裂缝程度与不同岩性岩石力学性质参数关系极为密切，如杨氏弹性模量、切变模量、体积弹性模量、泊松比、内聚力、内摩

擦角、不同围压下岩石的破裂强度等,这些参数均可由高温高压三轴岩石力学实验获得。

5)异常高压形成裂缝

异常高流体压力是岩石破裂的内因。上覆厚度较大的地层的快速沉积作用,导致下伏富有机质泥页岩层的欠压实。泥页岩在封闭状态下,由于黏土矿物转化脱水、烃类生成、水热增压等因素综合的控制,形成了异常高的孔隙流体压力。先期形成的较小裂缝不断被后期的破裂作用扩展,从而形成一些较大的纵向拉张裂缝以及大量的微裂缝,同时也可以形成一些剪切缝。

(二)页岩气藏地质建模

1. 页岩气藏储层参数地质建模技术

对页岩气储层参数的研究还处于初步阶段,研究重点是基于岩心和露头观察的岩相分类与描述、矿物含量分析、孔隙空间类型划分等。到目前为止,根据岩石物性和地球物理资料,通过三维地质建模手段预测页岩储层参数的空间分布这类研究还很少,对页岩储层参数分布精细模拟方面的研究几乎没有开展过。

建立页岩储层参数模型或分布样式有助于识别富含有机质而且脆性较好的页岩层段。富含有机质页岩层段的含气量比较高,而脆性比较高的页岩层段更易发育裂缝且有助于压裂增产处理。页岩的矿物学特征会影响储层的孔隙度和孔隙结构,进而影响渗透率以及游离气与吸附气含量之比。页岩的岩相是沉积和成岩作用的产物,既是页岩储层参数的一种,也是储层参数分析的根本,可以为研究页岩储层基质和裂缝发育之间的关系提供非常有价值的信息。

国内通过精细岩石学特征分析,将四川盆地五峰—龙马溪组页岩划分出九种岩石相。国外通过分析测井曲线特征和地震资料,把 Marcellus 页岩划分为七种泥岩岩相。不同的岩相反映了不同的矿物组成和有机质丰度。对页岩岩相的划分通常最先是进行岩心观察和识别,再采用人工神经网络等分析手段通过常规测井曲线预测页岩岩相。国外学者通过预测的页岩岩相为建立三维岩相模型提供多个约束点,利用地质统计学储层建模技术,实现了模型中硬数据和软数据之间的协调一致,从而通过三维岩相地质模型得到对页岩储层格架体的整体认识。

国内也开展过页岩储层参数综合模型的建立,目前在涪陵进行了尝试,但建立的模型仍然较为简单,没有体现储层参数之间相互约束性。总结国外经验,要建立页岩储层参数模型,首先应该建立区域性页岩岩相的分布模型,更好地认识有机质沉积的控制因素,抓住有机质含量高的页岩岩相单元,进而建立页岩脆性矿物和岩石物理参数分布模型。

2. 页岩气藏裂缝建模

建立天然裂缝模型主要靠井眼成像技术的解释数据、测井解释数据和地震数据。对裂缝的模拟通常采用 DFN(离散裂缝网络建模)方法,通过输入裂缝展布特征、几何尺寸等参数进行确定性或随机性建模。目前,页岩储层天然裂缝建模方法主要有两大类,一类是采用地震属性分析进行裂缝探测,对裂缝进行确定性建模,另一类是通过示性点等模拟方法随机模拟裂缝展布。

美国 Schlumberger 公司曾针对页岩气藏提出了一套集成速度建模、蚂蚁体追踪、大规模裂缝系统模型建立等关键技术的地质建模研究方法。通过对研究区地震数据体进行全角度和分角度叠加偏移,设置、调节裂缝探测的条件参数,追踪断裂和裂缝,根据追踪结果的强度和连续性可对裂缝的尺度进行划分。目前对页岩储层天然裂缝建模也多是采用这种方法。以地震预测蚂蚁体作为输入参数,采用离散裂缝网络方法对天然裂缝进行模拟。

国内对页岩气藏裂缝建模的研究鲜见报道,多采用一般裂缝性油藏建模的思路进行简单的 DFN 模拟。目前最新的研究就是四川盆地焦石坝区块页理缝的三维建模,采用的方法是通过页岩储层岩相分析和页理缝描述,建立岩相与页理缝特征模式,依靠页岩岩相三维模型建立页理缝发育指数三维模型和页理缝发育强度三维模型,最终建立页岩缝三维离散网络模型。

总之,针对页岩气藏天然裂缝建模,无论哪种方法,还都无法体现出天然裂缝的多尺度信息,更没有把页岩储层精细研究成果应用进来。

3. 页岩气藏人工压裂缝模拟

水力压裂裂缝模型需要根据压裂过程的微地震监测数据、压裂剂使用情况和施工记录数据的综合分析进行模拟。国外已经提出了水力压裂裂缝的模拟方法,认为间距呈对数变化的局部网格加密技术可更好地模拟人工压裂缝周围压力的变化。微地震成像技术的应用大大提高了水力压裂后全油气藏的裂缝体积分布情况的准确度,而岩心分析可提供页岩基质渗透率的分布,借助多种类、多尺度的资料可建立气藏模型。

众多学者通过实验和理论分析,建立了裂缝延伸的判定准则,也通过一些数值模拟方法,分析人工压裂缝的起裂与延展(人工压裂缝走势)。如国外学者采用线摩擦理论考虑作用在裂缝面的剪应力引起的剪切滑移破坏,并以摩尔库伦准则分析作用在裂缝面的正应力引起的张性破坏;通过实验分析了水平应力差、排量和黏度对分支缝延伸的影响。总体研究表明,与天然缝相交后形成的裂缝网络复杂程度不仅与地应力相关,而且受到岩石力学参数、天然缝参数、压裂施工参数以及工作液物性等多种因素影响。

压裂过程中人工缝与天然缝相交后,分支缝的起裂与延伸机理对形成复杂裂缝网络的几何尺寸和复杂程度有重要影响。国内对于人工压裂缝的模拟研究主要在两大方面:以断裂力学理论为基础对人工压裂缝起裂与延伸进行数值拟合;通过压裂模拟实验探究地应力、压裂参数等因素对人工压裂缝扩展的控制。

从目前的研究情况来看,对人工压裂缝的预测没有很好地结合天然裂缝对人工压裂缝的影响,对于两种裂缝之间的关系还不明确。另一方面,尽管已经有一些商业软件可以实现从微地震监测反演出人工压裂缝走势进而建立三维模型,但结果过于随机,其准确性仍有待考究。

综上所述,目前对页岩气藏地质建模的研究,不管国内还是国外,多数建立的是基质部分的地质模型,包括页岩岩相分布模型、TOC 含量分布模型、矿物组分等储层物性参数模型。但是页岩气藏裂缝地质建模还远未达到裂缝性油藏建模的水平,而页岩中的裂缝又具有多尺度多类型的特殊性。因此,需要对页岩气藏地质建模进行一些技术研究,形成页岩气藏地质建模流程与一些配套的技术规范,指导页岩气藏的开发。

## 参 考 文 献

程超,杨洪伟,周大勇,等. 2010. 蚂蚁追踪技术在任丘潜山油藏的应用. 西南石油大学学报(自然科学版),32(2):48 – 52.

丁中一,钱祥麟,霍红. 1998. 构造裂缝定量预测的一种新方法——二元法. 石油与天然气地质,19(1):1 – 17.

邓西里,李佳鸿,刘丽,等. 2015. 裂缝性储集层表征及建模方法研究进展. 高校地质学报,21(6):306 – 319.

范高尔夫·拉特(著). 1982. 陈钟祥等译. 1989. 裂缝油藏工程基础. 北京:石油工业出版社.

高霞,谢庆宾. 2007. 储层裂缝识别与评价方法新进展. 地球物理学进展,22(5):1460 – 1465.

侯加根,马晓强,刘钰铭,等.2012.缝洞型碳酸盐岩储层多类多尺度建模方法研究:以塔河油田四区奥陶系油藏为例.地学前缘,19(2):59-66.

黄伟传,杨长春,王彦飞.2007.利用叠前地震数据预测裂缝储层的应用研究.地球物理学进展,22(5):1602-1606.

计秉玉,等.2017.碳酸盐岩油藏地质建模与数值模拟技术.北京:科学出版社.

李志勇,曾佐勋,罗文强.2003.裂缝预测主曲率法的新探索.石油勘探与开发,30(6):83-85.

刘振峰,曲寿利,孙建国,等.2012.地震裂缝预测技术研究展望.石油物探,51(2):191-198.

马绍军,唐建明,徐天吉.2010.多波多分量地震勘探技术研究进展.勘探地球物理进展,33(4):247-252.

彭仕宓,索重辉,王晓杰,等.2011.整合多尺度信息的裂缝性储层建模方法探讨.西安石油大学学报(自然科学版),26(4):1-7.

秦启荣,苏培东.2006.构造裂缝类型划分与预测.天然气工业,26(10):33-36.

任德生.2003.松辽盆地火山岩裂缝形成机理及预测研究——以徐家围子断陷芳深9井区为例.长春:吉林大学.

孙建孟,闫国亮,姜黎明,等.2014.基于数字岩心研究流体性质对裂缝性低渗透储层弹性参数的影响规律.中国石油大学学报(自然科学版),38(3):39-44.

吴胜和.2010.储层表征与建模.北京:石油工业出版社.

吴胜和,金振奎,黄沧钿,等.1999.储层建模.北京:石油工业出版社.

邢玉忠,张吉昌,张亚中,等.2004.测井资料在潜山油藏综合研究中的应用.石油地球物理勘探,39(2):173-176.

薛艳梅,夏东领,苏宗富,等.2014.多信息融合分级裂缝建模.西南石油大学学报(自然科学版),36(2):57-63.

姚军,赵秀才,衣艳静,等.2005.数字岩心技术现状及展望.油气地质与采收率,12(6):52-54.

袁士义,宋新民,冉启全,等.2004.裂缝性油藏开发技术.北京:石油工业出版社:3-81.

王嘉,周志远.2006.影响储层裂缝发育的因素分析.西部探矿工程,11:102-104.

王鑫,姚军,杨永飞,等.2013.基于组合式平板模型预测曲面裂缝数字岩心渗透率的方法.中国石油大学学报(自然科学版),37(6):82-86.

王允诚,等.1992.裂缝性致密油气储集层.北京:地质出版社.

巫芙蓉,李亚林,王玉雪,等.2006.储层裂缝发育带的地震综合预测.天然气工业,26(11):1-3.

曾联波.2004.低渗透砂岩油气储层裂缝及其渗流特征.地质科学,39(1):11-17.

曾联波.2008.低渗透砂岩储层裂缝的形成与分布.北京:科学出版社.

曾联波,赵继勇,朱圣举,等.2008.岩层非均质性对裂缝发育的影响研究.自然科学进展,18(2):216-220.

张广智,陈怀震,王琪,等.2013.基于碳酸盐岩裂缝岩石物理模型的横波速度和各向异性参数预测.地球物理学报,56(5):1707-1715.

张山,张振国,杨军.2011.基多方位非零偏三分量VSP的储层裂缝检测.石油物探,50(6):612-619.

赵良孝,补勇.1994.碳酸盐岩储层测井评价技术.北京:石油工业出版社.

赵向原,曾联波,刘忠群,等.2015.致密砂岩储层中钙质夹层特征及与天然裂缝分布的关系.地质论评,61(1):163-171.

赵向原,胡向阳,肖开华,等.2018.川西彭州地区雷口坡组碳酸盐岩储层裂缝特征及主控因素.石油与天然气地质,39(1):30-38.

龚斌等.2017.煤层气/页岩气藏裂缝建模与数值模拟,北京:科学出版社.

Alghalandis Y F. 2017. Open source software for discrete fracture network engineering, two and three dimensional applications. Computers & Geosciences, 102:1-11.

Baca R G, Arnett R C and Langford D W. 1984. Modeling fluid flow in fractured-porous rock masses by finite-element techniques. Int. J. Numer. Methods Fluids, 4:337-348.

Bai T and Pollard D D. 2000. Fracture spacing in layered rocks: A new explanation based on the stress transition. Journal of Structural Geology, 22(1): 43-57.

Baraka-Lokmane S. 2002. A new resin impregnation technique for characterising fracture geometry in sandstone cores. International Journal of Rock Mechanics & Mining Sciences, 39(6): 815-823.

Barenblatt G I and Zheltov Y P. 1960. Fundamental equations of filtration of homogeneous liquids in fissured rocks. Dokl. Akad. Nauk SSSR, 13: 545-548.

Benedetto M F, Berrone S, Pieraccini S, et al. 2014. The virtual element method for discrete fracture network simulations. Computer Methods in Applied Mechanics and Engineering, 280: 135-156.

Blaskovich F T, Cain G M, Sonier F, et al. 1983. A multicomponent isothermal system for efficient reservoir simulation. SPE, paper 11480 presented at the society of petroleum engineers Middle East oil technical conference and exhibition in Manama, Bahrain: March: 14-17.

Boerner, Dave Gray, Dragana, et al. 2003. Employing neural networks to integrate seismic and other data for the prediction of fracture intensity. SPE84453, Denver, Colorado.

Brown A, Davies M, Nicholson H, et al. 1999. The Machar Field unlocking the potential of a North Sea Chalk Field. SPE 56974, Aberdeen, United Kingdom.

Bonnet E, Bour O, Odling N E, et al. 2001. Scaling of fracture systems in geological media. Reviews of Geophysics, 39(3): 347-383.

Chen D, Pan Z, Ye Z. 2015. Dependence of gas shale fracture permeability on effective stress and reservoir pressure: model match and insights. Fuel, 139: 383-392.

Davision C C. 1985. URL Drawdown experiment and comparision with models. Atomic energy of Canada. Ltd TR375, 74(2): 34-45.

Dikken B J and Niko H. 1987. Water flood-induced fractures: A simulation study of their propagation and effects on water flood sweep efficiency. SPE, paper 16551 presented at the society of petroleum engineers offshore Europe in Aberdeen, United Kingdom: September: 8-11.

Gadde P B and Sharma M M. 2001. Growing injection well fractures and their impact on waterflood performance. SPE, paper 71614 presented at the society of petroleum engineers annual technical conference and exhibition in New Orleans, Louisiana: 30 September-3 October.

Gneiss Block in Neuman, S P and Neretnieks. Hydrogeology of low permeability environments, 2(12): 115-167.

Hill A C and Thomas G W. 1985. A new approach for simulating complex fractured reservoirs. SPE, paper 13537 presented at the society of petroleum engineers Middle East oil technical conference and exhibition in Bahrain: March: 11-14.

Howard J H. 1990. Description of natural fracture systems for quantitative use in petroleum geology. AAPG, 74(2): 151-162.

Illman W A. 2006. Strong field evidence of directional permeability scale effect in fracture rock. Journal of Hydrology, 319: 227-236.

Iverson. 1992. Fracture identification from well logs. SPE 24351, Casper, Wyoming.

Jensen O K, Bresling S, Christensen O W, et al. 1989. Natural fracture distribution in reservoirs modeled by back-stripping and finite element stress analysis. SPE 18429, Houston, Texas.

Kuo M C T, Hanson H G and Desbrisay C L. Prediction of Fracture Extension during Waterflood Operations. SPE, paper 12769 presented at the society of petroleum engineers California regional meeting in Long Beach, California: April: 11-13.

Laderia F L, Price N J. 1989. Relationship between fracture spacing and bed thickness. Journal of Structural Geology, 126(4): 355-362.

Larsen B, Gudmundsson A, Grunnaleite I, et al. 2010. Effects of sedimentary interfaces on fracture pattern, Linkage, and cluster formation in peritidal carbonate rocks. Marine and Petroleum Geology,27(1):1531-1550.

Li X Y. 1997. Fractured reservoir delineation using multicomponent seismic data. Geophysical Prospecting,45:39-64.

Liu X,Zhang C,Liu Q,et al. 2009. Multiple-point statistical prediction on fracture networks at Yucca Mountain. Environmental geology,57(6):1361-1370.

Narr W. 1991. Fracture density in the deep subsurface:techniques with application to Point Arguello oil field. AAPG Bulletin,75(8):1300-1323.

Nelson R A. 1985. Geologic analysis of naturally fractured reservoires. Gulf Publishing Company.

Niko O H. 1996. A Screening Tool for Predicting Lateral and Vertical Extent of Water flood-induced Fractures. SPE, paper 36892 presented at the society of petroleum engineers European petroleum conference in Milan,Italy:October:22-24.

Olson J E,Qiu Y,Holder J,et al. 2001. Constraining the spatial distribution of fracture networks in naturally fractured reservoirs using fracture mechanics and core measurements. SPE 71342,New Orleans,Louisiana.

Quintero E J,Martinez L P,Gupta. 2001. Characterization of naturally fractured reservoirs using artifical intelligence, SPE 67286,Ma Gerui tower island,Venezuela.

Rahim Z,Al-Qahtani M Y. 2001. Sensitivity study on geomechanical properties to determine their Impact on fracture dimensions and gas production in the Khuff and Pre-Khuff Formations using a layered reservoir system approach, Ghawar Reservoir,Saudi Arabia. SPE 72142,Kuala Lumpur,Malaysia.

Rawnsley K,Wei. 2001. Evaluation of a new method to build geological models of fractured reservoirs calibrated to production data. Petroleum Geoscience,7(1):23-33

Sarda S,Jeannin L,Basquet R,et al. 2002. Hydraulic characterization of fractured reservoirs:Simulation on discrete fracture models. SPE,Reservoir Eval. Eng. ,5(2):154-162.

Stephen E,Lauback. 1997. A method to detect natural fracture strike in sandstones. AAPG Bulletin,81(4):604-623.

Swaby P A,Rawnsley K D. 1996. An interactive 3D fracture modeling environment. SPE 36004,Denver,USA.

Tan Y,Johnston T and Engelder T. 2014. The concept of joint saturation and its application. AAPG Bulletin,98(11):2347-2364.

Van den Hoek,Zwarts P J,Al-masfry D,et al. 2008. Behaviour and impact of dynamic induced fractures in water flooding and EOR. ARMA,108-135.

Vitel S and Souche L. 2007. Unstructured upgridding and transmissibility upscaling for preferential flow paths in 3D fractured reservoirs. SPE,paper 106483 presented at the society of petroleum engineers reservoir simulation symposium in Houston,Texas:February:26-28.

Wang Jinghong,Zou Caineng,Jin Jiuqiang,et al. 2011. Characteristics and controlling factors of fractures in igneous rock reservoirs. Petroleum Exploration and Development,38(6):708-715.

Warren J E,Root P J. 1963. The behaviors of naturally fractured reservoir. Society of Petroleum Engineers Journal,3(3):245-255.

Wong P M. 2003. A novel technique for modeling fracture intensity:a case study from the Pinedale Anticline in Wyoming. AAPG Bulletin,87(11):1717-1727.

Xu C,Dowd P. 2010. A new computer code for discrete fracture network modelling. Computers & Geosciences,36(3):292-301.

Yew C H and Lodde P. 1983. Propagation of a hydraulically induced fracture in layered medium. Austin,Texas:Department of Aerospace Engineering and Engineering Mechanics,The University of Texas at Austin.

Zellou A M,Ouenes A,Banik A. 1995. Improved fractured reservoir characterization using neural network,geomechanics and 3-D seismic. SPE 30722,Dallas,Texas.

Zellou A M,Quenes A. 2001. Integrated fractured reservoir characterization using neural networks and fuzzy logic:three case studies. Journal of Petroleum Geology,24(4):459-476.

# 第六章 多点地质统计建模

多点地质统计建模方法综合了两点地质统计学建模方法和基于目标的建模方法的优点,通过训练图像,而非变差函数或目标体几何参数来进行储层建模,是目前最具发展潜力的地质统计学建模方法之一。与传统的地质统计学建模方法不同,多点地质统计学建模方法直接通过训练图像推断变量的空间分布,适用范围更加广泛。本章主要介绍了多点地质统计学建模技术的研究进展、基本概念和术语、训练图像获取方法和主要的多点地质统计学建模算法的原理。

## 第一节 研 究 进 展

20世纪60年代以来,地质统计学建模方法获得了巨大的发展,已经成为目前地质建模的主要方法,主流地质建模软件都将地质统计学作为其算法核心。传统的地质统计学建模方法主要为两点统计学方法,如序贯高斯模拟、序贯指示模拟等。这类方法以变差函数为工具,只能同时考虑本征假设下两点之间的相关性,难以表征储层及地质体的空间结构和几何形态(图6-1)。在砂体平面展布差异巨大的情况下(图6-1a、b、c),两点统计得到的东西向(图6-1d)和南北向(图6-1e)变差函数基本相同。虽然以序贯指示模拟为代表的两点地质统计相建模方法应用广泛,但是对其无法再现地质体形态的质疑一直存在。为了克服两点地质统计建模方法的缺点,地质建模研究和应用人员采用多种方法对建模效果进行改善(Xu,1993、1996)。但是,两点地质统计建模方法固有的不足难以从根本上克服。

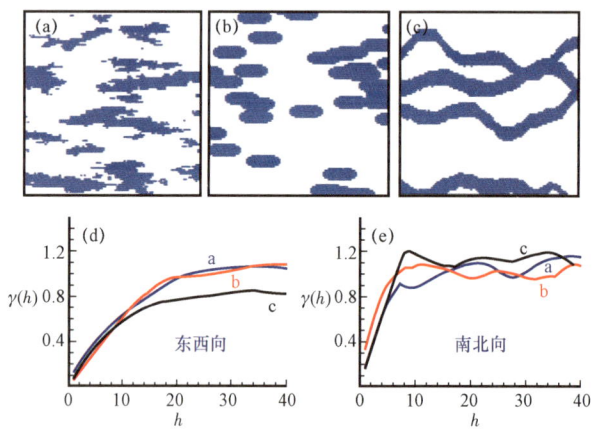

图6-1 难以反映储层各向异性的变差函数(据Caers和Zhang,2002)

鉴于传统两点地质统计建模方法在储层信息分析方面只能考虑空间上两点之间相关性的不足,采用多点的联合分布对储层内部结构和形态进行建模的方法应运而生(图6-2)。多点统计地质建模方法应用"训练图像"代替两点统计建模方法里的变差函数,来表征地质变量的空间结构和变化,可以克服传统两点统计地质建模方法不能较好再现地质体空间几何形态的不足;同时,多点统计地质建模方法采用基于像元的序贯模拟过程,而非基于目标的随机模拟方法的迭代试错的模拟过程,容易条件化井数据和其他地质信息,提高计算效率,加之"训练图像"的使用,无须提供目标体的几何形态参数,也克服了基于目标的随机模拟方法的不足(Hu 和 Chugunova,2008;吴胜和和李文克,2005)。综合了已有建模算法优点的多点统计地质建模方法,是目前地质统计学建模技术的一个重要发展方向。

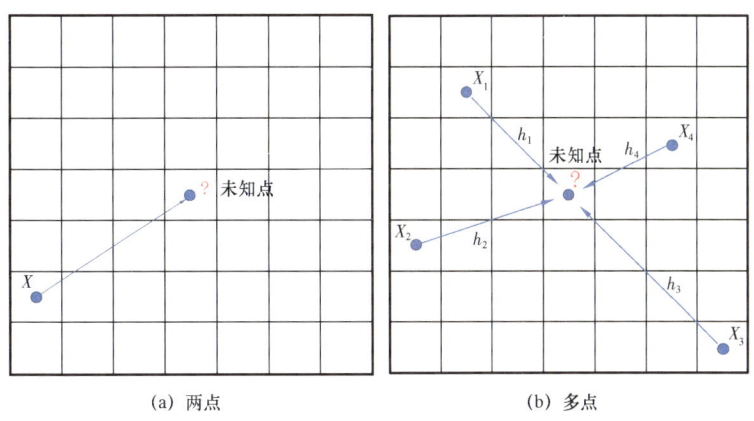

图 6-2 两点与多点地质统计学方法示意图

注:$h$ 为两点统计建模方法中已知点与未知点之间的距离,$h_1 \sim h_4$ 为多点统计建模方法中各已知点与未知点的距离

## 一、国外研究进展

多点统计地质建模方法于 1992 年首次提出(Journel,1993),并开始在随机建模中应用(Guardiano 和 Srivastava,1992)。但真正的实际应用直到 2000 年 Snesim 建模方法提出后才成为可能(Strebelle,2000;Strebelle 和 Journel,2001)。多点统计地质建模方法主要包括迭代和非迭代方法两大类。迭代法主要有模拟退火方法(Deutsch,1992)、基于吉布斯取样的后处理迭代方法(Srivastava,1992)、生长算法(Wang,1996)和基于神经网络的马尔科夫蒙特卡洛法(Caers 和 Journel,1998)。由于迭代法收敛条件苛刻,计算速度慢,使得迭代法在实际油气藏建模应用中受到很大限制,一直停留在实验阶段,难以投入实际应用。

为提高多点地质统计学建模算法的实用性,1992 年提出了一种非迭代的建模算法(本书简称为直接法)(Guardiano 和 Srivastava,1992)。该方法在应用数据模板扫描训练图像的基础上,利用生成的多个随机变量推断出未知点的条件概率,成为应用于实际地质建模工作中的首个多点地质统计学建模算法。相对于迭代法,直接法较为简单,不受收敛问题的限制,但每模拟一个网格点都需要重新扫描训练图像,导致数据量庞大,计算量大,计算速度低下,很难真正应用于实际地质建模工作中,但是,非迭代算法的提出为多点统计地质建模算法的研究注入了新思维。针对直接法的不足,应用"搜索树",存储数据模板扫描训练图像得到的条件概率,在此基础上提出 Snesim 算法(Strebelle 和 Journel,2001)。Snesim 算法每次模拟均在"搜索树"中检索得到未知点的模拟值,因此,模拟时只需扫描一次训练图像,不需要每次模拟都重复扫描训练图像,有效提高了计算效率,推动了多点统计地质建模的发展,为多点统计地质建模方法应用于储层建模奠定了基础。

由于基于概率模拟的 Snesim 建模算法在连续地质体模拟上存在不足,研究者于 2004 年提出了基于图型相似度的 Simpat 建模算法(Apart 和 Caers,2004;Arpat,2005;Arpat 和 Caers,2007)。Simpat 算法通过对训练图型和数据事件进行对比,寻找相似度最高的训练图型置入模拟网格,一次模拟一个数据模版内的所有节点,而非以往建模方法一次只能模拟一个节点。该方法在多节点模拟的同时,采用双模板模拟的办法,一定程度上改进了 Snesim 建模方法导致的目标体不连续问题。但 Simpat 建模算法在匹配训练图型时,搜索计算量大、计算较慢,为提高模拟效率,Zhang 等(2006)提出了 Filtersim 建模方法,通过线性过滤器将训练图型进行聚类,识别不同类型数据图型所代表的地质特征,然后进行数据事件与训练图型类的相似性判断,从最相似的训练图型类里随机挑选训练图型替换当前数据模板处的数据事件,降低了多点统计地质建模计算过程中的数据维度,提高了计算效率,但相对于 Simpat 算法,Filtersim 方法增加了图型选取的不确定性。为避免通过线性过滤器进行图型聚类弱化图型的地质含义,Honarkhah 等(2010、2012)提出了 Dispat 多点建模算法。Dispat 算法对 Filtersim 算法的图型聚类方式进行了改进,通过 MDS(多维尺度法)和 $\Phi$ 变换,采用 kernel 空间映射,得到一种改进的图型聚类方法,提高了图型选取的准确性。为了降低多点地质统计学建模算法对辅助数据处理技术的要求,更好地挖掘训练图像的内部信息,Mariethoz 等(2010)提出了无需数据预处理和多尺度网格的 DS 多点建模算法,该算法每次模拟直接扫描训练图像,随着模拟的进行,数据模板逐渐变化,提高了多点统计地质建模算法的灵活性,也在一定程度上降低了多点统计建模算法对训练图像的平稳性要求。

随着对多点统计建模方法研究的持续深入和计算机性能的提高,研究人员对目前的多点统计建模方法进行了卓有成效的改进和提高。在基于概率的多点地质统计学建模算法改进方面,通过改进早期的生长算法和 Snesim 算法,采用贝叶斯定理一次模拟一个图型,提高了算法的计算效率,并在此基础上提出了改进的 Growthsim 算法(Eskandari 和 Srinivasan,2007;Eskandaridalvand 和 Srinivasan,2010)。在基于图型相似度的多点地质统计学建模算法改进方面,研究人员主要以 Simpat、Filtersim、Dispat 和 DS 算法为基础,通过改进,提高算法的模拟效果和模拟效率。Wu 等(2008)基于分数距离,对图型进行聚类,改进了 Filtersim 建模算法中的线性过滤器方法,在 3D 建模的应用中,其模拟速度较 Filtersim 方法提高了 10 倍。Mohammadmoradi 等(2012)以 Filtersim 方法为基础,通过改进模拟步骤中的图型提取、迁延和置入等环节,提高 Filtersim 建模算法的建模效果。Honarkhah 等(2012)为增强 Dispat 建模算法对非平稳地质现象的模拟能力,在图型与数据事件的相似度计算中,加入了空间坐标,降低了算法对趋势和辅助变量的要求。DS 建模算法由于直接从训练图像选取最相似的图型,导致计算效率不高,Abdollahifard 等(2014)采用快速梯度下降的方法,能够快速地进行相似图型选取,提高了 DS 建模算法的计算效率。

研究人员在对多点地质统计学建模算法进行改进的同时,吸取其他建模方法的优点,进行了多点地质统计学建模算法与其他建模方法耦合的尝试和研究(Abdollahifard 和 Faez,2013;Gardet 等,2016;Ortiz 和 Deutsch,2004;Ortiz 和 Emery,2004;Sebacher 等,2015)。而且,为提高多点地质统计学建模算法的模拟效率,GPU(Huang 等,2013)和并行算法(Straubhaar 等,2013)等被引入多点地质统计学建模中来。另外,针对多点地质统计学建模过程中的关键环节,如训练图像的获取与建立(Pickel 等,2015;Pyrcz 等,2008)、计算参数优选(Mariethoz 和 Renard,

2010;Meerschman 等,2013;Zhang 等,2015)等方面,都有大量的探索和研究。总体来看,国外在多点统计地质建模技术领域一直领先于国内,对理论的进展和实际应用做出了里程碑式的贡献。但国外多点统计地质建模研究主要以碎屑岩,尤其是河流相砂岩和浊积岩的地质建模研究为主,在碳酸盐岩储层包括孔隙型碳酸盐岩储层多点统计地质建模方面,目前还处于理论探索阶段,多以合成模型的实验研究为主,应用研究相对较少。

## 二、国内研究进展

多点地质统计学建模方法被引入国内后,引起了研究人员的极大兴趣,并进行了大量的应用研究。吴胜和等(2005)以渤海湾盆地某区块为研究对象,对比了 Snesim 多点地质统计学建模方法与序贯指示模拟方法的相建模效果,发现多点地质统计学建模方法在河流相储层的相建模中较传统两点统计学建模方法具有明显的优势。骆杨等(2008)以辫状河分流河道沉积为研究对象,应用 Snesim 多点地质统计学建模方法建立了研究区的相模型,并对目标体的连续性等多点地质统计学面临的主要问题进行了讨论。冯国庆等(2005)、张伟等(2008)利用 Snesim 建模方法建立了研究区的岩相和沉积微相模型,取得了较好的效果。李少华用两种方法对河道砂体的属性分布做了模拟,一种是局部变化均值方法,另一种是多点地质统计学方法,通过对比分析,他认为两种方法各有优缺点且都需进一步完善。很多研究人员也通过不同储层类型对多点统计地质建模方法进行了应用研究(陈更新等,2015;陈培元等,2014;付斌等,2014;李康等,2014;刘学利和汪彦,2012;王东辉等,2014;杨宏伟,2010;张文彪等,2015;周金应等,2010),均取得了一定效果,一定程度上满足了油田生产中对储层建模的需求。

在应用研究的同时,国内研究人员针对多点地质统计学建模方法的不足,提出了许多改进的多点地质统计学建模方法。尹艳树等(2008)针对 Simpat 建模方法的不足,结合基于目标方法的优点,提出了基于储层骨架的多点统计地质建模方法(SMPS),与序贯指示、Snesim、Simpat 方法进行二维沉积相建模效果对比,SMPS 方法能够更准确地建立二维河流相沉积模型。为模拟非平稳性强的储层,尹艳树等(2014)引入待估点位置的信息,提出基于沉积模式的多点统计地质建模方法,通过距离函数将储层特征与沉积位置相关联,采用整体替换、结构化随机路径及多重网格策略再现沉积模式,解决了非平稳储层建模过程中的非平稳性模拟问题,在鄱阳湖三角洲前缘沉积地层的应用证实了该方法的适用性。石书缘等(2011)以河流相储层为研究对象,通过增加河道迁移方向概率的计算和河道源头的搜索,对随机游走过程进行改进,实现了高曲率回旋河道和网状河等模拟及各种类型河流相的主流线预测,在此基础上提出了基于随机游走过程的多点统计地质建模方法(RMPS),应用表明,RMPS 比传统多点统计地质建模方法能更好地再现河道形态,并具有一定的稳定性。冯文杰等(2014)以冲积扇为例,在 Snesim 建模方法中引入了地质矢量信息,提出了基于矢量信息的多点统计地质建模算法(VMPS),通过概念模型和实际储层模拟,验证了 VMPS 的模拟效果优于 Snesim,能适应"非平稳性"突出条件下的地质建模。喻思羽等(2016)以 Simpat 方法为基础,通过邻近等间距取样法,对图型进行聚类,采用两次图型匹配的方式,大幅提高了模拟效率,提出了基于样式降维聚类的多点地质统计学建模算法。国内多点统计地质建模技术的研究以应用研究和对国外理论算法的补充研究为主,原创性的理论算法研究较少。国内针对碳酸盐岩油藏的多点统计地质建模研究应用于缝洞型碳酸盐岩储层,主要用于描述孔洞的分布。

## 第二节 基本概念和术语

多点地质统计学建模方法自成体系,能够同时考虑空间多个点与待模拟点之间的相关性,出现了一些与传统两点地质统计学建模方法和基于目标体的建模方法不同的概念和术语,为便于深入理解多点地质统计学建模方法的原理,对这些新出现的概念和术语进行介绍。

### 一、训练图像

训练图像是能够定量描述实际储层结构、几何形态和分布特征的二维或三维图像,可以将其理解为两点地质统计学建模方法的变差函数或是基于目标体建模方法中的目标体参数。训练图像的尺寸不需要与实际储层一样大,但必须能够容纳所有数据事件所反映的地质信息和特征;训练图像也无需在局部上与井数据吻合。训练图像可以使建模人员更直观形象地理解地质研究人员所表达的研究区认识,同时也使地质人员更容易判断模型是否与其认识相符。

### 二、数据事件与数据模板

数据事件为一个考虑多点空间相关性的数据结构,如图 6-2b 所示。一个以 $u$ 为中心,大小为 $n$ 的数据事件 $d_n(u)$ 包含三个部分:

(1) 待模拟点($u$ 或除去已知点的未知点);
(2) 由 $n$ 个向量 $\{h_\alpha, \alpha = 1, 2, \cdots, n\}$ 确定的数据几何形态;
(3) $n$ 个向量处的数值,记为 $Z(u + h_\alpha)$。

多尺度网格采用一系列的级联网格代替单一的精细网格,$n$ 级多尺度网格,其数据几何形态可用如下公式表示:

$$h_\alpha^n = 2^{n-1} \cdot h_\alpha \tag{6-1}$$

数据事件中的数据几何形态就是数据模板,记为 $\tau_n$。训练图像的尺寸和数据模板的尺寸影响着多点随机建模的效率,因此,在训练图像选定的情况下,一般会采用"合适"大小的数据模板而非大的数据模板。但相对于大尺度的连续地质体,小的数据模板导致的一个问题就是地质体连续性差。为了解决这个问题,多尺度网格(图 6-3)被引入多点地质统计学建模中。

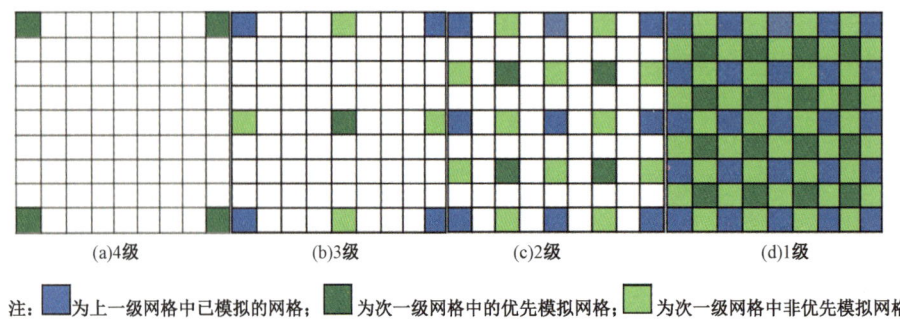

(a) 4级　　(b) 3级　　(c) 2级　　(d) 1级

注:■为上一级网格中已模拟的网格;■为次一级网格中的优先模拟网格;■为次一级网格中非优先模拟网格

图 6-3 多尺度网格示意图(据 Petrel 技术帮助)

## 三、搜索树

早期的概率型多点建模算法在模拟每个点时均需要扫描一次训练图像,计算效率低下。为提高多点地质统计学的模拟效率,避免每次模拟都扫描一次训练图像,搜索树(图6-4)被引入地质统计学建模中用来存储数据模板扫描训练图像后形成的数据事件重复次数和概率。为多点地质统计学建模算法应用于实际储层建模奠定了基础。

搜索树的尺寸与数据模板的尺寸是对应的,不同尺度的数据模板扫描训练图像后会形成不同的搜索树。搜索树根部的分支数与训练图像的属性类别对应,如训练图像有两种相,那么搜索树根部便会有两个分支。另外,搜索树的层数与数据模板的尺寸对应,如图6-4为五个点的数据模板,那么搜索树就有五个层数。

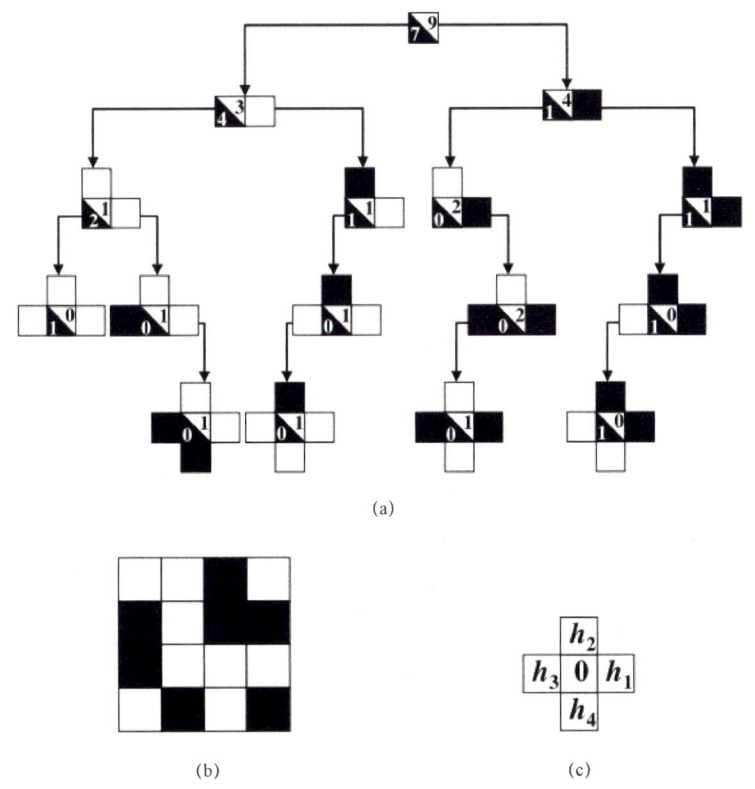

图6-4 搜索树示意图(据Hu等,2008)

注:黑白2种颜色代表2种不同的相,带数字的双色网格代表中心点,其中右上角的数字表示白色相的重复数,左下角的数字表示黑色相的重复数

通过搜索树的结构可以看出,使用搜索树进行多点建模的方法,数据模板的尺寸和相数目决定了搜索树的大小,理论上,搜索树种的节点个数(即数据事件的可能条件化概率数目)为 $K^n$($K$为相数目)。

## 四、相似度

相似度型多点建模算法通过相似度确定与数据事件最为相似的训练图型,然后用最相似的图型替换待模拟点,其关键是对比数据事件与训练图型之间的相似程度。目前的相似度型多点建模算法用距离表示相似度,即距离越大,越不相似。若用 $x, y, z$ 表示对应于数据模板的数据事件或训练图型,理论上,$d(x,y)$ 应满足如下条件:

(1) $d(x,y) \geqslant 0$,

(2) $d(x,y) = 0$,当且仅当 $x = y$ 时,

(3) $d(x,y) = d(y,x)$,

(4) $d(x,z) \leqslant d(x,y) + d(y,z)$

明科斯基距离是一种常用距离函数,对于表示数据事件和训练图型距离 $d(x,y)$ 的情况,其计算公式为

$$d[d_n(u), d_n^k(y)] = \left( \sum_{\alpha=1}^{n} |d_n(u+h_\alpha) - d_n^k(h_\alpha)|^q \right)^{1/q} \quad (6-2)$$

式中 $d[d_n(u), d_n^k(y)]$ ——数据事件与训练图型的相似度;

$d_n^k(y)$ ——$k$ 级尺度网格下的训练图型;

$k$ ——多重网格的级次;

$q$ 取正整数,当 $q=1$ 时,相似度为曼哈顿距离,当 $q=2$ 时,相似度为欧式距离。

目前主流的相似度型多点建模算法均采用曼哈顿距离计算数据事件与训练图型的相似度,其计算过程如图 6-5 所示。

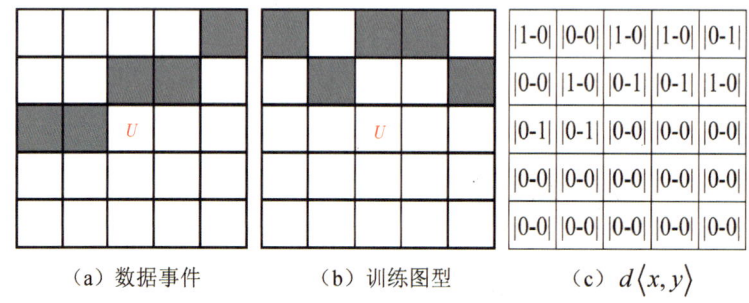

(a) 数据事件　　(b) 训练图型　　(c) $d\langle x,y \rangle$

图 6-5　曼哈顿距离计算过程

在计算过程中,表示数据事件或训练图型的 $x, y$ 可能会包含未知或缺失的点,在这种情况下,这些未知或缺失的点不参与距离计算,如数据事件 $d_n(u)$ 的 $u + h_\alpha$ 点是未知的,那么该点在距离计算时将被略过,表示为

$$d_\alpha(x_\alpha, y_\alpha) = \begin{cases} |x_\alpha - y_\alpha|, & \text{如果 } x_\alpha \text{ 和 } y_\alpha \text{ 都已知} \\ 0, & \text{如果 } x_\alpha \text{ 或 } y_\alpha \text{ 未知} \end{cases} \quad (6-3)$$

## 第三节 训练图像建立

建立能够代表研究区地质特征的训练图像是多点地质统计学在实际应用中最大的挑战之一。目前建立训练图像主要采用基于目标、基于沉积过程的模拟方法。

### 一、基于目标的方法

基于目标的方法(即布尔模拟方法)是一类广泛用于储层随机建模的方法(Lantuéjoul, 2013),这类方法的优势是所生成的目标体形态理想、空间结构样式符合地质模式,而缺点则是难以条件化、目标体形态过于理想而缺乏灵活性。随着多点地质统计学的兴起,这类方法也常用于训练图像的创建。通过给定目标体的形态、规模及空间结构样式,可以生成一系列与地下地质特征相似的训练图像。

这类训练图像包含的目标体(如河道)的形态往往过于简单和理想化(图6-6a),在多点地质统计建模中,以基于目标的模型(往往是低条件化的、简单的)为训练图像,通过条件化约束并为模拟过程增加一定的随机因素,可建立更灵活、条件化程度更高的模型(图6-6b)。比较有代表性的算法包括 Fluvsim、TiGenerator 等。

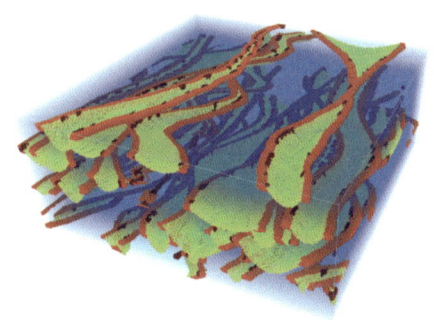

(a) 通过TiGenerator软件建立的 250×250×100的河道结构模型

(b) 通过Fluvsim软件建立的250×250×100的可灵活反映河道宽度、深度、曲率、相和各种构型要素的河道模型 (据Deutsch和Tran, 2002)

图6-6 基于目标的河流相训练图像

### 二、基于过程的方法

基于沉积过程的训练图像创建方法通过正演数值模拟,更多地考虑了沉积的物理过程,更加符合真实地质的发生过程,能够精确再现沉积物的堆积与侵蚀过程,所建立的训练图像具有高度的地质细节。

Koltermann 和 Gorelick(1992)采用基于沉积过程的数值模拟再现了北加州一个冲积扇沉积体系60万年的沉积与演化过程,建立了一个可作为训练图像的三维时空模型(图6-7)。在模拟过程中充分考虑了河流洪水、沉积、沉降、基底活动、海平面升降及断层活动等因素。

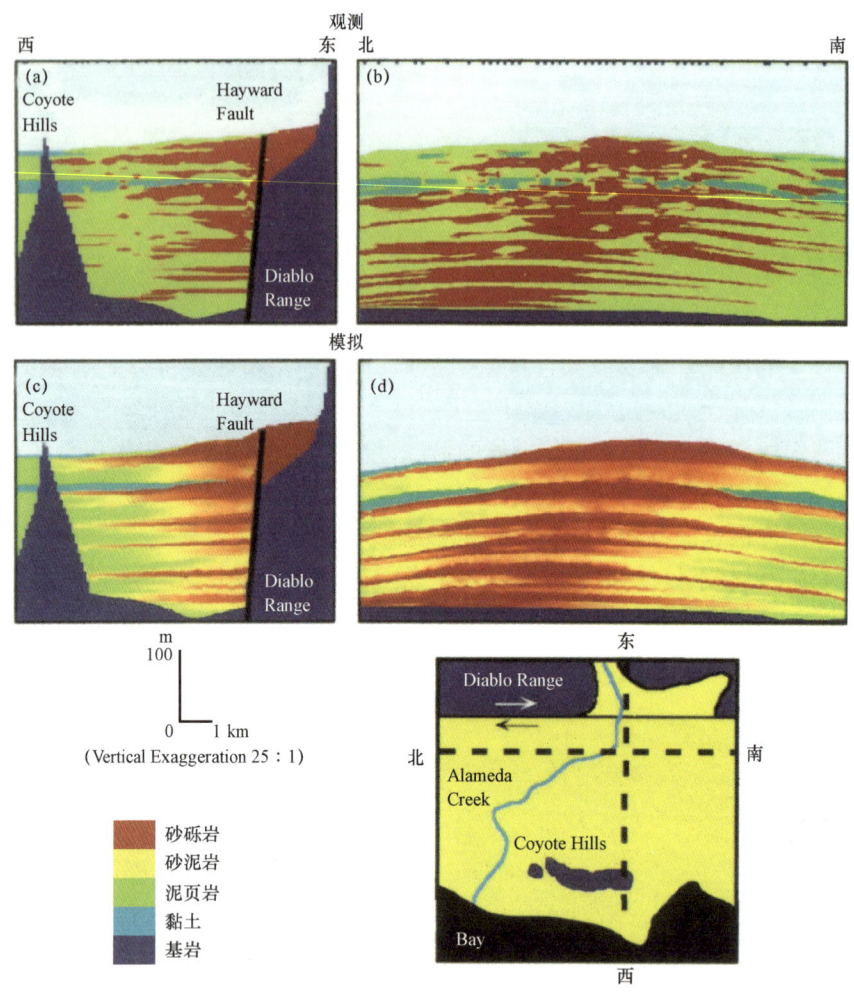

图6-7 Alameda Creek 冲积扇正演三维时空模型(据 Koltermann 和 Gorelick,1992)

沉积过程正演数值模拟也存在一些缺点:尽管数值模拟的初始条件是已知、可控的,但是正演过程往往大大超出了模拟人员的控制,导致产生的模型中空间结构与实际地质结构"似是而非",且无法完全条件化。初始条件只能大致控制沉积模拟过程,无法给定更高频、更小尺度的地质条件,更无法推测正演模拟过程中地形变化对沉积过程的影响。

在沉积正演模拟领域,大部分工作集中在曲流河的模拟上。这类模拟往往需要反复校准模拟参数,因此实际应用与建模还是比较困难,但可以作为这类环境(沉积相)的训练图像。

## 三、基于拟沉积过程的方法

基于沉积过程的方法建立的训练图像能够理想地再现目标的几何形态,但是该方法有着极为严苛的时空离散化要求,这导致计算耗时巨大,实际应用困难。因此,完全基于沉积过程的方法往往被拟沉积过程的方法替代。这种模型也是基于沉积过程正演的,但无需求解物理方程。前人针对碎屑岩和碳酸盐岩储层提出了多种算法,并开发了相应的软件。基于拟沉积过程的方法也被称为基于事件的方法或基于沉积界面的方法。在沉积或侵蚀事件易于识别的条件下,基于拟沉积过程的方法可建立内部结构复杂的分层模型,非常适合作为多点建模的训练图像。此外,一些以像元为基本模拟单元的方法,如细胞自动机,也被作为拟沉积过程的方法引入到沉积模拟中。

拟沉积过程的方法对沉积过程的物理真实性的要求并不严格,其重点在于构建由这些沉积过程产生的目标体真实的几何形态。同样地,拟沉积过程的方法往往需要多次迭代以实现条件化,导致计算量十分巨大。不过,在少量条件数据约束下,利用拟沉积过程的方法生成的正演模型往往是理想的训练图像(图6-8)。

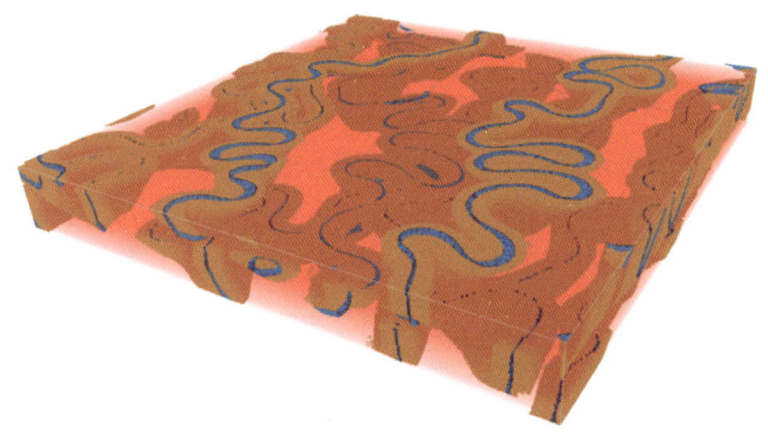

图6-8　利用FLUMY模拟方法建立的河道拟沉积过程模型(据Lopez,2003)

截至目前,针对密集的条件数据(如测井曲线、地震勘探资料),精确条件化的过程模拟还未在任何模拟区实现。所以,对于拟沉积过程的模型如何用作训练图像还存在一些问题。Comunian等(2012)认为这个问题并不重要,因为这种模型非常自然,这种非平稳的模型真实地再现了真实的沉积体系。针对这个问题有两种观点:

其一,用作局域训练图像:建模人员可以直接将基于过程的模型用作训练图像,采用能够进行非平稳多点地质建模的方法进行模拟。这也就要求训练图像与模拟区域具有相同的大小和网格结构。在不过分拘泥于条件化的情况下,基于过程的方法构建的复杂而逼真的模型能够更好地反映主要的储层构型特征(空间结构)。

其二,糅合:从基于过程的模型中提取有意义的统计信息,这些统计信息可以描述目标体的厚度、提供朵体和河道的垂向叠置与切割规律,或者针对特定的构型单元提供局域的训练图像(图6-9)。这些统计信息可用于多点地质统计模拟的参数化。

## 四、基于像元的方法

多点地质统计建模的一个难点就是缺乏足够的信息,从而难以明确地选择合理可靠的训练图像,尤其是在多个可选训练图像都较为相似的情况下。因此,曾有学者希望通过使用非常大的训练图像,使之尽量包含足够多的空间结构模式,以保证模拟过程中能考虑到所有的可能性(Emery和Lantuéjoul,2014)。

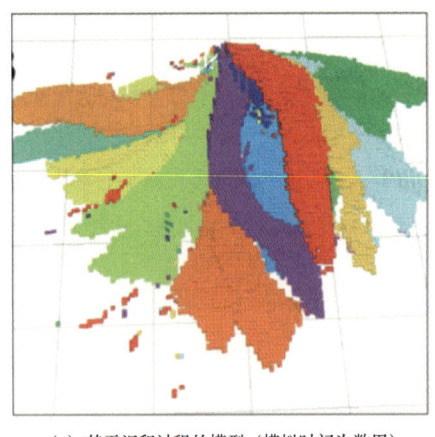
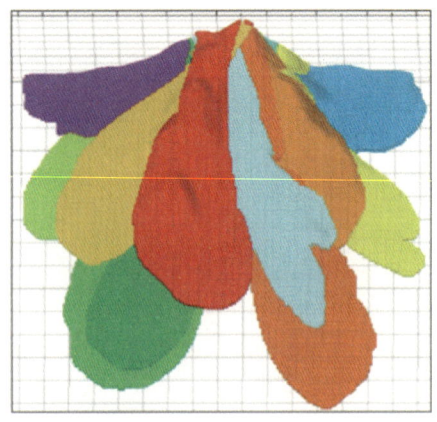

(a) 基于沉积过程的模型（模拟时间为数周）　　　　(b) 基于拟沉积过程的模型（模拟时间为数秒）

图 6-9　基于沉积过程和基于拟沉积过程的模型（据 Michael 等,2010）

另一种方法是利用简单的训练图元表征基本的空间结构连续特征。在模拟过程中通过对训练图元进行随机变换实现随机模拟(Mariethoz 和 Kelly,2011)。在空间结构可通过变换参数进行控制的情况下,这种方法能够建立复杂的地质模型。这就避免了构建三维训练图像的难点。这样一来,训练图像不再代表地质体空间结构特征,而是由一些基础的图元组成。利用该方法,建模的核心和难点就集中在变换参数的获取上。而训练图像的创建则变得极为简单,只需要构建一个简单的三维立体网格,并根据实际地质特征为每个网格单元间设定一定的间隙（图 6-10）。

(a) 旋转+/-90°　　　　　　　　　　　(b) 旋转+/-20°

图 6-10　训练图元及其模拟实现（据 Mariethoz 和 Kelly,2011）

## 五、基于地质资料转化的方法

基于地质资料转化的训练图像创建方法应用较为广泛,可将现代沉积、露头等先验的地质模式数据进行转化,得到相应的训练图像。针对这种需求,地质人员开发了多种实用工具,如 TiConvertor(Mohamed 等,2016),此外,还有一些成熟的商业化软件可实现地质资料数字化并制成训练图像,如 Avizo 软件。用户可输入卫星照片、航空照片、露头照片、显微照片等图像资料,根据所需的地质体特征设定合理的转化参数,生成训练图像（图 6-11、图 6-12）。这种方法较为便捷,能够将大量的图片数据转化为训练图像,从而构建一个包含各种不同沉积环境、不同规模尺度的训练图像库。但跟前几类训练图像一样,也存在训练图像选择困难,训练图像与待模拟目标体的规模难以匹配等问题。

(a) Alaska地区Williams河卫星照片

(b) 利用TiConverter进行RGB范围
(136/255,0/255,0/255) 截断生成的混合图像

(c) 图b转化而成的数字化图像

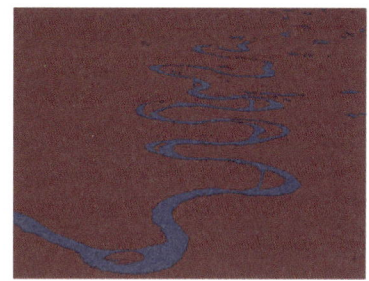
(d) GSLIB格式的训练图像

图6-11　根据图像资料生成训练图像过程(据 Mohamed 等,2016)

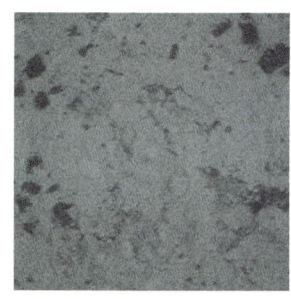
(a) 科威特Shuaiba组碳酸盐岩岩样显微照片

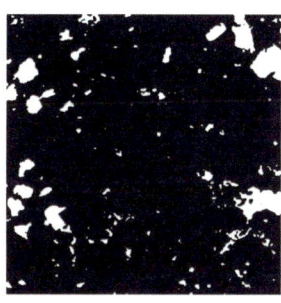
(b) 利用Avizo软件去噪、截断而成的数字化图像

(c) 利用TiConverter去噪、截断而成的数字化图像

图6-12　根据图像资料生成数字化图像过程(据 FEI Company,2015)

近年来,随着高频地震勘探资料的逐步丰富,利用高频地震勘探资料解释成果创建的精细模型大大丰富了高质量训练图像的来源。张文彪等(2015)利用高分辨率地震勘探资料对浅层海底浊积水道进行精细解释,建立精细的定量模型,并作为训练图像应用于深层浊积水道建模(图6-13)。相比于现代沉积、露头剖面等资料,利用高分辨率地震勘探资料能够直接获取定量的三维地质信息,并能够直接用于相近地区同类储层建模。

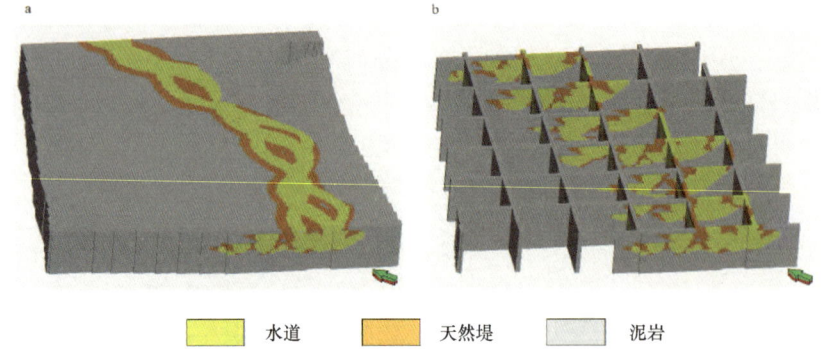

图6-13 基于浅层水道目标体得到的三维训练图像及栅状图显示(据张文彪等,2015)

# 第四节 多点地质统计建模算法

前已述及,迭代类多点建模算法现在研究较少,非迭代类多点建模算法是目前研究的热点,自从Snesim算法发明以来,涌现了一批多点地质统计学算法,不断提高地质模型的精度,下面介绍几种主要多点建模算法的原理。

## 一、Snesim建模算法

Snesim方法由Strebelle于2000年提出,其全称为Single Normal Equation Simulation。Snesim方法在进行概率获取的时候,用一个正规方程式而非一组方程进行概率估计。

其算法原理为:根据训练图像$T$的大小,用给定的数据模板$\tau_n$(以待模拟点$u$为中心)对训练图像$T$进行扫描,就得到一个与数据事件对应的训练图型$d_n$,所有与某个数据事件对应的训练图型的集合记为$T_n$,其大小用$N_n$表示。扫描训练图像得到与数据事件对应的训练图型的中心点的值相同时,记为相同训练图型,其重复次数记为$c(d_n)$。那么,在本征假设条件下,待模拟点$u$为某个模拟值的多点统计概率,可以近似看成是数据事件$d_n$在训练图像$T$中出现的重复数与总数$N_n$的比值,计算公式为

$$P\{Zu = z_k | d_n\} = \frac{P\{Zu = z_k, Z(u + h_\alpha) = z_{k_\alpha}\}}{P\{Z(u + h_\alpha) = z_{k_\alpha}\}} \cong \frac{c(d_n)}{N_n} \quad (6-4)$$

式中 $Z(u)$——数据事件中心点的值;
$Z_k$——第$k$个相的值;
$Z_{k_\alpha}$——$\alpha$处第$k$个相的值。

Snesim建模算法考虑了空间多个点的相关性,比基于变差函数的两点地质统计学建模算法能更好地再现复杂地质体的结构和形态,是目前商业化较好的一种多点地质统计学建模算法。但Snesim算法基于概率估计,随机抽样过程的不确定性会导致不合理的抽样结果,进而导致地质体结构和形态无法真实再现。而且,由于Snesim仍然为单个像元的模拟实现,容易造成连续地质体的不连续,如河道的中断。

本节基于较为成熟的Snesim多点统计建模算法,以扎格罗斯盆地孔隙性碳酸盐岩油藏S

油藏为例,进行岩石类型多点地质统计建模研究。S 油藏平均埋藏深度 3000m,为白垩系碳酸盐岩油藏,面积 500km², 平均地层厚度 500m,井数 33 口,平均井距 2000m,目前处于一期开发阶段,油藏复杂,稳产上产难度大,基于两点统计学的油藏模型对开发方案的预测性差。因此,采用目前应用最为广泛的 Snesim 多点统计建模方法建立 S 油藏的岩石类型模型。

考虑研究区地质模型拟划分的网格节点数,将训练图像的网格数设置为 120×120×36,共 518400 个网格。综合 S 油藏的地质模式、测井和地震数据,在地震三维体数据的基础上,采用人机互动方法,建立研究区的三维训练图像(图 6-14)。

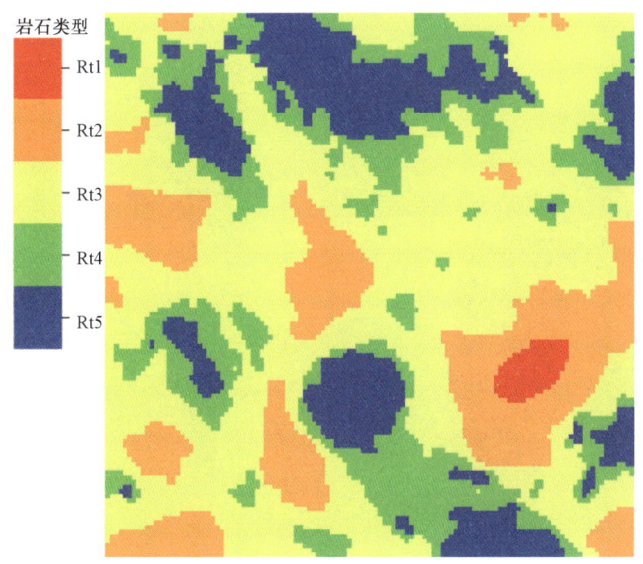

图 6-14　S 油藏训练图像

Snesim 建模的基本步骤为:(1)建立训练图像;(2)设置数据模板大小和多尺度网格级数,优选数据搜索参数,建立概率分布搜索树;(3)沿着搜索路径对待模拟网格节点进行序贯模拟,建立岩石类型三维模型。根据训练图像网格数和多尺度网格的级数,将数据模板的大小设置为 9×9×3,搜索网格级数为 3 级,使得在最粗级别网格上,横向搜索网格为 72 个,纵向搜索网格为 24 个,不超过训练图像尺寸的 2/3,又能最大限度获取训练图像的信息。在此基础上,建立训练图像在数据模板扫描下各个数据事件的概率分布搜索树,用以储存搜索概率。

在搜索树建立后,应用 Snesim 算法,对研究区岩石类型进行建模。数据准备、随机路径选取和序贯方法设置的具体步骤与传统的两点统计学建模方法类似,岩石类型采用 Snesim 多点统计建模方法。在研究区岩石类型多点地质统计建模过程中,需要综合地震数据对岩石类型的展布进行约束,因此,需要对 $\tau$ 模型进行特别仔细的校验,使得地质建模既能综合地震信息,又能避免地震对岩石类型展布的不当影响。对数据模板的中心点,$\tau$ 模型的表达式为

$$P = \frac{1}{1 + f_{p_0}^{1-\tau_1-\tau_2} \cdot f_{p_1}^{\tau_1} \cdot f_{p_2}^{\tau_2}}$$

式中　$f_{p_i} = \frac{1}{p_i} - 1, i = 0,1,2$;

$p_0$——先验概率；
$p_1$——来自训练图像的概率；
$p_2$——地震等软数据得到的概率；
$\tau_1$——训练图像影响的权重系数；
$\tau_2$——软数据影响的权重系数；
$P$——应用$\tau$模型后的概率。

研究区 Snesim 模型如图6-15c 所示。从图中可以看出，Snesim 模型在忠实于井信息的

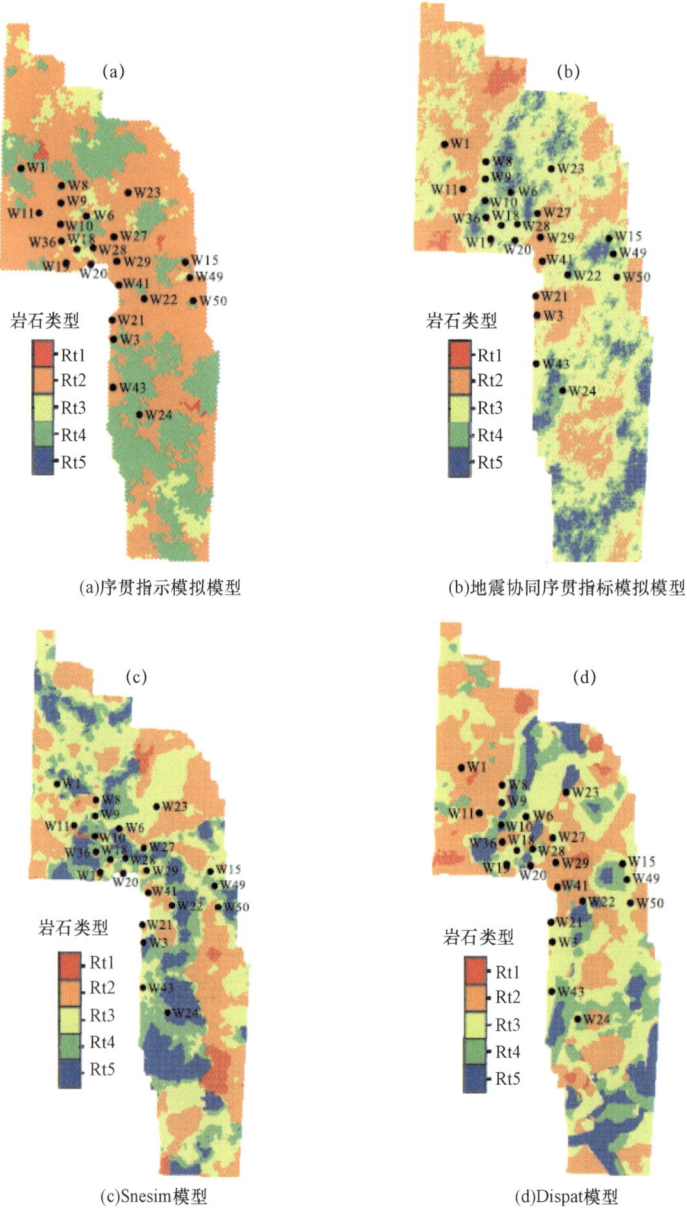

(a)序贯指示模拟模型　　(b)地震协同序贯指标模拟模型

(c)Snesim模型　　(d)Dispat模型

图6-15　S油藏地震波阻抗及地质模型对比

基础上,既能很好地反映训练图像所综合的地质结构信息,又能很好地反映岩石类型的区域变化特征和规律。岩石类型在平面上由好逐渐变差,与碳酸盐岩缓坡礁滩和滩间的沉积环境、物性具有较好的对应关系。传统两点统计学(基于变差的序贯指示模拟方法)建模方法所建立的模型(图6-15a),由于只能把握两点间的相关性,导致岩石类型主要集中在具有分布优势的Rt2和Rt4上,平面上岩石类型之间的变化呈现出快速突变的特征,不太符合地质认识。在传统两点统计建模基础上,增加地震数据进行协同模拟(图6-15b),虽然在一定程度上改善了不同岩石类型之间的接触,使模拟的岩石类型种类更加丰富,但不同岩石类型间的接触较为杂乱,不符合地质学家对相分布的认识。

## 二、Simpat 建模算法

基于概率理论的随机模拟方法,都会有对训练图像的平稳性要求。实际储层都具有强非平稳性,因此,弱化建模算法对于训练图像平稳性的依赖,是多点统计学地质建模算法的发展趋势。针对 Snesim 建模算法的不足,Arpat 于 2003 年提出基于"图型"(pattern)的 Simpat 建模算法。Simpat 建模算法将地下储层看作是各种结构和形态的集合图像,把储层建模的过程看作是地下储层图像的重建过程,将点的模拟进化为图型的模拟。

其算法原理为:数据事件与图型之间的相似性用距离来表示,距离采用曼哈顿距离函数来计算。数据事件与图型之间的距离函数为

$$d[d_n(u), d_n^k(y)] = \sum_{\alpha=1}^{n} |d_n(u+h_\alpha) - d_n^k(h_\alpha)| \tag{6-5}$$

其中,$d[d_n(u), d_n^k(y)]$ 为曼哈顿距离,$d_n(u)$ 为中心点 $u$ 处的数据事件,$d_n^k(y)$ 为 $k$ 级尺度网格下的训练图型。

为了更好地模拟复杂地质现象,可分别对地质现象方向性及数据量权重进行考虑。

Simpat 建模算法在计算数据事件和图型之间的相似度时,对相似度符合预期的图型,利用图型整体替换数据事件,而非只替换中心点的值,即以图型替换代替 Snesim 算法的中心点替换。同时,Simpat 采取的图像恢复策略的潜在优势就是可以不受概率类方法所要求的训练图像平稳性限制。但是,当条件数据较少,先验信息不充分时,该算法难以克服 Snesim 算法的缺点——连续地质体的中断;另外,由于 Simpat 算法采用数据模板来储存数据,对 CPU 和内存的要求高,实用性有待加强。

为了对比不同多点地质统计建模方法的建模效果,采用目前新出现的 Dispat 建模方法建立 S 油藏同层位的岩石类型模型。Dispat 方法建模的基本步骤为:(1)建立训练图像;(2)设置数据模板大小、多尺度网格级数、MDS 维度等参数,建立训练图型库;(3)设置替换模板大小,沿着搜索路径对待模拟网格节点进行序贯模拟,建立岩石类型三维模型。

为便于 Dispat 模型与 Snesim 模型的对比,在采用 Dispat 建模方法建模时,数据模板的大小和多尺度网格的级数与 Snesim 建模方法所选用的一致,Dispat 建模方法所需的其他参数,如替换模板的大小、MDS 空间维度等,选用 Dispat 建模方法的最优参数,所建模型如图6-15d所示。由于 Dispat 建模方法采取了训练图型替换数据事件的随机模拟策略,而非 Snesim 建模方法的点模拟方式,模拟结果(图6-15d)不仅具有 Snesim 建模方法的优点,能够较好地模拟

岩石类型的种类与接触关系，较好地反映沉积环境和物性的对应关系，而且各岩石类型的连续性更好，能够更好地反映训练图像和井震数据所包含的地质信息，使模型更符合地质学家的地质认识。从不同建模方法所建立的模型可以看出，多点地质统计建模对于复杂孔隙性碳酸盐岩油气藏具有明显的优越性，能够更好地再现岩石类型的复杂展布特征和规律，为属性模拟提供高质量的约束模型。同时，Dispat 建模方法由于采用训练图型替换数据事件，而非 Snesim 建模方法的中心点替换，相的连续性更好，模拟结果更符合地质学家的地质认识。

### 三、Filtersim 建模算法

针对 Simpat 建模算法的不足，为降低 CPU 和内存的耗费，提高计算效率，Zhang 等在 Simpat 建模算法的基础上提出了 Filtersim 建模算法。Filtersim 建模算法在建模之前，采用给定的数据模板对训练图像进行扫描，将得到的图型运用过滤器进行打分，依据分数对代表相似地质特征的图型进行分类，再根据数据事件搜索最相似的图型类，并从图型类里取样，替换该数据事件。Filtersim 建模算法由于对图型进行分类，降低了算法对 CPU 和内存的耗费，大幅度提高了基于图型的多点地质统计建模算法的计算效率。

其算法原理为：三维空间中，点 $(i,j,k)$ 处的过滤器分值用过滤器函数计算，计算公式为

$$S_{\tau,\gamma}(i,j,k) = \sum_{z=-m_2}^{m_2} \sum_{y=-m_1}^{m_1} \sum_{x=-m_1}^{m_1} f_\gamma(x,y,z) T(i+x, j+y, k+z) \qquad (6-6)$$

式中　$S_{\tau,\gamma}(i,j,k)$ ——中心点位于 $(i,j,k)$ 处的训练图型应用第 $\gamma$ 个过滤器后的分值；

$m_1$ ——训练图像上 $x$ 和 $y$ 方向最大网格数的一半；

$m_2$ ——训练图像上 $z$ 方向最大网格数的一半；

$f_\gamma(x,y,z)$ ——定义于 $n=(2m_1+1)^2(2m_2+1)$ 个网格位置上的第 $\gamma$ 个过滤器；

$T(i+x,j+y,k+z)$ ——训练图像 $T$ 在 $(i+x,j+y,k+z)$ 位置的值。

在过滤器函数计算分值的基础上，利用距离函数来选择相似的数据事件类，距离函数为

$$d(\text{dev}, \text{pat}^*) = \sum_{k=1}^{3} \omega(k) \frac{\sum_{i_k}^{n_k} |x^{(k)}(i_k) - y^{(k)}(i_k)|}{n_k} \qquad (6-7)$$

式中　dev——待模拟点处数据事件；

pat\*——训练图型过滤得到的训练图型类；

$k$——待模拟点周围条件数据类型，$k=1$ 时代表原始数据，$k=2$ 时代表已模拟网格点的模拟值，$k=3$ 时代表粗网格点中的模拟值；

$\omega(k)$——三种条件数据的权重值，且 $\omega(1) > \omega(2) > \omega(3)$。

通过式(6-6)识别出最相似的数据事件类后，在最相似的训练图型类里随机选取一个训练图型替换当前待模拟点处事件。

Filtersim 建模算法在 Simpat 算法的基础上，通过过滤器函数对图型进行估值分类，用最相似的图型整体替换需模拟的数据事件。该算法既能保持 Simpat 算法的优点，又通过过滤器对其进行优化，提高了计算效率。同时，由于 Filtersim 算法对全体图型进行了过滤处理，使其不仅能模拟离散型变量，而且可以模拟连续型变量。但是，与 Simpat 算法一样，Filtersim 算法无

法处理好条件数据少的情况下,模拟地质体的连续性问题。另外,最终对待模拟点处事件进行替换赋值时,对训练图型类里的图型进行随机选取,增加了最终模拟结果的不确定性,在一定程度上降低了模拟精度。

## 四、Growthsim 建模算法

Growthsim 建模算法综合了生长算法和 Snesim 算法的特点,通过数据事件中的已知点(或已模拟点),利用最优空间数据模板,逐渐"生长"出图型,最后生长出整个模型(Eskandaridalvand 和 Srinivasan,2010)。与基于迭代框架下的生长算法不同(Wang,1996),Growthsim 算法采用序贯路径,根据相应图型的概率生长出数据模板处可接受的数据事件。相应图型的概率是通过单一贝叶斯定理来计算的:

$$P(A \mid B) = \frac{P(A,B)}{P(B)} \quad (6-8)$$

式中　$A$——模拟图型;

$B$——条件图型;

$P(A,B)$——从多点直方图中得到的模拟和条件图型的联合概率;

$P(B)$——条件图型的先验概率,来自原始直方图。

与 Snesim 算法一次只模拟数据事件的一个中心点不同,Growthsim 算法一次完成一个图型的模拟,同时,Growthsim 算法允许基于相邻多点图型所作的推断和模拟,这一改变使其成为一种基于"生长"的高效的建模方法。

Growthsim 算法的"生长"特性使其可以方便快速地模拟地质空间内复杂的结构特征,但是由于该算法根本上基于图型概率对模拟网格进行图型置入,使得其随机性较强,而且难以模拟非平稳地质现象。

## 五、Dispat 建模算法

Dispat 建模算法针对以前基于图型建模算法在图型聚类和模拟方面的不足,放弃简单地采用过滤器逐点对比图型与数据事件的相似性的办法,对扫描自训练图像的图型进行多维尺度变换(MDS),在保留图型原始结构和数值的前提下将图型转换成欧式空间里的点,因此,可采用距离函数直接对比训练图像中所有图型之间的差异;再在 kernel 特征空间对"点"进行 $\Phi$ 变换,即可得到"图型点"的线性展布;接着采用 kernel 函数对图型进行聚类。Kernel 函数如下(Honarkhah 和 Caers,2010):

$$\kappa(x_k, x_l) = \exp\left(-\frac{\|x_k - x_l\|^2}{2\sigma^2}\right) \quad (6-9)$$

式中　$x$——MDS 空间里的图型位置,下标 $k$、$l$ 表示不同的图型;

$\sigma$——MDS 空间里图型的标准差。

Dispat 建模算法通过空间转换实现相似度对比函数(距离函数)的降维,在此基础上的图型聚类比 Filtersim 算法的聚类更加准确,一定程度上降低了图型选择的随机性,而且由于降维,同等条件下计算效率比 Filtersim 算法大幅提高。但是,由于 Dispat 算法是 Filtersim 算法在图型聚类方法上的改进,所以与 Filtersim 算法一样,Dispat 算法也无法很好地模拟非平稳地质现象。

## 六、DS 建模算法

针对以往概率型或相似度型建模算法的不足,Mariethoz 等(2010)提出 DS 建模算法。该建模算法首先确定数据事件的尺寸,并按照数据事件的尺寸确定搜索窗口;接着采用序贯模拟方式,随机扫描搜索窗口;根据图型与数据事件的相似度确定符合条件的图型;最后将已选择图型中心点的值,赋给模拟网格中数据事件的中心点。图型与数据事件的相似度采用如下函数表示:

$$d\{d_n(x),d_n(y)\} = \frac{1}{n}\sum_{i=1}^{n}\alpha_i \in [0,1] \quad (6-10)$$

其中:

$$\alpha_i = \begin{cases} 0 & Z(x_i) = Z(y_i) \\ 1 & Z(x_i) \neq Z(y_i) \end{cases} \quad (6-11)$$

式中 $d_n(x),d_n(y)$——分别代表数据事件和图型;

$n$——中心点周围相邻点的数目。

DS 建模算法直接从训练图像中采样,所以不需要数据库存储,可以降低算法对内存的要求;另外,随着模拟的逐点进行,已知点(包括已模拟点)密度增大,数据模板尺寸自动变小,便于刻画各个尺度的地质现象,从而无需多尺度网格参数。DS 建模算法是近年出现的一种较为理想和实用的基于图型的建模算法,具有快速、易于并行、内存需求低和直接的特点。但是,模拟路径的随机性会导致建模算法盲目搜索,从而增加了计算量。目前这一算法正在不断改进中(Abdollahifard 和 Faez,2014)。

## 参 考 文 献

陈更新,赵凡,王建功,等.2015. 分区域多点统计随机地质建模方法——以柴达木盆地辫状河三角洲沉积储集层为例. 石油勘探与开发,42(5):638–645.

陈培元,杨辉廷,刘学利,等.2014. 塔河油田 6~7 区孔洞型碳酸盐岩储层建模. 地质论评,60(4):884–892.

付斌,石林辉,江磊,等.2014. 多点地质统计学在致密砂岩气藏储层建模中的应用——以 s48–17–64 区块为例. 断块油气田,21(6):726–729.

冯国庆,陈浩,张烈辉,等.2005. 利用多点地质统计学方法模拟岩相分布. 西安石油大学学报(自然科学版),20(5):9–11.

冯文杰,吴胜和,印森林,等.2014. 基于矢量信息的多点地质统计学算法. 中南大学学报(自然科学版),45(4):1261–1268.

李康,李少华,王浩宇,等.2014. 多点地质统计学在三角洲相储层建模中的应用. 重庆科技学院学报(自然科学版),16(5):53–55,63.

刘学利,汪彦.2012. 塔河缝洞型油藏溶洞相多点统计学建模方法. 西南石油大学学报(自然科学版),34(6):53–58.

骆杨,赵彦超.2008. 多点地质统计学在河流相储层建模中的应用. 地质科技情报,27(3):68–72.

石书缘,尹艳树,和景阳,等.2011.基于随机游走过程的多点地质统计学建模方法.地质科技情报,30(5):127-131,138.

王东辉,张占杨,李君.2014.多点地质统计学方法在东胜气田岩相模拟中的应用.石油地质与工程,28(3):27-30.

吴胜和,李文克.2005.多点地质统计学——理论、应用与展望.古地理学报,7(1):137-144.

杨宏伟.2010.利用多点地质统计学方法进行垦西71断块沉积微相建模.石油天然气学报,32(6):224-225,235.

尹艳树,吴胜和,翟瑞,等.2008.利用Simpat模拟河流相储层分布.西南石油大学学报,30(2):19-22.

尹艳树,吴胜和,张昌民,等.2008.基于储层骨架的多点地质统计学方法.中国科学(D辑:地球科学),38(S2):157-164.

尹艳树,张昌民,李少华,等.2014.一种基于沉积模式的多点地质统计学建模方法.地质论评,60(1):216-221.

尹艳树,张昌民,李玖勇,等.2011.多点地质统计学研究进展与展望.古地理学报,13(2):245-252.

周金应,桂碧雯,林闻.2010.多点地质统计学在滨海相储层建模中的应用.西南石油大学学报(自然科学版),32(6):70-74.

张伟,林承焰,董春梅.2008.多点地质统计学在秘鲁D油田地质建模中的应用.中国石油大学学报(自然科学版),32(4):24-28.

张文彪,段太忠,郑磊,等.2015.基于浅层地震的三维训练图像获取及应用.石油与天然气地质,36(6):1030-1037.

Abdollahifard M J, Faez K. 2013. Stochastic simulation of patterns using Bayesian pattern modeling. Computational Geosciences, 17(1):99-116.

Abdollahifard M J, Faez K. 2014. Fast direct sampling for multiple-point stochastic simulation. Arabian Journal of Geosciences, 7(5):1927-1939.

Arpat G B. 2005. SequentialSimulation with Patterns. Doctoral Dissertation of Stanford University.

Apart B G, Caers J. 2004. A multiple-scale, pattern-based approach to sequential simulation. In: Leuangthong O, Deutsch C V(eds). Geostatistics Banff, 255-264.

Arpat G B, Caers J. 2007. Conditional simulation with patterns. Mathematical Geology, 39(2):177-203.

Caers J, Journel A G. 1998. Stochastic reservoir simulation using neural networks trained on outcrop data. SPE Annual Technical Conference and Exhibition, New Orleans, LA, USA, SPE 49026, 321-336.

Caers J, Zhang T. 2002. Multiple-point geostatistics: a quantitative vehicle for integrating geologic analogs into multiple reservoir models. Stanford University, Stanford Center for Reservoir Forecasting, 1-24.

Comunian A, Renard P, Straubhaar J. 3D multiple-point statistics simulation using 2D training images. Computers and Geosciences, 2012, 40:49-65.

Deutsch C V. 1992. AnnealingTechniques Applied to Reservoir Modeling and the Integration of Geological and Engineering(Well Test) Data. Doctoral Dissertation of Stanford University.

Deutsch C V, Tran T T. FLUVSIM: a program for object-based stochastic modeling of fluvial depositional systems. Computers and Geosciences, 2002, 28(4):525-535.

Emery X, Lantuéjoul C. Can a training image be a substitute for a random field model? . Mathematical Geosciences, 2014, 46(2):133-147.

Eskandari K, Srinivasan S. 2007. Growthsim—a multiple point framework for pattern simulation. 7th International Conference and Exposition on Petroleum Geophysics.

Eskandari K, Srinivasan S. 2010. Reservoir modelling of complex geological systems—a multiple-point perspective. Journal of Canadian Petroleum Technology, 49(8):59-68.

Gardet C, Le Ravalec M, Gloaguen E. 2016. Pattern-based conditional simulation with a raster path: a few techniques to make it more efficient. Stochastic Environmental Research and Risk Assessment,1 – 18.

Guardiano F B,Srivastava R M. 1993. Multivariate geostatistics:beyond bivariate moments. In:Soares A. Geostatistics Troia 92;Springer Netherlands,5:133 – 144.

Honarkhah M,Caers J. 2010. Stochastic simulation of patterns using distance – based pattern modeling. Mathematical Geosciences,42(5):487 – 517.

Honarkhah M,Caers J. 2012. Direct pattern – based simulation of non – stationary geostatistical models. Mathematical Geosciences,44(6):651 – 672.

Hu L Y,Chugunova T. 2008. Multiple – point geostatistics for modeling subsurface heterogeneity:a comprehensive review. Water Resources Research,44(11):2276 – 2283.

Huang T,Lu D,Li X,Wang L. 2013. GPU – based SNESIM implementation for multiple – point statistical simulation. Computers & Geosciences,54(4):75 – 87.

Journel A. 1993. Geostatistics:roadblocks and challenges. In:Soares A. Geostatistics Troia 92,Springer Netherlands,5:213 – 224.

Koltermann C E,Gorelick S M. Paleoclimatic signature in terrestrial flood deposits. Science,1992,256(5065):1775 – 1783.

Lantuéjoul C. Geostatistical simulation:models and algorithms. Springer Science & Business Media,2013.

Mariethoz G,Kelly B F J. Modeling complex geological structures with elementary training images and transform – invariant distances. Water Resources Research,2011,47(7).

Mariethoz G,Renard P. 2010. Reconstruction of incomplete data sets or images using direct sampling. Mathematical Geosciences,42(3):245 – 268.

Mariethoz G,Renard P,Straubhaar J. 2010. The direct sampling method to perform multiple – point geostatistical simulations. Water Resources Research,136(1):1 – 14.

Michael H A,Li H,Boucher A,et al. Combining geologic – process models and geostatistics for conditional simulation of 3 – D subsurface heterogeneity. Water Resources Research,2010,46(5).

Meerschman E,Pirot G,Mariethoz G,et al. 2013. A practical guide to performing multiple – point statistical simulations with the Direct Sampling algorithm. Computers & Geosciences,52(1):307 – 324.

Mohammadmoradi P,Rasaei M. 2012. Modified FILTERSIM algorithm for unconditional simulation of complex spatial geological structures. Geomaterials,2(3):49 – 56.

Mohamed M F F,Killough J,Fraim M. 2016. TiConverter:A training image converting tool for multiple – point geostatistics. Computers & Geosciences,96:47 – 55.

Ortiz J M,Deutsch C V. 2004. Indicator simulation accounting for multiple – point statistics. Mathematical Geology,36(5):545 – 565.

Ortiz J M,Emery X. 2004. Integrating multiple – point statistics into sequential simulation algorithms. In:Leuangthong O,Deutsch C V(eds). Geostatistics Banff. 969 – 978.

Pyrcz M J,Boisvert J B,Deutsch C V. 2008. A library of training images for fluvial and deepwater reservoirs and associated code. Computers and Geosciences,34(5):542 – 560.

Pickel A,Frechette J D,Comunian A. 2015. Building a training image with Digital Outcrop Models. Journal of Hydrology,531:53 – 61.

Srivastava R M. 1992. Reservoir characterization with probability field simulation. Annual Technical Conference and Exhibition of the Society of Petroleum Engineering,Washington,DC,SPE 24753,927 – 938.

Strebelle S B. 2000. SequentialSimulation Drawing Structures from Training Images. Doctoral Dissertation of Stanford University.

Strebelle S B,Journel A G. 2001. Reservoir modeling using multiple – point statistics. SPE Annual Technical Conference and Exhibition,New Orleans,Louisiana,SPE 71324,1 – 11.

Sebacher B, Stordal A S, Hanea R. 2015. Bridging multipoint statistics and truncated Gaussian fields for improved estimation of channelized reservoirs with ensemble methods. Computational Geosciences, 19(2): 341–369.

Straubhaar J, Walgenwitz A, Renard P. 2013. Parallel multiple-point statistics algorithm based on list and tree structures. Mathematical Geosciences, 45(2): 131–147.

Wang L. 1996. Modeling complex reservoir geometries with multiple-point statistics. Mathematical Geology, 28(7): 895–907.

Wu J, Zhang T, Journel A. 2008. Fast FILTERSIM simulation with score-based distance. Mathematical Geosciences, 40(7): 773–788.

Xu Wenlong. 1996. Conditional curvilinear stochastic simulation using pixel-based algorithms. Mathematical Geology, 28(7): 937–949.

Xu Wenlong, Journel A G. 1993. GTSIM: gaussian truncated simulations of reservoir units in a W. Texas carbonate field. Stanford Center for Reservoir Forecasting Stanford University, SPE 27412, 1–27.

Zhang T, Du Y, Huang T, et al. 2015. Stochastic simulation of patterns using ISOMAP for dimensionality reduction of training images. Computers & Geosciences, 79(C): 82–93.

Zhang T, Switzer P, Journel A. 2006. Filter-based classification of training image patterns for spatial simulation. Mathematical Geology, 38(1): 63–80.

# 第七章 基于沉积模拟的建模方法

传统的地质建模方法以地质统计学建模为主流,基于变差函数的地质统计学在诸多领域特别是油气藏建模领域发挥了巨大作用,多点地质统计学20年来也发展迅速并得到大量的工业化应用。但基于统计的建模属于数据驱动性建模方法,对数据依赖性非常强,无法从根本上体现地质规律。基于沉积过程的建模方法以真实的地质作用过程为控制方程模拟沉积历史,模拟结果更加符合地质规律,随着计算机性能的提升和算法的优化,将有力补充甚至取代基于地质统计学的方法,成为主流的地质建模方法。

## 第一节 地层沉积正演模拟

地层沉积正演模拟研究手段包括物理模拟和数值模拟。物理模拟主要采用水槽实验的方式,通过实际控制模拟过程条件,再现沉积过程,对结果的分析比较直观;数值模拟是通过数值计算的方式,调整控制沉积过程的各种参数,最终得到完整的二维或三维沉积模型。数值模拟主要基于计算机的大型运算,可以调整不同控制参数运行多个实现,较物理模拟更容易操作,代表了未来发展方向。

### 一、地层沉积正演数值模拟简介

#### (一)地层沉积正演模拟概念

沉积正演数值模拟的主要特点是通过计算模拟使沉积过程得以再现,通过改变计算参数可以迅速实现多种模拟方案,提高模拟效率和质量。沉积模拟包括地层沉积数值模拟和其他领域的沉积模拟,比如水利(水坝、水库)工程模拟、海岸环境工程和潜艇航行工程等。地层正演数值模拟(SFM,Stratigraphic Forward Modeling)是利用各种数值算法得到沉积地层(图7-1),模拟过程充分考虑沉降和抬升、沉积物供给变化、各种沉积物搬运和沉积过程(Harbaugh,1966)。因此,地层正演数值模拟是一种定量表征方法,用于模拟地壳表层系统的变化过程(Watney,1999;Paola,2010)。地层模拟模型对预测随时间变化的沉积过程和任意点地层属性的分布十分有用。实际上,地层沉积模拟是地质过程模拟的一种,地质过程模拟包括盆地模拟、构造模拟等,盆地模拟往往包括热流动、压实、成岩、有机物的产生、成熟和运移等地质作用的模拟,构造模拟包括褶皱演化、断层演化等构造作用的模拟,而地层沉积模拟更侧重于沉积物的生成、剥蚀和搬运等地质作用。

地层模拟模型能使科学家更好地研究不同条件下(比如生物灭绝、更热或更冷的气候或海洋、更近的月球、更咸的海洋等)地球系统的行为。另外,地层模拟模型也能用于现代环境应用、全球温室现象、自然灾害引发的响应、油藏表征、油气资源勘探、国家安全等。从这个角度看,地层正演模拟与定量概念模型具有相同的目的,如反映宏观接触关系的层序地层模型。

但地层正演模拟模型比定量概念模型更有优势,更能反映地质体的尺度和相互关系的一致性,即地质体本身的内部结构,因此通常用来验证对某一特定物理系统认知的正确性。这种效果在其他科学领域同样应用非常多,例如,在全球气候循环的数值模拟方面,能够证实气候循环受哪些因素影响(Lorenz,1993)。

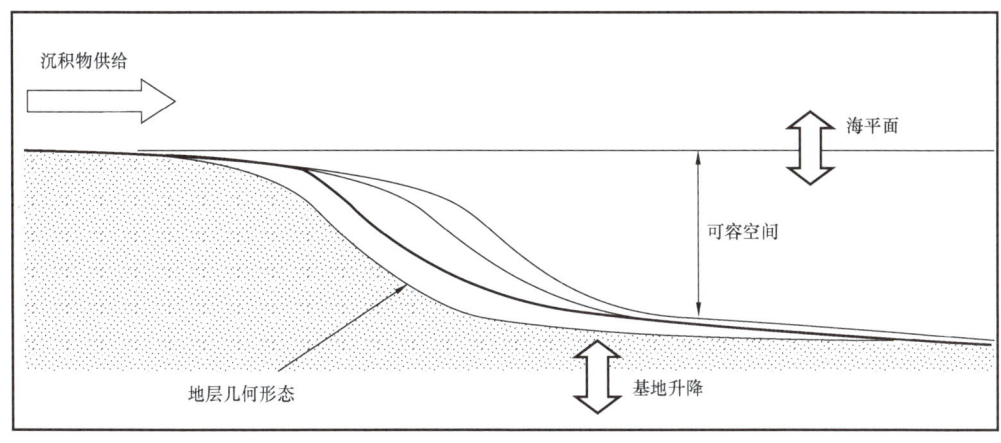

图7-1 地层正演数值模拟示意图(据Rafidah等,2008)

### (二)地层沉积正演模拟发展历程

自诞生以来,地层沉积模拟大致经历了三个阶段,分别是1988年之前的萌芽期,1988至2007的成熟期和2007年至目前的深入期。

萌芽期总体上形成了一些初级的二维地层模拟系统,主要建立了以地震层序界面模拟为核心的二维几何地层模拟方法,比如SedPak,研究的主要内容是地层形成的控制因素定量分析,由于仅能考虑地层形态信息,会出现不同的参数组合得到相同的地层模型的情形,2000年Paola总结了这一时期的研究进展。成熟期是地层沉积模拟的快速发展阶段,该阶段研发的沉积模拟模型从二维到三维,从简单到复杂,从地层结构模拟到沉积机理模拟,更注重地层沉积的三维模拟与应用,Burgess(2012)对这一时期的研究成果进行了系统的总结。更复杂地层过程数学模型的建立使得更多的复杂沉积结构可以体现,也降低了模型参数的不确定性,为地层反演模拟奠定了基础。这些方法基本可以分为基于对流—扩散方程的模型(Begin,1981;Kenyon,1985;Jordan,1991;Paola,1992;Rivenaes,1992)和基于水动力方程的模型(Tetzlaff,1989;Griffiths,2001)。随着研究的深入发现,仅模拟影响大陆边缘或沉积盆地单元单一的沉积搬运过程严重限制了地层沉积正演模型的预测能力,急需能够模拟沉积作用全过程的模拟系统,即多种地质作用相互耦合的系统成为研究主流。2007年至目前是地层沉积模拟的深入发展期,其特点是地层沉积模拟进入全面深化与应用阶段,一些高校研发的地层沉积模拟软件逐步实现商业化,比如Sedsim、Dinoisos和Delft3D等(Overeem,2013)。为了使基于地质过程的建模方法能在石油工业中发挥应有的作用,地层沉积的正演模拟向反演模拟也是重要的发展趋势。

Sedsim是20世纪80年代由众多油公司资助和软件公司协助并由斯坦福大学Tetzlaff主持研发的基于流体动力学的三维地层沉积正演模拟程序(Tetzlaff,1989)。2001年由Griffiths团队带往澳大利亚继续研发形成了商业软件StrataMod(Griffiths,2001),同年,Tetzlaff也提出了使该软件从大学走向工业界的意向（Tetzlaff，2001），2017年作为一个地层沉积正演模块（Geolocial Process Modeling，GPM）加入到全球最大的油气藏勘探开发一体化软件Petrel中（Tetzlaff，2005、2014），并与构造动力学模块耦合，发挥了更大的价值（Malde，2017）。流体动力学组成了Sedsim程序的核心，它使用了简化的Navier-Stokes方程，体现了流体动力学控制的沉积物搬运、剥蚀和沉积过程。对小尺度的流动现象能准确模拟流体的运动特征，对于时间和空间尺度很大的地质模型需要加入很多假设，会影响该方法的准确定性。另外，求解NS方程的计算量大，不太适用于油藏地质建模。

源自法国石油研究院的三维地层数值模拟软件Dinoisos（Granjeon，1999）主要基于水体扩散方法，可以模拟陆地和浅海环境的剥蚀、搬运和沉积过程。Dionisos利用两组方程模拟沉积物搬运，主要是为了反映长期演化（主要受控于河流和重力搬运）和短期演化（主要受控于降雨斜坡垮塌和浊流等）之间的相互作用。在这种框架下，搬运速度划分为依赖于地形坡度、扩散系数和水体携带体积的长期演化组成部分和依赖于水体流速和惯性的短期演化组成部分。该方法计算速度快，适用于模拟较大尺度以地形控制为主的地质现象，对复杂动力地质现象的模拟难度较大。

Delft3D是由荷兰Delft大学WL Delft Hydraulics开发的一套功能强大的软件包，该模型是先进的水流、泥沙、水质模型（Svendsen，1985），包含水流、水动力、波浪、泥沙、水质、生态等六个模块，它用水动力学方程模拟悬浮搬运和河床底部滚动搬运，更适用于现代沉积、水利工程等方面，不太适用于时间和空间跨度大的油藏尺度的地质过程模拟，同时，也存在计算量大的问题。

2000年左右由美国国家科学院资助，科罗拉多大学牵头成立了地球表层动态系统模拟项目（Community Surface Dynamics Modeling System，CSDMS）（Peckham，2013），目前已有1500余人注册（中国有20多家单位或个人注册），是地球表层模拟领域规模最大的组织。该组织为参与者提供了一个开放式的地学建模和模拟平台，它在水文模拟、环境模拟、气候模拟、地貌模拟、海岸模拟等领域成果丰富，累计已有800多个模型。地层正演模拟模型种类较多，从冲积扇到深海沉积，从碎屑岩到碳酸盐岩，涵盖了整个沉积系统。这些模型包含了重要的碎屑沉积过程，比如冲积、多尺度河道演化、重力流中的浊流，以及碳酸盐岩系统中沉积物生成和搬运的复杂交互作用和早期的成岩改造作用。

对于碳酸盐岩地层沉积，尽管也遵守沉积物搬运、剥蚀、沉积和质量守恒等物理学规律，但有些方面与碎屑岩沉积存在较大差别。碎屑岩沉积一般要考虑沉积物输入速度，而碳酸盐岩沉积一般为内源沉积，需要考虑碳酸盐的生长潜力。

Lawrence等（Lawrence，1987、1990）提出的模型中，碳酸盐的生长遵循一定的经验公式，用分段函数表示，考虑因素有碳酸盐平均生长速度、光照层的水深、碎屑污染程度及与开阔海之间的距离。Bosence和Waltham（1990）开发了专门针对碳酸盐台地的模拟程序，对影响碳酸盐生长的不同因素建立了数学模型，把碳酸盐生产设置为水深的分段函数，地面和水下的剥蚀速率线性函数，在每个时间步分两步计算，先计算由碳酸盐生长和剥蚀导致的地形变化，然后计算被剥蚀部分的重新搬运和沉淀，重新沉积通过地形的二阶导函数定义。基于上述Bosence等的碳酸盐台地演化的内部结构模拟模型。Whitaker等（1997）开发了碳酸盐台地沉积与成岩作用耦合模型CARB3D+来模拟碳酸盐岩台地的演化，2007年将该方法扩展到了三维模型

（Whitaker，2007）。碳酸盐沉积方面主要依赖台地地形的演化，而地形的演化受控于沉积物生长、剥蚀和重新沉积的速率及受海平面、构造沉降控制的可容空间大小。发生成岩作用的区域受水动力条件控制，成岩作用过程主要考虑了霰石、方解石、白云石和孔隙度之间的质量平衡。Hill 和 Tetzlaff 等（2009）在 Sedsim 的基础上从过饱和溶解的角度考虑了水深、波浪能扩散的碳酸盐岩产率，使得原来只能模拟碎屑岩沉积的 Sedsim，也能模拟浅海碳酸盐岩沉积系统。

## 二、地层沉积数值模拟方法

### （一）沉积模拟分类方法

基于沉积过程的模拟方法有多种分类，主要有按照模拟所采用的数学方法的分类和按沉积特征的分类。

按照模拟的数学方法分类，可以分为确定性方法、随机性方法、基于规则的方法和基于反演的方法。确定性方法又可以分为基于经验规则（几何特征）的方法、基于扩散（对流）方程的方法和基于水动力方程的方法；随机性方法以细胞游走过程的方法为代表；基于规则的方法主要是模糊集方法；反演方法分为人工智能优化反演方法和贝叶斯反演方法。

按照沉积特征分类，可以分为按照沉积环境、沉积作用和沉积产物的分类；按照沉积环境可以分为河流沉积、三角洲沉积、大陆架沉积、陆坡沉积、峡谷沉积、海底扇沉积、深海平原沉积；按照沉积作用分类可以分为表面流沉积、波浪沉积、底流沉积、潮汐流沉积、重力流沉积、等深流沉积、生物生长和沉积物雨沉积；按照沉积产物可分为碎屑岩沉积和碳酸盐岩沉积。

### （二）确定性沉积模拟方法

确定性沉积模拟方法是基于沉积过程的确定性认识，建立该物理过程的数学模型，是沉积过程模拟的主流模拟方法。基于沉积过程的模型利用传统的数学方法定义和操作控制方程，以及模型的边界条件，控制方程通常是基于牛顿机理。基于沉积演绎的方法能够很好地定义基本物理过程，使模型的预测效果更加可信。这种方法的缺点是我们对很多沉积系统的控制方程或者边界条件认识不清，有的即使能够建立方程但很难求解，或者求解的机时非常长，特别是三维模型，且大量的敏感性参数使模型更加复杂。大体上可以分为基于几何特征的沉积模拟、基于扩散理论的沉积模拟和基于流体动力学的沉积模拟。

#### 1. 基于几何特征的沉积模拟

基于几何特征的地层模拟没有模拟地层沉积过程，模拟的是这些地质过程的几何特征方面的结果，通常是盆地可容空间的充填结果。这些模型基本都在 Sloss 的开创性工作基础之上（Sloss，1962）。他研发了一个简单的模型描述沉积物形态（S）、供给的沉积物体积（Q）、构造沉降速度（R）、沉积物扩散速度（D）及内生的自然物质（M）之间的关系。他开发的模型能适用于沉积物供给的体积与沉降速度是变化量的情况，可以模拟海侵和海退的层序特征，通过沉积物供给的变化可以模拟周期性变化的岩性特征。模型中的构造沉降是隐式而非显式处理，在 Sloss 的工作中这些处理仅仅提供了单纯的逻辑和基本概念，后来，Harbaugh 等（1970）的著作中提供了这些概念完整数学推导。

假设盆地地形剖面由一系列二维的以 $\Delta x$ 为宽度的剖面组成，它提供了盆地充填的基础，沉积物从剖面的前置点进入，一部分沉积在第一列上，剩余的沉积物搬运到下一列，在某一列上的沉积量取决于：(1)给该列所供给的沉积物总量；(2)该列上可容空间大小，整个系统的传输中保证沉积物质量守恒。假设进入盆地的沉积物总量是 $L$，在第一列上的沉积量所占比例是 $k$，因此沉积量是 $kL$，剩余量是 $L-kL$ 或 $L(1-k)$，类似地，在第 $n$ 列（距离是 $n\Delta x$）上的沉积量是 $kL(1-k)^{n-1}$，进入第 $n$ 列上的沉积物量是 $L(1-k)^{n-1}$。其中 $k$ 是沉积物在某一方向上的沉积物搬运传导能力，需要预先定义。不同颗粒大小的沉积物具有不同的 $k$ 值，$k$ 不是一个真实物理参数，而是具有启发式性质的参数，即需要试探性的选取。

通过这个简单的算法可以处理由于相对海平面变化、构造沉降和压实作用引起的可容空间变化。当沉积物和水体的接触面高于或等于海平面时不发生沉积，所有剩余的卸载物传递到下一个网格；当沉积物和水体接触面稍微低于海平面时，只有部分沉积物发生沉积，发生沉积的比例是 $kL(1-k)^{n-1}$ 的一部分，剩余的沉积物传递到下一个网格；当沉积物和水体接触面完全低于海平面，则所有碎屑颗粒都发生沉积，沉积量是 $kL(1-k)^{n-1}$。在这个基础上可以加入更复杂的考虑因素，比如不同颗粒沉积混合物发生重新沉积或垮塌的角度，沉积物卸载或外部构造运动引起的构造沉降可以是瞬时的，也可以是滞后的。

该类方法的模拟中 $k$ 是非常关键的参数，基于几何的地层沉积模拟中 SedPak 发展最成功，即使这种最理想的方法中，也需要在模拟之前预定义不同粒度沉积物的沉积比例 $k$，这样的结果无法模拟盆地中砂岩可能尖灭的情况，它必须作为确定性的参数输入。一种改进的途径是在发生重新搬运沉积的角度情况下设置随坡度变化的沉积比例 $k$。

**2. 基于扩散理论的沉积模拟**

基于扩散理论的沉积模拟也称为基于地形或势能控制的沉积模拟模型。它的基本假设是沉积物与水流形成为具有一定黏度的混合流体，沉积物伴随流体在一定的地形梯度下进行运动，流动量与梯度大小和流动系数有关（Bergin 等，1981）。以河床为例说明基于扩散的沉积模拟模型的推导过程。在某一时刻 $t$ 取一维河床上任意微元 $\Delta x$，其边界由 $x$ 和 $x+\Delta x$ 界定，宽度为 $w$；经过一段时间后（在 $t+\Delta t$），河床高度降低量为 $\Delta y$（注意，$h$ 向上为正，$x$ 向上游为变大），则沉积的剥蚀重量为

$$G_{(\Delta t)} = \gamma_s V_{(\Delta t)} = \gamma_s [h_t - h_{t+\Delta t}]\Delta x w \tag{7-1}$$

式中　$G$——沉积物重量；

$\gamma_s$——单位沉积物的重量；

$V$——沉积物体积。

通过位置 $x$ 的沉积物重量必须等于通过上游位置 $x+\Delta x$ 的重量，加上沉积物的剥蚀量，再加上从侧向流进微元中的沉积物重量。如果单位河床宽度流过的沉积物重量是 $q_s$，则经过时间段 $\Delta t$ 后，在位置 $x+\Delta x$ 沉积物的重量为

$$G_{(x+\Delta x)} = [q_{s(x+\Delta x)} w]\Delta t \tag{7-2}$$

如果 $B$ 是单位时间、单位宽度和单位长度的河道，从侧向流入微元的沉积物体积，则在 $\Delta t$ 时间内，$\Delta x$ 上侧向流入的沉积物重量为

$$G_{\text{lateral}} = \gamma_s B w \Delta x \Delta t \tag{7-3}$$

同时,时间 $\Delta t$ 内在位置 $x$ 处产生的沉积物重量为

$$G_x = [q_{sx} w] \Delta t \tag{7-4}$$

质量守恒方程为

$$G_x = G_{x+\Delta x} + G_{\Delta t} + G_{\text{lateral}} \tag{7-5}$$

方程代入后得

$$q_{sx} w \Delta t = q_{s(x+\Delta x)} w \Delta t + \gamma_s [h_t - h_{t+\Delta t}] \Delta x w + \gamma_s B w \Delta x \Delta t \tag{7-6}$$

假设流动宽度 $w$ 为常数,方程两边同除以 $-w \Delta x \Delta t$,然后重新排列得

$$\frac{h_{t+\Delta t} - h_t}{\Delta t} = \frac{1}{\gamma_s} \frac{q_{s(x+\Delta x)} - q_{sx}}{\Delta x} + B \tag{7-7}$$

用微分符号可表示为

$$\frac{\partial h}{\partial t} = \frac{1}{\gamma_s} \frac{\partial q_s}{\partial x} + B \tag{7-8}$$

式中　$q_s$——单位宽度上沉积卸载量的重量;

　　　$\gamma_s$——单位体积沉积物的总重量;

　　　$h$——河床的海拔(向上变大);

　　　$x$——沿着河床的距离(向上游变大,出口处为0);

　　　$t$——时间;

　　　$B$——单位长度、单位宽度上侧向供给的沉积物体积。

表征河流下切的沉积搬运方程的不同,会产生不同的沉积物连续性方程,会得到非线性偏微分方程或线性偏微分方程。根据 Gessler(1971)的建议,许多沉积物搬运方程可表示成如下形式:

$$q_s = C_1 (\tau - \tau_c)^p \tag{7-9}$$

式中　$C_1$ 和 $p$——经验参数;

　　　$\tau$——河床底部剪切力;

　　　$\tau_c$——临界河床底部剪切力。

经过前人研究(Gessler,1971),沉积物卸载量可以表示为

$$q_s = k \frac{dh}{dx} \tag{7-10}$$

从而可得

$$\frac{\partial q_s}{\partial x} = k \frac{\partial^2 h}{\partial x^2} \tag{7-11}$$

代入沉积搬运连续性方程得

$$\frac{\partial h}{\partial t} = k \frac{\partial^2 h}{\partial x^2} + B \tag{7-12}$$

这是一种非常常见的热能方程或扩散方程，其中 $k$ 变成了扩散系数，给定不同的边界条件就可以模拟不同的地层形成过程。基于该理论形成的地层沉积模拟软件有 STRATA（Flemings，1996）和 Dionisos（Granjeon，1999、2002、2017）。

Dionisos 能在盆地尺度模拟包括碎屑岩和碳酸盐岩在内的多种沉积作用过程，为了模拟不同岩性沉积物的搬运需要定义多个沉积环境层，不同的沉积环境下用不同的扩散系数模拟不同的岩性。它也能考虑其他往往被忽略的重要过程，比如构造沉降、荷载均衡沉降、斜坡不稳定等，因此比上述提到的地层几何模型更加优越。

3. 基于流体动力学的沉积模拟

以 Sedsim 为代表的沉积模拟软件体现了流体动力学控制的沉积物搬运、剥蚀和沉积过程。Sedsim 是 20 世纪 80 年代由斯坦福大学研发的三维地层沉积正演模拟程序（Tetzlaff 和 Harbaugh，1989）。模型体现了流体流动、沉积物搬运、波浪和风暴效果、构造沉降、压实、重力沉降、斜坡不稳定、浊流、重力流、碳酸盐岩和有机质的生长等。

流体动力学组成了 Sedsim 程序的核心，它使用了简化的 Navier-Stokes 方程。完整的 Naiver-Stokes 方程描述了三维空间流体流动，它把连续性方程和动量方程相结合，提供了描述各向同性牛顿流体完整的数学描述。连续性方程满足如下关系：

$$\frac{\partial \rho}{\partial t} + \nabla \cdot \rho q = 0 \quad (7-13)$$

式中　$\rho$——流体密度；
　　　$t$——时间；
　　　$q$——流动速度向量。

而动量方程等于由流体运动引起的速度变化：

$$\rho \left( \frac{\partial q}{\partial t} + (q \nabla) q \right) = -\nabla p + \nabla \mu U + \rho(g + \Omega q) \quad (7-14)$$

式中　$p$——压力；
　　　$\mu$——流体黏度；
　　　$U$——Naiver–Stokes 张量；
　　　$\Omega$——科里奥利力张量。

$$U = \begin{bmatrix} 2\frac{\partial u}{\partial x} - \frac{2}{3}\nabla q & \frac{\partial u}{\partial y} + \frac{\partial v}{\partial x} & \frac{\partial u}{\partial z} + \frac{\partial w}{\partial x} \\ \frac{\partial u}{\partial y} + \frac{\partial v}{\partial x} & 2\frac{\partial u}{\partial y} - \frac{2}{3}\nabla q & \frac{\partial u}{\partial z} + \frac{\partial w}{\partial y} \\ \frac{\partial u}{\partial z} + \frac{\partial w}{\partial x} & \frac{\partial u}{\partial z} + \frac{\partial w}{\partial y} & 2\frac{\partial u}{\partial z} - \frac{2}{3}\nabla q \end{bmatrix} \quad (7-15)$$

式中　$u$、$v$、$w$——流动速度 $q$ 在 $x$、$y$ 和 $z$ 三个方向上的组成。

$$\Omega = \begin{bmatrix} 0 & 2\omega\sin\phi & -2\omega\sin\phi \\ -2\omega\sin\phi & 0 & 0 \\ -2\omega\cos\phi & 0 & 0 \end{bmatrix} \quad (7-16)$$

式中　$\omega$——自转引起的角速度；
　　　$\phi$——经度；
　　　$g$——重力加速度向量。

式7-13 至式7-16 描述了完整的 Naiver-Stokes 方程，现有计算机还无法求解。根据实际情况进行一些假设和简化，得以得到简单形式的 Naiver-Stokes 方程。

Sedsim 使用孤立流体元素来简化连续流体的流动。拉格朗日方法使得流体动力学的方程大大简化，使计算速度明显增快。不足之处是在该方法中单独的流动事件，比如流动的快速变化，无法被模拟。地质历史时期的模拟最希望得到的是平均条件下的沉积物分布模式，而不是去具体刻画某一单独流体事件。

流体流动模拟的过程是流体元素在给定地形界面的网格上运动并与局部地形和条件相互作用的过程，考虑的局部条件包括流体密度和流动介质（空气、海水和淡水等）的密度。流体元素被认为是具有固定体积的离散点，称之为"标记元"。Tetzlaff 和 Harbaugh（1989）对 Naiver-Stokes 方程做了一些简化，其中最重要的是认为流体在纵向上具有相同的流动特征，流体元素之间的摩擦由曼宁系数控制。其余的简化主要是把 Navier-Stokes 方程简化非线性常微分方程，这些方程利用修正的 Cash-KarpRungeKuta 方法求解，以保证时间域四阶导的稳定和准确。模拟时空间网格的划分和时间步长的划分对模拟结果影响比较明显。

假设流体是各向同性，不可压缩，恒定稳定，则密度项 $\rho$ 和黏度项 $\mu$ 可以认为是固定值；科里奥利力张量 $\Omega$ 对大部分地层沉积搬运流体来说非常小，可以忽略不计，只有在大尺度海洋流动时才会考虑，而现在的 Sedsim 还没有考虑该部分。

如果 $\rho$ 和 $\mu$ 是固定值，$\Omega q$ 为 0，则公式（7-15）和公式（7-16）可简化为

$$\nabla q = 0 \qquad (7-17)$$

$$\frac{\partial q}{\partial t} + (q\nabla)q = -\nabla\Phi + \upsilon\nabla^2 q + g \qquad (7-18)$$

式中　$\Phi$——压力和密度的比值；
　　　$\upsilon$——动力黏度。

沉积物搬运、剥蚀和沉积是在流体运动框架下沉积物发生的各种行为。沿着地形表面沉积物在水流作用下的沉积搬运行为遵循质量守恒定律。在任何时间段内，搬运来的沉积物 + 剥蚀的沉积物 = 流体中的沉积物 + 沉淀的沉积物 + 搬运出的沉积物。

在 Sedsim 中，认为沉积物的流动速度与流体的流动速度相同，既没有流体的速度梯度也没有流体中悬浮物和搬运物的速度差异，剥蚀和搬运的边界控制条件是临界剪切应力，它通过粒度半径函数计算得到。沉积物沉积或剥蚀与流体中有效沉积物浓度成正比。也就是说，流体元素中真正的沉积携载量与流体对沉积物的携载能力之间有差别。流体对沉积物的携载能力是水体密度、流速及所有携载物和尾流的平均速度的函数。流体元素中沉积物的下沉表示为流体中沉积物过饱和程度、沉积物半径、15℃水体黏度的函数。Sedsim 通常采用四种不同粒度的硅质碎屑，外加两种碳酸盐礁体进行模拟。沉积物从流体元素沉淀以后，沉积物仍可以按照一定的斜坡环境下进行搬运，它可能会搬运多个网格距离，直到达到稳定。

4. 随机模型

由于自然界沉积系统的复杂性导致对许多过程的内在机理了解有限,没办法用确定性的物理学公式表示,而随机理论为解决这种高度复杂和不确定的问题提供了一种途径。基于随机模型的沉积过程模拟代表性的方法是随机游走模型和细胞机模型。

1974年Price Jr提出了模拟冲积扇的随机游走模型(Price,1974),该模型采用了两个独立的随机事件:一是盆地物源山体的抬升事件;二是导致扇体沉积的足够大的风暴。随机游走过程受控于流动的梯度和动量,决定了沉积模式。山体抬升过程考虑了山体抬升事件的时间分布和强度分布;盆地充填过程考虑了剥蚀物的积累与河流的剥蚀。流动事件是冲积扇形成的核心过程,它从卸载盆地区向冲积扇表面沉积碎屑物,流动事件被认为是个马尔科夫过程,符合时间离散连续随机状态过程。

河流三角洲受多种因素控制,比如地貌、生态、水文条件、有机质、生物化学及人类行为等,建立其完善的数学模型非常具有挑战性。尽管过去认为河流三角洲的物理学动态模型可简化为湍流和沙粒的相互作用,但实际自然界的三角洲往往涉及许多其他因素,比如黏性泥质及强烈的生物作用等。有学者提出了简化的河流三角洲模型DeltaRCM(Liang等,2010),它利用带权重的随机游走模型,游走路径受简化控制方程约束,控制方程是流体运动和沉积物搬运的耦合。

DeltaRCM包括两个组成部分:一个是作为水动力组成的细胞流方案,另一个是作为地形动力组成的一系列沉积物搬运规则。模型用正方形网格作为主要的模拟域,水和沉积物都通过网格运动,模型在时间域演化,每个时间步更新流动域的平均水深、水体表面的海拔,沉积物通量和地形海拔。虽然没有求解完整的水动力学方程,但得到几乎等同的模拟效果,而且计算速度更快。

# 第二节 地层沉积反演模拟

## 一、地层沉积反演数值模拟

### (一)地层沉积反演数值模拟简介

地层沉积反演建模是基于地层沉积过程的正演模拟方法走向实际应用的结果。地层沉积正演的目标是用地层沉积过程的物理函数和环境条件参数重现岩性的时空分布(Bonham,1968)。目前油藏地质建模方法中基于统计的方法占据主导地位,但实际上基于统计学的建模方法和基于地质过程的方法都是在20世纪70年代出现,尽管基于沉积过程的方法用地质过程的数学模型模拟地层演化,模拟结果更符合地质规律,但存在不易条件化问题。因为输入参数有无法直接测量的古地貌、沉积物供给速度、传播速率、海平面曲线等,导致沉积过程模拟方法难以条件化。虽然基于统计学的方法不能真实体现地质规律,仅依赖于数据的统计结果,但由于该类方法更容易条件化,因此获得了更快的发展。基于沉积过程的建模方法如果也能实现条件化,将比基于统计学的方法更有优势。地层沉积反演建模就是通过参数反演或优化的方法使地层沉积正演模拟结果尽量与观测数据吻合,最终实现地层沉积过程模拟的条件化。

对于沉积地层是否可以反演的问题,曾经有不少讨论。如果仅仅把地层的几何形态作为反演的数据类型(Burton 等,1987),地层反演是不可能的,因为解是不唯一的。但是,如果考虑可对比的地层单元内相的厚度作为观测数据,则具有唯一解的反演是可能的(Lessenger 和 Cross,1996)。Cross 认为如果存在下列五种情况,反演难以进行:(1)作用参数不独立(一个作用能替代另一个作用而产生同样结果);(2)作用及响应体系随机、不可预测,或缺少基本的约束条件;(3)不同位置的地层信息没有联系;(4)正演模型不能体现真实的沉积作用及响应体系;(5)未正确测量或解释观察数据(Cross 和 Lessenger,1999)。

Cross 认为地层中含有足够多的信息量,用定量方法重建盆地历史是可行的。主要体现在:(1)地层不仅是"大事件"的记录,而且在多数情况下某些低幅、单向变化的作用要比高幅、间歇性、低频、偶发、灾变性的事件产生更显著、更广泛和更有意义的标志;(2)从四维地层的视角,时间是连续和完整的,在地层记录中没有缺失的时间,完整的时间以地层和地层不连续面或无沉积面为代表,岩石与面有相等的意义,无论何种成因的沉积间断(侵蚀或无沉积)都携带有该时间段其他位置上岩石实体的属性信息;(3)地球上各种作用不会突然全部停止;(4)沉积过程遵守物质守恒原则;(5)地层作用及响应体系并非过于复杂而不能模拟,尽管有众多的作用变量、复杂的反馈循环和非线性的相互关系,但地层却并不复杂。复杂的地层实际上是高度有组织的,仅含有相对少的、规则的、重复的地层形态。地层是有规律的沉积形态与地形控制下的改造作用相结合的产物;(6)地层作用参数的组合不能相互替代而产生完全相同的地层响应。以上认识为使用模拟方法重建沉积史,进行层序及沉积相的连井对比和平面分布特征的预测提供了科学基础。

基于以上认识,Cross 等人在 1999 年提出了地层沉积反演模拟的基本框架。认为地层沉积反演模拟包括地层沉积正演、模拟结果和观测数据之间的比较(即观测资料约束),以及自动调整正演参数的最优化算法(也称反演驱动器)。地层沉积模拟的基本过程是从一组初始的过程参数开始执行正演模拟,将模拟结果与观测数据比较,最优化算法按照一定的策略调整过程参数,再次执行正演模拟,直到模拟结果与观测数据的吻合度达到门槛值。由于地质现象是多因素、多种过程综合作用的产物,因此,地层反演模拟难度也较大,不少学者在这个框架下进行了深入探索。表 7-1 列出了前人在地层沉积反演方面做出的成绩。

表 7-1 地层反演模拟现状一览表

| 项目名称 | 启动时间 | 正演模型 | 校正方法 | 反演算法 | 商业化 | 研发团队 |
| --- | --- | --- | --- | --- | --- | --- |
| SEDSIM | 1989 | 流体力学 | 无 | 无 | 是 | 斯坦福大学、澳大利亚科学院 |
| FUZZIM | 1996、1999 | 模糊集 | 无 | | 否 | 乌普萨拉大学 |
| DIONISOS | 1999 | 扩散理论 | 无 | 无 | 是 | 法国石油研究院 |
| Delft3D | 1985 | 流体动力学 | 无 | 无 | 开源 | 代尔夫特理工大学 |
| BARSIM | 2002、2009 | 事件过程—响应 | 无 | | 否 | 代尔夫特理工大学 |
| SEDFLUX | 2001 | 事件过程—响应 | 无 | 无 | 开源 | 科罗拉多矿院 |
| CSDMS | 2007 | | 无 | 无 | 开源 | 美国科学院资助 |
| SED3D | 2004、2007 | 扩散理论 | 地层厚度 | 邻域搜索 | 否 | 弗吉尼亚理工大学 |

续表

| 项目名称 | 启动时间 | 正演模型 | 校正方法 | 反演算法 | 商业化 | 研发团队 |
|---|---|---|---|---|---|---|
| 国际专利 WO2013092663A2 | 2013 | | 地层厚度、岩相厚度 | 邻域搜索 | 是 | 壳牌 |
| 美国专利 US9372943B2 | 2016 | | 肉眼判断 | 无 | 是 | 埃克森美孚 |
| Petrel – GPM | 2014 | 流体动力学 | 无 | 无 | 是 | 斯伦贝谢 |
| CARBSIM | 2018 | 扩散—对流系统 | 地质体结构 | 智能搜索 | 否 | 中国石化勘探开发研究院 |

### (二) 地层沉积正演模拟

地层沉积正演模拟经历了较长的发展过程,已经日趋完善,考虑的地质过程更加丰富,但模拟的初始条件和边界条件比较难确定,导致模拟结果很难与观测数据吻合。

前人对油藏尺度地层沉积模拟反演大部分都采用了试错法(Lawrence,1990;Eberli,1994;Euzen,2004;Wijns,2004;Teles,2008;Warrlich,2008;Csato,2013),由于试错法的参数调整方向严重受限于操作者的知识水平,以及肉眼定性评价模拟结果吻合度的方法,这种做法严重限制了地层正演模型的预测能力和不确定性评价能力。2002 年,Granjeon 等基于商业化软件 Dinoisos 提出了半自动反演的工作流,以拟合井上数据和地震数据,但本质上仍是试错法。2004 年 Wijns 等利用 Sedsim 做了交互式反演工作,用遗传算法更新模型参数,地质学家对模型进行排序,即通过肉眼观察的方法将模拟结果与观测数据做相似性比较,这种方法在参数更新方面汲取了遗传算法的优点,但仍严重受限于肉眼观察对模拟结果与观测数据的比较。2013 年 Weltje 等提出了新的降低地层正演模型不确定性的方法,把盆地尺度的地质信息融入到静态地质模型中,并以模拟的静态地质模型的砂体连通性和威尔逊旋回特征为评价标准调整地层正演模型,进而降低参数的不确定性。Koech 等(2015)、Hawie 等(2015)、Agrawal 等(2015)、AlQattan 等(2017)、Granjeon 等(2017)、Hawie 等(2017)在实际油藏区块中通过拉丁超立方采样和响应曲面方法进行了全局敏感性分析,建立了定量化的地层正演模型校正工作流,这种方法可以评价不同参数对模拟结果的影响程度,实现了定量化的模拟结果判断和对比,但仍然是基于手动的工作流程,工作量大,而且无法保证找到最优值。

实践证明,必须借助反演技术和最优化技术才能使地层沉积模拟方法走向实际应用。在正演模型的基础上,建立合适的观测数据与模拟结果比较的方法,而不是通过肉眼判断其相似程度;通过一定的反演算法或最优化理论,得到合理的沉积模拟输入参数,而不是通过专家经验分析参数的调整方向,才能实现自动化的地层沉积反演模拟。

### (三) 模拟结果与观测数据比较

由于地质体的复杂性和多尺度非均质性,如何定量比较两个地质体是否相似是个难题。如何通过有限的观测资料,比如钻井资料、地震勘探资料等,计算这些资料所体现的地质体之间的相似程度是更大的难题。以往基本采用肉眼综合判断的方法,但是在沉积模拟反演框架下,需要一种能定量化计算两个地质体相似性的方法,将其作为反演的目标函数。

通过设置模拟结果与观测数据差异作为最小化目标函数,一些学者已经开始了自动校正地层正演模型的研究(Lessenger,1996;Cross,1999)。有些方法考虑了地震层位解释信息(Imhof,2004),这种方法的缺点是难以决定用哪个时间步的模拟结果与解释层位的矢量信息比较,以及两个构造层面的差异用什么方法做出定量评价;有些方法考虑了单井地层厚度、岩相厚度等信息的差异(Falivene,2014),缺陷是不同的模拟结果可能具有相同的单井厚度和岩相厚度图;有学者通过定义多个目标函数来定义模拟结果和观测数据的差异,如露头或井眼的岩石类型、不同时代化石的方向性,以及不同时代地层的接触关系等(Jessell,2010),不足之处在于子目标函数难以定量化;有些方法则重点考虑了沉积序列等地层结构化信息(Duan,2001、2017),这种方法的优点是充分考虑了地质体的多尺度特征,相比于前人用的地层厚度法、岩性厚度法更能体现地质体的多尺度非均质性,比连井层序对比更灵活实用。

### (四)地层沉积模拟反演算法

通过校正模拟结果与观测数据的吻合度能降低正演模拟输入参数的不确定性,大幅提高地层正演模型的预测能力。模拟结果与观测数据之间的差异最小是反演的目标,这个目标函数要考虑各种类型的地质数据,影响因素复杂,因此导致即使最简单的正演模拟模型也是高度非线性的,最小化这个复杂的多峰目标函数并不是一件容易的事。

1993年和1996年,Lessenger和Cross论证了地层模型能够被反演,并于1999年从参数反演的角度,首次系统性地论述了沉积模拟反演的技术框架,明确提出地层沉积反演模型包括三部分,包括地层正演模型、模拟结果与观测数据比较、数学反演方法。尽管这三部分都比较初级,所采用的正演模型是二维模型,模拟结果与相似性比较是基于井上解释的连井可对比的准层序,并指出线性反演无法适用于该问题,尽管并未对多变量非线性反演做进一步阐述,但这项工作在地层沉积模拟领域具有里程碑式的意义。该理论基础是参数可反演,当观测数据不足或质量不高,或者正演模拟机理不够完善,则无法反演出真实值,为实际应用埋下了隐患。

几乎与此同时,也出现了基于优化理论的地层沉积反演模型,该理论的基本假设是所有非线性复杂系统皆可"反演",只要误差降低到最小即可,即有可能存在多组参数能够满足条件数据。1998年Bornholdt和Hildegard尝试采用基因算法完成地层模拟结果与观测数据的自动拟合,他们采用了基于模糊理论的沉积正演程序Fuzzim(Nordlund,1999),目标函数考虑了每个时间步每口井上砂泥岩的厚度差异,遗传算法具有全局优化能力,验证了自动反演地层正演模拟参数的可行性,实例分析中完成了七个参数反演,这七个参数中,两个与古地貌有关,四个与构造沉降强度有关,一个与海平面变化强度有关。1998年Duan将传统地质统计学建模中的条件模拟与地层正演模拟相结合提出了自适应的地层沉积正演模拟,他用基于地质过程的方法建立正演模型,用基于规则的方法实现模拟结果与观测资料比较,通过基因算法调整模拟参数,使正演模拟结果自适应于观测数据。2001年,Duan实现了三维碳酸盐岩地层沉积反演模拟系统,并初步应用于巴哈马台地中新世至现代碳酸盐岩沉积。后来的研究中,人们在模拟结果与观测资料比较方法、参数反演或优化方法方面做了有益的探索。

2004年Tezlaff分析了碎屑岩地层沉积模拟程序Sedsim输入参数的不确定性,将地质统计学的随机模拟与确定性的沉积过程模拟相结合,提出了基于概率的率条件化方法。在该方法中,将输入参数视为不确定变量,采用蒙特卡洛采样的方法使模拟结果与观测的误差达到最小,缺陷是计算量大,收敛速度慢,而且采样间隔对收敛效果的影响明显。

2006年Laigle等、Imhof等、Sharma等完成的地层反演模拟中,站在了降低模型不确定性的角度,在模拟过程中尽量多地添加约束条件或者建立不同方面的目标函数,比如利用地震层位解释得到的地层厚度、地震解释得到层位的倾角属性,分别建立目标函数,从多个侧面对正演模型进行约束,正演模型采用了稳态扩散方程,反演算法采用了邻域搜索算法,它重点进行了两参数反演,分析了不同参数之间的关系,最多执行了六参数反演,还无法达到真实地层的沉积反演。

2009年Charvin等提出了基于贝叶斯反演的地层沉积过程反演方法,他采用的正演模型是二维的过程响应模型Barsim(Stroms,2002、2003),主要是在贝叶斯学习框架下,用马尔可夫链采样的方法评价后验概率,从参数不确定性的角度,利用越来越多的观测数据不断降低参数的不确定性,实现地层正演模拟输入参数的反演,该方法中仅考虑地层厚度作为观测数据,最终反演的反演结果达到了大体吻合,易出现过拟合问题,存在收敛速度慢的缺点。

2014年Falivene等较为系统地总结了地层正演模型自动校正的工作流程,采用的正演模型是商业软件Dionisos,反演方法是Sambridge提出的邻域算法,校正的约束条件,即模拟结果与观测数据比较是地层厚度图和砂地比厚度图,这种方法建立的目标函数过于简单,容易出现过拟合问题。

2015年Sacchi等用工业界典型油气藏模型验证了地层沉积反演模拟的可行性,采用的正演模拟器是SimClasst,考虑的约束条件有地震数据和井数据,尝试采用了三种吻合度计算函数,反演方法不同于常规的局部最优算法(比如梯度法)或全局优化算法(比如遗传算法),而是基于采样理论的拟蒙特卡洛法。他认为基于优化的方法存在多解性缺陷,而且计算量大,新提出的方法系统性地对多个非线性参数进行取样,能同时达到不确定性分析和参数优化的效果。

2017年,Skauvold在Charvin的基础上,同样是基于贝叶斯反演的框架,提出了基于卡尔曼滤波的地层沉积模拟方法,这种方法更适合具有空间相关性的多变量的反演和优化,也存在计算量大、收敛效率低的缺点。Raymond(2017)提出了基于图论的地层沉积反演方法,他明确指出在工业界地层正演和反演模拟是高度保密的工作,在能源和资源勘探领域很多更先进的地层模拟方法都被作为企业知识产权保护了起来,而且相应的研究都没有充分揭露地层正演模型和反演模型的细节,无法根据发表的文献重现相应结果,另外给出的实例也非常简化,而且认为这是不可避免的现象。

## 二、地层沉积反演模拟方法

### (一)地层沉积反演模型的组成

地层沉积反演模型包括三部分,包括地层正演模型、模拟结果与观测数据比较、数学反演方法。分析这些有利于帮助解释反演模型的作用机理。

(1)正演模型,也就是地层正演模型,正演模型利用一组过程参数(比如海平面曲线、构造运动、沉积物供给、荷载作用、底形面梯度、压实作用等)模拟地层。这些输入参数用于描述地层过程—响应系统,这一部分在上一节有详细阐述,在此不过多讨论。如果模拟结果可以与真实观测数据进行定量比较,任何地层正演模型都可以进行反演。

(2)模拟结果与观测数据比较,其对反演的成功至关重要。地层数据的类型、质量、数量和数据的采样,决定了反演是否可行,并能影响反演的准确性。观测数据的数据集将与模拟结果做比较,地层观测数据可能包括但不限于岩石类型、结构、相组合维数、几何形态、古水深、古地貌、地球物理特性。收集到反演模型数据库中的观测数据会受到一定约束,它必须可以与模拟输出结果做定量比较。比如,正演模拟得到了颗粒大小分布,那么结构可以作为观测数据;如果模型预测了地层几何形态,但是无法从观测数据中获知地层几何特征,则这类数据不能作为观测数据。

(3)数学反演算法,用于连接第一和第二部分。反演算法主要用来比较模拟结果与观测数据的差异,并找到最合理的参数。例如,五口观测井的相序和厚度应该能够与相同位置的模拟结果做比较。对模拟结果和观测数据进行比较以后,反演算法同时调整一组过程参数,使得在下一次模拟中正演模拟结果与观测数据的相似度更高。该算法通过迭代形式比较模拟结果与观测数据,并系统地调整正演模拟参数,直到模拟结果与观测数据的差异最小,并得到一组等概率的吻合条件数据的模拟结果集。模拟结果集定义了过程参数唯一值的范围,如果模型集合包含了真实情况,则反演成功(图7-2)。

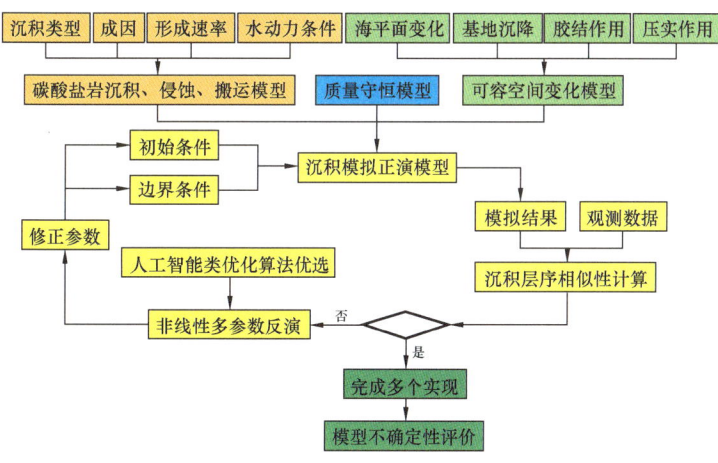

图7-2 地层反演模拟示意图

反演模型从过程参数的赋初始值开始,通过系统性地迭代,反演模型同时调整过程参数,直到模拟结果与观测数据相吻合。初始输入值的范围通常比较宽泛,需要在整个模型空间(解空间)进行搜索以找到最佳匹配或一系列满足条件的参数集。如果采用不同的初始值,且在解空间内都收敛到相同的过程参数(解),很可能就找到了目标问题的解。没有哪种反演方法能确保解空间具有唯一性,但通过理论模型和真实数据的检验,能够得到唯一解的范围(图7-3)。

反演模型的输出是正演模型参数的最佳估计及这些参数的不确定性。利用从反演模型得到的估计参数和不确定性,人们可以执行正演模型预测地层的分布及概率,这些模型应该包含正确的模拟,同时所有这些模型都在一定概率范围内接近真实地层。

反演模型可以估计所有参数可能的取值范围,提供了一种评价参数敏感性、相互依赖性、以及控制地层的相对重要性的方法。反演模型决定了过程参数的精度,这些参数也受限于正演模型的合理性,数据集在时间和空间上的采样率,以及所建立的"过程—响应"的相关程度。

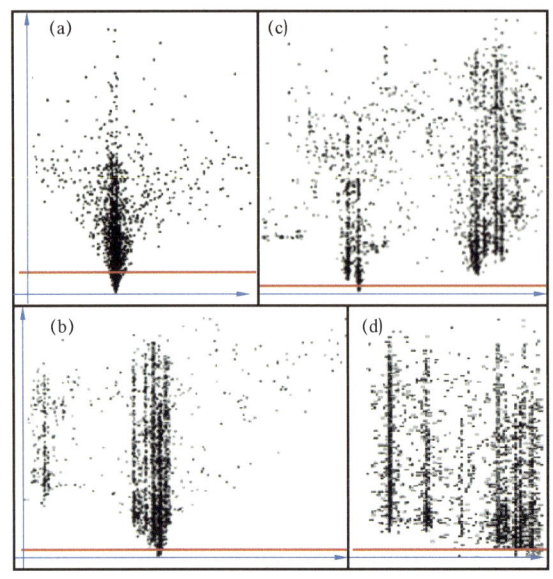

图 7-3 反演过程中测度函数值（Y 轴）与参数值（X 轴）的关系
（据 Taizhong Duan,2017）

模型假设数据的数量、类型、采样频率对更准确和更精确的地层反演非常必要，模型能够明确哪些参数会导致最大的误差和不确定性，甚至能够指示哪种信息的类型能够高效、经济地减少误差和不确定性。

（二）模拟结果与观测数据比较

1. 模拟结果与观测资料比较原则

地层沉积反演模拟的关键是使沉积正演的模拟结果与观测数据吻合，因此正演模拟结果与观测数据的相似性计算至关重要。良好的相似性计算方法有利于反演的顺利完成，而不完善的相似性比较方法会使模型产生很大的不确定性，甚至使模型收敛到错误的方向。如果正演模型能够准确刻画地质过程，反演算法的全局优化能力也很强，但是观测数据包含很多不确定甚至错误信息，不可能顺利完成反演。建立模拟结果与观测资料的比较方法时，有一些基本原则需要遵守。

总体上，当有大量的地层观测数据可用时，必须选择能够提供最多信息，能够用于区分不同地质过程的数据，而且这些数据最好是常见的、完整可用的，具有最少的模糊性和不确定性，即需要从数据类型和方法两个方面考虑。

从数据方面讲，选取的数据类型要是常见数据；不确定性要低，也就是硬数据，每种数据类型反映地质体的精度要明确。较全面的信息资料能更全面地反映地质体，而且不同的数据类型会从不同的方面反映地质体的特征。对地层的观测数据一般有钻井数据和地震数据，钻井数据是首要考虑的硬数据。井资料主要来源测井资料和取心资料，具有较高的纵行分辨率，含有丰富的地质信息，属于硬资料，可以直观地观测到地质体内部结构和构造信息、沉积旋回、相序、厚度、岩性、物性、地层接触关系。地震勘探资料虽然纵向分辨率低，但具有较好的横向连续性。可以客观反映地质体的整体厚度、形态,在纵向分辨率可准确识别的范围内可以识别出不同的沉积单元,这些沉积单元就包含了地质体内部的沉积旋回、层序界面、沉积时间等信息。

从比较方法来讲,选用的对比方法应该可以对比不同尺度、不同类型的信息,使比较结果尽可能区分不同结构的地质体。由于地层信息中包含多种尺度的结构信息,传统的基于欧氏距离的相似性计算并不实用,因为这种方法不能考虑地质体结构化信息,结构差别很大的两个地质体,其砂岩厚度图、砂地比图可能差别较小,导致反演沉积方法收到严重限制。地震数据的精度尽管不高,但可以在较粗的尺度为模拟结果与观测资料比较提供依据,地震勘探资料分析的模拟层段总的地层厚度图和较粗地层单元的地层厚度都可以作为相似性比较的因素,甚至提取的地震属性,比如地层倾角数据体,也可以作为相似性比较的依据。

通过理论模型和实际油藏模型的大量实验表明,低精度吻合度高的模型比高精度低吻合度的模型预测准确性更好。通过观测模型的模拟结果,我们可以确定不吻合的地层和地貌特征,并给出调整建议使得质量守恒能发挥更重要的作用。

**2. 基于沉积序列的观测数据与模拟结果比较方法**

地层沉积反演模拟的关键是使沉积正演的模拟结果与观测数据吻合,因此正演模拟结果与观测数据的相似性计算至关重要。地层的观测数据一般有钻井数据和地震数据,特别是钻井数据,是首要考虑的硬数据。进行相似性计算的前提是对这些地层信息做定量化描述。从钻井资料获取的地层信息往往有沉积相、岩石结构、构造,对这些信息的定量化需要用正式的数学描述方法。由于地层信息中包含多种尺度的结构信息,传统的基于欧氏距离的相似性计算并不实用,导致反演沉积方法受到严重限制。针对过井筒的一维沉积层序之间的相似性,提出了一种基于离散符号计算沉积序列相似性计算方法(Duan T,2017)。沉积序列的定量化描述采用了基因编码的思路,把整个地层视为由不同基因组成的基因链,特征一致的地层单元代表一个基因,不同的基因排序代表不同的沉积相旋回或沉积层序。

传统上,沉积层序典型的表示方法是图形法,用不同颜色表示不同的相类型(图7-4a),用图形法表示时只能通过视觉感受判断两个序列的相似程度。用字符表示沉积层序的演化是按照从下向上的顺序把每个最小地层单元进行符号编码,图7-4b表示河道沉积的演化,左侧和右侧分别为不同的沉积层序,右侧的沉积层序编码是SSABCBEDFGSS,左侧的沉积层序编码是SSACBCDFGSS,其中SS表示地层边界,A—G分别表示不同的沉积相类型。在符号编码的基础上,可以加入每个符号的附属信息来表示沉积相的其他属性,比如厚度、颗粒大小、颜色、化石、矿物组成、沉积间断时间等。假如考虑每个地层单元的厚度,图7-4b的左侧沉积层序可以得到如下符号编码序列:

SS(0.5)A(3.0)C(0.5)B(2.5)C(1.5)B(1.3)E(0.5)D(0.4)F(1.5)G(0.3)SS(0.1)

其中,SS(0.5)和SS(0.1)都表示沉积间断,是前者沉积间断的时间是0.5Ma,后者表示0.1Ma的沉积间断,相应地,A(3.0)和C(0.5)分别表示3.0m的交错层理砂岩相和0.5m的斜层理砂岩。

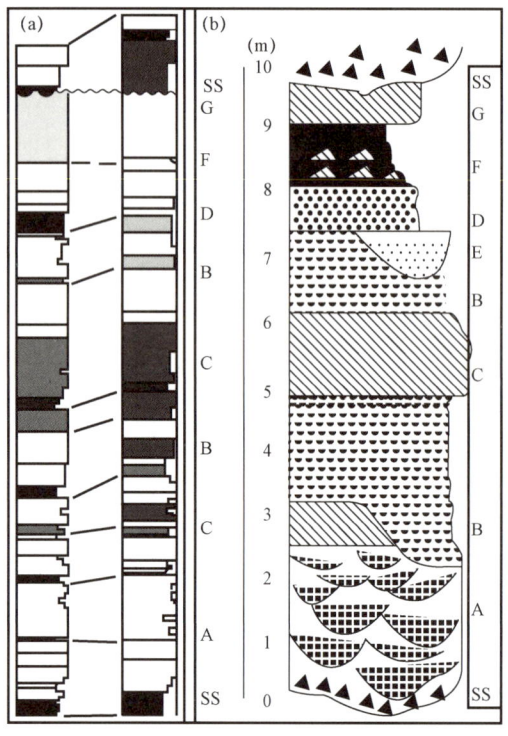

图7-4 沉积序列的图形表示(a)和沉积序列的字符表示(b)
(据 Duan T,2017)

沉积层序之间的相似性或距离依赖一种合理的计算方法,这种计算方法要求在高效的同时要能反映地层和沉积学家的观点。沉积层序之间的比较应考虑以下几方面信息:(1)相类型和划分它们之间的边界,包括特殊的边界,比如剥蚀界面;(2)每个相的厚度;(3)每个沉积剖面上沉积相的顺序。当我们说两个沉积相序列相等时,意味着上述三个方面的信息都相同。比如,以下从相邻沉积序列中提取的两种编码符号 X 和 Y:

X:SS(0.5) A(3.0) C(0.5) B(2.5) C(1.5) C(1.3) E(0.5) D(0.4) SS(0.15)
Y:SS(0.5) A(3.0) C(0.5) B(2.5) C(1.5) B(1.3) E(0.5) D(0.4) F(15) G(0.3) SS(0.1)

它们表示不同的沉积层序,因为 X 中缺少"F(0.15) G(0.3)",可能意味着河道沉积的顶部被剥蚀,另外 X 的顶部沉积间断 SS 的时间也与 Y 不同,意味着两者具有不同的沉积间断时间。

比如下面两个字符序列:
U:B(2.0) D(2.0) F(2.0)
V:F(2.0) D(2.0) B(2.0)

尽管都是三种沉积相,而且每个沉积相的厚度相同,但是两组沉积相的顺序不同,它们也属于不同的沉积层序。实际上字符序列 U 代表正向的河道沉积,V 可能代表决口扇沉积。

沉积相序列之间的相似性度量采用了基于句法模式方法,比如 Levelshtein 距离(Levenshtein,1966)和带属性字符串之间的距离计算(Fu,1986),著者在已发表文献中给出了沉积序列距离计算详细的概念和计算步骤(Duan T,2001、2017),总体思路是考虑字符串中字符的添加、删除、替换等操作。

### (三) 地层沉积反演目标函数建立

定义了观测数据和模拟结果的差异计算方法之后,沉积模拟的反演问题变成了参数最优化问题。通过各种数学方法可以解决该问题,比如模拟退火算法、神经网络算法、粒子群算法及深度学习算法等。

假设地层沉积正演模型有 $N$ 个参数 $(P_1, P_2, \cdots, P_N)$ 组成,在反演模型中不同的参数可能差别很大,需要把每个参数归一化到 $0 \sim 1$,每个参数需要定义最大值 $(P_{max})$ 和最小值 $(P_{min})$,反演模型在参数的空间内搜索最佳值。从最大值和最小值计算得到的新的参数 $a$:

$$a_n = \frac{(P_n - P_{minn})}{P_{maxn} - P_{minn}} \tag{7-19}$$

其中,$0 \leq a_n \leq 1$

这个简单的变换有两个好处。第一,在反演中所有参数具有相同的尺度,降低了数值计算的难度。第二,反演被限定在地质上合理的参数范围内,因此反演模型不会产生地质上不真实的结果。

假设有 $I$ 个观测数据 $(O_1, O_2, \cdots, O_i, \cdots, O_I)$ 形成观测数据向量。对每个正演模型计算,都可以得到观测数据和模拟结果之间差异的向量:

$$d_i = M_i(x, u, f, a) - O_i(x, u, f) \tag{7-20}$$

其中,$d$、$M$ 和 $O$ 的维数都是 $I$。利用这些差异,建立目标函数 $X^2$:

$$X^2(a) = I^{-1} \sum_{i=1}^{I} 1/C_m^2 [M_i(x, u, f, a) - O_i(x, u, f)]^2 \tag{7-21}$$

其中,$C_m$ 是观测数据或模拟结果数据的不确定性度量。

用线性代数的形式表示,上式可写为

$$X^2(a) = d^T C_m^{-1} d \tag{7-22}$$

反演模型的主要目标是使 $X^2$ 最小化。理想情况下,反演模型可以得到参数 $(a_1, a_2, \cdots, a_N)$ 刚好与真实的观测数据吻合,使得目标函数 $X^2 = 0$;真实情况下,模拟结果不可能与观测数据刚好吻合,因此,需要找到一组参数使目标函数达到最小。$C_m$ 是斜对角元素值为 0 的矩阵,通常情况下主对角元素为 1,但是如果输出结果不确定,则通过设置主对角元素上为 $0 \sim 1$ 的数值表示对该值的信赖程度。如果反演模型对某个观测值的信赖程度不高,则在匹配时给出较小的权重。

尽管理论上正演模型的所有参数都能同时反演,由于计算速度的限制需要把大量的参数减少到可控范围内,但至少要从两方面来判断这种参数缩减不会对反演带来明显影响。首先,当发现起初敏感的参数随着参数的增加变得不再敏感。此时只需要调整那些敏感参数更容易实现模拟结果与观测数据的匹配。第二,类似于其他反演问题,反演参数组合时进行分类和优化。方法是先反演一组参数,比如构造沉降速度、长期海平面变化、初始地貌和地层的挠曲刚度,然后再反演另外新的一组参数,比如构造沉降、长期和短期海平面变化、沉积物供给。另外一种更重要的加快收敛速度的方法是参数降维。

### (四)反演模型的求解

由模拟结果与观测数据组成的目标函数与地质参数之间是高度非线性、且不可微分。沉积模拟问题中的反演技术需要满足以下条件:(1)能够处理不可微分、非线性和多极值目标函数;(2)对计算量大的目标函数,要能并行计算;(3)易于使用,比如需要很少的参数控制最小化,这些参数可靠且容易选取;(4)较好的收敛特性,比如在连续不同的全局最优化独立尝试中具有恒定的收敛速度。最优化算法是这类问题求解的首选方法。

最优化是决策科学和工程系统科学的重要工具,使用最优化方法解决问题,首先必须根据实际情况列出目标函数,目标函数是由变量组成的函数式,这个过程称为建模。然后通过合适的方法寻找变量的值使得目标函数值最优。地层沉积反演模拟中需要通过最优化技术调整正演模拟的输入参数使模拟结果与观测结果的差异达到最小。

最优化问题根据其目标函数和约束条件是否为线性,可分为线性最优化问题和非线性最优化问题。当变量受到一些条件的限制时,寻找目标函数最优解为约束优化,比如某些参数之间存在相对大小的关系。当变量不受任何约束的限制,寻求最优化称为无约束最优化。约束最优化比无约束最优化问题更难实现,通常情况下,沉积过程模拟反演可视为无约束最优化问题。

无约束最优化根据选取搜索方向是否使用目标函数的导数分为两类,一类为解析法,如最速下降法、牛顿法、共轭梯度法和拟牛顿法;另一类称为直接法,它对目标函数解的性质不做苛刻的要求,如 Powell 方向加速法等。同时,最近几十年兴起的智能算法,如模拟退火、粒子群算法、演化算法、邻域搜索算法也被用来求解无约束最优化问题,并取得了较好的效果(Hendrix,2010)。本研究在沉积反演模拟程序框架下实现了这些智能算法,测试了其应用效果。模拟退火收敛速度快,但容易陷入局部最小值,特别是对于参数较多的反演问题。差异演化和粒子群算法收敛速度慢,但更具鲁棒性,更容易保证模型的收敛,而且容易实现并行计算。

### (五)地层反演模拟的工作流程

站在应用的角度,针对特定的研究区块,形成一套完善的工作流程对该方法推广具有重要意义。为此,总结了地层沉积反演的工作流程。整个工作流程分为五个部分,涵盖了从目标确立到不确定性分析沉积模拟的各个环节。要完成一个区块的地层反演建模,首先需要明确要研究的问题,设定研究的目标,然后准备资料,这些资料一般包括与可容空间相关的海平面变化曲线、初始地形、构造沉降速度等,与碳酸盐岩生产相关的最大产率、产率随水深下降系数、透光带厚度、动能相关系数等,与沉积物搬运相关的扩散系数和对流系数等,如果模拟时间段比较长还需要考虑这些参数随时间的变化。分析哪些资料比较确定,哪些资料不太确定,那些不确定的参数就是参数反演的主要对象,分析收集到的资料,区分哪些是输入资料,哪些是观测资料,把所有可用的观测资料进行分类整理,为建立完整的目标函数做准备,进行模型校正。建议的校正方法是先人工校正,尽量缩小参数的变化区间,降低反演算法导致的不确定性,然后是基于全局优化算法的正演模型输入参数校正。模型校正完成以后,还需要进行不确定性分析(图 7-5)。

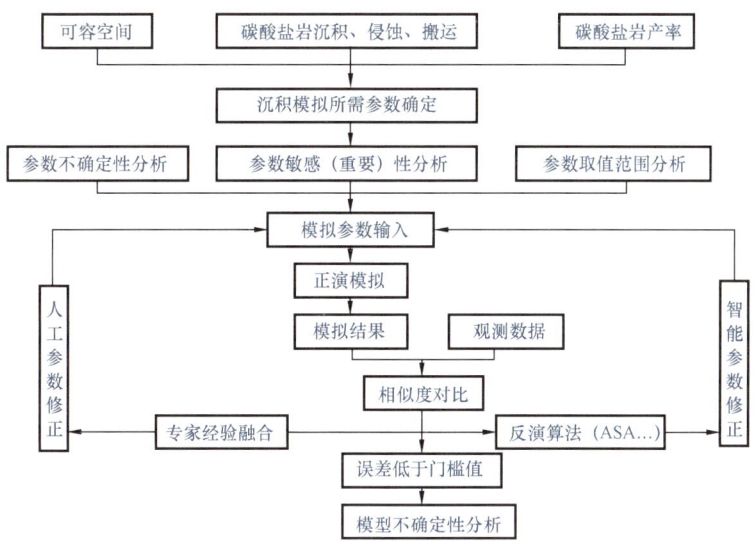

图 7-5 地层沉积反演模拟工作流程

下面是对每个部分的进一步描述。

1. 问题定义和研究目标确立

整个流程的第一步是明确要研究的问题,确定研究目标。包括分析油藏范围内可用的数据、探索控制储层分布的主控因素。通过分析目标区块的地质特征,从地质数据中提取影响沉积过程的相关参数,然后预测更为真实的地层剖面,这些相关参数包括堆积速率、水深(即初始地形、地貌)和沉降速率、自源或外源压力机制的影响、气候特征、构造特征、物源及搬运方式的识别、推断的海平面升降和气候变化的方式等。

地层正演模型常用的参数预测(比如网格精度、沉积物类型、模型的起始和终止时间等)依赖于我们的预测对象以及模型包含的地质过程和参数。确定研究目标时要考虑正演模型所能模拟的地质过程有哪些、校正模型所能考虑的观测资料有哪些,计算机资源如何等。针对不同情况,应设计不同的方案。

2. 不确定参数分析

第二步是明确控制储层分布预测的主要参数,这些参数无法用确定的方法获取。当然,不确定性控制参数的选取并不固定,每次研究都要重新确定哪些是不确定参数。比如在碎屑岩沉积模拟中,典型的不确定控制参数有初始地貌、沉降量的时空分布、海平面曲线的表征、碎屑物源的位置、供给速度和碎屑物质的岩石种类,以及沉积物的搬运系数;在碳酸盐岩地层的反演中,除了上述与地形、构造沉降、海平面变化、搬运速度相关的参数,与碳酸盐岩产率相关的参数成了重要的不确定参数,如产率最大值、随深度的下降系数、透光带厚度等。

对每个不确定参数,需要通过分析已有地质认识、参考文献及全球的数据库和类似区块,给出先验的分布区间。前人对沉积物搬运速度、海平面变化曲线、构造演化做了大量工作,是特定区块沉积模拟参数输入的重要参考(Syvitski,2007)。但全球数据库中的参数范围往往是平均值的反映,通常只能作为参考,针对特定区块,还需要分析适合自身的具体参数范围。

沉积模拟正演的输入参数大致可分为三类:可容空间类、沉积物供给类和沉积物搬运类,针对不同区块和不同勘探阶段的资料特征,不同参数具有不同的不确定程度,也有不同的参数取值范围确定方法,表7-2给出了地层沉积反演中不确定参数的获取方法和取值范围。

表7-2 不确定参数分析方法及取值范围

| 参数类型 | 影响因素 | 主要分析方法 | 建议参数区间 |
| --- | --- | --- | --- |
| 可容空间类 | 构造沉降曲线 | 地层回剥法,地震资料解释 | $0.1 \sim 10$ mm/ka |
| | 海平面曲线 | Haq曲线,岩石的水深指示曲线 | $-100 \sim 100$ m |
| | 初始地形 | 标志层减地层厚度,沉积微相对水深指示意义 | $0 \sim 1000$ m |
| 沉积物供给类 | 沉积物供给速率,最大产率 | 地层厚度,井上地层厚度序列 | $3.5 \sim 20$ km$^3$/ka |
| | 沉积物供给集中度,透光带厚度 | 初值物源方向的地层厚度变化程度,高能相带厚度 | 集中度:20%~80%,透光带厚度:10~100m |
| | 沉积物供给成分比例,产率下降系数 | 观测数据中岩性比例,岩性变化频率 | 供给物各个成分比例:0~70%,产率下降系数:0.1~0.8 |
| 搬运类 | 势能扩散系数 | 沿沉积物搬运方向的地层厚度变化 | $1 \sim 100$ km$^2$/ka |
| | 扩散系数变化因子 | 岩性纵向变化程度 | $0 \sim 70\%$ |
| | 动能对流系数 | 沿沉积物搬运方向岩性变化程度 | $1 \sim 100$ km$^2$/ka |

海平面变化曲线是影响可容空间变化的重要因素,其测定的难度非常大,特别是更古老的地层,尽管有Haq曲线等国际公认的海平面曲线(Haq,1987),但整个曲线是平均意义的海平面变化曲线,针对特定的区块,完全使用该曲线可能并不合适。建议的方法是:以Haq曲线为基础,考虑岩性对水深的指示意义,绘制更有针对性的海平面变化曲线。沉降曲线首先要考虑模拟时间段内的整体构造特征,单一油藏的时间尺度内一般不会发生特别大的构造运动变化,如果认为该值固定不变,用起止时间内地层厚度减去海平面变化幅度除以时间跨度作为参考,如果模拟的时间跨度较大,可采用地层回剥法。油藏尺度的古地貌恢复方法不同于盆地尺度,盆地尺度的古地貌恢复一般主张从构造恢复和地层厚度恢复两个方面入手,但油藏尺度的初始古地貌的恢复应优先考虑从沉积相分布解释得到的地貌特征,这种方法更加准确。

沉积物供给类的参数分碎屑岩和碳酸盐岩两种情况,对于碎屑岩油藏,需要给定沉积物源的供给量曲线、颗粒大小组成曲线、位置、集中程度等;对于碳酸盐岩油藏,需要给定碳酸盐岩产率的最大值、随深度变化的系数、随水体变化的系数、透光带的厚度、深水区远洋沉积物产率等。参数的确定思路是用整个地层厚度除以模拟时间得到平均的产率,然后分析井上不同时间各类岩性的厚度,获取不同时间沉积物供给量或产率的相对大小。

沉积物搬运类的参数包括势能梯度系数和势能梯度系数随水深变化的情况,也包括随动能变化的系数,以及动能计算的相关系数,比如波浪能的系数、地形消能的相关系数。这些系数确定的主要依据是平面上地层厚度变化程度和各类岩相的变化程度,沿着沉积物主要搬运方向,厚度变化越小,说明沉积物扩散系数越大,当然搬运系数要与产率相匹配,才能达到相对平衡。

### 3. 建立观测数据校正模型

第三步对应于设定观测数据校正模型,即用观测数据校正地层沉积正演模型的部分,是参数反演的目标函数。这些由硬数据和软数据组成的约束条件需要在校正后的模型中能够重现,这类数据可以是平均砂岩比例、平均厚度、从地震数据得到的厚度、从井上得到的砂岩比例、成分变异程度等。需要定义一个误差函数来度量模拟结果与观测数据的吻合程度,并对反演算法产生的模型进行排序。误差函数包括多个独立的误差项,分别对应不同的数据类型。当所有的误差都小于给定的门槛值时,认为模型完成校正。通过设定合理的容忍门槛值,即最小误差门槛值。设定最小门槛值,而不是要求最小值为0的原因有两个方面:首先是数据的不完整性,同时数据本身也包含一定的误差;其次,地层正演模型代表了对真实地质过程的简化。因此,通过人为设定门槛值也可在一定程度上避免过拟合现象,即可以避免在低于真实不确定门槛的情况下实现与约束数据吻合,从而保证模型的预测能力。

校正模型建立对反演结果十分重要,比较简单的情况是用岩性厚度和地层厚度的差异大小作为比较的因素,具体包括:(1)在钻井处整个模型不同岩性平均比例的绝对差;(2)整个模型地层厚度差异的平均值。建立反演约束模型时应尽可能考虑更多的因素,尽可能考虑地质体的多尺度特征,比如考虑相序因素的校正模型等。

选择校正模型的建立方法之后,观测数据的输入十分重要。输入的观测数据应该是对原始观测数据的正确解释,而且解释精度要满足研究目标。沉积微相是常见的解释数据,每口井的解释标准应该一致,模拟结果中的沉积微相模型应该采用观测数据解释时相近似的标准。

### 4. 反演算法选择

大量的直接搜索、免梯度优化算法可以用于搜索校正模型。不同类型的优化算法具有不同的适应性,上一节已经提到,当参数相对较少时,模拟退火算法具有收敛速度快的特点;当参数较多时,粒子群算法和差异演化算法更具优势。因此,对于参数较少的地层沉积反演问题(八个以内的参数),比如研究几个参数之间的相互关系、单一参数的敏感性等,建议采用模拟退火算法;对于实际油藏的地层沉积反演问题,很多参数都不确定,建议采用鲁棒性更强的差异演化算法或粒子群算法。

### 5. 模型不确定性分析

校正后的模型代表反演参数组合所产生的地层能够满足校正数据。由于在勘探区块中校正数据的不确定性及地层正演模型本身的简化,自动校正工作流的目标是找到一系列满足许可条件的模型,而不是最小误差模型。实际上,实现上述几种反演算法都需加入门槛值的约束条件,通过门槛值的设定,使得算法能够采样到尽可能多的满足观测数据参数组合。使用门槛值的好处在于在反演过程中使用误差门槛值判定是否找到满足校正的模型,在低误差的模型区域,改变参数空间产生新区域的能力得到增强。反演算法执行多次计算直到满足迭代终止条件(比如预设的迭代次数或校正模型的个数)。反演算法的输出结果是满足校正条件的一个模型集,因此,也许会存在上万个满足校正的模型。工作流的最后一步是分析全部的校正模型,去理解这些参数的后验概率分布,判断这些参数对粗略预测沉积环境的影响。除了用可视化的方法分析单独的模型,也可以采用系统性的不确定分析方法:

(1)对输入参数做直方图,展示校正后不确定参数的集中度。

(2)在参数空间和解空间对输入参数做相关性分析和聚类分析,确定一组有代表性的地质模型。

(3)为地层正演模型的可视化和直观解释做粗略的沉积环境聚类。

(4)在一张图上以条件频率图的形式展示一组预测模型的结果,并表示出不确定性。

(5)判断获取正确反演所需的最少观测资料。

## 三、地层沉积反演模型实例

### (一)巴哈马地质背景及资料获取

#### 1. 巴哈马区域地质背景

巴哈马滩孤立台地生物礁的研究在国际范围内非常著名。作为巴哈马地区最大的生物礁碳酸盐岩孤立台地现代沉积,有多口科学钻探井和比较清楚的地震勘探资料可用,对其研究不但促进了生物礁碳酸盐岩体系的地层、沉积和成岩模式的改进,而且形成的模式对于了解孤立生物礁碳酸盐岩台地的内部结构和储层性质有着重要意义。选取巴哈马台地资料丰富的区块进行地层正演和反演模拟,通过反复调整正演模拟的输入参数使得模拟结果和钻井的观测资料吻合,既可以促进认识该地区地层形成规律,为碳酸盐岩台地类型的油气藏勘探开发提供理论依据,又能测试前文提出的地层沉积反演软件和工作流程,为实际油气藏的碳酸盐岩地层沉积反演模拟提供依据。

大巴哈马滩是一个典型的海中孤立台地(Eberli,1987),其东侧为弗罗里达海峡,西侧为普罗维登斯海,海峡中水深大约200m,研究区位于巴哈马大浅滩西侧斜坡(图7-6)。台地由盖在白垩系、古近系和新近系石灰岩、白云岩之上的更新世石灰岩构成,在其上又覆盖了现代碳酸盐沉积(图7-7)。

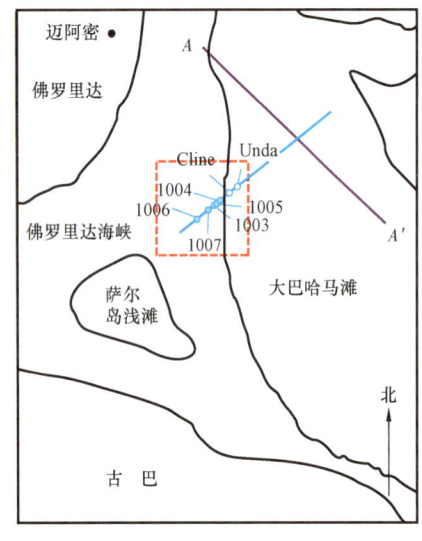

图7-6 研究区位置(据Eberli,1994)

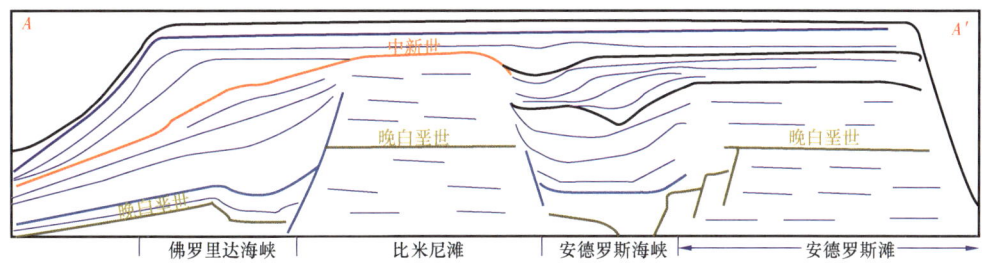

图 7-7 大巴哈马滩地区地层剖面(据 Eberli,1994)

巴哈马地区发育典型的台地边缘斜坡沉积环境,该斜坡倾角 35°~40°,层厚为几厘米至 0.5m,顺斜坡方向延伸数十米,以粗粒的骨屑、岩屑为主的生物碎屑灰岩发育。大巴哈马滩的沉积物与沉积环境、风向和水动力能量有关,珊瑚礁分布于迎风一侧,即安德罗斯岛东侧。鲕粒生长在水动力强的地区,如海舌南端潮汐沙坝区和台地西北边缘;骨屑砂环台地边缘呈环带分布,宽数千米;台地内部的广大地区则为细的团粒和灰泥。

晚白垩纪北西方向出现的大巴哈马滩由两个小滩组成,中间由安德罗斯海峡分割。从那时起,这些台地纵向生长了大概 1500m,海岸向前推进了 25km。在中新世中期,内部又出现了次一级海峡,加剧了侧向前积。地震勘探资料说明海峡两侧上的加积作用导致了沿斜坡前积的发生,在地震剖面上表现为不同角度的楔形沉积。巴哈马滩生物礁—碳酸盐岩台地具有侧向生长的潜力和周期性进积作用的特征,高位期从滩顶部获得的沉积物滑塌导致沿孤立台地背风边缘的进积作用,原先孤立的台地逐渐拼合,形成大巴哈马滩,高能台地边缘宽度可达 5~20m。

2. 观测资料解释

前人已经对巴哈马滩进行大量研究,本次在公开的文献资料基础上开展该区块的地层沉积反演模拟。最早人们对巴哈马滩的内部结构和组成的认识较少,对其外形和组成的直接信息来自于一系列有针对性的勘探项目,如巴哈马钻探计划、大洋钻探计划、深海钻井计划的相关钻井和地震勘探资料为该研究奠定了基础(Ginsburg,2001a、2001b;Melim,2002;Eberli,1997、2002)。

1)井资料

大巴哈马滩西侧的前积层区用七口连续取心井资料绘制了剖面。在剖面近端处是巴哈马钻探计划中钻井位置在台地顶部的 Unda 井和 Clino 井,这两口井钻于 1990 年,揭示了生物礁相覆盖在深水相之上,远端五口井是大洋钻探计划 166 号带中的 1003 井、1004 井、1005 井、1006 井和 1007 井,这些井沿直线分布,解释为碳酸盐岩斜坡相和深水相沉积,最远端的 1006 井水深为 660m,这些井钻遇的地层均为中新世、上新世和更新世。

巴哈马剖面将新近系平台钻至大巴哈马滩背风侧的斜坡沉积物。该断面从今天的台地向西延伸到邻近的 Santaren 海峡(距离当今平台边缘 30km),岩心钻在水深达 660m 的地方。从前人发表的文献可以看出,沿巴哈马剖面钻出的岩相类型丰富。大巴哈马滩上部由浅水斜坡、台地和礁相组成。大巴哈马滩目前是一个平坦的台地,但地震和核心研究揭示了一个较老的斜坡,在上新世演变为一个平顶平台。骨架灰岩与颗粒岩代表了斜坡相,而平台相的特征则是由向上变浅的石灰质到骨骼泥灰岩到颗粒石和/或珊瑚灰岩。水下暴露层位很常见,特别是在台地相。1003井、1005井和1007井钻遇的主要是斜坡和深水区域,沉积微相比较单一,下面对岩性变化频繁的Unda井和Clino井做详细说明。对Unda井和Clino井及地震剖面的分析可以得到地层层序、岩性变化等多个尺度的海平面变化(图7-8)。

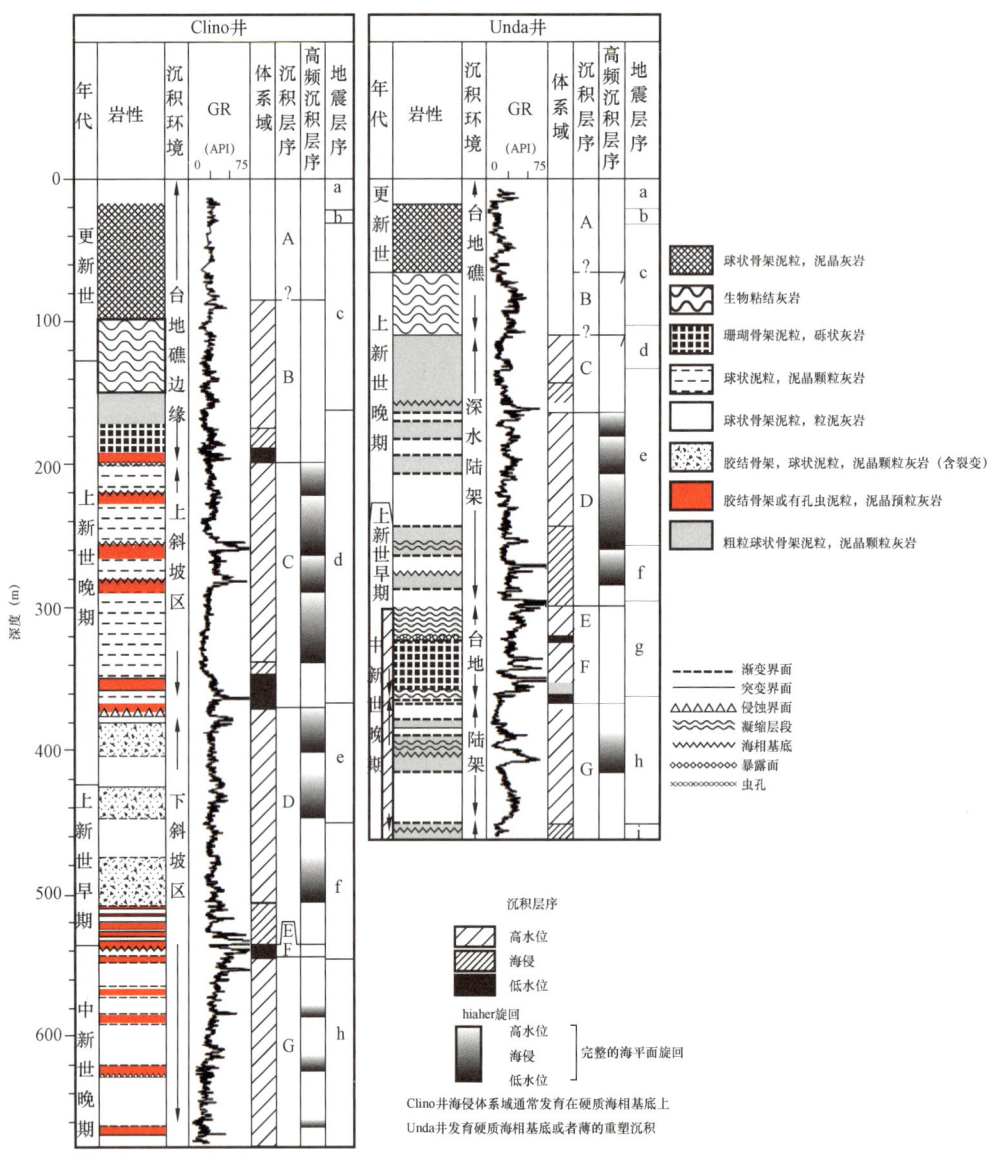

图7-8 钻井岩性和沉积微相信息(据Ginsburg,2001)

2)地震勘探资料

前人在生物地层学和年代地层学的基础上建立了每口井的时深关系,建立了巴哈马滩西侧地层综合柱状图(图7-9),并把井上精细的层序界面标定到了地震剖面上。从A到Q字符序号代表了从新到老的层序界面,结合厚度信息还可以得到层序内的地层沉积速度。对该地震剖面的分析揭示了大巴哈马滩复杂的内部结构(图7-10)(Eberli,1987、1997;Ginsburg,

2001)。在层序地层格架下,根据单井岩相和沉积微相解释,绘制了沉积微相展布模式图,体现了该地区沉积岩演化规律(图7-11)。地震剖面不仅为获取初始地貌提供了依据,也为建立沉积模拟反演目标提供了材料。巴哈马地层沉积模拟的反演目标不仅是井上的沉积序列要与观测资料一致,井间的层序展布也应该与地震勘探资料解释一致。

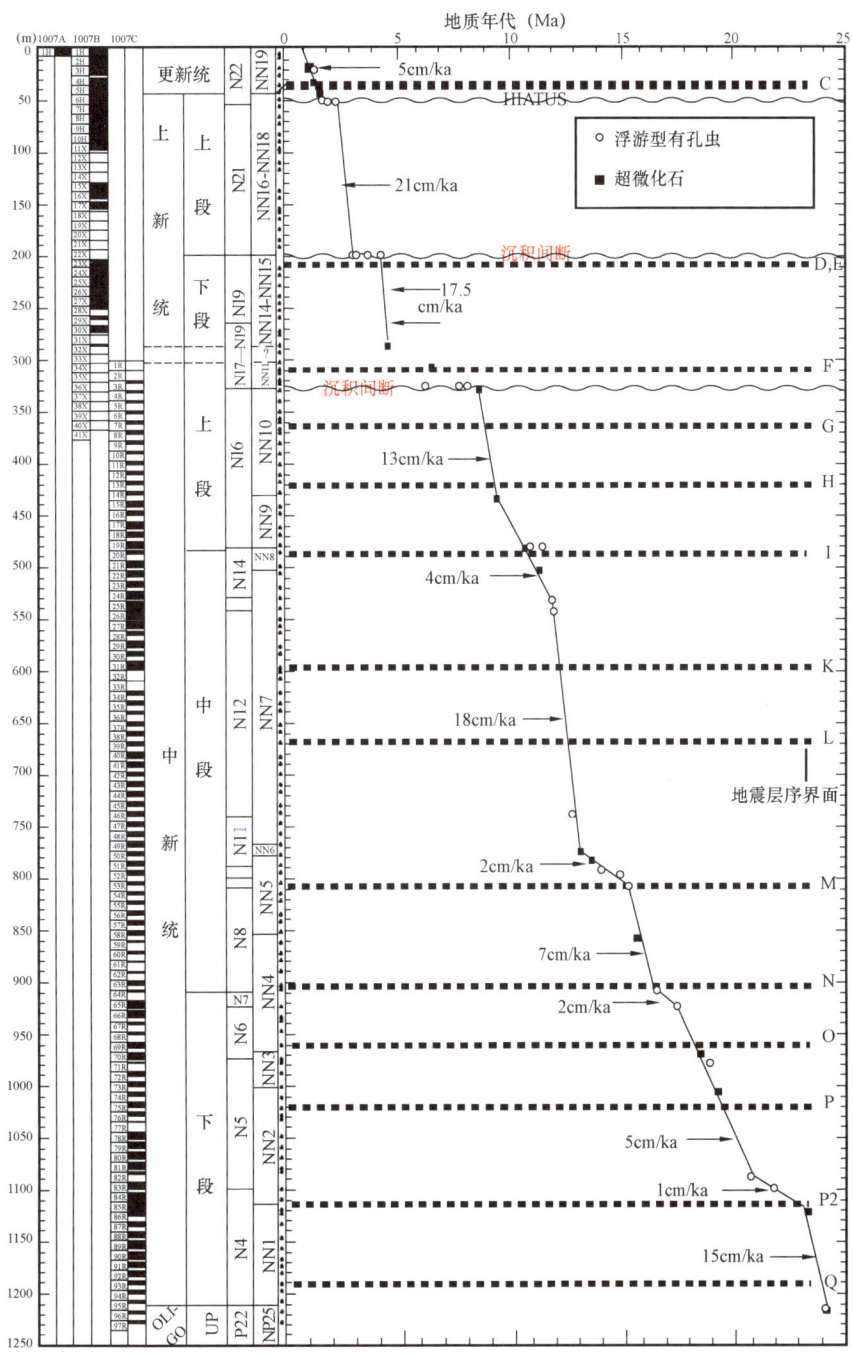

图7-9　巴哈马滩西侧地层综合柱状图(据 Ginsburg,2001)

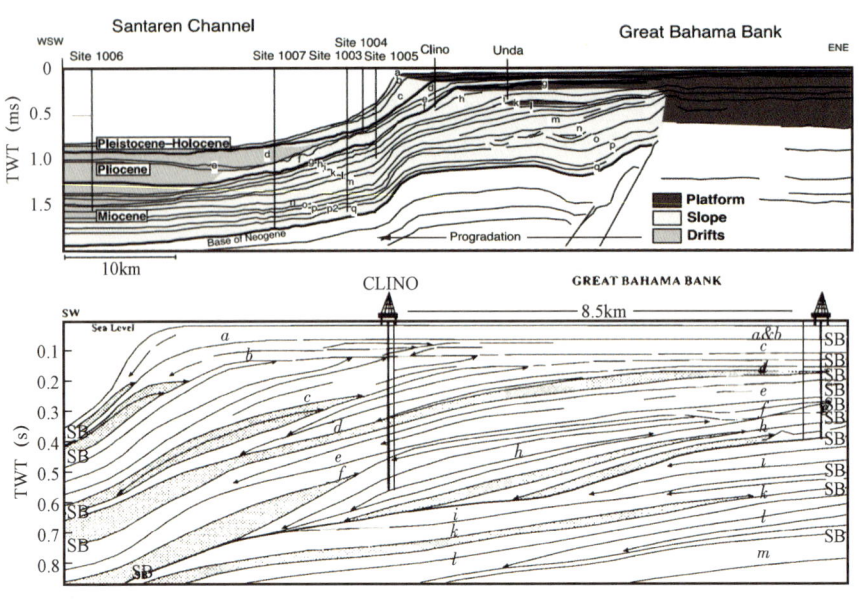

图 7-10 过井地震剖面的地震层序解释(据 Eberli,1997)

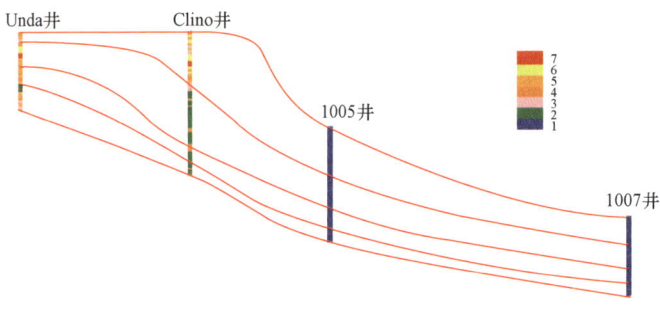

图 7-11 钻井资料沉积微相及层序格架解释

3) 沉积过程参数

Eberli 等(1994)用地层沉积正演的方法检测地区地震解释解剖面,初步获取该地区碳酸盐岩海平面变化、构造沉降、碳酸盐岩产率等参数。通过模拟表明,水深 10m 范围内的碳酸盐岩综合产率是 0.665m/ka,这个产率与碳酸盐岩碎屑和潮汐沉积的最小值(0.5~1.1m/ka)接近(Schlager,1981),但是这个值与计算得到的现代碳酸盐岩当潟湖沉积的产率(0.6m/ka)近似(Smith,1976;Bosence,1989)。但由于剥蚀和重沉积作用使得在整个模拟时间跨度内台地浅水区的平均堆积速度是 0.025m/ka,而在斜坡和深水区的平均堆积速度为 0.033m/ka,该速度与古碳酸盐岩沉积系统的碳酸盐岩堆积速度基本吻合(Sarg,1988)。在该模拟中使用的具体参数如下,表 7-3 为碳酸盐岩产率随深度的变化情况,表格中 0m 时的产率对应于产率模型中幅度值 $A$;表 7-4 为远洋沉积速率,相当于本文产率模型中的 bEng 部分;表 7-5 和表 7-6 分别是巴哈马滩两侧安德罗斯海峡和佛罗里达海峡的构造沉降速率。现代大巴哈马滩沉积环境中,在台地顶部产生了比可容空间多的沉积物,多余的沉积物通过远洋浮游生物或斜坡密度流的形式被搬运到了深水区域。台地上不同位置能量不同,导致碳酸盐岩的堆积差别很大,迎风侧沉积物堆积得很少,大量沉积物被搬运到了背风侧,在背风侧生物礁被埋存并形成厚度很大的楔状沉积物斜坡。

表7-3 碳酸盐岩产率随深度的变化表

| 深度(m) | 碳酸盐岩产率(m/ka) | |
|---|---|---|
| | 安德罗斯海峡 | 佛罗里达海峡 |
| 0 | 0.635 | 0.640 |
| 10 | 0.320 | 0.320 |
| 50 | 0.180 | 0.180 |
| 200 | 0.012 | 0.012 |
| 300 | 0 | 0 |

表7-4 远洋沉积速率表

| 时间(Ma) | 速率(m/ka) | |
|---|---|---|
| | 安德罗斯海峡 | 佛罗里达海峡 |
| 60 | 0.030 | 0.010 |
| 30 | 0.017 | 0.015 |
| 29 | 0.029 | 0.030 |
| 0 | 0.029 | 0.030 |

表7-5 安德罗斯海峡沉降速率表

| 时间(Ma) | 速率(m/ka) | |
|---|---|---|
| | 1.0km | 55.0km |
| 60 | 0.018 | 0.0185 |
| 30 | 0.016 | 0.016 |
| 18.5 | 0.257 | 0.260 |
| 10 | 0.0171 | 0.0171 |
| 0 | 0.121 | 0.121 |

表7-6 佛罗里达海峡沉降速率

| 时间(Ma) | 速率(m/ka) | | | |
|---|---|---|---|---|
| | 1.0km | 49.0km | 50.0km | 60.0km |
| 60 | 0.027 | 0.034 | 0.019 | 0.019 |
| 30 | 0.015 | 0.019 | 0.0185 | 0.0185 |
| 18.4 | 0.018 | 0.018 | 0.024 | 0.024 |
| 10.8 | 0.010 | 0.010 | 0.010 | 0.010 |
| 10.6 | 0.014 | 0.016 | 0.016 | 0.016 |
| 0 | 0.010 | 0.010 | 0.012 | 0.0125 |

## (二)碳酸盐岩沉积正演模型

巴哈马台地是典型的碳酸盐岩沉积台地,碳酸盐岩沉积一般是盆地内源的生物成因,该模型中不考虑外源碳酸盐岩和硅质碎屑岩,认为碳酸盐岩地层的形成是生物能、势能、动能和构造沉降相互作用的结果。本书研究建立了基于势能、动能和生物能相结合的碳酸盐岩正演模型。生物能体现为碳酸盐岩造岩生物的生长,动能表示为风能和风能引起的波浪能,势能主要以地形的样式体现,构造沉降是构造运动引起的地层沉降和沉积物荷载引起的均衡沉降。

碳酸盐岩正演模型包括基本原理是质量守恒模型,碳酸盐岩沉积物总是从能量高的地方向能量低的地方搬运,整个模型保持质量守恒,任意位置碳酸盐岩的体积等于造岩生物生长的碳酸盐岩加上搬运到该处的碳酸盐岩减去搬运出的沉积物。正演模型包括碳酸盐岩生长模型、能量分布模型和质量守恒模型。

### 1. 碳酸盐岩生产模型

影响生物的因素有温度、盐度、营养含量、浑浊度等,但归结起来分为地层因素和生物因素。地层因素可概括为能量($E$)、距离海岸线的距离($x,y$)、水深($W_d$)。生物因素可概括为种群生长策略、可转化为 $CaCO_3$ 的比例。碳酸盐产量函数包括空间($x$、$y$ 和海底海拔 $H$)、时间($t$)和动能($E$)影响。生物类型的影响暂时不考虑。碳酸盐岩在原位生长的模型为

$$P = \theta P_w + (1 - \theta) P_k \tag{7-23}$$

$$P_w = \frac{A}{1 + E^{k_{wp}W_d}} \tag{7-24}$$

$$P_k = k_f F + B \tag{7-25}$$

式中　$W_d = SL - H$;

$SL$——海平面;

$H$——海底的海拔,海平面以下 $W_d$ 为正值,海平面以上 $W_d$ 为负值;

$A$——生产幅度;

$k_{wp}$——随深度增加的生产下降系数;

$k_f$——能量相关系数,该值越大则说明碳酸盐生产与动能关系越密切;

$B$——截断值,反映动能的最小值;

$\theta$——势能和动能比例系数,该值越大则说明势能的权重越大。

根据碳酸盐台地沉积环境中能量分布的观察和分析,影响沉积物搬运的能量包括势能和动能:

$$E = E_p + E_k = \rho g H + F(x, y, t, H) \tag{7-26}$$

动能主要来自海浪和风能,海岸线、陆架的几何形态,以及陆架的水深和梯度有利于动能的产生。

$$F = k_v \left[ \frac{\left( \frac{\arctan[k_w(W_b - W_d)]}{\pi} + 0.5 \right)}{\sqrt{1 + \int_{y_0}^{y} \frac{k_r}{1 + E^{k_h W_d}} dy}} \right] + kDW \tag{7-27}$$

式中　分母——$y$ 处阻力的综合；

　　　$k_r$——阻力幅度；

　　　$k_h$——因水深 $W_d$ 减小引起的阻力增加率；

　　　$y$——平行于沉积物进入的平均方向；

　　　$y_0$ 为模型广海侧的起点。

　　　分子——与风暴浪基面相比的可变水深的阻力幅度；

　　　$k_w$——浪基面与水深相关的阻力幅度，在浪基面附近能量最大；

　　　$k_v$——整个函数 $F$ 的幅度；

　　　$k$——风应力产生的朝陆方向的能量增加梯；

　　　$D$——到海岸的距离；

　　　$W$——风能大小。

$k$、$D$、$W$ 三个变量相乘表示模型中的风能与海岸线距离和能量梯度有关，与水深无关。

2. 沉积物搬运模型

沉积物运移的通量，一般认为与海底的势能有关，把动能加进去，更能体现真实的地质规律，水体总能量等于势能加动能。沉积物通量总是从高能量条件向低能量条件移动。

$X$ 方向的沉积通量：

$$q_x = -D_x \frac{\partial(\rho g H)}{\partial x} + D_x F(x,y,t,H) \tag{7-28}$$

$Y$ 方向的沉积通量：

$$q_y = -D_y \frac{\partial(\rho g H)}{\partial y} + D_y F(x,y,t,H) \tag{7-29}$$

负号表示沉积物运移的方向，朝向海底能量减少的方向

3. 碳酸盐岩正演模型控制方程

某一段时间内的质量增量等于整个模型空间中的造岩生物 $CaCO_3$ 的产量。任一节点处沉积物的体积（质量）等于原地产生的质量加上运移到该地的体积（质量）减去运移出的体积（质量）。经推导可得到碳酸盐岩地层沉积正演模拟的控制方程为

$$\frac{\partial H}{\partial t} = D_x \left( \rho g \frac{\partial^2 H}{\partial x^2} + \frac{\partial F}{\partial x} \right) + D_y \left( \rho g \frac{\partial^2 H}{\partial y^2} + \frac{\partial F}{\partial y} \right) + P + S_{tect} \tag{7-30}$$

对上述碳酸盐岩地层沉积正演数学模型，按照有限差分方式建立数值模型，可模拟每个时间步地形海拔、动能和势能的分布。

4. 碳酸盐岩正演沉积微相模型

将沉积模拟得到的水深、能量、产率等模型转化为沉积相模型，是模拟结果与观测数据比较的基础。地质学家对沉积环境的研究往往采用沉积相的方法，一般从相、亚相、微相的方法把地层中的沉积单元划分为不同类型，是一种认识复杂事物的典型方法。对碳酸盐岩沉积相可划分为台地、斜坡和盆地三类，每一类又可以细分。沉积反演模拟研究中，收集到的观测资

料往往是解释过的单井沉积微相剖面,需要把模拟结果转化为相应的沉积微相模型,才能与观测资料做比较。

水深和能量是碳酸盐岩沉积相划分的主要依据。对于碳酸盐岩沉积环境,水深越深、能量越低,沉积的沉积物颗粒越细,反之,在高能沉积环境更倾向于沉积相对粗颗粒的沉积物,这是地质研究中沉积相划分的主要依据。因此,可以采用类似划分方案,把模拟结果划分为沉积相。

图 7-12 是一个可以参考的沉积微相划分方案,水深 100m 以上根据能量划分四种沉积微相,水深 100~140m 根据能量划分为两种沉积微相,水深 140m 以下根据能量划分为两种微相,总计八种沉积微相。这八种微相的名称并非固定不变,斜坡相和盆地相的名称比较容易确定,台地相的各类微相划分要依据相应的沉积背景,在以礁滩为主的沉积环境中,这些微相类型可以是礁核、礁缘、礁沟等。根据地形特征和相展布规律,考虑能量和水深,在礁滩为主的沉积框架下,划分沉积相剖面(图 7-13)。后续碳酸盐岩地层沉积正演模拟和反演模拟中都采用这种划分方案和色标。

| 水深≤100m | 8动能<br>>0.78 | 7动能<br>>0.63 | 6动能<br>>0.55 | 5动能<br>≤0.55 |
|---|---|---|---|---|
| 水深≤140m | 4动能<br>>0.3 | | 3动能<br>≤0.3 | |
| 水深>140m | 2动能<br>>0.2 | | 1动能<br>≤0.2 | |

图 7-12 沉积相划分方案

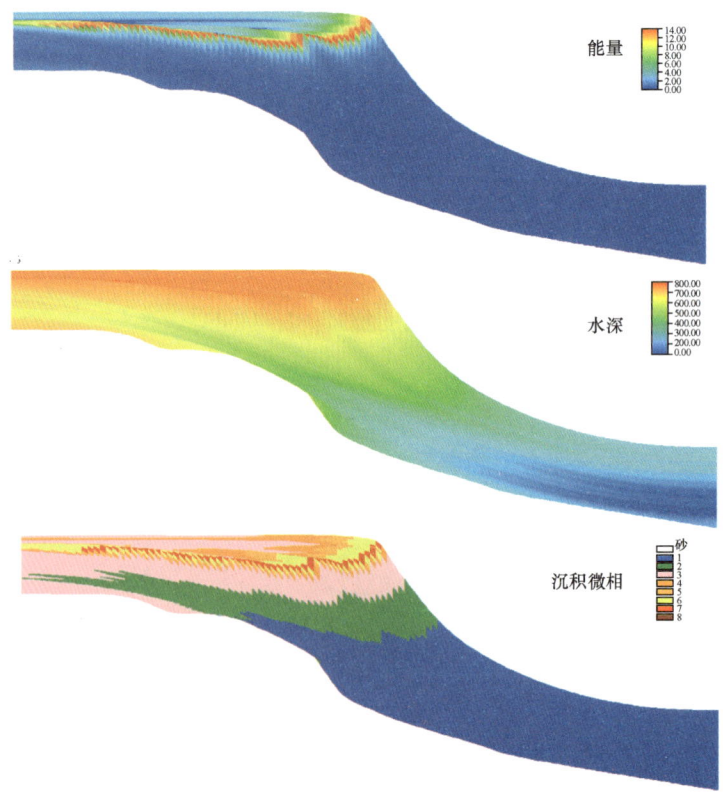

图 7-13 沉积相划分实例

## (三)地层沉积反演模拟参数分析

本次模拟选取的研究区位于大巴哈马滩西侧,覆盖有科学钻探井 Unda 井、Clino 井、1003 井、1005 井和 1007 井,平面范围为 30km×30km,模拟时间从中新世末期(层序界面 f)至今(层序 a),总的模拟时间为 530 万年,划分为 400 个时间步,每个时间步为 1.325 万年。

地层沉积正演模拟要输入的参数有初始地形、构造沉降、海平面变化曲线、碳酸盐岩产率、沉积物搬运。根据对该地区前期的资料分析认为初始地形和构造沉降比较确定,而海平面曲线、碳酸盐岩产率和沉积物搬运的相关参数不确定性较大,合理确定这些参数是地层沉积模拟的关键。

### 1. 确定性参数构建

#### 1)初始地形

目标地层在沉积前存在且作为该次沉积的基地;对沉积模拟初期形态影响非常大,可以通过恢复古地貌来确定初始地形。中新统上部底界面对应的层序界面在地震剖面上为层序 I,是模拟的起始时间,追踪该界面可以得到二维初始地形,在南北方向顺海岸线方向延伸可以得到拟三维的初始地形。目前的软件是初级版本,需要把初始地形旋转为左岸右海,图 7 – 14 是旋转后的初始地形和井位分布(后续所有资料都按相同方式旋转)。

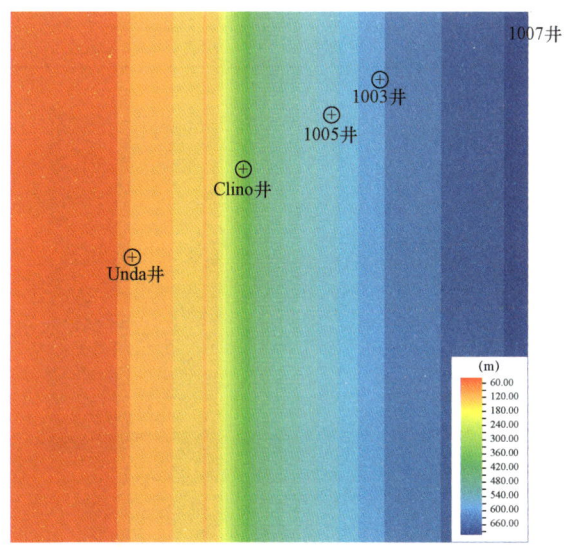

图 7 – 14 初始地形和井位分布

#### 2)构造沉降

海平面变化曲线和构造沉降主要控制了沉积物的形态和厚度。海平面变化和地形决定了沉积时的古水深,即如果给海平面变化曲线减去一个幅度值,同时也给初始地形减去同样的幅度值,则模拟结果不变,因此构造沉降的确定非常重要。

构造沉降是指地壳构造运动引起的地面沉降活动。地壳运动的形式非常复杂,所产生的效应多种多样,引起构造发生沉降的原因可以归纳为构造原因和非构造原因两种。构造作用引起地表形成盆地,这属于构造沉降。充填于盆地中的沉积物负荷进一步促使盆地下沉,这一部分沉降则属负荷沉降,构造沉降加上负荷沉降,构成总沉降。一般规律为:模拟的沉积地层年代越新,沉降量估算得越准。近岸侧受到负荷沉降影响较小,估算的沉降量较准,沉降量向海侧逐渐增大。

巴哈马区域属于现代沉积的浅水区域,沉积厚度并不大,所以负荷沉降比较小,尤其是靠岸侧,沉积厚度不到300m,所以可忽略负荷沉降,根据沉积厚度和古水深估算构造沉降。计算构造沉降量方法为:构造沉降量 = 初始地形的现在深度 − 初始地形的原始深度;对于有钻井数据的现代沉积,初始地形的现在深度就等于要模拟的这段时间内的沉积物厚度加上现在的水深;初始地形的原始深度就等于开始模拟时该处的水深,构造沉降速率 = 构造沉量/时间。表7−7为通过五口井计算的沉降量。其中现底深 = 水的厚度 + 沉积物的厚度,这五口井插值可得到构造沉降平面分布(图7−15),经模拟结果验证,符合地质模型及井数据。

表7−7 构造沉降速度分析

| 井名 | X坐标（m） | Y坐标（m） | 水深（m） | 沉积厚度（m） | 现底深（m） | 原底深（m） | 沉降量（m） | 沉降速率（m/10ka） |
|---|---|---|---|---|---|---|---|---|
| Unda | 7575 | 17322 | 7.6 | 521.1 | 528.7 | 422.6 | 106.1 | 0.200189 |
| Clino | 14311 | 22660 | 6.7 | 280.0 | 286.7 | 161.5 | 125.2 | 0.236226 |
| 1005 | 19939 | 25914 | 352.0 | 415.0 | 767.0 | 631.2 | 135.8 | 0.256226 |
| 1003 | 22885 | 28057 | 470.0 | 368.0 | 838.0 | 695.0 | 143.0 | 0.269811 |
| 1007 | 31969 | 32025 | 650.0 | 302.0 | 952.0 | 760.8 | 191.2 | 0.360755 |

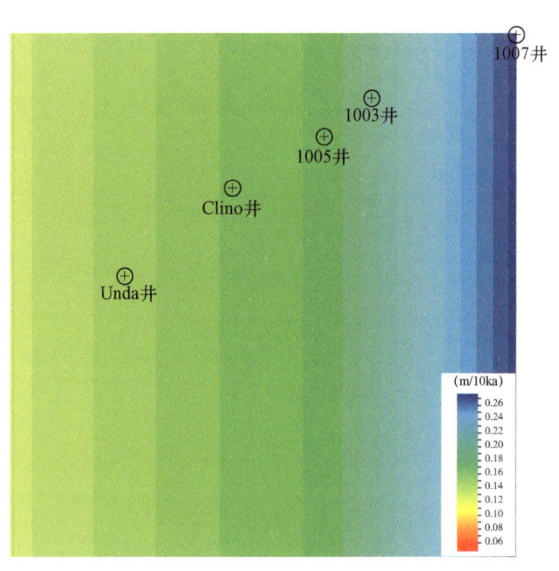

图7−15 构造沉降速度分布

**2. 不确定性参数分析**

对于不确定性较大的参数,采用试错法,不断调整输入参数并执行地层正演模拟,观察模拟结果与观测资料的吻合程度,确定参数大致合理的区间及组合特征,减小参数变化区间,为参数精细反演奠定基础。

1)海平面变化曲线

海平面的升降变化为沉积物提供了充填空间。受到全球气候、地壳形变等影响,海平面呈显出规律性的升高或降低。可以参考前人研究成果,以及沉积旋回和海平面变化的密切关系,分析海平面变化曲线。前人对全球海平面曲线以 Haq 曲线(Haq 等,1987)最为典型(图 7-16),Haq 曲线是全球海平面变化的平均,对特定的某一研究区而言,该曲线可以作为海平面变化趋势的参考,但不一定真正就采用该曲线。前人用 Haq 曲线模拟巴哈马地层演化并与地震勘探资料对比,吻合度较低,表明 Haq 曲线可能无法真正代表巴哈马地区的海平面变化。本书最初也采用 Haq 曲线,但模拟结果不理想,沉积的沉积微相模型与观测数据一致性较差(图 7-17),剖面上从红色、黄色、橘黄色、褐色到粉色、深绿色和蓝色,表示不同的沉积微相,颜色越深表示水深越大、能量越弱。岩相和沉积微相对水深具有指示意义,因此井上记录的沉积旋回是获取局部海平面变化曲线的重要依据。

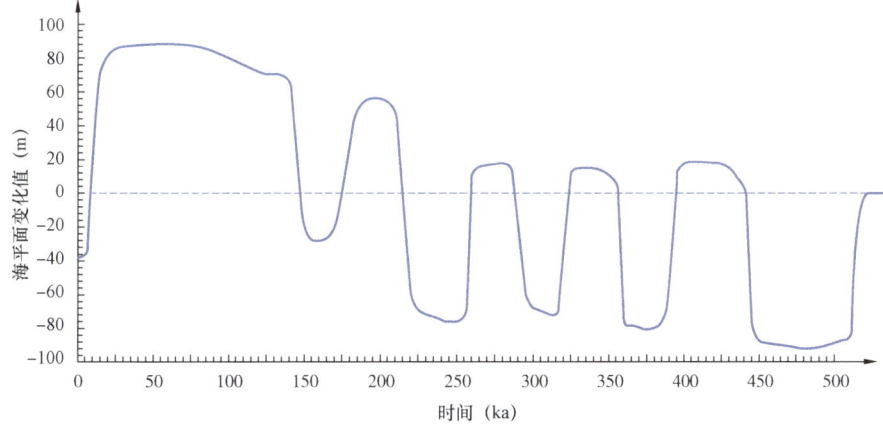

图 7-16  全球标准海平面变化曲线(Haq 曲线)

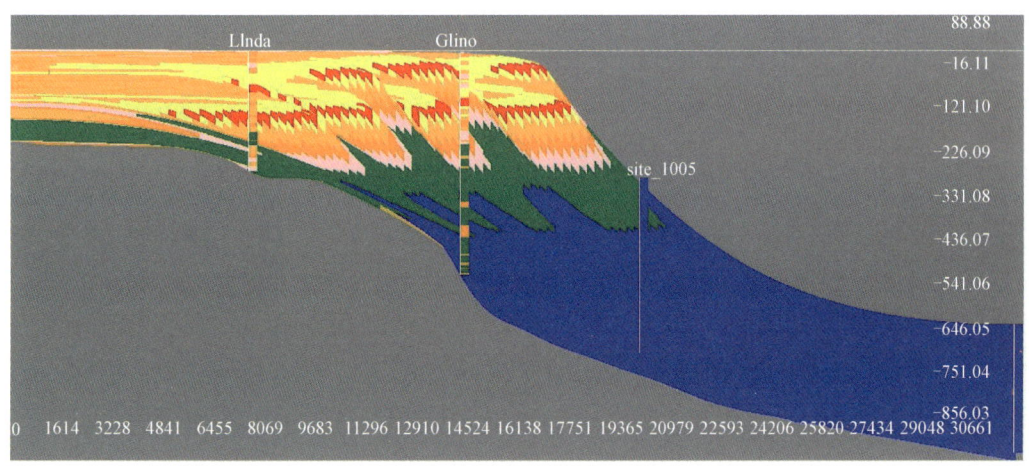

图 7-17  基于 Haq 曲线的地层沉积正演模拟结果

沉积旋回可以和海平面曲线有较好的对应关系,这种对应关系在物源较充分或者碳酸盐岩产率合适的时候更明显。在浅水区台地相关的沉积相带变化对海平面变化更敏感,更能反映海平面曲线变化规律,而深水区则不敏感。原因在于浅水区碳酸盐岩产率高,以及浅水区地形和海平面变化对可容空间控制作用强。当海平面下降时,对于浅水区由于可容空间小,而碳酸盐岩产率较高时会快速充填满可容空间,并向地势更低的区域搬运,此时沉积相带分布也向低能相带变化,和海平面变化相符,且敏感性强;对于深水区,碳酸盐岩产率较低,地形和海平面变化对可容空间影响小,所以深水区对海平面变化曲线的响应不明显。

反过来,沉积旋回也可以帮助推测海平面变化。需要注意的是,位于浅水区且没有明显剥蚀作用的井比深水区的井能更准确地识别区域海平面变化。如在一口井中发现为深水沉积,则大致可以反映出该时段内海平面上升,但该时间段内有没有小的旋回,则需要沿着物源方向找到等时的浅水沉积,正是沉积旋回和海平面变化的这种关系,为确定海平面变化提供了依据,图7-18为巴哈马地区海平面变化曲线。确定了海平面变化的旋回性之后,结合Haq曲线和沉积模拟结果,可以调整海平面变化的真实幅度值(图7-19)。

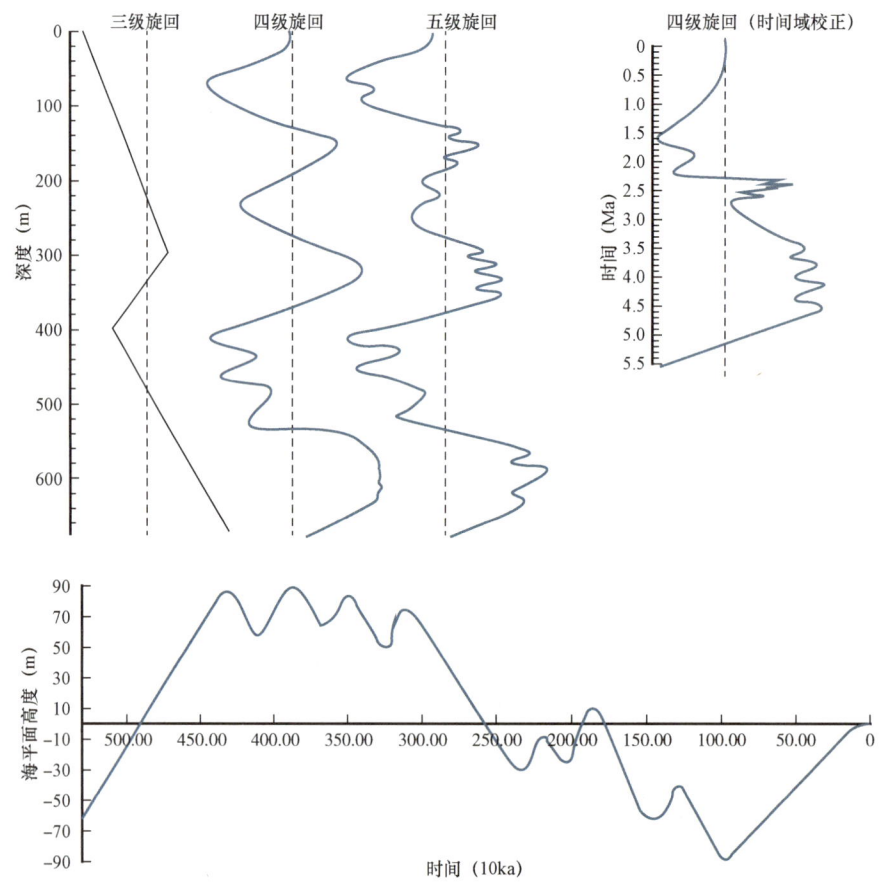

图7-18 沉积旋回分析得到的海平面变化曲线

2)碳酸盐岩产率

碳酸盐岩的生长同时受到生长环境的温度、光照、盐度、营养含量等因素影响,而这些因素的主要受地形和水深控制。水浅的地方光照、温度、氧含量等条件都比较好,在水浅的地方,碳酸盐岩产率相对较高。除了水深,水体的动能会影响水的含氧量、盐度、影响度等,进而影响碳酸盐岩产率。这两组参数确定难度大,需要进行大量的参数分析。

(1) 势能相关产率 ($P_w$)

根据前文定义的碳酸盐产率模型,$A$ 反映了产率的幅度,和产率成正比;$K_{wp}$ 主要控制产率,受深度影响,和产率成反比;$W_p$ 反映了透光带的厚度,和产率成正比。在实际工区中,与势能相关的产率和地形吻合度一致,其影响水深的下限主要靠 $W_p$ 和 $K_{wp}$ 控制。水深小于 $W_p$ 时不受 $K_w$ 影响,保持最大产率幅度,水深大于 $W_p$ 时产率随水深快速下降;当 $K_{wp}$ 增大时,其影响到的水深减小,当 $A$ 增大时,碳酸盐岩产率也相应增大。图 7 – 20 所示为不同参数下碳酸盐岩产率随势能(水深 $W_d$)的变化情况,其中,透光带厚度 $W_p=20$,当 $K_{wp}=0.1$ 时,$A=1、2、4$ 的水平下,产率也是成倍的增加,但其收敛的水深都在 50~60m。当 $A=2$ 时,$K_{wp}=0.01、0.1、1$ 的水平下,$P_w$ 曲线在水深小于 $W_p$ 的层段产率都为 1,而其影响的水深变浅,在 $K_{wp}=0.1$ 的时水下 50m $P_w$ 趋近于 0,当 $K_{wp}=1$ 时,水下 5m $P_w$ 趋近于 0。

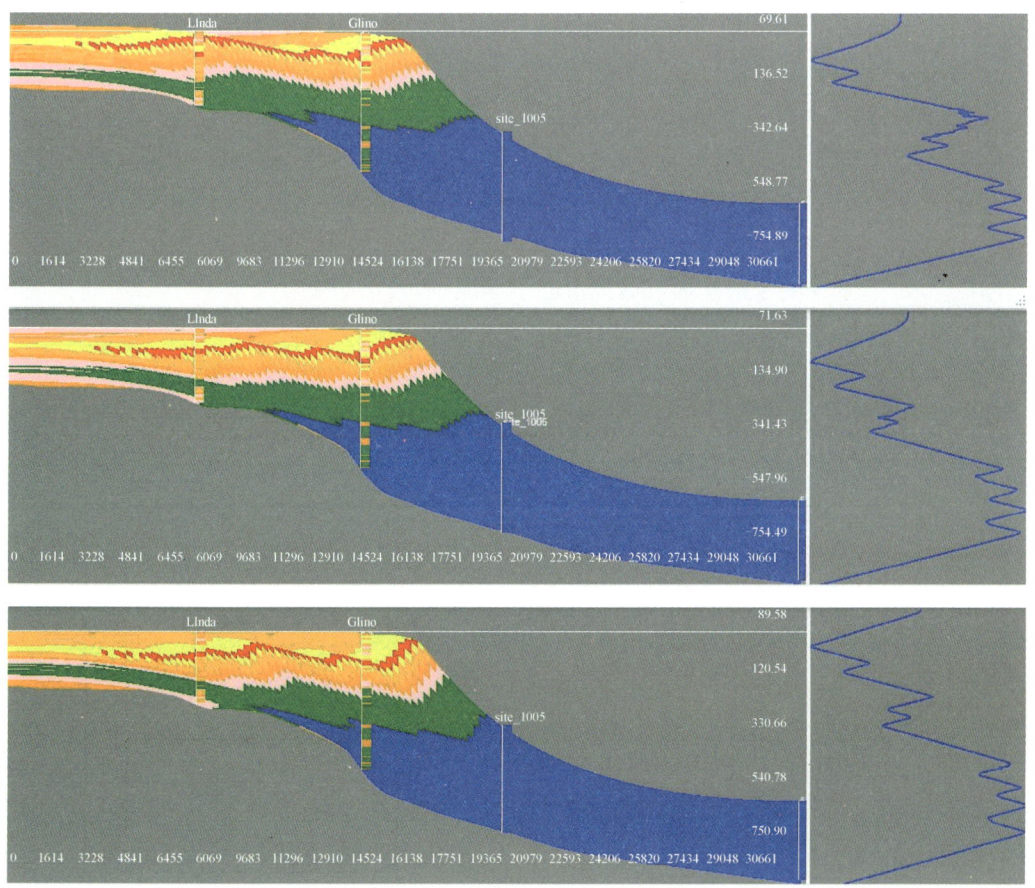

图 7 – 19 海平面变化曲线幅度值校正

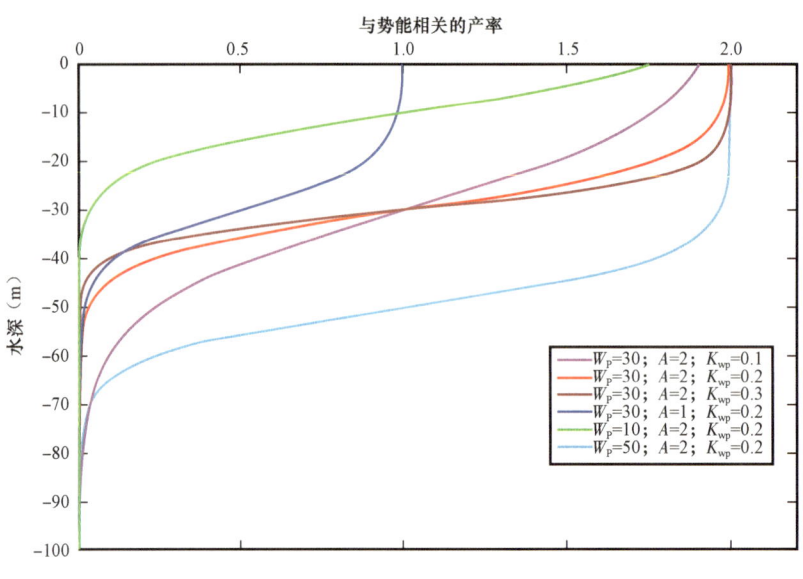

图7-20 不同参数下的碳酸盐岩产率随势能的变化

（2）动能相关产率（$P_e$）

由于碳酸盐岩产率与动能呈线性关系，因此动能计算的相关参数会影响碳酸盐岩的产率。本研究采用的动能计算方法是地质经验法，即根据实际地质经验总结了动能与地形、水深的分布公式，动能大小与波浪能呈正比，与阻力能呈反比，与风能吹程呈反比。波浪能在海平面至浪基面之间较大，水深大于浪基面以后波浪能迅速减小，减小的速度与 $K_w$ 有关，$K_w$ 越大，波浪能减小的速度越快；水深小于浪基面以后向陆地方向地形的破浪阻力迅速增加，动能迅速下降，阻力能的大小与 $K_r$ 及 $K_h$ 有关。

如图7-21所示，该模型为巴哈马初始地形下的动能 $F$ 分布。在水深60m以下动能基本上接近0，在60m处开始增大，在水深10m左右动能达到最大，然后能量快速减少，到达局限台地的

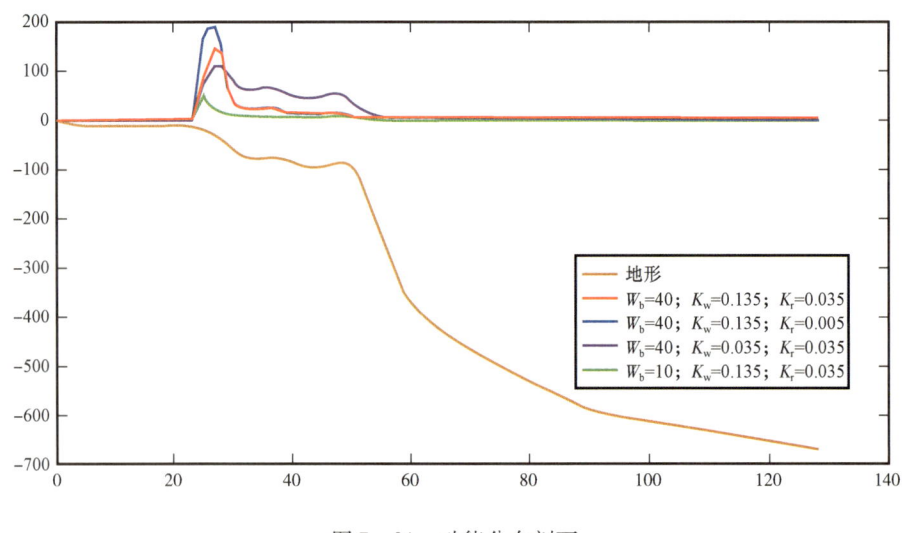

图7-21 动能分布剖面

地形时,能量趋近于0;当水深减小后,能量再次增大,但此时能量并没有第一次出现高地形的能量强度大,主要是因为第一次出现的高地形太宽,消耗了大部分能量。$K_h$越小,阻力随水深下降越慢,动能越大,产率越大,但同时沉积由对流引起的搬运作用也越明显,深度区厚度越大(图7-22)。$K_r$越大,阻力越大,动能越小,产率越小,搬运能力越弱,台地规模越小(图7-23)。

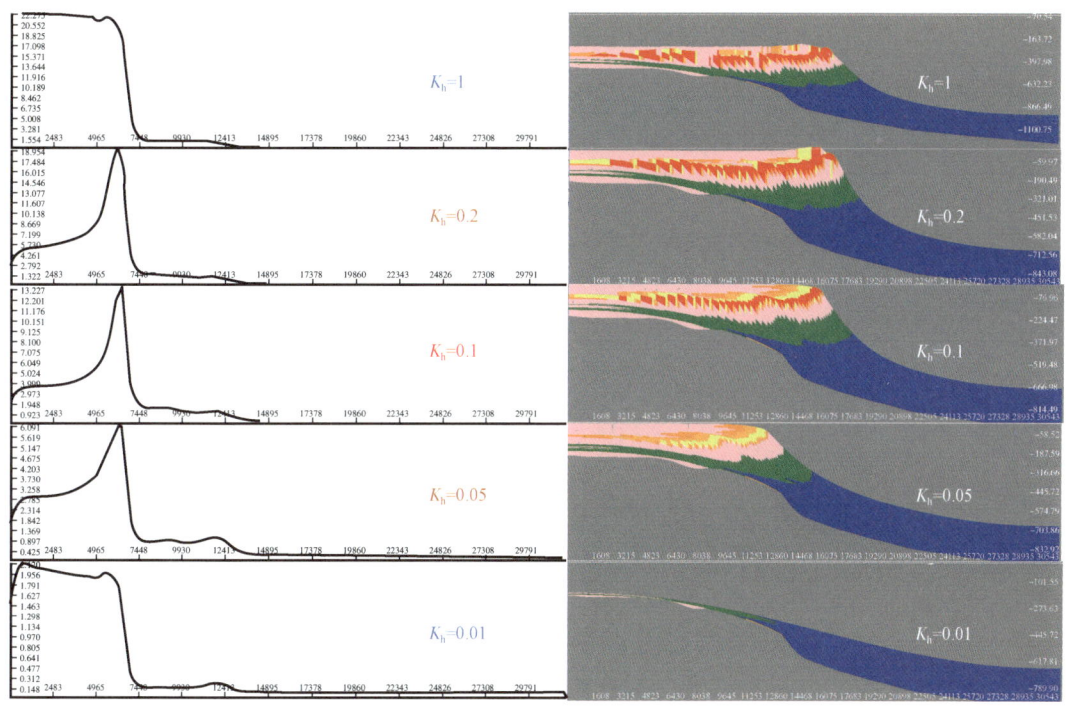

图7-22 不同$K_h$下动能分布和模拟结果

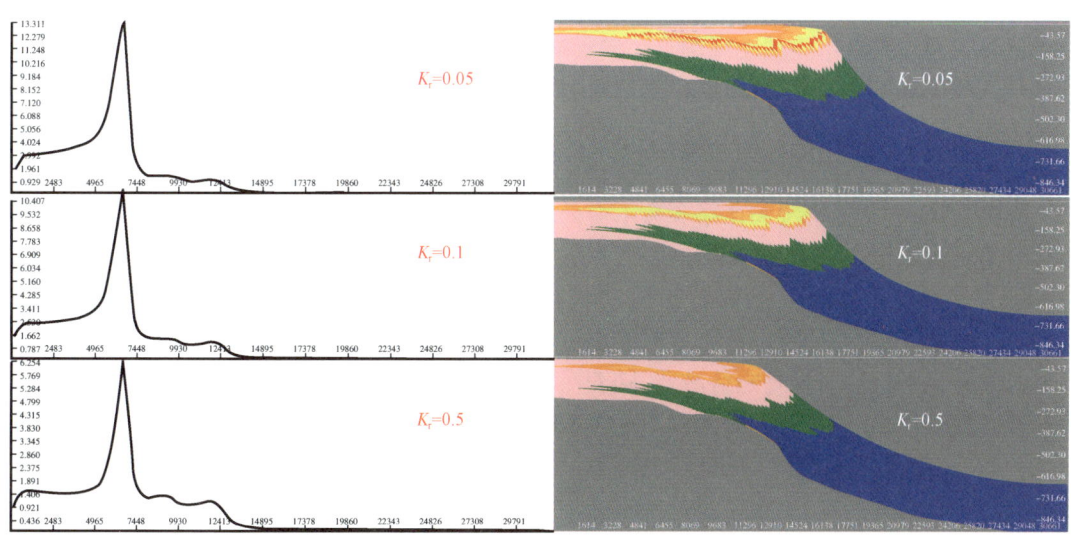

图7-23 不同$K_r$下动能分布和模拟结果

$W_b$ 这个参数主要和浪基面有关,当 $W_b$ 增大,动能也会相应增大,但动能出现峰值的位置会向深海侧移动,同时开始出现动能的位置也同样向深海侧移动。这个符合地质认识,当浪基面比较大时,反映了该区波浪能量比较强烈,即动能比较大,同时波及到的深度比较深,受到波浪作用的海底地形也变深(图7-24)。

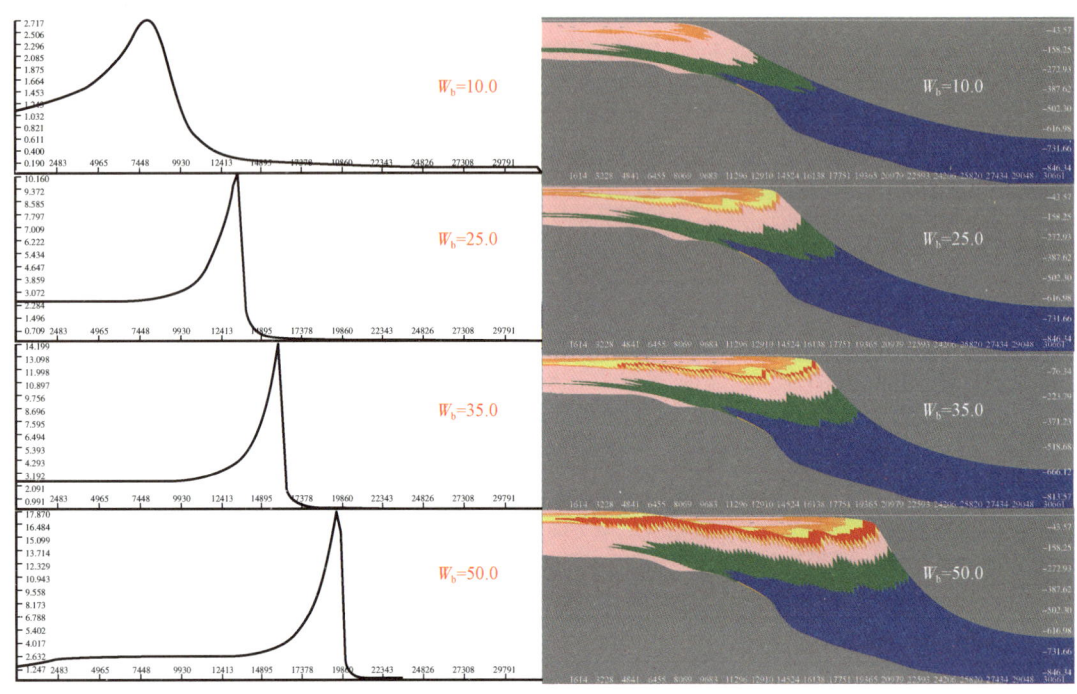

图 7-24　不同浪基面 $W_b$ 下动能分布和模拟结果

3)沉积物搬运

沉积物在地势和水体动能作用下会再次搬运,沉积物在势能的作用下总是从海拔高的地方向海拔低的地方扩散,扩散强度由扩散系数决定;在对流的作用下从动能强的地方向动能低的地方搬运,对流强度由对流系数决定,因此扩散系数和对流系数对沉积物搬运有重要影响,进而影响沉积物最终的展布特征。

在初始地形、构造沉降和产率参数不变的情况下,通过调整势能扩散系数和动能对流系数可以直观地观察沉积物搬运的方式:势能扩散主要体现在高地形搬运到低地形,主要是"削高填低",使地形表面更光滑,而增加前积层的这种趋势比较弱,扩散系数越大"削高填低"作用越明显;动能对流主要体现在前积层的增加上,使地形更陡峭,由于动能随水深迅速降低,因而高地形搬运到低地形时这种趋势减弱,随着对流系数的降低,对流对沉积物的控制作用降低,前积层规模变小,主要以势能控制作用为主(图7-25)。需要注意的是沉积物的搬运和碳酸盐岩产率要在同一个量级,否则搬运的相关系数太低会使原地生产的碳酸盐岩无法及时搬运,导致台地区域迅速升高,出现奇怪的模拟结果,甚至影响模型的收敛性。

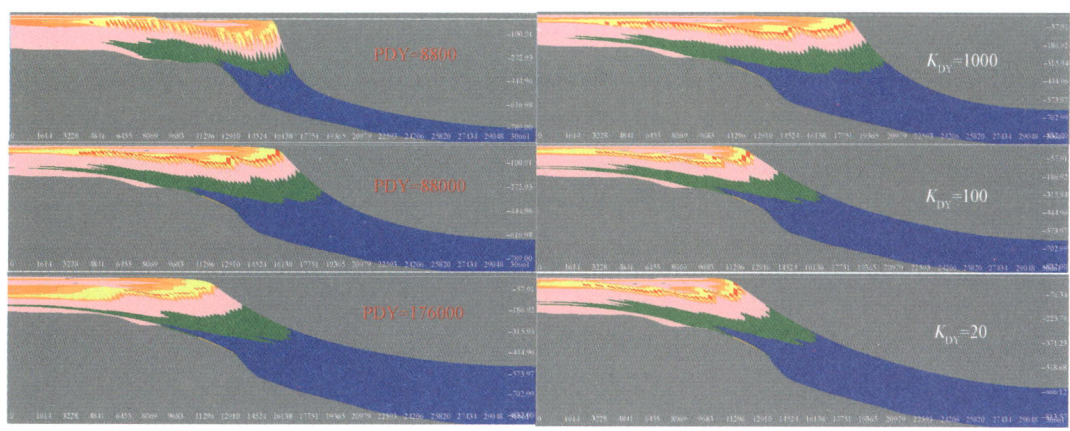

图 7-25 不同势能扩散系数和对流系数时的模拟结果

以现代碳酸盐岩台地沉积发育观察结果为目标,采用试错法对上述各类参数进行调整并执行地层沉积正演模拟,确定各个参数的合理区间及参数组合情况,得到了比较合理的碳酸盐岩台地模拟结果(图 7-26)。但对某一特定的碳酸盐岩台地,该套参数并不是最优、最合理的,需要进一步借助全局优化算法进行反演模拟,取得与观察资料匹配的沉积模拟结果。

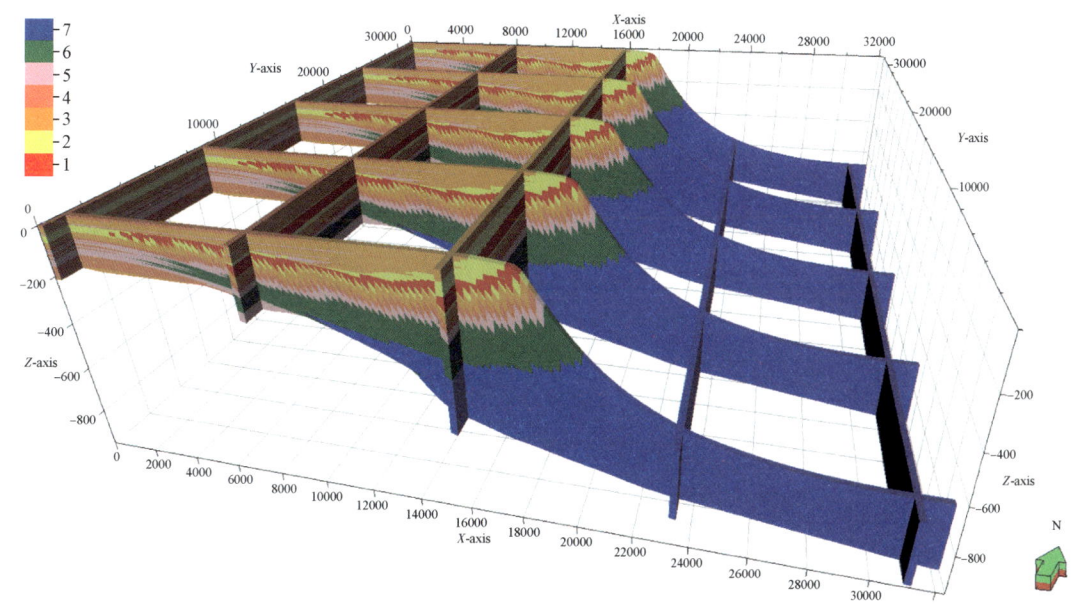

图 7-26 碳酸盐岩台地地层沉积正演模拟结果

(四)巴哈马地层沉积反演模拟结果

依据地质认识和试错法得到人工手动调整情况下最优化的拟合效果和正演模拟输入参数,理论上真实的参数应该在这套参数附近。因此,需要以目前手动调整的最优参数为基础,给定每个参数的搜索空间,开展基于全局优化算法的参数反演,使得模拟结果与观测数据达到最佳吻合。

地层沉积模拟输入参数有古地貌、海平面变化史、构造沉降史、碳酸盐岩产率、沉积物搬运参数等,这些参数是地层沉积反演时要反演的对象。通过大量的调试,认识到巴哈马地区的初始地形、构造沉降比较确定,其他参数比如海平面变化曲线、碳酸盐岩产率及沉积物搬运参数仍存在较大的不确定性,需要借助定量反演的方法确定。这三类不确定性较大的参数中,相对于地层正演模拟方程而言,海平面变化曲线为外部输入参数,而碳酸盐岩产率和沉积物搬运是方程系数,两组参数相对独立,可以采用分步反演的方法,以减小解空间的大小,加速模型收敛速度。另外,参数反演时需要预先给出每个参数的变化区间,理论上区间范围越大越有可能找到真实解,但是计算量也将迅速增加,因此参数的变化范围不可设置过大。

具体方法是:先假设上述多尺度沉积旋回分析的海平面变化曲线为准确值,反演碳酸盐岩产率和沉积物搬运的相关参数;当这两组参数搜索到与真实值非常接近时,再反演海平面变化曲线;当这两组参数都反演至真实值附近时,即目标函数收敛到最小值,最终完成巴哈马现代地层沉积反演。

地层沉积正演模型涉及碳酸盐岩产率和沉积搬运,需要反演的参数有碳酸盐岩产率最大值,产率随水深下降系数,透光带厚度,产率与动能相关系数,产率与动能相关的截断值,与产率相关的势能与动能比例系数;动能幅度,波浪能随深度变化系数,浪基面深度,地形阻力能幅度,阻力随深度变化系数;$X$方向扩散系数,$X$方向对流系数。根据上一节参数不确定性分析结果,考虑每个参数对沉积模拟结果的响应特征,设置每个参数的区间(表7-8),执行基于模拟退火的地层沉积反演模拟。模拟1000余次后模型和参数获得明显的收敛特征(图7-27),说明算法没有进入局部最小值,模拟结果可以用于进一步分析和应用(图7-28)。

表7-8 待反演的参数及取值区间

| 参数类型 | 参数名 | 初始值 | 最小值 | 最大值 |
| --- | --- | --- | --- | --- |
| 碳酸盐岩产率相关 | 碳酸盐岩产率 | 3.00 | 1.00 | 6.00 |
| | 产率随水深下降系数 | 0.10 | 0.00 | 1.00 |
| | 透光带厚度 | 10.00 | 0.00 | 30.00 |
| | 产率与动能相关系数 | 0.85 | 0.10 | 4.00 |
| | 产率与动能相关的截断值 | 0.10 | 0.001 | 0.50 |
| | 势能与动能比例系数 | 0.30 | 0.00 | 1.00 |
| | 动能幅度 | 23.50 | 5.00 | 50.00 |
| | 波浪能随深度变化系数 | 0.13 | 0.01 | 0.24 |
| | 地形阻力能幅度 | 0.03 | 0.00 | 1.70 |
| | 阻力随深度变化系数 | 0.10 | 0.001 | 1.25 |
| | 浪基面深度 | 38.00 | 20.00 | 60.00 |
| 沉积物搬运相关 | $X$方向扩散系数 | 98200 | 40000 | 180000 |
| | $X$方向对流系数 | 600.00 | 300.00 | 1200.00 |

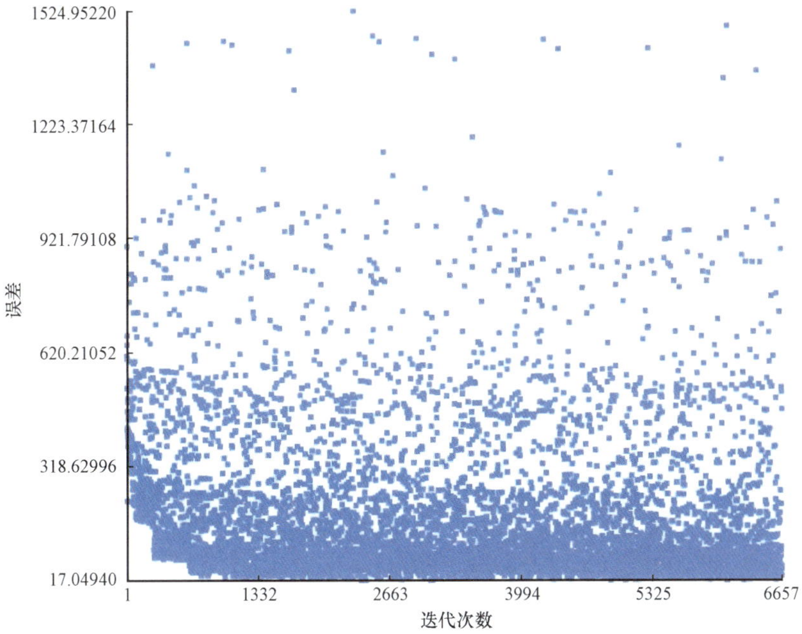

# 第七章 基于沉积模拟的建模方法

(a) A地层

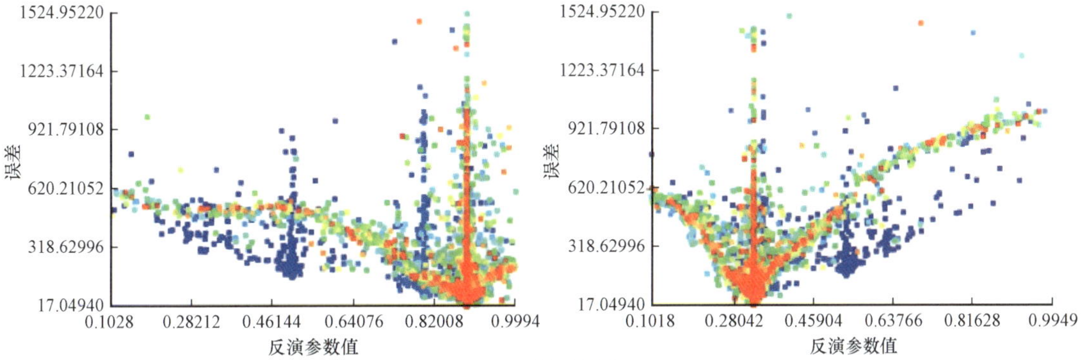

(b) B地层

图 7-27 地层正演模型方程系数反演收敛情况

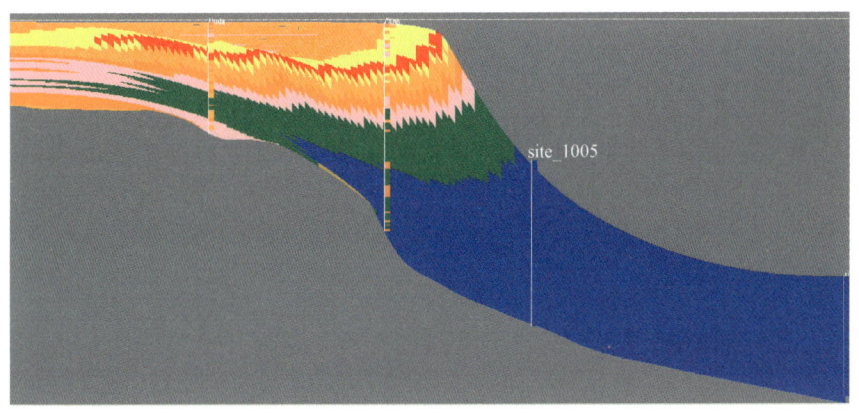

图 7-28 巴哈马台地地层沉积反演模拟结果

# 参 考 文 献

Agrawal D, Dwivedi S, Barrois A, et al. 2015. Impact of Environmental Parameters on Forward Stratigraphic Modelling from Uncertainty Analysis: Lower Cretaceous, Abu Dhabi[C]//SPE Reservoir Characterisation and Simulation Conference and Exhibition. Society of Petroleum Engineers.

AlQattan H, Mezghani M, Hmoud K. 2017. Moving Models into Reality: An Automated Workflow to Calibrate Forward Stratigraphic Modeling: Application to Hanifa and Arab – D in Central Saudi Arabia[C]//SPE Abu Dhabi International Petroleum Exhibition & Conference. Society of Petroleum Engineers.

Begin Z B, Meyer D F, Schumm S A. 1981. Development of longitudinal profiles of alluvial channels in response to base – level lowering[J]. Earth Surface Processes & Landforms, 6(1): 49 – 68.

Bellingham P, White N. 2010. A general inverse method for modelling extensional sedimentary basins[J]. Basin Research, 12(3 – 4): 219 – 226.

Bonham Carter G, Harbaugh J W. 1969. Simulation of geologic systems: an overview[J]. Transactions of the Society for Computer Simulation, 12(2): 81 – 86.

Bornholdt S, Westphal H. 1998. Automation of stratigraphic simulations: Quasi – backward modelling using genetic algorithms[J]. Geological Society, London, Special Publications, 134(1): 371 – 379.

Bornholdt S, U Nordlund, H Westphal. 1999. Inverse stratigraphic modeling using genetic algorithms[J]. Numerical Experiments in Stratigraphy: Recent Advances in Stratigraphic and Sedimentologic Computer Simulations, SEPM Special Publications, 62.

Bosence D. 1989. Biogenic Carbonate Production in Florida Bay[J]. Bulletin of Marine Science Miami, 44(1): 419 – 433.

Bosence D, Waltham D. 1990. Computer modeling the internal architecture of carbonate platforms[J]. Geology, 18(1): 26 – 30.

Bowman S A, Vail P R. 1999. Interpreting the stratigraphy of the Baltimore Canyon section, offshore New Jersey with PHIL, a stratigraphic simulator[J]. Special Publications, 117 – 138.

Burgess P M, Roberts D G, Bally A W. 2012. A brief review of developments in stratigraphic forward modelling, 2000—2009[J]. Regional Geology and Tectonics: Principles of Geologic Analysis, 1: 379 – 404.

Burton R, Kendall C G S C, Lerche I. 1987. Out of our depth: on the impossibility of fathoming eustasy from the stratigraphic record[J]. Earth – Science Reviews, 24(4): 237 – 277.

Charvin K, Gallagher K, Hampson G L, et al. 2009. A Bayesian approach to inverse modelling of stratigraphy, part 1: method[J]. Basin Research, 21(1): 5 – 25.

Charvin K, Hampson G J, Gallagher K, et al. 2009. A Bayesian approach to inverse modelling of stratigraphy, part 2: Validation tests[J]. Basin Research, 21(1): 27 – 45.

Cross T, M Lessenger. 1999. Construction and application of stratigraphic inverse model, in J. W. Harbaugh, W. Watney, E. Rankey, R. Slingerland, R. Goldstein, and E. Franseen, eds., Numerical experiments in stratigraphy: Recent advances in stratigraphic and sedimentologic computer simulations[C]: SEPM, 69 – 83.

Csato I, Granjeon D, Catuneanu O, et al. 2013. A three – dimensional stratigraphic model for the Messinian crisis in the Pannonian Basin, eastern Hungary[J]. Basin Research, 25(2): 121 – 148.

Demicco R V, Spencer R J. 1989. MAPS——a BASIC program to model accumulation of platform sediments[J]. Computers & Geosciences, 15(1): 95 – 105.

Dennis J E, Woods D J. 1987. Optimization on microcomputers. The Nelder – Mead Simplex Algorithm[C]. New computing environments: microcomputers in large – scale computing, 11(1): 6 – 122.

Duan T, Griffiths C M, Cross T A, et al. 1998. Adaptive stratigraphic forward modeling: Making forward modeling adapt to conditional data[C]//AAPG Annual convention and exhibition, Salt Lake City, Utah.

Duan T, Griffiths C M, Johnsen S O. 2001. High – Frequency Sequence Stratigraphy Using Syntactic Methods and

Clustering Applied to the Upper Limestone Coal Group (Pendleian, E1) of the Kincardine Basin, United Kingdom [J]. Mathematical Geology, 33(7):825-844.

Duan T, Cross T A, Lessenger M A. 2001. 3D inverse carbonate stratigraphic modeling for lithofacies/reservoir prediction[C]// AAPG Annual meeting Denver, Colorado.

Duan T. 2017. Similarity measure of sedimentary successions and its application in inverse stratigraphic modeling[J]. Petroleum Science, 14(3):484-492.

Eberli G P, Ginsburg R N. 1987. Segmentation and coalescence of Cenozoic carbonate platforms, northwestern Great Bahama Bank[J]. Geology, 15(1):75-79.

Eberli G P, Kendall C G S C, Moore P, et al. 1994. Testing a seismic interpretation of Great Bahama Bank with a computer simulation[J]. AAPG bulletin, 78(6):981-1004.

Eberli G P, Swart P K, McNeill D F, et al. 1997. A synopsis of the Bahamas Drilling Project: results from two deep core borings drilled on the Great Bahama Bank[C]//Proceedings of the ocean drilling program, initial reports. 166:23-42.

Eberli G P, Anselmetti F S, Kroon D, et al. 2002. The chronostratigraphic significance of seismic reflections along the Bahamas Transect[J]. Marine Geology, 185(1-2):1-17.

Euzen T, Joseph P, Du Fornel E, et al. 2004. Three-dimensional stratigraphic modelling of the Grès d'Annot system, Eocene-Oligocene, SE France[J]. Geological Society, London, Special Publications, 221(1):161-180.

Falivene O, Frascati A, Gesbert S, et al. 2014. Automatic calibration of stratigraphic forward models for predicting reservoir presence in exploration[J]. Aapg Bulletin, 98(9):1811-1835.

Flemings P B, Grotzinger J P. 1996. STRATA: Freeware for analyzing classic stratigraphic problems[J]. Gsa Today, 6(12):2-7.

Fu K S. 1986. A Step Towards Unification of Syntactic and Statistical Pattern Recognition[J]. IEEE Transactions on Pattern Analysis & Machine Intelligence, 8(3):398-404.

Gessler, Johannes. 1971. Aggradation and degradation [M]. River mechanics, 1:8-1.

Ginsburg R N. 2001. Subsurface Geology of a Prograding Carbonate Platform Margin, Great Bahama Bank[M]. Gsw Books.

Ginsburg R N. 2001. The Bahamas drilling project: background and acquisition of cores and logs[J]. SEPM, Special Publication.

Goldberg D E. 1989. Genetic Algorithms in Search, Optimization and Machine Learning[M]// Genetic algorithms in search, optimization, and machine learning. Addison-Wesley Pub. Co. 2104-2116.

Granjeon D, Joseph P. 1999. Concepts and applications of a 3D multiple lithology, diffusive model in stratigraphic modeling[J]. Special Publications, 197-210.

Granjeon D, Cacas M C, Eschard R, et al. 2002. Stratigraphic modeling: A new tool to construct 3D geological models for basin modeling purposes [C]. In American Association of Petroleum Geologists Annual Meeting.

Granjeon D, Pellan C, Barbier M. 2017. Assessment of Facies Distribution in Carbonate Fields Using Stratigraphic Forward, Diagenetic and Seismic Modelling[C]//22nd World Petroleum Congress. World Petroleum Congress.

Griffiths C M, Dyt C, Paraschivoiu E, et al. 2001. Sedsim in Hydrocarbon Exploration[M]// Geologic Modeling and Simulation. Springer US, 71-97.

Harbaugh J W. 1966. Mathematical simulation of marine sedimentation with IBM 7090/7094 computers[J]. In. Daniel F. Merriam (ed.) Computer Contributions 1, University of Kansas, Lawrence, Kansas.

Harbaugh John W, Graeme Bonham-Carter. 1970. Computer simulation in geology [C]. STANFORD UNIV CALIF.

Haq B U, Hardenbol J, Vail P R. 1987. Chronology of fluctuating sea levels since the triassic. [J]. Science, 235(4793):1156-1167.

Hawie N, Barrois A, Marfisi E, et al. 2015. Forward Stratigraphic Modelling, Deterministic Approach to Improve Carbonate Heterogeneity Prediction: Lower Cretaceous, Abu Dhabi[C]//Abu Dhabi International Petroleum Exhibition and Conference. Society of Petroleum Engineers.

Hawie N, Callies M, Marfisi E. 2017. Integrated Multi – Disciplinary Forward Stratigraphic Modelling Workflow In Petroleum Systems Assessment[C]//SPE Middle East Oil & Gas Show and Conference. Society of Petroleum Engineers.

Hendrix E M T, G Tóth B. 2010. Introduction to Nonlinear and Global Optimization[M]. Springer New York.

Hill J, Tetzlaff D, Curtis A, et al. 2009. Modeling shallow marine carbonate depositional systems[J]. Computers & Geosciences, 35(9): 1862 – 1874.

Imhof M. 2004. A quantitative stratigraphic model based on nonlinear anisotropic diffusion [J]. AAPG Annual Meeting.

Imhof M G, Sharma A K. 2006. Quantitative seismostratigraphic inversion of a prograding delta from seismic data[J]. Marine & Petroleum Geology, 23(7): 735 – 744.

Ingber L. 1993. Simulated annealing: Practice versus theory[J]. Mathematical & Computer Modelling An International Journal, 18(11): 29 – 57.

Ingber, Lester, Bruce Rosen. 1992. Genetic algorithms and very fast simulated reannealing: A comparison[J]. Mathematical and computer modelling, 16(11): 87 – 100.

Jessell M W, Ailleres L, Kemp E A D. 2010. Towards an integrated inversion of geoscientific data: What price of geology? [J]. Tectonophysics, 490(3 – 4): 294 – 306.

Jordan T E, Flemings P B. 1991. Large – scale stratigraphic architecture, eustatic variation, and unsteady tectonism: A theoretical evaluation[J]. Journal of Geophysical Research Atmospheres, 96(B4): 6681 – 6699.

Kennedy J, Eberhart R. 2002. Particle swarm optimization[C]// IEEE International Conference on Neural Networks, 1995. Proceedings. IEEE, 1942 – 1948.

Koeck C H, Bourdarot G, Al – Jefri G, et al. 2015. Improving a Numerical Sequence Stratigraphic Model through a Global Sensitivity Analysis: Giant Carbonate Offshore Field, Abu Dhabi[C]//Abu Dhabi International Petroleum Exhibition and Conference. Society of Petroleum Engineers.

Laigle J M, Cacas M C, Albouy E, et al. 2006. A Workflow Integrating Seismic Interpretation and Stratigraphic Modelling – Application to the NPRA Basin[C]//EAGE Research Workshop – From Seismic Interpretation to Stratigraphic and Basin Modelling, Present and Future.

Lawrence D T, Doyle M, Snelson, S. et al. 1987. Stratigraphic simulation of sedimentary basins [J]. Annu. Meet, New Orleans. La. Extended Abstract.

Lawrence D T, Doyle M, Aigner T. 74. Stratigraphic simulation of sedimentary basins: Concepts and calibration[J]. Aapg Bulletin, 1990, 3(3): 273 – 295.

Lessenger M A. 1993. Forward and inverse simulation models of stratal architecture and facies distributions in marine shelf to coastal plain environments[D]. Colorado School of Mines.

Lessenger M A, Cross T A. 1996. An inverse stratigraphic simulation model – Is stratigraphic inversion possible? [J]. Energy Exploration & Exploitation, 14(6): 627 – 637.

Lesser G, Van Kester J, Roelvink J A. 2000. On – line sediment transport within Delft 3D – flow[J]. Deltares.

Lesser G R, Roelvink J A, Van Kester J, et al. 2004. Development and validation of a three – dimensional morphological model[J]. Coastal engineering, 51(8 – 9): 883 – 915.

Levenshtein V I. 1966. Binary codes capable of correcting deletions, insertions and reversals[J]. Soviet Physics Doklady, 10(1): 707 – 710.

Liang M, Geleynse N, Edmonds D A, et al. 2015. A reduced – complexity model for river delta formation – Part 2: Assessment of the flow routing scheme[J]. Earth Surface Dynamics, 3(1): 87 – 104.

Lorenz E N. 1993. The essence of chaos[M]. University of Washington Press.

Malde P K. 2017. Coupling of trishear fault – propagation folding and ground process modelling[D]. University of Stavanger, Norway.

Melim L A, Westphal H, Swart P K, et al. 2002. Questioning carbonate diagenetic paradigms: evidence from the Neogene of the Bahamas[J]. Marine Geology, 185(1-2):27-53.

Nordlund U. 1999. FUZZIM: forward stratigraphic modeling made simple[J]. Computers & Geosciences, 25(4): 449-456.

Overeem I, Berlin M M, Syvitski J P M. 2013. Strategies for integrated modeling: The community surface dynamics modeling system example [J]. Environmental Modelling & Software, 39(1):314-321.

Paola C, Heller P L, Angevine C L. 1992. The large scale dynamics of grain size variation in alluvial basins, 1: Theory [J]. Basin Research, 4(2):73-90.

Paola C. 2000. Quantitative models of sedimentary basin filling[J]. Sedimentology, 47:121-178.

Paola C. 2010. Quantitative models of sedimentary basin filling[J]. Sedimentology, 47(s1):121-178.

Peckham S D, Hutton E W H, Norris B. 2013. A component-based approach to integrated modeling in the geosciences: The design of CSDMS[J]. Computers & Geosciences, 53:3-12.

Price W E. 1974. Simulation of alluvial fan deposition by a random walk model [J]. Water Resources Research, 10(2):263-274.

Rafidah K, Shafie K, Madon M. 2008. A review of stratigraphic simulation techniques and their applications in sequence stratigraphy and basin analysis[J]. Bulletin of the Geological Society of Malaysia, 54, 81-89.

Raymond A S. Stratigraphic Sedimentary Inversion Using Paths in Graphs [D]. Federal University of Rio de Janeiro, 2017.

Rivenæs, Jan C. 1992. Application of a dual-lithology, depth-dependent diffusion equation in stratigraphic simulation[J]. Basin Research, 4(2):133-146.

Sacchi Q, Weltje G J, Verga F. 2015. Towards process-based geological reservoir modelling: Obtaining basin-scale constraints from seismic and well data[J]. Marine and Petroleum Geology, 61:56-68.

Sarg J F. 1988. Carbonate sequence stratigraphy. In, Sea-level change: An integrate approach [J]. Soc Econ Paleont. Mineral, (42):155-163.

Schlager W. 1981. The paradox of drowned reefs and carbonate platforms[J]. Geological Society of America Bulletin, 92(4):197-211.

Sharma A K. 2006. Quantitative stratigraphic inversion[D]. Virginia Tech.

Skauvold J, Eidsvik J. 2017. Data assimilation for a geological process model using the ensemble Kalman filter[J]. Basin Research, (1-16). doi:10.1111/bre.12273

Smith S V, Kinsey D W. 1976. Calcium carbonate production, coral reef growth, and sea level change[J]. Science, 194(4268):937-940.

Sloss L L. 1962. Stratigraphic models in exploration[J]. Aapg Bulletin, 46(7):1050-1057.

Storms J E A, Weltje G J, Van Dijke J J, et al. 2002. Process-response modeling of wave-dominated coastal systems: simulating evolution and stratigraphy on geological timescales[J]. Journal of Sedimentary Research, 72(2): 226-239.

Storms J E A. 2003. Event-based stratigraphic simulation of wave-dominated shallow-marine environments[J]. Marine Geology, 199(1-2):83-100.

Svendsen I A. 1985. On the formulation of the cross-shore wave-current problem[C]//Proc. European Workshop on Coastal Zones, Greece.

Syvitski J P M, Milliman J D. 2007. Geology, geography, and humans battle for dominance over the delivery of fluvial sediment to the coastal ocean[J]. The Journal of Geology, 115(1):1-19.

Teles V, Eschard R, Etienne G, et al. 2008. Carbonate production and stratigraphic architecture of shelf-margin wedges (Cretaceous, Vercors): lessons from a stratigraphic modelling approach[J]. Petroleum Geoscience, 14(3):263-271.

Tetzlaff D M, Harbaugh J W. 1989. Simulating clastic sedimentation[M]// Simulating Clastic Sedimentation. Springer,

Berlin.

Tetzlaff D, Priddy G. 2001. Sedimentary process modeling: from academia to industry[M]//Geologic modeling and simulation. Springer US, 45 – 69.

Tetzlaff D M. 2004. Input uncertainty and conditioning in siliciclastic process modelling[J]. Geological Society, London, Special Publications, 239(1): 95 – 109.

Tetzlaff D M. 2005. Modelling coastal sedimentation through geologic time[J]. Journal of coastal research, 610 – 617.

Tetzlaff D, Tveiten J, Salomonsen P, et al. Geologic Process Modeling[C]// IX Conference of Hydrocarbon Exploration and Development.

Warrlich G, Bosence D, Waltham D, et al. 2008. 3D stratigraphic forward modelling for analysis and prediction of carbonate platform stratigraphies in exploration and production[J]. Marine and Petroleum Geology, 25(1): 35 – 58.

Watney W L. 1999. Perspectives on Stratigraphic Simulation Models: Current Approaches and Future Opportunities [J]. International Journal of Group Tensions, 28(1): 9 – 23.

Weltje G J, Dalman R, Karamitopoulos P, et al. 2013. Reducing the uncertainty of static reservoir models: implementation of basin – scale geological constraints[C]//EAGE Annual Conference & Exhibition incorporating SPE Europec. Society of Petroleum Engineers.

Whitaker F, Smart P, Hague Y, et al. 1997. Coupled two – dimensional diagenetic and sedimentological modeling of carbonate platform evolution[J]. Geology, 25(2): 175.

Whitaker, Fiona F. 2007. Carbonate Diagenesis: Processes and Prediction [C]. AAPG Annual Convention and Exhibition.

Wijns C, Boschetti F, Moresi L. 2003. Inverse modelling in geology by interactive evolutionary computation[J]. Journal of Structural Geology, 25(10): 1615 – 1621.

Wijns C, Poulet T, Boschetti F, et al. 2004. Interactive inverse methodology applied to stratigraphic forward modelling [J]. Geological Society London Special Publications, 239(1): 147 – 156.

# 第八章　地震在建模中的应用

构建储层模型过程中应充分整合所有可用信息。地震数据是建模重要的约束条件,其最大的作用是弥补井数据横向分辨率不足的缺陷。地震数据在建模中具体发挥何种作用取决于所使用的地震数据能发挥何种作用:当通过地震属性或反演可对沉积相进行正确识别时,其所确定的沉积相空间分布便是储层构型建模良好的约束条件,即所谓的"相控"建模;如果地震勘探资料分辨率较高,且储层物理性质与岩性或物性参数具有良好的相关性时,就可以通过反演获得三维岩性体或物性参数体,直接形成油藏模型。本章的主要内容是介绍建模过程中常用的地震分析技术,并通过实例说明地震技术在建模过程中所发挥的具体作用。

## 第一节　储层建模常用的地震分析技术

地震属性分析与反演是储层建模中常用的地震分析技术。基于属性分析可将地震信息转换为岩相、岩性参数,用于约束储层建模;当反演效果理想时,可以直接得到储层物性或流体模型。

### 一、地震属性分析技术

地震属性是指那些由地震数据经过数学变换而导出的有关地震波的几何形态、运动学特征、动力学特征和统计学特征的测量值。它们是地下岩性、物性、含油气性及相关物理性质的表征。地震属性分析就是以地震勘探属性为载体从地震勘探资料中提取隐藏的信息,并把这些信息转换成与岩性、物性或油藏参数相关的、可以为地质解释或油藏工程直接服务的信息(邹才能,2002)。地震属性分析的关键步骤有三个,即属性提取、优化和预测。其中,属性优化是核心,是提高储层和含油气性预测精度的基础,其目的就是优选出对预测参数最敏感(或最有效、或最具有代表性)的、属性个数最少的地震属性组合(甘利灯,2018)。

(一)地震属性分类

好的属性分类有助于建立起不同属性间的联系,分析属性之间存在的差异。Taner等(1994)将地震属性分为物理属性和几何属性。Brown(1996)将地震属性分为叠后属性与叠前属性,强调地震信息保真度和地震解释精度的重要性。Liner(2004)在上述分类方法的基础上,提出了完整性更高的分类方法,将地震属性分为几何学属性、运动学属性、动力学属性和统计学属性四类。Marfurt(2018)依据所测物理属性建立了地震属性分类表(表8-1)。

表 8-1 地震属性分类（据 Marfurt，2018）

| 属性类别 | 属性名称 |
| --- | --- |
| 反射结构属性 | 时间构造，倾角方位、大小，曲率，偏离度，收敛度或平行度，反射旋转 |
| 结构属性 | 振幅梯度、灰度共生矩阵结构 |
| 不连续属性 | 相关、振幅曲率、散射成像 |
| 谱属性 | 声音、量级与相位成分，峰值频率，峰值量级与带宽，衰减(1/Q) |
| 阻抗属性 | 声波阻抗、限角度道和弹性阻抗、AVO 斜率和截距、弹性参数、弹性阻抗及其扩展 |
| 各向异性属性 | 随方位角变化的速度、振幅、阻抗、频率和不连续性 |
| 时移属性 | 振幅变化、旅行时变化、谱变化 |

由于所携带的信息量有限，仅利用单一地震属性往往难以取得理想的效果。多地震属性储层预测已经在地质学、地球物理学界得到广泛的应用（陈遵德，1998；姜秀清等，2004；孔炜等，2003；刘企英，1994；刘文岭等，2002；王永刚等，2000、2003、2004）。从 20 世纪 80 年代起，模式识别技术特别受到重视，先后研究出了模糊模式识别、统计模式识别、神经网络模式识别与函数逼近等地震储层预测技术。预测对象由预测油气、储层厚度和岩性发展到预测孔隙度等（曹辉，2002；宋维琪等，2002；王永刚等，2005）。

（二）地震属性提取方式

1. 地震属性提取算法

传统的属性提取采用数学方法（如傅氏变换、复数道分析、自相关函数、极值点分类等）和通过线性预测手段来实现。到 20 世纪 90 年代中期，随着统计学实现的出现和发展，大量地质统计方法在属性提取中得到了广泛应用，如协方差、线性回归、小波变换、模拟退火等。这些技术对提取相干体等地震属性，识别和定性描述断层、河道砂体乃至碳酸盐岩储层中的缝洞发育带等起到了重要作用（高林，2004）。

小波变换是目前较为活跃的地震属性提取方法，它不仅具有提高地震属性分辨率的潜力，而且能优化属性提取的时窗长度。在 2003 年 SEG 年会上，俄克拉何马大学勘探开发地学学院的学者们提出了一种用连续子波变化提取地震时频属性的方法。众所周知，时频分解能以低频成分提供较高的频率分辨率，以高频成分提供较高的时间分辨率；低频成分可用来识别储层中的油气，高频成分增加的时间分辨率则有利于分辨薄层。通常人们采用短时傅氏变化等常规方法提取时频属性，这种方法需要人工选择时窗长度，因此处理和解释带有主观性。连续小波变化方法借助于小波的扩展和压缩，能提供依赖信号频率成分而定的最佳时窗长度，克服人工选择时窗长度的主观性缺陷。墨西哥 UNAM 地球物理学院的学者利用离散小波变换提取振幅、瞬时频率和相位属性，合成和衰减数据测试都表明，由此获得的地震属性明显改善了地震解释精度。小波变换为属性计算中采用多分辨率分析和去噪技术提供了潜力，离散小波变换与连续小波变换相比，其优点在于描述过程中部需要进行优化参数试验。

随着油气田开发对地震储层描述精度的要求日益提高，人们不仅要提高储层识别和划分的精度，譬如更精确的圈闭河道砂体和缝洞发育带，而且要描述储层内部的岩性、物性（孔隙度等）分布和含油气性。储层特征与地震属性之间往往表现为一种复杂的非线性关系，这对地震储层描述提出了更高的要求。为解决这一问题,近年来神经网络、遗传算法(GA)等方法被越来越多地用于地震属性提取。

2. 地震属性提取方式

地震属性的提取是指利用各种数学分析方法从地震数据体中拾取隐藏在其中的与岩性和储层物性有关的信息的过程(王开燕等,2013)。提取方式主要有层面属性提取和三维体属性提取等。

1)层面属性提取

层面属性提取就是沿着代表目的层的反射界面或某一时间界面提取各种地震信息。它是三维体属性提取的一种特殊方式(时窗长度为零),获得的是各类属性沿界面横向变化信息,常用于预测与薄储层或微断层有关的隐蔽油气藏。

2)三维体属性提取

三维体属性提取就是在三维数据体中某一时窗内(时窗长度大于零)提取各种地震信息。常用的方式有两种:一种是以同一时间界面为起点,固定时窗长度的等时扫描,一般用于目的层段顶、底界面无法解释清楚的低勘探程度工区;另一种是以代表目的层顶、底界为时窗或以顶、底界面之一为起点,目的层段的时间厚度为时窗长度的沿层拾取方式,适用于勘探中、晚期,对目的层了解较多且对油气有关的多种地震信息有所认识的工区。

3. 地震属性提取的时窗选取

地震属性分析首先要选择合理的时窗,时窗开得过大,会包含不必要的信息;开得过小,则会出现截断现象,丢失有效成分。具体应遵循的准则总结如下(李敏,2005):

当目的层段厚度较大时:(1)如果能够准确追踪顶底界面,则用顶底界面限定时窗,提取层间各种地震信息;(2)如果只能准确追踪顶界面,则以顶界面限定时窗上限作为时窗的起点,以目的层时间厚度作为时窗长度,以各道均包含目的层又尽可能少包含非目的层信息为准;(3)如果只能准确追踪底界面,则以底界面限定时窗下限,以目的层时间厚度作为时窗长度,以各道均包含目的层又尽可能少包含非目的层信息为准;(4)如果不能准确追踪顶底界面,可以以某一标准层的走势为约束,在有井钻探的地区,可根据井对应的目的层顶、底时间作为时窗起点和终点,以时间厚度作为时窗长度在没有钻探的新区,时窗的选取凭借解释人员的经验,以尽可能少包含非目的层信息为准。

当目的层为薄层时,因目的层的各种地质信息基本上集中反映在目的层顶界面的地震响应中,此时,时窗的选取应以目的层顶界面限定时窗上限,时窗长度尽可能小。

在微断层解释中,主要是利用目的层顶界面地震信息,因此,应以提取目的层界面地震信息为主,时窗长度尽可能小,以尽可能少包含非目的层界面信息为准。

## (三)地震属性优化

储层预测中的地震属性选择通常要经过一个先"先发散、再收敛"的过程。"发散"是指设计属性分析预案的初期应尽可能考虑各类与该地区储层预测相关的属性,充分利用各种信息、吸收专家经验,达到改善储层预测效果的目的。但属性过多存在不利影响:(1)一些地震属性可能与目的层本身无关,属性信息中包含上覆反射界面的干扰,因此要求对输入属性仔细甄别,避免引入各类干扰;(2)无限制增加属性会占用大量的存储空间和计算时间,影响储层预测效率;(3)大量属性中包含着相关因素,存在信息重复和浪费;(4)属性数与训练样本数有关,就模式识别而言,当样本数固定时,属性数过多会造成分类效果的恶化。因此,需要从众多地震属性中优选信息重复性弱、且与储层性质相关的地震属性或属性组合,即进行地震属性"收敛"优化过程。地震属性优化分析方法很多(印兴耀,2005),大体上可分为地震属性降维映射与地震属性选择两大类方法。地震属性降维映射较常用的方法是 $K—L$ 变换,它是从大量原有地震属性出发,构造少数有效的主成分分量,原有地震属性的物理意义已不明确。地震属性选择又包括专家优选、自动优选和专家与自动结合优化。其中,专家优选是有丰富现场经验的专家凭经验选择地震属性或属性组合;自动优选方法又包括属性比较法、顺序前进法、顺序后退法等,遗传算法与 RS 理论决策分析是优选地震属性的新方法。目前最常用的是专家优化与自动优化结合起来进行地震属性优化,可克服专家知识与经验的局限性,减少自动优化的工作量。

基于以上分析,可将用于模式识别、油藏描述的地震属性选择原则概括为(姜秀清,2006):

(1)不同的研究区域应根据本区的地质特点,在试验的基础上选择相应的属性;

(2)依据需要解决的地质目标如岩性、地层、含油气性、断裂带等不同,选择的属性应有所侧重;

(3)选择反映异常特征最敏感、物理意义最明确的属性参与运算或用于综合研究;

(4)在众多的地震属性中,反映异常特征相似的若干个参数中,只选其中之一即可;

(5)根据实践和经验,参与综合分析或处理的属性一般在三至九个为佳。

(四)地震结构属性

1. 常规地震属性的局限性

上述地震属性优化往往只能由经验丰富的解释人员完成。在地质条件比较理想、储层预测对象比较简单、原始地震数据信噪比较高的情况下,效果较好;反之,预测效果较差。大量实际工作经验表明,地震属性与所预测对象之间关系复杂,不同工区中不同储层对所预测对象敏感的(或最有效的、最具代表性的)地震属性是不完全相同的。即使在同一工区、同一储层,预测对象不同,所对应的敏感地震属性也存在较大差异。究其原因,地震反射是子波经过大地滤波作用后的产物,地质条件的复杂性反映到有限频带的地震勘探资料上必然存在多解性(于建国和姜秀清,2003)。

上述问题也可归结为在提取地震属性或描述地下地质条件时利用了过度简化的计算模型,即一维蛋糕模型(1D cake model)。多数常规属性在计算某一点的属性值时是对某一时窗范围内振幅数据的统计计算,并假设振幅与反射界面上下波阻抗差异直接相关。提取属性的过程是确定性的,属性结果便于进行相控建模或流体模拟。但当需要刻画的目标体规模较小,且具有较强非均质性与各向异性时,传统属性的提取过程存在时窗内振幅的平均效应,因此难以刻画构造、地层或储层的复杂性,极易导致根据地震属性解释制定的后续方案失败,降低地震技术应用的可靠性。地震属性分析过程中对地震数据细节信息的保留与表征是当前地震属性技术的一个重要挑战。

## 2. 地震结构属性(seismic texture attribute)

通常定义地震结构属性为相邻振幅的空间排列,它对研究区地震数据的复杂性具有很好的表征作用。相比传统地震属性,地震结构属性通常与复杂的储层地质特性,如构造、沉积相或储层性质更为相关,因为在提取过程中没有忽略某些地震特征或对其进行简化。

地震结构属性已经存在许多算法(Gao,2009、2011),比如目前具有代表性的灰度共现矩阵(GLCM)与结构模型回归(TMR)。其中,GLCM算法通过描述相邻振幅的空间关系或模式的共现矩阵来提取纹理特征(图8-1a),TMR方法使用一种解释人员定义的结构模型作为参考(校准器),通过线性最小二乘回归分析来评估每个数据位置($x,y,z$)地震纹理的相似性(图8-1b)。灰度共现矩阵属性在进行地震相分类时通常可以取得较好的效果,而结构模型回归则可广泛用于构造、沉积相、储层性质的精细刻画中。虽然以上技术具有较高的先进性与较好的应用前景,但在勘探地质与地球物理领域依旧利用率不高,有待推广。

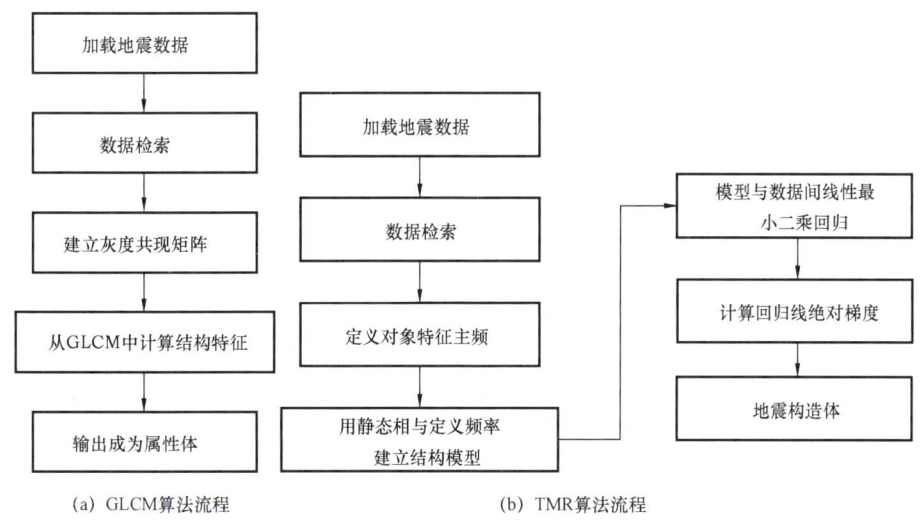

(a) GLCM算法流程　　(b) TMR算法流程

图8-1　地震结构属性提取流程(据Gao,2011)

## 二、地震反演

地震反演是利用地表观测地震勘探资料,以已知地质规律和钻井、测井资料为约束,对地下岩层空间结构和物理性质进行成像的过程,广义的地震反演包含了地震处理解释的整个内容。由于地震技术在油气勘探开发中的需求旺盛,同时研究的地质目标越来越复杂,地震反演技术近几年发展很快。目前的储层地震反演技术不但具有解决储层预测问题的能力,还能利用叠前地震反演技术解决储层流体识别的问题,更重要的是地震反演与地质统计学结合的地质统计学反演具有空间油藏参数的预测能力,能为油藏地质模型的建立和油藏模型数值模拟提供可靠的基础数据。

地震反演问题的解决主要决定于三个方面:地震波传播理论、地震数据观测技术及地震波反演方法。三维地震反演结果是储层空间的物理性质,是建模重要的约束体。根据求解问题、输入数据、所用算法的不同,提出了多种分类方法。如地震反演分为基于旅行时的反演方法和基于振幅的反演方法、叠后反演方法和叠前反演方法、非线性反演方法和线性化的迭代反演方法等,具体的分类方式取决于研究问题的本身(撒利明等,2015)。本节通过总结常见地震波反演方法说明地震反演的实现过程及其主要作用。

## (一)叠后反演

叠后反演结果是波阻抗体,代表储层硬度,是速度和密度的乘积,其国际单位为 m/s · kg/m³,而实际惯用单位为 m/s · g/cm³。常见方法包括基于模型反演(seismic model – based inversion)、稀疏尖脉冲反演(constraint sparse spike inversion)与有色反演(colored inversion)等。原理不同导致反演方法适用对象的差别:基于模型反演适合地层构造简单、钻井较多的工区,分辨率较高;稀疏尖脉冲反演适合探井较少,储层相对较厚的工区,在勘探初期应用较为普遍;有色反演尊重原始地震数据,包含较低频的地震岩性信息,计算成本低,多用于深水稀井岩性油气藏。

### 1. 基于模型反演

基于模型反演在20世纪80年代得到大力发展,它是以解释的地层格架构建的地质模型和叠后地震数据体为基础的波阻抗反演方法。"基于模型"指的是基于模型反演需要可以代表阻抗低频成分的背景模型。在早期应用时,背景模型大多通过测井阻抗曲线直接插值或(地质统计学)克里金插值获得,对于横向变化较大的储层,井间反演结果与地质认识出入较大。目前大多通过地质地层年代框架搭建背景模型,一定程度上提升了反演效果。常规技术流程图如图8-2所示。

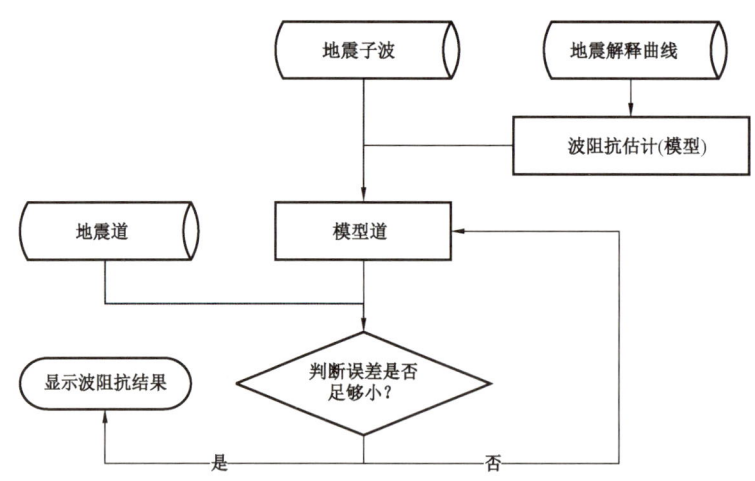

图8-2 模型反演的迭代技术流程图

广义线性反演(Cooke 和 Schneider,1983)、宽带约束反演(Martinez 等,1988)等属于基于模型反演的范畴。

### 2. 稀疏脉冲反演

叠后地震波阻抗稀疏脉冲反演是基于地震脉冲反褶积基础上的递推反演方法,其主要算法包括最大似然反褶积、L1 范数反褶积、最小熵反褶积、最大熵反褶积、同态反褶积等。

其基本假设是地层的强反射系数是稀疏分布的,反射系数模型是一系列大脉冲镶嵌在符合高斯分布的小脉冲背景上。背景大的脉冲只与地震道吻合而小脉冲可以忽略不计,运算过程中不断添加脉冲信号直至反演结果和地震数据足够匹配。

算法上是从地震道中依据稀疏脉冲的原则提取反射系数,与子波褶积后生成合成地震记录;利用合成地震记录与原始地震道残差的大小修改参与褶积的反射系数个数,再做合成地震记录;如此迭代,最终得到一个能最佳逼近原始地震道的反射系数序列。张义和尹艳树(2015)应用约束稀疏脉冲反演预测储层,结果较为理想,10m以上砂体基本都得到了识别(图8-3)。

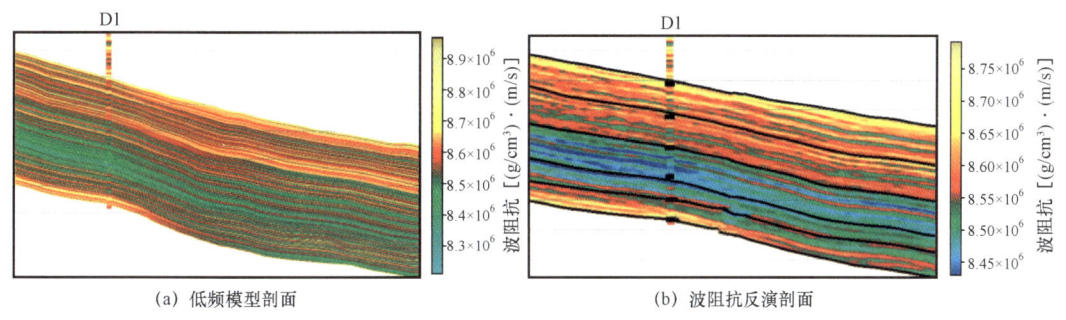

图8-3 稀疏脉冲反演应用效果(据张义和尹艳树,2015)

### 3. 有色反演

该方法由 Lancaster 和 Whitcombe(2000)提出。该技术是在有色滤波技术的基础上发展起来的一种无子波提取,简洁、快速并保留所有原始现象的反演方法,该方法实际上是对递归反演方法改进的叠后地震反演方法。它的反演成果与早期的递推反演道积分成果非常相似,其要求输入的叠后地震数据体是零相位的。其反演成果的波阻抗值有正、有负,是一种带限相对波阻抗反演。不同之处是有色反演的波阻抗包含了部分测井储层信息的低频成分和高频成分,反演成果能更真实地反映储层波阻抗的发育状况及储层的空间展布形态。

有色反演技术的原理流程是:(1)对储层的声波阻抗的岩性识别进行统计分析;(2)对所属工区包含井储层的声波阻抗进行频谱分析;(3)根据储层声波阻抗频谱和储层地震叠后目标层的频谱加权,求取算子 $O$ 的频谱,使算子 $O$ 的频谱具有储层声波阻抗的低频信息、高频信息及地震储层段的有效频率成分;(4)求得的算子 $O$ 与叠后地震道进行褶积运算,即通过公式 $Z=O*S$ 可得到地震叠后数据体的波阻抗体。上述流程中,$Z$ 为波阻抗,$O$ 为褶积算子,$*$ 为褶积运算符号,$S$ 为叠后地震道,基本原理如图8-4所示。由于增加了储层的测井低、高频信息成分,有色反演的波阻抗分辨率高,能更精确地描述储层发育特征。

### 4. 叠后反演特点及应用条件

经过数十年发展,虽然只能得到波阻抗单一反演成果,但叠后地震波阻抗反演具有算法成熟,计算成本低的优势,应用较为广泛。当波阻抗与岩相、岩性等具有良好的相关性时,往往会取得较好的效果。

## (二)叠前反演

地震勘探资料通过多炮多道观测系统采集,CDP 或 CMP 地震道集中包含着振幅随炮检距的变化信息(即 AVO 现象)。叠后反演以自激自收为假设条件,将每个 CDP 或 CMP 道集动校

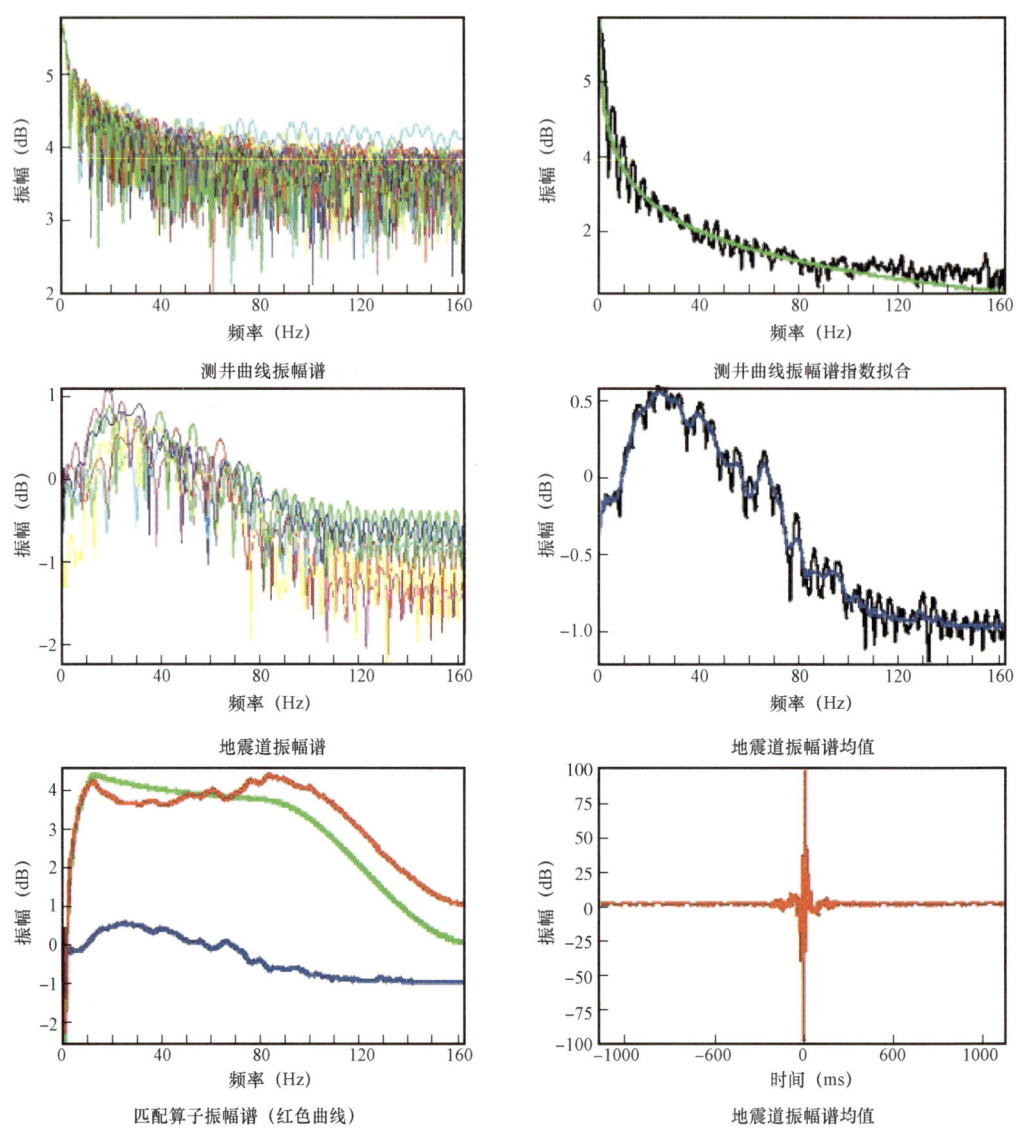

图 8-4 有色反演基本原理

正后进行水平叠加成像。虽然叠后反演原理简单,容易实现,但叠加过程中损失了大量与炮检距关系密切的储层岩性和流体信息。

叠前反演的结果通常包括储层的纵波、横波速度和密度等多个物理参数,远较叠后反演丰富(只有波阻抗)。利用纵波、横波信息对流体敏感性的差异,由叠前反演可以获得更可靠的流体预测结果,为钻探提供更丰富、更准确的依据。目前叠前地震反演方法主要包括弹性阻抗反演技术(Elastic Impedance)、叠前 P 波阻抗和 S 波阻抗同时反演技术(Pre-stack Simultaneous Inversion)和叠前地震波形反演技术(Pre-stack Waveform Inversion)等。

1. 弹性阻抗反演

常规资料难以满足基于 AVO 道集的叠前反演方法对资料信噪比的要求。为此，Connolly（1999）提出了弹性波阻抗的概念，利用限制角度叠加数据获得各项储层物理参数。为更加适用于实际生产，Whitecombe 等（2000）随后提出了用于流体和岩性预测的扩展弹性波阻抗（extended elastic impedance），其表达式为

$$EEI = V_P^{\frac{1+\sin^2\theta}{1+abs(\sin^2\theta)}} V_S^{\frac{-8K\sin^2\theta}{1+abs(\sin^2\theta)}} \rho^{\frac{1-4K\sin^2\theta}{1+abs(\sin^2\theta)}} \qquad (8-1)$$

由上式，扩展弹性阻抗可表达为纵波速度、横波速度、密度和角度的函数，这一表达式实现了基于不同限制角度叠加数据体反推储层岩石和流体参数（图 8-5）。

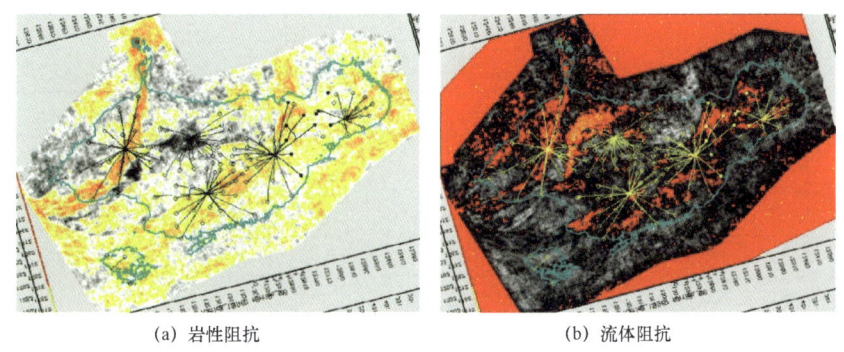

(a) 岩性阻抗　　　　　　　　　(b) 流体阻抗

图 8-5　基于扩展弹性阻抗的岩性与流体优化成像（据 whitcombe 和 Connolly,2000）

与叠后地震波阻抗反演相比，弹性阻抗反演充分利用振幅随偏移距变化的岩性信息，可以得到更丰富的岩性和流体信息，提高了岩性和流体识别的精度和有效性，有利于精细储层描述和油田开发。把 EI 和 AI 联合使用，有助于识别如孔隙度、岩性和流体含量等储层性质间的相互关系，还可以利用神经网络从地震属性数据体中有效预测孔隙度和泥质含量。弹性阻抗反演技术可以为隐蔽性岩性油气藏的勘探开发提供较好的依据，提高钻探的成功率。

弹性反演的基本步骤如下：

(1) 准备好输入的三参数测井曲线，包括纵波速度、横波速度与密度三条曲线。

(2) 计算井上不同角度（偏移距）的弹性阻抗 EI，此时 EI 是地震波入射角度的函数。对于气层，其弹性阻抗曲线在其位置不重合，这是由于含气以后，气体改变了反射层的波速和密度，弹性阻抗在不同角度上对其响应发生变化引起的。

(3) 做远近角度井上 EI 曲线交会图，目的是验证反演结果在井上的合理性，同时把井上标定的含油气区域投影到地震数据体上。此过程是弹性反演核心过程，只有在井上确信存在油气，将之推广到地震空间才有确切的量化意义（Cross plot logs 模块）。

(4) 使用超道集或共反射点道集，计算不同角度叠加剖面，可以叠加多个角道集，一般远近角度各一个，如 3°~15°、15°~30°各一个，其角度对应第(2)步中计算的弹性阻抗角度（CDP Stack 或 Angle Stack 模块均可以）。

(5) 在近角度叠加剖面上拾取层位，使用远、近角度的叠加道集和井上弹性波阻抗 EI 曲线，分别建立远、近角度的 EI 模型。在远、近角度的 EI 模型上做交会图，选出目标区域，与井

上的交会图类似,再次强化验证目标含油气区域。

(6)在远/近叠加剖面上做交会图,使用上一步标定的区域,识别油气在地震数据上的具体分布范围。

## 2. 储层弹性参数的叠前同时反演技术

叠前同时反演是基于地震反射波振幅与不同入射角反射系数有关的理论,利用多个(至少三个)不同角度的部分叠加地震数据体来同时(或同步)直接反演各种弹性参数,如纵波阻抗、横波阻抗、密度和泊松比等,进而可以得到许多弹性参数(泊松比、拉梅系数、杨氏模量、剪切模量、体积模型等),综合利用这些弹性参数,进行地层的岩性预测和储层的含流体性质检测(郎晓玲等,2010),流程如图8-6所示。

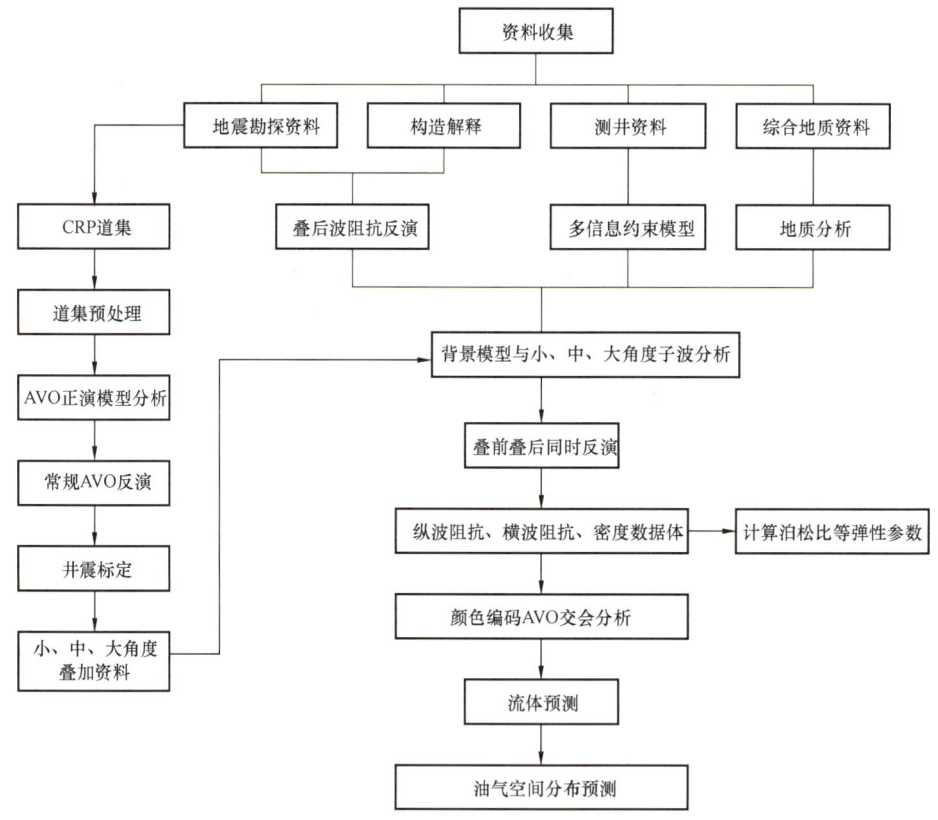

图8-6 叠前同时反演流程(据郎晓玲等,2010)

在进行叠前同步反演时,选择合适的部分角度叠加数据体非常重要。在实际应用中要考虑数据信噪比、计算机内存、磁盘空间等因素,一般将角道集数据叠加成3~5个角度叠加数据体。地震子波的提取是叠前同步反演的关键环节。在叠前同步反演中,针对不同的部分角度叠加数据体,从测井曲线的纵波速度、横波速度和密度出发,利用Zoeppritz方程,分别求取其对应角度的测井反射系数,根据测井曲线的反射系数计算的合成记录与地震记录的相关系数最大原则来优化地震子波的参数,提取其对应的地震子波。相比于弹性阻抗和AVO技术,叠前同步反演具有独特的优势:

(1) 能够得到真实的岩性属性参数;
(2) 采用部分角度叠加技术,大幅度减少反演结果中的噪声;
(3) 反演结果减少了弹性阻抗的多解性;
(4) 加入低频模型控制,增强岩层参数的连续性;
(5) 岩石弹性参数(纵波速度、横波速度和密度)相结合可更好地反映岩性特征。

3. 全波形反演

全波形反演技术方法利用叠前地震波场的运动学和动力学信息重建地下速度结构,具有揭示复杂地质背景下构造与岩性细节信息的潜力。随着油气勘探复杂程度的加深,全波形反演技术将成为改善成像效果、完善速度模型的主要手段,为区域深部构造及成像演化分析、浅表层环境调查、宏观速度场建模与成像、岩性参数反演提供有力支撑,但由于计算量大,算法不稳定等因素,实际应用还有许多困难,一直未能广泛投入商业化应用。近年来,随着计算机计算能力的不断提高,全波形反演技术应用也不断发展,多家公司都在进行全波形反演的研究与试验。已经有许多实例证明全波形反演利用地震波场的全部信息,能够获得质量好的高分辨率速度模型,改进成像质量,用于精细地质解释。

目前,全波形反演技术的研究主要集中在如何利用大偏移距数据全波形反演改善深部构造成像、如何利用低频数据进行全波形反演、如何进行弹性波和全波形反演、如何去掉全波形反演中的多次波和绕射波,以及对于全波形反演的一阶近似如何快速收敛等方面。随着计算机计算能力的不断提高,这一技术应用将会不断拓展。全波形反演分为线性和非线性两大类。在线性地震波形反演中,观测到的地震数据和速度的关系被近似线性化,而只有当初始速度在目标函数的全局极小点的邻域内时,近似线性化的关系才能成立。所以,只有当研究区域的几何结构不很复杂或背景速度场有很好的先验知识时,这样做才合理,而且线性地震波形反演中,速度场的长波长分量是不能恢复出来的。在正常的地震勘探条件下,采用完全非线性地震波形反演方法,地震速度波场的所有波长分量都是可观测的。

目前完全非线性地震波形反演方法的很多,其中研究最为深入的是以最优化理论为基础的非线性地震波形反演方法。该方法被认为是一种经典的反演方法,具有计算量相对小的优点,但也存在迭代收敛性与模型初始猜测有关的缺陷。为了解决非线性地震波形反演中的多极值问题,人们发展了人工神经网络地震波形反演技术,主要研究了遗传算法应用于训练神经网络、确定网络节点之间连接权的范围、加速网络收敛等及神经网络在地震波形反演中的特点。但由于网络输入节点量大,权系数和阀门值等未知量大,因此其训练时非常耗时,而且遵循"见多识广"的原则,训练样本越多,其联想效果越好,计算量也成倍增加。

根据叠前地震波形反演获得的 P 波、S 波速度场,除了可以进行储层参数的含油气性预测外,还可以提高钻前的地压、浅层水流预测的精度,对油井方案的制订、探测钻井危害分析及减小钻井风险更具实际意义。

## 三、4D 地震油藏监测技术

在同一区块多次采集地震勘探资料,以判断油藏流体变化,指导油藏开发的综合技术被称为 4D 地震技术。1983 年,Greaves 率先发表了一篇关于重复性 3D 地震监测火烧油藏变化的文章,是 4D 地震油藏监测技术的开端。经过了 30 余年发展,4D 地震技术日趋成熟,其应用领域由海上扩展到陆地,应用对象由火烧油藏发展至水驱油藏、气驱油藏等。4D 地震技术的经济回报越来越高,以至于开发油藏前,油田专家通常需要回答决策者,"为什么不用 4D 地震技术",而非"为什么要采用 4D 地震技术"。

由于 4D 地震响应是对井间储层变化的直接成像,因此 4D 地震对于建立一套符合所有动、静态数据的、更加逼近真实的油藏模型至关重要。该方法先建立初始储层模型,基于岩石物理分析构建油藏—声学参数转换关系,通过地震正演模拟、匹配合成记录与真实地震记录、修正模型的迭代循环实现模型与地下储层的逼近(原理如图 8-7 所示)。模型优化是基于历史拟合的 4D 解释方法的核心与关键。

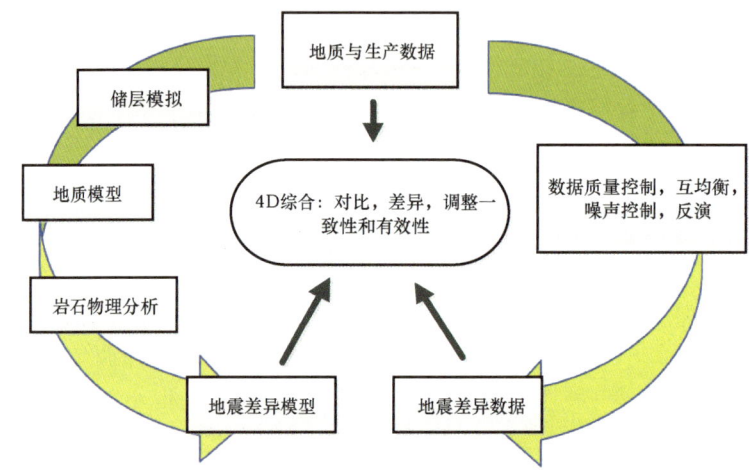

图 8-7  基于模型的 4D 地震解释方法

理想的油藏模型需同时符合生产历史与 4D 地震数据,可称为生产—4D 地震双向闭合的油藏模型(Huang,1998)。为实现上述目的,需对油藏模型进行干扰,并不断评价模型对实际生产数据或人工地震记录的不匹配权重值。例如,在上述过程中选择干扰某一静态参数(如孔隙度)直到该目标函数值小于设定的阈值。

在极端情况下,当生产数据的权重为 1 而人工合成数据权重为 0 时,模拟得到的模型就是利用传统生产历史拟合模拟的结果。这种情况下,模型中没有考虑储层强烈的非均质性,导致剩余油分布或流体运动的预测都是错误的。当人工合成地震记录权重为 1 而生产数据权重为 0 时,相当于单纯地进行地震属性差异分析,其模型模拟结果只是定性的。只有当生产数据与人工合成记录的权重皆不为 0 时,模型模拟结果才被生产数据与 4D 地震同时约束。因此,这一 4D 约束油藏建模的方式也被称之为"地震历史拟合"。

## 第二节  地震在储层岩相建模中的应用

沉积微相控制砂体的垂向叠置形式与侧向连通性,因此沉积微相分布规律直接影响地下流体分布和流动特性。决定砂体物性差异的根本因素不是岩石物理参数的统计分布,而是沉积微相模型。为了提高储层预测与开发过程中对储层物性分布预测的可靠性,通常在参数建模前需要应用事先判断好的沉积相分布进行分层次约束,实现"岩相建模"。

对特高含水阶段的老油田,一般依据密井网条件下丰富的单井信息,统计井眼处地层厚度、砂体厚度或含砂率等数据,编制对应的等值线图,参考测井曲线形态,最终确定沉积微相分布。但对于稀井区,井孔数据难以反映沉积微相平面变化,需要地震属性或反演约束确定沉积微相分布。

## 一、地震属性约束相建模流程

相控建模技术是依据沉积相在时、空域的展布特征对沉积储层属性随机地质统计建模进行约束,即以垂向演化与平面分布—沉积模式为蓝本,采用数理统计学方法,综合应用确定性和随机建模技术定量表征砂体的空间分布,并使得物性模型可更加精细地刻画储层非均质性,同时为不确定性评价提供重要参考依据,其核心是从沉积环境的成因角度来指导属性建模过程,利用沉积微相的平面展布和垂向演化趋势来约束属性建模结果,使得最终属性模型能够真实地反映地下地质体空间展布特征。相控建模主要包括相建模与相约束物性参数建模两步,相建模是相控建模技术的关键。

地震属性约束相建模主要体现在,当工区井距较大而储层横向非均质性较强时,通常需要利用地震信息进行井间沉积(微)相解释,将其作为建模的相控输入参数。当地震勘探资料的主频、信噪比等参数难以满足精细刻画储层的需求时,沉积(微)相解释具有一定的不确定性,可根据相解释成果随机模拟出多个实现。如果地震勘探资料品质足够好,可以精确地反映储层空间分布特征,具有丰富经验的解释人员就可利用地震属性获得确定性的沉积(微)相成果,在将其数字化后就可以直接使用,不必随机模拟。

地震属性约束相建模简要流程:

(1)分析测井数据,研究(岩)相与各种地震属性数据之间的相关性,将相关最紧密的地震数据体作为第二变量,并拟合出一个公式或属性—岩相概率体;

(2)在工区范围内,按照一定的标准选择所要拟合的样点位置,利用拟合公式将样点位置处的地震属性数据转化为"伪测井数据"作为进行计算的补充数据;

(3)将工区内研究人员解释的沉积(微)相图数字化,并进行整数编码以便标识,例如标识河道微相为整数1,河漫滩微相为整数2,以此类推,这一过程中所要获取的所有参数包括某一网络节点的坐标和沉积(微)相标识参数,这样就能够标识出某一网络节点属于哪一种沉积(微)相;

(4)以测井和其他标识的沉积微相作为条件约束,以地震属性体或属性—岩相概率体作为第二条件约束,进行岩相模拟形成相模型,具体的方法和实现过程参考相建模章节。

## 二、相建模中地震属性应用

测井相与地震属性间通常相关性不好。在井密集区,如大庆油田,利用地质统计规律从测井相中建立相模型是可行的。但对于类似北海、西非深水区这种稀井、丛式井控制区,只利用少量井资料进行地质统计学相建模结果是不可靠的。因此,第一步是建立相与某种地震属性之间的关系。一旦这种关系确定,地质统计学相建模就可以被3D地震数据有效约束,形成更可信的相模型。第二步是用地质统计学策略建立相模型。这一策略将测井曲线视作硬数据(100%尊重),3D地震属性模型作为软数据(低于100%尊重),其他地质资料如优先水流方向和全局相比例作为附加的软数据。

以波阻抗三维数据体进行空间约束岩相建模,可以克服传统基于属性趋势面约束建模只关注各类相带横向展布,忽略纵向相变规律的缺陷。具体做法可以采用岩性体约束、岩性概率体约束两种方式(陈恭洋,2012)。

1. 岩性体约束

采用岩性体约束是为了克服平面岩性趋势面约束的平均化缺点,其实质就是采用一个三维岩性趋势面进行约束,以获得更为精细的预测模型。岩性体的获取方法是门槛值法。但由于地层在时间和空间上变化的复杂性,通过全区井点统计得到的单一门槛值往往难以准确表达由于沉积作用和成岩作用而引起的波阻抗与岩性关系的空间变化,因而多采用多井统计与插值而获得的门槛值岩性体转换方法。

2. 岩性概率体约束

首先对井点处波阻抗数据与岩相类型进行统计分析,确定不同波阻抗值所对应不同岩相的百分比,以此作为局部先验概率,如果有足够统计意义,就推广为阻抗—岩性概率体;然后,在相模拟中应用这个阻抗—岩性概率体作为第二约束 3D 体资料,如使用贝叶斯顺序指示条件模拟法联合第二约束体。这样模拟的结果既忠实于硬数据(井数据),同时又在三维空间受地震软数据的约束,可极大地提高所建模型的精度。

用于相建模的岩性概率约束体为 3D 地震结构属性体。以共现矩阵结构属性(GLCM)为例,通过提取结构属性,得到均质体(homogeneity)、异常体(contrast)与随机体(randomness),利用这三种结构属性可获得地震相解释与划分(Gao,2011)。实际研究表明,GLCM 对于识别与划分深水沉积系统的关键地震相,如水道砂、天然堤、溢岸沉积、重力流复合体、深水泥岩及盐体等十分有效(Gao,2008)。如图 8-8 所示,常规振幅体难以清楚刻画与描述不同地震相(图 8-8a),结构数据体对地震相边界及内部细节刻画更为精准与清晰(图 8-8b、c、d)。TMR 地震结构属性体也有较好的指相效果(Gao,2011),将地震结构属性体与井资料进行标定后,就可以在 3D 地质相建模中作为第二约束体加以应用。

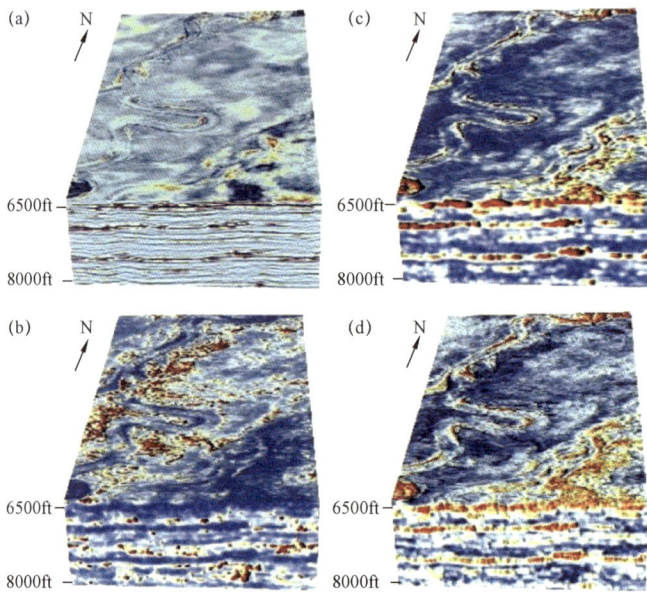

图 8-8 安哥拉深水实例研究中 GLCM 算法效果(据 Gao,2011)

## 第三节 地震在储层物性建模中的应用

当地震勘探资料品质良好(宽频带、高主频)、井震匹配程度高时,地震属性可以直接反映井间储层物性变化;另一方面,某些油藏的岩性或物性参数对岩石弹性参数敏感,利用地震勘探资料反演可以直接获得岩性体或物性参数体,直接约束油藏对应模型的建立。

### 一、地震属性驱动建模

相对于有限的井孔资料,油田工区一般都有覆盖面广的三维地震数据,可以充分利用地震信息,综合井震数据联合建模,提高油藏地质模型的预测能力。地震属性驱动建模为降低井间地质建模的不确定性提供了可能性。

#### (一)方法原理

地震数据横向分辨能力是远远高于井数据的,它可以在一定程度上反映储层物性横向上的相对变化趋势,而且地震数据本身包含丰富的信息,可以通过对地震数据提取属性或者反演等方法来获得具有一定岩性意义的地震数据体,这一地震属性体则具有对井点物性的外延和补充作用。基于此,就可以利用地震横向预测的优势,利用地震数据的空间相关性来求取井点的加权系数,回避对井数敏感的变差函数的求取,从而建立横向上与地震数据变化趋势一致且纵向上高于地震数据分辨率的三维油藏物性参数模型。由于该方法建立的模型忠实于地震信息的分布趋势,所以要求输入的地震数据与待估的物性参数具有一定的相关性,在满足这一条件且地震数据较为准确的情况下,就可以建立更加精确的可进一步表征储层非均质性的地质模型(马琳,2010)。

如图8-9所示,已知数据为井点A、B、C处的井旁道和井点A、C处的测井数据。求取井点A、B、C处地震数据之间及其与A、C井处的测井数据之间的空间变化特征即空间转换函数,然后由此空间转换函数,可以得到B井处的伪测井数据。

根据地震数据的空间相关性,来获得反映地震信息空间变化与地质空间变化的空间转换关系。假设有 $n$ 口已知井的井旁道地震数据 $S$ 与一口未知井的井旁道地震数据 $S_{new}$ 的道间关

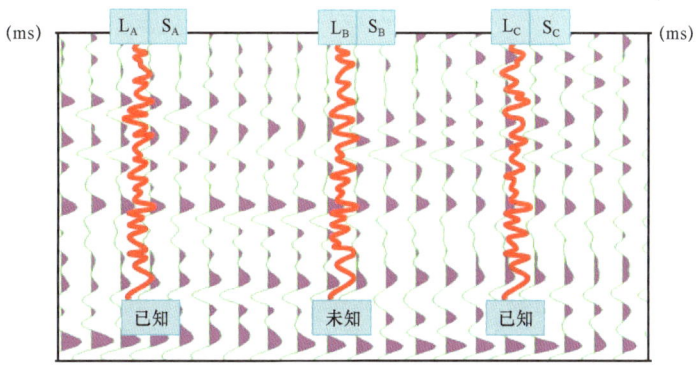

图8-9 地震驱动建模原理示意图(据马琳,2010)

系函数 $\omega$：

$$S_{\text{new}} = \omega S \tag{8-2}$$

根据已知井中不同物性参数 $L_i$、$L_j$ 之间的属性关系函数 $E$：

$$L_j = EL_i \tag{8-3}$$

由于相同物性参数的井点地震数据和测井数据都是相同地质结构的反映,因此二者满足相同的空间转化关系函数 $\omega$；但是不同物性参数之间的空间转换关系函数 $\omega^*$ 略有不同,故有

$$\omega^* = \omega\lambda \tag{8-4}$$

整个工区的物性参数数据 $S_{\text{new}}$ 为

$$S_{\text{new}} = \omega S \tag{8-5}$$

地震属性驱动建模的流程如图 8-10 所示。

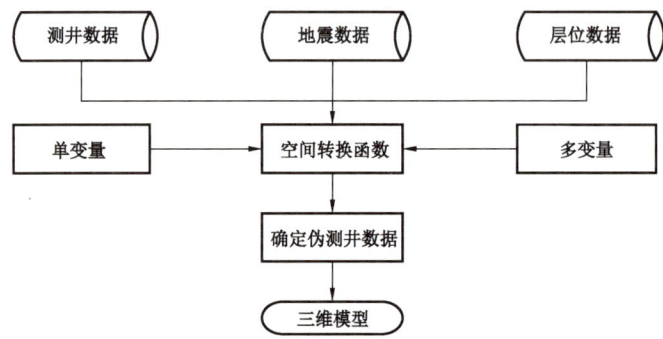

图 8-10　地震属性驱动建模流程图(据马琳,2010)

## (二)建模算法

以上是地震驱动建模方法的基本思想与实现流程,具体的建模估计算法主要包括以下两种。

### 1. 基于地震属性差异求取加权系数

此算法是依据待估点的地震属性与已知井点井旁道地震属性差异来求取加权系数。若地震数据与测井数据相关性好,与测井数据的变化保持一致,则地震属性差异与测井数据差异也有一致性,即若待估点和井点地震属性差异性小,那么待估参数与井上参数差异也小,说明待估点和井点的物性较为相似,那么建模时此井的加权系数应该给于较大值。

假设已知有 $n$ 口井,$L_i$ 为已知井的物性参数值,$S_i$ 为井旁道地震属性。$S_{\text{new}}$ 为待估点的地震属性,为了计算待估点的物性参数值 $L_{\text{new}}$,先根据地震数据差异求取加权系数,下面给出其中一种利用地震差异求取加权系数的算法：

$$\lambda_i = \frac{\dfrac{1}{(S_{\text{new}} - S_i)^2}}{\sum\limits_{i=1}^{n} \dfrac{1}{(S_{\text{new}} - S_i)^2}} \tag{8-6}$$

利用该公式求取每口井的加权系数 $\lambda_i$，然后对各井物性参数值加权计算出待估点的物性参数：

$$L_{new} = \sum_{i=1}^{n} \lambda_i L_i \tag{8-7}$$

用此法计算的物性参数值必然会与待估点地震属性差异较小的井点物性参数相近，从而建立的模型与地震属性的分布也较为一致。

**2. 基于地震道匹配求取加权系数**

基于地震属性差异计算加权系数的算法是通过点对点的方式求取加权系数。由于测井与地震数据尺度差异，这种方式求取的权系数往往不是最优的。一般情况下，对于任意一种测井参数，都可以认为其测井曲线上每个样点和一段连续的地震样点相关联。因此，可以采用多点的褶积加权算子 $\omega_i$ 来取代单点的加权系数 $\lambda_i$，则公式变为

$$L_{new} = \sum_{i=1}^{n} \omega_i L_i \tag{8-8}$$

假设地震属性可以正确反映地下岩性特征，而井点的地震属性与测井物性都是同一岩性特征的反映，于是两者满足相同的加权系数结构，即有

$$S_{new} = \sum_{i=1}^{n} \omega S_i \tag{8-9}$$

由于 $S_{new}$ 和 $S_i$ 都是已知的，就可以利用多道最小化均方误差来求取每道的加权算子 $\omega_i$。下面以两个井旁道为例推导这种多道匹配求取加权系数的计算方法，这时将有两个加权算子：$\omega_1 = [\omega_{10}, \omega_{11}, \omega_{12}, \cdots, \omega_{1m}]$ 和 $\omega_2 = [\omega_{20}, \omega_{21}, \omega_{22}, \cdots, \omega_{2m}]$。

通过计算平方误差，利用互相关简化计算方程，最终可以得到加权算子 $\omega_1$ 与 $\omega_2$，井间属性可表达为

$$S_{new} = \omega_1 S_1 + \omega_2 S_2 \tag{8-10}$$

### （三）需要注意的问题

随着方法的不断进步，地震属性已成为约束三维地质建模的有效工具。但仍需注意，无论定性或者定量解释，地震属性解释不能脱离多学科数据集成而独立进行，原因在于地震属性的多种不确定因素。在应用时要注意合理使用、避免多解性陷阱。这就要求解释人员具有丰富的经验，需要做到平面地震属性与剖面地震响应的匹配解释，需要充分参考地质、测井与录井资料。

在地震驱动地质建模的过程中，没有充分综合先验地质认识、沉积模式等信息，在储层非均质性较强时，求取的物性参数值与实际值可能仍有较大误差；另外，目前应用模型网格仍是地震的矩形网格，不是工业标准的油藏数模格式，所以建立的模型需要经过一定的转化过程才能直接用于后续的油藏数值模拟工作。

随着地震采集与处理技术的进步，地震勘探资料的品质将越来越高，地震属性解释也将达到更高的精度。相信在油藏建模过程中，地震属性将发挥更大的作用。未来该领域的主要研究方向仍将围绕地震属性约束建模的方式开展。

## 二、岩石物理联合反演建模

1. 方法原理与实现过程

Bornard 与 Caldwell(2005)提出岩石物理反演(petrophysical seismic inversion),实现了整合叠前地震数据、岩石物理数据和地质数据的同时,将地震数据直接转换为储层属性(如孔隙度、岩性及流体等)。关键点是使用一套合适的、由使用者定义的岩石物理—弹性模型。该方法包含如下步骤:(1)深度域或时间域标志层或层位的识别;(2)多井子波估算;(3)岩石物理—弹性模拟;(4)震标定;(5)初始模型建立;(6)岩石物理地震反演;(7)最终模型的质量控制。具体流程如图 8-11 所示。

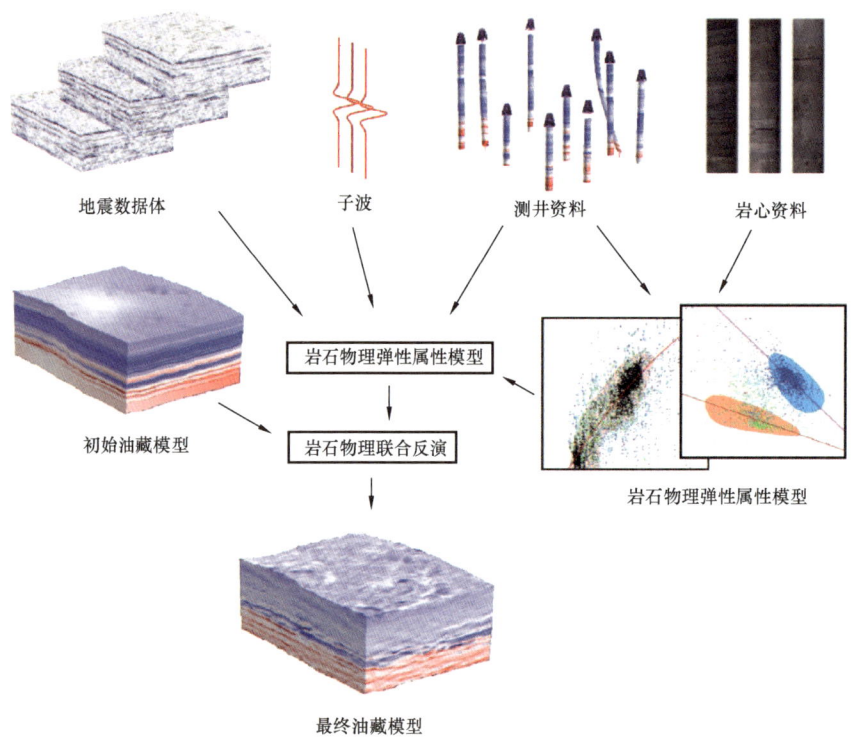

图 8-11 岩石物理反演流程(据 Bornard 和 Caldwell,2004)

Coleou 等(2006)、Bosch 等(2009)、Allo 等(2013)通过不同的过程实现了岩石物理反演。岩石物理反演的提出是向获得更精确储层属性迈进的一步。对于井、震在实现模型过程中保持自身分辨率提供了可能性。岩石物理反演的提出从流程和原理上避免了传统岩石物理属性建模时先进行波阻抗反演再通过岩石物理分析转换为最终属性时两个步骤间可能存在的不匹配问题,是基于地震的油藏建模的发展趋势之一。

2. 反演效果分析

对于深水砂岩油藏,净毛比与孔隙度通常很高,渗透率满足达西流条件。传统地震方法难以获得精确的孔隙度模型。Bornard 和 Caldwell(2004)通过应用岩石物理反演,储层形态与孔隙度特征都得到了清晰的表征(图 8-12)。

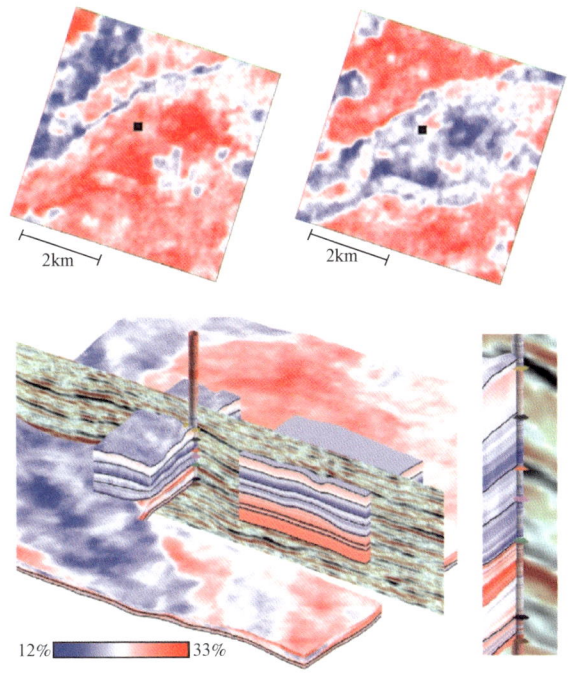

图 8-12 岩石物理反演孔隙度分布(据 Bornard 和 Caldwell,2004)

Allo 等(2013)实现了利用岩石物理反演直接获得碳酸盐岩储层岩石物理属性。最初的模型假设储层厚度约为 60m,且具有常数孔隙度。通过分析正演与实际记录间差异,模型得到迭代修改,最终获得地质模型参数(包括含油饱和度与孔隙度)(图 8-13),且含油饱和度预测结果符合地质认识。相比纯水模型,预测的流体模型与实际地震记录符合程度更高,说明这一方法具有较好的流体预测可靠性。

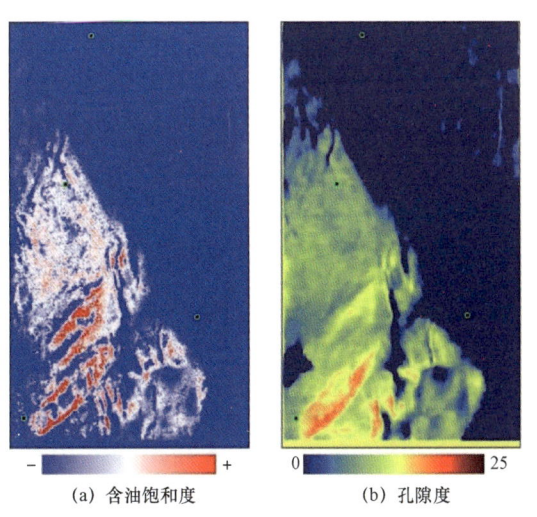

图 8-13 含油饱和度与孔隙度预测结果(据 Allo 等,2013)

## 三、地质统计学反演

### (一)地质统计学反演原理

利用地质统计学模拟在计算效率方面的优势并结合传统的反演思想,Haas 和 Dubrule (1994)提出了地质统计学反演方法,Rowbotham 等(1998)发展了该方法。该方法基于已知的测井信息实施序贯模拟并在地面地震数据的约束下判断拟合结果的合理性。通过不同的随机路径得到不同的全局实现,然后基于多个全局实现来评估反问题的解。由于地质统计学反演的实现过程可以认为是一个基于测井资料并在地震数据约束下的随机模拟过程,因此这种建模(反演)方法天然具有整合不同尺度数据的能力。

地质统计学反演是一种将随机模拟理论与地震反演相结合的反演方法。它由两部分组成,即随机模拟过程及对模拟结果进行优化并使之符合地震数据的过程。随机模拟方法很多,目前较为成熟的地质统计学反演方案是将序贯高斯模拟与基于模型反演相结合。反演过程中充分发挥随机模拟技术综合不同尺度数据的能力,如可以综合层序地层研究和对比与地震解释成果建立精细地质模型。序贯随机模拟沿任一随机路径进行,不同的随机路径得到不同的结果和实现,不同实现的差异反映了地下地质的非均质性和随机性,差异越大,非均质性越强。可以通过不同实现的差异评价反演结果的风险,因此,这也是对地震多解性的有效反映。尽管实现各不相同,但每次实现都满足两个条件:(1)井点处计算的波阻抗与测井数据一致;(2)在井间符合地震数据和已知数据的地质统计学特征。

具体步骤如下:

(1)建立随机路径;

(2)随机选取井间一个网格点;

(3)估计该网格点的条件概率密度函数;

(4)从该条件概率分布函数中随机抽取一个值,利用反射系数公式计算反射系数并与子波进行褶积生成合成地震道;

(5)根据合成地震道与实际地震道匹配程度,决定是否接受该地震道,若接受则计算终止,转向下一个地震道,即转向(2),否则重复(4)~(5);

(6)完成整个数据体的模拟。

井点间地震道的内插采用克里金技术,克里金技术是一种按照控制点间的空间相关程度进行加权的空间内插,即对于给定属性,按照其控制点间相关程度,用相关图或方差图建立空间相关模型,用此模型指导内插。

在多数情况下,井间距较大,井资料较少,国内储层多为陆相沉积,储层横向变化大,而储层预测中更关心的是井间储层性质的实际变化。因此,直接用井资料来计算横向上的变差函数存在采样点不足的问题,横向试验变差函数在小滞后距上不具有统计效应。为此,应当利用确定性反演得到的三维波阻抗来计算横向变差函数,使初始波阻抗模型的建立更为合理。例如目前三维地震数据道间距为 12.5m 或 25m,地震数据横向上较为密集。这样,不仅可以精确求取任意方向上的变差函数,更能反映储层空间结构特性变化。由于测井资料垂向分辨率高,因而垂向变差函数从测井资料计算,水平方向变差函数从确定性反演得到的波阻抗数据体中计算。因此,该方法综合了测井的垂向分辨率和地震的横向分辨率的优势。地质统计学反演算法基本流程如图8-14所示。

对于统计学反演来说,如何在序贯拟合的框架下融合更多的先验信息以进一步降低建模的不确定性并提高地质统计学反演精度已经成为下一步需要深入研究的课题。国内一些学者已经进行了一些探索,如杨锴等(2012)在传统地质统计学反演思路的基础上,实现了Hansen等提出的将测井与地震两种先验信息统一考虑作为条件数据实施序贯模拟过程,实现了同时整合测井、井间地震与地面地震三种先验信息的地质统计学反演与储层建模方法。

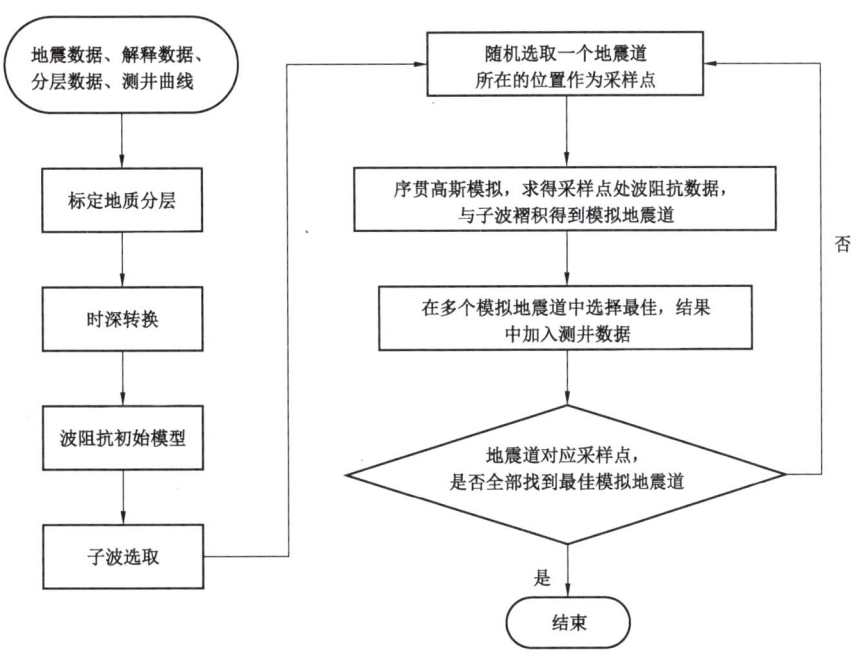

图8-14 地质统计学反演算法流程图

## (二)地质统计学反演效果实例

### 1. 地质统计学反演实现薄油藏准确预测

该实例应用对象是中国渤海油田古近—新近系河流相储层。该套储层具有横向变化快,砂体厚度小的特点,应用传统方法无法满足高分辨率储层预测要求。

为降低勘探开发风险,Shen等(2016)在该地区应用了地质统计学反演。确定了反演参数之后,为了让反演出的砂体概率体能够反映预测储层时的多解性,更加符合实际,应该尽可能多的获得多个波阻抗反演方案(图8-15),最终的反演结果将基于这些波阻抗反演方案。

与传统稀疏脉冲反演相比,地质统计学反演砂体概率预测结果更为准确,潜在的风险也得到了充分展示(图8-16)。

### 2. 基于地质统计学反演直接获得沉积相与岩石物理属性模型

Ravalec-Dupin等(2011)提出一种基于地质统计学概念计算相和岩石物理参数的方法。实现过程包含五个步骤:(1)相、孔隙度和泥质含量随机模拟;(2)初始储层条件下压力和饱

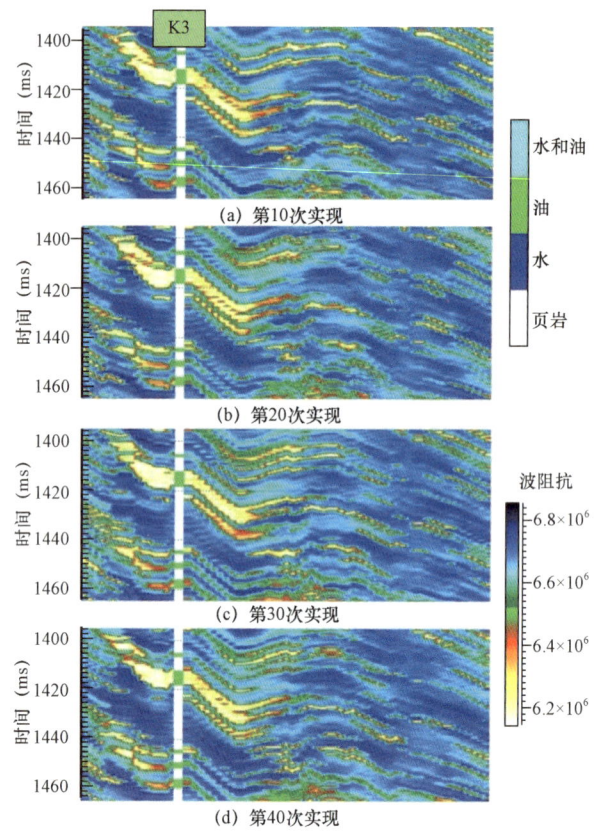

图 8-15　50 套纵波阻抗反演中的四套典型方案(据 Shen,2016)

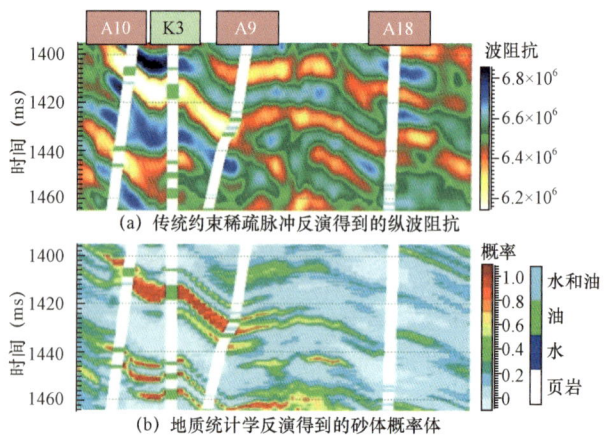

图 8-16　稀疏脉冲反演与地质统计学反演砂体概率对比(据 Shen,2016)

度评估;(3)弹性参数模拟;(4)粗化;(5)深度域或时间域中声学响应计算。

以已知模型计算为例,得到上述计算过程的最终结果:相模型与岩石物理属性模型(图 8-17、图 8-18)。其中,经过计算的全局最佳相模型符合参照模型的趋势,两者间的平均差异为37%,经过阻抗最小匹配后这一差异缩小到20%,油水界面位置预测准确;全局最佳阻抗模型将波阻抗数据的最小二乘不匹配度缩减了40%。

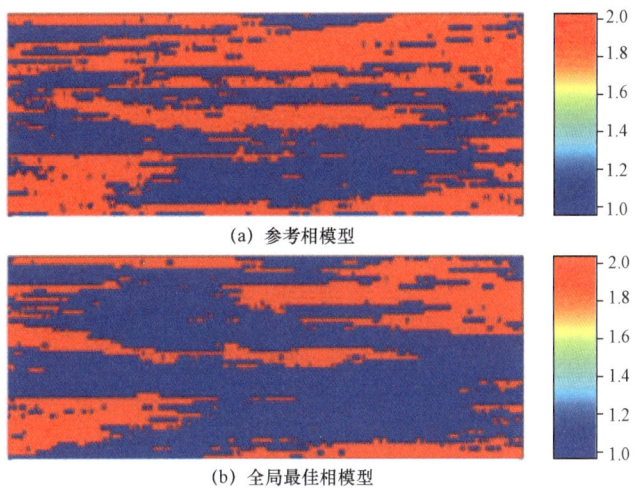

图8-17 参照相模型与全局最佳相模型(据 Ravalec – Dupin 等,2011)

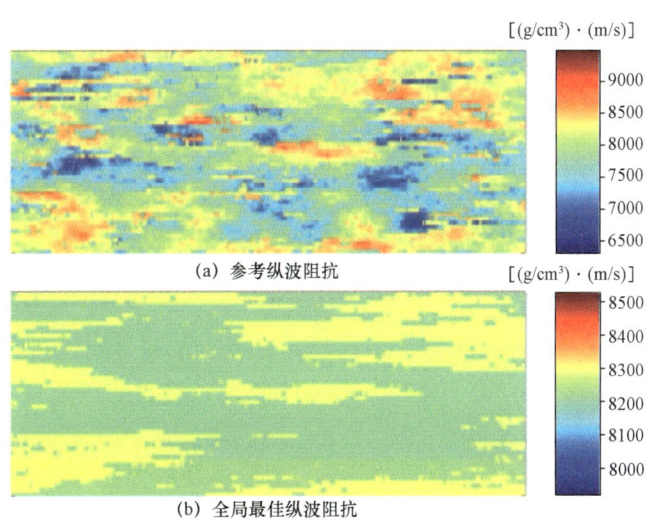

图8-18 参照纵波阻抗模型与全局最佳纵波阻抗模型(据 Ravalec – Dupin 等,2011)

## 四、基于4D地震监测建立流体饱和度模型

### (一)常见4D解释方法存在的不足

目前4D技术能否取得成功的关键是多期地震勘探资料的品质与一致性,主要取决于4D采集与处理过程。但与油藏建模关系最密切的是4D地震解释环节。当4D采集与处理获得了相对可靠的一致性时,4D地震技术整体上能否取得成功将取决于4D解释。但复杂的储层条件常对4D地震解释造成困难。含油饱和度变化是4D地震技术主要预测目标。目前从理

论上可以实现含油饱和度变化定量预测的方法通常基于两种方式:4D 地震反演与 4D 地震历史拟合。

该类方法最常见的策略是通过 4D 地震反演得到弹性属性差异,再通过建立好的弹性属性和储层参数间的关系得到储层流体变化。常见的 4D 地震反演方法包括非耦合、耦合和全局反演三类。对于 4D 地震反演,波阻抗和密度的初始模型通常利用从基础和监测地震地质模型中提取的伪阻抗和密度曲线生成。非耦合反演从每个年代的地震体中分别进行初始模型建立和子波估算。耦合反演则试图将非耦合反演中引入的人为的差异最小化。具体做法是利用基础地震反演结果作为监测地震反演的初始模型,但每个年代地震体的子波估计还是互相独立的。全局反演则在更高的层面上考虑不同年代地震体在反演过程中的匹配问题,反演过程是对多个年份的数据所有部分角度叠加数据同时进行反演,将 3D 协同 AVO 弹性反演升级至时移地震解释领域。在三种时移地震反演方式中,全局反演将反演中的多解性大大减小,也是基于弹性属性估计的反演方法中最为严格的一种。理论上,通过 4D 反演可以获得准确的油藏岩石物理变化。但由于反演过程中容易引入人为的不匹配因素,监测地震往往没有配套的测井资料作为反演约束,4D 反演很难取得理想的效果。

基于差异数据的 4D 地震定量解释方法主要是指 4D 地震历史拟合。许多时移地震相关研究中都应用了 4D 地震历史拟合。在进行整合解释的过程中,需要诸如井曲线、储层特征、流体流动模拟数据、生产数据和其他监测数据的加入。附加的可用数据越多,解释精度也就越高。每个油藏开发过程中可用资料数量和种类都不尽相同,导致整合解释没有统一的解释模板,但其流程可以大致细化为储层流体模拟、岩石物理模型的更新、地震正演模拟及人工地震差异与实际地震差异的区别分析;用人工地震差异与实际地震差异间的差别指导储层流体模型的修正,并不断迭代,直到得到理想的模拟结果。虽然 4D 地震历史拟合已经成为 4D 解释的主流方法之一,但仍需指出,4D 地震历史拟合需要反复的地震正演与模型修正迭代,计算量大;复杂油藏模型的修改尚不能实现自动化,人为因素明显;方法实现周期较长,难以保证 4D 地震技术的时效性。

## (二) 基于振幅比值处理的剩余油分布预测方法及实例分析

### 1. 方法原理

针对传统解释方法的不足,Li(2017)提出基于 4D 地震比值处理的流体饱和度定量解释方法。

对于三层介质模型(图 8-19a),假设中间层储层厚度为 $d$,基础地震和监测地震采集时储层砂岩波阻抗分别为 $I_b$ 和 $I_m$,储层上下围岩波阻抗为 $I_s$。储层顶界面在基础地震和监测地震时的反射系数为(图 8-19b)

$$R_b = \frac{I_b - I_s}{I_b + I_s} \tag{8-11}$$

$$R_m = \frac{I_m - I_s}{I_m + I_s} \tag{8-12}$$

基础地震和监测地震间砂岩储层的波阻抗变化为

$$\Delta I = I_m - I_b \tag{8-13}$$

基础地震和监测地震的储层底界面反射系数为 $-R_b$ 和 $-R_m$。通过反射系数与零相位 Ricker 子波(图 8-19)的褶积获得基础地震响应与监测地震响应(图 8-19d)。由于假设层间旅行时不变,基础地震和监测地震的地震响应可以表达为

$$S(t)_b = R_b [W(t) - W(t - \Delta t)] \tag{8-14}$$

$$S(t)_m = R_m [W(t) - W(t - \Delta t)] \tag{8-15}$$

$W(t)$ 为子波表达式。公式 8-14 和公式 8-15 右侧具有相同的因子 $[W(t) - W(t - \Delta t)]$,同时受控于子波形态 $W(t)$ 和储层时间厚度 $\Delta t$。从基础地震中减去监测地震后,差异振幅数学模型可表达为

$$S(t)_{dif} = (R_m - R_b)[W(t) - W(t - \Delta t)] \tag{8-16}$$

式中的系数 $(R_m - R_b)$ 说明储层界面反射系数的变化对差异振幅的影响是线性的。而储层时间厚度 $\Delta t$ 变量通过子波表达式影响差异振幅,其控制作用是复杂的非线性。薄油藏差异振幅数学模型说明基础地震与监测地震间的求差无法消除时移地震调谐现象,根本原因是子波带宽的有限性。基于求差得到的差异振幅解释油藏流体变化程度存在多解性。

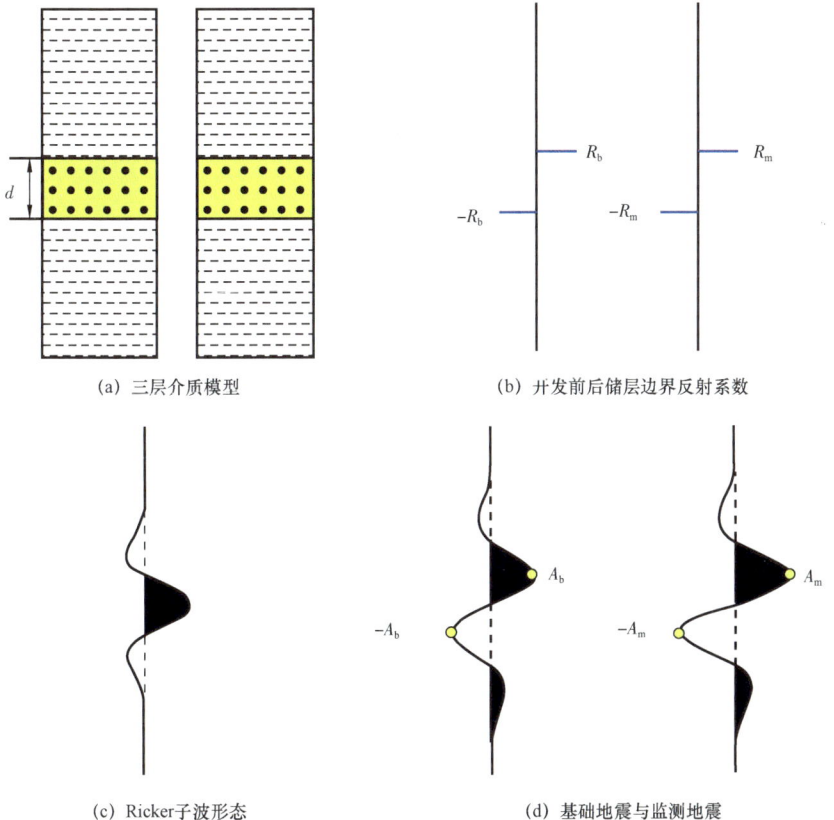

(a) 三层介质模型    (b) 开发前后储层边界反射系数

(c) Ricker 子波形态    (d) 基础地震与监测地震

图 8-19 薄储层基础与监测的理论地震响应

由三层介质模型(图 8 – 19)理论分析可知,基础地震(公式 8 – 14)与监测地震(公式 8 – 15)表达式中具有相同的因子$[W(t) - W(t - \Delta t)]$,且求差运算无法消除这一因子的影响。因此,本文将比值算法引入到时移地震数据处理中,目的是凸显时移地震数据间差异性的同时,消除时移地震调谐的影响,降低后续解释的多解性。

基础地震最大振幅属性$A_b$与监测地震最大振幅属性$A_m$可分别表达为

$$A_b = \text{MAX}\{R_b[w(t) - w(t + \tau)]\} \quad (8-17)$$

$$A_m = \text{MAX}\{R_m[w(t) - w(t + \tau)]\} \quad (8-18)$$

本文定义一种全新的时移地震属性:时移地震振幅比值属性(ratio of amplitude attribute,简称 RAA)。RAA 是基础地震振幅与监测地震振幅间的比值,可表达为

$$\text{RAA} = \frac{A_m}{A_b} \quad (8-19)$$

其中,$A_b$与$A_m$分别为基础地震和监测地震采集时薄油藏最大振幅属性。

对于顶底反射系数极性相反、强度相同的薄夹层,振幅与反射系数呈正比。因此,可进一步得出振幅比值属性与储层及围岩间开发前后的反射系数($R_b$与$R_m$)关系为

$$\text{RAA} = \frac{R_m}{R_b} \quad (8-20)$$

其中,$R_b$与$R_m$分别为基础地震和监测地震采集时储层与围岩间的反射系数强度。

由公式 8 – 20 可知,RAA 只与储层界面的反射系数相关,而与储层厚度无关。时移地震差异振幅调谐通过比值算法得以消除。

为说明差异振幅与振幅比值属性对于油藏厚度的敏感性差异,本节依旧利用楔形油藏开发地质模型交会分析振幅比值与储层厚度、油藏波阻抗之间的关系。在油藏波阻抗不断增加的过程中,不断采集监测地震数据并提取最大振幅属性,并与基础地震(油藏 100% 含油饱和度)最大振幅求比值,得到 RAA 属性。储层厚度、波阻抗变化和振幅比值交会分析结果如图 8 – 20 所示。

正演模拟结果分析表明,厚度的变化不影响 RAA 的数值。RAA 受控于储层波阻抗,且这种控制作用接近于线性。上述规律为基于时移地震比值处理定量解释储层波阻抗变化提供了理论基础。

油藏波阻抗变化是含油饱和度变化计算的关键输入参数。波阻抗变化求取需要利用油藏波阻抗定量预测模型。这一步骤又可以分解为三个小步骤:(1)基于不同时期地震勘探资料提取油藏最大振幅属性,通过比值处理获得振幅属性参数;(2)基于叠前近道集叠加资料波阻抗反演获得基础地震采集时的储层波阻抗($I_b$)和围岩波阻抗($I_s$);(3)将上述参数输入下式中,获得油藏波阻抗变化($\Delta I$):

$$\Delta I = I_s \left( \frac{2}{1 - \text{RAA} \dfrac{I_b - I_s}{I_b + I_s}} - 1 \right) - I_b \quad (8-21)$$

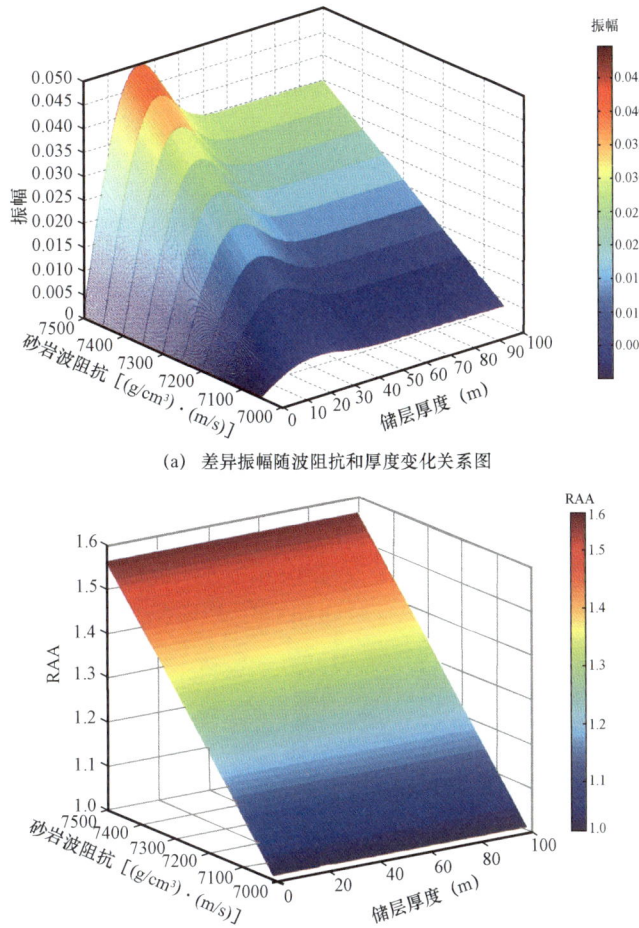

(a) 差异振幅随波阻抗和厚度变化关系图

(b) 监测地震与基础地震振幅比值随厚度与波阻抗变化规律

图 8-20　差异振幅与振幅比值随厚度变化规律

利用含油饱和度变化定量预测模型实现对油藏含油饱和度变化的定量计算:(1)利用 Gardner 公式将基础地震储层波阻抗($I_b$)及波阻抗变化($\Delta I$)转换为储层速度($v_{base}$)及其变化($\Delta v$);(2)利用岩石骨架速度($v_{ma}$)、开发前油藏流体速度($v_{fbase}$)等参数,基于时间平均方程确定储层孔隙度($\phi$);(3)获得油藏流体饱和度变化($\Delta S_o$)。含油饱和度变化可表达为

$$\Delta s_o = \frac{1}{\phi} \cdot \left( \frac{1}{v_{base} + \Delta v} - \frac{1}{v_{base}} \right) / \left( \frac{1}{v_o} - \frac{1}{v_w} \right) \tag{8-22}$$

**2. 西非深水区油藏剩余油分布预测效果分析**

本文利用电阻率求取的油藏含油饱和度平均值约为 83%。A 油藏的油、水分布同时受岩性与构造控制。油藏中的油以轻质油为主,重力分异对油、水的区分产生了重要影响。因此,将油、水界之上的油藏整体初始含油饱和度假设为 83%,假设界面之下的储层开发前完全含水。以 A 油藏 a1 小层为例,通过从初始含油饱和度中减去含油饱和度变化,得到监测地震采集时的剩余油分布情况(图 8-21)。

从剩余油分布预测结果中,可以直观地了解注水波及范围及剩余油分布信息,并制定具有针对性的调整开发方案。以 a1 小层为例,注入水从 A13 井与 A28 井注入,对 a1 小层下倾方向砂体中的油进行了较为彻底的驱替,部分油藏的剩余油含油饱和度已经低于 10%,但注水运动范围形态也反映出砂体形态对注水开发的控制作用。例如 A20 井上倾方向存在类似于水道形态的剩余油低值区,可能为注水优势渗流通道。

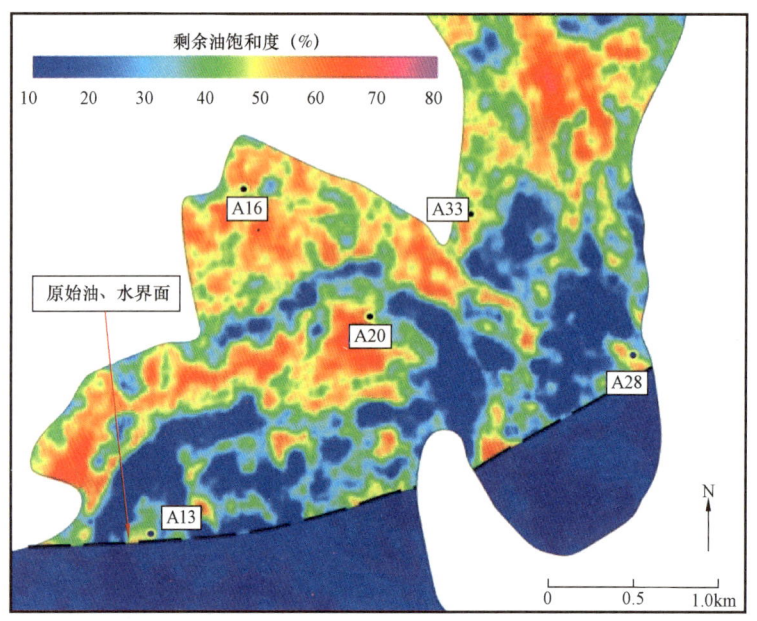

图 8 - 21　a1 小层剩余油分布

在三维地震剖面中,油藏单一水道砂体的地震微相特征为单峰波形,振幅强度可在一定程度上反映砂体的厚度:强振幅往往对应厚层水道储层,弱振幅对应薄层水道储层。根据这一规律,可以在基础地震剖面中对水道进行识别。A 油藏水道地震响应多呈现顶平底凸的响应特征,但通过地震剖面无法确定水道储层间连通性。

根据 a1 小层剩余油分布特征和注水运动在横向上的连续性,将 a1 小层划分为四个区域。这四个区域在空间上不连续,相邻区域的剩余油分布特点完全不同,因此认为这四个区域之间的砂体之间不具有连通性。以 A20 井附近储层为例,A20 井处 a1 小层水道砂体厚度接近调谐厚度。在三维地震中 A20 井钻遇的砂岩储层地震响应形态为顶平底凸,具有较好的连续性和较强的振幅(图 8 - 22b、c 中 R3 区域)。A20 北部存在一顶平底凸、连续性好但振幅较弱的地震响应(图 8 - 22b、c 中 R2 区域),解释为薄水道砂体。由于地震分辨率的限制,三维地震剖面中上述两个区域中的砂体地震响应有所重合,无法判断两者间是否存在具有封堵作用的泥岩夹层。通过分析 a1 小层含油饱和度分布,可知注水开发对 R2 区域中的砂体产生了影响,而对 R3 区域基本没有影响。由此可判断 R2 与 R3 区域中水道砂体间弱连通或不连通。以目前的开发方案继续生产,R3 区域中剩余油可能在相当长一段时间内无法采出。

第八章 地震在建模中的应用

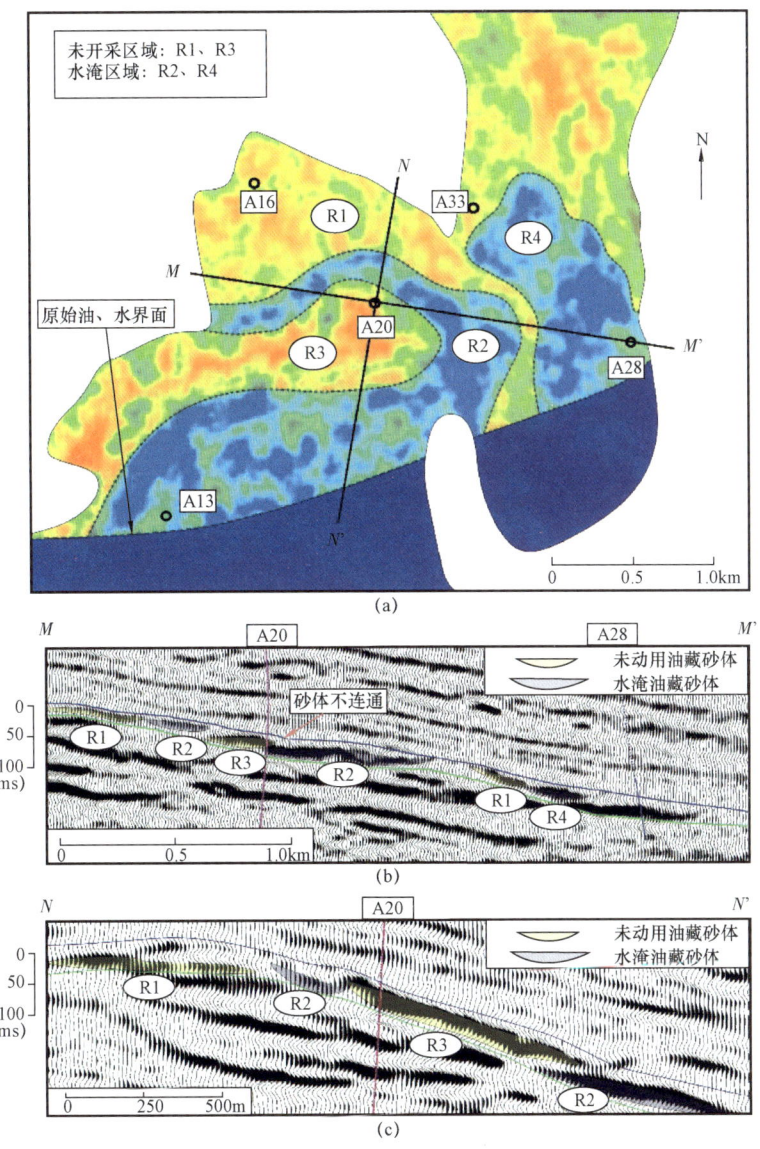

图 8-22 a1 小层砂体连通性分析

## 参 考 文 献

曹辉. 2002. 关于地震属性应用的几点认识[J]. 油气藏评价与开发,25(5):18-22.
陈恭洋,胡勇,周艳丽,等. 2012. 地震波阻抗约束下的储层地质建模方法与实践[J]. 地学前缘,19(02):67-73.
陈遵德. 1998. 储层地震属性优化方法[M]. 北京:石油工业出版社.
甘利灯,张昕,王峣钧,等. 2018. 从勘探领域变化看地震储层预测技术现状和发展趋势[J]. 石油地球物理勘探,53(1):214-225.
高林,杨勤勇. 2004. 地震属性技术的新进展[J]. 石油物探,(s1):11-17.
郭华军,刘庆成. 2008. 地震属性技术的历史、现状及发展趋势[J]. 物探与化探,32(1):19-22.

姜秀清,江洁,高平,等.2004.地震属性分析技术在不同油气藏中的应用[J].石油物探,(s1):71-73.
姜秀清.2006.储层地震属性优化及属性体综合解释[D].中国科学院广州地球化学研究所.
孔炜,杨瑞召,彭苏萍.2003.地震多属性分析在煤田拟声波三维数据体预测中的应用[J].中国矿业大学学报,32(4):443-446.
郎晓玲,彭仕宓,康洪全,等.2010.叠前同时反演方法在流体识别中的应用[J].石油物探,49(2):164-169.
李敏.2005.地震属性技术研究及其在关家堡储层预测中的应用[D].西北大学.
刘企英.1994.利用地震信息进行油气预测[M].北京:石油工业出版社.
刘文岭,牛彦良,李刚,等.2002.多信息储层预测地震属性提取与有效性分析方法[J].石油物探,41(1):100-106.
马琳.2010.地震信息驱动的建模方法初探[D].中国石油大学.
撒利明,杨午阳,姚逢昌,等.2015.地震反演技术回顾与展望[J].石油地球物理勘探,50(1):184-202.
宋维琪,王小马,杜玉民,等.2002.综合应用地震属性、测井数据反演储层参数[J].石油地球物理勘探,37(5):491-494.
王开燕,徐清彦,张桂芳,等.2013.地震属性分析技术综述[J].地球物理学进展,28(2):815-823.
王永刚,乐友喜,曹丹平,等.2005.河道砂体含油性判别方法[J].石油地球物理勘探,40(4):459-462.
王永刚,乐友喜,刘伟,等.2004.地震属性与储层特征的相关性研究[J].中国石油大学学报:自然科学版,28(1):26-30.
王永刚,李振春,刘礼农,等.2000.利用地震信息预测储层裂缝发育带[J].石油物探,39(4):57-63.
王永刚,谢东,乐友喜,等.2003.地震属性分析技术在储层预测中的应用[J].中国石油大学学报:自然科学版,27(3):30-32.
杨锴,艾迪飞,耿建华.2012.测井、井间地震与地面地震数据联合约束下的地质统计学随机建模方法研究[J].地球物理学报,55(8):2695-2704.
印兴耀,周静毅.2005.地震属性优化方法综述[J].石油地球物理勘探,40(4):482-489.
于建国,姜秀清.2003.地震属性优化在储层预测中的应用[J].石油与天然气地质,24(3):291-295.
于兴河,陈建阳,张志杰,等.2005.油气储层相控随机建模技术的约束方法[J].地学前缘,12(3):237-244.
邹才能.2002.油气勘探开发实用地震新技术[M].北京:石油工业出版社.
Allo F, Coleou T, Dillon L, et al. 2013. Petrophysical Seismic Inversion Over an Offshore Carbonate Field[C]// International Petroleum Technology Conference, 2223.
Bornard R, Allo F, Coleou T, et al. 2005. Petrophysical Seismic Inversion to Determine More Accurate and Precise Reservoir Properties[C]// Spe Europec/eage Conference.
Bosch M, Carvajal C, Rodrigues J, et al. 2009. Petrophysical seismic inversion conditioned to well-log data: Methods and application to a gas reservoir[J]. Geophysics, 74(2).
Brown A R. 1996. Seismic attributes and their classification[J]. The leading edge, 15(10): 1090-1090.
Coleou T, Bornard R, Allo F, et al. 2006. Seismic Inversion for Lithology and Petrophysics[C]// Eage Conference and Exhibition Incorporating Spe Europec.
Connolly P. 1999. Elastic impedance[J]. Leading Edge, 18(4):438-438.
Cooke D A, Schneider W A. 1983. Generalized linear inversion of reflection seismic data[J]. Geophysics, 48(6):665.
Gao D. 2008. 3D seismic volume visualization and interpretation: An integrated workflow with case studies[J]. Geophysics, 74(1):1.
Gao D. 2011. Latest developments in seismic texture analysis for subsurface structure, facies, and reservoir characterization: A review[J]. Geophysics, 76(2):1-13.
Haas A, Dubrule O. 1994. Geostatistical inversion: a sequential method of stochastic reservoir modeling constrained by seismic data[J]. First Break, 12(11):561-569.

Huang X, Meister L, 1998. Workman R. Improving production history matching using time – lapse seismic data[C]// Seg Teclinical Program Expauded Abstracts, 1430 – 1433.

Li M, Liu Z, Liu M, et al. 2016. Prediction of residual oil saturation by using the ratio of amplitude attributes of time – lapse seismic data[J]. Geophysics, 82(1): IM1 – IM12.

Liner C, Li C F, Gersztenkorn A, et al. 2004. SPICE: A New General Seismic Attribute[J]. Seg Technical Program Expanded Abstracts, 23(1): 433.

Marfurt KJ. 2018. Seismic attributes as the framework for data integration throughout the oilfield life cycle[M]. Society of Exploration Geophysicists.

Martinez R D, et al. 1988. Complex reservoir characterization by multiparameter constrained inversion. Presented at the SEG/EAGE Research Workshop on Reservoir Geophysics, Dallas, Texas.

Ravalec – Dupin M L, Enchery G, Baroni A, et al. 2011. Preselection of Reservoir Models From a Geostatistics – Based Petrophysical Seismic Inversion[J]. Spe Reservoir Evaluation & Engineering, 14(5): 612 – 620.

Rowbotham P S, Lamy P, Swaby P A, et al. 1998. Geostatistical inversion for reservoir characterization[C]. Seg Technical Program Expanded Abstracts, 886 – 889.

Shen H, Qin D, Hou D. 2016. Predication of super thin reservoir based on geostatistical inversion[C]// Seg Technical Program Expanded, 2891 – 2895.

Steve Lancaster. 2000. Fast – track 'coloured' inversion[J]. Seg Technical Program Expanded Abstracts, 19(1): 2484.

Taner M T, Schuelke J S, O'Doherty R, et al. 1994. Seismic attributes revisited[M]//SEG Technical Program Expanded Abstracts Society of Exploration Geophysicists, 1104 – 1106.

Whitcombe D N, Connolly P A, Reagan R L, et al. 2002. Extended elastic impedance for fluid and lithology prediction[J]. Geophysics, 67(1): 63.

# 第九章 地质模型粗化方法

模型粗化是油藏描述中客观存在的现象,贯穿于整个模型的建立过程。在研究过程中,我们往往从微观入手,利用各种实验室测试技术,如岩心压汞测试技术,利用薄片、CT扫描图像等描述岩石的孔隙结构,进而建立流体在岩心尺度的流动模型,用于标定较大尺度的测井资料的解释;测井曲线精度又往往高于定量地质模型的精度,利用测井数据建立地质模型过程中需要将数据粗化到地质建模网格尺度;此外,受计算能力限制,经常需要将地质模型数据粗化到数值模拟模型需要的更大尺度的网格。上述过程都属于模型粗化的范畴。地质建模重要作用之一就是把不同尺度的资料进行融合的过程。

## 第一节 构造地层格架粗化

油藏地质模型的网格数一般可达千万个以上,由于目前计算机运算能力的限制,油藏数值模拟网格数一般仅为几十万至上百万个。为了有效进行油藏数值模拟,需要将细网格的油藏地质模型粗化为一个等效的用于油藏数值模拟的粗网格模型,并尽可能保持这两个模型系统的油藏物性及渗流特征相同。

### 一、油藏数值模拟网格类型

油藏数值模拟所使用的网格有很多种分类方法,例如,按网格节点排列是否有序,可分为结构化网格、非结构化网格和混合网格;按网格是否正交,可分为正交网格和非正交网格;按计算区域中所包含网格的种类,可分为单块网格和多块网格等。

油藏数值模拟网格的发展可分为三个阶段:以正交网格和局部加密技术为主的第一代网格、以角点网格为主的第二代网格和以PEBI及混合网格为代表的第三代网格。其中正交网格和角点网格均属于结构化网格,PEBI网格属于非结构化网格。

从目前情况看,角点网格应用范围最广,技术成熟度高,在地质建模和油藏数值模拟方面都取得了广泛的应用。但由于角点网格间的非正交性(一般只是在复杂边界处),在油藏数模计算过程中,对传导率计算、模拟迭代收敛性及结果的精度都有所影响。此类问题可通过网格质量的控制(如Z字形断层处理、零体积网格检查及网格的正交性检查等)加以优化解决。

为解决角点网格非正交带来的问题,1987年SURE软件推出了PEBI网格。PEBI网格满足局部正交性,但又比结构网格灵活,能很好地模拟非规则地质体的边界,便于局部加密(图9-1);同时又满足了有限差分方法对网格正交性的要求,最终得到的差分方程与笛卡尔坐标下的有限差分方法相似,这样就可适用于现有的有限差分数值模拟软件。

### 二、数值模拟网格的建立

相比于地质模型网格,油藏数值模似网格数量更少,同时网格几何形态也需要满足数值模

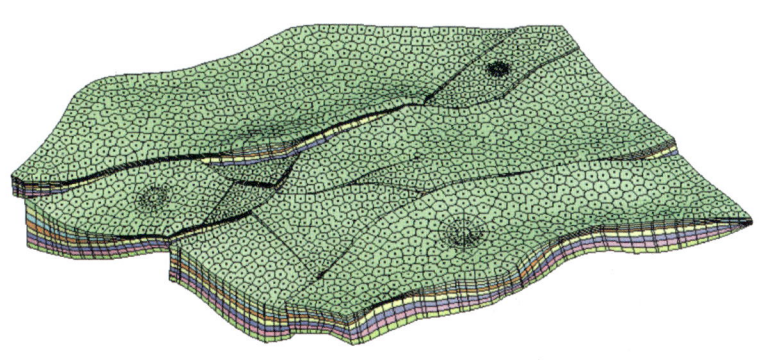

图 9-1　PEBI 网格模型示意图

拟的具体要求。数值模拟网格的建立与地质建模网格的建立流程大致相同,但在以下几个方面有所区别(以角点网格为例)。

(一)断层网格处理

为了保证断层附近网格的正交性及网格体积的均匀性,在断层区域需设置控制线控制网格线走向,并可将断层穿过网格做 Z 字形或阶梯形处理,如图 9-2、图 9-3 所示。

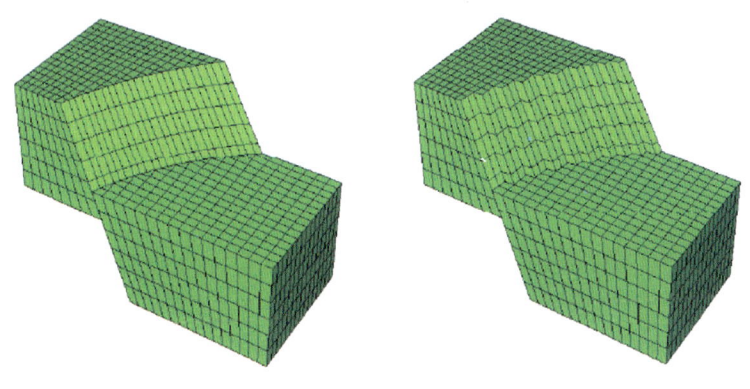

图 9-2　Z 字形网格处理示意图

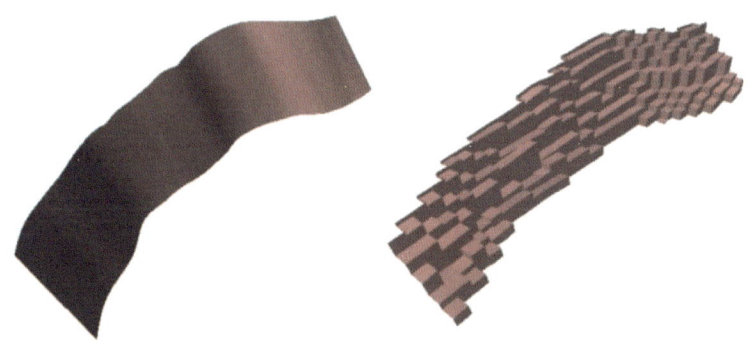

图 9-3　三维阶梯形网格示意图

## (二) 平面分区及网格个数设置

在创建数值模拟网格时,需要根据断层、油气水分布以及井点分布特征,在平面上划分不同的区(通过断层线或趋势线),并分别设置疏密程度不同的平面网格大小(图9-4),目的是在保证重点区块网格个数的同时,尽量减少总网格数。在进行相关设置后,即可得到如图9-5所示的数值模拟网格。

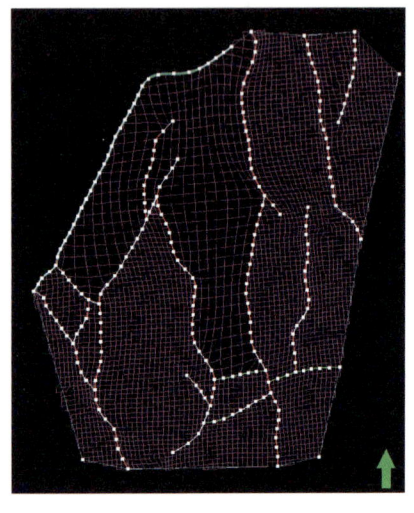

图9-4 平面分块网格设置示意图

图9-5 数模网格示意图

## 三、网格对应关系设置

由于数值模拟网格与地质模型网格的大小不同,一个数值模拟模型的粗网格包含地质模型的多个细网格。如果仅根据三维空间坐标的对应包含关系,难免会出现粗网格的"平面跨区"或"垂向跨层"现象。因此,需要按照一定的规则,设置粗、细网格模型间平面及垂向网格序号的对应关系。

### (一) 平面网格包含规则

网格包含是指粗网格对细网格的包含关系。如图9-6所示,网格包含关系有两种情况:(1)细网格中心落在粗网格内,该细网格被认为对应到当前粗网格,在参数平均化时,各个细网格按整体体积作为权重;(2)细网格任意部位落在粗网格内,在参数平均化时,各个细网格按实际包含在粗网格内的体积作为权重,因而计算量更大。

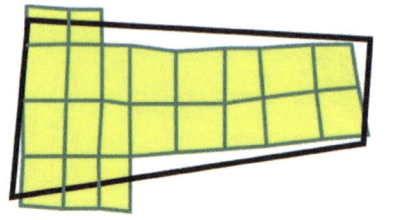 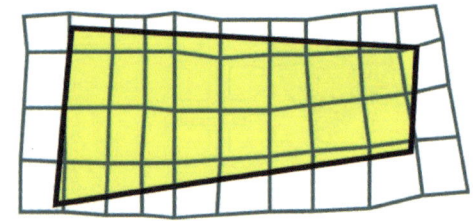

图9-6 XY平面网格包含关系示意图

## (二)垂向网格对应规则

网格对应是指地质模型垂向细网格序号与数值模拟模型垂向粗网格序号的对应关系。可以根据需要,指定一个粗网格与多个细网格的对应关系。例如在需要将垂向上 1~10 层细网格对应于 5 个粗网格的情况下,可以平均对应,如图 9-7 所示;也可以指定任意对应关系,如将 1~3 层细网格对应第一个粗网格,将 4~6 细网格对应第二个粗网格(图 9-8)。

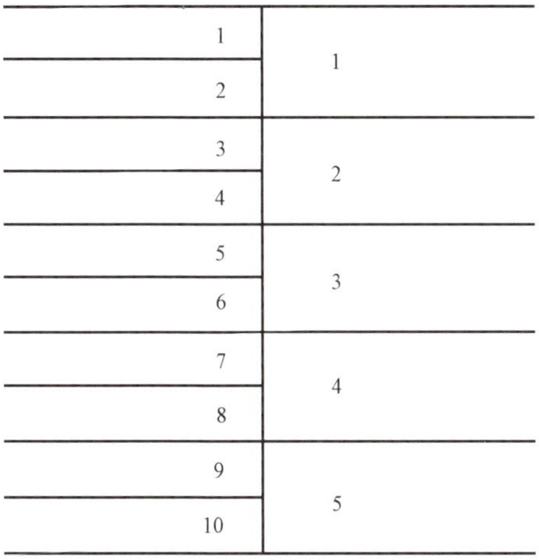

图 9-7　粗、细网格垂向均匀对应关系 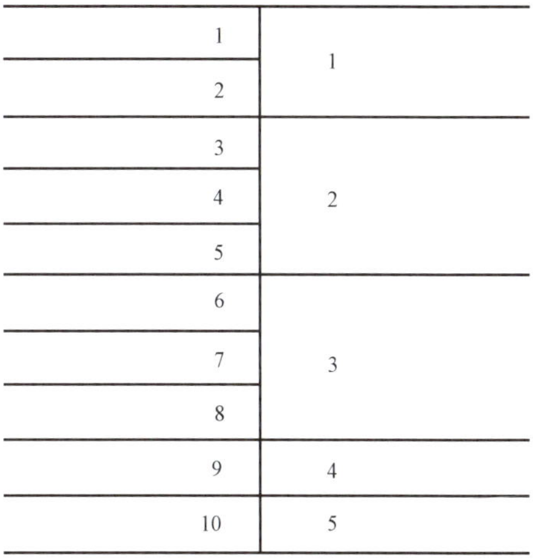　　　　图 9-8　粗、细网格垂向非均匀对应关系

# 第二节　油藏属性参数粗化

在建立数值模拟网格及其与地质模型细网格的对应关系后,便可将地质模型的储层参数粗化到数值模拟网格中。针对不同的地质参数,粗化方法有所不同。从粗化算法考虑,储层参数可分为标量、矢量与离散参数三大类。对于标量物性参数,如孔隙度、饱和度等,一般采用数学平均化方法处理;对于与流动有关的矢量物性参数,如渗透率,需要根据流体渗流力学原理计算;对于离散参数,如沉积相、流动单元等,则需要按最大体积百分数的统计方法处理。

## 一、标量参数粗化

标量储层参数(又称为可相加的参数),如孔隙度、含油饱和度以及泥质含量等,可根据表 9-1 所示的平均化方法进行粗化,主要包括算术平均、几何平均、调和平均以及平方根平均。

表 9-1　粗化平均化算法(据吴胜和,2010)

| 算法名称 | 公式 | 描述 |
| --- | --- | --- |
| 算术平均<br>(Arithmetic) | $P_A = \dfrac{\sum\limits_n W_n P_n}{\sum\limits_n W_n}$,例如:$A(a,b) = \dfrac{a+b}{2}$。其中:$W_n$ 为权系数;$P_n$ 为参数值,$P_A$ 为粗化均值 | 算术平均法适合可相加的储层参数,如孔隙度、含油饱和度、净毛比等。粗化过程中,可指定权系数得到更为合理的粗化结果,如含油饱和度粗化时一般采用有效网格体积作为权系数 |

续表

| 算法名称 | 公式 | 描述 |
|---|---|---|
| 几何平均<br>(Geometric) | $P_A = \left(\prod_{i=1}^{n} P_i\right)$, $P_A = \exp\left(\dfrac{\sum_n W_n \lg P_n}{\sum_n W_n}\right)$<br>例如:$G(a,b) = \sqrt{ab}$ | 几何平均法适用于空间相关性不明显呈对数正态分布的渗透率属性,该方法对低值敏感 |
| 调和平均<br>(Harmonic) | $P_A = \left(\dfrac{\sum_n W_n P_n^{-1}}{\sum_n W_n}\right)^{-1}$,例如:$H(a,b) = \dfrac{2}{\dfrac{1}{a}+\dfrac{1}{b}}$ | 调和平均法适用于各垂向网格层渗透率为常数且整体呈对数正态分布的渗透率属性,该方法对低值敏感 |
| 平方根平均<br>(RMS) | $P_A = \sqrt{\dfrac{\sum_n X_n^2}{n}}$,例如:$R(a,b) = \sqrt{\dfrac{a^2+b^2}{2}}$ | 平方根平均法对高值敏感,一般对高值敏感的顺序如下:RMS > Arithmetic > Geometric > Harmonic |

上述平均化方法一般需要考虑权系数。权系数主要包括两大类:(1)网格体积大小;(2)其他相关控制参数。选择网格体积加权,意味着体积大的网格对粗化结果有较大影响;反之,网格体积小则对粗化结果的影响较小。另外,在粗化时还应考虑其他相关参数的控制作用,例如,在孔隙度粗化时,除了考虑网格体积大小,还应选择净毛比作为权系数;含油饱和度粗化时,应选择网格体积、孔隙度以及净毛比作为权系数。

## 二、矢量参数粗化

渗透率是与流动方向有关的矢量参数,不同于孔隙度、含油饱和度等采用简单体积或其他参数加权平均粗化方法,矢量粗化方法有基于流动模拟的方法、参数重整化方法等。

### (一)基于流动模拟的方法

描述多孔介质中流体流动的最基本的两个方程是达西定律和质量守恒方程。渗透率的本质就是储层岩石中流体通过能力的量度,其规律通过达西定律来描述。在流动过程中,流入的流体和流出的流体质量是相等的。因此,用基于达西定律和质量守恒方程的方法能很好地解决渗透率的粗化问题。

基于流动模拟的方法的基本原理为:细网格与粗网格中流体渗透满足质量和流量连续,即在一定边界条件下,流体在同一压差下沿同一方向流过,在细网格与粗化网格中的质量流量相等。一般可通过对角张量法或全张量法计算得到等效渗透率。

将一组细网格合并成一个粗网格时,不考虑这一个粗网格周围其他细网格的影响,称此合并为不带有边界条件的粗化。假设细网格在 $x$、$y$、$z$ 三个方向的网格步长分别为 $\Delta x$、$\Delta y$、$\Delta z$,网格上渗透率是各向异性的,可表示成张量形式,三个方向分量为 $K_x$、$K_y$、$K_z$。若初始渗透率为一个标量 $k$,可在细网格上给渗透率张量的三个分量分配以相同的值 $K_x = K_y = K_z = k$。

为了简便起见,这里只考虑二维空间上的粗化方法,假设每个粗网格在 $x$、$y$ 方向上分别对应 $n_x$、$n_y$ 个细网格,计算每个粗网格的等效渗透率张量的分量 $K_x$、$K_y$,如图 9-9 所示。

在粗网格对应的一组细网格上,考虑两种不可压缩流体的流动情况,如图 9-10 所示,每种情况都分别平行于网格的坐标轴。为了计算粗网格的等效渗透率,假设存在平行于 $x$ 方向的流动,第一列网格压力恒定,均为 $P_{in}$;其余各列网格的压力均小于 $P_{in}$,利用压力梯度可计算出最后一列的压力 $p_{out}$。

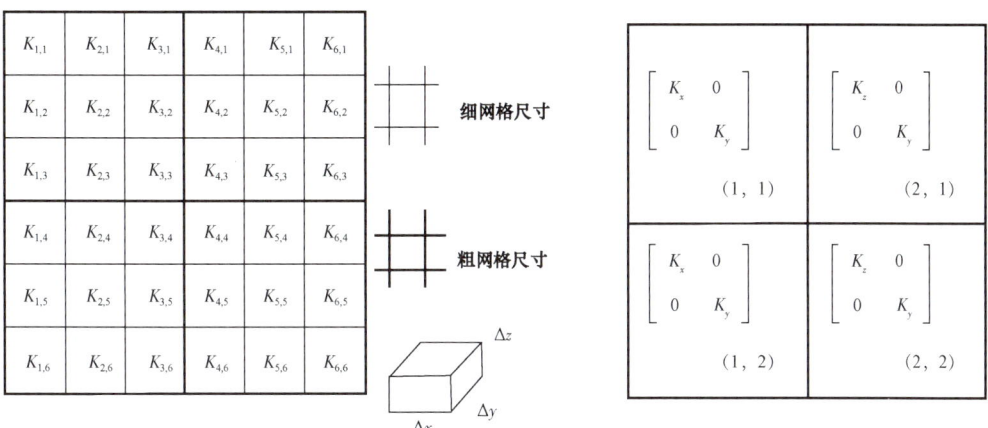

图 9-9 细网格中的渗透率粗化(据王家华和张团峰,2001)

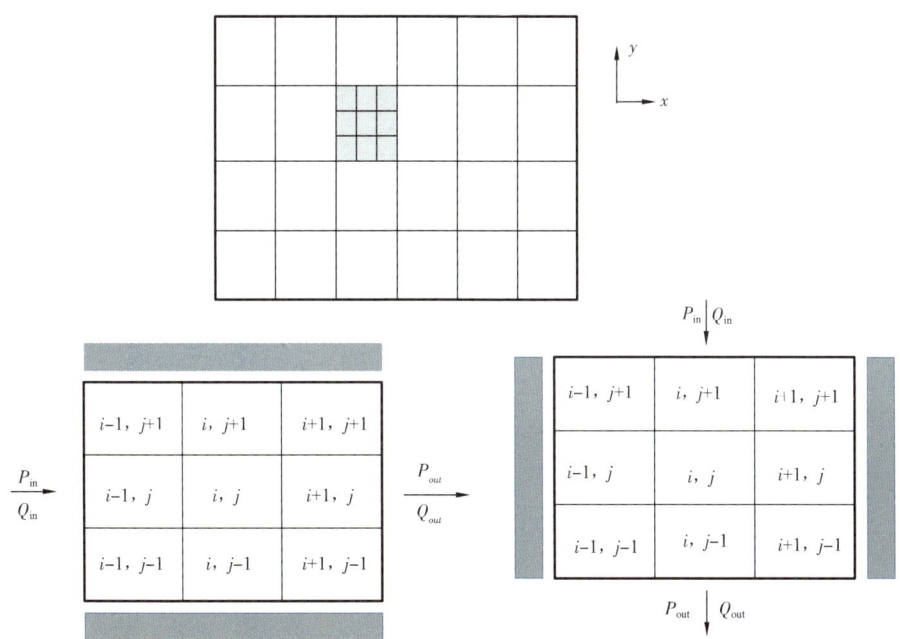

图 9-10 对每个宏观块确定有效渗透率的两个流动条件(据王家华和张团峰,2001)

对于第 $(i,j)$ 个细网格,质量守恒方程如下:

$$(Q_{x_{i+1/2,j}} - Q_{x_{i-1/2,j}}) + (Q_{y_{i,j+1/2}} - Q_{y_{i,j-1/2}}) = 0 \qquad (9-1)$$

其中,下标 $(i+1/2,j)$、$(i-1/2,j)$、$(i,j+1/2)$、$(i,j-1/2)$ 分别代表 $(i,j)$ 网格与相邻网格 $(i+1,j)$、$(i-1,j)$、$(i,j+1)$、$(i,j-1)$ 的交界面,$Q$ 为网格间的流量。

由达西定律,流体在 $x$ 和 $y$ 方向的流量为

$$Q_{x_{i-1/2,j}} = \frac{K_{x_{i-1/2,j}} \Delta y \Delta z}{\mu} \frac{(p_{i-1,j} - p_{i,j})}{\Delta x} \quad (9-2)$$

$$Q_{x_{i+1/2,j}} = \frac{K_{x_{i+1/2,j}} \Delta y \Delta z}{\mu} \frac{(p_{i,j} - p_{i+1,j})}{\Delta x} \quad (9-3)$$

$$Q_{y_{i,j-1/2}} = \frac{K_{y_{i,j-1/2}} \Delta x \Delta z}{\mu} \frac{(p_{i,j-1} - p_{i,j})}{\Delta y} \quad (9-4)$$

$$Q_{y_{i,j+1/2}} = \frac{K_{y_{i,j+1/2}} \Delta x \Delta z}{\mu} \frac{(p_{i,j} - p_{i,j+1})}{\Delta y} \quad (9-5)$$

式中　$K_{x_{i-1/2,j}}$ ——网格 $(i-1,j)$ 和网格 $(i,j)$ 交界处的平均渗透率;
　　　$K_{x_{i+1/2,j}}$ ——网格 $(i,j)$ 和网格 $(i+1,j)$ 交界处的平均渗透率;
　　　$K_{y_{i,j-1/2}}$ ——网格 $(i,j-1)$ 和网格 $(i,j)$ 交界处的平均渗透率;
　　　$K_{y_{i,j+1/2}}$ ——网格 $(i,j)$ 和网格 $(i,j+1)$ 交界处的平均渗透率。

公式(9-2)至公式(9-5)可以用两个相邻网格的调和平均值来计算:

$$K_{x_{i-1/2,j}} = \frac{2K_{x_{i-1,j}} K_{x_{i,j}}}{K_{x_{i-1,j}} + K_{x_{i,j}}} \quad (9-6)$$

$$K_{x_{i+1/2,j}} = \frac{2K_{x_{i,j}} K_{x_{i+1,j}}}{K_{x_{i,j}} + K_{x_{i+1,j}}} \quad (9-7)$$

$$K_{y_{i,j-1/2}} = \frac{2K_{y_{i-1,j}} K_{y_{i,j}}}{K_{y_{i-1,j}} + K_{y_{i,j}}} \quad (9-8)$$

$$K_{y_{i,j+1/2}} = \frac{2K_{y_{i,j}} K_{y_{i,j+1}}}{K_{y_{i,j}} + K_{y_{i,j+1}}} \quad (9-9)$$

把公式(9-2)至公式(9-5)带入公式(9-1),可得

$$\frac{\Delta y \Delta z}{\Delta x}[K_{x_{i+1/2,j}}(p_{i,j} - p_{i+1,j}) - K_{x_{i-1/2,j}}(p_{i-1,j} - p_{i,j})] +$$

$$\frac{\Delta x \Delta z}{\Delta y}[K_{y_{i,j+1/2}}(p_{i,j} - p_{i,j+1}) - K_{y_{i,j-1/2}}(p_{i,j-1} - p_{i,j})] = 0 \quad (9-10)$$

公式(9-10)两侧同乘以 $\Delta x \Delta y / \Delta z$,可简化为

$$\Delta y^2 [K_{x_{i+1/2,j}}(p_{i,j} - p_{i+1,j}) - K_{x_{i-1/2,j}}(p_{i-1,j} - p_{i,j})] +$$

$$\Delta x^2 [K_{y_{i,j+1/2}}(p_{i,j} - p_{i,j+1}) - K_{y_{i,j-1/2}}(p_{i,j-1} - p_{i,j})] = 0 \quad (9-11)$$

在每个细网格中都存在一个质量守恒方程,这样可得到一个方程组,可用下式来表示:

$$A_{i,j} p_{i,j} - B_{i,j} p_{i-1,j} - C_{i,j} p_{i+1,j} - D_{i,j} p_{i,j-1} - E_{i,j} p_{i,j+1} = 0 \quad (9-12)$$

式中 $A_{i,j} = (K_{x_{i+1/2,j}} + K_{x_{i-1/2,j}})\Delta y^2 + (K_{y_{i,j+1/2}} + K_{y_{i,j-1/2}})\Delta x^2$；

$B_{i,j} = K_{x_{i-1/2,j}}\Delta y^2$；$C_{i,j} = -K_{x_{i+1/2,j}}\Delta y^2$；

$D_{i,j} = K_{x_{i,j-1/2}}\Delta x^2$；$E_{i,j} = -K_{x_{i,j+1/2}}\Delta x^2$。

方程组(9-12)可采用牛顿迭代法求解，在每次迭代后，可得到网格($i,j$)网格上的新的压力值。

为了在 $x$ 方向得到相同流动方向的粗网格渗透率张量的分量，可以用达西定律表示

$$Q_{\text{in}} = \frac{\Delta y \Delta z}{(n_x - 1)\Delta x} \sum_{i=1}^{n_x-1}\sum_{j=1}^{n_y}[K_{x_{i+1/2,j}}(p_i - p_{i+1,j})] \tag{9-13}$$

$$Q = \frac{n_y \Delta y \Delta z}{(n_x - 1)\Delta x}[K_x(p_{\text{in}} - p_{\text{out}})] \tag{9-14}$$

根据质量守恒定律 $Q = Q_{\text{in}}$，可得

$$K_x = \frac{1}{n_y} \frac{\sum_{i=1}^{n_x-1}\sum_{j=1}^{n_y}[K_{x_{i+1/2,j}}(p_i - p_{i+1,j})]}{p_{\text{in}} - p_{\text{out}}} \tag{9-15}$$

其中，$p_1 = p_{\text{in}}$，$p_{n_x} = p_{\text{out}}$。

同理，考虑平行于 $y$ 方向的流动，可以得到

$$K_y = \frac{1}{n_x} \frac{\sum_{j=1}^{n_y-1}\sum_{x=1}^{n_x}[K_{y_{i,j+1/2}}(p_i - p_{i,j+1})]}{p_{\text{in}} - p_{\text{out}}} \tag{9-16}$$

## （二）标准重整化方法

求解流动方程等解析方法虽然精确，但计算量较大。针对储层非均质和计算速度快的要求，提出了渗透率粗化的标准重整化方法。

标准重整化的基本思想为：把本来只需一步的从精细网格到粗网格的合并计算，变换为一系列从精细网格到越来越粗的网格的多步合并。基本操作是在 $D$ 维空间中，计算 $2^D$ 个细网格组成的粗网格块的等效渗透率。例如，在 $D$ 维空间中，可合并 $2^{nD}$ 个网格到精细度较低的 $2^{(n-1)D}$ 个网格。重复这一过程直到找到所期望尺寸的网格。图9-11为二维网格合并的实例。

由于在二维和三维空间中没有精确的计算公式，等效渗透率采用近似计算。例如，把平面上四个网格合并成一个网格，可通过一个插值的线性方程来获得等效渗透率(Galli 等,1996)：

$$K_x = \frac{4(K_1+K_3)(K_2+K_4)[K_2K_4(K_1+K_3)+K_1K_3(K_2+K_4)]}{[K_2K_4(K_1+K_3)+K_1K_3(K_2+K_4)][K_1+K_2+K_3+K_4]+3(K_1+K_2)(K_3+K_4)(K_1+K_3)(K_2+K_4)} \tag{9-17}$$

式中 $K_x$——$x$ 方向的粗网格渗透率；

$K_1, K_2, K_3, K_4$——平面上四个细网格渗透率。

重整化方法可以求取渗透率标量，也可以求取渗透率张量。应用不同的合并方程，就可以

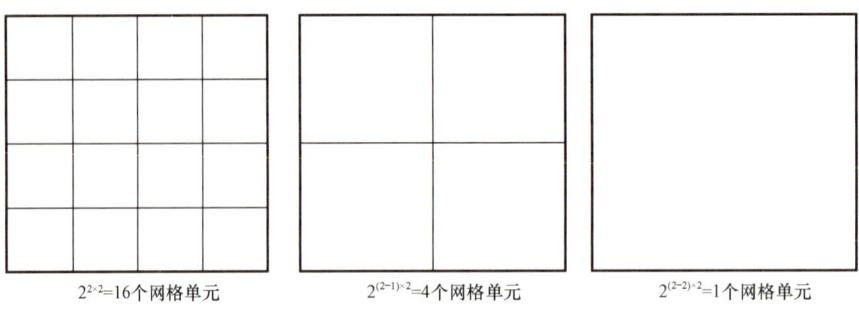

图 9-11 重整化原理(据王家华和张团峰,2001)

得到不同的重整化方法。

### (三) 简化重整化方法

简化重整化方法是对标准重整化方法的改进。这一方法由两部分组成:首先产生两种方式的标准重整化,然后运用考虑非均质性的公式来计算最终渗透率。

#### 1. 简化重整化

把网格单元进行分组,每组两个网格。要计算网格单元在一个方向上的粗化渗透率,有两种可能性:如果这两个网格单元是并行的,理论上粗化渗透率就等于这两个网格单元渗透率值的算术平均;如果这两个网格是串行的,则理论上粗化渗透率就等于这两个网格单元渗透率值的调和平均,如图 9-12 所示。

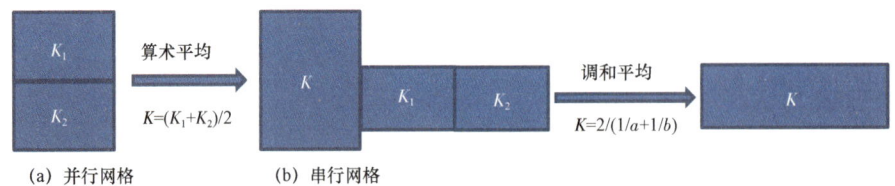

图 9-12 计算两个微观块粗化渗透率的局部公式

以二维网格为例,介绍简化重整化方法的流程。可以用两个迭代过程来计算渗透率粗化值(图 9-13):

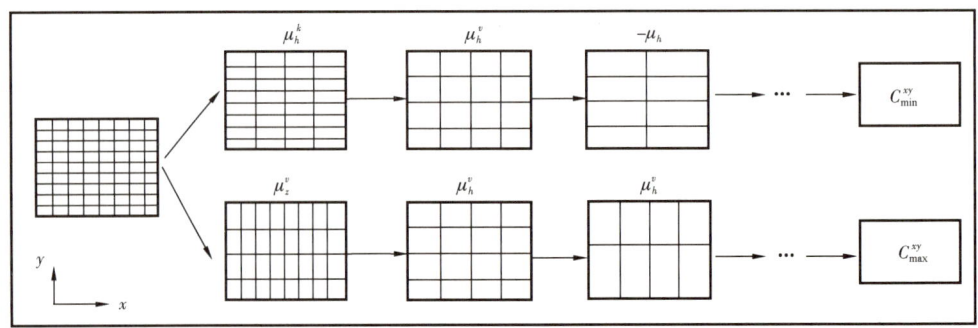

图 9-13 用两个迭代过程来计算渗透率粗化值(据王家华和张团峰,2001)

首先在平行于流动方向上,把两个网格分为一组,沿着垂直于流动的方向也两两分组。重复这一过程直到最终获得唯一网格的渗透率值,称之为 $c_{\min}$。

然后,在垂直于流动方向上,把两个网格分为一组,沿着流动方向也对网格两两分组。重复这一过程最后也会得到一个渗透率值,这个值比前面得到的 $c_{\min}$ 大,称为 $c_{\max}$。

如果渗透率是各向同性的,取两个值的几何平均:$K = \sqrt{c_{\max} \cdot c_{\min}}$,这就是最后要求取的粗化渗透率值。

2. 考虑各向异性时

当流动垂直于平面网格单元时,$c_{\min}$ 是渗透率的最佳估计值,而当流动平行于平面网格单元时,$c_{\max}$ 是渗透率的最佳估计值。

因此,考虑介质非均质性时,由 $c_{\min}$ 与 $c_{\max}$ 组合估计渗透率的值。一般采用指数方法进行描述:

$$K = c_{\max}^{\alpha} \cdot c_{\min}^{1-\alpha} \qquad (9-18)$$

式中  $\alpha$——参数,可根据地层非均质性确定,当 $\alpha$ 取 1/2 时,则有 $K = \sqrt{c_{\max} \cdot c_{\min}}$。

## 三、离散参数粗化方法

离散参数的粗化相对简单,可统计细网格中离散代码出现次数最多的或体积加权后离散代码值体积最大的类型作为粗化结果。如图 9-14 所示,平面上一个粗网格包括九个细网格。其中相代码为 1 的类型有五个,相代码为 2 的有三个,相代码为 3 的有一个。显然,相代码 1 网格占优,故粗化结果为相代码 1。

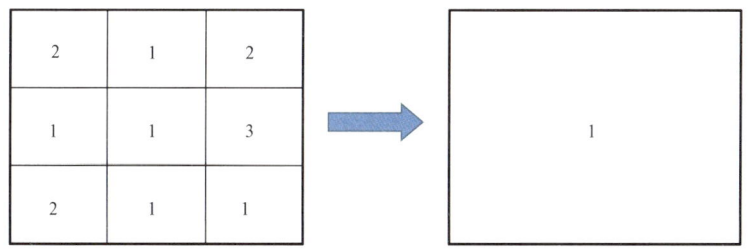

图 9-14 离散参数粗化模型

# 第三节 粗化模型质量控制

## 一、粗化效果评价标准

三维渗透率模型网格数据体粗化可运用不同的算法,为了对粗化结果的准确性进行验证,需采用一些指标对粗化结果进行比较。比较的项目主要有相对偏差、线性相关系数、散点图、非均质性判别法(劳伦兹曲线)等。

## (一)相对偏差

对地质模型渗透率粗化,有必要选择一种较好的方法,使粗化过程中不会产生较大的相对偏差。但粗化时较小的相对偏差也可能是由于大的正负偏差中和造成的,因此,偏差可以作为判断粗化方法优劣的一个标准,但不能以相对偏差绝对值大小作为评判粗化方法的唯一标准。

## (二)线性相关系数

假设所有的渗透率模型都存在一个参考值,对不同粗化方法得到的结果进行相同的线性拟合,就可以很容易判断哪种粗化方法计算结果更加精确。相关系数就给出了不同变量之间的相关性,粗化得到的渗透率与参考值之间的相关系数越高,粗化方法越好。当两个变量之间的关系近似于一条直线时,相关系数接近于1。当两个变量间有非线性关系时,需要用其他方法对粗化方法进行评价。

## (三)散点图

对粗化结果和参考值的比较所得到的信息可用散点图进行图形化的表示。在这种图上,可以明确地显示两个值是否相等,它们之间总体上是否有线性关系或非线性关系。要对粗化方法和参考值进行比较,研究散点图是最通用的方法。

## (四)非均质性判别法(劳伦兹曲线)

这里采用的方法是借用经济学里的基尼系数法(Gini)。基尼系数是用来判断某个地区或国家的贫富差异,差异越大,基尼系数越大。如果将贫富差异理解为储层的非均质性,那么就可以用来计算储层的非均质性系数。该方法应用到储层非均质性评价中已非常成熟,用到最多的是劳伦兹(Lorenz)曲线。

劳伦兹曲线的本质就是分析储层的储集性能与渗流性能。为了绘制劳伦兹曲线,按地层顺序从底到顶连续描述岩心样品并计算相应的 $K/\phi$ 值,再计算 $\phi \cdot h$ 和 $K \cdot h$ 并累积求和,归一化后分别计算累积概率,视为储集能力 $\phi \cdot h$(storage capacity)和流动能力 $K \cdot h$。图9-15为劳伦兹曲线示意图,对角线分布说明储层的储集性能和渗流性能是相等的,也就是均质储层。随着非均质性的增加,其劳伦兹曲线往左上角移动,简单的理解为:在一定的储集空间内,其渗流性能递变越快,储层的非均质性越强。

如果基于网格划分后的三维网格的劳伦兹系数与基于岩心或测井计算的劳伦兹系数相当,那么就可以认为这样的三维网格基本保留了储层非均质性。如果两者相差很大,那么说明在网格划分的时候,可能网格设置过粗,很多储层非均质性被平均化,使地质模型趋于均质,这样就需要重新设置纵向网格。图9-16显示了粗化前后劳伦兹曲线的变化。从粗化前后两个模型计算得到的劳伦兹曲线来看,动态模型基本保留了静态模型的非均质性特征,因此,静态模型的粗化过程是可以接受的。

利用地层劳伦兹曲线可以分析各小层非均质性情况,如图9-17中某油藏标注出来的三个小层:①小层曲线接近对角线,说明相对均质,储集性能和渗流性能对等;②小层曲线接近垂直,说明储层渗流性能很好,但是储集性能很差,如储层可能存在裂缝系统;③小层曲线接近水平,说明储层储集性能很好,但是渗流性能很差,如储层可能存在大孔、细喉特征。

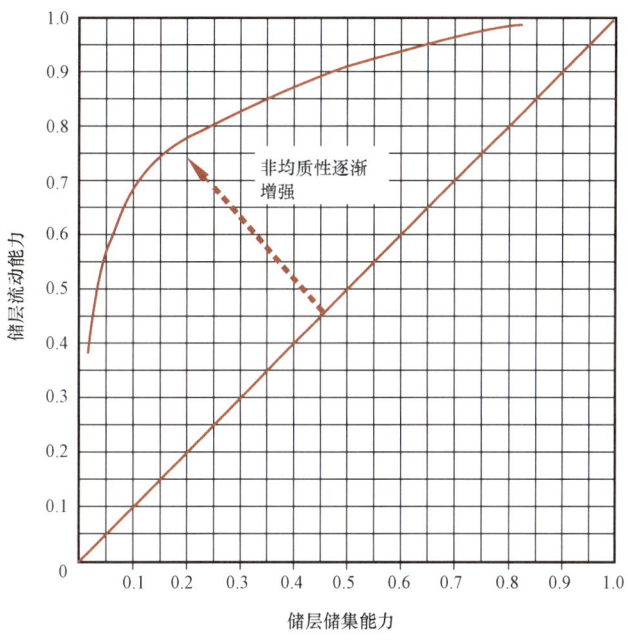

图 9-15　劳伦兹曲线反映储层非均质性（据 Hirata Y 等,2008）

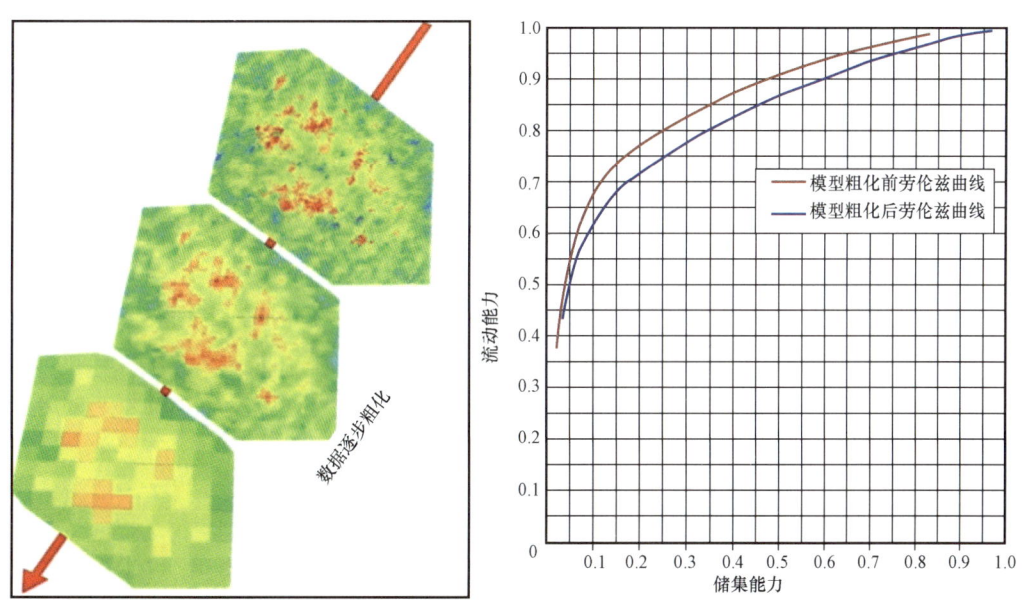

图 9-16　粗化前后劳伦兹曲线对比（据 Hirata Y 等,2008）

## 二、实例对比分析

利用 A 油田的 S 层和 F 层数据来测试网格粗化的七种渗透率粗化算法的结果。在这里选取了三个实例。实例 1 的数据是 S 层的数据,粗化前地质模型的网格数为 $100 \times 100 \times 10 =$

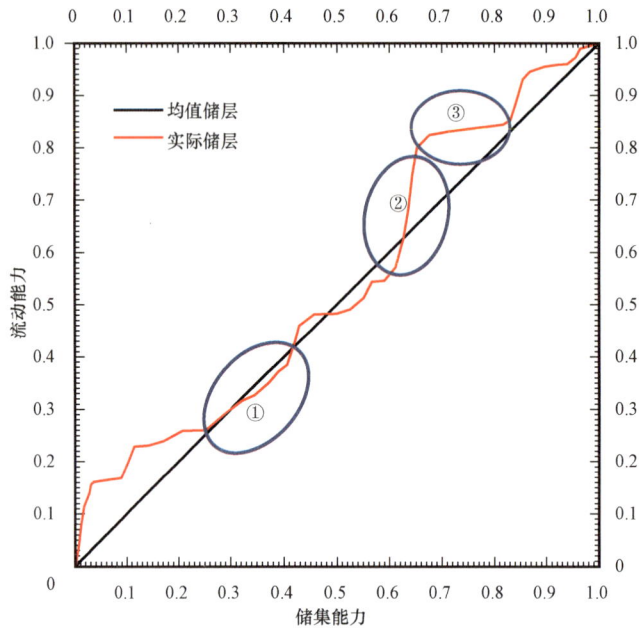

图 9-17　利用劳伦兹曲线分析实际储层流动特征(据 Hirata 等,2008)

100000,对 $2\times2\times1=4$ 个细网格进行粗化,粗化后的网格数为 $50\times50\times10=25000$。实例 2 的数据是 F 层数据,粗化前地质模型的网格数为 $200\times200\times20=800000$,对 $2\times2\times1$ 个细网格进行合并,粗化后的网格数为 $100\times100\times20=200000$,实例 3 的数据同样为 F 层数据,对 $4\times4\times2$ 个细网格进行合并,粗化后的网格数为 $50\times50\times10=25000$。

(一)不同粗化方法的计算量比较

选择了七种常见的渗透率粗化方法,以基于流动模拟的方法粗化的渗透率作为参考值,对其他方法所产生结果的精确度进行衡量。

表 9-2 给出了每种算法平均 CPU 计算时间(所使用的硬件环境是:奔腾处理器,CPU 主频 2.0GHz,512MB 内存),比较各算法在执行时间和计算复杂度方面的差异,可以看出,最快的算法是几种代数平均算法(算术平均、几何平均以及调和平均),接下来是两种重整化方法(标准重整化和简化重整化),最耗时的算法就是基于流动模拟的方法。

表 9-2　渗透率粗化算法平均 CPU 执行时间

| 渗透率粗化算法 | CPU 时间(s) | | |
| --- | --- | --- | --- |
| | 实例 1 | 实例 2 | 实例 3 |
| 算术平均 | 32 | 166 | 57 |
| 几何平均 | 32 | 164 | 56 |
| 调和平均 | 33 | 162 | 56 |
| 简化重整化 | 35 | 171 | 59 |
| 标准重整化 | 34 | 167 | 58 |
| 基于流动模拟的方法 | 68 | 313 | 187 |

基于流动模拟的方法由于对每组网格块都要求解流动方程,所以最为费时。对比快速渗透率粗化算法和基于流动模拟的方法的平均执行时间可以看到,后者几乎是前者的数倍。由于要用迭代的方法求解流动方程,基于流动模拟的方法复杂度最高。两种重整化方法相对来说较容易实现,而三种代数平均算法的复杂度最小。

从存储分配的角度来看,这些算法都允许对有数百万个细网格的三维数据体进行粗化,并可以把数千个细网格块粗化成一个粗网格。具体情况要视计算机的硬件配置而定,若计算机的内存和硬盘足够大,也可以对上千万个细网格块数据进行粗化。

### (二)相对偏差

对一个给定的快速粗化算法,相对偏差 $e$ 可定义如下:

$$e = |K_{quick} - K_{ref}|/\overline{K}_{ref}$$

式中 $K_{quick}$——用快速渗透率粗化技术计算出来的渗透率平均值;

$K_{ref}$——粗化渗透率的参考标准值。

表9-3分别给出了S层和F层的粗化渗透率的相对偏差。参考渗透率是基于流动模拟的方法求出的粗化渗透率值。由表9-3可以看到,相对偏差的范围分布较广。最好的粗化算法是标准重整化($e<15\%$),简化重整化的几何平均次之($e<25\%$),最差的是三种代数平均算法,其中,几何平均是三种代数平均方法中最好的($2.9\% < e < 54.6\%$),最差的是算术平均($23.5\% < e < 89.2\%$)。

表9-3 渗透率粗化算法相对偏差

| 渗透率粗化算法 | 相对偏差(%) | | |
|---|---|---|---|
| | 实例1 | 实例2 | 实例3 |
| 算术平均 | 23.5 | 48.3 | 89.2 |
| 几何平均 | 2.9 | 3.6 | 54.6 |
| 调和平均 | 16.1 | 17.2 | 59.8 |
| 简化重整化 | 4.7 | 5.5 | 22.3 |
| 标准重整化 | 2.0 | 6.4 | 12.6 |

### (三)线性相关系数

表9-4分别给出了S层和F层的粗化渗透率的线性相关系数。参考渗透率值同样是基于流动模拟的方法求出的粗化渗透率。从表9-4可以看出,由于标准重整化和简化重整化方法考虑了渗透率的空间分布,因此具有较好的线性相关系数,而代数平均仅依赖于局部渗透率的值,因此相关性较差。

表 9-4 渗透率粗化算法的线性相关系数

| 渗透率粗化算法 | 相关系数,无因次 | | |
|---|---|---|---|
| | 实例1 | 实例2 | 实例3 |
| 算术平均 | 0.868 | 0.793 | 0.625 |
| 几何平均 | 0.915 | 0.914 | 0.516 |
| 调和平均 | 0.873 | 0.889 | 0.495 |
| 简化重整化 | 0.908 | 0.931 | 0.684 |
| 标准重整化 | 0.912 | 0.932 | 0.726 |

## (四)散点图

图 9-18 为不同渗透率粗化算法的相关系数和相对偏差的交会图。散点图中每一个点代表了一种粗化方法,点的位置越接近左上角,它所代表的粗化算法就越精确。由图 9-18 可看到,最可靠的粗化技术是标准重整化和简化重整化方法。在三种数学平均算法中,几何平均的精确度最好。

在许多较完善的粗化方法中,不但要考虑渗透率在不同的方向上有不同的值,而且还要考虑粗网格周围的介质对它的影响,也就是要考虑粗网格边界流动的影响。因此,可使用全渗透

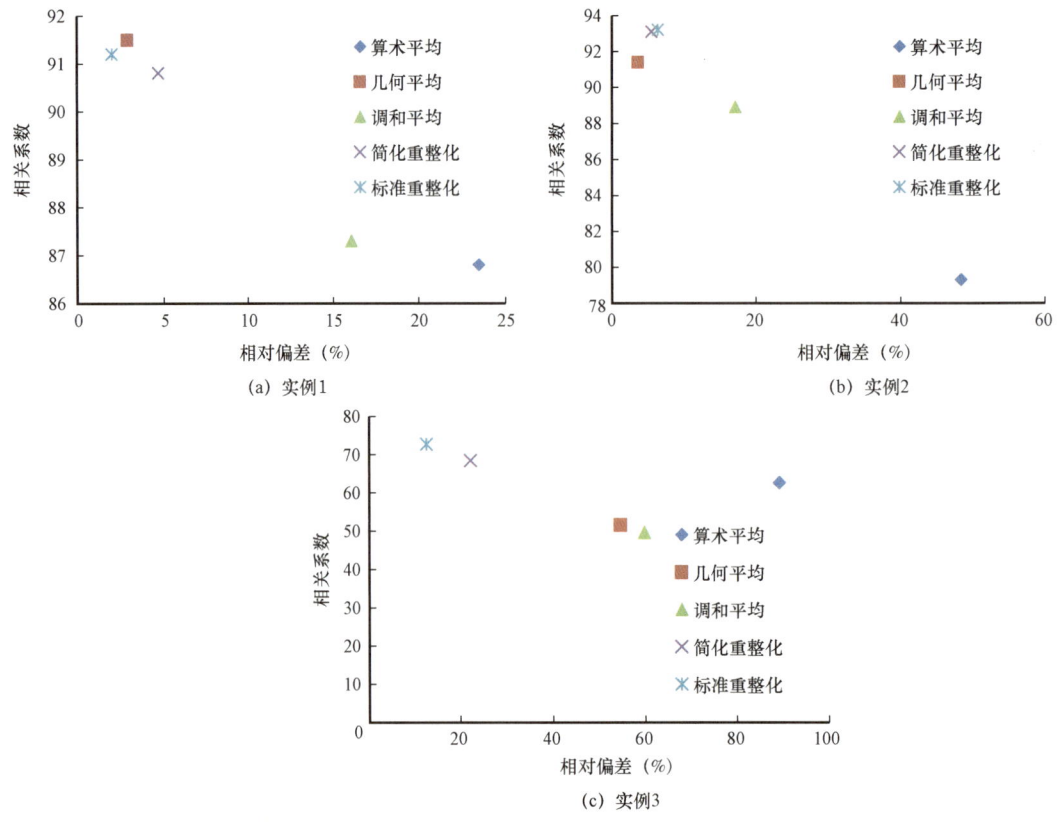

图 9-18 各种粗化算法的线性相关系数和相对偏差的比较

率张量的粗化方法。

## 三、质量控制建议

网格粗化就是在尽可能保持原来地质信息的条件下,极大减少精细地质模型的网格个数。研究人员在长期实践过程中总结了一些经验,可以提高粗化的质量(以 Petrel 软件为例)。

(1)粗化过程建议首先考虑网格的方向。理论上讲,对于均质地层,距离相等的两口注采井,当控制条件一样时,无论两口井位置如何,生产井的见水时间应完全一样。但模拟过程中发现,生产井的见水时间同时受网格方向影响,流体在模型里流动时,必然通过网格面,其流动距离受网格影响,较实际距离更大,如图 9-19 所示。

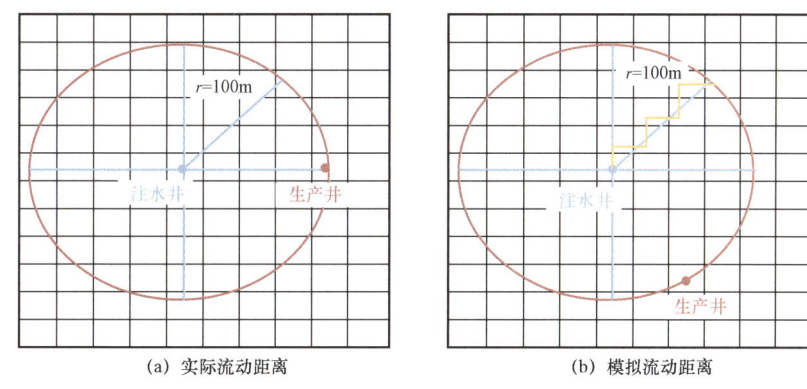

(a) 实际流动距离　　　　　　(b) 模拟流动距离

图 9-19　网格方向对流体流动的影响(据 Schlumberger,2015)

可通过选取断层设置 $I$、$J$ 方向,并适当添加趋势线,以减少断层附近的不规则形状的网格。$I$、$J$ 方向应尽量垂直,尽量避免趋势线相互交叉或者同方向的趋势线出现较大的夹角。

(2)建议确定合理的网格大小。网格尺寸造成的数值弥散效应无法避免,网格尺寸越大,造成的弥散效应越严重,但过小的网格尺寸将大大增加计算量。可通过优化网格大小取得精度与计算量之间的平衡。

(3)垂向粗化是在减少小层数与尽量保持原有地质模型平面和层间非均质性之间寻求平衡。垂向粗化需将物性差异显著的层隔开,如泥质含量较高的低渗透带,粗化合并后的模型将难以体现其为流动屏障的特征。

(4)构造粗化后,可通过以下三个参数对模型进行质量校核。

① 网格倾角。网格倾角为各网格相邻网格线夹角偏离 90°的绝对值。断层附近的网格极有可能会形成不规则形状的网格。经验表明,当网格倾角小于 15°时,网格不会对数值模拟运算收敛性造成影响,如图 9-20 所示。

② 网格翻转。网格的强烈变形造成其畸变,例如内面扭曲至外面。如果网格翻转属性值不为 0,则可判断该网格扭曲。

③ 网格体积。不规则网格的体积往往较小,扭曲的网格体积甚至为负值,从而产生无效网格,如图 9-20b 所示。

(5)查看精细地质模型的哪些属性需要粗化。如果精细地质模型孔隙度展布规律受 NTG/沉积相模型影响大,则建议粗化该模型,然后用精细地质模型中 NTG/沉积相和孔隙度之

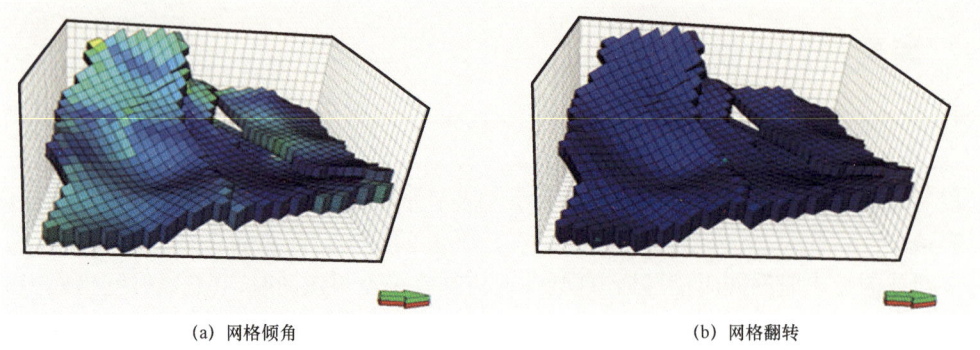

(a) 网格倾角　　　　　　　　　　　　(b) 网格翻转

图9-20　通过参数对模型进行质量校核（据Schlumberger，2015）

间的约束条件创建粗化模型的孔隙度。

（6）粗化过程中，对于连续属性值，Petrel提供了算术平均、几何平均、调和平均和均方根平均算法；对于离散属性，Petrel提供了优势值、最大值、最小值及定义运算的方法。通常，粗化孔隙度时建议选取算术平均算法，粗化沉积相模型建议选择优势值。

（7）根据Lasseter等（1986）提出的方法，油藏模型网格粗化应当在表征体元（REV）级进行。表征体元指一种特定的体积元，在这种体积元中测取的物性参数将在一定的比例尺范围内保持不变。

（8）粗化前后还需对两个模型的模拟结果进行对比，流线模拟器是一种基于隐压显饱和前缘追踪概念快速求解的油藏模拟器。对于精细地质模型，可用流线模拟器计算结果作为标准，对粗化模型进行评价（图9-21）。

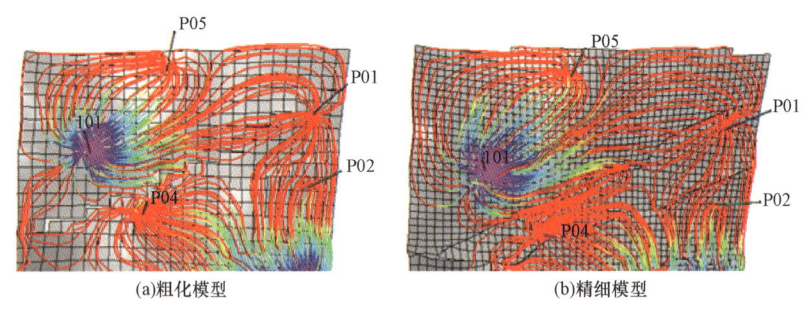

(a)粗化模型　　　　　　　　　　　　(b)精细模型

图9-21　模型粗化前后流线对比（据Schlumberger，2015）

另外，无论是哪类属性粗化，都需要在直方图中查看属性的分布规律，确保粗化前后规律保持一致。

## 参 考 文 献

吴胜和. 2010. 储层表征与建模. 北京:石油工业出版社.

王家华,张团峰. 2001. 油气储层随机建模. 北京:石油工业出版社.

贾爱林. 2010. 精细油藏描述与地质建模技术. 北京:石油工业出版社.

祁大晟,裴柏林. 2008. 油藏模型网格粗化的理论与方法. 新疆石油地质,29(1):91-93.

# 第九章 地质模型粗化方法

马远乐,赵刚,董玉杰.2000.油藏地质模型数据体粗化技术.清华大学学报(自然科学版),40(12),37–39.

朱玉双,罗江华,张淑娟,等.2017.等效粗化技术在任丘碳酸盐岩油藏中的应用——以任丘潜山油藏为例,西北大学学报(自然科学版),47(3):455–460.

马媛.2010.油藏渗透率粗化算法研究与实现.西安石油大学.

Begg S H,Carter R R,Dranfield P. 1989. Assigning effective values to simulator grid–block parameters for heterogeneous reservoir. SPE Reservoir Engineering,15(6):741–748.

Deutsch C. 1989. Calculating effective absolute permeability in sandstone/shale sequences. SPE Formation Evaluation,21(5):41–44.

Durlofsky L J. 2005. Upscaling and gridding of fine scale geological models for flow simulation. the 8$^{th}$ International Forum on Reservoir Simulation,Iles Borromees,Stresa.

HeC P,Edwards M G,Durlofsky L J. 2002. Numerical Calculation of Equivalent Cell Permeability Tensors for General Quadrilateral Control Volumes. Computational Geosciences,6(1):29–47.

Hirata Y,Horai S,Aihara K. 2008. Reproduction of distance matrices and original time series from recurrence plots and their applications. European Physical Journal Special Topics,164(1):13–22.

Lasseter T J,Waggoner J R,Lake L W. 1986. Reservoir heterogeneities and their influence on ultimate recovery. Reservoir Characterization,Orlando,FL:Academic Press Inc.,545–554.

Schlumberger. 2015. Petrel RE 操作技巧:如何对模型粗化过程进行质量控制,http://www.slb–sis.com.cn/html/case/jq/ECLIPSE/eclipse2/2015/0522/397.html.

# 第十章 基于历史拟合的地质模型优化

建好的静态地质模型仍然存在较大不确定性,需要根据动态资料,对其进行进一步修正、优化,使其更进一步接近真实油藏。动态资料包含了重要的基于油气生产响应的地质信息,动态资料加入对地质模型进行约束,能够更全面、更准确地评价地质模型,这个过程通常称为油藏数模历史拟合。但从地质建模角度,动态数据通过与地质模型计算的结果进行对比(历史拟合)可以用来评价地质模型与真实油藏之间的差异,其提供的反馈信息可用于进一步修改优化地质模型,增加地质模型的可用性或预测性。因此,油藏数模历史拟合过程也可以视为油气藏地质建模不可分割的部分。本章主要介绍了历史拟合地质模型优化的数据准备、历史拟合地质模型优化的原则和优化方法。

## 第一节 数据准备与初始化

### 一、数据准备与质量控制

数据准备简单来说就是为数值模拟提供满足模拟器格式要求的油藏参数,主要包括基础地质资料、岩性资料、流体 PVT 资料和生产动态资料。另外,针对收集的数据,必须进行质量控制,确保数据的可靠性和一致性。

基础地质资料主要为表征储层特征和流体特征的油藏数据。地质学家基于既有工区信息对油田进行详细的油藏描述工作,建立三维地质模型,并可根据油藏数值模拟的要求,直接输出符合研究需要的油藏数值模拟模型。油藏数值模拟模型一般包括两大类信息,一是地质模型,主要为油藏构造、净毛比(或有效厚度)、隔夹层厚度、孔隙度、渗透率、饱和度、储量等;二是流体分布特征,主要为油气水界面、油气藏温度和压力特征、流体空间分布特征、水体大小及分布等。

岩性资料反映流体与岩石及其相互影响下的特征,主要包括相渗曲线、毛细管压力曲线及岩石压缩系数等。相渗曲线根据取心井岩心由实验测得,在无法通过岩心实验测得的情况下,可由相关理论公式计算得到或通过借鉴类似油田的相渗曲线得到。毛细管压力曲线根据实验室数据得到,如果有多条毛细管压力曲线数据,需先用 J 函数进行标准化,再进行还原。另外,如果岩心毛细管压力数据计算的过渡带厚度与测井获得的过渡带厚度不同,还需要将岩心毛细管压力数据进行校正以适应油藏尺度。岩石压缩系数与上述参数一样,可由实验测得或通过经验公式计算得到。

流体 PVT 资料反映流体性质对温度和压力的变化特征,主要包括油、气、水高压物性资料和对应温度、压力下的密度。流体 PVT 参数是历史拟合中不轻易修改的参数,而且决定了油藏的类型和模拟器的选择。因此,流体 PVT 参数需进行严格的分析和准备。

生产动态资料来自油气田开发过程中监测和获得的数据,主要包括油藏所有井的井位、轨迹、射孔作业历史及相关生产动态资料,如日产油量、日产气量、日产水量、日注水量、日注气量、井底流压、产液剖面、吸水剖面、试井、示踪剂、含水率等。

由于历史拟合所需要的资料种类多,数据量大,不同数据之间可能会不一致或产生矛盾,需根据情况分析所收集数据的来源渠道、数据的质量、数据的有效性及数据的齐全程度。采用被证实可靠的数据,对可靠性不确定的数据进行检验,必要时进行适当处理,保证不同来源、不同类型数据的准确性以及不同数据之间的一致性,并确保数据满足模拟器的格式要求。

## 二、油藏模型初始化

模型初始化是建立在初始状态(油田还未投入开发)下的油田压力、饱和度、溶解油气比、初始泡点压力或露点压力等分布。模型初始化过程要对所有的流体数据进行校正。

一般模拟器中,初始化通常包含以下五个部分:(1)根据油、气、水界面数据和毛细管压力数据,计算过渡带的高度;(2)基于参考点的深度和对应压力、油水界面、油气界面深度和过渡带高度,结合油、气、水地下密度计算每个网格处初始的油、气、水相的压力;(3)根据每个网格的油、气、水相压力计算油水和油气毛细管压力;(4)根据数据准备阶段提供的相渗曲线,将油水界面以下的含水饱和度设为油水相渗曲线中提供的最大含水饱和度,通常为1;将油气界面以上的含气饱和度设为油气相渗曲线的最大值,含水饱和度为束缚水饱和度;纯油区的含水饱和度为束缚水饱和度;过渡带的含油和含水饱和度由提供的毛细管压力曲线计算得到。

初始化方法一般分为平衡初始化和非平衡初始化。平衡初始化根据油藏压力系数、油气水界面、毛细管压力曲线、相渗曲线等数据,考虑重力或组分组成影响,建立油藏压力及饱和度分布。非平衡初始化则是根据对油藏的认识,直接给定当前或某时刻油藏流体压力及饱和度的三维空间分布场。

初始化后,需要对模型的初始化进行检查。一般检查方法是设置油藏模型的产注量为0,运行模型至历史拟合的终点,分析油藏流体有无发生流动。若初始压力和饱和度不发生变化,且各分区之间无流体交换,则初始化合理。

初始化计算结束后,可以得到油气藏地质储量,并与实际地质储量对比。若二者差别较大,需分析产生差异的原因,并根据需要对模型的孔隙度、净毛比和相渗端点做适当调整。经过地质储量拟合对比后产生的最终模型,即可进行动态历史拟合。

## 第二节 历史拟合与地质模型修正

地质模型是油藏静态属性特征的定量表征结果。油藏静态属性的表征越准确,则表明地质模型的可靠性越高。但实际建模过程中,不仅建模方法存在适用性问题,而且用于建模的数据也存在局限性,因此,地质模型不可避免地存在不确定性。目前降低这种不确定性最为可靠和可行的方法之一就是结合生产动态数据,采用历史拟合技术,对地质模型进行合理修改。当油气藏得到正确历史拟合后,油藏指标的拟合精度,反映了地质模型在油藏整体尺度的可靠程度;单井动态指标的拟合精度,反映了地质模型在井筒附近的局部可靠性。不同的油藏指标,反映了油藏的不同地质属性。

油藏数值模拟历史拟合是根据油藏开发动态资料反求和调整油藏初始状态,包括地质模型参数的过程,根据不同油藏指标的拟合精度情况,对相应的地质属性进行修改或调整。在通过动态历史拟合修改地质模型的过程中,需遵循如下原则:

(1)根据动、静态所反映的地质信息,对地质模型进行有地质合理性的修改,使动态模拟值与实际观测值一致,切忌为了拟合精度随意修改地质模型中可靠性较高的数据;

(2)通过动态历史拟合进行地质模型修改是一个多变量的反问题,达到同一历史拟合精度可能会有多种地质模型属性调整方案,需对各属性的不确定性,以及各属性对历史拟合的敏感性进行研究,优先修改不确定性大且对历史拟合敏感性大的属性参数;

(3)确定地质模型中各属性可调整的幅度和范围,在动态历史拟合过程中,各属性在充分论证可修改的情况下,其属性值的修改不可超过其可调整的范围;

(4)在有条件的情况下,将油藏后续的生产动态数据与之前拟合好的模型的动态预测数据进行对比,如果二者差异超过规定的误差范围,需根据最新的生产动态数据,对地质模型进行再次拟合。

动态历史拟合是一项复杂、费时费力的综合性分析工作,对油藏工程师的要求较高,应本着科学的态度尊重油藏客观规律去做历史拟合,最终达到动、静态结合,建立更加符合地质实际的地质模型,为油藏的动态预测奠定坚实的基础。

手工历史拟合就是"试错",即油藏工程师根据数值模拟的计算值与实际油藏观测值之间的差距,人工分析、修改一个或多个油藏参数以减小历史拟合误差(Saleri 和 Toronyi,1988)。由于目前历史拟合还没有一种通用的成熟方法,常用的做法仍是靠人的经验进行手工历史拟合。

手工历史拟合遵循从整体到局部、从全油藏到单井的拟合方法,一般应根据实测产量数据来拟合以下主要动态参数:(1)油层平均压力及单井压力;(2)见水时间及含水变化;(3)气油比的变化。可修改的油层属性参数主要包括:油、气、水、岩石的压缩系数或综合压缩系数,油层厚度,渗透率,孔隙度,流体饱和度,黏度,体积系数,相对渗透率曲线以及单井完井数据如表皮系数、油层污染程度和井筒存储系数等。

根据油藏工程师的经验,手工历史拟合可分为以下几个步骤:

(1)拟合模型的地质储量与其他方法所得到的地质储量,调整油藏地质模型中与储量有关的属性参数,如饱和度、孔隙度、油层厚度等;

(2)拟合全油藏和单井的压力,根据拟合情况,调整对压力拟合影响较大的属性参数,如岩石压缩系数、储层连通性、断层连通性等;

(3)拟合生产动态数据,包括产量、含水率等指标,可根据拟合要求调整相渗曲线、渗透率、黏度等。

## 第三节　自动历史拟合

实际油藏往往非均质性强、参数多,而高精度油藏模型网格数巨大,手工历史拟合不仅带有很强的主观性,而且费时费力,对于长期开发的大型油藏显得无能为力。因此,引入计算机和优化算法用来自动调整油藏参数,逐渐形成了自动历史拟合技术,使油藏模型尽可能地重现油藏历史动态的过程。其基本原理为,构建一个反映油藏模型计算值与实际观测值偏差的目标函数,通过优化算法,自动寻找最优油藏参数,使目标函数最小化。自动历史拟合利用少量(相对于模型网格)的动态观测数据,求解模型中大量的未知参数,是一种典型的反问题,具有多解性。自动历史拟合的目的是降低不确定性参数的不确定度,使地质模型不断逼近真实油藏,从而获得较为可靠的地质模型,改进模型的预测能力。

## 一、自动历史拟合发展历程

虽然使用计算机进行历史拟合早在20世纪50年代已经开始,但具有"自动"意义的历史拟合于20世纪60年代中期才出现(Jacquard和Jain,1965)。1965年,Jacquard等(1965)首次采用回归分析代替"试错",利用电模型类比油藏模型,将油藏分解成多个非均质块,不断改变块上的属性,直到压力观测值和计算值的最小二乘拟合达到最小,开创了自动历史拟合研究的先河。但由于缺乏使用该方法的经验和当时电脑性能的限制,没有考虑该技术的实用性。Jahns(1966)利用目标函数与参数变化率对最小二乘导出的线性问题进行求解,得到参数的更新值,并建议采用回归分析方法对模型参数进行更正。Coats等(1970)引入了参数值随机选取方法,采用线性规划求解,避免了参数的更新值出现负值的情况。Slater等(1971)根据前人方法的优点,采用混合方法对模型参数进行更新,既按照Coats的线性规划方法对参数更新进行求解,同时在某个方向上改变参数使其最近区域的目标函数最小。1972年Thomas等率先解决了隐含参数变化的最小二乘线性方程问题,循环使用参数的更新值进行数值模拟,直到最小二乘误差达到最小。

1965—1972年是自动历史拟合研究的萌芽阶段。这个时期,自动历史拟合采用摄动理论,对油藏模型(包括传导率、储藏系数、网格等)进行任意分区,通过最小二乘法进行多次回归解决问题,并把问题看作调整非线性形式或非线性规划问题,解法的稳定性难题没有得到很好的处理,只能应用于单相简单模型。

1973年,Chen等采用最优控制理论对之前基于梯度的历史拟合方法进行了改进,将历史拟合问题作为最优控制问题处理,并将油藏属性作为位置的连续函数而非离散的区域值,历史拟合所需计算时间大幅减少。Wasserman等(1975)运用Chen等提出的方法,对拟多相问题进行了研究,显示了最优控制理论对多相流体模型的广泛实用性。Chavent等(1975)扩展了最优控制历史拟合方法的研究,进一步验证了运用最优控制理论进行自动历史拟合的优点,并且发现最优控制理论能避免非真实的参数值。Gavalas等(1976)首次将贝叶斯理论用于油藏自动历史拟合,用贝叶斯估计代替分区,并使用未知参数的先验统计信息,使历史拟合问题在统计意义上变得更加容易确定。但是,如果参数和测量误差不是正态分布,模型与参数之间不是线性关系,贝叶斯估计的严格执行将会变得极端冗长繁琐,因此极少使用,而且,其方法并未摆脱梯度方法的痕迹。Bosch等(1977)研究了不可压缩油水两相流自动历史拟合,将单相自动历史拟合扩展到两相自动历史拟合。Watson等(1980)基于最优控制理论对两相油藏孔隙度、渗透率的空间分布以及相对渗透率函数系数进行了估计。Tang等(1985)采用GPST(广义脉冲频谱技术)对二维单相微可压缩线性模型进行了压力自动历史拟合,并声称该方法对二维两相非线性系统同样适用。Agarwal等(1987)利用回归技术结合动态选取参数方法拟合流体的相行为和状态方程参数。MacMillan(1987)采用标准的自动历史拟合技术对微观水驱实验中的相对渗透率曲线进行了拟合。Yang等采用变尺度方法对最优控制理论自动历史拟合方法进行了改进。Tan 等(1991、1992)扩展了非线性回归方法的研究,将自动历史拟合扩展到三维三相模型。

1973—1992 年为自动历史拟合研究的形成阶段。前期的方法,例如非线性回归方法、梯度方法和高斯—牛顿方法,得到了进一步的改进和完善;计算过程中需要的敏感系数计算方法也得到了重视和发展,逐步形成了一套自动历史拟合阶段性"标准方法"。另外,也引入了最优控制理论,并逐渐发展完善,形成了以最优控制理论为基础的新的阶段性自动历史拟合"标准方法"。同时,自动历史拟合所适用的模型从初期的一维单相油藏模型发展到三维三相油藏模型。

1993 年,Ouenes 等将模拟退火算法应用于自动历史拟合过程,提高了全局最优解的可靠性。Sen 等(1995)将遗传算法引入自动历史拟合过程,并对比了三种基于混合优化过程的不同算法的区别,生成了渗透率随机分布场。高惠民(1994)利用 Powell 方法反求地层参数,并对比了三种不同方法的效果。王曙光等(1998)将非线性规划方法——Nelder - Mead 单纯形法应用于油藏自动历史拟合中,取得了较好的效果。Leitão 等(1999)在直接优化算法中应用并行计算提高计算速度。Gomez 等(1999)引入隧道算法将梯度类局部寻优扩展到全局寻优。Schulze - Riegert 等(2002)采用稳定性好、对非线性和非连续性不太敏感的进化算法进行自动历史拟合,实际应用表明这种方法在早期建模中应用效果很好。

1993—2002 年为自动历史拟合研究的发展阶段。随着对自动历史拟合研究的深入,除了对(非)线性回归、最优控制、基于贝叶斯估计的自动历史拟合方法进行探讨、改进和完善,越来越多的方法被用于历史拟合。自动历史拟合的基本方法由直接方法和梯度类方法向随机方法和智能算法演变,逐步形成了一批启发式自动历史拟合方法。

Nævdal 等于 2002 年将集合卡尔曼滤波方法(ENKF)引入石油工程领域,Liu 等(2005)在沉积相边界拟合方面对集合卡尔曼滤波方法展开了研究。Zhang 等(2003)对贝叶斯估计自动历史拟合进行了实例研究和讨论。Gao 等(2004)利用同步扰动随机近似法拟合多相流模型,同步扰动迭代步中的每个参数,生成搜索方向。Williams 等(2004)利用 BP 公司研制的进化算法软件(TDRM)进行油藏参数估计,速度提高达 20%。Sahni 等(2004)引入小波进行自动历史拟合,与之前的自动历史拟合算法不同,该方法不仅保证了拟合后模型的一致性,而且包含了产量数据的不确定性。Cullick 等(2006)对比了两种自动历史拟合流程(直接在模型上和通过神经网络替代模型)更新油藏和井参数的效果,发现通过替代模型,能提高自动历史拟合效率和稳定性。Haugen 等(2006)和 Zafari 等(2007)扩展了集合卡尔曼滤波在自动历史拟合研究中的应用,取得了可喜的成果。Kazemi 等(2010)和闫霞等(2011)利用流线模拟代替传统的油藏模拟器,大大改善了模拟的速度。Hajizadeh 等(2010)引入蚁群优化算法对历史拟合问题进行研究,证明蚁群优化算法在高维度复杂油藏历史拟合中比其他方法具有更好的效果。在各种新的算法不断引入到自动历史拟合中的同时,各种混合算法也不断出现,如概率与集合卡尔曼滤波混合(Zeng 等,2011)、全局和局域优化算法混合(Yin 等,2011)。另外,基于改进之前各种算法的优化算法也不断涌现(Zhang 等,2011)。

2003 年到目前是自动历史拟合研究的快速发展阶段。随机方法和智能算法越来越多地用于动态历史拟合中,发展了一批更具希望的自动历史拟合算法,如集合卡尔曼滤波方法以及各种混合算法。随着人们对油气藏建模精度和不确定性认识的提高,单一的"拟合好"的模型已经不能满足需要,自动历史拟合技术朝着同时产生多个"拟合好"的模型的方向发展。同时,为了提高大规模复杂地质模型的自动历史拟合速度,发展和完善了多种辅助自动历史拟合方法。

## 二、目标函数

目标函数定义为模型计算值与实际观察值之间的差距,一般由多个动态数据的目标函数加权构成。目标函数的确定和选取依赖于可以得到的观察数据,对自动历史拟合的效率至关重要。目前比较常用的目标函数见表 10-1(Bertolini 和 Schiozer,2011;Oliver 和 Chen,2011;Rwechungura 等,2011)。

表 10-1 目标函数

| 目标函数 | 描述 | 表达式 |
| --- | --- | --- |
| $SE$ | 简单误差 | $SE = \sum_{j=1}^{m} \sum_{i=1}^{n} (|h_{ji} - s_{ji}|)$ |
| $NE$ | 标准化误差 | $NE = \sum_{j=1}^{m} \dfrac{\sum_{i=1}^{n}(|h_{ji} - s_{ji}|)}{\sum_{i=1}^{n}(|h_{ji} - b_{ji}|)}$ |
| $WNE$ | 加权标准化误差 | $WNE = \sum_{j=1}^{m} ws_j \cdot \dfrac{\sum_{i=1}^{n}(|h_{ji} - s_{ji}|)}{\sum_{i=1}^{n}(|h_{ji} - b_{ji}|)}$ |
| $DWNE$ | 动态加权标准化误差 | $DWNE = \sum_{j=1}^{m} ws_{Dj} \cdot \dfrac{\sum_{i=1}^{n}(|h_{ji} - s_{ji}|)}{\sum_{i=1}^{n}(|h_{ji} - b_{ji}|)}$ |
| $S_qE$ | 平方差 | $S_qE = \sum_{j=1}^{m} \sum_{i=1}^{n} (h_{ji} - s_{ji})^2$ |
| $NS_qE$ | 标准化平方差 | $NS_qE = \sum_{j=1}^{m} \dfrac{\sum_{i=1}^{n}(h_{ji} - s_{ji})^2}{\sum_{i=1}^{n}(h_{ji} - b_{ji})^2}$ |
| $WNS_qE$ | 加权标准化平方差 | $WNS_qE = \sum_{j=1}^{m} wq_j \dfrac{\sum_{i=1}^{n}(h_{ji} - s_{ji})^2}{\sum_{i=1}^{n}(h_{ji} - b_{ji})^2}$ |
| $DWNS_qE$ | 动态加权标准化平方差 | $DWNS_qE = \sum_{j=1}^{m} wq_{Dj} \dfrac{\sum_{i=1}^{n}(h_{ji} - s_{ji})^2}{\sum_{i=1}^{n}(h_{ji} - b_{ji})^2}$ |

## 三、优化算法

尽管目标函数具有某种程度的相似性,但是对目标函数最小化的优化算法差异巨大。

### (一)梯度类方法

当目标函数足够光滑时,梯度类方法是局部寻优最有效的方法。梯度类方法由于直观简单、收敛性相对较好,较早应用于实际油藏的自动历史拟合,也是最为常用的优化算法。梯度类方法在求取目标函数最小值时,首先需要计算目标函数对于模型变量的导数,即敏感系数,进而求得目标函数的梯度。如果不能有效快速求取敏感性参数,将导致梯度类算法的计算时间大大增加,使得梯度类方法较快收敛性的优势大打折扣。

(1)敏感系数求解方法。敏感系数为目标拟合量(如压力、产量等)对于模型变量(孔隙度、渗透率等)的导数,如果用 $g(m) = [g_1(m), g_2(m), \cdots, g_{N_d}(m)]^T$ 来代表目标拟合量与模型变量之间的关系,那么,敏感系数矩阵为

$$G = (\nabla_m g^T) = \begin{bmatrix} \dfrac{\partial g_1}{\partial m_1} & \Lambda & \dfrac{\partial g_1}{\partial m_{N_m}} \\ M & & M \\ \dfrac{\partial g_{N_d}}{\partial m_1} & \Lambda & \dfrac{\partial g_{N_d}}{\partial m_{N_m}} \end{bmatrix} \quad (10-1)$$

式中 $N_d$——目标拟合量的数量;

$N_m$——模型变量 $m$ 的数量。

敏感系数矩阵 $G$ 的计算方法主要有三种:有限差分法、敏感方程法和伴随法。

① 有限差分法。有限差分法利用差分格式直接将微分问题变为代数问题的近似数值解法,数学概念直观,表达简单。在有限差分法中,敏感系数计算方法为

$$\frac{\partial g_j}{\partial m_k} = \frac{g_j(m_1, \cdots, m_k + \Delta m_k, \cdots, m_{N_m}) - g_j(m_1, \cdots, m_k, \cdots, m_{N_m})}{\Delta m_k} \quad (10-2)$$

其中 $k = 1, 2, \cdots, N_m$。采用有限差分法计算敏感系数需要 $N_m$ 个评价方程。当模型规模和变量较少时,有限差分法不失为一种较好的方法。

② 敏感方程法。Anterion 等(1989)首次将敏感方程法用于自动历史拟合的敏感性参数计算中。Bissell 等(1994)应用敏感方程法计算了历史拟合中的敏感系数。

假设模型变量 $m$(如孔隙度、渗透率等)和状态变量 $s$(如产量、压力等)满足方程:

$$f(m, s) = 0 \quad (10-3)$$

那么,状态变量对模型变量 $m_k$ 的敏感参数方程为

$$(\nabla_s f^T)^T \frac{\partial s}{\partial m_k} + (\nabla_m f^T)^T \frac{\partial m}{\partial m_k} = 0 \quad (10-4)$$

因此,可以得到计算量对模型变量 $m_k$ 的敏感性方程:

$$\frac{\mathrm{d}g}{\mathrm{d}m_k} = (\nabla_s g)^\mathrm{T} \frac{\partial s}{\partial m_k} \qquad (10-5)$$

其中 $\frac{\partial s}{\partial m_k}$ 由方程(10-4)确定。假设状态变量 $s$ 已由方程(10-3)求得，那么敏感系数就确定了，并且方程是线性的。

③ 伴随法。当面对实际油藏历史拟合中庞大的模型规模和变量时，有限差分法由于计算量大，计算效率急剧降低，而伴随法是目前梯度类方法中计算敏感系数最有效的方法。

伴随状态变量可以理解为表征油藏变量重要性的指标，是系统方程在观测变量位置和时间点处的解。伴随状态变量沿着对观测变量有贡献的属性方向及时进行反向传播，从而得到敏感系数。Jacquard 等于 1965 年首次运用近似伴随法对二维单相瞬时流模型进行了历史拟合，但采用了电阻和电容的概念来描述该方法。Chen 等(1973)和 Chavent 等(1975)也采用了伴随法对基于梯度的最优控制问题进行求解。因为伴随系统是线性的，所以比起非线性的流动和运移方程，其求解的速度要快得多。Li 等(2003)注意到，对于三相流动来说，伴随方程的建立和求解非常困难，伴随状态变量矩阵可以从全隐式油藏模拟器的每个时间步长的最后一个牛顿迭代提取。

(2)梯度类方法。闫霞等(2010)根据梯度类算法对目标函数求导时是否需要对 Hessian 矩阵进行求解，将梯度类算法分为一次导数法和二次导数法。为了讨论的方便和系统性，本文按照各类方法的使用频率和广泛性对各类梯度类方法进行讨论。

高斯—牛顿(Gauss—Newton)法使用泰勒级数展开式近似代替非线性模型，通过多次迭代使目标函数达到最小。高斯—牛顿法的优点是收敛速度非常快(通常只需要 8~10 个迭代步)，但整体收敛性差，不仅依赖于初始点的选取，而且每个迭代步都需要计算敏感系数。列文伯格—马夸尔特(Levenberg—Marquardt)法(Li 等，2003；邓宝荣等，2003)对高斯—牛顿法中的 Hessian 矩阵进行了修改，提高了收敛速度，避免了算法对步长的评估。列文伯格—马夸尔特法巧妙地在最速下降法和牛顿法之间进行平滑调和，远离极小值时采用最速下降法保证整体收敛性，接近极小值时切换到牛顿法加快收敛速度，并在高斯—牛顿法的迭代步中引入了阻尼系数 $\lambda$。当 $\lambda$ 很大时，该方法几乎与最速下降法等价；当 $\lambda$ 趋近于零时，退化到牛顿法，通过调节 $\lambda$ 值灵活切换算法，扩大了算法的实用范围，提高了算法的收敛性及收敛速度；但当 $\lambda$ 很小时，需要多次反复调整 $\lambda$ 的大小，才能使目标函数值下降。对此，Levenberg – Marquardt – Fletcher(LMF)法在迭代过程中用目标函数值的实际减小量与假定目标函数为二次函数时预期减少量之比来调整。

共轭梯度法(Chen 等，1974)或拟牛顿(quasi—Newton)法(Rodrigues，2006)仅需要计算目标函数的梯度，收敛速度比高斯—牛顿法慢很多，但是对于大型的历史拟合问题，其所需的总计算时间往往比高斯—牛顿法更短。共轭梯度法的搜索方向彼此共轭，下一个搜索方向是当前残余和前期搜索方向的线性组合，收敛速度比最速下降法(Chen and 等，1974)快，但计算时间几乎不增加(Fletcher，1987)。在所有梯度类方法中，对解决具有大量模型变量和大量拟合数据的历史拟合问题，拟牛顿法似乎最为成功(Oliver 和 Chen，2011)。拟牛顿法通常基于模型变量的先验协方差矩阵或方差的对角矩阵，以 Hessian 逆矩阵的一个粗略的初始近似开始，逐步提高 Hessian 逆矩阵在每个迭代步的估计值。在实际使用中，虽然 Hessian 矩阵很庞大，但拟牛顿法不产生或保存 Hessian 矩阵,因而计算效率相对较高。后来,DFP 法和 BFGS 法的引入大大提高了拟牛顿法的效率。DFP 存在数值稳定性不够理想等缺陷,而 BFGS 校正矩阵有一定的改进,具有较好的数值稳定性(闫霞等,2010)。通常,有限存储 BFGS 法对计算机存储空间要求低,并且对高度非线性问题具有较好的收敛性。Zhang 等(2002)对比了列文伯格—马夸尔特法、预处理共轭梯度法、BFGS 和有限存储 BFGS 几种优化方法在不同复杂程度的历史拟合问题中的应用后发现,扩展对 BFGS 和有限存储 BFGS 的收敛性具有重大影响,扩展的有限存储 BFGS 算法比高斯—牛顿法或改进的列文伯格—马夸尔特法快几倍,尤其在大型历史拟合问题的计算上。由于其高效性,拟牛顿法被多位研究者用于各自的研究中。

### (二)进化算法

进化算法是受到生物演化启发而发展起来的一种基于群体的优化算法。与传统的优化算法相比,进化算法是一种更稳定、适用性更广的全局优化算法。在自动历史拟合中,进化算法通常采用单个油藏模型的突变和重组来产生新的油藏模型,并由基于数据不吻合度的适应度函数来决定新模型是否可以成为合格的油藏储备模型。进化算法最常见的两种形式是遗传算法和进化策略。

遗传算法采用随机均匀取样方法,通过参数突变和变量的重新组合,随机产生一些个体组成初始群体,按照适应度函数规则化后的适应度值,确定下一代幸存的个体,接着计算出各个体的适应度,产生进化后的下一代群体。如此反复,不断地向更优解的方向进化,最后得到最适应问题环境的群体,从而获得问题的最优解。遗传算法具有全局收敛性,是一种不用梯度信息的优化方法,特别适用于解决大型的组合优化问题。Romero 和 Carter(2001)应用遗传算法对一个复杂的合成模型进行了模型参数优化,结果显示,应用遗传算法的效果比应用模拟退火算法的效果好,接近手工历史拟合的效果。另外一些自动历史拟合的结果表明,遗传算法相对更稳定,但计算速度慢,可能会出现过早收敛的情况,需要与其他优化方法结合形成性能更好的混合算法(Sen 等,1995;Romero 等,2000)。进化策略与遗传算法类似,但是进化策略是自适应的优化方法,可以在目标函数最小值邻域取得收敛。进化策略在浮点矢量上进行计算,而遗传算法一般在二进制矢量上计算。Schulze – Riegert 等(2002)在多目标并行优化环境下,应用进化策略算法对合成模型进行了历史拟合,经过 10 代进化,目标函数的值降低了 70%,发现搜索步长对最终的优化值影响较大。Paredes 等(2013)根据进化策略的算法特点,将其应用于墨西哥一个裂缝性油藏的历史拟合中,发现进化策略算法不仅比传统算法少用 75% 的历史拟合时间,而且经进化策略优化后的油藏模型也比传统算法优化后的模型更加可靠,采收率提高了 2.5%。

尽管进化算法与其他启发式算法的兼容性好、稳定性高,但是收敛速度慢,严重阻碍了进化算法在油藏自动历史拟合中的应用。因此,Schulze – Riegert 等(2002,2003)采用降维的方式(如合并相关的模型参数、忽略非重要参数、利用趋势参数对)来提高进化算法的收敛速度。另外,用梯度类方法提高局部收敛速度的效果也很好(Schulze – Riegert 等,2003)。

### (三)人工神经网络

人工神经网络(ANN)与其他机械的优化方法有本质不同,它不是按给定的程序一步步执行运算,而是能够自身适应环境、总结规律,完成某种运算、识别或过程控制。

ANN模拟人的形象(直观)思维,可以通过自我学习从有限、有瑕疵的油藏动、静态资料中找到最优解,具有较强的非线性动态处理能力,能够较好地处理油藏自动历史拟合这样具有复杂数学关系的问题;另外,ANN并行计算能力较强,容错能力和稳定性较好。它的这些优点,可以有效"降噪",使自动历史拟合反演过程趋于稳定,反演结果趋于合理,增加了其在自动历史拟合中的可用性和可靠性。ANN在油藏自动历史拟合中的应用主要有两种形式,一是直接最小化目标函数,二是作为油藏模拟器的替代模型(Maschio和Schiozer,2014)。ANN在自动历史拟合中的应用表明,单一的ANN优化方法存在收敛速度慢、隐层及隐层节点数因人而异等问题。近年来,ANN方法不断与其他方法结合,形成了较好的混合优化算法(Foroud等,2014;Maschio和Schiozer,2014)。

### (四)集合卡尔曼滤波

集合卡尔曼滤波(EnKF)法实质上是一种蒙特卡洛方法,于2002年由Naevdal引入石油工程领域,能够对大量的模型变量进行优化,快速同化不同类型的数据,易于与任何油藏数值模拟器进行兼容,其集合思想为油藏参数不确定性评价提供了一种新的方法。EnKF方法缩短了计算周期,提高了运算效率;可以同时提供多个历史拟合模型,无需用多个不同的初始模型重复进行历史拟合来实现不确定性分析;能通过多个油藏模型进行生产预测,且多个油藏模型的计算是相互独立的,因而适合于多核并行运算;而且可以对尽量多的模型变量,如饱和度和压力,进行标定;能够建立在任意油藏模拟器的基础上,不用进行复杂的敏感计算,因而在利用EnKF更新模型的过程中只需要模拟器的计算结果,而无需关注解的过程,便于程序的开发、调试与维护。EnKF方法由预测步和分析步两个步骤组成,两个步骤不断重复,不同类型的数据以序贯贝叶斯方法不断被同化,模型参数与变量不断被更新,直到满足历史拟合要求。

EnKF方法被引入石油工程领域的时间较短,但发展较快,应用研究很多(表10-2),取得了很大进展(Aanonsen等,2009;Oliver和Chen,2011)。EnKF方法的自动历史拟合的质量与手工历史拟合对比研究发现(Zhang和Oliver,2011),EnKF方法的拟合效果较好,对于复杂油藏,EnKF方法的优势更加明显。EnKF方法的优势与应用研究,使其成为梯度类方法之后更有利于解决实际油藏历史拟合难题的方法。但是,囿于有限的集合规模和分析步的高斯与线性假设,在实际运用中,EnKF方法也存在一些问题:集合可变性过度降低,同化大量独立数据的能力有限,被估参数值域超过边界值。并且,数据量越大,这些问题越突出。针对EnKF方法的不足,Arroyo-Negrete等(2006)、Zhang等(2011)采用局部协方差集中的方法同化动态数据,Skjervheim等(2005)采用次级空间反演的方法同化四维地震数据。

表10-2 EnKF方法应用研究实例

| 研究人员 | 模型规模 | 井况 | 数据类型 | 模型参数 |
| --- | --- | --- | --- | --- |
| Skjervheim,<br>Evensen等 | 29580(14层) | 5口生产井<br>2口注水井<br>1口注气井 | 含水率,气油比(12年),<br>4D地震 | 渗透率(29580)<br>孔隙度(29580) |
| Haugen,<br>Naevdal等 | 45000<br>(26层) | 4口生产井<br>2口注气井 | 井底压力,产油速度,<br>含水率,气油比(5年) | 渗透率(45000)<br>孔隙度(45000) |

续表

| 研究人员 | 模型规模 | 井况 | 数据类型 | 模型参数 |
|---|---|---|---|---|
| Bianco, Cominelli 等 | 25669 (10层) | 2口生产井 | 井底压力,产油速度 含水率,气油比(3年) | 渗透率(25669) 孔隙度(25669) |
| Arroyo-Negrete, Devegowda 等 | 30740 (10层) | 9口生产井 | 含水率(11年) | 渗透率(30740) |
| Zhang, Oliver | 95379 (5层) | 6口生产井 2口注水井 | 含水率,气油比, 地层压力,井底压力(5年) | 渗透率(95379) 孔隙度(95379) |
| Evensen 等, Seiler 等 | 60000 (40层) | 4口生产井 1口注水井 | 产油速度,含水率, 气油比(6年) | 渗透率(60000) 孔隙度(60000) 油水界面(5) 气油界面(5) 断层传导率(42) 垂直传导率(24) 相对渗透率(9) |
| Cominelli, Dovera 等 | 416240 (44层) | 3口生产井 1口注水井 | 产油速度,产水速度(3年) 静压力 | 渗透率(416240) 孔隙度(416240) |
| Chen, Oliver | 44550 (9层) | 54口生产井 和30口注水 井完井段 | 产油速度,产水速度, 井底压力(20年), 4D地震 | 水平渗透率(44550) 垂直渗透率(44550) 孔隙度(44550) 净毛比(29700) 相对渗透率(3) 油水界面(1) |

## (五)混合算法

随着油藏模型规模越来越大,为了提高自动历史拟合的精度和计算效率,充分发挥各种优化方法的长处,由两种或多种优化方法耦合的混合算法逐渐应用于大型复杂油藏历史拟合中。

Gomez 等(2001)为解决全局优化方法的迭代速度问题,采用隧道法进行自动历史拟合,通过隧道技术在局部最优系列中得到全局最优,将梯度类方法的局部寻优扩展为全局寻优,能够持续减小目标函数值并提供一系列的可能解,是一种比较合适的实际油藏自动历史拟合方法。Schulze-Riegert 等(2003)根据进化算法在实际油藏历史拟合中的缺点——全局收敛速度慢,采用基于梯度的搜索方法提高自动历史拟合局部收敛速度,并在两个实例中进行测试,效果较好。Arroyo-Negrete 等(2006)、闫霞等(2011)将流线模拟方法与 EnKF 法相结合,提出了基于流线 EnKF 的方法(SLEnKF),不仅加快了 EnKF 预测阶段的计算效率,提高了拟合精度,而且能同步考虑先验信息,并在合成模型里进行了测试,具有解决大型复杂油藏自动历史拟合的潜力。Foroud 等(2014)针对单一的人工神经网络方法的不足,将 ANN 与遗传算法结合起来,通过 ANN 建立和训练出一个前馈模型,用此前馈模型作为油藏模拟器的替代模型,再基于遗传算法对油藏参数进行优化从而达到自动历史拟合的目的。另外,越来越多的混合算法应用于油藏自动历史拟合,如同步扰动随机近似梯度逼近法(Gao 等,2004)、核主量分析法

(Sarma 等,2007)、耦合禁忌搜索的遗传算法(Vázquez 等,2001)等。

混合算法主要由全局优化方法和局部优化方法耦合形成,相互取长补短,提高计算效率和计算精度,是目前应用较多的油藏自动历史拟合方法。除此之外,各优化方法常与辅助自动历史拟合方法结合,提高各方法的实用性。

## 四、辅助自动历史拟合方法

为了实现油藏的自动历史拟合,研究者们除了在优化算法上不断改进和创新外,还提出了再参数化油藏模型,以提高计算效率。再参数化就是按照特定方式对油藏模型重新参数化以减少模型参数的数量,主要包括粗化分区、GZA(Gradzone Analysis)、主成分分析和离散余弦变换(DCT)四种技术(Rwechungura 等,2011)。

粗化分区(图10-1)是较早出现的减少模型参数的基本方法,其目的是将不确定性参数放到某些分区里,然后对分区里的不确定性参数进行调整。Gavalas 等(1976)和 Shah 等(1978)研究发现,采用粗化分区方法,可以增加优化算法的准确度和收敛速度。粗化分区在计算初期能迅速降低历史拟合的误差,但是最终的误差程度往往比预想的要大(Oliver 和 Chen,2011),因为粗化分区后,模型的自由度变小,非最优的分区边界导致连续的油藏属性出现非连续的边界。

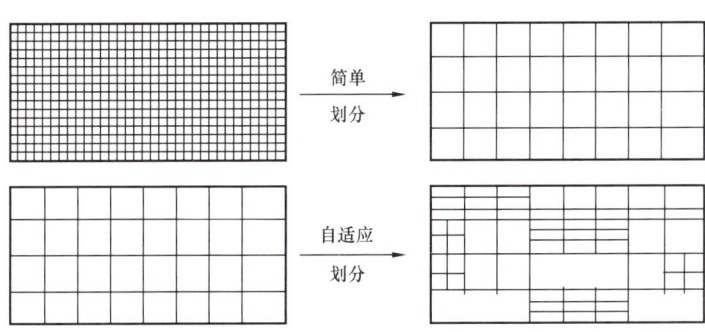

图10-1 简单和自适应划分

GZA 方法可以选中油藏模型中的多个分区作为一个 Gradzone,Gradzone 里,油藏属性(如渗透率)可以用一个共同的乘子进行同步更新。因此,不同分区里的模型参数可以组合起来,减小优化时的计算量,加快计算速度。Brun 等扩展了 GZA 方法,通过考虑非对角先验协方差矩阵,根据特征值(相当于先验协方差的最大特征值)油藏模型进行再参数化以减少参数数量,避免依赖先验信息权重。GZA 方法将敏感性相同的一组参数定义为一个分区,参数的减少依赖于临界值的数量,每个临界值定义了两个不同的参数分区(Datashpour 等,2010)。

主成分分析通过因素间的协方差分析来降低数据的维度,将原来众多具有一定相关性的多个变量,重新组合成一组新的互相无关的综合变量来代替原来的变量,即用少数几个主成分来揭示多个变量间的内部结构(Rwechungura 等,2011)。

离散余弦变换(DCT)由 Ahmed 等于1997年为了信号去相关首次引入石油行业。随后,Jafarpour 等(2008)和 Bhark 等(2010)将 DCT 用于优化问题和历史拟合中,去掉对生产数据高度不敏感的油藏参数,减少模型参数的数量,如图10-2所示。

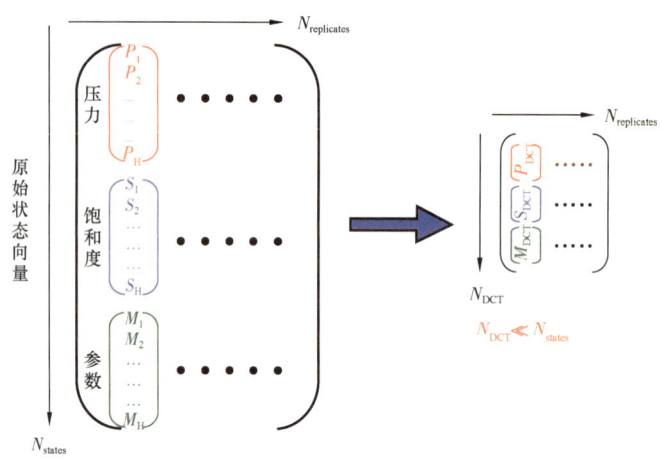

图 10-2　DCT 变换示意

## 第四节　自动历史拟合发展方向

在过去的 20 年里,历史拟合取得了长足进展。经过多年的发展,油藏自动历史拟合已从简单合成模型的实验研究进入大规模实际油藏实用研究阶段,发展迅速。但是,到目前为止,还没有一种适用于所有油藏模型的自动历史拟合方法,计算速度和计算精度的兼顾仍然是自动历史拟合面临的最大挑战,且各方法往往依赖于历史拟合问题的参数和参与拟合的数据,各有优缺点(表 10-3)。

表 10-3　历史拟合方法对比(据 Oliver 等,2011 修改)

| 方法 | 优点 | 不足 |
|---|---|---|
| 人工 | 参数、数据修改的灵活性高 | 不确定性评价差,人力需求大,不适合变量多,不能得到详细的拟合 |
| 梯度 | 直观简单、收敛性好,一次迭代计算量小,程序编制简单 | 易陷入局部收敛,对大型油藏模型的计算速度慢,不确定性评价差 |
| 进化 | 适用于离散参数、高度非高斯分布,易于适应不同的模拟器 | 收敛速度慢,不适用于大数量的变量,不确定性评价差 |
| ANN | 易于并行,稳定性强,非线性动态处理能力强,适用于大规模的油藏系统 | 收敛速度慢,隐层及隐层节点数的确定不固定 |
| EnKF | 高度并行,适用于变量数目多的模型,不确定性分析是同化的副产物,易于适应不同的模拟器和变量 | 一般会低估不确定性,对离散变量需额外参数化,不能很好的适应多峰分布数据(除非可以转换) |

优化算法的计算速度与地质模型调整的合理性(可理解为计算精度)是目前自动历史拟合优化算法面临的主要难题。对于概念模型或小型简单的实际油藏,采用比较成熟的梯度类算法,即可快速完成自动历史拟合过程;对于大型复杂的实际油藏,需要采用对数据具有更优数据同化能力的 EnKF 方法或 ANN 方法。针对大型复杂的油藏模型,为了增加模型的计算速

度,可以采用多核并行计算,或与其他优化方法、辅助自动历史拟合方法相结合,采用混合算法。从目前的研究和发展来看,EnKF 方法基于其本身的优势和算法程序的易实现性,会成为继梯度类方法后,下一阶段另外一种自动历史拟合主流算法;另外,进化算法、ANN 算法等人工智能类算法会与其他局部优化算法结合,形成混合算法,也具有很大的发展潜力。

油藏自动历史拟合领域的研究在国外非常活跃,各大国际油公司和科研院所都有所涉猎,其中部分已经取得可喜的成果。但在中国,这方面的研究和投入相对较少,主要集中在理论研究和简单、理想模型的试验研究方面,与国际先进水平存在一定的差距。我们应该在理论研究的基础上,注重实用方法的研究,特别是实际应用研究,开发一套具有自动历史拟合能力的软件,提升中国在油藏自动历史拟合领域的国际竞争力。

## 参 考 文 献

邓宝荣,袁士义,李建芳,等. 2003. 计算机辅助自动历史拟合在油藏数值模拟中的应用. 石油勘探与开发,30(1):71-74.

高惠民. 1994. 运用自动历史拟合技术反求地层参数. 油气井测试,3(4):18-24.

王曙光,郭德志. 1998. Nelder-Mead 单纯形法的推广及其在自动历史拟合中的应用. 大庆石油地质与开发,17(04):25-27.

闫霞,李阳,姚军,等. 2011. 基于流线 EnKF 油藏自动历史拟合. 石油学报,32(3):495-499.

闫霞,张凯,姚军,等. 2010. 油藏自动历史拟合方法研究现状与展望. 油气地质与采收率,17(4):69-73.

Aanonsen S I, Nvdal G, Oliver D S, et al. 2009. The ensemble Kalman filter in reservoir engineering – A Review. SPE Journal,14(3):393-412.

Agarwal R, Li Y K, Nghiem L. 1987. A Regression technique with dynamic-parameter selection or phase behavior matchingSPE California Regional Meeting. Ventura, California:Society of Petroleum Engineers,207-214.

Anterion F, Eymard R, Karcher B. 1989. Use of parameter gradients for reservoir history matching. SPE Symposium on Reservoir Simulation. Houston, Texas:Society of Petroleum Engineers,339-354.

Arroyo E, Devegowda D, Datta-Gupta A, et al. 2006. Streamline Assisted Ensemble Kalman Filter for Rapid and Continuous Reservoir Model Updating. International Oil and Gas Conference and Exhibition in China. Beijing, China: Society of Petroleum Engineers,1-18.

Bertolini A C, Schiozer D J. 2011. Influence of the objective function in the history matching process. Journal of Petroleum Science and Engineering,78(1):32-41.

Bhark E W, Jafarpour B, Datta-Gupta A. 2010. A new adaptively scaled production data integration approach using the discrete cosine parameterization. SPE Improved Oil Recovery Symposium. Tulsa, Oklahoma:Society of Petroleum Engineers,1-16.

Bissell R C, Sharma Y, Killough J E. 1994. History matching using the method of gradients:two case studies. SPE Annual Technical Conference and Exhibition. New Orleans, Louisiana:Society of Petroleum Engineers,275-290.

Brun B, Gosselin O, Barker J W. 2004. Use of prior information in gradient-based history matching. SPE Journal,9(1):67-78.

Chavent G, Dupuy M, Lemmonier P. 1975. History matching by use of optimal theory. Society of Petroleum Engineers Journal,15(1):74-86.

Chen W H, Gavalas G R, Seinfeld J H, et al. 1974. A new algorithm for automatic history matching. Society of Petroleum Engineers Journal,14(6):593-608.

Chen Y, Ollver D S. 2010. Ensemble-based closed-loop optimization applied to brugge field. SPE Reservoir Evaluation and Engineering,13(1):56-71.

Coats K H, Dempsey J R, Henderson J H. 1970. A new technique for determining reservoir description from field performance data. Society of Petroleum Engineers Journal, 10(01): 66 – 74.

Cullick A S, Johnson W D, Shi G. 2006. Improved and more rapid history matching with a nonlinear proxy and global optimization. SPE Annual Technical Conference and Exhibition. San Antonio, Texas: Society of Petroleum Engineers, 1 – 13.

Datashpour M, Echeveria C D, Mukerji T, et al. 2010. A Derivative – Free Approach for the Estimation of Porosity and Permeability Using Time – Lapse Seismic and Production Data. Journal of GeoPhysics Engineering, 7(4): 351.

Fletcher R. 1987. Practical methods of optimization. 2nd edition. New York: Wiley.

Foroud T, Seifi A, AminShahidi B. 2014. Assisted history matching using artificial neural network based global optimization method – Applications to Brugge field and a fractured Iranian reservoir. Journal of Petroleum Science and Engineering, 123: 46 – 61.

Gao G, Li G, Reynolds A C. 2004. A stochastic optimization algorithm for automatic history matching. SPE Annual Technical Conference and Exhibition. Houston, Texas: Society of Petroleum Engineers, 1 – 23.

Gavalas G R, Shah P C, Seinfeld J H. 1976. Reservoir History Matching by Bayesian Estimation. Old SPE Journal, 16(6): 337 – 350.

Gomez S, Gosselin O, Barker J W. 2001. Gradient – based history matching with a global optimization method. SPE Journal, 6(2): 200 – 208.

Gomez S, Gosselin O, Barker J W. 1999. Gradient – based history – matching with a global optimization method. SPE Annual Technical Conference and Exhibition. Houston, Texas: Society of Petroleum Engineers, 1 – 13.

Hajizadeh Y. 2010. Ants can do history matching. SPE Annual Technical Conference and Exhibition. Florence, Italy: Society of Petroleum Engineers, 1 – 15.

Jacquard P, Jain C. 1965. Permeability distribution from field pressure data. Society of Petroleum Engineers Journal, 5(4): 281 – 294.

Jafarpour B, McLaughlin D B. 2008. History matching with an ensemble Kalman filter and discrete cosine parameterization. Computational Geosciences, 12(2): 227 – 244.

Jahns H O. 1966. A rapid method for obtaining a two – dimensional reservoir description from well pressure response data. Society of Petroleum Engineers Journal, 6(4): 315 – 327.

Kazemi A, Stephen K D. 2010. Optimal parameter updating in assisted history matching of the Nelson field using streamlines as a guide. SPE EUROPEC/EAGE Annual Conference and Exhibition. Barcelona, Spain: Society of Petroleum Engineers, 1 – 15.

Liu N, Oliver D S. 2005. Critical evaluation of the ensemble Kalman filter on history matching of geologic facies. SPE reservoir simulation symposium. Houston, Texas: Society of Petroleum Engineers, 1 – 12.

Liu N, Oliver D S. 2005. Ensemble Kalman filter for automatic history matching of geologic facies. Journal of Petroleum Science and Engineering, 47(3): 147 – 161.

MacMillan D J. 1987. Automatic history matching of laboratory corefloods to obtain relative – permeability curves. SPE Reservoir Engineering, 2(01): 85 – 91.

Maschio C, Schiozer D J. 2014. Bayesian history matching using artificial neural network and Markov Chain Monte Carlo. Journal of Petroleum Science and Engineering, 123: 62 – 71.

Mattax C C, Dalton R L. 1990. Reservoir simulation. Journal of Petroleum Technology, 42(06): 692 – 695.

Nævdal G, Mannseth T, Vefring E H. 2002. Near – well reservoir monitoring through ensemble Kalman filter. SPE/DOE Improved Oil Recovery Symposium. Tulsa, Oklahoma: Society of Petroleum Engineers, 1 – 9.

Oliver D S, Chen Y. 2011. Recent progress on reservoir history matching: a review. Computational Geosciences, 15(1): 185 – 221.

Ouenes A, Brefort B, Meunier G, et al. 1993. A new algorithm for automatic history matching: application of simulated annealing method (SAM) to reservoir inverse modeling. SPE 26297,1-31.

Perez R,Larez C J,Paredes J E. 2013. Evolution strategy algorithm through assisted history matching and well placement optimization to enhance ultimate recovery factor of naturally fractured reservoirs. SPE Reservoir Characterization and Simulation Conference and Exhibition. Abu Dhabi,UAE：Society of Petroleum Engineers,1-14.

Rodrigues J,Waechter A,Conn A,et al. 2006. Combining adjoint calculations and Quasi-Newton methods for automatic history matching. SPE Europec/EAGE Annual Conference and Exhibition. Vienna,Austria：Society of Petroleum Engineers,1-12.

Romero C E,Carter J N,Gringarten A C,et al. 2000. A modified genetic algorithm for reservoir characterisation. International Oil and Gas Conference and Exhibition in China. Beijing,China：Society of Petroleum Engineers,1-8.

Romero C E,Carter J N. 2001. Using genetic algorithms for reservoir characterisation. Journal of Petroleum Science and Engineering,31(2)：113-123.

Rwechungura R W,Dadashpour M,Kleppe J. 2011. Advanced history matching techniques reviewed. SPE Middle East Oil and Gas Show and Conference. Manama,Bahrain：Society of Petroleum Engineers,1-19.

Sahni I,Horne R N. 2004. Generating multiple history-matched reservoir model realizations using wavelets. SPE Annual Technical Conference and Exhibition. Houston,Texas：Society of Petroleum Engineers,1-11.

Saleri N G,Toronyi R M. 1988. Engineering control in reservoir simulation：part I. SPE Annual Technical Conference and Exhibition. Houston,TX：Society of Petroleum Engineers,1-42.

Sarma P,Durlofsky L J,Aziz K,et al. 2007. A new approach to automatic history matching using kernel PCA. SPE Reservoir Simulation Symposium. Houston,Texas：Society of Petroleum Engineers,1-19.

Schiozer D J,Leitão H C. 1999. A New Automated History Matching Algorithm improved by Parallel Computing. Latin American and Caribbean Petroleum Engineering Conference. Caracas,Venezuela：Society of Petroleum Engineers,1-11.

Schulze-Riegert R W,Axmann J K,Haase O,et al. 2002. Evolutionary algorithms applied to history matching of complex reservoirs. SPE Reservoir Evaluation & Engineering,5(2)：163-173.

Schulze-Riegert R W,Haase O,Nekrassov A. 2003. Combined global and local optimization techniques applied to history matching. SPE Reservoir Simulation Symposium. Houston,Texas：Society of Petroleum Engineers,1-10.

Sen M K,Datta-Gupta A,Stoffa P L,et al. 1995. Stochastic reservoir modeling using simulated annealing and genetic algorithm. SPE Formation Evaluation,10(1)：49-56.

Shah S,Gavalas G R,Seinfeld J H. 1978. Error analysis in history matching：The optimum level of parameterization. Society of Petroleum Engineers Journal,18(3)：219-228.

Slater G E,Durrer E J. 1971. Adjustment of reservoir simulation models to match field performance. Society of Petroleum Engineers Journal,11(3)：295-305.

Tan T B,Kalogerakis N. 1991. A fully implicit,three-dimensional,three-phase simulator with automatic history-matching capability. SPE Symposium on Reservoir Simulation. Anaheim,California：Society of Petroleum Engineers,35-46.

Tan T B,Kalogerakis N. 1992. A three-dimensional three-phase automatic history matching model：Reliability of parameter estimates. Journal of Canadian Petroleum Technology,31(3)：34-41.

Tang Y N,Chen Y M. 1985. Application of GPST algorithm to history matching of single-phase simulator models. SPE 13410,1-40.

Thomas L K,Hellums L J,Reheis G M. 1972. A nonlinear automatic history matching technique for reservoir simulation models. Society of Petroleum Engineers Journal,12(6)：508-514.

van den Bosch B,Seinfeld J H. 1977. History matching in two-phase petroleum reservoirs：Incompressible flow. Society of Petroleum Engineers Journal,17(6)：398-406.

Vázquez M, Suárez A, Aponte H, et al. 2001. Global Optimization of Oil Production Systems, A Unified Operational View. SPE Annual Technical Conference and Exhibition. New Orleans, Louisiana: Society of Petroleum Engineers, 1 – 9.

Wasserman M L, Emanuel A S, Seinfeld J H. 1975. Practical applications of optimal – control theory to history – matching multiphase simulator models. Society of Petroleum Engineers Journal, 15(4): 347 – 355.

Watson A T, Seinfeld J H, Gavalas G R, et al. 1980. History matching in two – phase petroleum reservoirs. Society of Petroleum Engineers Journal, 20(6): 521 – 532.

Williams G J J, Mansfield M, MacDonald D G, et al. 2004. Top – down reservoir modelling. SPE annual technical conference and exhibition. Houston, Texas: Society of Petroleum Engineers, 1 – 8.

Yang P H, Watson A T. 1988. Automatic history matching with variable – metric methods. SPE Reservoir Engineering, 3(3): 995 – 1001.

Yin J, Park H Y, Datta – Gupta A, et al. 2011. A hierarchical streamline – assisted history matching approach with global and local parameter updates. Journal of Petroleum Science and Engineering, 80(1): 116 – 130.

Zafari M, Reynolds A C. 2005. Assessing the uncertainty in reservoir description and performance predictions with the ensemble Kalman filter. SPE Annual Technical Conference and Exhibition. Dallas, Texas: Society of Petroleum Engineers, 1 – 18.

Zeng L, Chang H, Zhang D. 2011. A probabilistic collocation – based Kalman filter for history matching. SPE Journal, 16(2): 294 – 306.

Zhang F, Reynolds A C. 2002. Optimization algorithms for automatic history matching of production data. ECMOR VIII – 8th European Conference on the Mathematics of Oil Recovery. Freiberg, Germany: EAGE, 1 – 10.

Zhang F, Skjervheim J A, Reynolds A C, et al. 2003. Automatic history matching in a Bayesian framework, example applications. SPE Annual Technical Conference and Exhibition. Denver, Colorado: Society of Petroleum Engineers, 1 – 14.

Zhang Y, Oliver D S. 2011. History Matching Using the Ensemble Kalman Filter With Multiscale Parameterization: A Field Case Study. SPE Journal, 16(2): 307 – 317.

# 第十一章 地质模型不确定性分析

地下油气藏通常非均质性很强,具有很大的表征难度。油气藏地质模型的不确定性无处不在,不同的不确定性有不同的原因,需要分别应用不同的方法加以研究。油气藏表征的终极原则就是尽量降低不确定性,使不确定性最小化,并对不确定性进行量化评价,这对于降低油气勘探开发风险具有至关重要的作用。

## 第一节　不确定性因素分析

油藏地质模型主要用于地下资源预测和油田开发规划,油田的最优评价和开发要求对储层有一个逼真的描述,这就反过来需要综合地描述油藏,利用所有适当的、有效的数据建模,并对模型中的不确定性有一个可靠的量化。

### 一、不确定性研究进展

随着油气资源需求的继续增加和油田日趋成熟,油藏描述和不确定性分析在储层评价和优化油田开发方案方面变得越来越重要。由于资料的不完备性及储层的非均质性,从初期的储层地质基础研究到建立三维静态储层地质模型,以及在此基础之上的油藏动态模拟都包含许多不确定性,这些不确定性对开发方案实施效果的预测会产生重大的影响(图11-1)。到了油田开发后期,由于二次开采和三次开采工程的复杂性,以及不确定性投资决策的敏感性,更需要对模型中的不确定性有一个精确的量化。

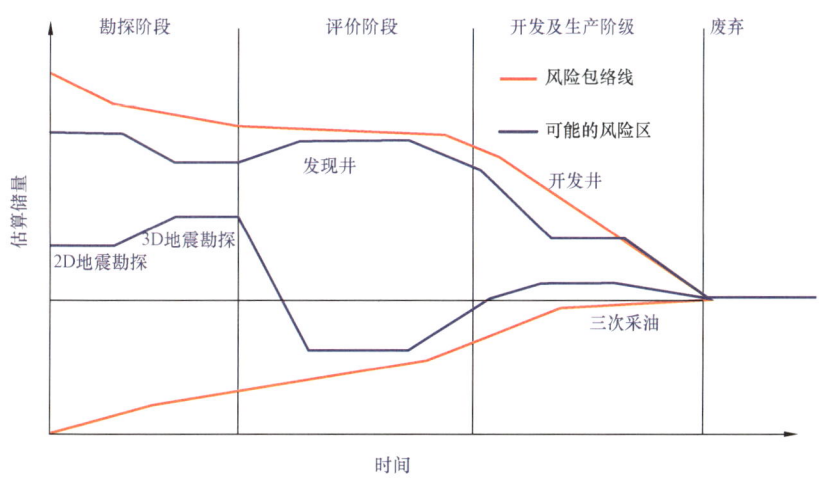

图 11-1　油田不同开发阶段的不确定性大小(据 Bratvold 和 Begg,2010)

地质学家和工程师们正在努力量化和减少油藏模型中的不确定性。Manceau 等(2001)总结了储层建模过程中不确定性的来源,认为主要有五个方面,分别为静态模型、模型粗化、数值模拟、生产数据整合以及开发方案与经济评价。Singh 等(2009)认为在油田开发阶段早期,不确定性因素主要有四个,即地球物理的不确定性、地质的不确定性、岩石物理特征的不确定性及动态的不确定性。Ma(2011)等提出造成储层建模不确定性的主要因素不仅有油藏建模数据的质量、不同算法参数的选取等因素,而且研究者自身的理论基础和实践经验也会产生一定的影响。Gorbovskaia 和 Belozerov(2016)采用多个地质模型实现评价地质的不确定性,通过概率地质建模得到对油田开发目标有重大影响的参数,并基于油田储量分布概率提出了一个井位部署的决策方案。

霍春亮等(2007)针对国内地质模型不确定评价中存在的问题,提出了以地质储量和可驱替储量为定量指标的三维地质模型不确定性定量评价方法。孙立春等(2009)认为储层地质建模关键参数的设定因地质模式的多解性而存在不确定性,当可用信息有限或地下油气藏地质情况较为复杂时,依据某一个随机种子点变化的方法生成的地质模型不能真实地反映实际地质体认识过程中的不确定性。傅志明(2009)认为地质模型中的不确定性是固有的、不可回避的,并从构造建模、相建模、属性建模三个方面探索了不确定性形成的原因。王家华等(2011)利用储层展布和物性参数的横向及纵向非均质性等地质条件约束建模,降低气藏建模结果的不确定性,从而降低了主力气藏概率储量的不确定性。马美媛等(2014)阐述了定量评价地质模型不确定性分析的技术流程和方法,包括关键不确定性变量分析、实验设计、储量风险评价以及模型优选。于金彪(2017)基于常规地质建模方法和数值模拟历史拟合技术,提出了动、静态资料多级约束,模型质量全程控制的一体化建模方法,提高了地质模型的质量。

另外,通过总结不同学者对储层不确定性来源的认识可知,储层建模过程中的不确定性来源除了建模资料不完善外,还有建模软件本身的局限性、模拟算法的选取、参数的设置以及建模人员对研究区认识程度和对软件熟悉程度等因素。

储层表征的最终原则是使不确定性达到最小,并对不确定性进行评价。不同的不确定性有不同的形成环境和变化规律,需要分别应用不同的方法进行研究。因此,正确认识不确定性的形成机理,对于储层预测具有重要意义。从预测的角度可划分两种不确定性:随机不确定性和模糊不确定性。

## 二、随机不确定性

随机不确定性是由于条件不充分,某一事件可导致各种可能的结果。例如,地震数据与地质参数之间的函数关系以及地质变量空间关系的不确定性,就属于随机不确定性。

### (一)资料的不确定性

应用第二性资料(如测井和地震资料)进行储层解释,实际上是一个映射过程。以地震资料为例,如果地震资料与储层特征具有一一对应的线性映射关系,则储层预测的结果是确定的。但是,由于地震资料的分辨率和多解性,其间并不存在确定的映射关系。

地震资料具有横向采集密度大、分辨率高(可达 $6.25m \times 6.25m$)的优点,因而是储层表征过程中横向预测的重要信息。地震横向预测的基本前提是建立地震属性与地质变量之间的关系。然而,地震资料的分辨率问题和多解性问题易导致储层表征中的不确定性。

1. 地震分辨率问题

地震资料本身所达到的分辨率(真分辨率)由有效频宽所确定,可分辨厚度为 1/4 视波长。因此,若要预测地震分辨率极限范围内的细节,便难以建立地震参数与地质变量的关系,从而产生不确定性。

设在一定的资料情况下,划分了 $N$ 个网格,则玻尔兹曼熵:

$$S = k \ln N \quad (11-1)$$

式中　$k$——玻尔兹曼常数;

　　　$N$——网格数,代表宏观层次的 $N$ 个微观状态。

在 $k$ 一定的情况下,$N$ 越大,则玻尔兹曼熵越大,微观状态的复杂程度或不确定性程度越强。也就是说,垂向网格划分越细(或者地质要求越高,如细化到单砂体及内部构型),不确定性越大。

基于模型的波阻抗反演可提高视分辨率,但井间波阻抗具有一定的误差,且离井越远,误差越大,多解性越强。因此,在提高视分辨率的情况下,波阻抗本身具有多解性,这一多解性将"传递"到地震参数与地质变量的关系上,从而导致函数关系的多解性。

2. 多解性问题

即使地震分辨率能达到预测目标的需求,由于地震资料与地震属性之间不存在确定性的函数关系,从而会导致较强的地质多解性,也就是预测结果的非唯一性和不确定性。以波阻抗为例,该参数是人们预测岩性和物性的常用地震参数,是储层岩性、物性和含流体性质的综合响应,这意味着,在储层预测中,需要应用一个已知数求解三个未知数。显然,波阻抗与上述任一地质参数均无严格的确定性关系,因此,应用波阻抗预测地质参数(岩性、物性、含流体性质)必然存在不确定性,如图 11-2 所示。

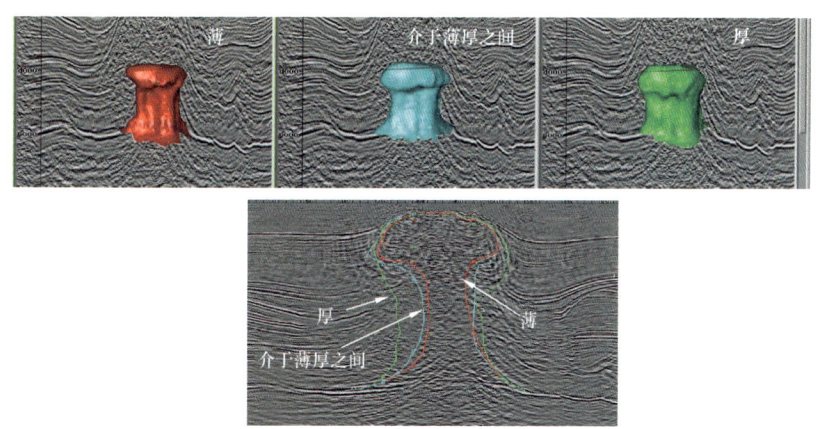

图 11-2　地震处理及成像的不确定性(据李菊红,2017)

### (二)预测方法的不确定性

在储层表征的横向预测中,如果地震资料不足以分辨目标地质体,则需要应用多井资料进行储层预测,这是由局部预测整体的问题。

任何从局部到整体的预测均需掌握已有数据的规律性,要求具有明确的因果关系。因此,严格意义上井间储层预测的前提是建立地质变量的空间函数关系。长期以来,人们一直在试图建立这一关系。

传统数学插值方法将井间地质变量的变化看作井间距离的函数,如三角剖分法、距离反比加权法等,这类方法将地质变量视为纯随机变量,将地质变量作为井间距离的函数,没有考虑井点数据的空间相关性。因此,虽然在井网密度足够大时,这种方法可反映地质变量的分布趋势,但作为井间预测,尚存在不确定性,而当井距较大时(大于实际地质体的规模),这种方法就不再适用。

地质统计学将地质变量视为区域化变量,通过变差函数工具,获取变量的空间相关性,据此进行加权插值。这种方法考虑了地质变量的空间相关性,因此,从理论上说,如果插值应用的空间相关性符合地质实际,则插值效果要比传统方法好。然而,在井点较少时,变差函数误差较大,特别是当井距大于变程时,应用目标区的井资料难以求准实际的空间相关性;再者,变差函数所表达的空间相关性为空间两点之间(两个数据点之间或一个数据点和一个待估点之间)的相关性,两点统计学难以表达复杂的空间结构。因此,空间函数的不确定性必然导致井间预测结果的不确定性。

## 三、模糊不确定性

若所采集的井间资料(如地震资料)具有预测目标所要求的纵、横向分辨率,或井间资料与所预测的地质参数(如岩性、物性、含油性)具有确定的函数关系,储层预测就是一个简单的问题。但事实上,这种情况是不存在的。因此,在储层预测过程中必然要体现地质约束,而地质约束的关键是建立符合地质实际的储层概念模式,如基于目标的储层建模(预测)方法要求预知目标体的几何构型(如砂体物源方向、长度、宽度、厚度、几何形态等),基于像元的多点地质统计学储层建模(预测)方法要求预知"训练图像"(替代经典地质统计学中的变差函数),沉积要素几何构型及训练图像实际上就是数字化的储层地质模式。

储层预测的前提是要求建立符合地质实际的储层概念模式。模糊的储层地质模式必然导致储层预测结果的不确定性。图11-3为通过九口井预测相分布的两种可能性示意图。在两种情况下,井资料不变(数字1、2、3分别代表河道相、溢岸相和泛滥平原相),只是概念模式不同,其中图11-3a为应用单一河道模式预测的相分布,图11-3b为应用分叉河道预测的相分布。显然,不同的储层概念模式产生不同的储层预测结果。

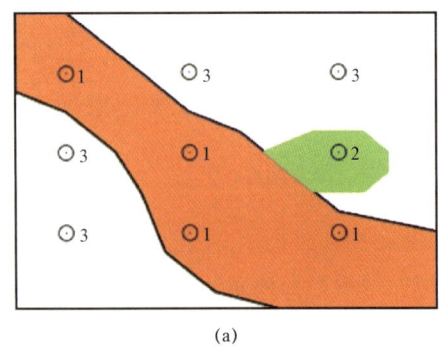
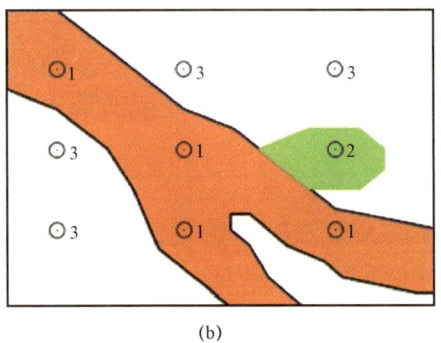

(a)          (b)

图11-3 储层概念模式差异导致的不确定性(据吴胜和,2010)
1—河流相;2—溢岸相;3—泛滥平原相

值得注意的是,在评价储层不确定性的随机建模中,如果仅用一种储层概念模式参与建模,那么,随机建模所产生的一系列模拟实现将不足以反映真实储层的不确定性,而只是忠于井资料和地震资料前提下随机种子数产生的已有储层概念模式的随机波动。而更重要的是,由于资料的不完备性以及人们地质认识水平的影响,储层概念模式的准确建立又绝非易事。

因此,在实际储层预测过程中,预测结果总是包含着由储层概念模式认知不足导致的模糊不确定性,而这一类型的不确定性往往没有得到足够的重视。

## 第二节 储层不确定性评价

随机建模技术的出现和应用,实现了定量评价储层非均质性。随机建模技术能够给出一定控制条件下储层的各种等可能的展布,这些等可能的展布就反映了储层的非均质性和不确定性,使定量评价不确定性对储量计算和油藏动态预测的影响成为可能。目前,随机建模过程中以下几个方面都会产生不确定性。

### 一、构造建模的不确定性

在地质建模过程中,准确地描述构造是井位设计的基础。需要精确刻画构造的微小变化,从而准确描述断层的走向和倾向。在构造建模过程中,可以根据地质认识建立构造面或断层的置信区间,在置信区间内设置多个模型,来研究构造不确定性的影响(图11-4)。

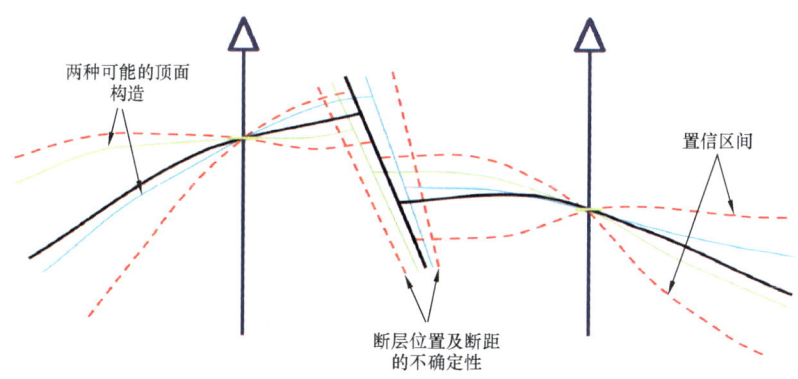

图11-4 构造不确定性(据李菊红,2017)

许多算法可以实现对构造的模拟,但每种算法都具有各自的适用性和优势。如果忽略了各自的适用条件,那么模拟结果就存在较大的差异,这将直接影响后期的沉积微相模型以及物性模型的精度。可见,算法是构造建模不确定性的重要影响因素(刘卫丽,2012)。

影响构造建模不确定性的另一个重要因素是直井的井斜校正。直井在钻进过程中,受钻具及岩性等诸多因素影响,不可避免会发生偏移。在引入测井资料时,忽略了直井的偏移,人为将测深当井深使用,这势必导致不确定性的存在。因此,必须把断层模型和地层对比结合起来,通过井斜数据的引入,最终把断点收敛到断面上,从而保证断层模型的准确性(傅志明,2009)。

## 二、相建模中的不确定性

相建模的方法可分为两类,即基于目标的随机建模方法与基于像元的随机建模方法。与之对应的不确定性变量也可分为两类,描述性变量和约束性变量。描述性变量是指定量描述微相体积百分含量或微相几何形状和大小的变量,如描述河道形态和规模的变量(包括宽度、厚度、弯曲度、河道总体延伸方向等)。约束性变量是指由地震、测井、地质综合一体化研究得到的地质认识量化而来的井间约束条件。在资料不完备以及储层结构空间配置和储层参数空间变化复杂的情况下,上述参数的确定存在明显的不确定性,因此会导致相建模结果的不确定性。

应用随机建模的方法,可给出目的层多个相模型预测结果(随机模拟实现),如图 11-5 所示,并可对预测结果中的不确定因素进行评价。通过各模型的比较,可了解由于资料限制而导致的井间储层预测的不确定性,以满足油田决策在一定风险范围内的准确性。

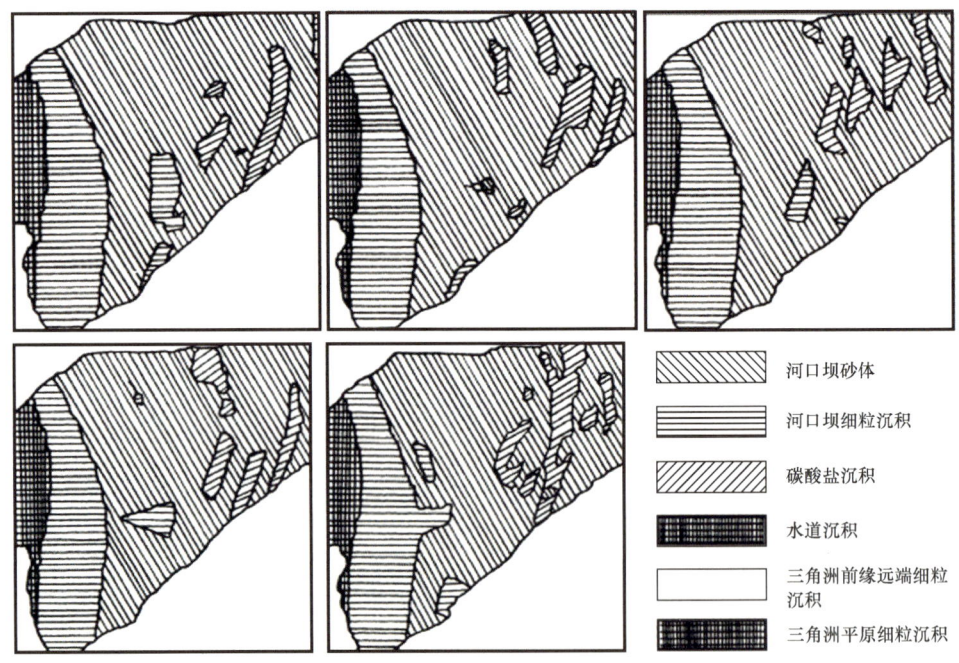

图 11-5 随机建模的不同实现(据 Damsleth 等,1992)

另外,通过提取目的层三维空间各网格在多个模拟实现中某沉积微相的出现频率,可获取该层沉积微相的三维概率分布模型。该模型中每一个网格的数值反映了沉积微相出现于该网格的确定性程度。按照某一概率截断值(确定性程度截断值),可以获得该沉积微相在某一概率条件下的三维分布模型。

图 11-6 为对某研究区小层进行 10 次随机模拟得到的河道相的三维概率分布模型。图中颜色反映了河道相在三维空间不同位置的概率(确定性程度),如概率为 0,表明某位置为非河道相,概率为 1 则表明某位置为河道相,概率为 0.6 则表明某位置有 60% 的可能性为河道相。应用不同的截断值对其进行截断分析,可得出该小层在不同概率范围内的河流相分布。图 11-7 分别为该小层河流相概率大于 50%、大于 70%、大于 90%、等于 100% 时的河道分布模型。

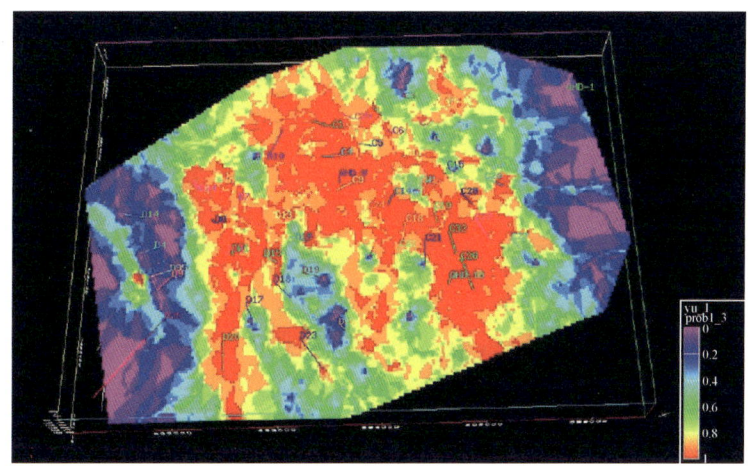

图 11-6 某研究区小层河流相概率分布模型(据吴胜和,2010)

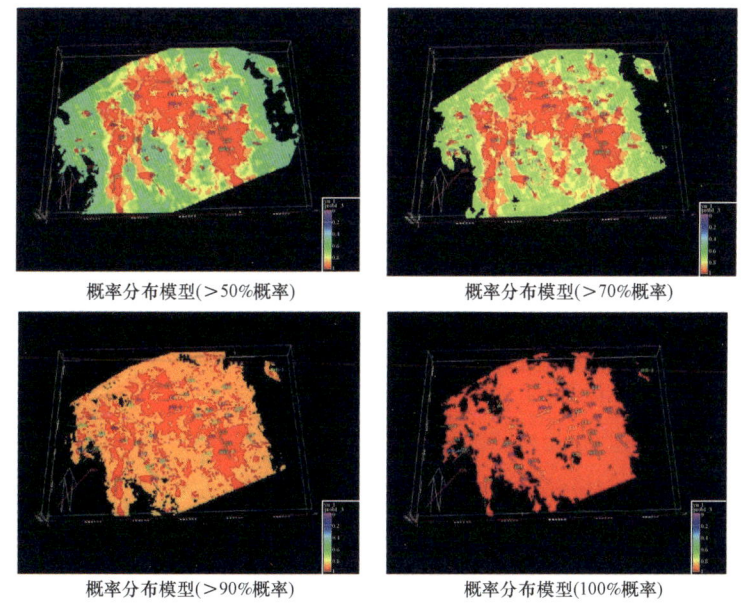

图 11-7 某研究区小层不同概率范围的河流相分布模型(据吴胜和,2010)

## 三、属性模型的不确定性

与相建模类似,孔隙度渗透率和饱和度属性模型的不确定性描述也会归于针对描述变量和约束性变量的不确定性上来。对于描述性变量,主要分析相控条件下各个微相中有效厚度分布的变差函数,寻找能够反映储层非均质性特征的变程方向及大小。对于约束性变量,通过层模型的归一化处理,求得各岩相垂向累积比例曲线或通过克里金方法,求取某属性累积条件概率分布函数。

当然,克里金方法也具有局限性。克里金方法为局部估计方法,它保证了数据估计的局部最优,却不能保证数据的总体最优。当井点较少且分布不均,或是在井点之外的无井区域时,误差会非常大。另外,克里金插值法为光滑内插方法,对真实观测数据的离散性进行了平滑处理,可能会将一些有意义的异常带"光滑"掉,这势必会导致结果的不确定性。

## 四、储量不确定性

真实储量的数值是客观存在的,但是人们无法精确获得。将一簇模拟实现用于三维储量计算,则可得出一簇储量结果,它不是一个确定的储量值,而是一个储量分布。由于实际地质体的复杂性和所获取资料的不完备性,一个油(气)藏的真实储量无法精确求得,而概率密度曲线可以反映这个真实储量落入某一区间的可能性。客观存在的真实储量大于某一个数值的概率为90%时,可以把这个数值定义为概率储量P90,真实储量大于P90的概率只有10%,说明P90是相对乐观的估计;而真实储量小于P10的概率只有10%,说明P10是相对悲观的估计;P50表示储量大于和小于真实储量的可能性都是50%,因此是最可能的估计。概率储量P90、P50和P10分别代表"悲观"、"最可能"和"乐观"储量,是油田开发中决策分析、风险分析的重要依据。概率储量方法的优点是能获得关于储量的合理判断,更好地描述储量的不确定性。

每一套随机模拟实现均是一套三维油藏地质模型,包括三维构造模型、沉积微相模型、孔隙度模型、渗透率模型、含油饱和度模型等。三维模型众多网格中的任一网格均有一个有效网格值、有效孔隙度值、含油饱和度值、原油密度值和原油体积系数值等,不同网格的值在空间上是变化的。因此,基于三维模型储量计算的容积法计算公式为

$$N = \sum_{i=1}^{n} A_i \cdot E_i \cdot \phi_i \cdot S_{oi} \cdot \rho_{oi}/B_{oi} \tag{11-2}$$

式中 $N$——原油地质储量,t;

$A_i$——第 $i$ 个含油网格大小,$m^3$;

$E_i$——第 $i$ 个网格的有效性,为1(有效)或0(无效),无因次;

$\phi_i$——第 $i$ 个含油网格的有效孔隙度,小数;

$S_{oi}$——第 $i$ 个含油网格原始含油饱和度,小数;

$\rho_{oi}$——第 $i$ 个含油网格地面脱气原油密度,$g/cm^3$;

$B_{oi}$——第 $i$ 个含油网格的地层原油体积系数,无因次;

$n$——有效网格数。

## 五、开发动态不确定性

虽然随机建模的每个模拟实现都是等可能的,均与条件数据吻合,但模型之间确实存在差别,因此它们的流动响应及导致的油藏开发动态也有差别。

严格来说,可通过对所有的随机模拟实现进行油藏数值模拟,以分析和评价油藏开发动态的不确定性,如图11-8所示。这一工作量巨大,往往通过下述方法进行分析。

首先,通过快速数值模拟,对所有随机模拟实现进行排序(依据动态参数,如连通性),并编制累积概率分布图(图11-9)。在图11-9中,横坐标为随机模拟实现的序号,从左到右按

连通性增强排列,纵坐标为概率。

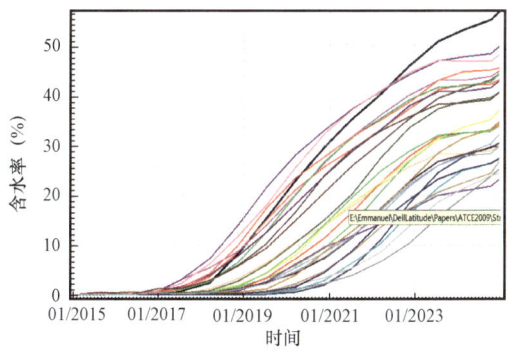

图11-8 对所有的随机模拟实现进行模拟

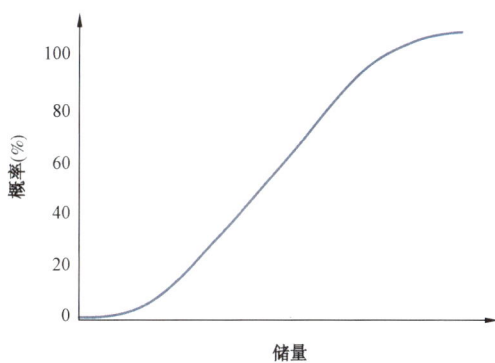

图11-9 随机模拟实现排序的累积概率分布

然后,在累积概率分布图上分别选取概率为10%、50%和90%,代表连通程度为弱、中、强的随机模拟实现;将这些模拟实现粗化之后进入模拟器进行油藏数值模拟,得到三种分别代表悲观、中观和乐观的开发动态预测结果。这样便可了解或预测不同风险条件下的开发状况。

近年来,不确定性在油藏开发工作中受到越来越多的重视,油藏建模过程中的不确定性成为研究的核心问题。不确定性问题解决得好,那么油藏建模的结果就会显得合理,符合油藏的地质特点,就能更进一步地指导油藏开发工作。因此,研究和降低油藏建模中的不确定性,是油藏建模技术发展的必然趋势。

# 第三节 不确定性评价方法及流程

定量评价静态模型不确定性的研究思路是在精细模拟基础上,结合数理统计学的方法,定量分析不确定性因素(即随机变量)给最终模拟结果带来的影响,掌握主要不确定性因素的整体统计特征,从而实现对地质储量预测风险的科学评价。本节以文献中的油藏实例阐述静态地质模型不确定性定量评价的流程和研究方法。

## 一、模型不确定性评价流程

不确定性评价流程如图11-10所示,通常分成五个步骤(霍春亮等,2007)。

(1)关键不确定性变量分析。首先通过分析变量的独立性及变量类型(静态参数还是动态参数)进行初步筛选,然后通过确定每个变量的变化范围计算单个变量对模型储量的影响程度,最后绘制风暴图检验所有不确定性变量对模型储量影响的显著程度。根据国内外文献,显著程度大于5%的变量即认为属于关键变量。

(2)实验设计。对筛选出来的关键不确定性变量进行实验设计,以便从大量的可能模型中抽取出少量模型来描述所有可能的结果。

(3)三维定量地质模型的建立。以典型模型为基础采用相控随机建模方法建立三维定量地质模型(即已实现模型)。

(4)储量风险评价。利用蒙特卡洛方法描述所有关键不确定性变量建立的静态模型的储量整体统计特征,通过绘制地质模型概率密度图和累积概率曲线确定出 P10 储量、P50 储量和 P90 储量。

(5)随机模型优选。通过绘制实验设计的所有模型储量值与储量风险评价得到的 P10 储量值、P50 储量值和 P90 储量值的交汇图优选出最可能的地质模型,即与 P50 储量值接近的那个模型代表 P50 模型。

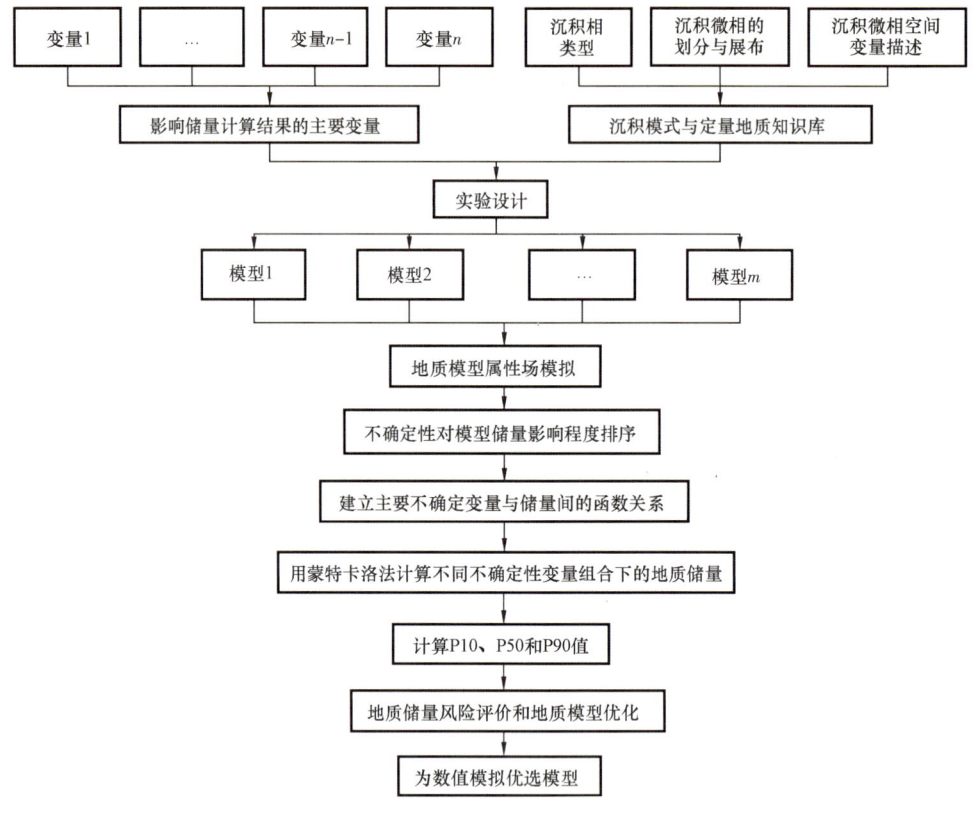

图 11-10　模型不确定性评价流程(据霍春亮等,2007,有修改)

## 二、关键参数不确定性分析

影响静态模型储量的不确定性参数有很多,因此筛选出主要不确定性变量是描述静态模型储量不确定性的关键(马美媛等,2014)。根据储量计算公式,影响储量结果的参数有五个,分别为岩石总体积、净毛比、孔隙度、含水饱和度和体积系数,其中净毛比根据孔隙度和含水饱和度等确定的下限计算得到,不是一个独立变量,这里不作考虑;而体积系数是油藏动态参数,也不是静态模型里能够考虑的,因此影响静态模型储量的不确定性参数有三个,即岩石总体积、孔隙度和含水饱和度。在静态模型的建立过程中,这三个参数又分别受两个方面因素的影响:岩石总体积受储层构造顶面和油水界面的影响,而孔隙度和含水饱和度均受储层空间分布和参数本身分布这两个因素影响。下面详细阐述各个变量的取值原则和取值范围。

## (一)储层顶面构造不确定性分析

储层顶面构造通常是用少量井分层数据校正地震资料上拾取的层面得到的,因此,存在因速度变化和拾取误差造成的不确定性。建模软件对构造不确定性的分析是以设定不同层位的偏差进行的,即选取目的层位构造解释的变化范围,以其偏差作为变化幅度,随机取值建立构造模型,所以偏差往往设置成误差范围的一半。对储层顶面构造的不确定性评价是通过以下公式来实现的:

$$S_{unc} = S_{bc} + S_{error} \tag{11-3}$$

式中　$S_{unc}$——考虑误差进行井点校正后的构造面;
　　　$S_{bc}$——不考虑误差进行井点校正后的构造面;
　　　$S_{error}$——误差面,该面在已知井点处为0。

误差面采用序贯高斯模拟算法生成,误差变化范围则根据井点实际钻遇数据与地震解释层面的误差统计得到。误差面因随机种子数的不同而面貌不同。

## (二)油水界面

根据钻井揭示结果,A油藏只揭示了最低油底(ODT)和最高水顶(WUT),实际油水界面在这两个数据之间,因此将这两个数据的中间值作为油水界面最可能值。

## (三)储层空间分布参数

影响储层空间分布的参数主要有两类,即变程及两个属性间的相关系数,这两类参数控制了储层物性的宏观分布,因此在研究中给定了一个最可能的变化范围(-25% ~25%)。

## (四)岩石物理分布函数

在岩石物理属性模拟过程中,均采用了序贯高斯模拟算法,根据算法特点均值是影响属性分布的最重要参数,孔隙度的最大值和含水饱和度的最小值也是影响岩石物理分布函数的重要参数,而A油藏只有两口井的测井解释数据和少量的岩心数据,因此这些参数均存在一定的不确定性。经统计,-10% ~10%的变化范围能够涵盖这些参数的不确定性。

## (五)定量不确定性评价结果

给定了每个变量的基础值和变化范围后,依次改变一个变量进行地质建模,每个变量生成三个不同的模型储量结果,最后绘制风暴图展示各个变量对模型储量影响的显著程度。如图11-11所示,在A油藏中,油水界面是最主要的不确定性变量,其次是含水饱和度均值,波阻抗与孔隙度相关系数、孔隙度与含水饱和度相关系数、主变程和孔隙度均值的影响也较大,因此,最终筛选出这六个关键变量。

# 三、实验设计

依据统计学的要求,随机模拟需要考虑变量的所有取值结果,但每个变量在其变化范围内可以取无数个值,这些变量的组合更是无限多个,这在实际模拟过程中是不可能实现的。实验设计是从随机样本总体抽取少量样本代表样本总体的一种科学统筹方法,实验设计方法有很

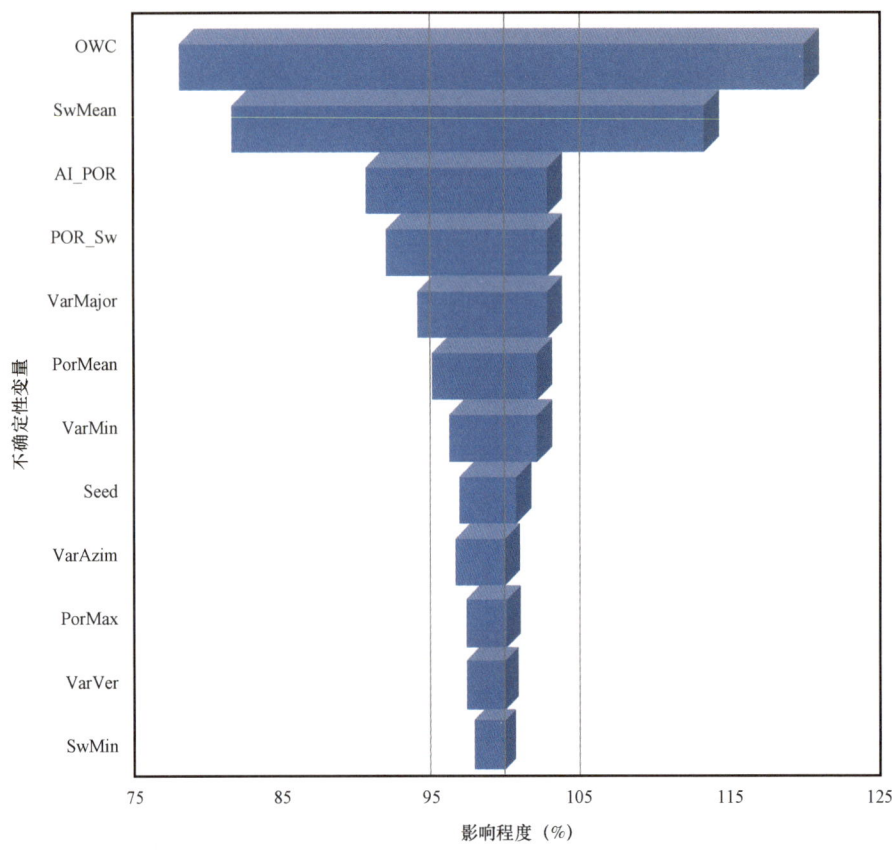

图 11-11 不确定性变量对 A 油藏储量的影响程度（据马美媛等，2014）

OWC：油水界面；SwMean：含水饱和度均值；AI_POR：波阻抗与孔隙度相关系数；POR_Sw：孔隙度与含水饱和度相关系数；VarMajor：主变程；PorMean：孔隙度均值；VarMin：最小变程；Seed：种子数（代表构造不确定性）；VarAzim：主变程方向；PorMax：孔隙度最大值；VarVer：垂向变程；SwMin：含水饱和度最小值。

多，其中常用且经济有效的是 Plackett-Burman 采样法，该方法抽样后用九个模型来代表样本总体，通过实验设计，从 B 油藏筛选出变差函数、阻抗与孔隙度相关系数、孔隙度下限、体积系数、油水界面、含水饱和度这六个不确定性变量，利用实验设计方法建立了九个代表性模型关键变量取值，计算了每个模型所对应的储量（表 11-1），其中 -1 代表悲观值，0 代表期望值，1 代表乐观值。

表 11-1 B 油藏实验设计（据薛艳霞等，2012）

| 模型编号 | 变差函数 | 阻抗与孔隙度相关系数 | 孔隙度下限 | 体积系数 | 油水界面 | 含水饱和度 | 储量（$10^4 m^3$） |
|---|---|---|---|---|---|---|---|
| 1 | -1 | 1 | 1 | -1 | -1 | 1 | 679.234 |
| 2 | -1 | -1 | 1 | 1 | -1 | -1 | 574.376 |
| 3 | 1 | 1 | 1 | 1 | 1 | 1 | 819.209 |
| 4 | 1 | -1 | -1 | -1 | -1 | 1 | 606.754 |

续表

| 模型编号 | 变差函数 | 阻抗与孔隙度相关系数 | 孔隙度下限 | 体积系数 | 油水界面 | 含水饱和度 | 储量($10^4 m^3$) |
|---|---|---|---|---|---|---|---|
| 5 | −1 | −1 | −1 | 1 | 1 | 1 | 708.047 |
| 6 | 1 | 1 | −1 | 1 | −1 | −1 | 618.730 |
| 7 | −1 | 1 | −1 | −1 | 1 | −1 | 707.073 |
| 8 | 1 | −1 | 1 | −1 | 1 | −1 | 667.523 |
| 9 | 0 | 0 | 0 | 0 | 0 | 0 | 688.552 |

## 四、储量风险评价

在储量风险评价中采用了概率储量的概念。概率储量不仅能提供更准确的储量计算结果，还能更好地描述储量的不确定性，因此可以获得关于储量的准确判断，从而更合理地评价储量风险和潜力，给开发决策者提供有用的信息。一般来说，要得到合理的概率储量，需要大量的模型计算，占用大量的时间和资源。

为了节约时间和资源，霍春亮等（2007）提出了一种简化的概率储量的获取方法。按照实验设计采用随机建模方法得到九个模型及其地质储量。应用数理统计学的方法对具有五个实验因素（不确定性变量）三个水平的实验结果（储量）进行显著性分析，分别计算得到有关地质储量的显著性检验下限值，根据显著性检验结果优选对地质储量有显著影响的变量进行组合，拟合这些变量与地质储量的多项式方程。用方程代替地质建模过程，用蒙特卡罗法计算不确定性变量所有取值组合的地质储量并绘制储量累积概率分布图，由图可以求出三个概率储量P10、P50和P90，图11-12展示了B油藏概率储量累积分布曲线。

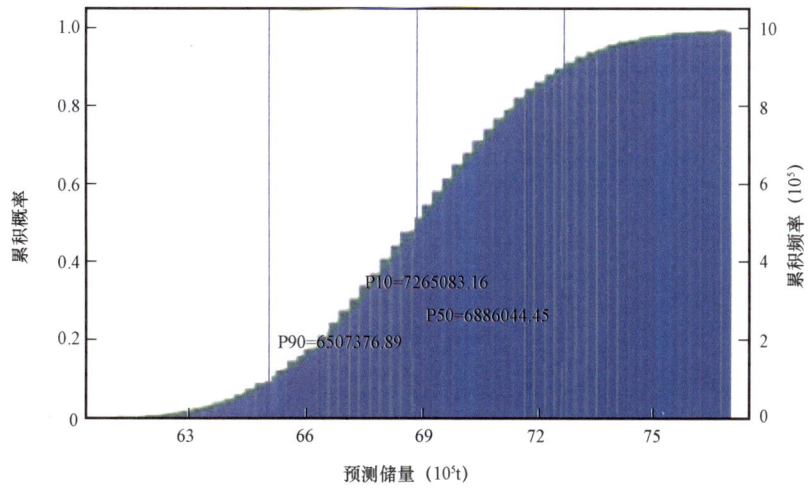

图11-12  B油藏概率储量累积分布曲线（据薛艳霞等，2012）

## 五、模型优选

对储层参数进行敏感性分析的目的是为了进行储量计算,确定储量的风险和潜力,并挑选合适的模型提供给下一步的数值模拟。由于实验设计的九个模型已经涵盖了六个不确定性变量的三种取值(悲观值、期望值和乐观值)的所有可能的概率分布,所以在进行地质模型选择时,可以根据蒙特卡洛计算方法计算得到悲观的、期望的和乐观的概率储量值与实验设计的九个模型的储量值进行比较,选取储量值相近的模型进行数值模拟。

图 11-13 为 B 油田九个模型的计算结果,通过比较,选择模型 4 或者模型 8 为悲观模型,模型 9 为期望模型,模型 3 或者模型 7 为乐观模型。因此,提供给油藏数值模拟的模型有两种组合方式:第一种为模型 4、8、9、3 和 7;第二种为模型 4、9 和 3。第一种方式能够完全反映地质模型的风险变化范围,而第二种方式用较少的模型就可提供一套具有一定风险范围而又具有较大可信度的地质模型。

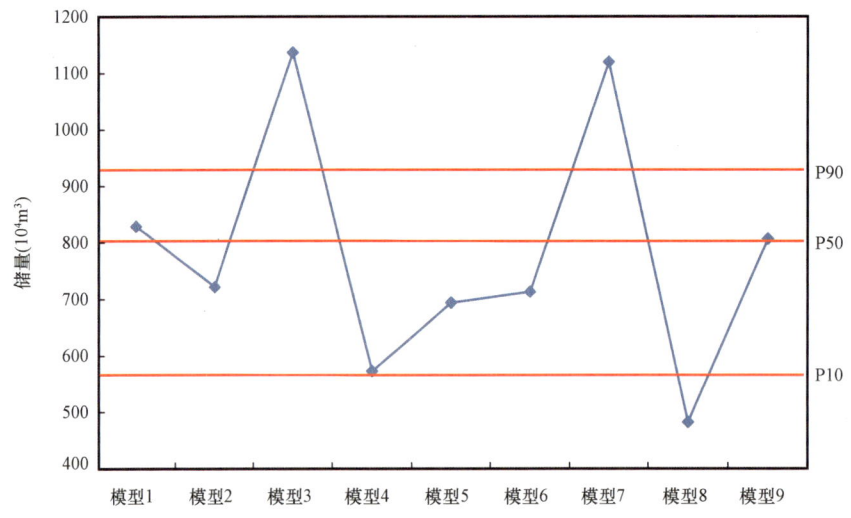

图 11-13 概率储量与实验设计模型储量交会图(据马美媛等,2014)

以地质储量作为评价静态模型不确定性的定量指标,结合实验设计、蒙特卡洛法等统计学方法,既能筛选出影响静态模型结果的关键地质参数,又能为油藏数值模拟提供概率更高的 P50 模型,从而为科学风险决策奠定了基础。

### 参 考 文 献

吴胜和. 2010. 储层表征与建模. 北京:石油工业出版社.
贾爱林. 2010. 精细油藏描述与地质建模技术. 北京:石油工业出版社.
戴危艳,李少华,谯嘉翼,等. 2015. 储层不确定性建模研究进展. 岩性油气藏,27(4):127-133.
杰夫·卡尔斯著. 陈军斌,程建国,双立娜译. 2014. 石油地质统计学. 北京:石油工业出版社.
王家华,卢涛,陈凤喜,等. 2011. 利用地质约束降低天然气概率储量的不确定性,石油勘探与开发,38(6):764-768.

霍春亮,刘松,古莉,等.2007.一种定量评价储集层地质模型不确定性的方法.石油勘探与开发,34(5):574-579.

马美媛,刘舒,王建伟,等.2014.静态地质模型不确定性定量评价技术应用.海洋石油,34(2):42-45.

高玉飞,胡光义,王晖,等.2016.P气田基于地质模型的储量不确定性分析、山东国土资源,32(10):16-20.

李少华,张昌民,彭裕林,等.2004.储层不确定性评价.西安石油大学学报(自然科学版),19(5):16-20.

王亚青,高博禹,孙立春.2011.提高地质储量计算精度需注意的几个问题.西南石油大学学报(自然科学版),33(5):63-67.

孙立春,高博禹,李敬功.2009.储层地质建模参数不确定性研究方法探讨.中国海上油气,21(1):35-38.

傅志明.2009.随机建模的不确定性评价.中国石油学会第六届青年学术年会.

计秉玉,赵国忠,王曙光,等.沉积相控油藏地质建模技术.石油学报,2006,27(S1):111-114.

于金彪.2017.油藏地质建模技巧及质量控制方法.新疆石油地质,38(2):188-192.

刘卫丽.2012.油藏建模中的不确定性研究.西安石油大学.

李菊红.2017.高精度复杂构造和地质建模,帕拉代姆(中国).

薛艳霞,廖新武,赵春明,等.2012.基于随机建模技术的油田开发初期河流相储层不确定性分析方法.岩性油气藏,24(1):80-83.

Bratvold R B,Begg S H. 2010. Making good decisions. Richardson,TX:Society of Petroleum Engineers.

Damsleth E.,Tjolsen C B.,More H,et al. 1992. A two-stage stochastic model applied to a north sea reservoir,Journal of Petroleum Technology,4:404-408.

Ettehad A,Jablonowski C J,Lake L W. 2011. Stochastic Optimization and Uncertainty Analysis for E&P Projects:A Case in Offshore Gas Field Development. OTC 21452,Offshore Technology Conference.

Ma Y Z,Pointe P R L. 2011. Uncertainty Analysis and Reservoir Modeling:Developing and Managing Assets in an Uncertain World. American Association of Petroleum Geologists.

Gorbovskaia O A. Belozerov B V. 2016. Geological Uncertainties Influence on Investment Decision Making,SPE Russian Petroleum Technology Conference and Exhibition,24-26.

Manceau E,Zabalza-Mezghani I,Roggero F. 2001. Use of experimental design to make decisions in an uncertain reservoir environment—from reservoir uncertainties to economic risk analysis. In:OAPEC conference,Rueil,France.

Mezghani I Z,Maneeau E,Feraille M. 2004. Uncertainty management:From geological scenarios to production scheme optimization. Journal of Petroleum Science and Engineering,44(1):11-25.

Singh V,Hegazy M,Fontanelli L. 2009. Assessment of reservoir uncertainties for development evaluation and risk analysis. The Leading Edge,28(3):272-282.

# 第十二章 油气藏地质建模实例

针对不同类型油气藏,最佳建模方法和流程各有不同。根据前面介绍的方法,本章重点选择介绍六个实际油藏的建模实例,全部来自我们的工作实践。根据油气藏储层特点、资料特征及地质建模的主要目标,分别采用针对性的建模方法建立了相应地质模型,并分享了建模过程、经验及可能存在的问题,以期对读者有所启示。

## 第一节 辫状河三角洲油藏地质建模

辫状河三角洲储层是中国陆相油田较为重要的一类储层,三角洲内部微相及各种隔夹层成为影响油水分布的重要因素。随着油田开发的深入,亟需对辫状河三角洲内部各微相及隔夹层进行研究,建立储层三维精细地质模型,从而指导油田生产,高效且经济地提高采收率。本节以 TH 油田 9 区为研究对象(图 12-1),根据辫状河三角州油藏层序地层结构的层次性,利用层次建模方法建立工区模型。即以层次约束为指导,在高精度层序地层格架下,建立河口坝、水下分流河道、水上分流河道、天然堤、钙质夹层、泥质夹层的空间分布,形成高精度辫状河三角洲油藏构造—地层—相—属性模型。以此为基础,进行了油藏数模与剩余油分布研究,最终建议的五口加密井均获得预期或超过预期的高产油流,服务了油田生产。

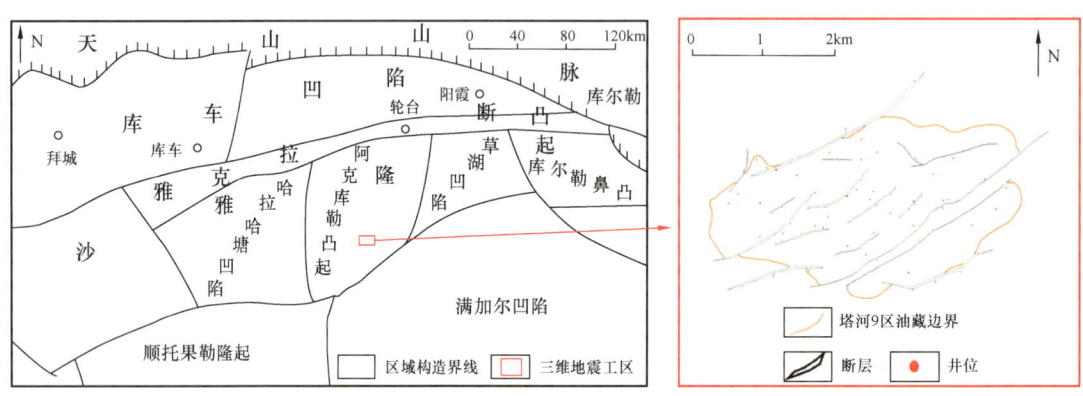

图 12-1 研究区地质简图

### 一、研究区地质概况

本次研究的目的层是阿克库勒组的下油组,地层厚度较厚,在 150m 左右,下油组上段厚度 80m 左右、下段厚度 75m 左右。重点对下油组上段划分为四个砂层组,每个砂层组之间存在隔夹层(多为泥岩)或岩性变化层段为较为稳定的控制层;从地层对比剖面上可以看出,每个砂层组为多个正韵律砂体的组合;油层多位于顶部第 1 砂层组,高部位第 2 砂层组存在油层。

## 二、研究区沉积特征研究

### (一)沉积相研究

沉积相研究是储层地质模型建立的重要基础,能够有效地提高储层建模精度(牛博等,2014),辫状河三角洲是由单条或多条辫状河入湖形成的沉积体系,一般在斜坡带发育,其沉积地形和坡度较扇三角洲缓,比正常三角洲更陡。与扇三角洲和正常三角洲相似,具有辫状河三角洲平原、辫状河三角洲前缘和前三角洲三个亚相,总体而言,辫状河三角洲具有相变快、非均质性强的特点,但由于工区地震数据无法很好地预测辫状河三角洲中河道或其他微相的分布,故主要依靠测井曲线对沉积相开展研究(张水昌等,2004;杨楚鹏和耿安松,2009;苏爱国等,2000;Kissin,1987)。

1. 前三角洲泥

前三角州泥属于一种相对细粒的湖相沉积,岩性为粉砂质泥岩或泥岩为主,构造可以见到水平层理、波状层理、变形层理,GR 曲线近基线,基本无幅度差,SP:69~71;GR:45~73,此类沉积的井壁易破坏,可导致各种测井曲线出现异常(图 12-2)。

2. 重力滑塌

岩性主要为泥质粉砂岩,粒度较细,为较快速沉积产物,在岩心上可见到强烈塑性变形沉积构造,应为重力滑塌作用导致,SP 曲线近基线,基本无幅度差,与前三角洲泥相似,SP:69~71;GR:45~73(图 12-2)。

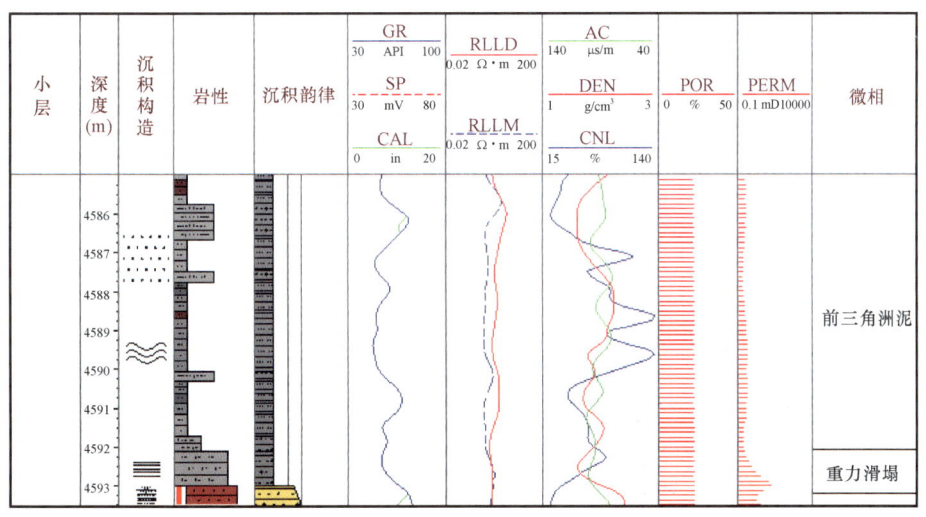

图 12-2 TK9-J1 井辫状河三角洲泥和重力垮塌测井曲线特征

3. 辫状河三角洲前缘水下分流河道

水下分流河道微相是水上分流河道向水下的延伸部分,其发育程度与河流作用强度有关,河流作用越强,水下分流河道越发育。岩性主要由细砂岩组成,砂体一般呈灰或褐灰的还原色,亦有棕褐色;多块状层理、递变层理或平行层理,发育正韵律和复合韵律;沉积过程中多期河道沉积叠置,河道沉积间可发育泥质夹层。其自然伽马和自然电位曲线上表现为钟形或箱形,但声波时差出现异常低值(图 12-3)。

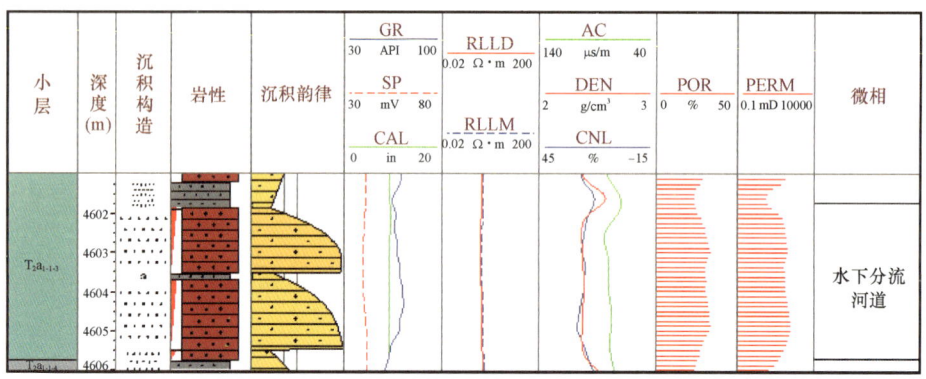

图 12-3 辫状河三角洲前缘水下分流河道测井曲线特征

**4. 辫状河三角洲前缘河口坝**

河口坝不仅是最重要的前缘砂体,也是研究区较好的储层。河口坝位于水下分支河道的河口处,沉积速率较高,是分流河道携带碎屑物质入湖而在河口处卸载形成的沉积体,分布于三角洲内前缘。在湖水的冲刷和簸选作用下,泥质被带走,砂质沉积物得以保存,故河口坝沉积物主要由分选好的细砂和粉砂组成。河口坝砂层较厚,分选较好,具有向上变粗变厚的序列特征,指示沙坝的前积作用。岩性主要由中、细砂岩为主,砂体多呈灰色或黑灰色,发育块状、槽状和平行层理,在测井曲线上的特征为:自然电位曲线较光滑,形态主要以漏斗形为主,箱形次之,负异常幅度在所有微相中最大。研究区河口坝岩性变化不明显,但从粒度曲线中可以清晰地识别出河口坝反韵律的特征(图 12-4)。

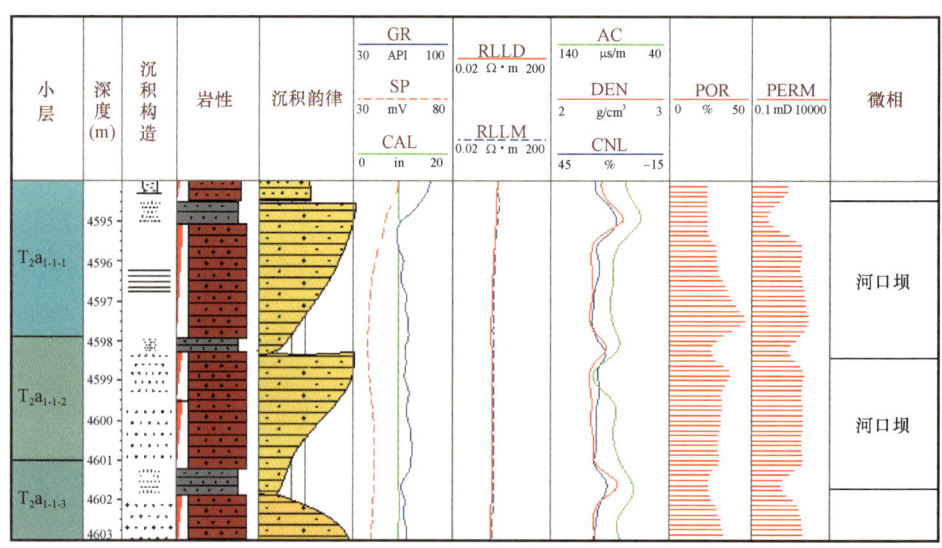

图 12-4 辫状河三角洲前缘河口坝测井曲线特征

## 5. 辫状河三角洲平原溢岸(天然堤)

在辫状河三角洲沉积体系中,由于辫状河迁移迅速,稳定性差,溢岸砂体分布较分散,岩性较细,常呈砂泥岩薄互层分布,在电测曲线上表现为齿化的低幅钟形(图12-5),岩性以粉砂岩、泥质粉砂岩与粉砂质泥岩互层沉积,岩心可见波纹层理,测井曲线多为指状。

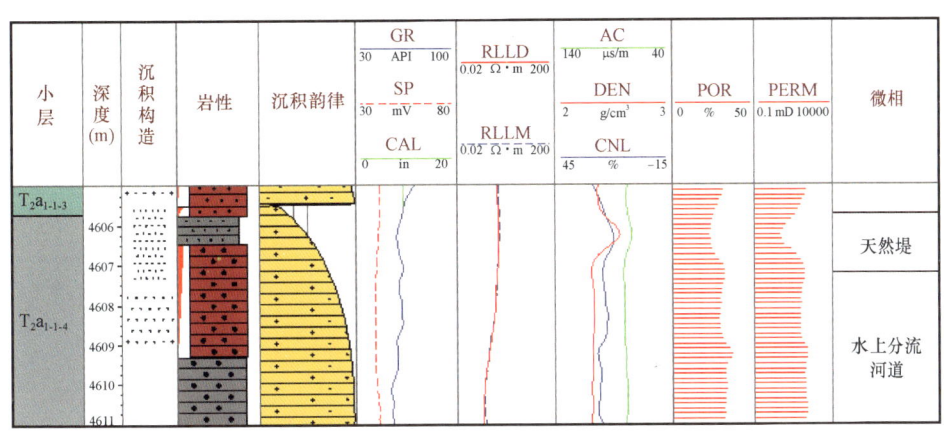

图12-5 辫状河三角洲平原溢岸测井曲线特征

## 6. 辫状河三角洲平原水上分流河道

水上分流河道垂向上显正韵律,以中砂岩为主,沉积构造以块状层理及槽状交错层理为主。它主要为较粗的垂向加积砂体,在河道底部,往往发育冲刷面和滞留层。河道微相主要由河道砂体组成,砂岩厚度一般在3~5m,下部岩性一般以细砂岩为主,物性好,孔隙度、渗透率高。电测曲线以钟形和箱形为主(图12-6),平面上呈条带状或片状分布,横剖面上呈透镜状。

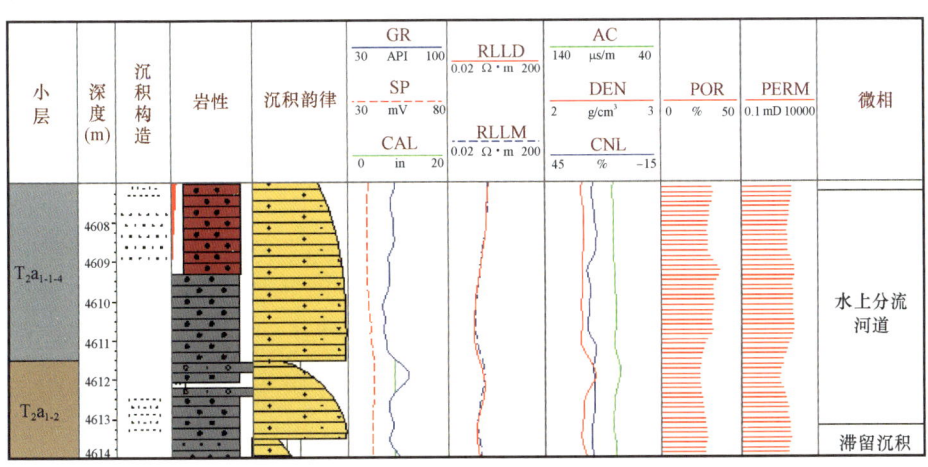

图12-6 辫状河三角洲平原分流河道测井曲线特征

### 7. 辫状河三角洲平原河道底部滞留沉积

滞留沉积主要为三角洲平原河道底部粗粒沉积,主要为含砾砂岩,砾径较大,大约在0.2~3m左右,分选中等。由于底部含砾段较短,测井曲线不明显,表现的测井特征多与河道一致(图12-7)。

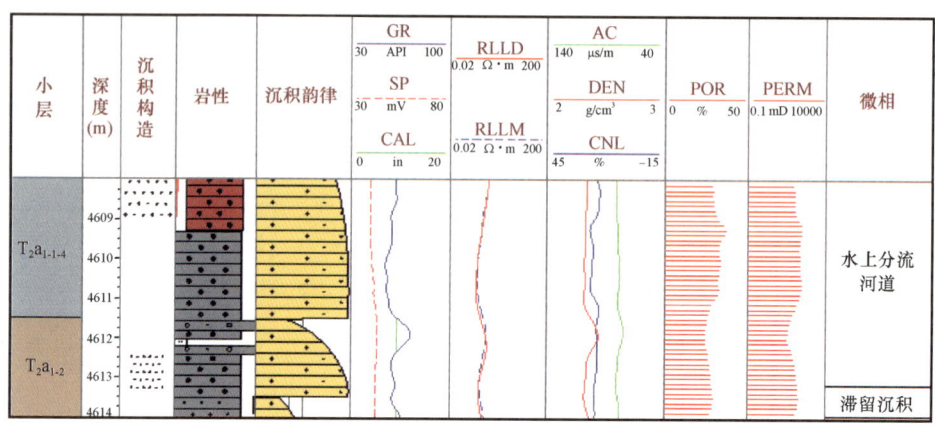

图12-7 辫状河三角洲平原河道底部滞留沉积测井曲线特征

从$T_2a_{1-1-4}$到$T_2a_{1-1-1}$沉积时期,研究区整体上是基准面上升、湖泊水体加深的退积式沉积过程。

$T_2a_{1-1-4}$沉积时期,湖盆水体相对较浅,研究区辫状河三角洲平原水上分流河道广泛发育,辫状河三角洲前缘水下分流河道只在研究区的西南局部地区发育,河口坝此时还不发育,天然堤在辫状河三角洲平原较少发育。

$T_2a_{1-1-3}$沉积时期,随着基准面的上升,湖泊水体加深,辫状河三角洲平原水上分流河道只在研究区的北东部和东南部发育,而辫状河三角洲前缘水下分流河道大片发育,并且在研究区西南部出现河口坝沉积,天然堤沉积在水下分流河道两侧。

$T_2a_{1-1-2}$沉积时期,继承了$T_2a_{1-1-3}$沉积时期基准面上升、湖泊水体加深的退积式沉积特征,导致辫状河三角洲平原水上分流河道沉积只在靠近物源区的北东部局部地区发育,而辫状河三角洲前缘水下分流河道广泛发育,同时河口坝沉积也逐渐增多。

$T_2a_{1-1-1}$沉积时期,随着基准面不断上升,湖泊水体进一步加深,辫状河三角洲平原沉积退出研究区,广泛发育辫状河三角洲前缘水下分流河道沉积和河口坝沉积。天然堤在不同时期都有发育,但发育较少,主要是由于研究区属于辫状河三角洲沉积,水体比较动荡,天然堤不易保存。

### (二)隔夹层类型划分及定量统计分析

本次研究通过结合岩心和测井资料,对隔夹层进行分类和成因分析,并总结不同类型隔夹层测井响应特征。采用层位近似水平、邻井岩性相似的对比原则,确定隔夹层的平面展布范围,分析隔夹层平面展布特征。对隔夹层的厚度、个数等参数进行统计,总结特征规律,进行隔夹层定量分析。

1. 隔夹层类型

根据岩心观察可知,研究区目的层辫状河三角洲相沉积储层中主要存在两种类型的夹层,即泥质夹层和钙质夹层(图12-8)。目的层泥质夹层主要的岩石类型为泥岩、粉砂质泥岩、泥质粉砂岩及含砂砾泥岩等,钙质夹层主要的岩石类型为细砂岩,填隙物中黏土杂基含量极少,钙质胶结物质量分数超过10%,胶结方式以孔隙式或孔隙—接触式胶结为主。

(a) 泥质夹层 (TK9-J1, 4612.1~4612.4m)

(b) 钙质夹层 (S95, 4589.13~4589.33m)

图12-8 隔夹层岩心照片

研究区辫状河三角洲相储层中泥质夹层成因主要是河道边部溢岸沉积,河道边部溢岸沉积为洪水期,在三角洲分流河道边部逐渐沉降的相对细粒沉积物。钙质夹层有无机成因和有机成因两大类,无机成因钙质夹层的形成主要与成岩作用中的溶解作用、交代作用及胶结作用相关,有机成因主要与介壳的溶解、沉淀和胶结有关。镜下观察到研究区钙质夹层长石粒内"梳状"溶解孔,为方解石胶结。

2. 单井夹层识别

岩心观察是隔夹层识别最直观且准确的方法,根据岩心观察,结合测井曲线特征进行单井夹层定性识别。

1) 泥质夹层

岩心观察上泥质夹层岩性表现为泥岩、粉砂质泥岩、泥质粉砂岩及含砾砂质泥岩等,测井曲线表现为自然伽马曲线升高,自然电位曲线负异常减弱靠近泥岩基线,声波时差曲线减小,密度增大,中子增大,孔隙度和渗透率曲线均减小(图12-9)。

2) 钙质夹层

岩心观察上钙质夹层由钙质或含钙的中砂岩、细砂岩、粉砂岩组成,测井曲线表现为自然伽马曲线减小,自然电位曲线无明显变化,声波曲线减小,密度增大,中子减小,孔隙度和渗透率曲线均减小(图12-8)。

水平井测井资料包含丰富的地质信息,能够为储层地质研究提供大量的基础数据。研究区共有32口水平井,可利用丰富的水平井测井资料,根据电阻率曲线反演识别水平井夹层空间分布。由于水平井中夹层并无有效岩心样品标定,结合理论测井响应,主要以直井测井响应

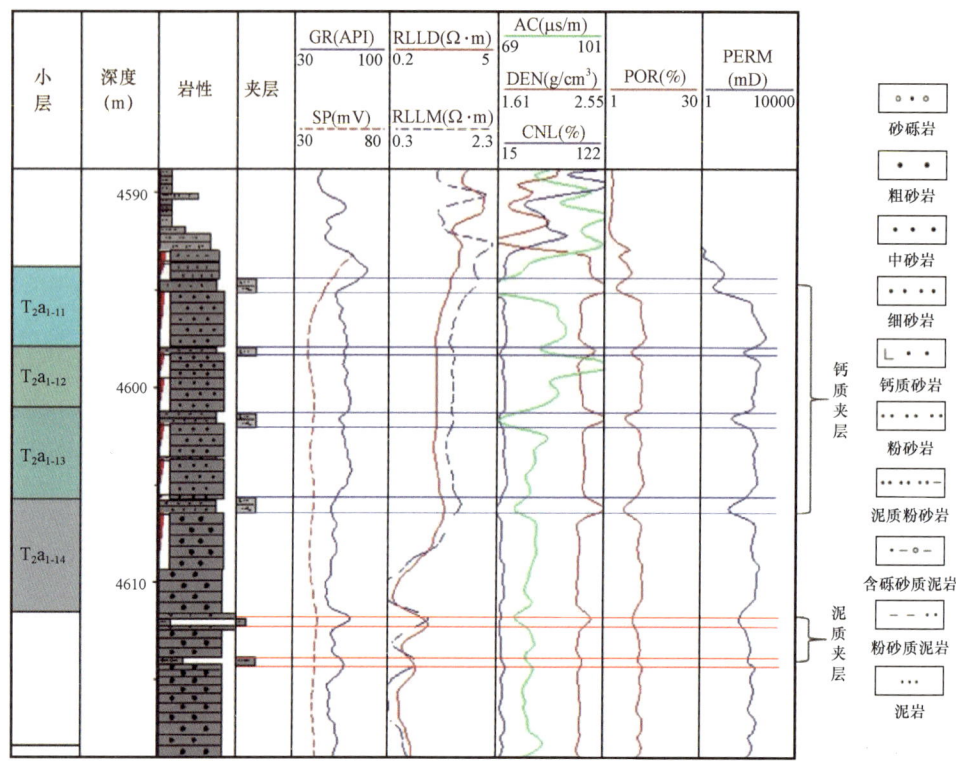

图 12-9 研究区各类型夹层岩电特征

为依据,通过对比发现,研究区水平井中夹层的测井响应特征基本与直井类似。为此,在水平井中首先根据夹层测井曲线特征识别过井眼的夹层,然后采用电阻率曲线反演识别夹层井眼轨迹外空间分布。因此对于研究区水平井单井夹层识别,根据曲线特征,首先在井轨迹上识别过井轴的夹层(图 12-10a),然后根据井轨迹与夹层的空间分布特征向井眼夹层的两侧探测其上下 4 m 左右的地层,如在空间反演识别具有相同特征的电阻率规律,则认为是同一套夹层(图 12-10b)。

3. 井间夹层对比

采用层位近似水平、邻井岩性相似的对比原则,如为同一套夹层,则在厚度、深度、测井曲线形态等方面有一定的相似性,结合水平井反演夹层的识别结果,利用直井、水平井联合控制进行夹层井间预测,提高夹层井间预测的精度,有效地确定研究区夹层平面分布。

以取心井 TK9-J1 井为例,根据水平井夹层识别结果综合圈定研究区夹层平面展布范围。单井岩心观察及测井曲线解释认为 TK9-J1 井在目的层段发育六套夹层,其中上部发育四套钙质夹层,下部发育两套泥质夹层。以第二套钙质夹层为例,在单井夹层识别的基础上,首先围绕其周围的邻井建立对比剖面,从剖面上分析该套钙质夹层与周围直井、导眼井中夹层的对比情况,然后结合周围水平井反演预测夹层的结果,分析该套钙质夹层与周围水平井中夹层的对比情况(图 12-11)。

由图 12-2 可知,TK9-J1 井在 $T_2a_{1-12}$ 韵律段顶部发育一套钙质夹层,TK924Hd 井在该

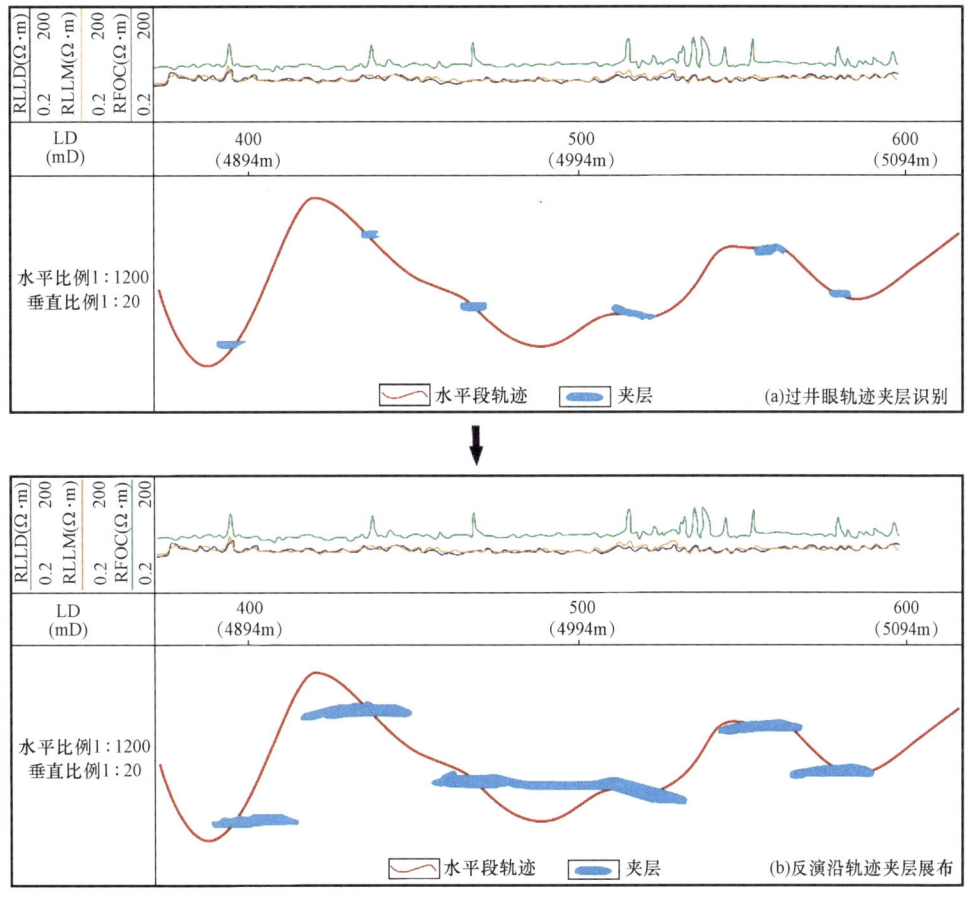

图 12-10 水平井夹层空间识别技术流程

韵律段顶部也发育一套钙质夹层,两口井中钙质夹层测井曲线均显示 GR 和 AC 减小,DEN 增大,且在厚度上也比较相似,因此可判定这两口井在该韵律段发育同一套钙质夹层,而与其他直井、导眼井中发育的夹层均不属于同一套夹层。在此基础上,结合 TK9-J1 井周围的水平井电阻率反演识别夹层的结果,进一步确定该套钙质夹层的平面展布范围。以水平井 TK947H 井为例,TK947H 井水平段反演预测的钙质夹层位于该韵律段的顶部(图 12-12),由图 12-12a 可知,它与该韵律段 TK9-J1 井的钙质夹层为同一套夹层,同样的方法可得出,该韵律段水平井 TK924H、TK925H 和 TK938H 预测的钙质夹层与 TK9-J1 井的钙质夹层为同一套夹层,因此利用直井、水平井联合控制的方法,通过对比发现,TK9-J1 井与 TK924Hd、TK947H、TK924H、TK925H 和 TK938H 井在该韵律段发育同一套钙质夹层(图 12-12b),与未用水平井电阻率曲线反演识别夹层前相比,该套钙质夹层平面分布范围有一定的扩大,从而有效地确定该套钙质夹层的平面展布范围。

由夹层平面分布图(图 12-13)上看出,整体上夹层大小不一,分布零散,连续性差,呈薄厚不等的不规则椭球状、长条状。泥质夹层分布密度较低,数量较少,顺物源北东方向分布为主,而钙质夹层发育较多,厚度变化大,分布密度较大。

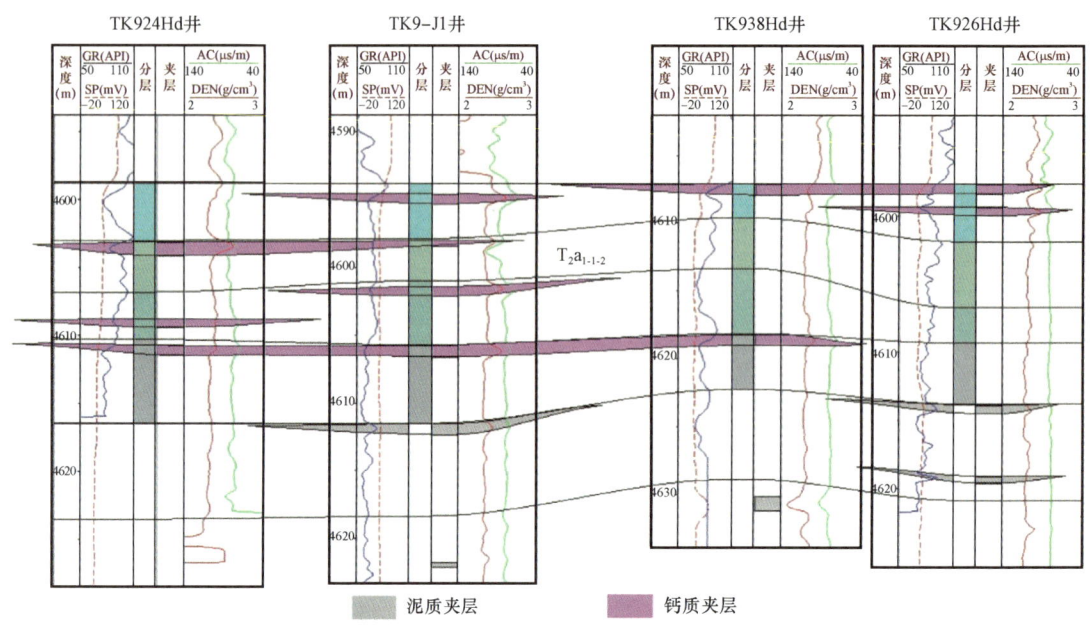

图 12-11 直井和导眼井夹层对比剖面

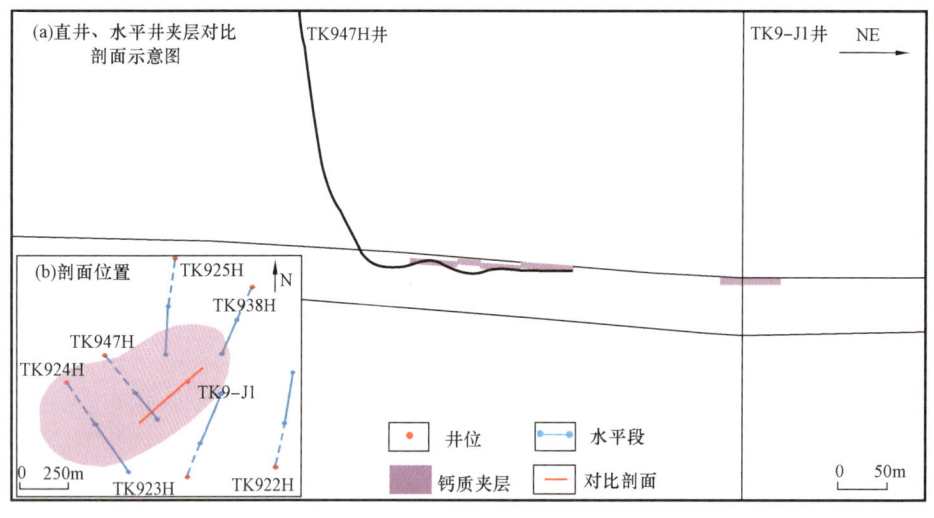

图 12-12 直井和水平井联合控制识别夹层示意图

**4. 研究区夹层纵向分布特征**

研究区目的层划分为四个小层,按夹层类型分小层对夹层的分布频率和分布密度进行统计,分析夹层在纵向上的演化特征。

$T_2a_{1-11}$ 小层泥质隔夹层分布频率为 $0\sim0.38$ 个/m,泥质隔夹层分布密度为 $0\sim0.34$,主要分布在中部及西南部地区;$T_2a_{1-11}$ 小层钙质隔夹层分布频率为 $0\sim0.47$ 个/m,钙质隔夹层分布密度为 $0\sim0.41$,主要分布在中部、南部及西部地区。

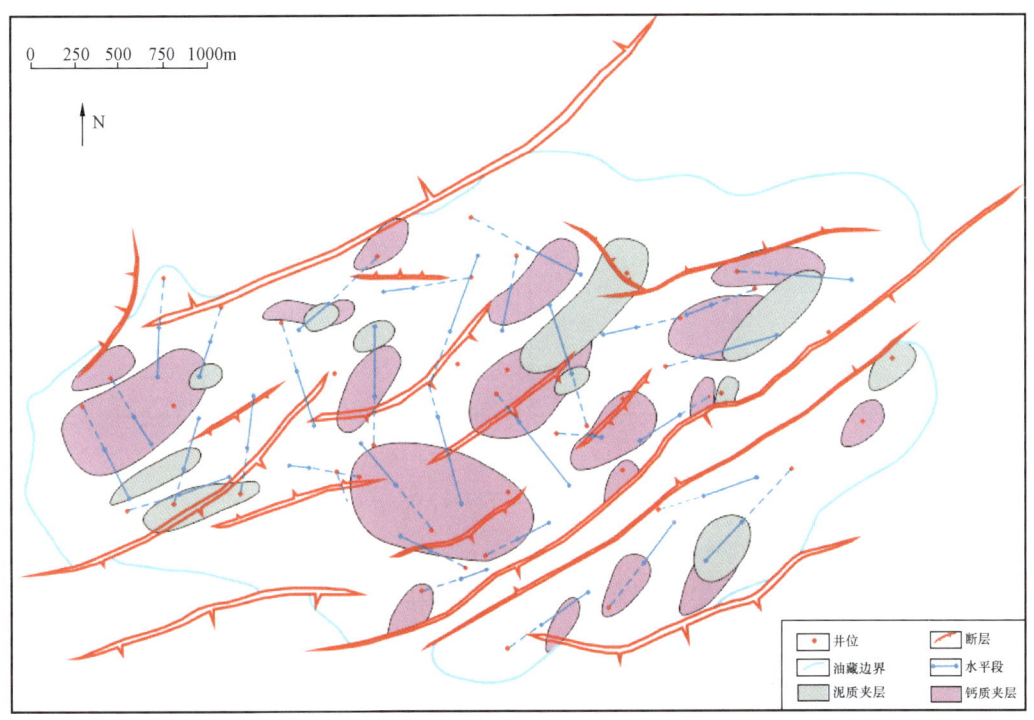

图 12-13 T$_2$a$_{1-12}$ 韵律段夹层平面分布

T$_2$a$_{1-12}$小层泥质隔夹层分布频率为 0~0.34 个/m,泥质隔夹层分布密度为 0~0.23,主要分布在北东部和西部地区;T$_2$a$_{1-12}$小层钙质隔夹层分布频率为 0~0.45 个/m,钙质隔夹层分布密度为 0~0.3,主要分布在中部、南部地区和北东部局部地区。

T$_2$a$_{1-13}$小层泥质隔夹层分布频率为 0~0.34 个/m,泥质隔夹层分布密度为 0~0.3,主要分布在中部和西部局部地区;T$_2$a$_{1-13}$小层钙质隔夹层分布频率为 0~0.38 个/m,钙质隔夹层分布密度为 0~0.31,主要分布在中部、西南部地区和北东部局部地区。

T$_2$a$_{1-14}$小层泥质隔夹层分布频率为 0~0.38 个/m,泥质隔夹层分布密度为 0~0.26,主要分布在中部地区;T$_2$a$_{1-14}$小层钙质隔夹层分布频率为 0~0.32 个/m,钙质隔夹层分布密度为 0~0.25,主要分布在中部、西部和北东部地区。

根据各小层泥质夹层和钙质夹层分布密度、分布频率的参数对比可知,从 T$_2$a$_{1-14}$ 到 T$_2$a$_{1-11}$,从辫状河三角洲平原到辫状河三角洲前缘,研究区钙质夹层的分布频率和分布密度呈上升的趋势,因此钙质夹层主要发育于辫状河三角洲前缘沉积区,而泥质夹层在三角洲平原和三角洲前缘分布的比较均匀。

## 三、三维地质建模

### (一)隔夹层模型

本次采用基于目标的方法和序贯指示的方法分别进行模拟,将两种方法模拟的结果对比,优选实现效果好的夹层模型。首先对测井解释的隔夹层数据进行分类离散(图 12 – 14),直井和导眼井采用 Neighbor 方法离散,水平井采用 Simple 方法离散。

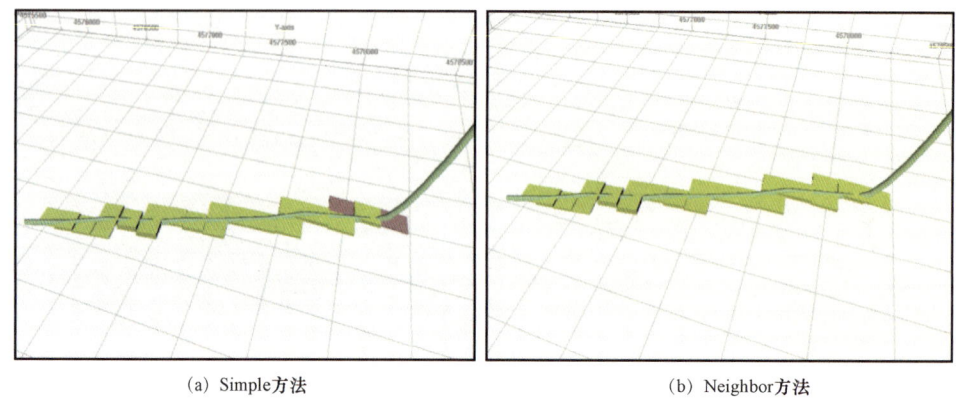

(a) Simple方法　　　　　　　　　(b) Neighbor方法

图 12 – 14　水平井夹层解释数据离散

用基于目标、序贯指示两种方法建立隔夹层展布模型,并根据 9 区的沉积环境和已经统计的隔夹层数据,确定模拟参数,且在建立的过程中,采用前期隔夹层平面展布研究成果进行平面约束;利用水平井约束隔夹层模型(图 12 – 15),对隔夹层进行空间组合,使模拟的隔夹层更符合地下隔夹层分布的真实形态。

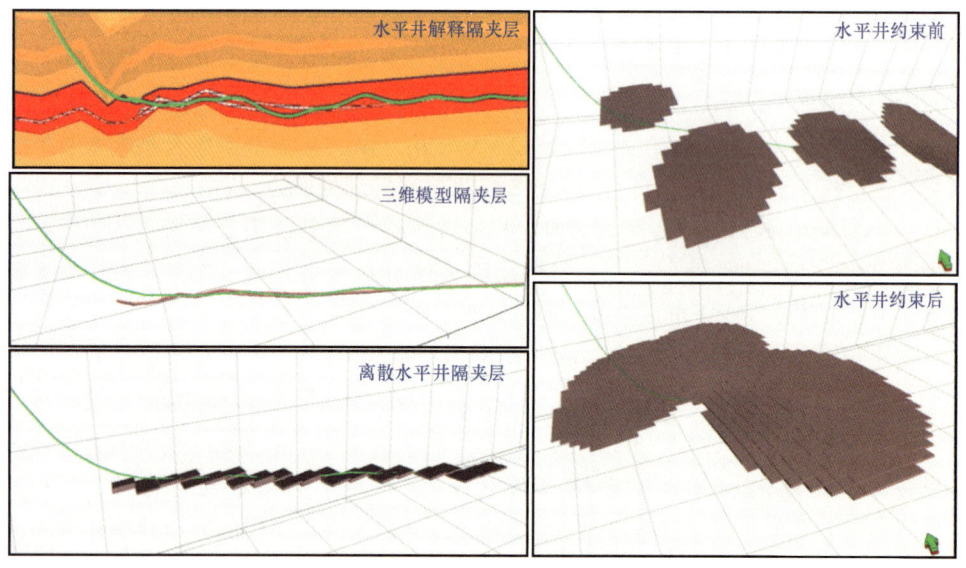

图 12 – 15　水平井约束隔夹层建模

将基于目标和序贯指示方法模拟的隔夹层模型进行对比分析(图 12 – 16),基于目标方法模拟的隔夹层空间连续性较好,而序贯指示方法模拟的隔夹层分布比较零散,因此优选利用基于目标的方法进行隔夹层建模(图 12 – 17)。

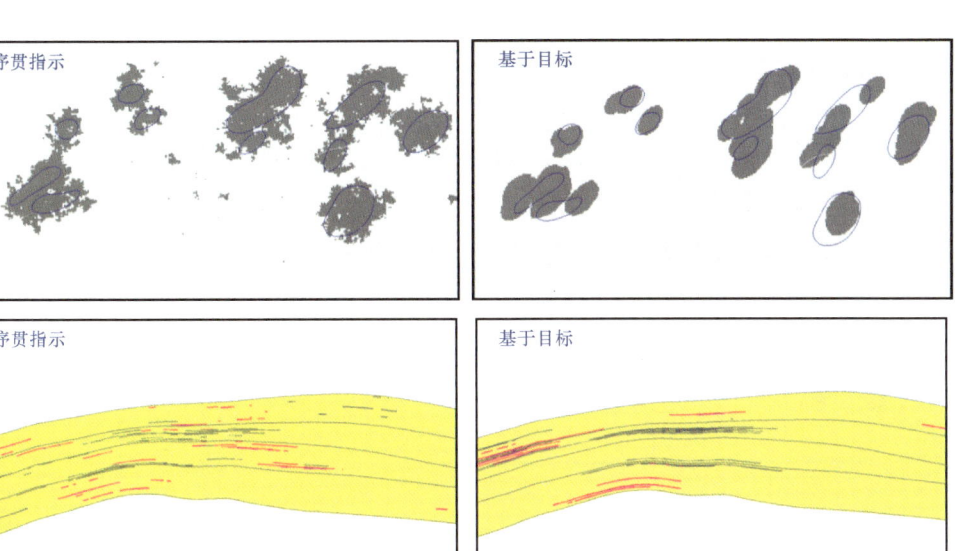

图 12-16 序贯指示和基于目标方法隔夹层建模效果对比

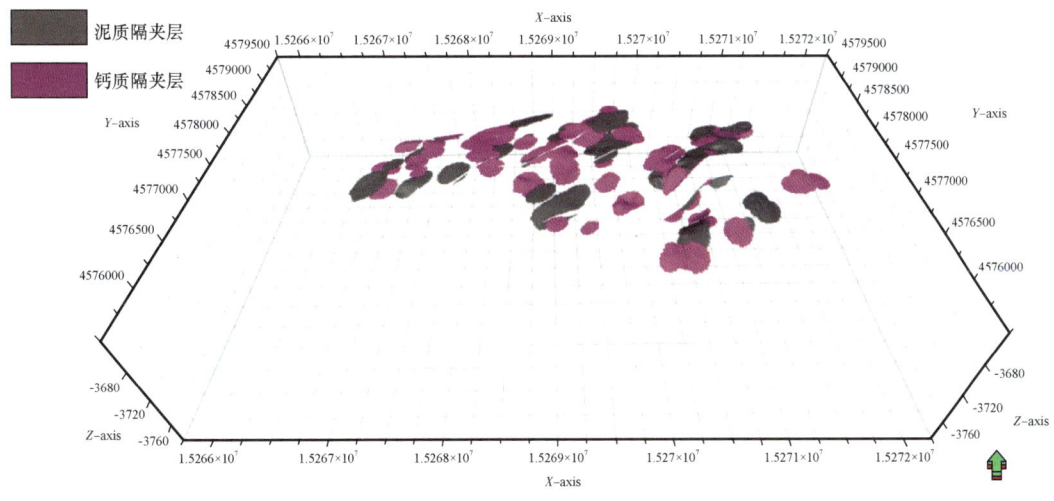

图 12-17 研究区隔夹层模型

## (二)沉积相模型

研究区属辫状河三角洲相沉积,由于各沉积微相存在良好的分带性,因此提出采用多级建模思路进行沉积相模拟。首先采用截断高斯方法建立包括水上分流河道、水下分流河道、河口坝的第一层次模型;其次采用序贯指示方法建立天然堤等溢岸沉积的第二层次模型,并利用水上分流河道限定水上天然堤,水下分流河道限定水下天然堤。从沉积相模型图可观察到,从 $T_2a_{1-1-4}$ 到 $T_2a_{1-1-1}$ 沉积时期,研究区整体上显示辫状河三角洲退积的沉积过程。沉积微相栅状图如图 12-18 所示。

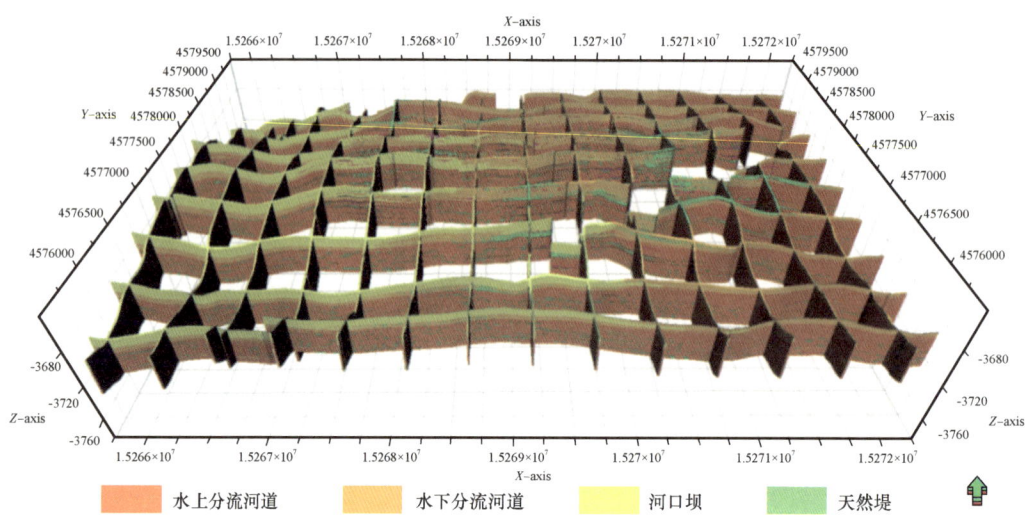

图 12-18　沉积相三维模型栅状图

### (三) 属性模型

本次属性建模,将隔夹层嵌入到沉积微相模型中,合为属性约束相模型(图 12-19)进行相控属性模型的构建。

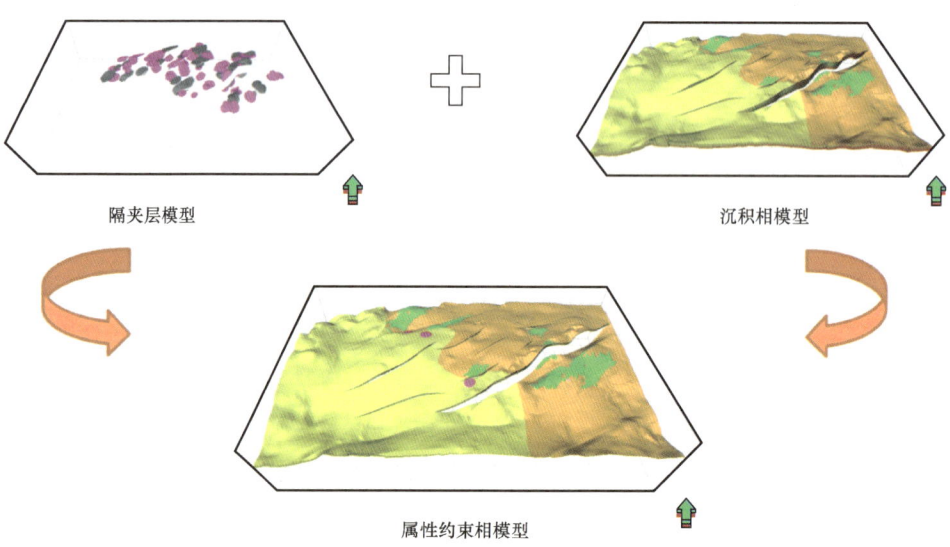

图 12-19　属性约束相模型

基于属性约束相模型,根据前期基础地质研究和变差函数数据分析结果,采用高斯随机函数的模拟方法,分层分相进行孔隙度模型模拟(图 12-20)。

由于孔隙度模型是在属性约束相的基础上进行模拟的,因而孔隙度的分布受沉积微相模型的控制。

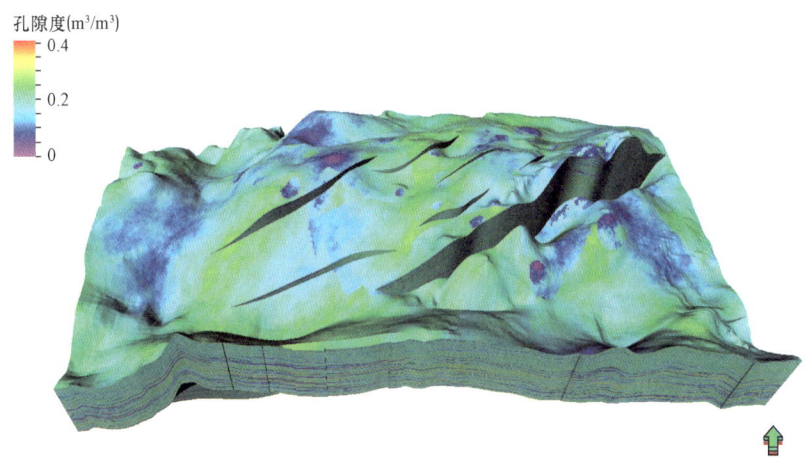

图 12-20　研究区孔隙度模型

渗透率模型有两种方法可以得到,一种为直接通过高斯随机函数模拟的方法进行模拟,另一种为通过测井曲线解释模型计算得到,利用孔隙度模型进行协同约束,保证孔隙度和渗透率的一致性(图 12-21)。

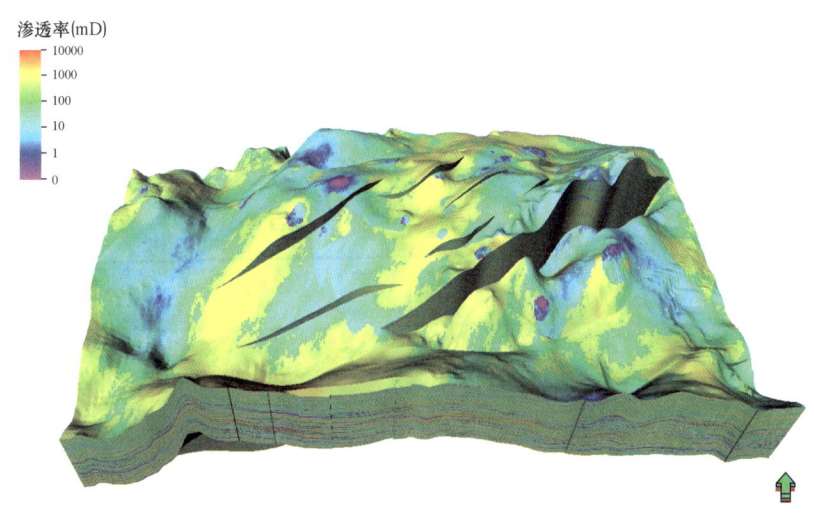

图 12-21　研究区渗透率模型

含水饱和度模型采用实验室毛细管压力资料进行计算,根据相渗资料统计,束缚水饱和度为 0.294,J 函数求取平均毛细管压力曲线,推导出原始含水饱和度为公式(12-1),利用公式进行计算,得到原始含水饱和度模型(图 12-22)。

$$S_\mathrm{w} = \left( \frac{0.013}{H} \sqrt{\frac{K}{\phi}} \right)^{0.4946} + 0.294 \qquad (12-1)$$

三维地质模型最大的作用是为油藏数值模拟提供模型,同时为后期进行开发方案调整提供基础,而历史拟合则为检验三维地质模型的一个重要途径。三维地质模型未经过调整粗化

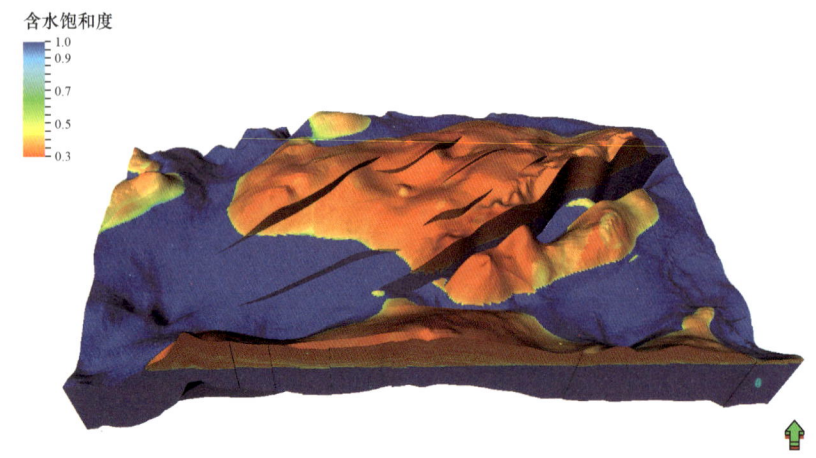

图 12-22 含水饱和度模型

输入给数模模型,从第一次数值模拟计算结果和生产动态资料进行对比,由于开发初期井数较少,含水率在初期有一定误差,但整体动态含水上升规律符合度高,产油产液误差小,说明地质模型较为可靠(图 12-23)。

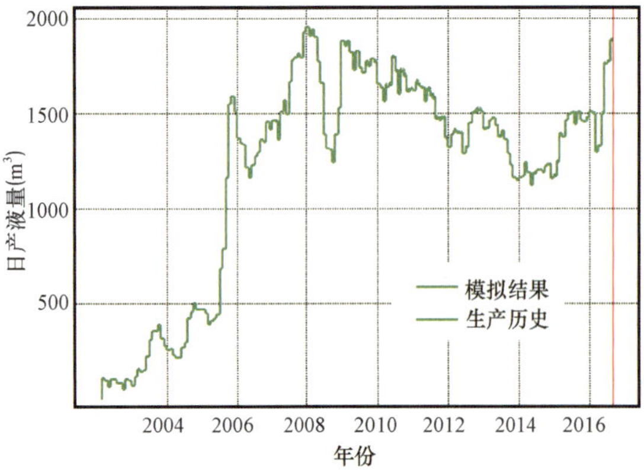

(a)日产液量

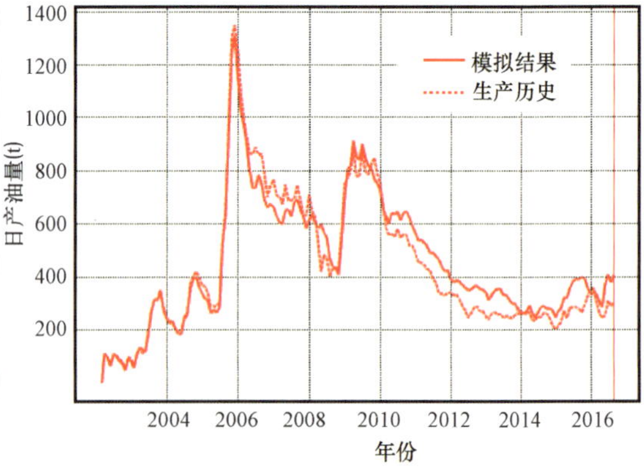

(b)日产油量

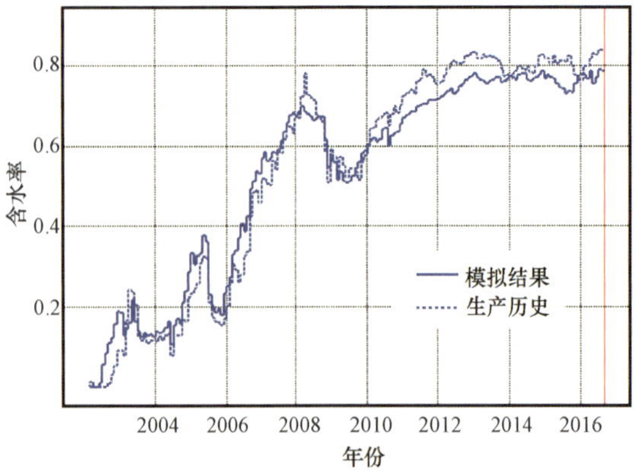

(c)含水率

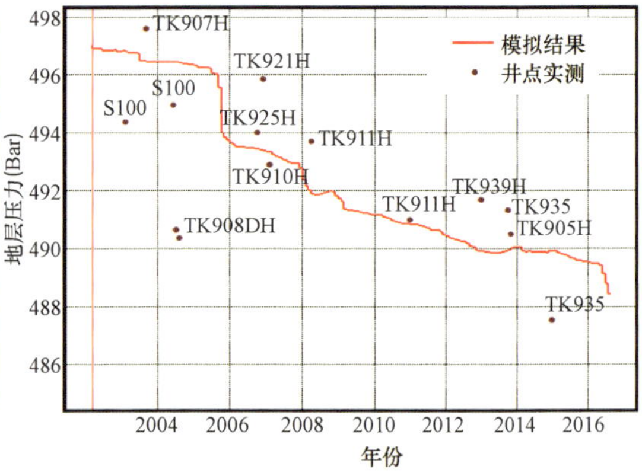

(d)地层压力

图 12-23 模型验证

## 第二节 浊积岩油藏地质建模

浊积岩油气藏在世界范围内占有很重要的比例,且主要在深水环境下发育。国外主要分布在英国北海、美国的墨西哥湾及西非尼日尔和安哥拉等地区,国内在南海的珠江口盆地发育有大规模的浊积砂体。大型浊积砂体的发育受地形坡度、物源供应、构造沉降及海平面变化等诸多因素影响,发育的主要沉积微相类型包括浊积水道、天然堤以及水道末端的朵叶体,其中浊积水道是最主要的储层类型。本次地质建模实例主要以西非安哥拉浊积水道地质建模实践为基础,针对不同阶段的油藏,分别采用不同的建模方法进行实例研究。

### 一、基于目标的浊积水道储层建模

储层随机建模是基于地质统计学的基本原理,再现地下储层分布的一项技术。根据模拟对象的不同,随机模拟方法分为基于像元和基于目标的模拟方法(王家华等,2012;吴胜和等,2007;尹艳树等,2006)。基于目标的方法通过目标整体生成的形式能够较好地反映储层形态,优点是在研究区井少的情况下较容易再现目标体几何形态,缺点是在实际应用中参数准确求取比较困难(于兴河等,2008;陈玉琨等,2011)。因此,如何获取定量化的地质信息来约束模拟结果,尽可能提高相模拟的合理性是利用该方法进行模拟的关键所在。本次实验以西非 Gengibre 油田为例,通过分析研究区浅层沉积(上新统)的高频地震勘探资料获取了浊积水道的迁移模式以及弯曲度、宽、深等规模参数,得到了宽深之间的定量关系公式,采用"浅层类比"的方式,使用基于目标模拟的方法,将这些参数及定量关系应用到研究区目的层的沉积微相模拟中,模拟结果符合地质模式,可为油田开发早期的方案设计提供可靠的地质依据。

(一)研究概况

该油田受深水开发特点的限制,总体井比较少且井距大,仅仅依靠井眼信息来表征储层的规模和特征难以实现。但该区积累了丰富的地震勘探资料,如分辨率较高的有高密度(HD)面元(6.25m×6.25m)的叠后深度偏移(PSDM)地震勘探资料,目的层由于受白垩系盐岩活动及断层的影响,地震分辨率尤其是地震成像受到一定影响,信噪比不高,主频近30Hz,难以达到精细预测储层分布的要求;而研究区浅层(上新统)地震勘探资料品质较好,信噪比高,优势频宽6~95Hz,主频近60Hz,纵向可以分辨6m左右的砂体厚度,尽管缺乏井资料标定,但由于其较高的分辨率,可以有效弥补深层地震信息分辨率低的缺陷。而且在浅层同样发育丰富的浊积水道沉积,与深层浊积水道具有相似的沉积背景,且受后期构造破坏影响小,非常适合作为原型模型进行类比来研究深水水道的几何形态、叠置样式和定量规模等参数。

(二)水道定量特征分析

对于深水水道的研究,始于20世纪40年代,最初主要借助于沉积露头,近20年来随着深海钻探及地震勘探技术的大幅进步,井震联合信息尤其是浅层高频地震信息被广泛应用到深水水道研究中(Walker,1978;Mutti、Normark,1987;赵晓明等,2012)。常用的地震属性有相干体、均方根振幅(RMS)(图12-24)以及分频属性等,对于刻画水道外部形态结构和内部迁移特征具有很好的指示作用。关于深水水道的定量参数主要包括宽度、深度、弯曲度、幅高和波长等,而这些参数分布受沉积和构造综合影响。由于单一水道的摆动特征决定了复合水道乃至整个水道体系的分布特征,也是开发地质研究及后续三维地质建模过程中最基本的模拟单元,故重点讨论单一水道的活动特征和定量关系。

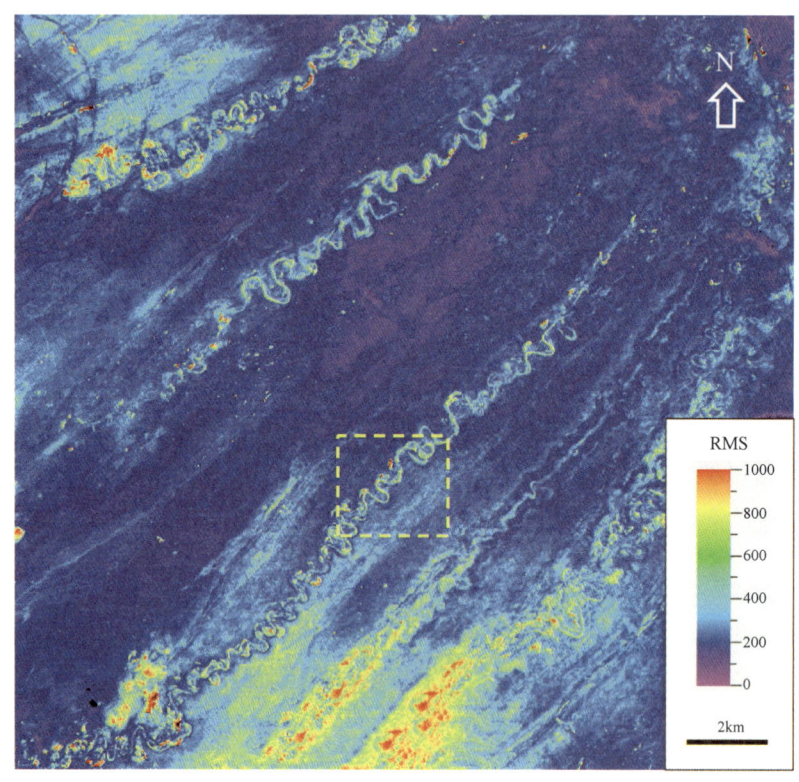

图12-24 研究区深水水道分布(浅层地震信息,沿层RMS切片)

1. 深水水道迁移特征

单一水道是指具有伸长的负向地貌特征,由单一期次的重力流沉积物充填而成的成因单元(林煜等,2013)。单一水道是水道体系中最基本的沉积单元,规模较小,宽度多为数百米,厚度一般介于几米到几十米之间,属小尺度单元,对单一水道开展研究有助于更加深入了解复合水道砂的形成过程,可大大降低开发风险。国内外学者通过对多个现代海底扇的研究发现深水水道形态存在差异,这种差异主要体现在弯曲程度上。根据弯曲度大小可将其分为顺直型和弯曲型,顺直型水道平均弯曲度为1.2,弯曲型水道平均弯曲度为1.8,这种弯曲度的差异受多种因素影响,主要包括沉积地形和坡度、距物源远近、沉积物粒度及海平面升降等。

对同一期复合水道中,单一水道主要存在侧向和沿古流向两种类型的迁移特征,即同时具有"侧向迁移"和"下游(古流向)扫动"两种迁移分量。利用研究区浅层地震勘探资料提取RMS沿层切片,如图12-25所示,红—黄色振幅属性高值区代表水道砂体分布,水道平面迁移特征明显,存在侧向和沿古流向两种类型的迁移,地震剖面上呈叠瓦状构造。依据该地震响应特征建立了如图 12-26 所示的同期复合水道迁移模式;侧向迁移造成水道间侧向上相互拼接,砂体平面上连片分布,不同水道间高程差不明显;沿古流向迁移由于其水道垂向上相互叠置,造成其砂体垂向上非均质性强,平面上水道间顺物源方向迁移,造成砂体呈宽条带状分布。

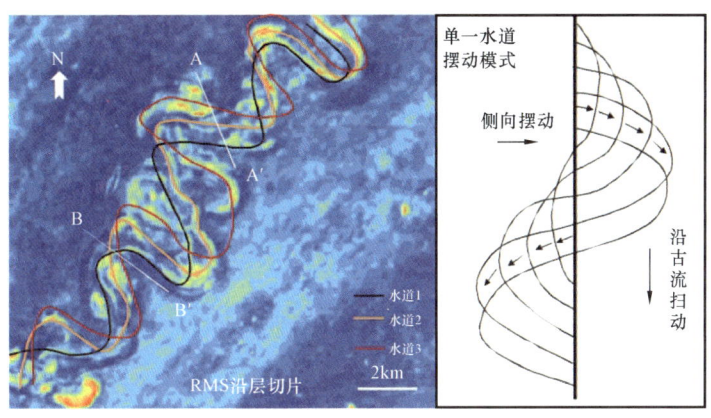

图 12-25　复合水道内部单一水道摆动特征(研究区浅层地震勘探资料,RMS 沿层切片)

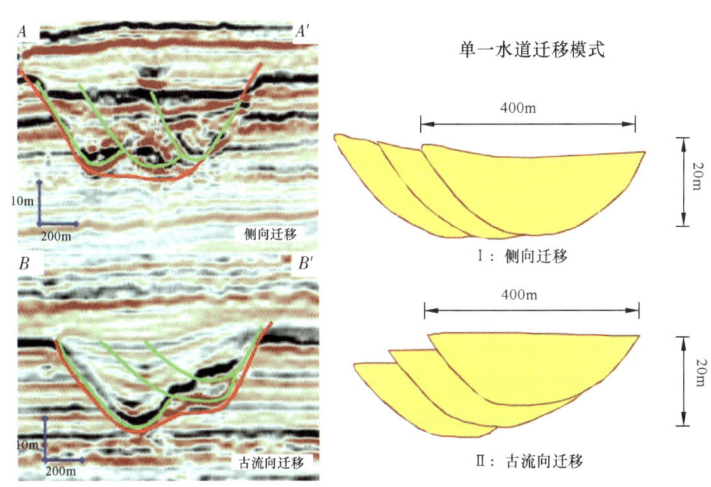

图 12-26　研究区浅层单一水道摆动迁移模式图

2. 定量关系研究

单一水道的规模研究基于浅层高频地震的单一水道识别结果。笔者依托研究区浅层高频地震勘探资料,通过 RMS 属性地层切片综合分析,选取了研究区五条单一水道作为样本,平面和剖面相结合,从地震剖面和 RMS 属性地层切片上(图 12-27)选取了 54 个样品点对其宽、深进行直接测量并统计分析,建立了相关数据表(表 12-1)。相应结果可以指导该区深层同类油气田水道沉积的定量认识。

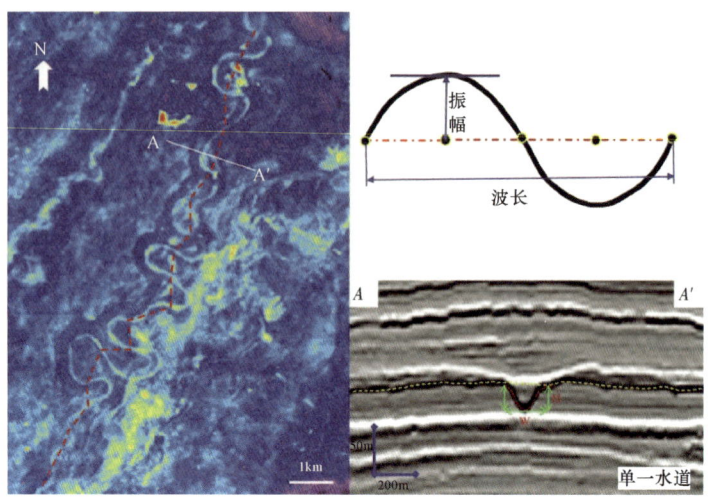

图 12-27 单一水道平面剖面反射特征(浅层地震信息,振幅)

表 12-1 单一水道宽、深统计数据表

| 样本编号 | 宽度(m) | 深度(m) | 宽深比 | 样本编号 | 宽度(m) | 深度(m) | 宽深比 |
|---|---|---|---|---|---|---|---|
| 1 | 396.3 | 29.4 | 13.5 | 23 | 278.6 | 20.2 | 13.8 |
| 2 | 374.5 | 25.8 | 14.5 | 24 | 287.5 | 22.9 | 12.6 |
| 3 | 371.1 | 27.4 | 13.5 | 25 | 292.7 | 21.7 | 13.5 |
| 4 | 412.8 | 32.6 | 14.9 | 26 | 281.5 | 21.2 | 13.3 |
| 5 | 362.8 | 24.2 | 15.0 | 27 | 248.5 | 20.4 | 10.6 |
| 6 | 364.4 | 26.2 | 13.9 | 28 | 303.8 | 21.8 | 13.9 |
| 7 | 375.5 | 28.7 | 13.1 | 29 | 315.8 | 24.8 | 12.7 |
| 8 | 240.5 | 17.6 | 13.7 | 30 | 216.4 | 17.8 | 10.9 |
| 9 | 300.2 | 20.6 | 18.1 | 31 | 307.3 | 18.8 | 16.3 |
| 10 | 253.8 | 17.9 | 14.2 | 32 | 224.0 | 15.6 | 11.4 |
| 11 | 340.1 | 25.4 | 13.4 | 33 | 198.5 | 14.5 | 13.7 |
| 12 | 297.0 | 20.3 | 14.6 | 34 | 191.8 | 14.7 | 13.0 |
| 13 | 288.2 | 17.5 | 16.5 | 35 | 266.9 | 21.5 | 12.4 |
| 14 | 384.8 | 31.4 | 12.0 | 36 | 212.4 | 16.2 | 13.1 |
| 15 | 259.0 | 17.9 | 14.5 | 37 | 285.5 | 25.4 | 11.2 |
| 16 | 362.8 | 24.9 | 14.6 | 38 | 235.7 | 18.6 | 12.7 |
| 17 | 312.8 | 24.2 | 12.9 | 39 | 279.5 | 21.4 | 13.1 |
| 18 | 297.9 | 25.3 | 11.8 | 40 | 194.2 | 14.6 | 13.3 |
| 19 | 295.9 | 24.6 | 12.0 | 41 | 185.6 | 13.9 | 13.4 |
| 20 | 281.3 | 23.2 | 12.1 | 42 | 171.2 | 13.2 | 15.3 |
| 21 | 258.8 | 22.8 | 11.3 | 43 | 230.4 | 18.5 | 12.5 |
| 22 | 263.3 | 23.1 | 11.4 | 44 | 325.8 | 25.7 | 12.7 |

从测量结果的统计(图12-28)分析表明:(1)单一水道深度介于10~35m之间,平均为23m,其中深度为15~30m的水道占全部水道的85%;(2)单一水道宽度一般介于150m~450m之间,平均为300m,其中95%的水道宽度小于400m,宽度为200~400m的占86%,11%的水道宽度小于200m;(3)单一水道的宽深比介于10~18之间,平均为13。

由于单一水道属于单期一次性成因沉积单元,其深、宽之间可能存在一定的关系(李宇鹏等,2012)。对单一水道的宽度、深度数据进行相关性分析,经过交会图分析发现,单一水道的宽度($w$)与深度($h$)之间存在较好的指数正相关关系(图12-28),关系式为:$w = 8.102 e^{0.0033h}$,复相关系数为0.82。在一定范围内,水道的深度随着宽度的增大而加深,且增长速率呈上升趋势。

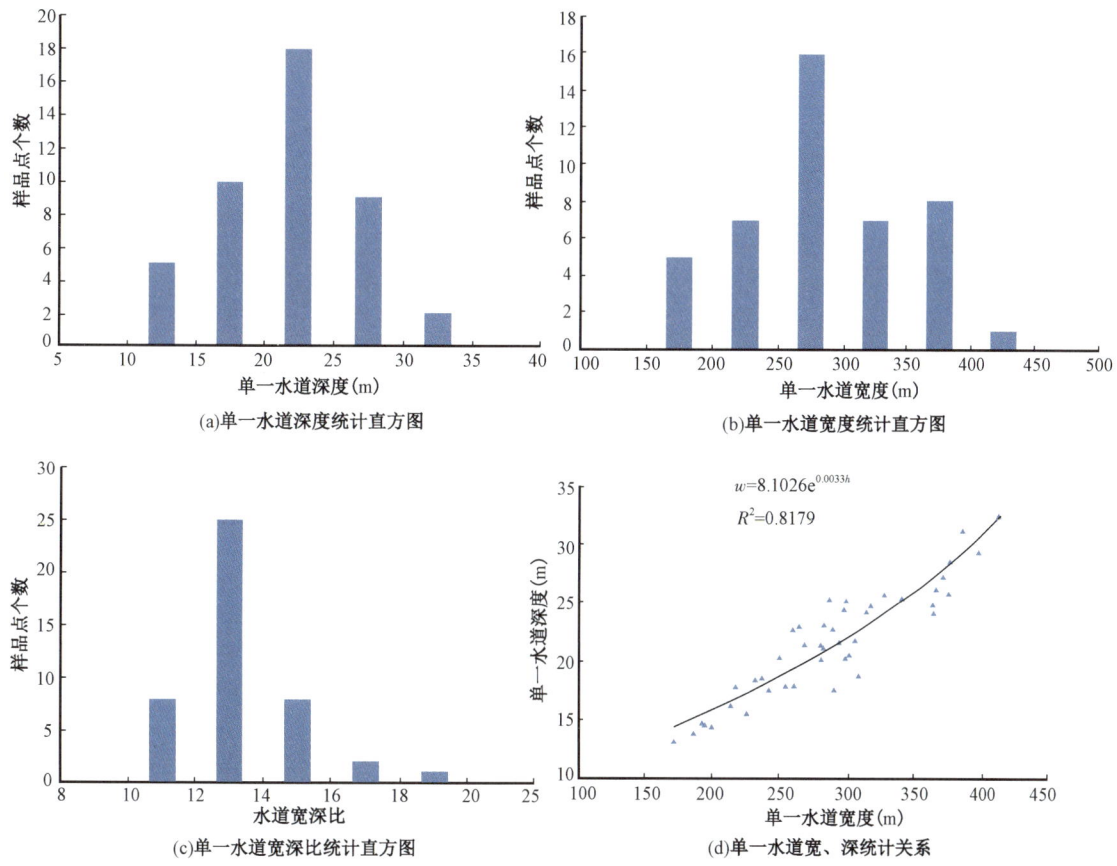

图12-28 单一水道规模参数统计分析结果

波长反映了一个完整蛇曲段内水道前进的距离,可能与底型坡度有较大关系。鉴于样本获取关系本次仅统计了波长分布范围,未对其与底型坡度关系进行深入研究;幅高大小反映了单一水道在平面摆动能力的强弱,关于单一水道幅高与弯曲度关系的研究,相关报道较少,选取了研究区典型单一水道的58个样品点对水道的幅高和相应弯曲度进行了精细测量,针对其分布特征和相关性开展了统计研究工作,建立了相关数据表(表12-2)。

表12-2 单一水道波长、幅高统计数据表

| 样本编号 | 幅高(m) | 波长(m) | 样本编号 | 幅高(m) | 波长(m) |
| --- | --- | --- | --- | --- | --- |
| 1 | 101.5 | 717.5 | 30 | 441.2 | 1011.5 |
| 2 | 152.2 | 752.5 | 31 | 452.8 | 1044.4 |
| 3 | 168.6 | 759.5 | 32 | 595.2 | 1047.2 |
| 4 | 150.3 | 787.5 | 33 | 695.6 | 1147.3 |
| 5 | 122.2 | 790.3 | 34 | 615.4 | 1085.0 |
| 6 | 193.6 | 770.0 | 35 | 386.4 | 1141.0 |
| 7 | 198.4 | 910.0 | 36 | 300.8 | 1123.5 |
| 8 | 221.3 | 789.6 | 37 | 321.5 | 1092.0 |
| 9 | 248.8 | 773.5 | 38 | 341.7 | 1190.0 |
| 10 | 235.5 | 875.0 | 39 | 500.6 | 1199.8 |
| 11 | 246.6 | 875.0 | 40 | 552.5 | 1217.3 |
| 12 | 251.4 | 840.0 | 41 | 549.8 | 1211.7 |
| 13 | 279.3 | 868.0 | 42 | 556.7 | 1138.2 |
| 14 | 291.6 | 833.0 | 43 | 606.6 | 1172.5 |
| 15 | 283.8 | 822.5 | 44 | 333.5 | 1277.5 |
| 16 | 265.4 | 961.8 | 45 | 597.6 | 1365.0 |
| 17 | 285.5 | 959.7 | 46 | 421.6 | 1248.1 |
| 18 | 300.9 | 962.5 | 47 | 491.2 | 1298.5 |
| 19 | 331.4 | 956.9 | 48 | 624.4 | 1295.7 |
| 20 | 351.3 | 896.0 | 49 | 696.2 | 1295.0 |
| 21 | 394.6 | 850.5 | 50 | 784.6 | 1290.1 |
| 22 | 369.2 | 957.6 | 51 | 512.5 | 1477.0 |
| 23 | 220.6 | 966.7 | 52 | 675.3 | 1491.0 |
| 24 | 259.2 | 994.0 | 53 | 742.4 | 1442.0 |
| 25 | 292.6 | 1027.6 | 54 | 832.6 | 1596.0 |
| 26 | 249.3 | 1042.3 | 55 | 900.5 | 1617.0 |
| 27 | 448.8 | 941.2 | 56 | 816.5 | 1792.0 |
| 28 | 421.3 | 997.5 | 57 | 954.4 | 1711.5 |
| 29 | 467.9 | 994.7 | 58 | 952.6 | 1799.0 |

研究结果(图12-29)表明:(1)单一水道幅高介于100~1020m之间,平均为440m,其中小于800m的占86%;(2)单一水道波长统计分布范围为720~1800m,平均为1100m,其中小于1400m的占85%。

(三)浊积水道模拟

基于目标模拟的方法更强调目标体的一次性成因特点,而浊积水道在沉积过程中以重力

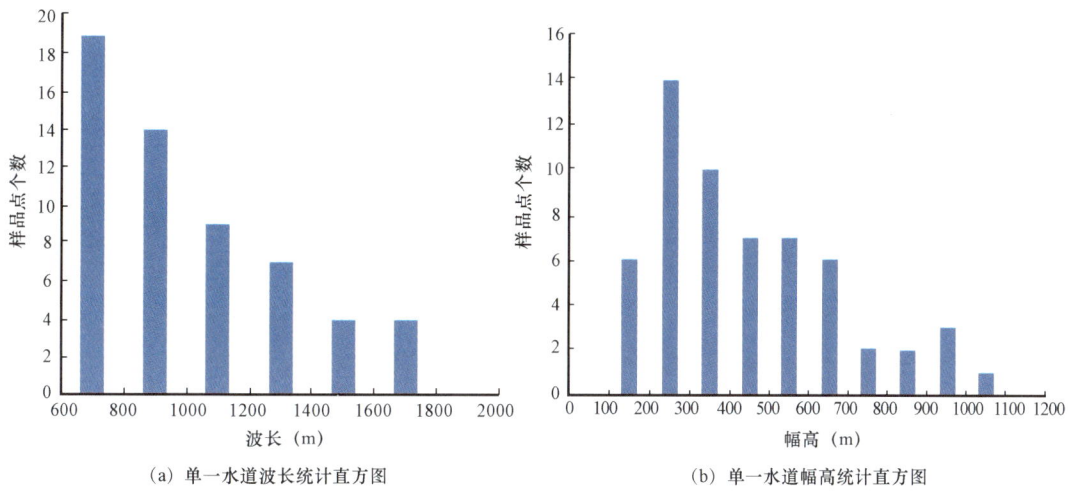

(a) 单一水道波长统计直方图    (b) 单一水道幅高统计直方图

图 12-29  单一水道形态学参数统计分析结果

流成因为主,随着搬运能量的减弱,沉积物卸载并在原地沉积,往往形成中间厚边部薄的水道沉积。因此,对于浊积水道沉积类型来说,用基于目标模拟的方法更具有代表性。Gengibre 油田目前有钻井三口(well1、well2、well3),钻遇了主要的水道砂体,测、录井和 DST 测试均显示有较好的油气发现,目前正处于开发概念设计阶段,需要建立准确的油藏地质模型对储量开展进一步的评估。本次模拟目标为 Gengibre 油田 I 砂层组,纵向上包含三个小层($I_1$、$I_2$、$I_3$ 三期水道沉积)(图 12-30),均为高弯度水道沉积,由于原型模型的模式总结及定量关系研究均以单一沉积期次为单元,所以深层实际研究区根据小层划分结果分层(分期次)进行模拟,而且在模拟过程中根据单一水道的规模控制允许后期沉积对前期沉积进行侵蚀(垂向或侧向)。

1. 主要模拟参数设置

基于目标方法进行沉积微相模拟时,参数确定很关键,本次基于原型类比得到了相关参数,从资料获取的背景来说相似性最高,基本能满足研究区的工作需要。

基于 Petrel 地质建模软件,针对该建模方法提供了多种可供选择的沉积目标几何形状,而对于沉积微相中呈"顶平底凸"状的河道(水道)砂,Petrel 软件单独定义了一个目标形状,呈弯曲条带状。本研究区中模拟单元的几何参数,包括水道的振幅、波长、宽度和深度等,取值范围均参考上述浅层沉积定量研究结果以及相应的经验公式。水道模拟过程中任意一个参数的调整都会对模拟结果产生一定影响,本次在模拟过程中当设置水道波长为定值的情况下,发现水道的幅高值越大,模拟结果中水道的弯曲度就越高;反之,模拟水道就具有较低的弯曲度。所以在模拟过程中须慎重选择所用参数。

2. 模拟关键步骤

基于目标水道模拟方法关键技术在于目标体参数的设置,就本研究区而言,主要体现在水道规模(宽、深)、水道数量、水道形状及分布趋势等参数的设置,主要包括以下几个关键步骤:

(1)实际研究目的层(古近系渐新统)中单一水道宽度和深度范围的确定。根据前面浅层地震资料的统计和分析已经获得了一些定量参数的取值范围,可以作为参考,但具体到确定的研究层位,为使结果更贴近实际,借助研究区已获得的宽、深关系经验公式,从研究区三口钻井的测井解释获知单一水道砂体的厚度(深度)范围为 8~21m,平均为 14m(图 12-30),通过公式 $w = 8.102e^{0.0033h}$ 计算得到单一水道砂体的宽度范围为 85~315m,平均为 230m。

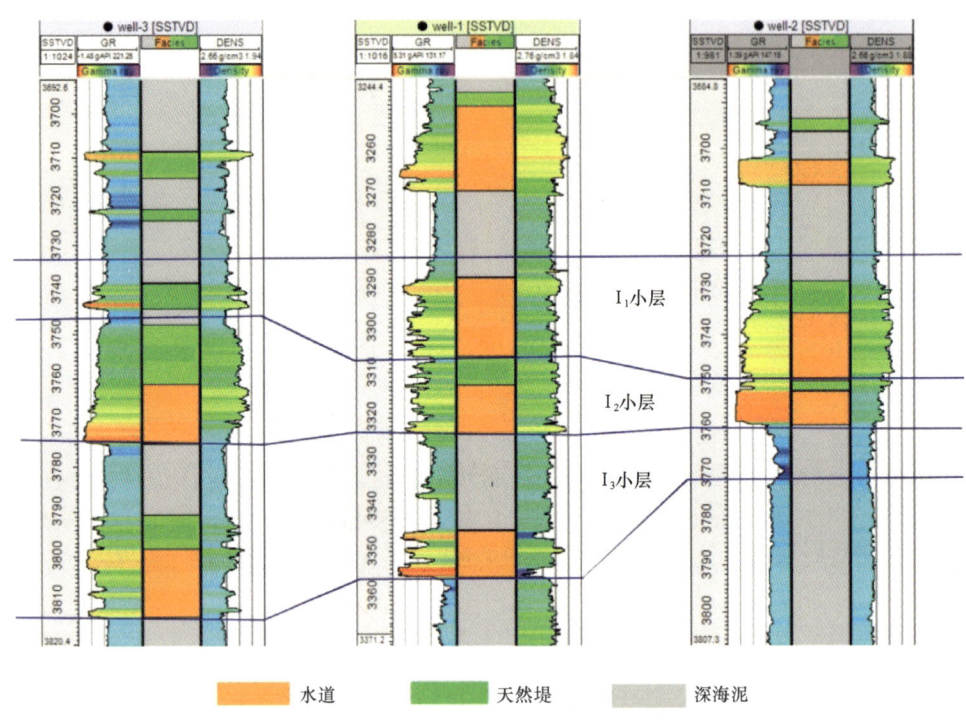

图 12-30 研究区 Gengibre 油田目的层单井沉积微相解释结果

(2)确定同一复合水道带内部相互独立的单一水道的数目。由于研究区没有钻穿复合水道的水平井,所以失去了从井上获取单一水道数目的途径。本次采用如下方法:①最大程度提取目的层地震信息,得到复合水道砂体分布特征(研究区目的层地震主频近 30Hz,能够刻画复合水道砂的分布)。②从能够反映复合水道平面分布的属性图上对其宽度进行测量(图 12-31),经过统计得知复合水道宽度分布范围为 320~1170m,平均为 850m。③根据复合水道内部单一水道的迁移特征,用复合水道平均宽度除以单一水道平均宽度进行估算,经计算得到的结果为 3.72,由于单一水道在侧向迁移过程中存在切叠现象,所以估算过程中单一水道的宽度取值要考虑叠置部分的误差,这样计算来看可将 3.72 取近似值 4,从地质成因上解释也较为合理,也就是在实际模拟过程中,复合水道带内有三条相互独立的单一水道分布。

(3)水道形状及分布趋势。定量沉积分析表明,水道平面上呈条带状,横截面呈顶平底凸状。水道分布趋势的确定是基于目标模拟方法的难点和重点,本次研究主要通过测量波长和幅高来限定水道展布,模拟过程中主要参考已获得的浅层沉积统计结果,水道幅高范围 100~1020m,波长范围 720~1800m。这样对单一水道的弯曲度分布也进行了控制,模拟过程中未出现截弯取直现象。

(4)垂向分期模拟。根据水道垂向分期演化特征,分期次(小层)按照前面三个步骤逐一

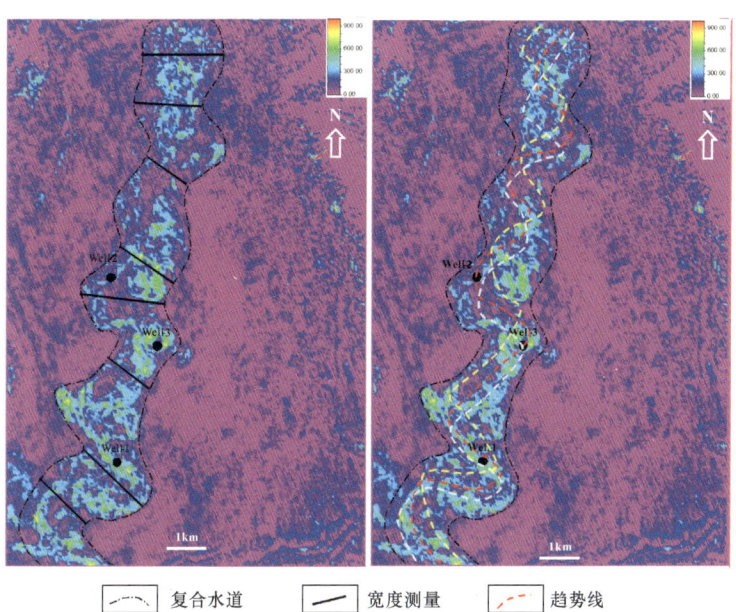

图 12-31　研究区 Gengibre 油田渐新统 $I_1$ 小层复合水道砂分布范围（RMS 沿层切片）

模拟,过程中注意后期沉积对前期沉积的改造作用(平面和垂向),保证沉积过程的连续性和继承性。

3. 模拟结果及应用

按照上述方法,通过调整参数,对 Gengibre 油田渐新统水道分布进行了随机模拟,以上述水道参数为控制,井数据为约束,应用基于目标模拟的方法,对 Gengibre 油田目的层复合水道内部单一水道分布进行了 50 次随机模拟(图 12-32),从平面模拟结果来看,水道迁移方式与已有认识基本吻合,水道间迁移叠置关系明显,符合已有的地质模式。

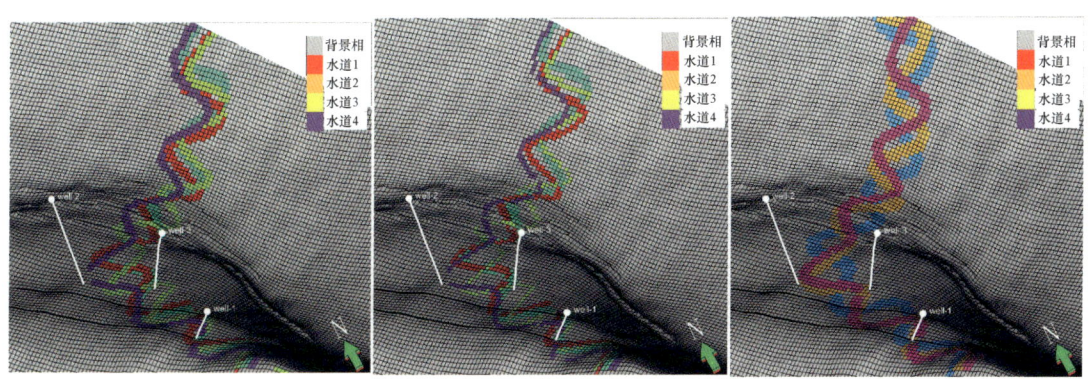

图 12-32　西非 Gengibre 油田渐新统 I 砂层组某小层基于目标方法三个随机模拟实现

为了能更好地体现研究区实际地质认识,需要对随机模拟结果进行优选。优选依据为复合水道二维平面分析时勾绘的主流线方向(图 12-31),优选结果如图 12-33 所示,其与地震属性所反映的水道主流线方向基本吻合,三维水道模型栅状图表明,水道"顶平底凸"的透镜状形态明显,各水道间存在明显的迁移,符合地质模式。

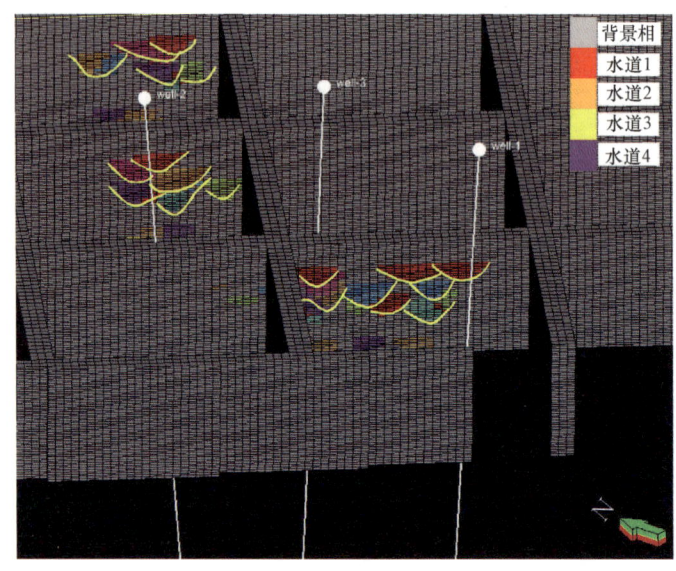

图12-33　西非Gengibre油田渐新统基于目标模拟单一水道优选结果

基于取得的定量沉积认识以及建立的相(深水水道)模型,若开发此类油藏需要注意从开发地质的角度注意以下问题:

(1)开发井距的设计。由于单一水道规模较小,平均仅为300m左右,根据单一水道的摆动模式,横向上相互拼接多呈连片状,纵向上则相互切叠,表现出错综复杂的叠置关系,导致砂体分布非均质性较强。故在开发此类油藏时开发井距不宜过大,切物源方向井距可控制在400~600m。

(2)剩余油挖潜部署。根据水道测井响应特征,其纵向上呈正韵律分布,根据水驱重力分异效应,后期剩余油主要集中在水道砂体的中上部,也就是开发中后期已动用油层中的剩余油富集区。根据砂体的叠置关系,可以指导井位、井型(大斜度井、水平井等)部署挖潜剩余油。

## 二、多点地质统计学浊积水道储层建模

多点地质统计学可以描述具有复杂空间结构和几何形态的地质体,是今后地质统计学发展的一个热门方向,其应用难点在于训练图像的获取(Strebelle S 等,2001;Arpat G B.,2005;尹艳书等,2008;段冬平等,2012)。以往训练图像制作多以密井网区资料为基础,通过单井内插和外推进行模式拟合,获取不同微相的平面形态特征,得到二维训练图像(张伟等,2008;张丽等,2012;周金应等,2010;陈玉琨等,2011)。该方法制作的训练图像很大程度上依赖于地质人员推测,不确定性较大。海上油田钻井成本高,井网密度小,难以控制到单一砂体(单一水道)规模,而且浊积水道在沉积过程中迁移摆动频繁,单一水道间交切关系复杂,常规二维训练图像显然难以描述变化频繁的沉积过程,需要能够表征空间结构关系的三维训练图像。海上浅层(近海底)水道沉积的高频地震勘探资料通过多属性分析及反演,能够清晰刻画浊积水

道的空间分布特征,通过相似性类比,可作为三维训练图像的重要来源。本次以西非安哥拉 Plutonio 油田渐新统 O73 砂层组为例,在浅层沉积指导深层研究的可行性基础上,通过分析浅层水道沉积的平面形态及摆动特征,并统计单一水道宽度、深度(厚度)和弯曲度的范围及其之间的定量关系,建立了定量且符合沉积模式的三维训练图像;最后采用多点地质统计学方法对实际油田区沉积微相进行模拟,以期为该区开发调整奠定地质基础。

### (一) 研究概况

安哥拉 Plutonio 油田位于西非下刚果—刚果扇盆地南端,现今水深 1400~1600 m,主力含油层系为古近系渐新统 O73 砂层组,综合岩心分析(图 12-34)认为,该区为典型的深水浊积水道沉积。该区主要发育水道和天然堤微相类型,其中水道砂为主要储层,属高孔隙度、高渗透率底水驱动的岩性构造油藏。受后期盐底辟活动影响,该区构造变形强烈。Plutonio 油田位于盐刺穿形成的盐棚之下,地震成像模糊,分辨率较低,难以清晰刻画单一水道砂体分布形态(图 12-35)。Plutonio 油田 2007 年投产至今已钻井 30 口,平均井距 600~800m,难以控制单砂体分布范围。经过近 8 年的高速开采(海上油田强注强采),其中采油井平均含水 40%,个别井含水已达 90% 并已关停,可采储量采出程度 40%,仍有大量剩余油富集。目前该油田正处于第三期调整井井位优化阶段,为进一步挖潜剩余油,储层分布的精确再认识至关重要。

图 12-34 西非地区 Plutonio 油田渐新统浊积水道内部岩石相特征
(a)块状含泥屑—粗砂岩,well15 井,3197.16m;(b)底部滞留沉积,well1A 井,3199.06m;
(c)块状砂岩(见冲刷面),well-2B 井,3213.03m;(d)薄层泥质粉砂岩相,well1A 井,3205.00m;
(e)波纹层理粉砂岩,well6ST 井,3209.26m

研究区浅层(上新统)同样沉积了一套浊积水道砂体,未受到后期盐岩活动影响,形态保存完整,地震分辨率高(主频 60Hz)。浅层沉积是目前研究深水沉积原型模型的一个重要来源,在沉积背景高度相似的情况下具有很好的指导作用,同时较其他类型原型模型(露头、现代沉积、密井网)具有一些优势:(1)资料精度有保障(海上高密度采集、高分辨率处理);(2)工区范围足够大,容易把握并分析完整沉积形态;(3)可从平面、剖面及三维空间描述沉积形态特征;(4)能提供较充分的定量关系研究样品点。该区充分依托浅层高频(主频 60Hz)地

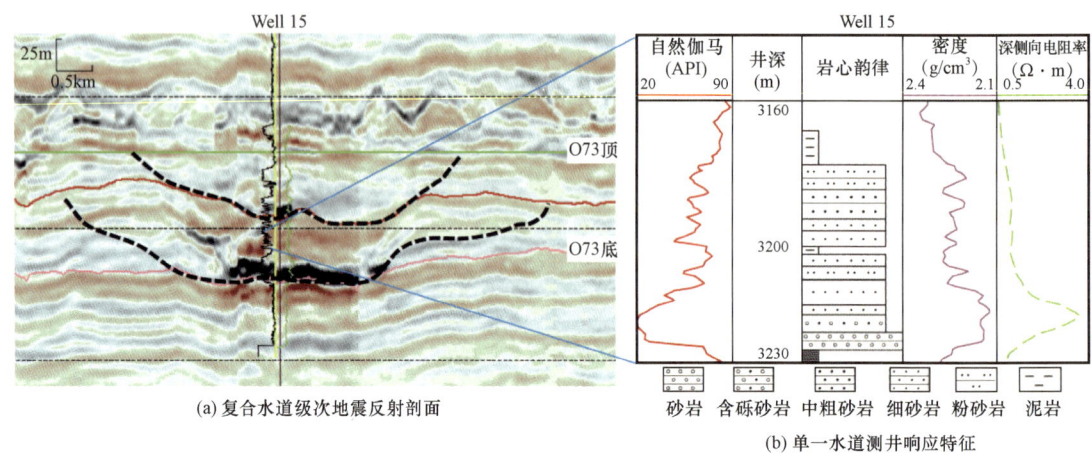

(a) 复合水道级次地震反射剖面

(b) 单一水道测井响应特征

图 12-35 Plutonio 油田渐新统 O73 砂层组储层井震结合沉积剖面图

震的优势,通过地震反射结构分析、反演以及多属性分析对浊积水道特征进行定量研究。本文就浅层与深层水道沉积特点进行了相似性类比:地理位置相同,均位于西非安哥拉深水区;区域构造上,均位于挤压构造和拉张构造的转换带(过渡区);沉积物源同为北东方向刚果河水系,沉积背景为典型的深水浊流沉积环境,水体整体表现为水退背景;从盆地背景上看,均属于被动大陆边缘盆地(下刚果—刚果扇盆地),沉积相类型都属于河道—海底扇浊流沉积;沉积地形均位于中下陆坡位置(发育中—高弯度水道)。由此可见,浅层与深层待研究区沉积环境相似,可利用浅层水道的形态特征(水道的宽度、深度、弯曲度以及弯曲弧长等)来指导渐新统 O73 砂层组沉积微相模拟研究。

### (二) 训练图像获取

研究区储层主要为水道沉积并伴有天然堤发育,从岩性分布来看,单一水道主体由递变砂体夹泥质薄层组成,水道顶部呈砂泥薄互层,单井上曲线特征明显,水道呈钟形或箱形;天然堤以齿化箱形为主,主要分布在水道砂体上部,相对易识别(图 12-36)。目的层段地震资料即使使用了宽方位角采集,但主频仅在 25Hz 左右,很难达到识别单一水道砂体的目的,但能识别出复合水道砂体的轮廓(图 12-37),从地震属性平面图来看复合砂体宽度规模在 450~2500m。

从目的层井震资料来看,要达到分析单一砂体的目的比较困难,需要借助高精度原型模型指导实际油田单砂体认识。笔者在前面已类比了浅层与深层水道在构造背景及沉积环境方面的相似性,由于单一水道属于一次性成因单元,所以水道的宽度与深度之间能够维持在一定的能量比例,才导致宽度与深度之间具有较好的相关性。尽管浅层与深层水道沉积可能由于压实和成岩胶结强度不同而导致水道规模(宽、深)的绝对值存在差异,但宽度与深度的比例仍应保持在固定的范围。所以浅层水道宽、深的经验公式对于指导深层具有一定的适用性。水道的迁移叠置规律受物源、海平面升降、构造沉降、古气候、地形坡度等诸多因素影响,在大环境相似的情况下(构造背景、沉积背景),平面迁移特征(主要是弯曲度)以及剖面叠置关系(包含弯曲特征及垂向沉积变化)也同样应该有较好的相似性,即迁移叠置规律相似。所以,该研

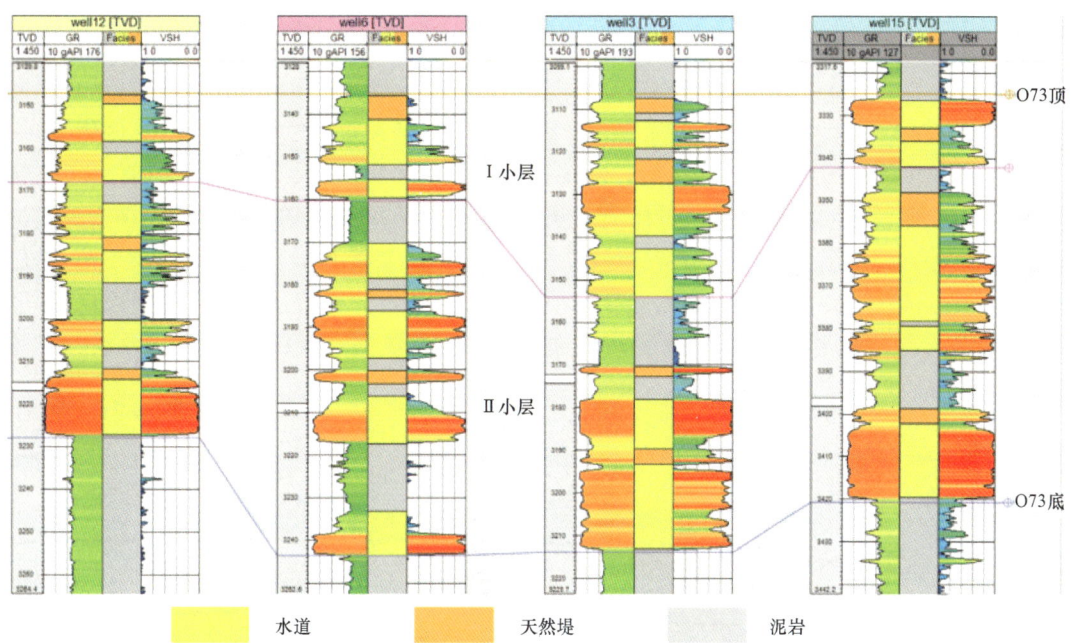

图 12-36　模拟区 O73 砂层组单井微相解释及对比关系(垂直物源方向)

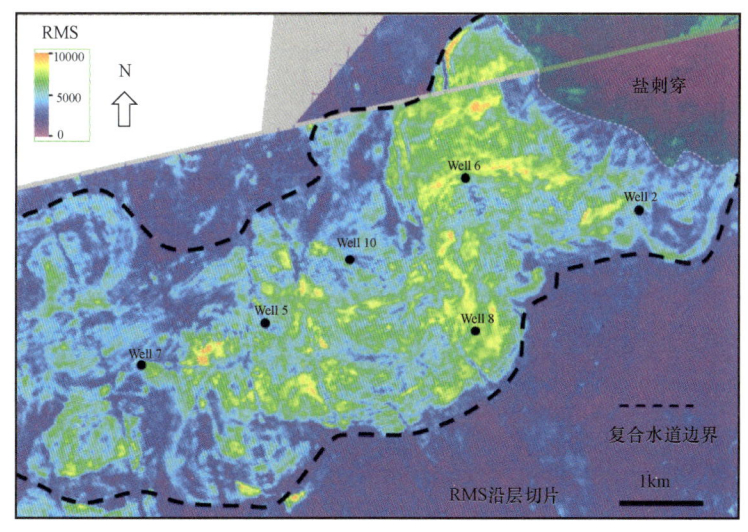

图 12-37　B 油田 O73 砂层组 Ⅱ 小层复合水道砂体平面分布

究区可以将浅层水道作为类比的原型模型。

根据研究区开发井钻遇的水道砂体资料(厚度),借助浅层水道统计的经验公式确立实际模拟区单一水道发育规模。首先对各单井微相类型进行解释(图 12-36),并统计单井解释的单一水道砂体厚度的分布范围为 8~23m,平均为 13m。根据经验公式 $h = 0.0697w + 1.7105$ 计算得到单一水道砂体宽度分布范围为 91~305m,平均为 162m。所以,目前井网很难控制住单砂体边界。通过对比浅层水道的规模参数分布，考虑差异压实的影响，认为计算结果可信。

建立能够反映实际地质情况的定量化训练图像是多点地质统计学的关键环节和基础。基于研究区浅层地震资料分析，获取浊积水道的形态特征、规模分布及相关参数定量关系，然后在浅层高频地震反演资料中提取三维浊积水道目标地质体，建立浊积水道定量化三维训练图像。

浅层浊积水道的地震反射特征清晰，但要提取浅层地质目标体（水道），首先要进行高精度反演。本次以该区浊积岩岩石物理模型为基础，充分挖掘叠前地震岩性信息，用多道地震记录自相关统计方法并结合井震标定结果估算子波，采用叠前参数反演技术进行储层反演，最后优选出梯度阻抗作为砂泥岩识别的最佳参数（图12-38）。与常规叠后波阻抗反演相比，梯度阻抗区分砂泥岩清晰，参数交叉重叠部分少，而且该反演方法受井控约束程度小，反演信息主要来自原始地震信息，结果更可靠。

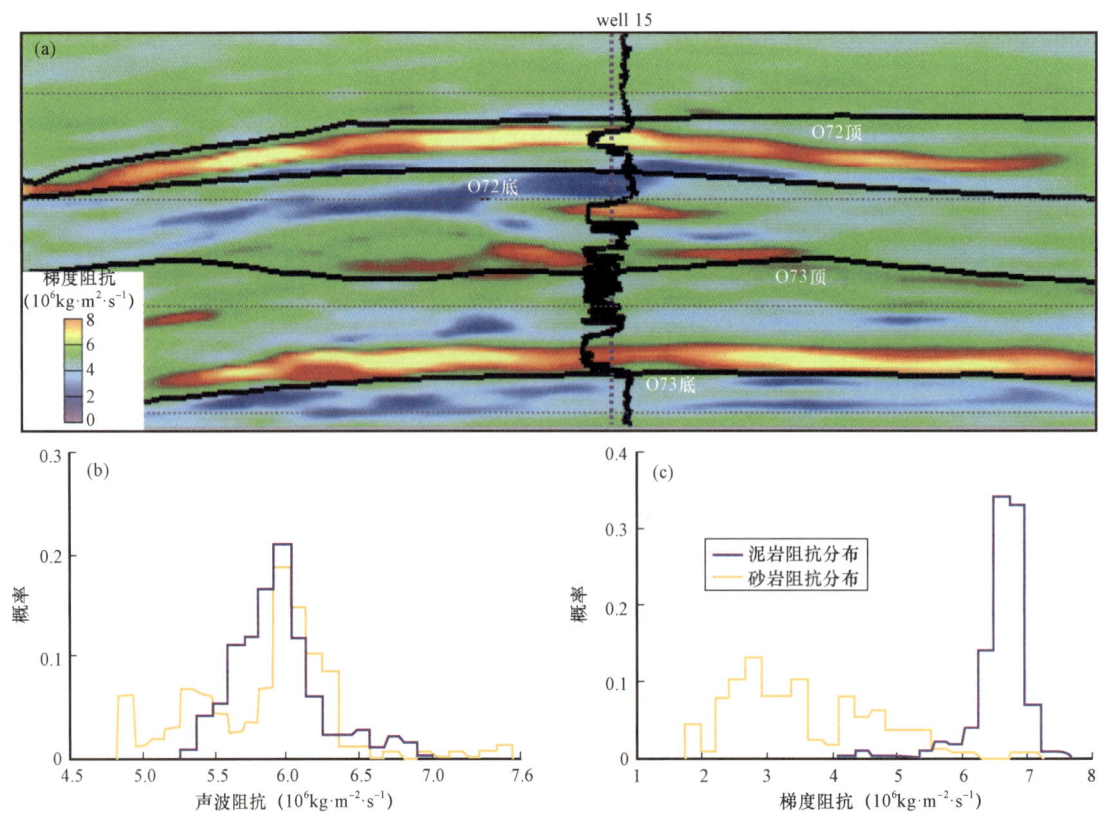

图12-38　声波阻抗与梯度阻抗识别砂泥岩对比及反演结果

基于反演得到的梯度阻抗数据体及人工解释的水道侧向迁移包络线，通过地球物理雕刻技术（用砂岩梯度阻抗范围截断）提取浅层水道三维目标体，将该目标体导入Petrel软件中并进行网格化。根据前面单井解释得知浊积水道往往都伴有天然堤沉积，垂向相序上一般都沉积在水道主体的上部及平面水道条带的边部，且天然堤内部砂体往往泥质含量增加，表现在岩石物理分析上认为是砂泥岩梯度阻抗交叉重叠的部分（图12-39）。根据梯度阻抗反演结果，将导入Petrel中的目标体阻抗值进行二次划分（依据重叠部分截断值），将目标体微相划分为水道和天然堤,背景相为泥岩(图 12-40)。由于目标提取过程中受分辨率限制难免存在误差,对此主要依据沉积模式进行适当调整。图 12-40 为本次建立的反映水道、天然堤砂体与水道间泥岩分布的三维训练图像,从平面能体现出水道的展布形态,天然堤沿水道两侧边部分布;三维栅状图剖面上水道呈"顶平底凸"状,且单一水道间的迁移、叠置关系明显,符合地质模式及先验认识,说明该训练图像可靠。三维训练图像从空间上提供了微相砂体间的几何关系及单一砂体本身的形态特征,在多点统计模拟中更接近实际情况。

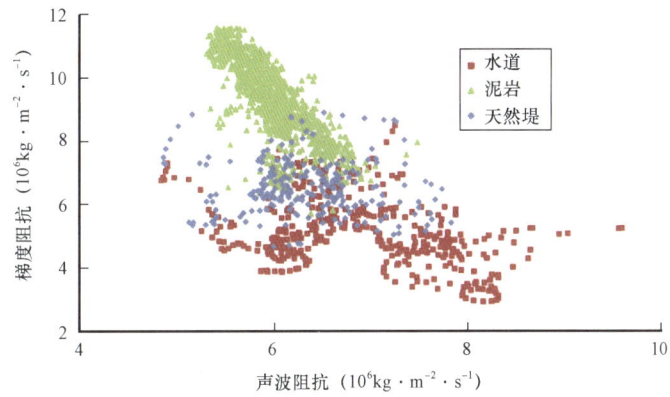

图 12-39　梯度阻抗与声波阻抗交会识别沉积微相类型

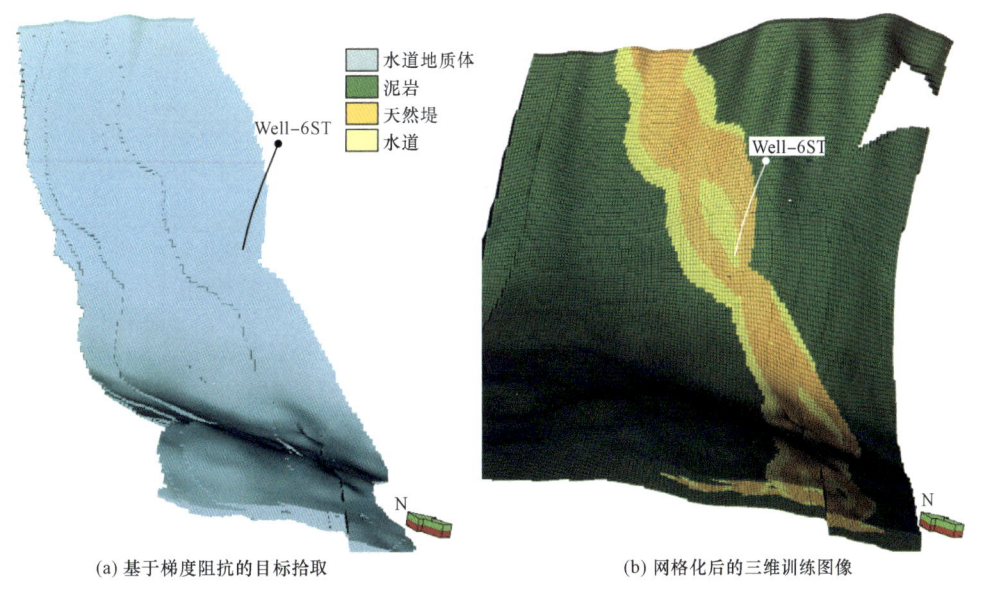

(a) 基于梯度阻抗的目标拾取　　　　(b) 网格化后的三维训练图像

图 12-40　浅层浊积水道三维目标体及三维训练图像

## (三)浊积水道模拟

多点地质统计学目前代表性算法为 Snesim 和 Simpat,其中 Snesim 算法在目前商业软件(Petrel、RMS)中最为常用。多点地质统计学方法应用于地质建模具备一定优势:(1)模拟过程中考虑复杂形状地质体的空间配位关系;(2)考虑储层在不同水动力条件下的沉积模式;(3)模拟过程综合了地质家的经验;(4)算法快速灵活,易于多次模拟进行模型优选。

1. 模拟关键步骤

本次多点统计模拟基于 Petrel 软件平台,采用 Snesim 算法,以测井相数据为基础;同时,用目的层解释出的复合水道砂体分布范围(图 12-37)为约束,借助生成的三维训练图像对实际油田区水道砂体分布进行模拟,建立目的层沉积微相模型(张文彪、段太忠等,2016)。模拟过程主要包括数据准备、扫描训练图像并构建稳定的搜索树、调整匹配参数、选择随机路径、序贯求取各模拟点数据事件的条件概率分布函数并抽样获得模拟实现,这一过程均通过 Petrel 软件自动完成。其中在调整规模(Scaling)系数时,获取办法为浅层水道宽度(或深度)平均值除以实际模拟区水道宽度(或深度)平均值,计算结果为 1.79,即训练图像砂体规模是实际模拟砂体规模的 1.79 倍。同时,根据 O73 砂层组的小层划分结果(Ⅰ、Ⅱ)及井间对比关系分层展开模拟,并在进行最终模型优选的时候考虑小层间水道砂体叠置关系是否符合沉积模式。

2. 模拟结果及分析

依据上述流程对目的层段 O73 砂层组沉积微相进行模拟,图 12-41 为 O73 砂层组Ⅱ小层井控模拟得到的浊积水道平面分布,从图中可以看出,浊积水道分布模拟结果在完全忠实于井信息的基础上,能够再现训练图像表达的水道几何形态和展布。图 12-42 为三维模型中从上到下抽取的三个地层切片,整个 O73 砂层组水道沉积从底部到顶部呈现出 A/S(可容纳空间与沉积物供给量之比)逐渐增大的过程,能够体现出复合水道垂向上的演化特征。从栅状图和横切水道剖面上进行结果分析,水道单砂体形态和迁移特征均符合地质模式,且水道发育规模(宽、深)与单井统计和计算的结果相符,宽深比与训练图像设定的范围也比较吻合。

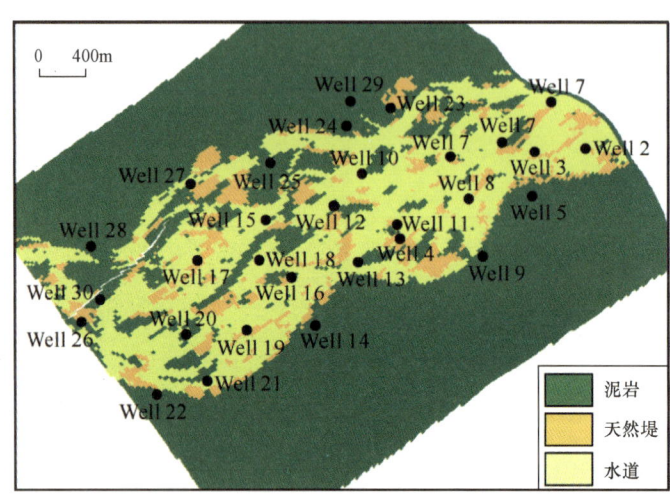

图 12-41　Plutonio 油田 O73 砂层组Ⅱ小层水道储层模拟平面分布

由于 Snesim 算法本身存在不连续性,导致局部水道(天然堤)出现不连续现象,如图 12-41 中 well 25 至 well 28 井区附近,可在后期工作中依据沉积模式人机交互适当处理。此外,在模拟结果剖面中(图 12-43),个别单一水道边界(图中紫色线)内出现了天然堤分布位置不太合理的现象,经反复检查模型,发现主要出现在水道叠置关系复杂的地方。分析其可能原

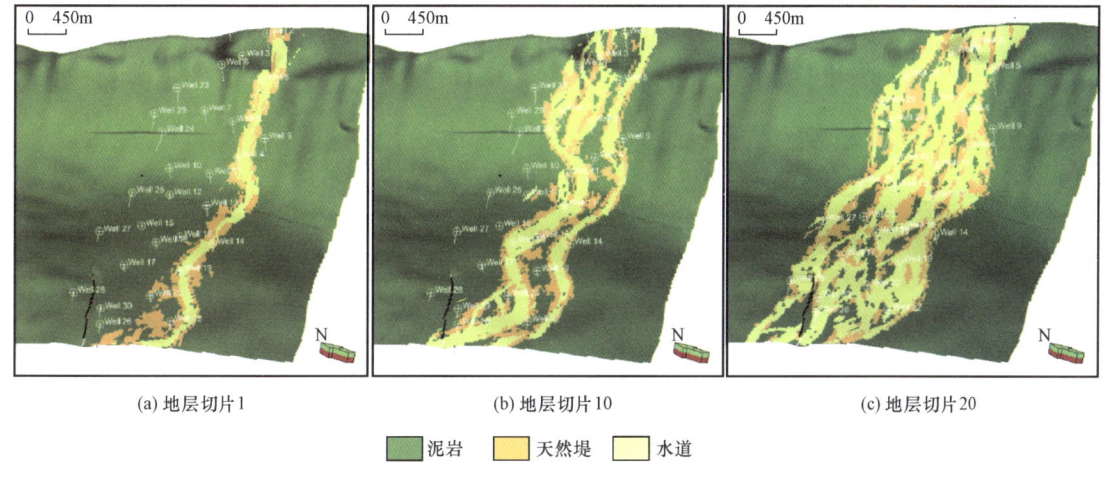

(a) 地层切片1　　　　　　　　(b) 地层切片10　　　　　　　　(c) 地层切片20

泥岩　　天然堤　　水道

图12-42　多点地质统计模拟水道分布结果

因:(1)因为训练图像本身结构复杂,模拟过程中在叠置关系简单或者未叠置部分模拟比较合理,而在叠置复杂且井控程度不够时可能会出现类似不稳定现象;(2)多点统计模拟总是希望尽量给出分类少且结构简单的相模式作为训练图像,文中在水道叠置复杂的基础上又加入了天然堤分类,再加上本身Snesim算法存在一定的连续性局限,所以导致局部结构不太合理。总之,多点地质统计学方法在深水浊积水道模拟中仍具有一定适用性和优势。

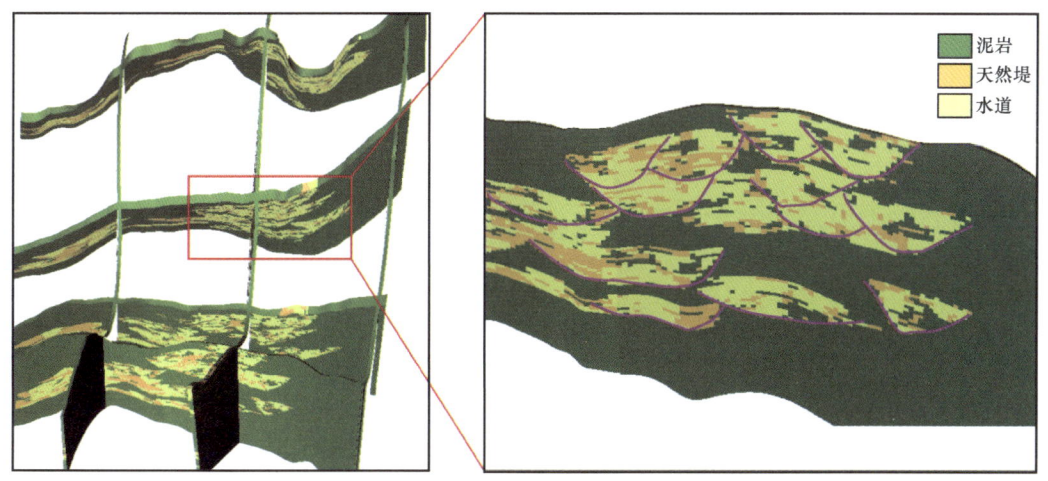

图12-43　Plutonio油田多点地质统计模拟实现结果栅状图及剖面

### 3. 模拟结果验证

Plutonio油田目前正处于开发调整阶段,其中well 3井为近期完钻的一口加密采油井,在模型局部更新之前可将该井实钻结果加载到地质模型中检验储层模拟结果的可靠性。图12-44为well 3井实际钻遇砂体与模型中预测砂体对比,从图中可以看出Ⅰ、Ⅱ小层中仅有一套薄砂体在模型中未揭示。统计结果显示测井解释砂体厚度为64m,钻前模型预测砂体厚度为 58m,预测准确率达 90% 以上,说明本文水道储层模拟结果可信度较高。此外,基于该储层骨架模型建立的属性(孔隙度、渗透率、饱和度)模型直接应用于该油田数值模拟,对该区 14 口采油井进行历史拟合,拟合度均达到 95% 以上,为油田剩余油开发方案优化奠定了重要基础。

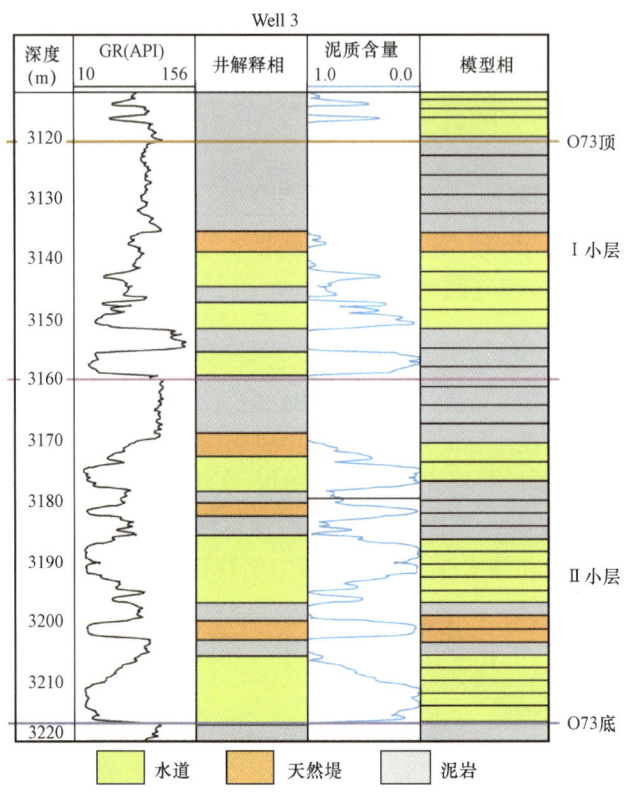

图 12-44　新井钻遇砂体与钻前模型预测砂体对比

## 第三节　断块砂岩油藏地质建模

断块砂岩油气藏是构造油气藏中的一类,主要特点为断块含油高度受断层侧向封堵条件控制。该类油藏地质建模的难点在于构造—地层格架模型的建立,其中以断层模型的构建最为关键,需要在模型中体现出断层的几何学特征,包括断层平面和剖面特征。断层平面研究包括确定断层在平面上的走向、弯曲度和断层间夹角。断层剖面研究包括描述断层在剖面上水平滑距、垂直滑距、倾角和生长指数等。

### 一、研究区概况

研究区位于西非尼日尔三角洲盆地,为典型的复杂断块砂岩油藏,含油层系多,断裂及构造系统复杂。储层主要为三角洲水下分流河道、河口坝、前缘席状砂和浊积砂体,储层横向变化受沉积环境和生长断层的双重控制。纵向上发育多套储层,储层总厚度一般在 15～45m,但单层厚度较薄,一般为3~5m。储层物性好,孔隙度一般在20%~35%,渗透率一般在1~5D。各油藏一般都存在气顶,而且边底水能量较大,为气顶气、边底水混合驱动类型。区块主力油气田以高孔隙度、中—高渗透率气顶底水断块砂岩油气藏为主。纵向上有多套储层,单层层厚较薄,而且各层都有相对独立的油气水系统,由于断层发育,油水关系更趋复杂。原油重度19~40°API,气油比较高。

研究区断层多、断层组合关系复杂、断块小、切割破碎,需要充分利用地震数据、井点数据及层面空间趋势准确确定断层的位置。在断层—层面接触关系趋势分析和调整研究基础上,确保复杂断块油气藏断层与顶面构造数据的协调性和一致性。处理断层间特殊接触关系如X、Y形断层时,需要根据研究目标区与断层的匹配关系,优选网格类型,确保断层模型能准确反映地质实际情况。

## 二、构造建模

构造建模是复杂断块油藏地质建模的重点,也是准确建立岩相和属性模型的基础。断块油藏构造模型的准确构建是建立在前期地震精细解释的基础之上,断层和顶面数据是基本的输入数据,断层模型构建过程中,井下断点、断层平面多边形和剖面断层柱是控制断层模型的主要数据来源。通过综合多种数据,精细刻画断层空间形态,实现断层模型与地震数据/井数据的完全吻合,特别要保证断层模型与井上断点位置完全吻合,提高构造模型的精度和可靠性。以井点数据、地震解释数据为基础,准确表征断层面、不整合面、沉积界面的空间位置和接触关系,根据地质特征,确定网格类型、大小及方向,保证构造—地层格架模型与输入数据一致。断层空间形态准确再现和网格系统的优选是建立构造模型的关键。通过断层面精细解释成图和井上断点识别组合,精细刻画断层局部形态。在断层网格构建方法中,基于断层柱的方法容易在断面接触处产生畸形网格,且无法处理X形等复杂断层建模的问题,因此在模型中经常经过简化处理,不能真实再现地下地质情形。

研究区断块油气藏断裂关系复杂,除了常见的以犁式断层为主的简单断块以外,油藏内部发育众多相互削截Y形断层和交叉的X形断层(图12-45),断层两侧网格系统构建一直是影响区域地质建模质量的重要因素。

图12-45 尼日尔三角洲盆地断层发育特点

在研究断块特征的基础上,开展三维网格系统的优选,对简单断块油藏,通过优化网格大小和方向可以解决网格畸形的问题;对复杂断块油藏,采用优化网格走向和简化断裂系统两种方法可以在一定程度上规避复杂断裂系统带来的不规则网格对构造模型的影响,但这种方法一方面无法从根本上消除不规则网格,另一方面也会降低模型精度,严重时导致构造模型失真,无法反映油藏的真实情况。当前用于复杂断块油田构造建模的是基于体积的断层建模方法,该方法采用阶梯网格算法,用规则网格代替以往断面周边的畸形网格,将断层面处理成为阶梯状特征,有效解决了 X、Y 形断层构造建模中常见的不规则网格问题,保留了断裂系统解释结果的真实性(图 12-46)。

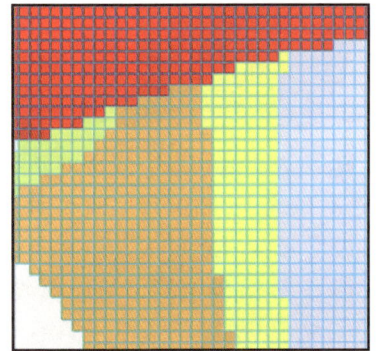
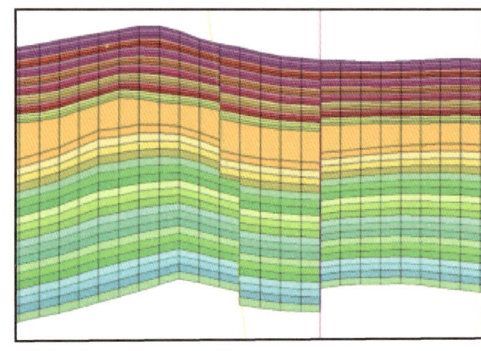

(a) 阶梯状网格特征

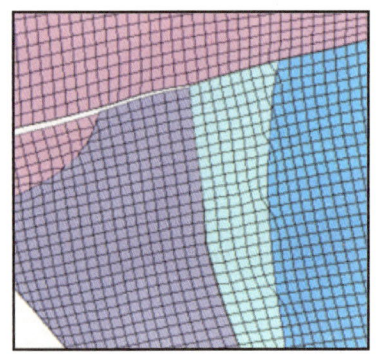
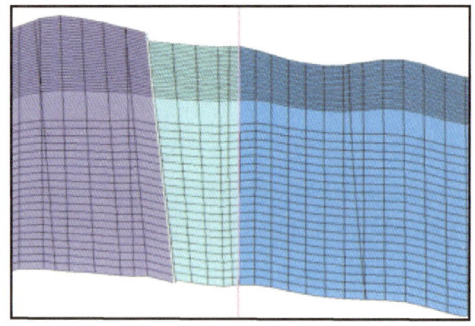

(b) 断层柱构建的网格特征

图 12-46　阶梯状网格与断层柱网格对比图

## 三、岩相模型空间展布特征约束方法

### (一)岩相分类

岩相是具有相似结构、构造、孔渗特征的一类储集体,岩相划分是相控地质建模的基础。岩相划分通常是以岩心观察为基础,根据岩心分类及其与测井曲线的对应关系,最终实现全井段岩相划分,并在此基础上建立相模型和属性模型。由于该区储层中含有钾长石、云母、海绿石等矿物,35%～45%的砂岩储层呈高放射性特征,采用常用的伽马曲线截取值方法进行岩相划分会存在较大误差,会将部分泥质砂岩相和砂岩相错误地划分成泥岩相,导致原始地质储量预测较低。利用中子—密度交会方法可以避免高放射性砂岩对岩相划分的影响,但是气层中子—密度受流体影响,无法真正反映出岩相特征,如果不消除气体的影响,可能将部分含气泥质砂岩和泥质粉砂岩划分为粗砂岩。岩相划分中应充分考虑这一特点,采用多参数交会分析方法,减少高放射性砂岩和流体性质对岩相划分的影响。典型井岩心观察中识别出以下主要岩相(图12-47)。

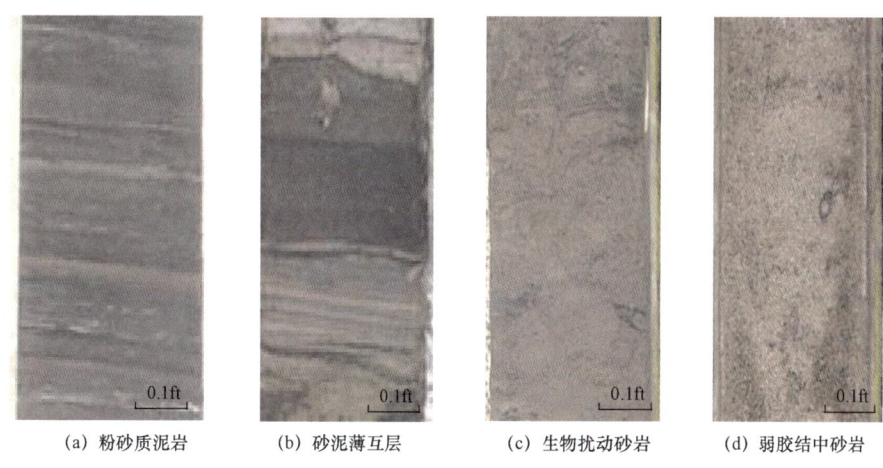

(a) 粉砂质泥岩　　(b) 砂泥薄互层　　(c) 生物扰动砂岩　　(d) 弱胶结中砂岩

图12-47　岩相类型

1. 砂岩相

砂岩相包括石英砂岩、长石砂岩、岩屑砂岩,分选好,颗粒为棱角至次圆状,粗颗粒呈圆状,细颗粒呈次棱角状含有分选较差的泥砾,含有:(1)交错层理砂岩,浅灰至棕色,颗粒以细砂级为主,胶结差,以槽状和平行层理为主;(2)波状层理和波纹状薄层砂岩,在岩心中很薄,呈厘米级出现于交错层理和生物扰动序列之间,是中等程度生物扰动的产物;(3)生物扰动砂岩,呈浅灰色至棕色(含油),细砂级,分选中等到好;(4)薄层状砂岩,岩心中厚度呈分米级,主要与生物扰动层相伴生,发育平行或近水平纹层,混合的碎屑类黏土含量极低,分选好、中等到差胶结,生物扰动很少。泥质砂岩包括砂泥薄互层和生物搅动泥质砂岩,泥岩沉积包括中—深灰色粉砂具有波纹状构造的泥岩和生物扰动块状砂质泥岩沉积两类。

2. 泥质砂岩相

泥质砂岩相包括纹层状泥质砂岩和生物扰动泥质砂岩两种,呈浅灰色、灰色、棕色,由波状层理、压扁层理和波纹层理薄层砂岩和20%~50%黏土夹层和混合型碎屑黏土组成,此类砂岩整体较为少见。生物扰动泥质砂岩相呈浅灰色、灰色、棕色,由生物扰动砂岩和大约20%~50%黏土夹层和混合型碎屑黏土组成,由于可压实黏土,泥质砂岩固结程度优于净砂岩,受到生物扰动作用的影响,分选性较差,示踪化石组合以毫米级至厘米级潜穴为主。

3. 泥岩相

(1)生物扰动砂质泥岩,灰色、深灰色为主,由生物扰动泥岩和20%~50%砂质和粉砂质沉积物组成,原始纹层已被生物扰动完全破坏;(2)波状层理砂质泥岩与生物扰动砂质泥岩相似,但原始纹层被大范围保留,在泥岩中发育毫米级、厘米级纹层砂岩和粉砂岩。

砂岩相、泥质砂岩相和泥岩相在岩相划分中可操作性强，整体呈物性逐渐变差的特点，在岩相建模过程中可以根据不同油藏储层特征对岩相进行进一步划分，最为常见的做法是将砂岩和泥质砂岩进一步细分。

以典型取心井为例，该区用于地质建模的岩相可划分为砂岩相、泥质砂岩相和泥岩相三大类，根据黏土含量大小，砂岩岩相和泥质砂岩岩相还可进一步细分，实践证明，该区内最佳的岩相种类为三至五种。采用简单的砂泥两相无法划分出砂岩内不同储层类型物性的差异，如砂岩内部可进一步划分为中粗砂岩和细砂岩两类岩相。岩相类型太多时，岩相约束难度大，岩相对属性无法实现有效控制，同时又增加了大量的数据分析工作量，在实践中不建议采用五种以上的岩相。

测井岩相需要根据储层特征和研究区已有测井曲线进行划分。研究区砂岩呈高放射性特征，其伽马曲线偏高，与泥岩及砂质泥岩特征类似，采用伽马曲线截取值方法进行岩相划分存在较大的误差，会将部分泥质砂岩相和砂岩相错误地划分成泥岩相，从而低估砂岩含量，进而影响原始地质储量的计算，中子密度交会方法可以识别出此类高放射性砂岩，是研究区岩相划分方法，但这一方法会受到流体性质的影响，砂岩中含气后，会出现同类岩相中子，密度值减小的特点，即"挖掘效应"，如果不分流体进行岩相划分，高估气层中储层物性，使得部分泥质砂岩划入净砂岩中（图12-48）。针对这一特点，需要分流体建立各自适用的划分标准。

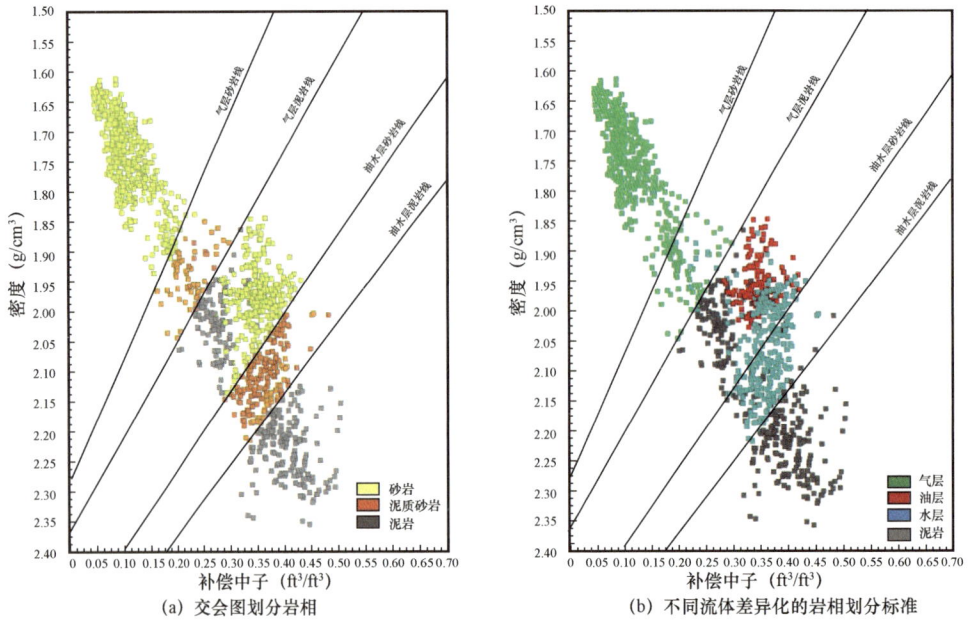

图12-48 不同流体基于中子—密度曲线交会的岩相划分

放射性砂岩岩相划分以中子—密度曲线交会图为基础，针对气层中中子密度交会特征与油水层中差别较大的特点，通过建立不同流体类型的岩相划分标准，实现气层、油层和水层同一岩相差异化的划分标准，准确划分岩相。实践中还可以通过校正烃类对中子—密度曲线的影响，体现出岩相自身的测井特征，从而实现准确划分岩相的目的。

## (二)区域及油田级储层展布规律约束相建模

海上油田井数少,储层展布规律刻画难度大,在缺少区域储层展布规律约束的情况下,随机相建模方法可以实现井数据与模型的完全吻合,但是对储层空间分布特征的预测准确度低。建立各岩相合理的概率体对相模型进行约束是常用的地质建模方法。一种方法是合理利用反演数据体对模型进行约束,建立波阻抗与各类岩相的对应关系,在深度域利用地震信息的空间变化对岩相分布趋势进行分析,这一方法受到时深转换精度的严格限制,时深转换过程中可实现砂体顶界面与井上完全吻合,但空间上波阻抗与井数据完全一致很难实现,这种误差需要在钻井实施中进行考虑。另一种方法是根据井数据和区域沉积规律建立岩相概率约束体,利用区域物源和岩相变化趋势,在井位分布相对均匀,岩相分布规律清晰的区域,建立各岩相的空间概率体,用于约束不同岩相随机相建模。这类方法在实现井数据与模型一致的前提下,能有效体现出区域沉积和岩相变化规律(图12-49)。如X区物源分析显示自北西至南东方向储层物性逐步变差,已知井砂岩岩相比例呈减小趋势,X区内A油田岩相模型构建过程中,以这一变化规律为指导,产生了砂岩岩相和泥岩岩相两个平面概率分布图,这种平面概率分布图与基于井数据得出的垂向分布概率两者共同约束了相建模。最终形成的相模型即符合了区域分布规律,又与实际井数据完全吻合。

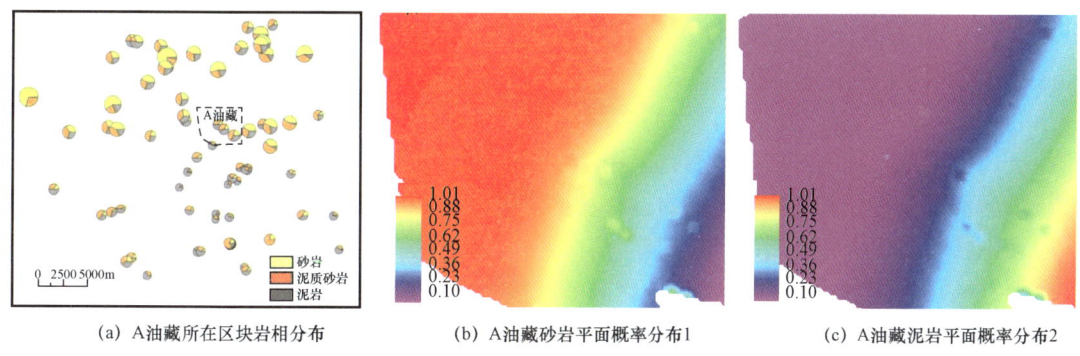

(a) A油藏所在区块岩相分布　　(b) A油藏砂岩平面概率分布1　　(c) A油藏泥岩平面概率分布2

图 12-49　区域沉积变化规律指导形成岩相概率体

## (三)基于目标的确定和随机分区相建模

在海上钻井数量较少的情况下,相模型构建主要受控于沉积模式,砂体沉积规律直接控制着岩相和油气分布规律。沉积模式识别、顺物源方向的连续性及垂直物源方向的变化幅度是描述砂体展布特征的主要内容。无论在未开发油田还是深度开发的油田,确定性建模和随机建模相结合的砂体刻画方法都是目前最为成熟的技术手段,而根据不同研究区的资料状况和认识程度进行区域划分和方法优选则是研究的重点。

根据地震相、沉积相和属性数据,通过地质统计方法分析控制多种岩相空间展布规律,构建以地质体刻画、沉积相模型和岩相模型多级控制的相模型构建方法。具体做法是:第一级地质地球物理联合的地质体刻画。主要刻画宏观上河道、朵状扇体展布规律,砂体叠置特征,获取河道走向、宽厚比等基础参数,对这些参数进行数据分析,得到河道走向、宽厚比的范围。第二级在区域沉积特征的指导下,建立沉积相模型。对可识别地质体(大河道)进行确定性建模,对不可识别的地质体(大河道末端的小分支河道)进行目标性建模,在河道参数、趋势体约束下模拟出与井数据、地震反映出的砂体叠置关系一致的沉积相模型。第三级岩相模型。岩相模型受沉积相模型约束,对所有已知井的分岩相开展地质统计学数据分析,确定各个岩相在特定沉积相内的分布比例、垂向分布特点、垂向变程、主变程和次变程参数,实现不同岩相在同一特定沉积相内的分布符合地质统计规律。由此形成复杂断块油藏多级岩相控制建模方法,克服一步建模、二步建模等建模手段在地质体约束和岩相刻画方面的局限性。

以 M 油田为例,该油田井数少,位置集中分布于西南、东南两个局部构造高部位,已钻井储层呈现出厚度变化大且快的特点,是典型的浊流水道复合沉积体沉积特征,发育下切水道沉积、分支水道沉积、水下天然堤、远端朵叶体和深海泥岩等沉积。研究区内 22 口已知井主要分布于西南和东南两个相对构造高点,北部无井及少井控制区浊积水道复合沉积体系刻画难度大。目标油藏被四条边界大断层封闭,北部区域储层分布特征的精确刻画影响水体规模。北部沿区域主物源方向发育两条下切河道,地震上呈现典型的下切特征,在地震上可识别并追踪出两个下切水道,这两个水道与周边地层呈切割关系;深海泥岩平行状同相轴被呈顶平底凸状下切水道沉积切割,北部已有的两口井 E—1 井和 E—2 井分别证实了两种地震相的特征。南部区域水道沉积在地震上难以识别,但钻井控制程度较好,已有的 20 口井分布于该区,地震上呈现出多期水道相互叠置的沉积特征。在地震上呈多期水道相互切割特征,单个水道可追踪性差,已钻井分布在南部区域西南和东南两个构造高部位,井距 150~900m,储层厚度 6~70m。对南北两个沉积特征差异较大的区域采用了不同的地质建模方法,北区以刻画地震解释出的水道体系为主,开展基于目标的确定性建模方法,构建水道体系;南部体现分支水道沉积特征,同时实现与井数据完全吻合,采用基于目标的随机建模方法,通过优选水道构建参数,体现多期水道叠置发育的特征。针对这一特征,主要采用南、北分区的地质建模方法,北部根据地震刻画的下切水道开展确定性建模,南部以分支水道构建为目标进行井数据约束下的随机模拟,最后实现整个油藏特征的精细刻画。在完成浊积水道复合沉积体刻画的前提下,在下切水道、分支水道和深海泥岩三类沉积体控制下开展岩相的刻画研究(图 12 – 50、图 12 – 51)。

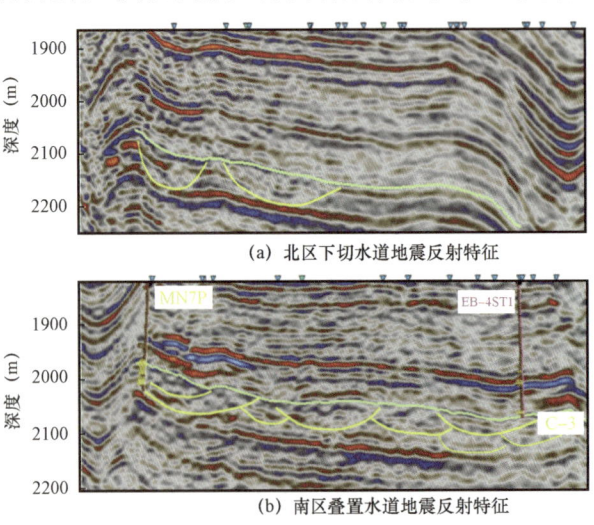

图 12 – 50 南北分区地震反射特征

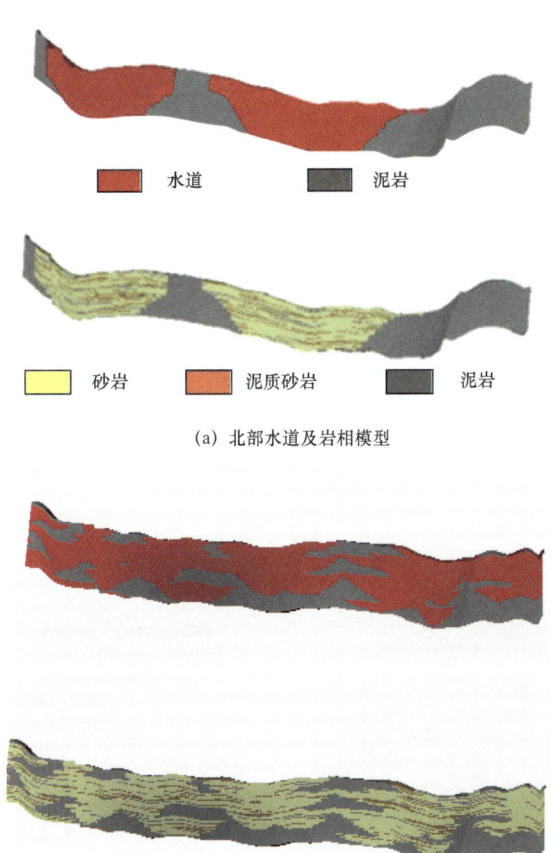

图 12-51　M 油田水道及岩相模型

在地震属性和反演等手段定量刻画砂体空间分布多解性较强、无法精确描述砂体展布的情况下,采用地质模式约束下的分区相建模技术可以有效刻画岩相特征,这种方法在区域沉积规律的指导下,利用地质体精细刻画方法,建立不同岩相三维分布规律。地质统计学研究的随机地质建模技术是三维储层表征的重要手段,通过对变差函数中各参数的不确定性研究能够有效描述砂体展布的不确定性,研究区沉积物物源方向与区域主物源方向基本一致,砂体整体连通性较好,区域实践证实,砂岩相主变程在 500~2000m,次变程在 100~700m。

## 四、属性模型一体化构建

属性模型以相模型、测井解释结果、地震数据和地质认识为基础,在岩相控制的基础上,通过适当的约束和协同模拟,优选孔隙度、渗透率、饱和度等不同属性各自适用的模拟方法,分别建立各属性模型。属性建模一方面需要实现岩相模型对属性模型的控制,另一方面要体现同一模型中各属性的一致性,即岩相、黏土含量、孔隙度、渗透率等之间的相关性关系(图 12-52)。

在相控属性建模过程中,在已有岩相模型的基础上,分别依次建立黏土含量、孔隙度、渗透

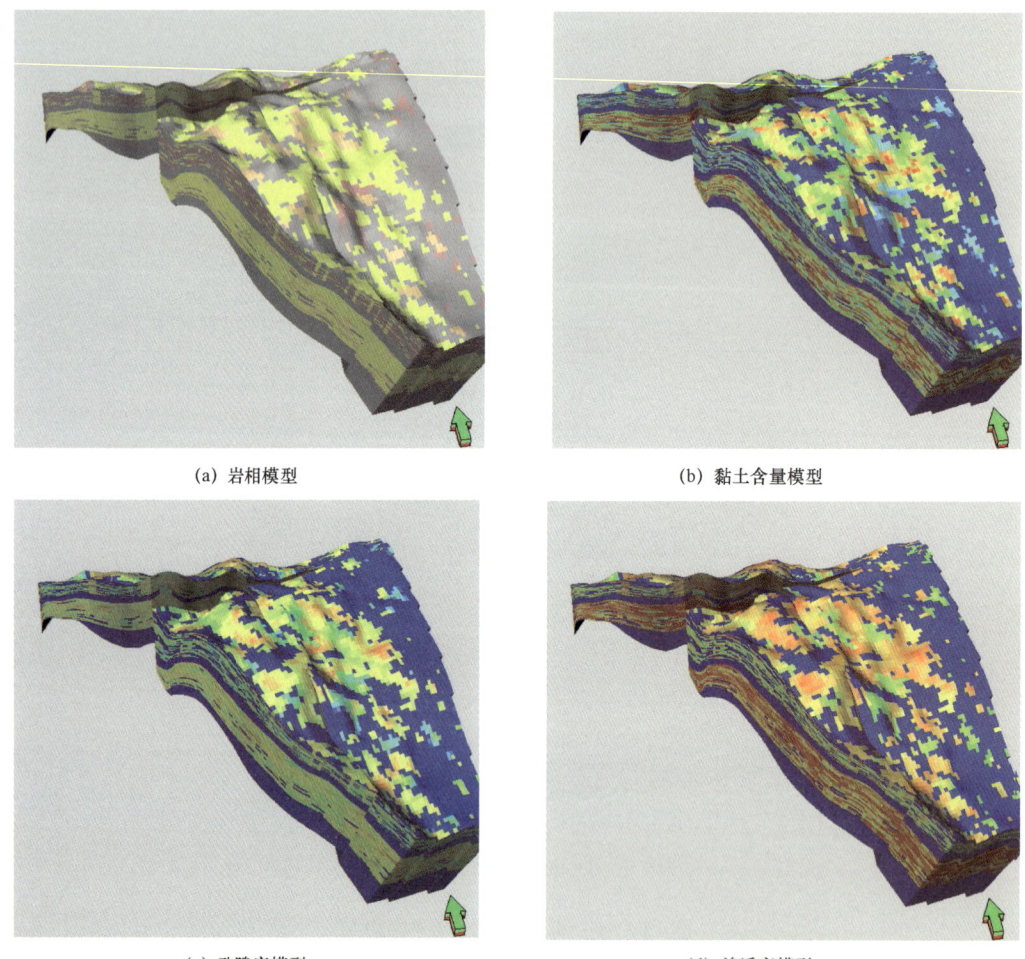

(a) 岩相模型　　　　　　　　　　　　(b) 黏土含量模型

(c) 孔隙度模型　　　　　　　　　　　(d) 渗透率模型

图 12-52　K 油藏岩相及属性模型

率、含水饱和度模型,不同层不同岩相属性分布范围存在差异,如 A、B 层砂岩黏土含量分别为 0~30% 和 0~25%,孔隙度为 16%~35% 和 20%~34%;泥质砂岩黏土含量为 0~55% 和 0~50%,孔隙度为 0~24% 和 5%~25%(图 12-53)。

　　常用的方法是通过统计各岩相中的孔渗饱各属性的概率分布特征,采用随机属性建模方法实现,但属性一体化的实现主要依靠各属性相互关系的分析,即三维趋势分布规律研究,三维趋势分布规律研究的目的就是分析各属性的相互关系,并将这种识别出的趋势体现到目标模型中。M 油田岩相由砂岩(0)过渡为泥质砂岩(0.15)再到泥岩(3),其黏土含量呈现出不断增加的趋势,从 10% 增加至 48%。黏土含量与有效孔隙度呈负相关关系,随着黏土含量从 0 增加至 19%,孔隙度由 26% 降至 19%。M 油田 A 层泥质砂岩渗透率也呈现出随着孔隙度增加而增加的趋势(图 12-54 至图 12-56)。

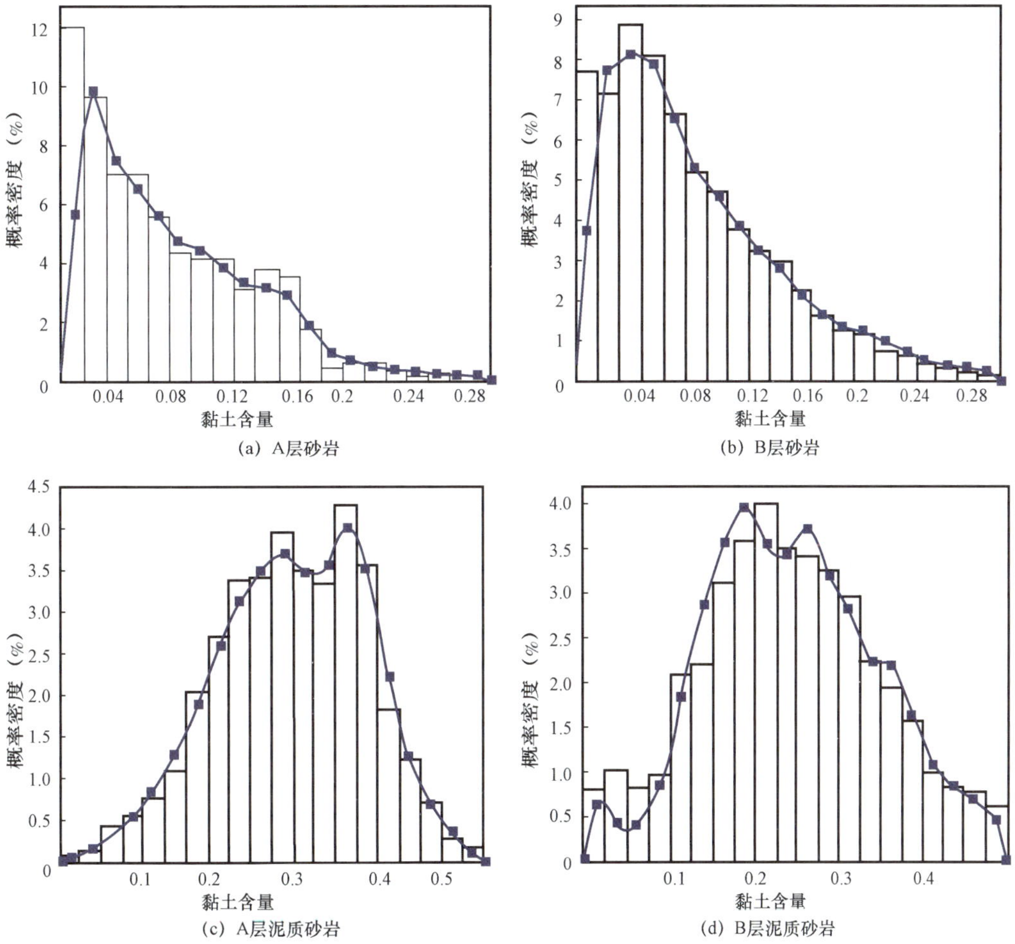

图 12-53 A、B 两层砂岩/泥质砂岩岩相黏土含量分布图

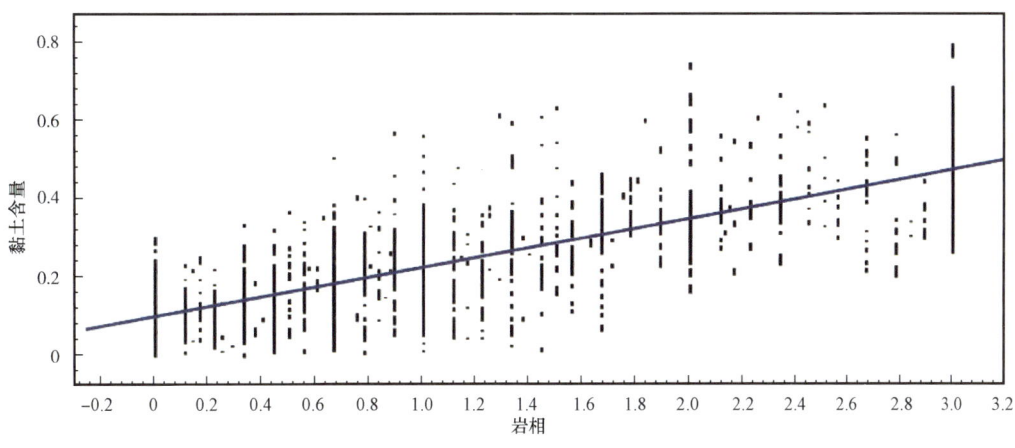

图 12-54 M 油田岩相与黏土含量关系

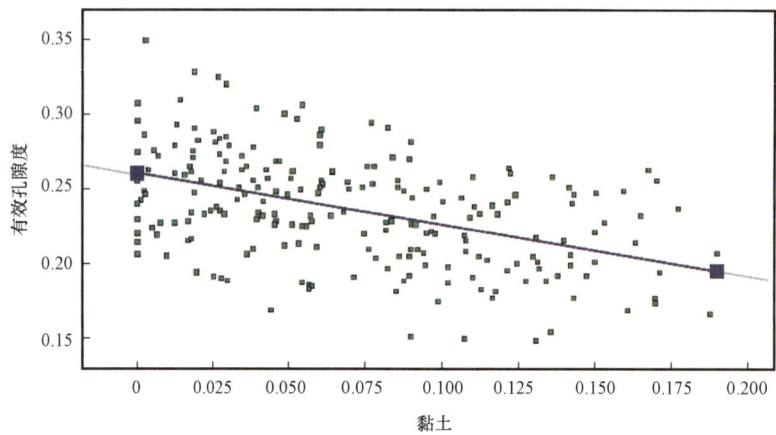

图 12-55　M 油田黏土含量与效孔隙度关系

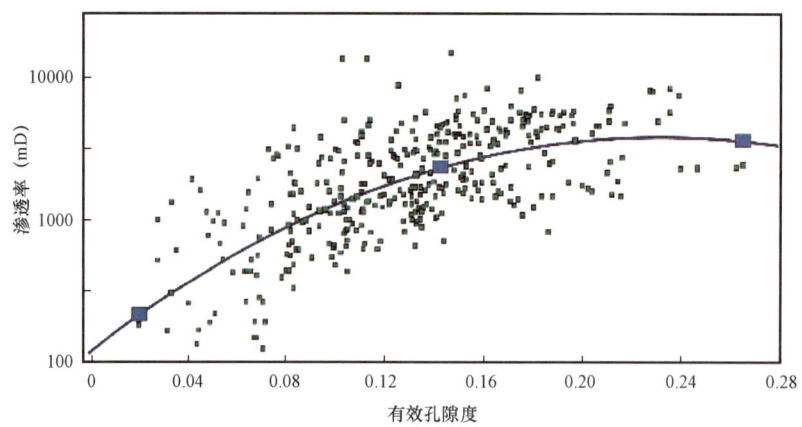

图 12-56　M 油田 A 层泥质砂岩岩相有效孔隙度与渗透率关系

建立含水饱和度模型的过程中以岩相为约束,分析了不同岩相油水过渡带分布特征,考虑到不同岩相毛细管力不同,过渡带的宽度会有所不同,以 K 油田为例,中—粗砂岩、细砂岩、泥质砂岩的过渡带分别为 18ft、32ft 和 42ft(图 12-57)。在此基础上建立了 K 油田含水饱和度模型。

属性模型受岩相模型控制,分层对不同属性开展数据分析,确定各属性的垂向分布特点、垂向变程、主变程和次变程参数,在建立泥质含量模型的基础上,分别建立孔隙度模型、渗透率模型等,各个属性模型都开展垂向压实趋势校正和三维趋势校正,不同属性模型都优选对应模型进行协同约束,相关系数介于正负 0.75~0.90 之间。

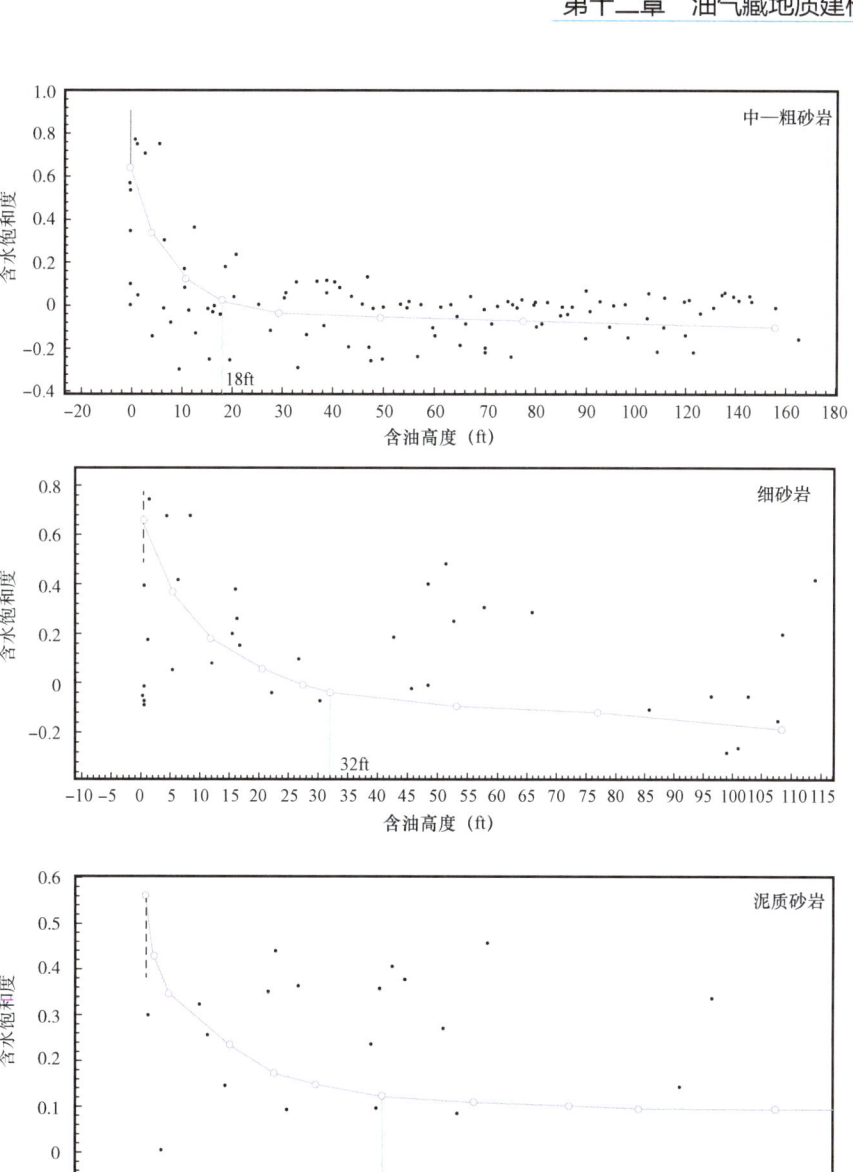

图 12-57 岩相对含水饱和度模型的约束作用

## 第四节 盐下湖相碳酸盐岩油藏建模

以巴西深水盐下湖相碳酸盐岩 J 油田 BVE 砂层组为例,综合有限的井资料和地震勘探资料,在沉积控制条件定量分析的基础上建立 J 油田 BVE200~100 小层碳酸盐岩台地沉积三维正演模型,并以该正演模型作为三维训练图像,采用多点地质统计学方法对整个 BVE 砂组台地沉积进行模拟。该方法将沉积正演模拟的沉积规律与多点地质统计的条件化优势实现有效结合,并取得了较好效果,对碳酸盐岩储层地质建模技术发展具有推动作用,同时对于其他类型油藏的多点统计建模具有一定借鉴意义。

## 一、研究区概况

研究区位于巴西近海桑托斯盆地,属于远岸超深水油田,水深1000~1500m,油藏深度约为5100~5400m,处于早白垩世阿普特期陆间裂谷凹陷阶段,表现为潟湖相碳酸盐岩及蒸发岩沉积(图12-58)。本文研究的碳酸盐岩台地位于水下古隆高部位,远离陆源碎屑供给区,水体相对较浅,光照充足,温暖适宜,岸流作用较强,发育生物碎屑灰岩和粒泥灰岩等(张德民,段太忠等,2018)。研究区现有钻井三口,具有丰富的取心和分析化验资料。油田构造演化经历了裂陷前期、裂陷早期、裂陷期、凹陷期、漂移期,其中裂陷前期对应于前寒武系结晶基底;裂陷早期指距今130Ma之前的地层,对应于纽康姆期岩浆活动形成的火成岩;裂陷期包括早巴列姆—早阿普特阶,距今130~123Ma,对应于研究区PIC段和ITP段,岩性分别为湖相烃源岩、介壳灰岩和泥岩;凹陷期位于中下阿普特阶,距今123—113Ma,对应于研究区BVE300~100段,是J油田主要储层发育段,也是本次主要模拟层位,岩性主要为微生物灰岩;漂移期位于中上阿普特阶,沉积厚度2500m的蒸发岩为研究区主要盖层。

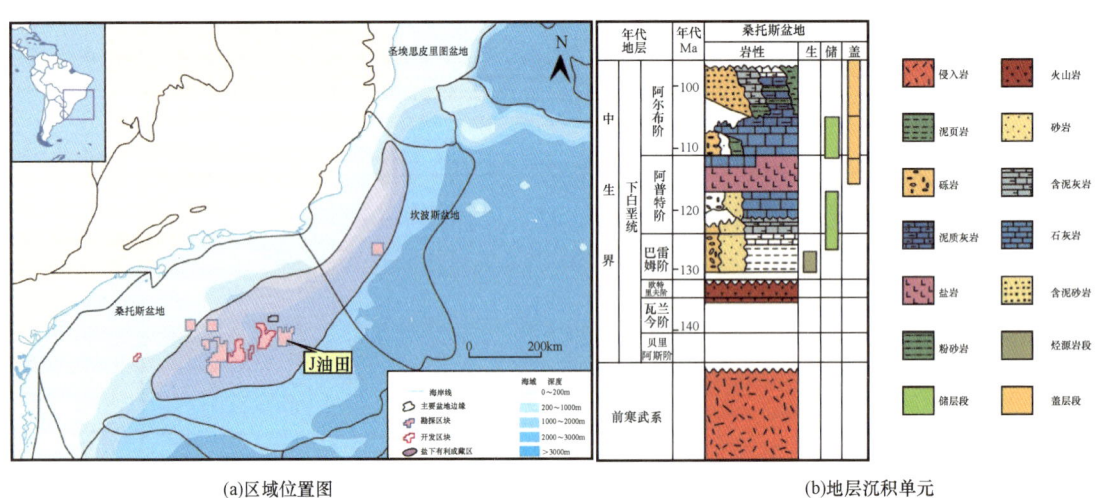

图12-58 研究工区位置及地层结构图

## 二、沉积数值正演模拟

### (一)沉积模拟关键流程

根据研究区范围,选择模拟工区长为23km、宽为22km、面积为506km²,网格间距为200m×200m。模拟目的层段为下白垩统BVE200~100段,地层平均厚度为240m,沉积时间为117—113Ma,总时长为4Ma,其中BVE200底面对应117Ma,BVE100顶面对应113Ma,纵向时间步长为0.01Ma。沉积数值模拟主要步骤包括:(1)根据区域沉积背景,建立地质概念模式;(2)通过三维地震解释,确定主要目标单元层序界面;(3)古地貌恢复,估算古水深;(4)根据每个沉积单元和水深图,估算沉降量;(5)根据工区范围和沉积厚度,结合沉积时间,计算沉积物供应量;(6)根据钻井岩心及测井解释统计沉积物岩性含量;(7)根据区域沉积背景定义物源供应方向及位置;(8)进行初次模拟,对比模拟结果和已有条件数据,优化各项参数,直到模型与已知数据点最佳吻合(张文彪、段太忠等,2017)。

### (二)控制参数定量分析

沉积模拟控制参数的获取是模拟准确性的关键,控制参数主要分为三大类:可容空间、物源供应及搬运方式。主要基于沉积背景、岩心粒度分析及野外露头类比,通过井震联合获取表征沉积过程的定量化参数。

#### 1. 可容空间分析

可容空间是指沉积物表面与基准面之间可供潜在沉积物充填的全部空间,可容空间由早期未被充填遗留下来的初始可容空间和沉积地层组成,并随地质年代发生变化(Modica C J 等,2004;Burgess P M 等,2006;Hoy R G 等,2003)。初始可容空间由湖盆基底初始水深决定,基底初始水深用古地貌来估算,古地貌越低的地方,初始基底水体越深;反之,古地貌越高的地方,初始基底水体越浅。基底初始水深对于碳酸盐岩台地生长模拟影响较大,这是由于碳酸盐岩尤其是生物礁大部分生产于浅水环境,对于水深十分敏感。因此,初始地形在很大程度决定了碳酸盐岩的分布区域。笔者依据古生物资料及沉积环境分析该研究区沉积时水深为0~20m。此外,孔隙度大一般代表生物礁或颗粒灰岩沉积,通常处于台地边缘的浅水环境;孔隙度变小意味着受波浪影响程度越小、水越深,逐渐转换为台地内部的细粒沉积物。由于该区波阻抗属性与孔隙度相关性较好,波阻抗平面图可以作为礁滩分布位置的参考,又由于生物礁是由固着生物所建造,本质上是原地沉积的碳酸盐岩建造,即通过初始地形控制生物礁生长位置,确定台地基本形态。综合上述方法,获得模拟区域初始古地形分布如图12-59所示。

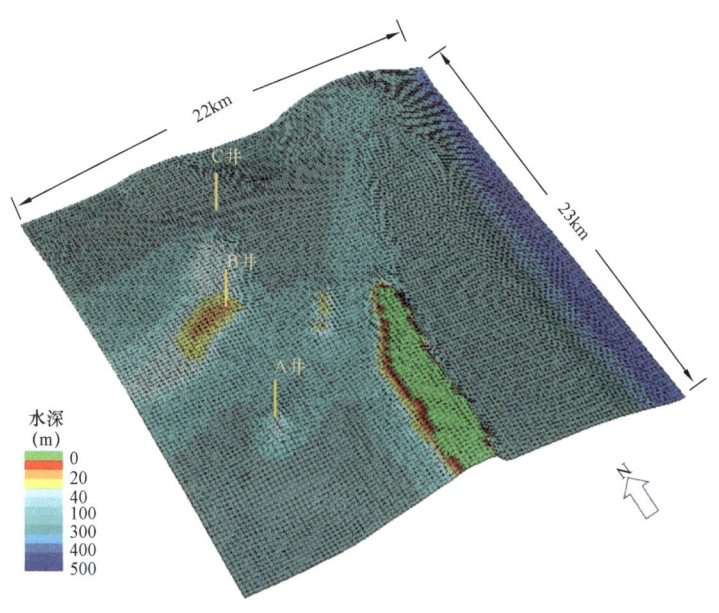

图12-59 Jupiter油田BVE200层基底初始水深图

此外,沉积过程中可容空间变化主要受控于基底沉降与基准面变化(吕明等,2010;王颖等,2012),基底沉降是由地层厚度与水深变化共同决定的,基准面变化用海平面升降曲线来表征。研究区模拟层位形成于盆地构造演化中的过渡期(117—113Ma),为被动大陆边缘形成的初始期,以陆壳拉伸、裂谷作用及基底卷入断层活动终止为标志。根据测井数据可知,BVE200期间,可容空间变大、水深变深;从BVE100开始,可容纳空间变小、水深逐渐变浅。参考全球海平面变化曲线,分析得出该地区基底沉降是一个先快速下降,随后逐渐变缓的沉降过程,结合沉积厚度确定主体沉降量在117—115.2Ma期间,沉降速率平均为38.8m/Ma,随后的115.2—113Ma期间沉降速率平均为22.7m/Ma。最后通过单井解释岩相类型及厚度变化综合得到海平面变化曲线(图12-60)。

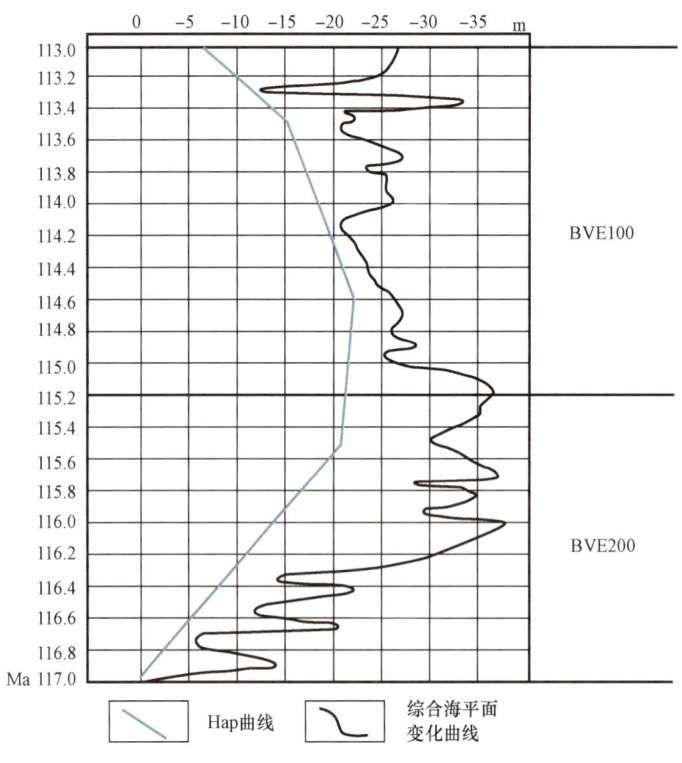

图12-60 研究层位时期综合海平面变化曲线

2. 物源供应

由于该碳酸盐岩台地为孤立台地,因此未考虑陆源碎屑沉积物供给,物源供应主要体现在碳酸盐岩产率大小。通过对三口井岩心分析,主要碳酸盐岩沉积物类型包括三种:(1)叠层石,代表生物礁沉积的高能相带;(2)颗粒灰岩,代表中高能的滩体沉积;(3)泥晶灰岩,代表滩间或潟湖等低能相带。碳酸盐岩产率主要受两种参数共同控制:水深和波浪能量。其中生物礁的生长速率主要受光照强度,也就是水深控制,该生长速率可用经验公式计算,体现出碳酸盐岩产率随水深的改变而不断变化。此外,波浪能量受控于波浪大小、波浪传播方向及古地形,这些因素均影响碳酸盐岩的生长速率和生长方向。通过地震、测井及薄片分析可知,研究区台地东侧、南侧及北侧均发育有叠层石及颗粒灰岩,证明其三个方向的波浪能量均较大,因此在研究区设置了三个波浪传播方向,角度分别为15°、180°、260°,波浪作用深度为5~20m(图12-61)。

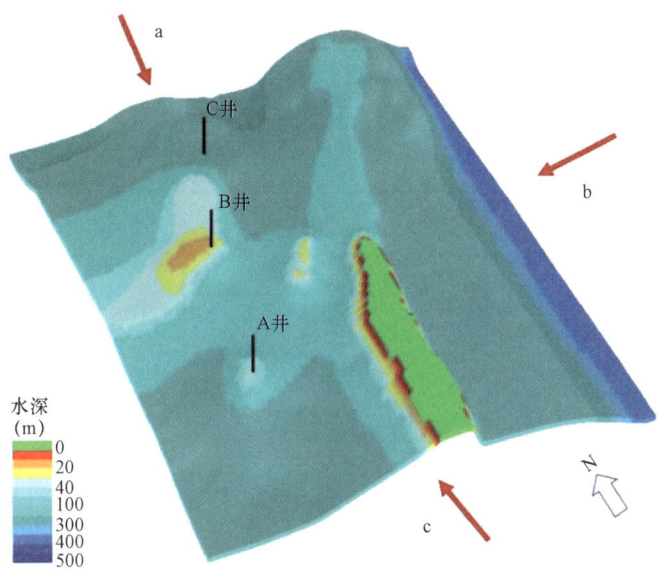

图12-61 研究区主要波浪传播方向

3. 搬运方式

对于碳酸盐岩沉积搬运作用,风向是一个重要因素,在很大程度上影响着搬运到盆地区域的沉积物数量(魏洪涛,2015)。台地在单向信风影响下,会沿背风方向伸展,而迎风一侧岸外搬运量很小,多以垂直加积方式生长(Hine A C 等,1977;Yin X D 等,2015)。因此,台地在不同方向生长变化较大,常呈现不对称生长现象。通过研究区剖面分析(图12-64)可以看出台地南侧与北侧斜坡脚的沉积厚度具有明显差异,且南侧沉积厚度明显薄于北侧,说明当时浅水沉积物大多搬运至台地北面,风向主要为南风,导致台地向北面快速伸展。波浪参数主要考虑波浪传播方向,其影响波浪能量强度在台地的分布,对于中高能碳酸盐岩,尤其是生物礁的分布影响很大。例如在图12-61B井位置长期沉积叠层石等中高能沉积物,意味着该处波浪能量较大,受波浪作用直接影响。

(三)正演模拟结果分析

沉积体发育的基本控制参数已初步获取。但由于资料的不完备性、地质过程的复杂性和方法技术的局限性等,模拟结果必然存在一定的不确定性(Riding R,2002;Osleger D A,1911;Tipper J C,1997),需要对模拟结果进行多次比对优选。首先是检查各沉积单元单井模拟岩性厚度与井点划分岩性厚度误差大小,从比较结果(表12-3、图12-62)可以看出,模拟精度与实际钻井结果稍有偏差,厚度误差控制在10%以内,但整体岩性旋回基本一致,说明岩性变化规律合理。

表12-3 BVE200~100小层沉积模拟厚度与井点厚度对比表

| 层位 | 井 | 井点地层厚度(m) | 模拟地层厚度(m) | 误差(%) |
|---|---|---|---|---|
| BVE100 | WellA | 54.8 | 52 | 5.1 |
| BVE100 | WellB | 81.28 | 80 | 1.6 |
| BVE100 | WellC | 85.5 | 87 | 1.8 |
| BVE200 | WellA | 28.64 | 26 | 9.2 |
| BVE200 | WellB | 45.27 | 44 | 2.8 |
| BVE200 | WellC | 88.9 | 85 | 4.4 |

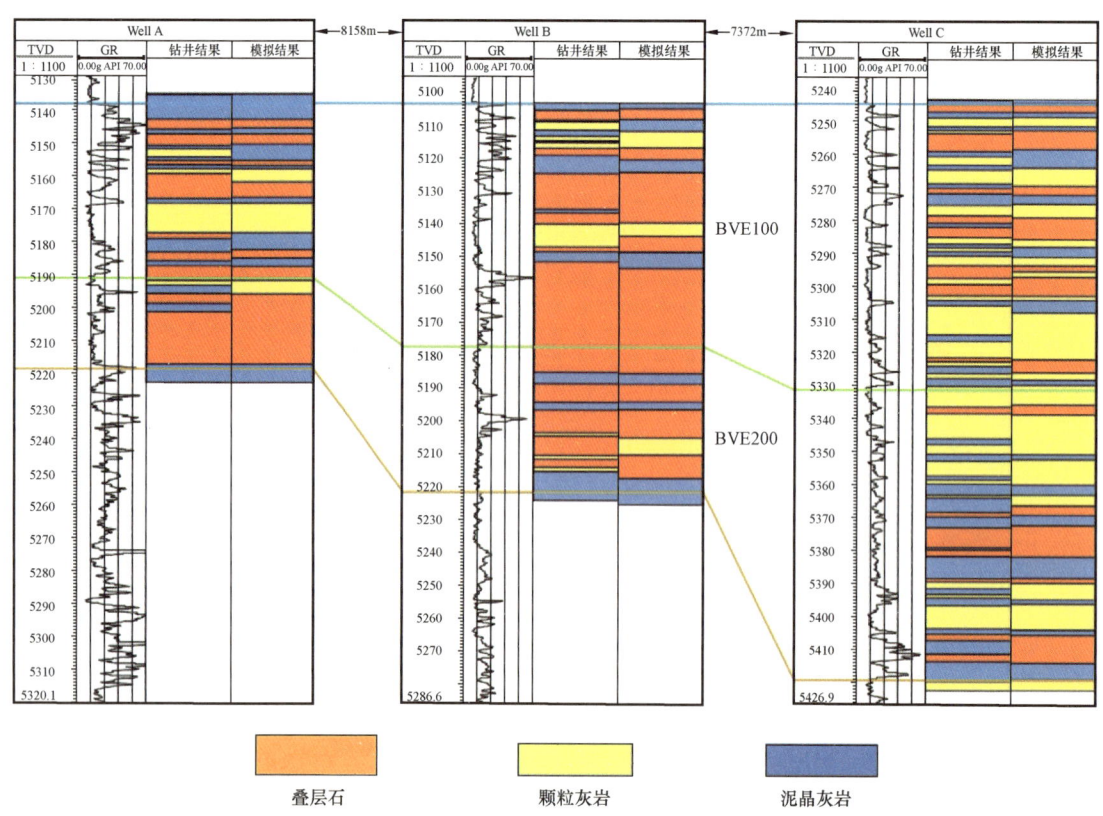

图12-62 模拟结果与实际钻井数据对比

用不同时期岩性分布来表征模拟结果,从图12-63中可以看到不同沉积时期碳酸盐岩台地的生长特征变化,图中不同颜色表示生物礁含量的大小,即沉积能量的大小,能量越强表示发育生物礁的概率越高。第一期(116.9Ma)处于台地发育初始阶段,基准面快速下降,可以发现几个孤立小台地且分布范围小;第二期(114.5Ma)基准面开始缓慢下降,处于台地发育中期,台地沉积高能沉积物,凹陷处沉积低能沉积物;第三期(113Ma)基准面下降到该时期最低,处于台地末期,沉积物供应速度达到最大,台地凹陷被大量低能沉积物充填,使孤立小台地融合形成一个大的台地。总体上,模拟结果中生物礁、颗粒灰岩和泥晶灰岩的比例与钻井揭示岩性比例基本吻合。

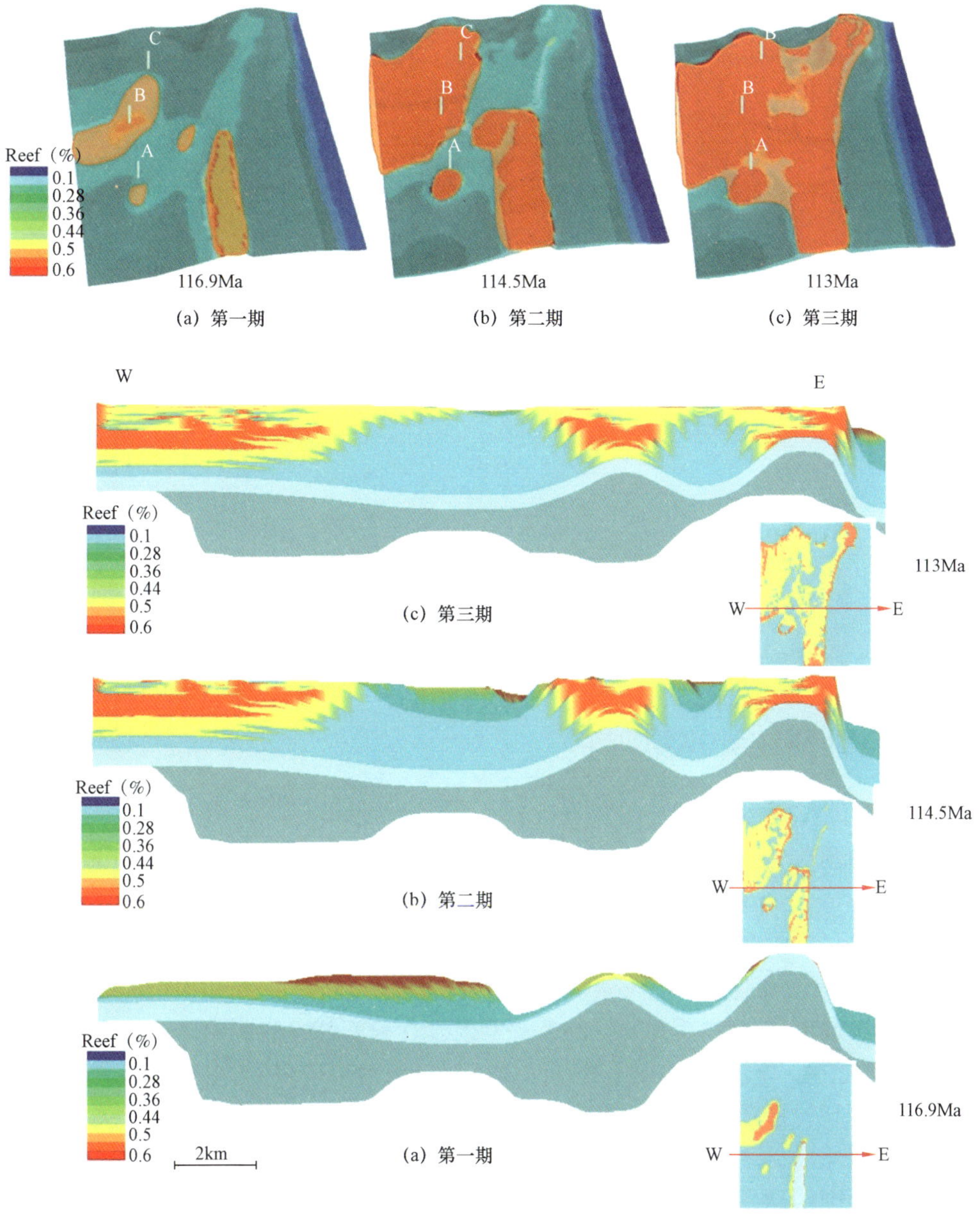

图 12-63 台地沉积演化及内部充填过程示意

此外,按照不同岩性的地震反射特征(图 12-64a),划分了不同的沉积结构相带,生物礁发育比例高表示叠层石的比例较高,根据能量减弱依次变化为以颗粒灰岩以及泥晶灰岩为主。从沉积模拟结果剖面对比图(图 12-64b)也反映出从初始阶段孤立台地向连片分布的台地发育的过程,台地间凹陷区受搬运方式控制,呈现出向一侧推进的生长模式,且迎风一侧沉积厚度小于背风侧,正是由于大量碳酸盐岩被水流携带至背风侧深水区,使台地向该侧快速推进。

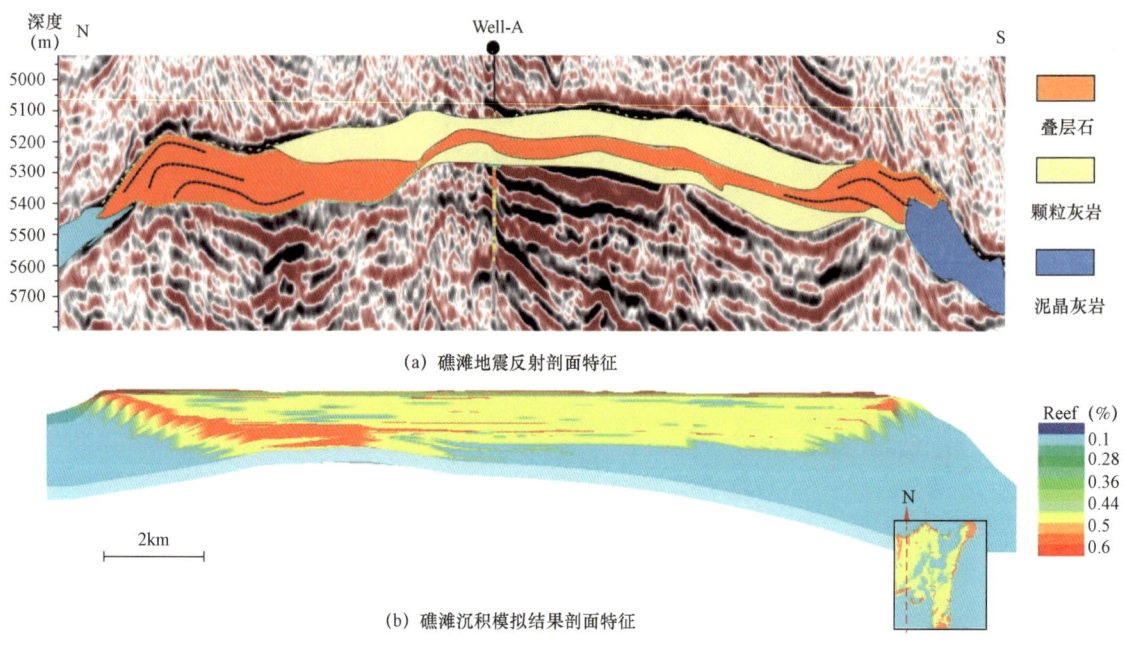

图 12-64 模拟结果与实际地震剖面解释对比

## 三、多点地质统计模拟

### (一) 三维训练图像获取

获取训练图像的方式有：相似地质条件的已有精细地质模型、人机交互式建模、高分辨率地震资料、基于目标的地质建模、卫星图像、野外露头解剖以及沉积过程模拟，其中沉积正演模拟方法较其他几种方法具有明显优势。该方法能够重现真实的地质发生过程，产生反映地质规律的沉积体，作为训练图像的意义更明确。前文沉积模拟结果分析已得知，目前这种方法与硬数据的吻合难度大，模拟结果与实钻结果对比也能分析出各时期沉积岩性变化趋势大致符合，但沉积厚度存在一定误差，主要是受正演模拟控制条件精度限制，在较大区域尺度与时间尺度上要做到精细岩相完全吻合比较困难，目前仅能反映较大尺度的地层叠置关系。沉积模拟控制参数的误差以及尚未考虑到的参数都会使模拟结果与真实数据之间产生偏差，而且这种偏差在区域范围广、地层时间跨度大的区域更为突出。但是，该正演模型仍可以反映碳酸盐岩的基本形成过程，合理的模拟出各沉积相的接触关系，可以作为地质建模中训练图像的一个重要来源。

将该沉积模拟结果以角点网格形式导入到 Petrel 软件中，从平面和三维栅状图可以看出(图 12-65)，相带结构和空间接触关系均保持原始沉积模拟时的结果，也完整保留了基准面上升的台地生长过程，且训练图像的网格尺寸与将要开展多点模拟的网格尺寸相匹配，保证了三维空间搜索的精度和准确性。

### (二) 多点统计模拟关键步骤

多点模拟包括模式库建立和模式重现，上述沉积过程模拟提供了合理的训练图像，为模式

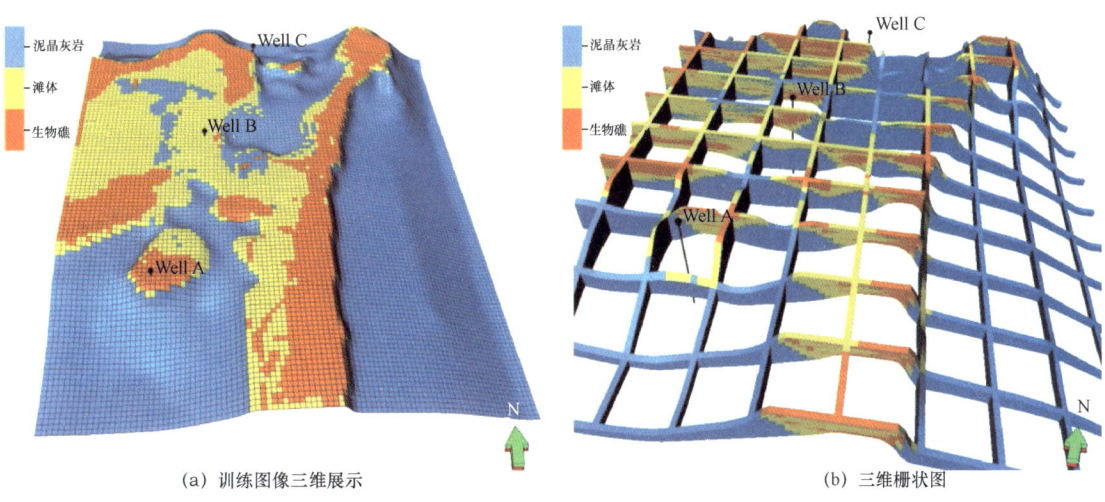

(a) 训练图像三维展示　　　　　　　(b) 三维栅状图

图 12-65　台地沉积三维训练图像空间分布特征

库建立奠定了基础。模式重现过程是使地质模式与井点硬数据、井间软数据有效结合,形成三维地质模型。训练图像建立之后,多点统计模拟的关键步骤是选取合适的数据模板和建立不同类型沉积单元分布的概率体。

本次多点统计模拟基于 Petrel 软件平台,采用较为成熟的 Snesim 算法,以单井解释岩相数据为基础,在相控基础上,沿着相同的(微)相进行分层模拟,分别模拟出三种(微)相:生物礁、滩体、泥晶灰岩的分布;同时,用地震反演得到的岩性分布概率作为三维约束,借助生成的三维训练图像对研究区 BVE300~100 这三个小层的碳酸盐岩台地沉积进行模拟,依次获得每个小层的沉积微相分布模型。其中在建立数据模板(即搜索树)过程中,搜索半径大小主要参考工区的变程,由于训练图像和模拟工区网格大小一致,因此规模系数采用1:1,搜索过程中避免了由于网格尺度差异带来的误差。同时,考虑各个小层之间碳酸盐岩生长的继承性和韵律关系,分层展开模拟,且各小层之间的接触关系作为最后模型优选的一个标准。井间概率体约束也是提高模拟结果准确度的重要步骤之一,碳酸盐岩台地不同岩性的分布与古构造位置关系密切;此外,地震反演也能够大致预测不同岩性在空间分布的概率(图 12-66),将概率分布与训练图像结合,更好地重现碳酸盐岩台地的生长位置。

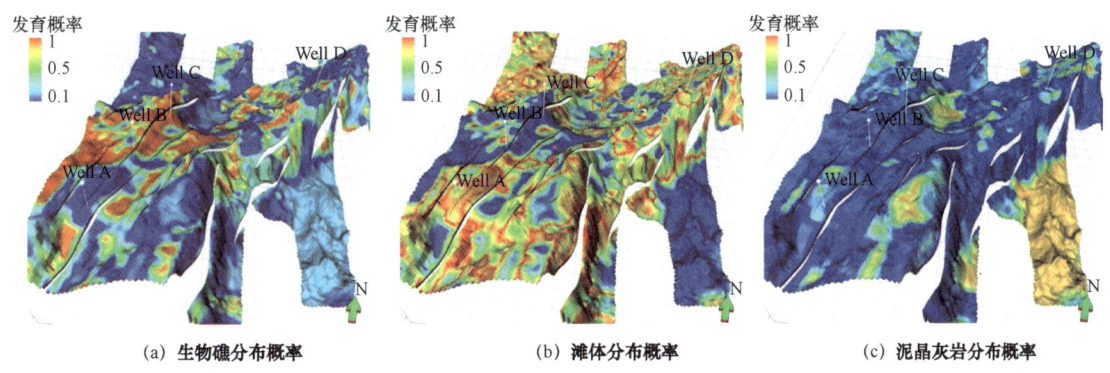

(a) 生物礁分布概率　　　　(b) 滩体分布概率　　　　(c) 泥晶灰岩分布概率

图 12-66　碳酸盐岩各岩相空间分布概率体

## (三) 模拟结果分析

根据上述工作流程,对目标层段 BVE 的三个小层微相分别进行模拟,图 12-67a 为井震联合约束得到的多点统计三维模拟结果。从图中可以看出,碳酸盐岩台地微相模拟结果在忠实于井数据的条件下,能够再现训练图像反映的礁滩相展布特征;从栅状图(图 12-67b)可见,从高能带的礁相、到中高能带的滩相最后过渡到低能的潟湖或开阔海细粒沉积,剖面上接触和叠置关系合理,过渡比较自然,也体现出了碳酸盐岩台地侧向生长的特点。

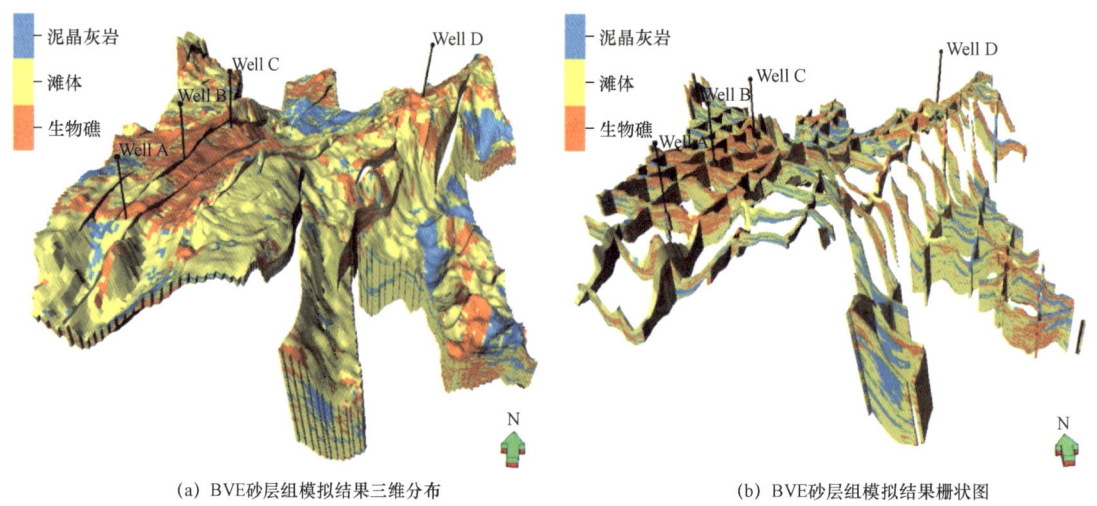

(a) BVE砂层组模拟结果三维分布    (b) BVE砂层组模拟结果栅状图

图 12-67  多点地质统计模拟结果三维分布

图 12-68 为三维模型中 BVE100 小层由上到下抽取的三个地层切片。从相带分布范围变化来看,该层段从底部到顶部呈现出 A/S(可容纳空间与沉积物供给量之比)逐渐变小的过程,与单井及前面沉积模拟结果反映的韵律变化相一致,说明三维训练图像在平面形态和纵向演化上均能对模拟过程进行约束。

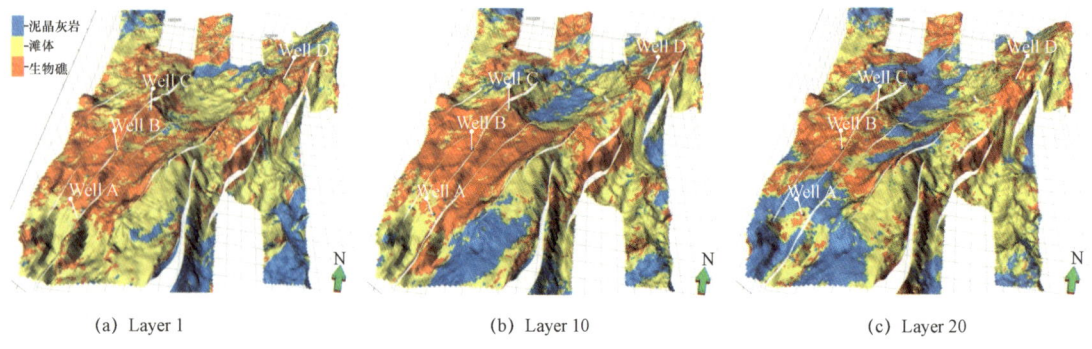

(a) Layer 1    (b) Layer 10    (c) Layer 20

图 12-68  BVE100 小层模拟结果纵向变化

从过 C 井剖面(图 12-69)也对模拟结果进一步验证其合理性。受古地形控制,从高部位的生物礁沉积逐渐转变为颗粒滩沉积,显然在中部构造低部位(潟湖沉积)以及外侧开阔海地带以低能的细粒泥晶灰岩沉积为主。生物礁与滩以及滩间细粒沉积的接触关系也具有受波浪方向控制的特点,呈逐渐过渡趋势。当然,剖面中也存在个别相变不合理的位置,如图12-69中生物礁沉积内部夹杂少量低能细粒沉积,而在训练图像中并未出现此现象。分析其原因主要与多点算法(Snesim)本身模拟连续性方面存在一些缺陷有关,可以在后期通过人机交互适当修正。

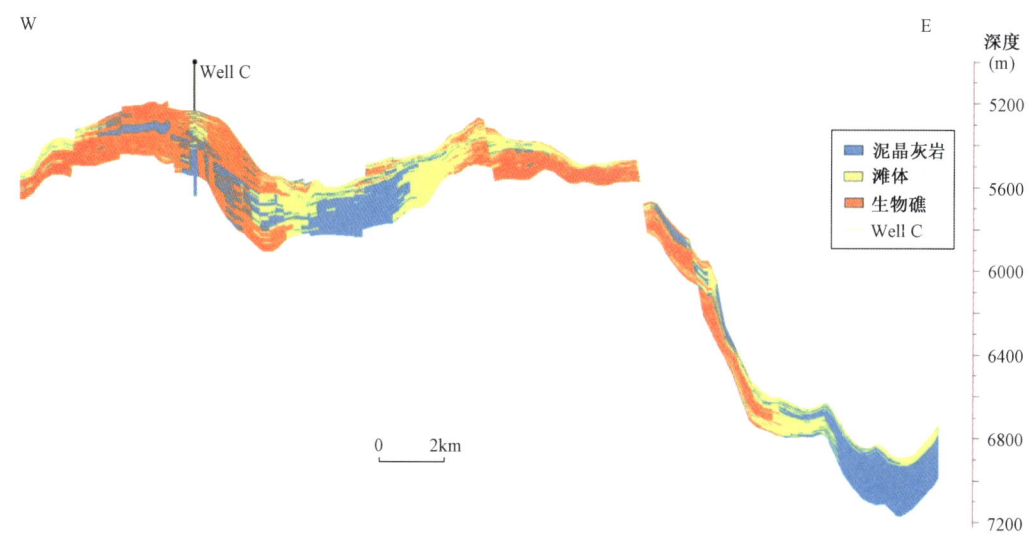

图12-69 模拟结果过井剖面分析

### (四)模拟效果对比

在开展本次技术思路研究之前,笔者基于该区已有二维地震相解释结果,采用相控序贯指示模拟(SIS)的方法对每个小层进行了三维沉积相模拟。从当时的模拟结果(图12-70a)看,相分布较为零散,且分布规律不明显,说明仅依靠变差函数很难控制好相的连续性和规模;而从本次多点建模结果(图12-70b)来看,相的连续性明显变好,接触关系合理,而且在构造趋势的约束下,不同相带的分布位置也符合碳酸盐岩台地边缘沉积的规律。

为体现三维训练图像的优势,从剖面进一步对比。由于碳酸盐岩台地沉积受古地形控制作用非常明显,因此,不同的构造位置反映不同的沉积能量,也对应着不同的沉积物。显然多点模拟结果(图12-71a)中,从高部位的生物礁沉积逐渐转变为颗粒滩沉积,中部构造低部位(台内洼地)及外侧斜坡—盆地相带以低能细粒泥晶灰岩沉积为主,而且相带之间的过渡和接触关系较为平缓;而SIS模拟结果中(图12-71b),沉积相位置显然难以控制,构造低部位出现了高能量的礁滩沉积,且整体缺乏纵向上的演化关系,这也是二维相控存在的主要问题之一。

从整体模拟结果的对比来看,三维训练图像是本次多点地质统计模拟取得较好效果的关键因素,其综合了平面趋势和垂向变化的优势,因此,未来三维训练图像的获取及评价应该得到重视。

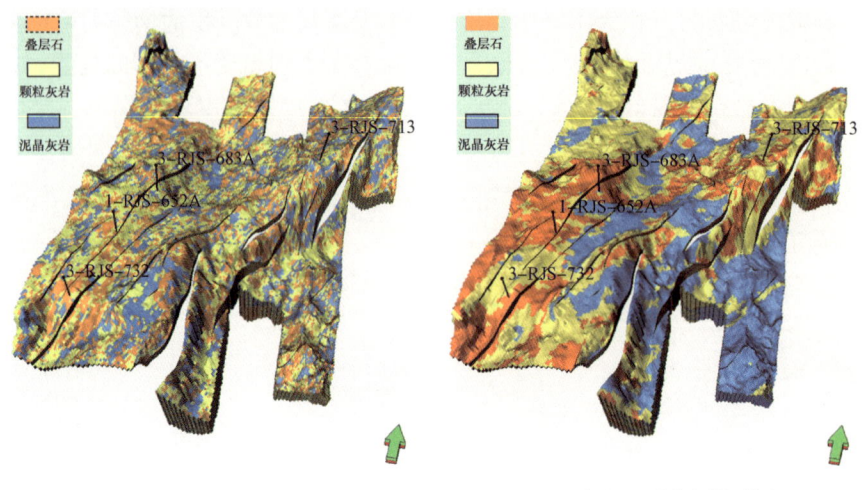

(a) 二维相控约束SIS模拟结果　　　　　(b) 多点地质统计学模拟结果

图 12-70　模拟结果三维对比

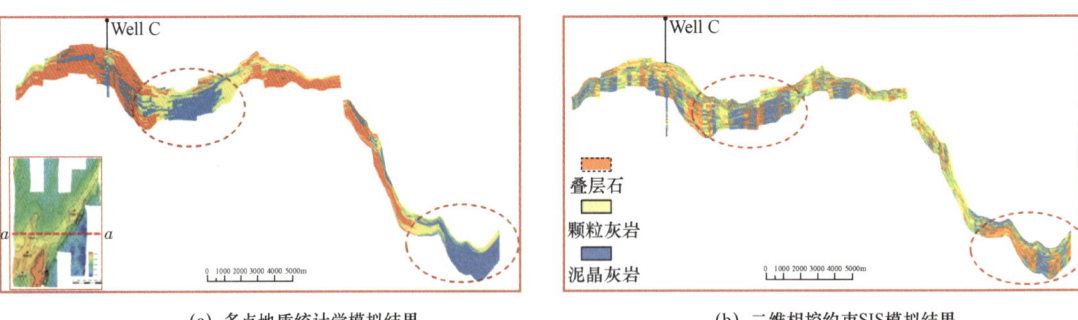

(a) 多点地质统计学模拟结果　　　　　(b) 二维相控约束SIS模拟结果

图 12-71　模拟结果剖面对比（据张文彪、段太忠等，2017）

## 第五节　孔隙型碳酸盐岩油藏地质建模

"相控"建模方法在碎屑岩属性建模中得到广泛应用，取得了很好的效果，有效解决了井间属性预测这一难题，但在碳酸盐岩油藏建模方面存在着不足。在 Y 油田井间属性预测研究过程中发现，井间孔隙度分布能够采用沉积相或地震波阻抗进行控制或协同模拟，但相对于孔隙度具有更大不确定性的渗透率和饱和度，由于孔隙型碳酸盐岩油藏沉积成岩作用复杂，导致油藏非均质性强，沉积相和岩相内孔隙度—渗透率无明显相关关系，且沉积相和岩相内饱和度的分布也无明显的规律性，难以采用成熟的"相控"建模方法建立可靠的渗透率和饱和度三维分布模型。针对 Y 油田 S 组和 F 组的不同储层特征，分别提出"基于地震与岩石类型"和"沉积相耦合岩石类型"的孔隙型碳酸盐岩油藏地质建模方法。

### 一、Y 油田油藏地质特征

Y 油田位于扎格罗斯盆地中部，面积约 500km²，地质储量约为 $20 \times 10^8$t。构造形态为一南北向展布的宽缓的背斜构造。白垩系的S组和F组石灰岩为该油田的主力储层。

F组和S组及以上地层不存在明显的断层特征,更不存在贯穿整个工区的较大级别的断层,整个工区1°~3°的小的地层倾角也预示着该区没有经历强烈的构造变形。S组背斜圈闭的面积200km², 高点埋深2680m, 闭合幅度120m; F组背斜圈闭的面积195km², 高点埋深4000m, 闭合幅度160m。

根据区域沉积背景及周边油田沉积模式,结合Y油田取心井岩心描述、薄片、化石鉴定、测井及地震资料综合研究,认为Y油田S组和F组主要沉积在阿拉伯板块被动大陆边缘的碳酸盐岩缓坡带上,并进一步划分出以下几种亚相:生物礁滩、滩间、滩前、潟湖和开阔海,建立的沉积模式如图12-72所示。

根据岩性组合、古生物特征以及测井曲线形态,分析了各沉积亚相的特征,见表12-4。

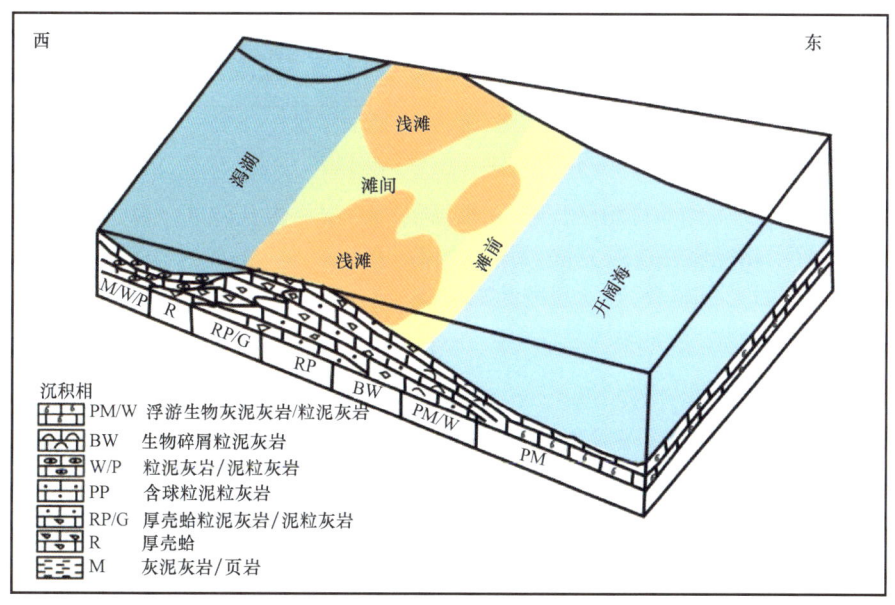

图12-72 Y油田S组和F组沉积模式图

表12-4 Y油田沉积亚相特征

| 沉积亚相 | 测井曲线 | 曲线特征 | 描述 | 岩心照片 | 薄片镜下照片 |
|---|---|---|---|---|---|
| 浅滩 | | | 低GR,高孔隙度,中高RT | | |
| 滩前 | | | 低GR,高孔隙度,中高RT | | |

续表

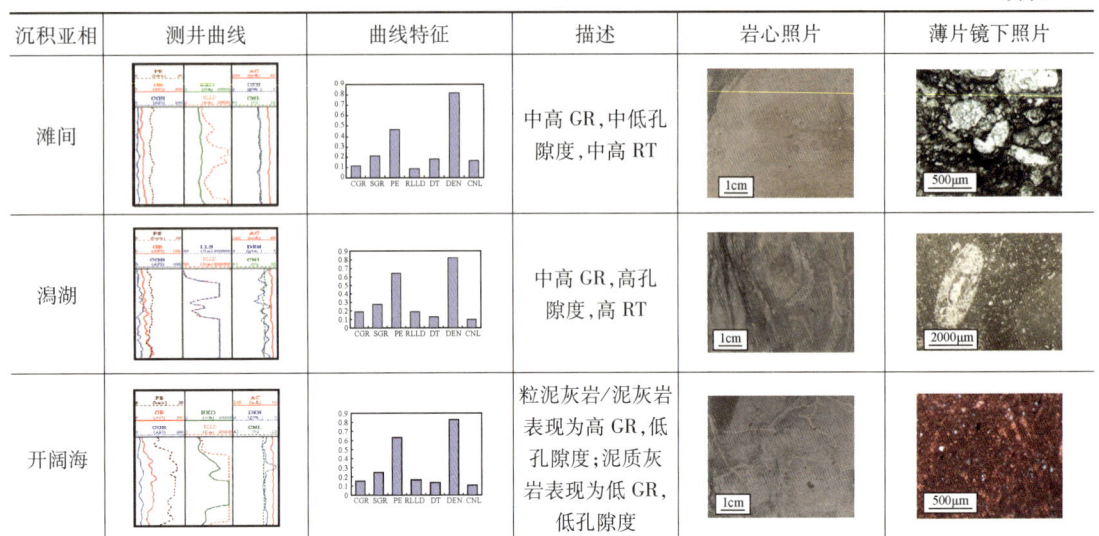

## 二、岩石类型划分与预测

碳酸盐岩储层受成岩作用影响大,非均质性强,其沉积相内孔隙度—渗透率无明显相关关系,采用传统的沉积相控属性建模方法,无法建立符合地质实际的属性模型。与沉积相不同,基于岩石物理特性的岩石类型,对所属的孔隙度—渗透率和饱和度分布具有较好的控制作用,可以用来约束建立碳酸盐岩油藏属性模型。

### (一) 岩石类型划分方法

Winland $R_{35}$ 方法认为在进汞饱和度为35%时孔隙度、渗透率和孔喉半径相关性最好。然而,孔隙度和渗透率与孔喉半径间的最好相关性并不总是发生在进汞饱和度为35%时。Y油田开展了大量的毛细管压力实验,我们拟合了同进汞饱和度从10%到85%对应的孔喉半径与孔隙度、渗透率的关系,发现进汞饱和度为30%相关性最好(表12-5)。由图12-73可以看出当进汞饱和度为30%时,单位压力下其进汞量最大,$R_{30}$可以代表该区块的特征孔喉半径,因此采用$R_{30}$公式进行岩石类型划分。

表12-5 针对雅达油田的经验公式(根据岩心测的孔隙度、渗透率和毛细管压力数据)

| 进汞饱和度(%) | 拟合公式 | 相关系数($R^2$) |
| --- | --- | --- |
| 10 | $\lg R_{10} = 0.678 + 0.509\lg K - 0.292\lg \phi$ | 0.807 |
| 15 | $\lg R_{15} = 0.668 + 0.520\lg K - 0.449\lg \phi$ | 0.850 |
| 20 | $\lg R_{20} = 0.647 + 0.517\lg K - 0.550\lg \phi$ | 0.874 |
| 25 | $\lg R_{25} = 0.631 + 0.513\lg K - 0.626\lg \phi$ | 0.886 |
| 30 | $\lg R_{30} = 0.611 + 0.509\lg K - 0.694\lg \phi$ | 0.895 |
| 35 | $\lg R_{35} = 0.590 + 0.502\lg K - 0.751\lg \phi$ | 0.887 |
| 40 | $\lg R_{40} = 0.571 + 0.495\lg K - 0.803\lg \phi$ | 0.867 |
| 45 | $\lg R_{45} = 0.556 + 0.487\lg K - 0.851\lg \phi$ | 0.838 |

续表

| 进汞饱和度(%) | 拟合公式 | 相关系数($R^2$) |
|---|---|---|
| 50 | $\lg R_{50} = 0.537 + 0.477\lg K - 0.894\lg\phi$ | 0.812 |
| 55 | $\lg R_{55} = 0.519 + 0.466\lg K - 0.934\lg\phi$ | 0.790 |
| 60 | $\lg R_{60} = 0.499 + 0.454\lg K - 0.971\lg\phi$ | 0.771 |
| 65 | $\lg R_{65} = 0.479 + 0.442\lg K - 1.006\lg\phi$ | 0.756 |
| 70 | $\lg R_{70} = 0.461 + 0.427\lg K - 1.040\lg\phi$ | 0.743 |
| 75 | $\lg R_{75} = 0.444 + 0.412\lg K - 1.071\lg\phi$ | 0.734 |
| 80 | $\lg R_{80} = 0.426 + 0.396\lg K - 1.101\lg\phi$ | 0.728 |
| 85 | $\lg R_{85} = 0.407 + 0.378\lg K - 1.131\lg\phi$ | 0.727 |

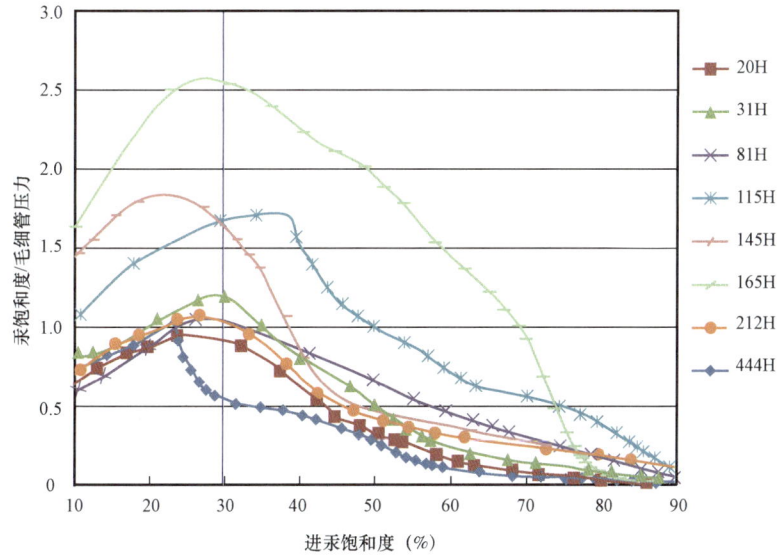

图 12-73 不同毛细管压力下进汞量

### (二)岩石类型划分结果

根据拟合的 $R_{30}$ 方程,对 Y 油田孔隙型碳酸盐岩油藏 S 组和 F 组进行岩石类型划分。划分标准为:(1)岩石类型 1:$R_{30} \geqslant 3.0\mu m$;(2)岩石类型 2:$1.0\mu m \leqslant R_{30} < 3.0 m$;(3)岩石类型 3:$0.3\mu m \leqslant R_{30} < 1.0\mu m$;(4)岩石类型 4:$0.1\mu m \leqslant R_{30} < 0.3\mu m$;(5)岩石类型 5:$R_{30} < 0.1\mu m$。

S 组虽然类型 1 占比非常小,但各岩石类型均有分布,最终将 S 组的岩石类型划分为五类(图 12-74)。S 组的干层界限是 $\phi < 6.5\%$。F 组各岩石类型均占有一定比例,故最终将 F 组划分为五种岩石类型(图 12-75)。F 组的干层界限是 $\phi < 5\%$,地质储量分类评价时,将干层单独作为一类处理。

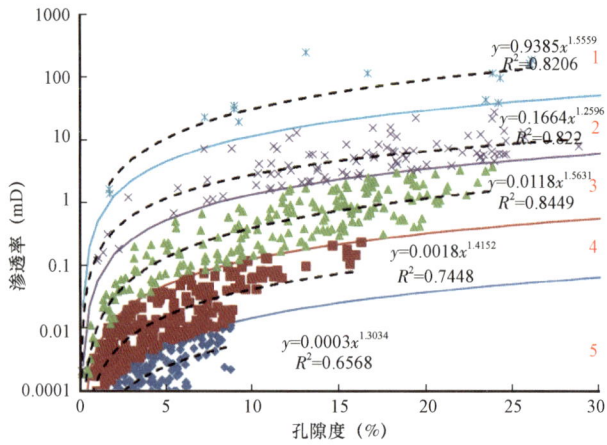

图 12-74　S 组最终岩石类型划分结果图

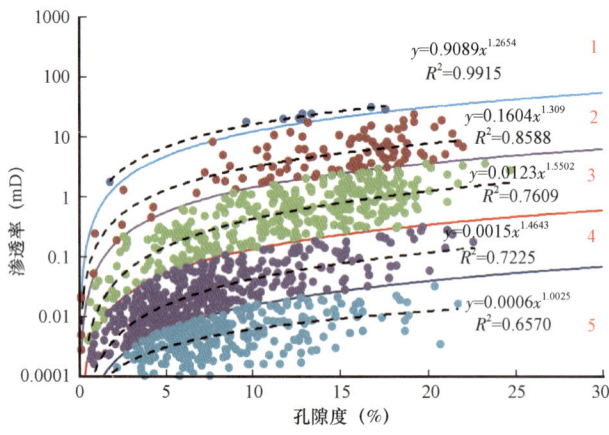

图 12-75　F 组最终岩石类型划分结果

每一块岩心均有一个取样深度,可以获得对应深度的测井数据(VSH、RT、RS、CNL、DEN、DT、POR、SW 等),该岩心的岩石类型与对应测井数据组成一个样本。应用取心井样本数据,采用 KNN(K Nearest Neighbor)算法建立岩石类型与测井曲线的关系。以测井曲线为纽带,利用所建立的关系预测未取心段或者未取心井岩石类型,得到每口井连续的岩石类型曲线。图 12-76 为某口盲井预测结果与实测结果的对比,可以看出该算法预测精度较高。

## 三、基于地震与岩石类型的地质建模

### (一)变差函数的获取

相对 S 组的油藏面积(约 500km$^2$),该区域井少(55 口),井距大(平均 2000m),而且井主要分布于油藏的构造高部位,直接通过井数据拟合得到的横向变差函数没有全局代表性。但 S 组地震数据分辨率比较高,覆盖整个油藏,由地震数据获取的横向变差函数可以更准确地反映油藏参数全区的变化。因此,横向变差函数从地震数据中获取,垂向变差函数由测井数据拟合得到(图 12-77)。

# 第十二章 油气藏地质建模实例

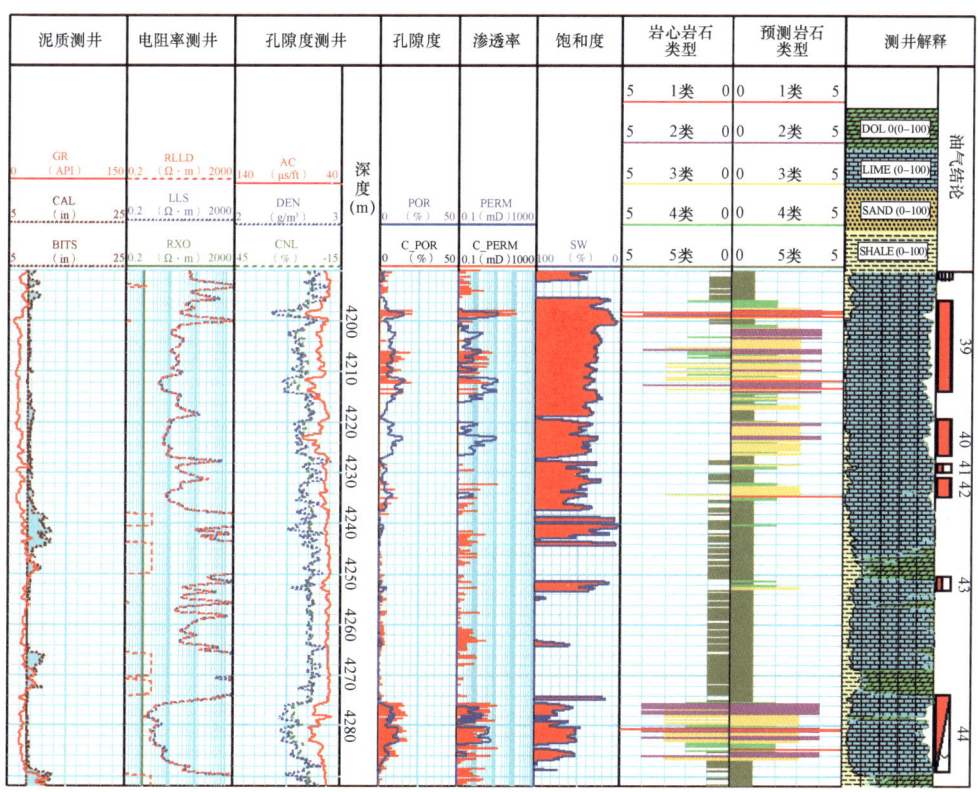

图 12-76 KNN 算法预测 X 井岩石类型

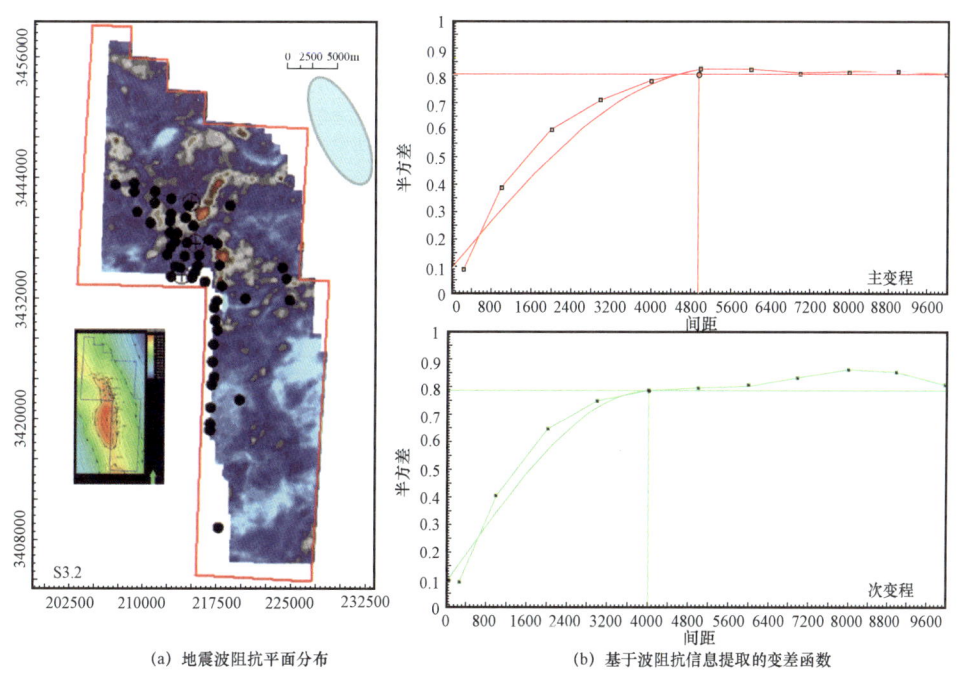

(a) 地震波阻抗平面分布　　(b) 基于波阻抗信息提取的变差函数

图 12-77 通过地震获取变差函数

## (二)地震波阻抗与岩石类型相关性研究

由改进的Winland$R_{35}$的经验公式可以看出,该岩石类型划分方法不考虑储层的沉积和成岩作用,只考虑影响渗流的喉道半径、渗透率和毛细管压力三个因素,划分出的岩石类型既不同于沉积相,也不同于岩相,虽与地质特征有一定联系,但无明确的地质含义,其空间展布无有效的地质模式指导,直接根据井数据进行随机模拟建模的地质意义不明确。因此,探索根据地震波阻抗与岩石类型之间的相关关系,采用地震波阻抗三维数据体对岩石类型进行约束。

根据测井密度和声波曲线,计算得到井的波阻抗曲线(WAI),并将井的波阻抗曲线粗化到与地震波阻抗(AI)相同的尺度;同时,沿取心井轨迹采样地震波阻抗数据,将取心井上的地震波阻抗数据和井波阻抗数据投射到数值范围相同的交会图版上,建立地震波阻抗与测井波阻抗之间的相关性,相关系数达到0.9112($R^2 = 0.8303$)(图12-78)。由于井的波阻抗曲线与岩石类型未截断分类数据(连续数据)的尺度相近,直接绘制井波阻抗与岩石类型数据的交会图,相关系数为0.885($R^2 = 0.783$)(图12-79)。从图12-78和图12-79可以看出,通过井波阻抗数据,可以从物理意义上建立地震波阻抗与岩石类型之间的相关关系,为三维地震波阻抗数据体约束岩石类型空间分布奠定基础。

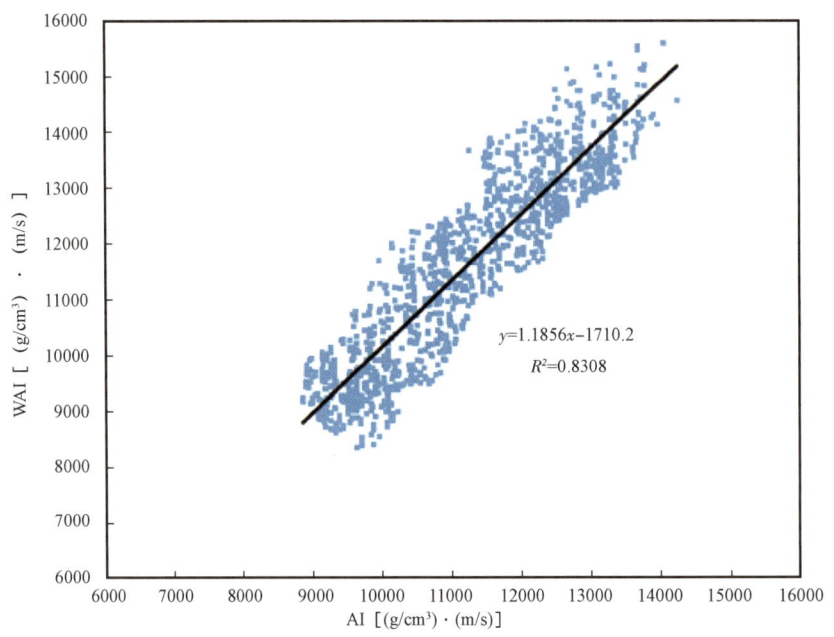

图12-78 取心井处井波阻抗与地震波阻抗相关关系

## (三)岩石类型模型

井震结合确定S组的层面和构造,采用角点网格建立S组的构造模型。在此基础上,应用加权算术平均方法将单井波阻抗数据和喉道半径数据采样到三维网格中,生成沿井轨迹的井波阻抗和喉道半径数据。

序贯高斯模拟是最经典的连续变量随机模拟方法,是采用多种方式整合地震等多重信息

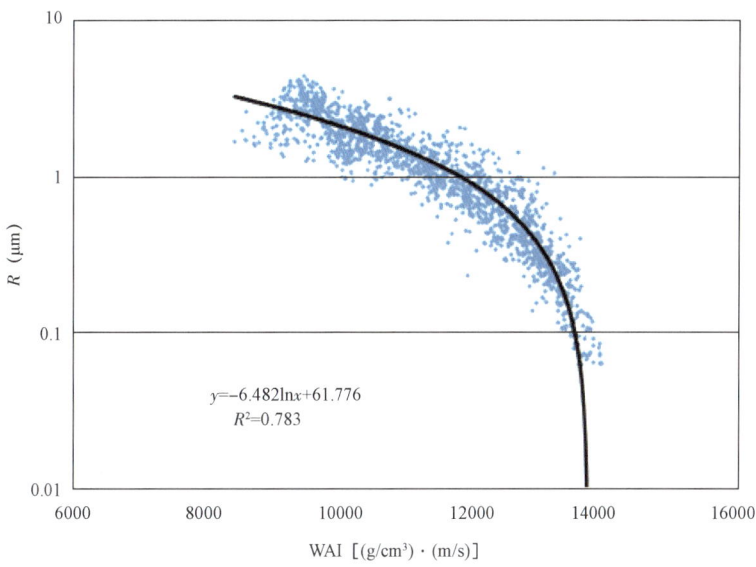

图 12-79 取心井处井波阻抗与岩石类型(未截断)相关关系

进行连续变量的模拟。由于三维地震波阻抗体数据质量较好,可以准确获取变量(井波阻抗和喉道半径)的横向变差函数,同时地震体又可以作为体数据约束进行变量的协同模拟,加之纵向变差函数通过井数据获取,既能整合多种类型和尺度的数据,又能克服模拟方法的不足,所以选用序贯高斯模拟方法建立三维岩石类型。首先采用序贯高斯模拟方法,协同地震波阻抗体,建立井波阻抗三维模型;再以井波阻抗为协同模拟条件数据,在单井喉道半径数据的基础上,建立喉道半径三维模型;应用岩石类型划分标准,对三维喉道半径模型进行截断,得到最终的离散岩石类型三维模型。

S 组的岩石类型模型如图 12-80 所示,可以看出,岩石类型在横向上与地震波阻抗有很好的反对应关系,地震波阻抗值越大,岩石类型的物性越差;横向上岩石类型由好逐渐变差,很好地反映了孔隙型碳酸盐岩油藏横向上的地质特征;纵向上,物性最差的 RT4 主要以隔层和夹层的形式分布,将较好的储层分成两个主要的连续分布段,顶部 S1 小层物性较差,为非储层段,与地质认识一致。

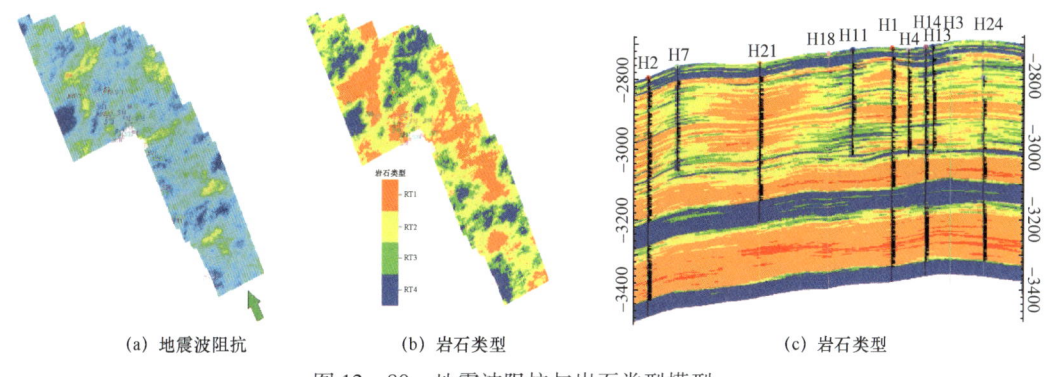

图 12-80 地震波阻抗与岩石类型模型

## 四、沉积相耦合岩石类型的地质建模

### (一)岩石类型建模方法

通过单井波阻抗,建立 F 组地震波阻抗与岩石类型之间的相关关系。结果发现,无论在测井尺度下(图 12-81),还是在地震尺度下(图 12-82),地震波阻抗和井波阻抗均无明显的相关性;并且,取心井处抽提的地震波阻抗与岩石类型值($R_{30}$)也无明显的相关性。但是,统计各个沉积相内岩石类型的分布规律发现,不同的沉积相内,岩石类型的分布具有一定的规律性:随着沉积相带水动力逐渐变强,喉道半径逐渐变大,分布形态和峰值逐渐向大喉道半径方向偏移(图 12-83)。

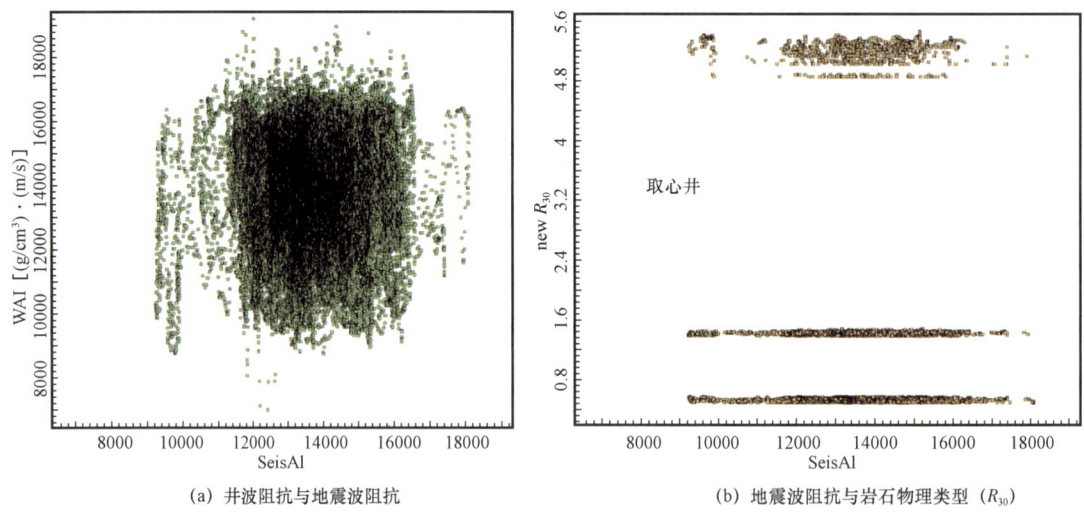

(a) 井波阻抗与地震波阻抗　　　　　　(b) 地震波阻抗与岩石物理类型($R_{30}$)

图 12-81　F 组测井尺度下地震波阻抗与井波阻抗及岩石类型交会图

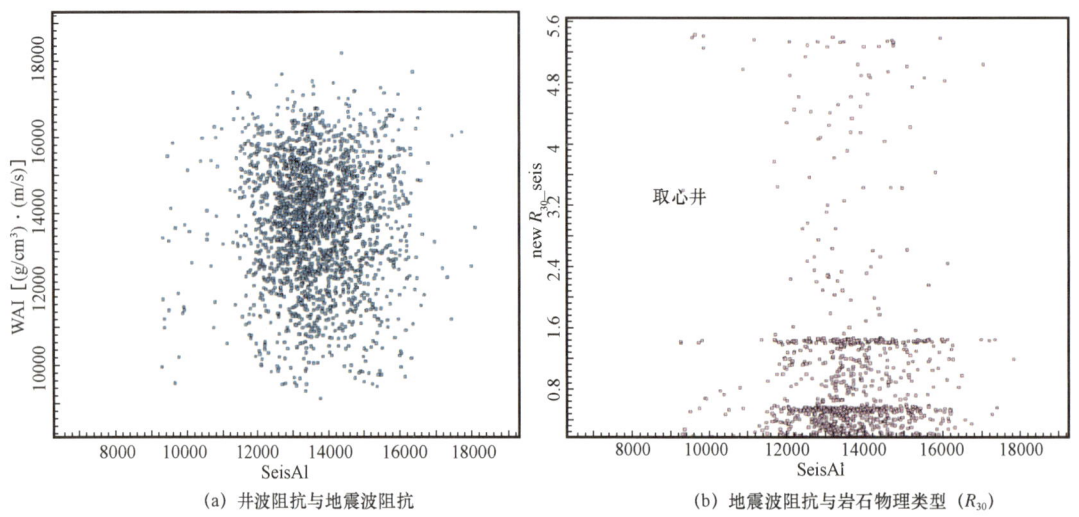

(a) 井波阻抗与地震波阻抗　　　　　　(b) 地震波阻抗与岩石物理类型($R_{30}$)

图 12-82　F 组地震尺度下井波阻抗与地震波阻抗及岩石类型交会图

基于取心井信息与地震信息、沉积相与孔喉半径的分析,针对F组地震数据与取心井信息相关性不强、沉积相对岩石类型和孔隙度分布规律具有控制作用及岩石类型对属性分布的约束关系等特征,提出沉积相耦合岩石类型的孔隙型碳酸盐岩油藏建模方法,有效提高了该类油藏岩石类型三维建模的可靠性。

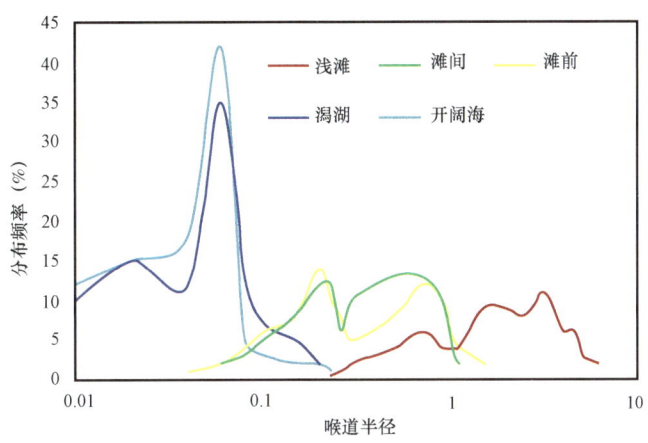

图12-83 不同沉积相内喉道半径分布频率图

## (二)沉积相建模

在沉积模式的指导下,对取心井的测井曲线、岩心照片等资料与沉积相进行分类研究,得到各沉积亚相的岩心相标志和测井相标志。对于未取心井沉积相的划分,传统的方式就是依据取心井得到的测井相标志进行人工划分。该方法直接、有效,但是在井多的情况下,不仅工作量大,而且由于人工沉积相划分时的定量标准不易准确把握,带有一定的主观性,导致沉积相划分标准执行难度大。为此,在未取心井测井曲线数据的基础上,提出了基于PCA的KNN沉积亚相自动识别方法(李艳华等,2017)。KNN是一种非参数分类算法,根据已知类别标签的$X$个训练集样本,与待分类$X$个训练集样本之间的距离,选择最邻近的$K$个类别中的大多数类来标定此未知类的类别。在实际运用中,测井相相当于类,测井相内的多种测井曲线相当于训练集样本,由于井多,加之测井相类别为多类,测井曲线多且曲线之间存在多重共线性现象,直接采用KNN将导致计算量大,效率低,甚至带来额外误差,因此,在KNN分类之前,先采用PCA方法对测井曲线进行标准正交变换,既最大限度保留了测井曲线包含的原始数据信息,又起到去线性关系和降维的目的。采用基于PCA的KNN沉积亚相自动识别方法,以7口取心井为目标对沉积亚相预测结果进行交叉检验,与取心井人工沉积亚相划分结果相比(图12-84),预测符合率达到85%以上,总体可达90%以上,证明该方法可靠。采用该方法对F组48口未取心井进行沉积亚相划分。

根据地震属性与地层岩性的相关关系,通过地震属性提取与优选,建立能够反映沉积亚相的地震属性参数,并对地震属性参数进行聚类,得到与沉积亚相对应的地震相。在此基础上,根据单井沉积亚相对地震相进行校正,对局部不符合的地震相进行修正,得到基于地震相的平面沉积亚相图。

考虑剖面井位的代表性和剖面对F组的控制作用,选取南—北向和东—西向两条剖面进

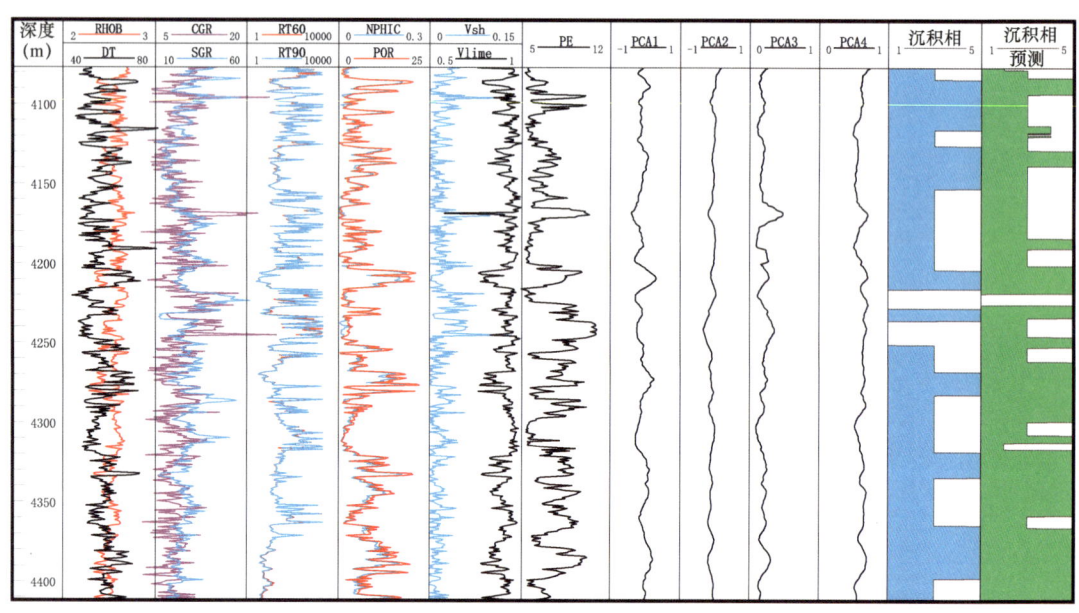

图 12-84　F 组沉积相自动识别

行剖面相分析。在单井沉积相分析的基础上,充分考虑沉积模式和沉积相的平面展布,分析沉积相剖面分布规律。从沉积相剖面可以看出,F 组纵向上相变迅速,横向上相对稳定。F4 层浅滩相广泛分布,偶见滩间沉积;F3 层主要是滩间和潟湖沉积;F2 层在西南部发生海侵,开阔海相遍布全区,之后海退,又演化成生物滩相;F1 层 3 小层潟湖相发育,F1 层 2 小层、F1 层 1 小层广泛发育浅滩。

基于地质、地震、测井得到的沉积相认识,采用序贯指示模拟方法,建立 F 组沉积相模型(图 12-85)。

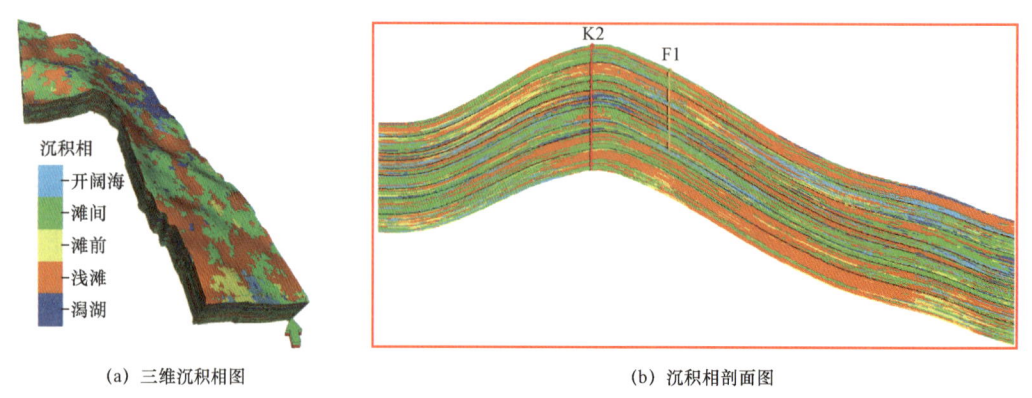

(a) 三维沉积相图　　　　　　　　　　(b) 沉积相剖面图

图 12-85　F 组油藏沉积相三维分布模型

通过分析沉积相三维分布模型可以发现,横向上,浅滩沿南北方向分布,中间被滩间亚相充填,滩前亚相分布于浅滩周围,与沉积模式吻合较好。限于研究区的规模,开阔海和潟湖亚相的横向分布虽大致与沉积模式一致,但分布形态不明显;纵向上,下部浅滩亚相广泛发育,中部主要发育滩间、开阔海等亚相,上部浅滩亚相分布较中部增多,与地质剖面相分析结论具有较好的一致性。

### (三)岩石类型建模

取心井岩石类型的划分采用改进的 Winland$R_{35}$ 岩石类型分类方法,未取心井岩石类型的识别采用沉积相自动识别同样的方法。岩石类型的划分采用岩石物理分类方法,只考虑孔隙度、渗透率、毛细管压力等影响渗流的因素,没有确定的地质概念和地质模式与之匹配,如果岩石类型三维建模在单井数据的基础上直接采用序贯指示模拟方法,因无地质模式等先验地质认识作为约束,难以建立可靠的空间分布模型。但是通过不同沉积相内岩石类型的喉道半径分布可以看出,岩石类型在沉积相内的分布具有一定的规律性。因此,以沉积相三维模型为约束,在井岩石类型数据的基础上,采用序贯指示模拟方法,分相建立岩石类型三维模型(图12-86)。从沉积相与岩石类型模型对比图可以看出,1类和2类岩石类型主要发育于浅滩部位,四类岩石类型主要发育于潟湖和开阔海部位。

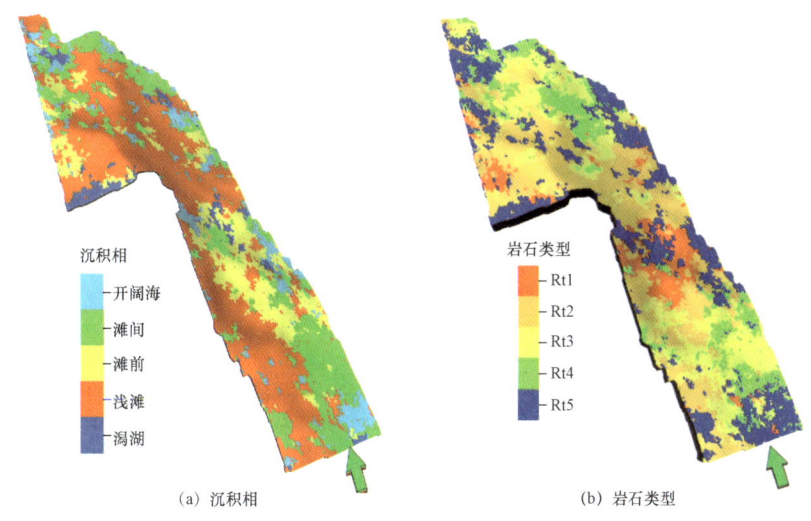

(a) 沉积相  (b) 岩石类型

图 12-86 沉积相与岩石类型对比图

## 五、基于多点地质统计学的岩石类型建模

### (一)训练图像获取

考虑研究区地质模型拟划分的网格节点数,将训练图像的网格数设置为 $120 \times 120 \times 36$,共 518400 个网格。综合 S 组油藏的地质模式、测井、地震数据,在地震三维体数据的基础上,采用人机互动方法,建立 S 组油藏的三维训练图像(图12-87)。

### (二)多点地质统计模拟

传统的两点地质统计学建模方法无法有效刻画岩石类型复杂的空间变化规律和展布形态,难以建立复杂的岩石类型三维模型。因此,本文采用 PVDsim 方法建立了 S 组油藏的三维岩石类型模型(王鸣川和段太忠,2018)。PVDsim 多点地质统计学建模方法建模的基本步骤

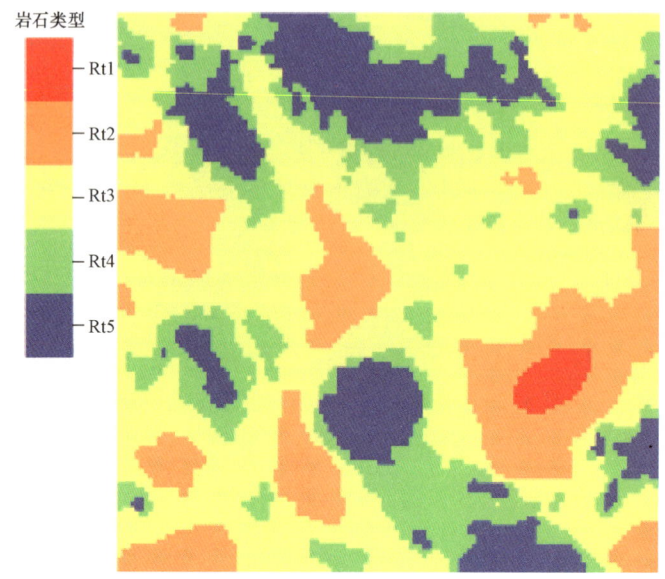

图12-87 训练图像

为:(1)建立训练图像;(2)设置数据模板大小、聚类数量等参数,建立训练图型类库;(3)计算图型类的图型原型,选取与数据事件最相似的图型类;(4)在与数据事件最相似的图型类内,选取与数据事件最相似的图型;(5)设置替换模板大小,沿着搜索路径对待模拟网格节点进行序贯模拟,建立岩石类型三维模型(图12-86e)。

为了对比多点地质统计建模方法的建模效果,采用目前应用最为广泛的序贯指示模拟和其他多点统计算法相建模方法建立了S组油藏的岩石类型模型(图12-88)。通过模拟效果可以看出,基于变差函数的传统两点地质统计学建模方法由于只能把握两点间的相关性,在无井或少井部位,各岩石类型随机分布,不同岩石类型之间的接触关系呈现快速突变而非渐变的分布特征,整体上岩石类型的分布无规律(图12-88a),与地质认识存在较大差异。增加地震数据进行协同序贯指示模拟后(图12-88b),模型的岩石类型种类分布和总体接触关系有了较大的改善,但不同岩石类型依然杂乱接触。采用多点地质统计学算法模拟后(图12-88c、d),岩石类型内部和相互之间的接触关系及平面分布特征明显改善。而且,由于PVDsim算法采用了矢量距离的图型相似度评判标准,对图型的选取采取了二次匹配的筛选方式,模拟结果(图12-88e)不仅使岩石类型的分布和岩石类型间的接触关系更加合理,而且与软数据的一致性较高,模型较为充分地反映了研究区训练图像所包含的地质含义,更加符合地质学家的地质认识。

## 六、属性模型的建立

### (一)孔隙度模型

由于岩石类型与孔隙度的分布具有一致性,所以,孔隙度建模可以采用与岩石类型相同的约束条件。

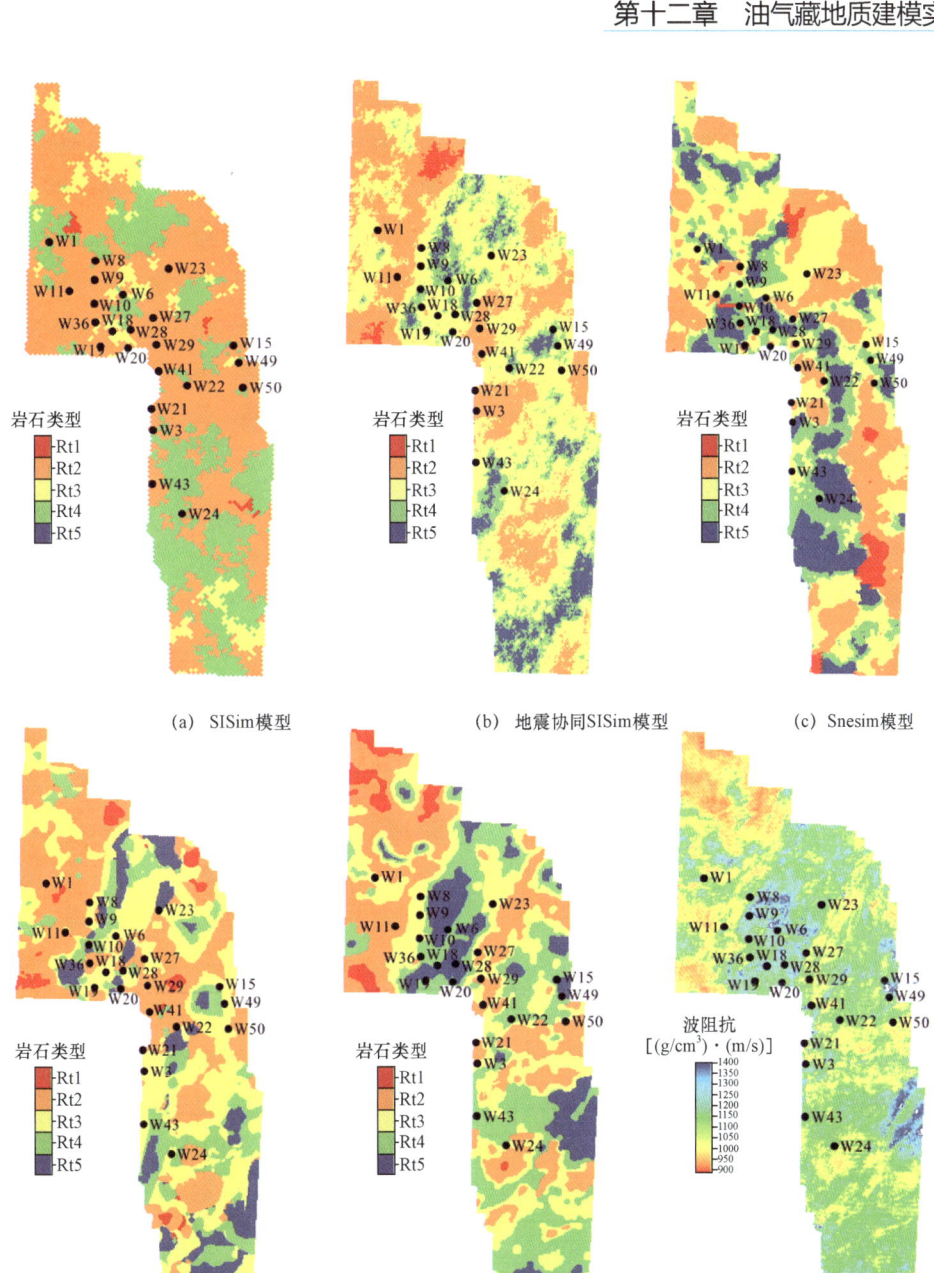

图 12-88　不同建模方法模型对比

对于 S 组,根据测井曲线性质,井波阻抗与孔隙度关系密切。从井波阻抗与孔隙度的交会图(图 12-89)可以看出,二者具有较好的相关性,相关系数为 0.9531($R^2=0.9084$),在三维井波阻抗模型的基础上,横向变差函数由地震数据逐层提取,纵向变差函数可以从拟合测井孔隙度数据得到,然后以单井孔隙度数据为基础,使用三维井波阻抗数据体作为协同约束,采用序贯高斯模拟建立三维孔隙度模型。从图 12-90a 可以看出,孔隙度模拟结果与地震波阻抗平面上具有类似的展布特征,很好地反映了井间孔隙度的连续渐变特征,同时,不同岩石类型之间孔隙度的差异性也得到了很好的表征。

对于 F 组,沉积相对孔隙度与其对岩石类型具有类似的控制关系,从而孔隙度建模可采用沉积相模型进行约束。以测井孔隙度数据为基础,在沉积相三维模型的约束下,采用序贯高斯模拟建立孔隙度三维分布模型。从图 12-90b 孔隙度模型和图 12-89 沉积相模型的展布来看,二者具有很好的一致性。

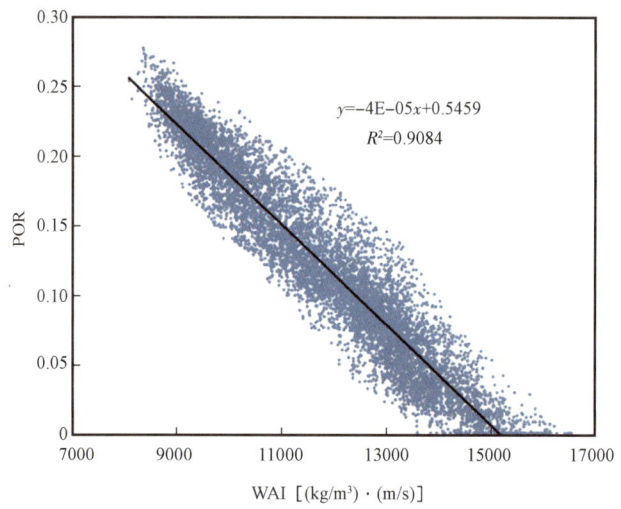

图 12-89　井拟波阻抗与孔隙度相关关系

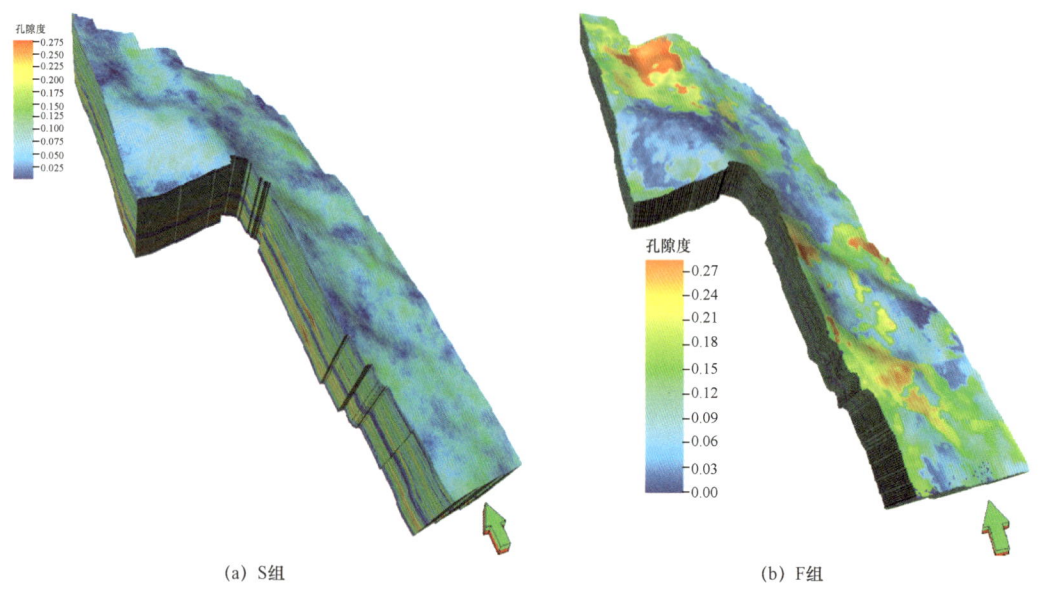

(a) S 组　　　　　　　　　　　(b) F 组

图 12-90　S 组和 F 组三维孔隙度模型

## (二) 渗透率模型

在岩石类型模型和孔隙度模型的基础上,应用各岩石类型控制下孔隙度—渗透率数学模型,以岩石类型模型为约束,采用确定性建模方法,直接运用孔隙度—渗透率数学模型计算得到渗透率模型(图12-91)。

在孔隙度和渗透率模型建立过程中,选取两口取心井作为抽稀井不参与建模。模型建立后,将两口取心井处孔隙度与渗透率模拟数据和实验测得数据进行对比,孔隙度模拟精度为89.6%,渗透率预测精度为82.5%,符合率较高,模型可靠。

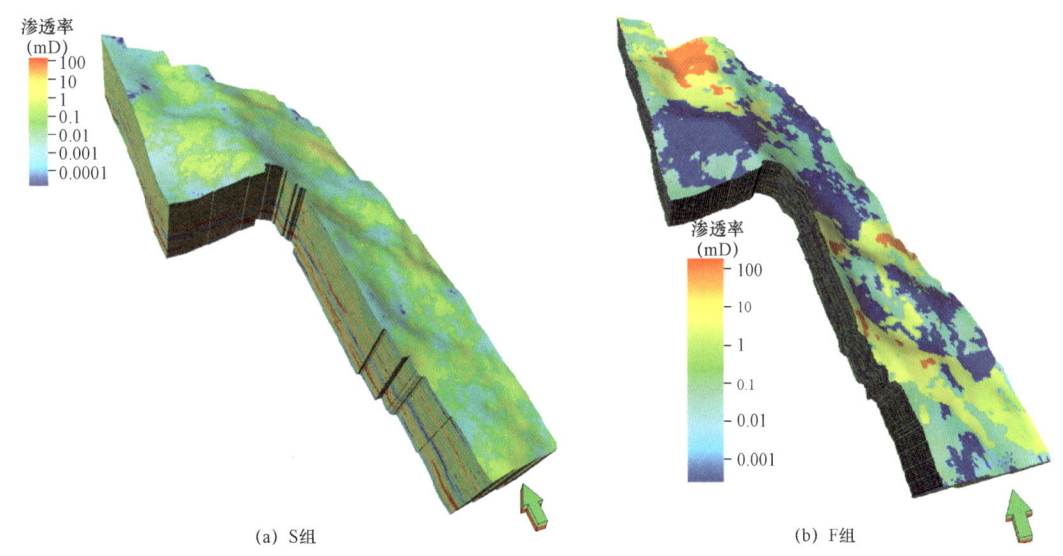

图12-91　S组和F组三维渗透率模型

## (三) 饱和度模型

可靠的饱和度模型,不仅是地质储量计算的关键,也是油藏数值模拟的重要基础数据场。目前的饱和度模型通常以测井饱和度数据为硬数据,采用序贯高斯模拟方法来建立,另外将其他相关属性,如孔隙度,作为第二变量进行协同模拟。该方法建立的饱和度模型,难以应用于油藏数值模拟。为了既能建立更为可靠的饱和度模型,又能与后续油藏数值模拟很好的结合,在岩石类型模型的基础上,采用饱和度高度函数对油藏的饱和度场进行确定性建模。

以S组为例介绍饱和度模型的建立过程(图12-92)。在孔隙度模型和渗透率模型的基础上,以排驱压力、束缚水饱和度、Corey指数三者与喉道半径的对应拟合关系式为基础,通过饱和度高度函数和油水界面数据,即可计算得到油水界面以上对应位置处基于岩石类型的含水饱和度。

图12-93为含水饱和度分布三维图和剖面图,可以看出,通过饱和度高度函数建立的饱和度模型具有明显的油水界面和过渡带,随着距离自由水面的高度变高,含水饱和度降低,含油饱和度升高。另外,所建立模型内部随着岩石物性的变化,含水饱和度也会呈现不同的特征。由于饱和度高度函数可直接应用于油藏数值模拟模型中,因此保证了地质模型和数值模拟模型储量的统一,提高了流体模型的计算精度。

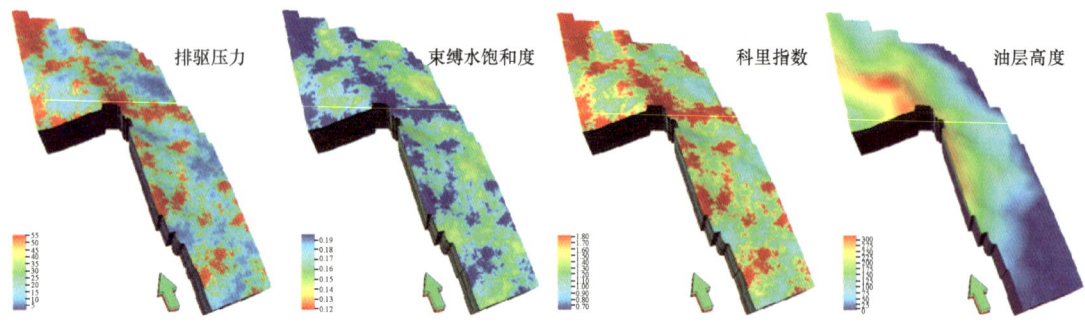

图 12-92 排驱压力、束缚水饱和度、Corey 指数和油层高度三维模型

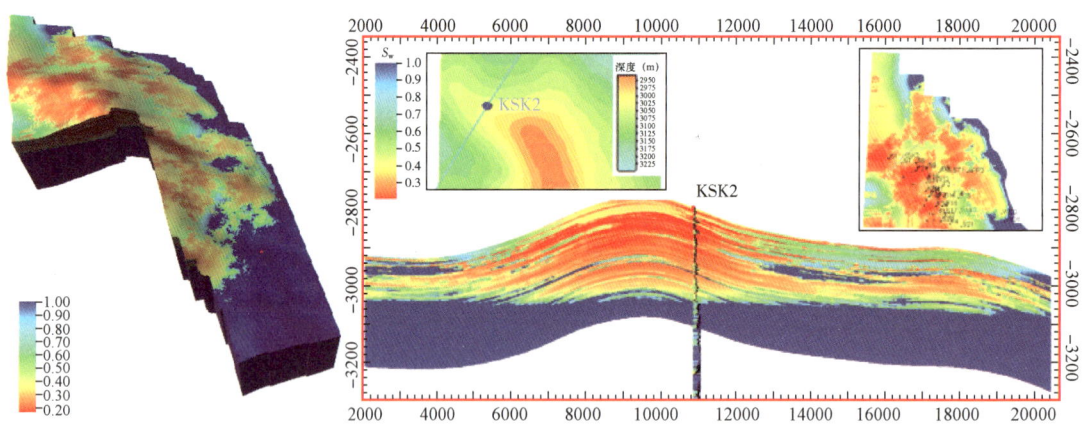

图 12-93 S 组初始含水饱和度分布

# 第六节 裂缝性碳酸盐岩油藏建模

随着中国石油勘探开发程度的不断加深,复杂裂缝性油气藏探明储量持续增加。目前国内外对已发现的裂缝性碳酸盐岩油藏、致密砂岩油藏、非常规页岩油气藏及火山岩气藏的勘探开发均离不开对裂缝的精细描述。目前对裂缝建模的工作及技术研究多集中在碳酸盐岩和致密砂岩,非常规页岩因其裂缝发育的特点和复杂性,成果还不多。本节以国外某裂缝性碳酸盐岩油田(T 油田)为例,讲述裂缝建模的流程和方法。

## 一、地质背景概况

T 油田位于一简单褶皱带上,为北西—南东向背斜构造。T 油田背斜内部显示为断块特征(图 12-94),主要表现为垒—堑结构。区内断层多为三级和四级断层,三级断层延伸数千米,局部断距可达 100m,走向与区域构造走向一致,为北西—南东向;四级断层延伸较短,断距小,以平行构造走向为主。断层及伴生裂缝系统在油气成藏期起到油气运移通道的作用,同时是该油田重要的储集空间和渗流通道,大的断层及伴生裂缝带成为重要的渗流通道。

该油田开发储层主要为晚白垩系的三套储层,从老到新分别是 Q 组、K 组和 S 组,埋深在 1600~2100m,三套油藏具有统一的油水系统,底水规模大,目前处于天然能量开发阶段(图13-90)。S组平均孔隙度为1%,平均含水饱和度为5%,在没有裂缝存在的情况下,渗透率为0;K组平均孔隙度为2%,平均含水饱和度为10%,基质渗透率小于1mD;Q组平均孔隙度为8%,平均含水饱和度为15%,地层上部基质渗透率为0.1~10.0mD,下部基质渗透率较低。

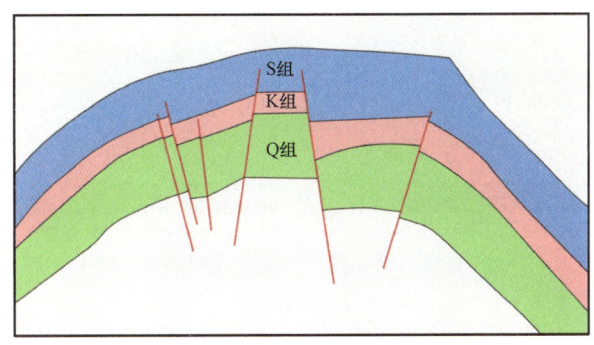

图12-94　T油田地层剖面图

## 二、裂缝特征

裂缝建模关注的主要是由构造因素引起的裂缝,而因钻井过程中产生的诱导缝不在考虑范围之内。在碳酸盐岩储层中的裂缝发育程度远比在碎屑岩储层中的强。

从地质角度出发,该油田主要发育两组不同方向的裂缝,主要受应力因素影响,在本区剪切缝多为断层,与构造轴部基本平行;而拉张缝多为节理,与现今的构造主应力基本平行。

大裂缝通常与断层平行,但有时由于成排出现也有可能与主干断层垂直。小级别断裂通常成组出现,并相互切割,形成共轭缝。通过古应力场分析也可以得出与古应力场一致的裂缝;而背斜构造现今主应力方向为北北东30°。

### (一)大尺度裂缝特征

大尺度裂缝(裂缝带、断层)可作为油藏边界,间隔从数百米到几千米不等(图12-95),且与区域构造应力有关,通常贯穿整个油藏,并以断裂(破碎)带的形式存在,是储层最主要的运移通道。因为大尺度裂缝的高渗透特征,在录井过程中通常会表现出井漏、钻时缩短等一些特征,并且其漏失量通常都很大,通过钻井液漏失、成像测井(BHI、FMI、XRMI)、生产和测试数据分析其发育的层段及大小,在平面上可用多属性融合方法识别大尺度裂缝的平面分布。

三维地震属性分析的目的是通过对裂缝属性进行描述预测非井控区的裂缝发育状况,地震解释的多解性问题可以通过多属性融合技术加以改善,此次研究中的地震属性的选择包括最大曲率、Illuminator 3D、AVAZ、相干体、蚂蚁体、边缘检测等属性(图12-96)。

融合技术对地震属性信噪比的要求较高。因此,首先分析地震属性,选出对储层最敏感的一些属性,且同一类型的地震属性只选其中效果最好的一种,一般选择3~6种属性进行融合,同时还要保证有1~2种属性用于验证。图12-97为采用最大曲率、Illuminator 3D 和 AVAZ 属性融合后混合属性对T油田裂缝分布的预测。

图 12-95 野外大尺度裂缝(带)

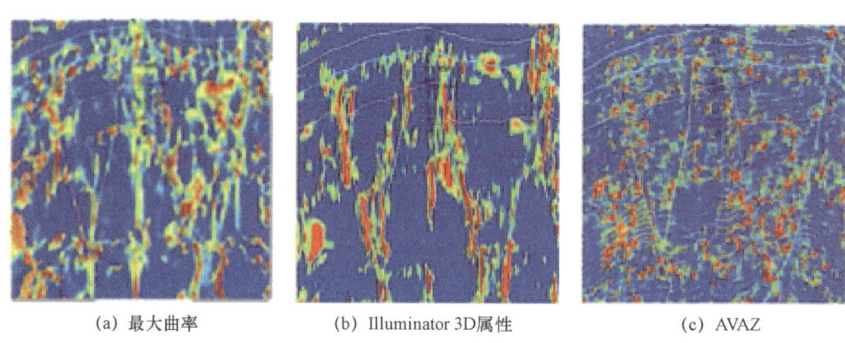

(a) 最大曲率　　　　　(b) Illuminator 3D属性　　　　　(c) AVAZ

图 12-96 部分地震解释的属性

图 12-97 融合属性分析裂缝分布

从油藏工程角度认为裂缝带对于深部流体的流动有着主要的控制作用。通常裂缝带都有很好的渗透率,因此其发育段的产能也很好。通过生产指数可以验证成像测井和钻井液漏失识别的裂缝带。通过统计几口井在不同层、不同深度识别出的裂缝带,见表 12-6。

表 12-6 裂缝带与生产指数之间的关系

| 井名 | 层位名称/发育裂缝带的层段 | 生产指数 PI(stb/d/psi) |
| --- | --- | --- |
| T4 | K | 686 |
| T5 | S | 153 |
|  | K | 91 |
| T6 | S | 191 |
|  | K | 632 |
| T7 | Q | 139 |
| T9 | K | 59 |

## (二) 小尺度裂缝特征分析

小尺度裂缝在建模过程中通常作为离散裂缝的形式存在于储层当中。小尺度裂缝通常以层间缝的形式存在,间隔从几厘米到几米不等,与构造性质和岩石性质相关,裂缝倾角通常与地层产状垂直。

大尺度裂缝主要是通过裂缝带与断层体现,而小级别的离散裂缝在 T 油田的分布数据的主要来源来自成像测井及岩心分析。

T 油田是一个低幅度背斜,其发育的两个主要的裂缝方向均受构造影响,一组是与背斜轴部平行的纵向缝(走向缝);另一组是与其近似垂直的横向缝(倾向缝)。此外与这两个主要方向相交的还有斜向缝。

小尺度裂缝的类型划分,主要是通过单井成像测井数据进行分类,分为连通缝和顺层缝,而连通缝通过统计计算主要分为两个方向:一个是北东—南西向,与现今主压应力方向一致,也可以通过诱导缝的方向来确定;另一个方向为北西—南东向,与背斜轴向和主干断层延伸方向一致(图 12-98)。

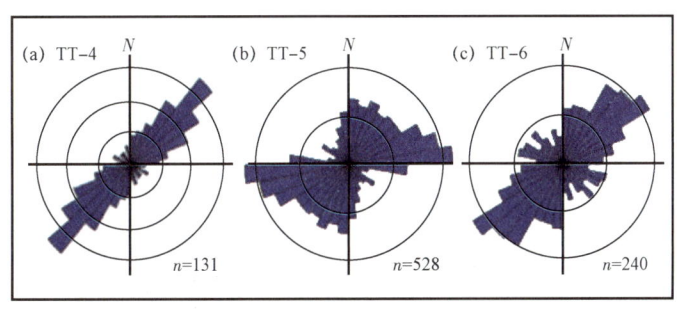

图 12-98 油田成像测井解释裂缝走向玫瑰图

对每口井的裂缝进行裂缝组系的划分(图 12-99);从所有含有成像测井数据的井裂缝统计结果(图 12-99)来看,其裂缝发育有一定的相似性,北东—南西向裂缝与北西—南东向裂缝数量的比值近似为 4∶1。通过计算不同井、不同层段、不同方向小尺度裂缝的线密度,作为裂缝模拟在纵向上分布的依据之一。

岩心裂缝是观察地下储层裂缝最直接的手段(图 12-100),在观察岩心时,优先区分不同

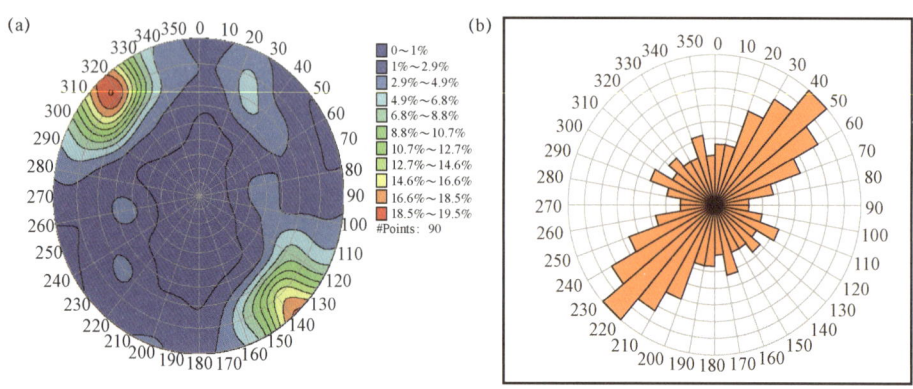

图 12-99　裂缝极向量法线等值线图及裂缝走向玫瑰花图

类型的裂缝及其在地下的赋存状态,如天然裂缝、人工裂缝、开启缝、半开启缝、充填缝等这是识别裂缝的基础研究工作。通过岩心观察与分析测试,可以获取与裂缝相关的一些参数,如裂缝密度、裂缝孔隙度等(图 12-101)。

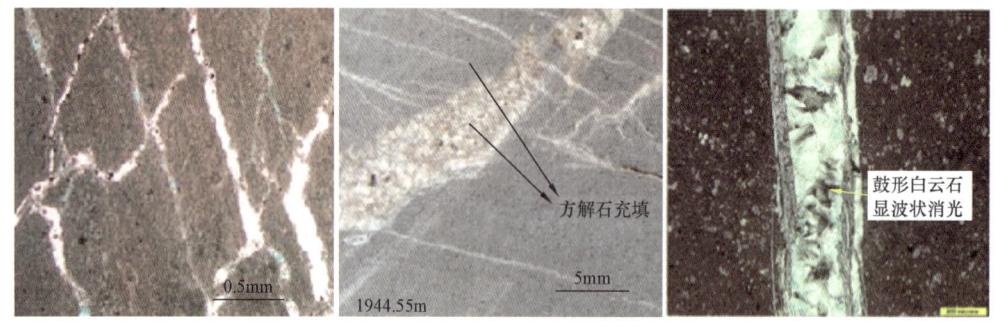

图 12-100　T 油田裂缝岩心照片及薄片

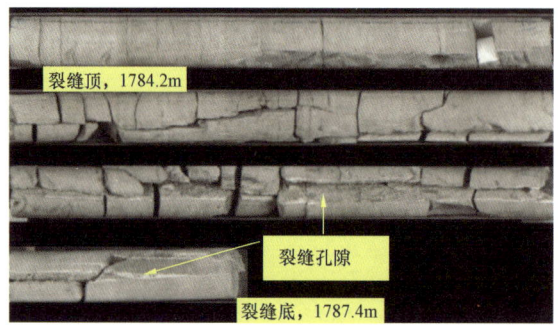

图 12-101　T 油田某井岩心裂缝照片

裂缝密度是估计裂缝渗透率及建立地质模型时确定基质岩块大小的重要参数,线密度是指单位长度内垂直于一组给定方位的平行裂缝所测量的、规模相同的裂缝条数,与裂缝间距相对应。关于裂缝间距本身的分布特征,许多学者进行过研究,主要有两种认识:一是裂缝间距服从Gamma分布模式;另一种是裂缝间距的负指数、对数正态及标准正态分布模式。

岩心上的裂缝孔隙度属于微观裂缝孔隙度,一般采用薄片面积法在镜下计算和统计。表12-7为T油田不同层系岩心统计裂缝孔隙度值。但由于该测量值是在地表条件下进行,与地下应力环境有一定的差异,需要做压缩校正。

表12-7 岩心上统计的裂缝孔隙度

| 组 | 总岩心长度(m) | 测量的岩心孔隙度(%) | 原位裂缝孔隙度(%)（经压缩校正后） |
|---|---|---|---|
| S | 85.94 | 0.25~0.55(平均为0.27) | 0.23 |
| K | 65.47 | 0.6(白云岩0.9,石灰岩0.3)平均为0.69 | 0.59 |
| Q | 36.6 | 平均为0.58 | 0.50 |

## 三、裂缝模型建立

### (一)数据收集与数据分析

通过成像测井图像,可分析裂缝走向、倾角及方位角,得到不同层段、不同方向的裂缝线密度。每口井的玫瑰花图投影在Q顶面构造图上(图12-102),可以清晰、直接地分析背斜构造各部位的裂缝走向及其强度。开启缝主要以北东方向为主,其次为北西方向。通过对每口井的蒙特卡洛分析可知裂缝服从哪种分布,并通过裂缝特征选出优势方向进行劈分,计算不同方向裂缝所占百分比。

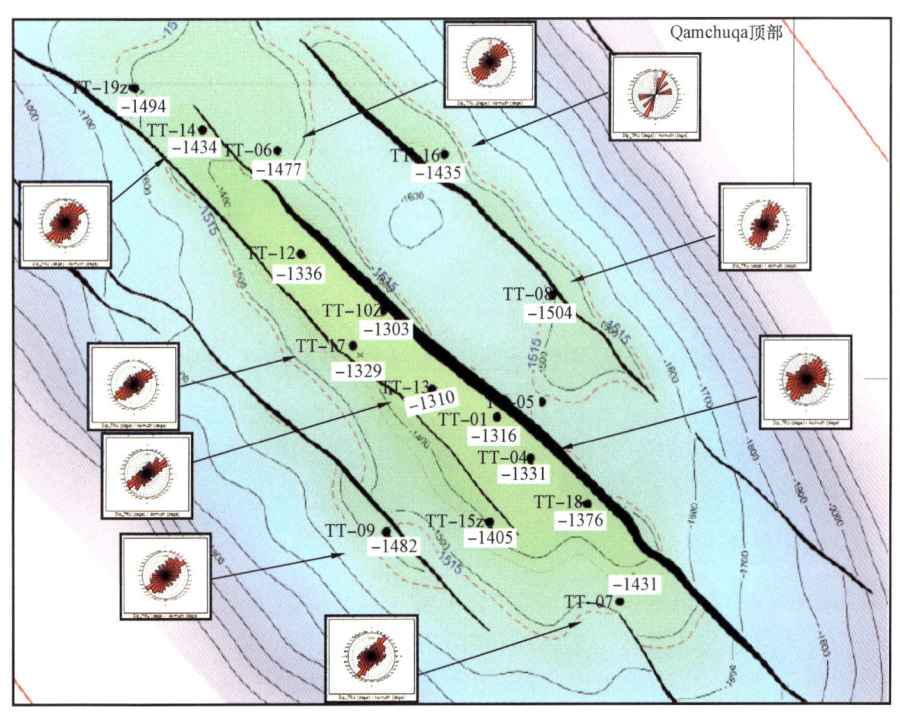

图12-102 T油田背斜主区各井玫瑰花图在平面上的投影

不同级别的裂缝在地震属性上有相应的方法可以识别,大尺度裂缝通过 Illuminator 3D 属性进行识别,断层是裂缝发育最为集中的位置,能延伸数百米至数千米,宽度可达数十米至上百米,为储层发育最好的位置之一;中等尺度裂缝一般对应裂缝带,密度大,伴随钻井液漏失,是很好的储层段,通常属于次地震级断层,通过曲率属性可以较好识别;小级别断裂在地震上是不能识别的,通过岩心或 FMI/XDMR 等成像测井图像上显示,密度较小,有一定的渗透性和储集空间。识别不同级别断裂后,在平面上获取断裂轨迹(图 12 – 103),可以较好地把控断裂的发育规律。

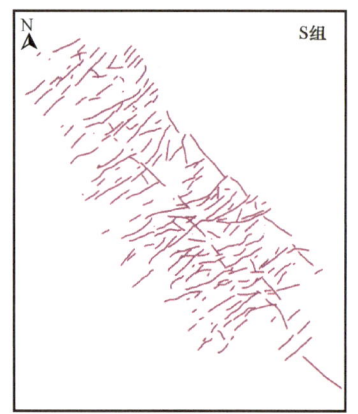
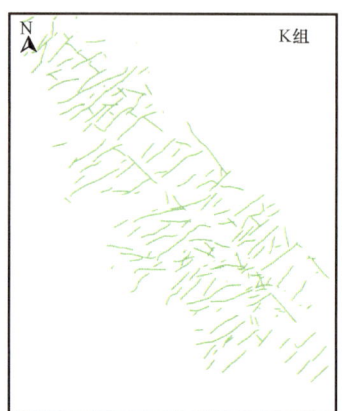
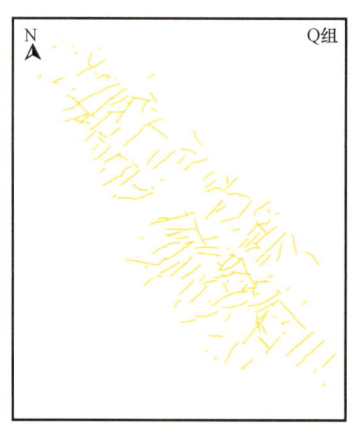

图 12 – 103　地层顶面裂缝带及断层轨迹

分析裂缝控制因素还应结合区域构造应力场,T 油田现今主应力方向为北北东 30°。北西走向的裂缝带与断层基本平行,中和面之下多属于闭合缝;北东走向的裂缝带与断层基本垂直,与主压应力平行,且多属于开启缝。

(二)裂缝概念模型

通过前期数据分析及裂缝属性的预测,对 T 油田的储层特征已有较为深入的理解。T 油田是一典型的与断层相关的背斜构造,并有四组裂缝发育其中,最为发育的是北北东向裂缝,北西向裂缝次之。另外,裂缝线密度、现今主应力方向等认识都可指导裂缝概念模型的建立(图 12 – 104)。

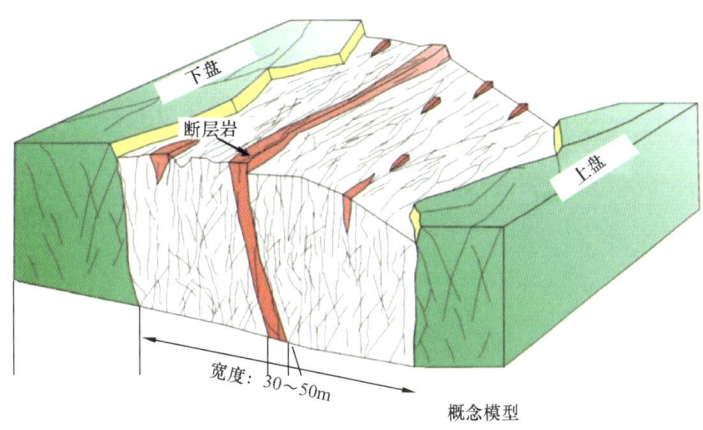

图 12-104 T 油田裂缝概念模型

## (三) 离散裂缝网络模型建立

T 油田不同层系、不同区块裂缝发育和分布非常复杂,为刻画裂缝的三维分布,以概念模型为指导,融合静态和动态、宏观和微观多种资料,应用多信息融合分级建模技术进行裂缝建模(图 12-105)。

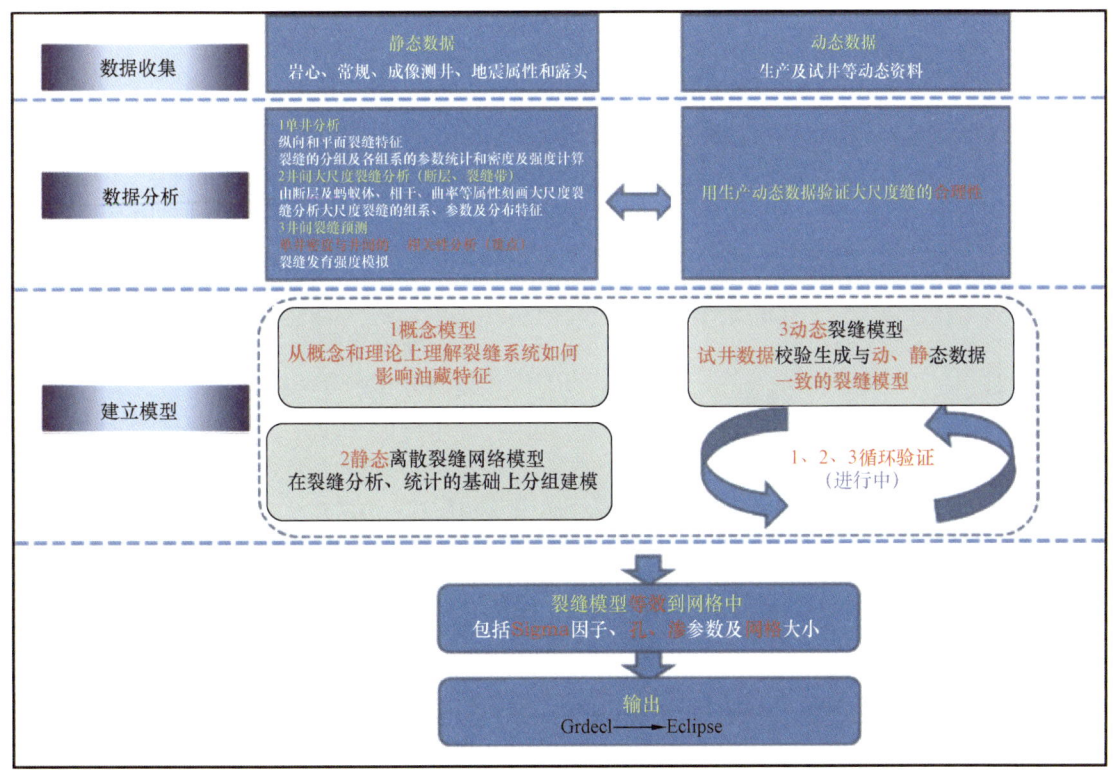

图 12-105 T 油田裂缝建模思路及流程

1. 裂缝生成的约束条件

1) 关联裂缝密度与裂缝强度

通过成像测井解释成果,与指示裂缝强度的地震属性结合分析(图 12-106),使得无量纲的裂缝强度数据与裂缝密度相关联,继而将相关公式获取的参数应用于井间裂缝预测;裂缝的线密度、面密度和体密度(等于裂缝孔隙度)均可参与相关性计算,裂缝密度与裂缝强度(多属性融合裂缝属性体)的相关性,减少了裂缝建模的随机性,且实现了空间裂缝定量化预测。

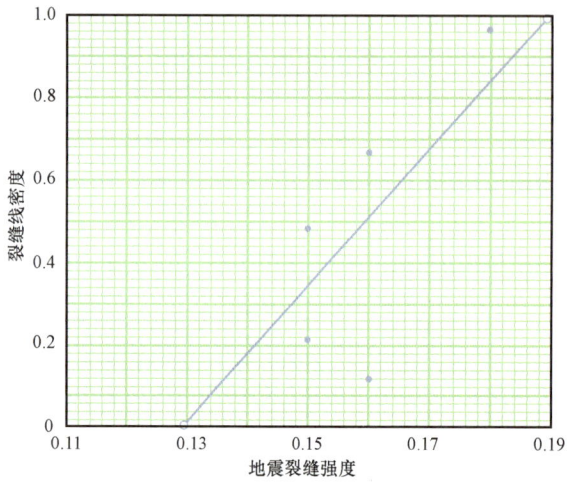

图 12-106 裂缝密度与无量纲裂缝强度数据的相关性

由于裂缝有分形特征,不同级别的裂缝具有自相似性。如成像测井获取的井尺度裂缝与地球物理方法获得的大、中级别的裂缝之间就可建立一定的相关性。针对不同级别、不同面积的裂缝进行均一化处理,并对裂缝长度通过外推法(从小尺度到大尺度外推),利用分形规律对不同级次裂缝的规模进行预测。

2) 裂缝(带)离断层的距离

断层周围的裂缝通常都比较发育,裂缝分布密度与距断层距离具有幂指数分布特征,因此,可以通过这个规律实现断层对裂缝带及次级断层分布的约束(图 12-107)。

3) 断层走向对次级断层的约束

次级断层通常与主断层走向相对一致,也就是说主断层可以控制次级断层发育走向(图 12-108)。断层走向对次级断层、断裂带的生成提供有力的趋势约束。

4) 多属性融合裂缝预测技术

应用野外实测的单位面积内的裂缝

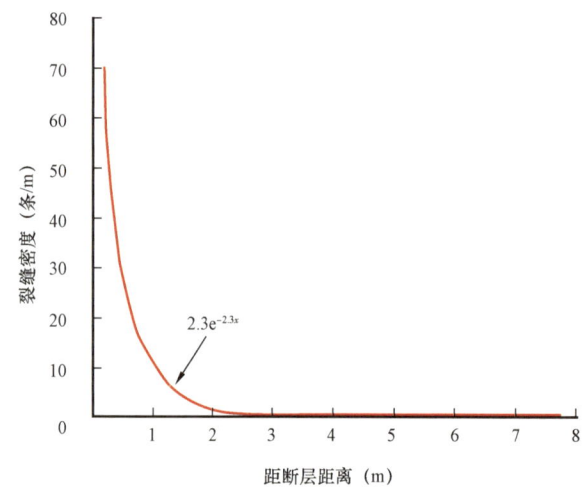

图 12-107 裂缝离断层的距离符合幂指数分布

长度和裂缝条数为原始值,可以与地震多属性融合技术获得的断裂带做均一化处理,获得其定量相关关系(图12-109),可以较准确预测各个尺度裂缝的长度。

2. 裂缝参数的确定

裂缝的走向、倾角、纵横比(大小)、强度等参数,可根据野外露头及岩心观察数据,使用蒙特卡洛方法统计出一定的概率分布,通常裂缝属性具有偏态分布特征(图12-110)。

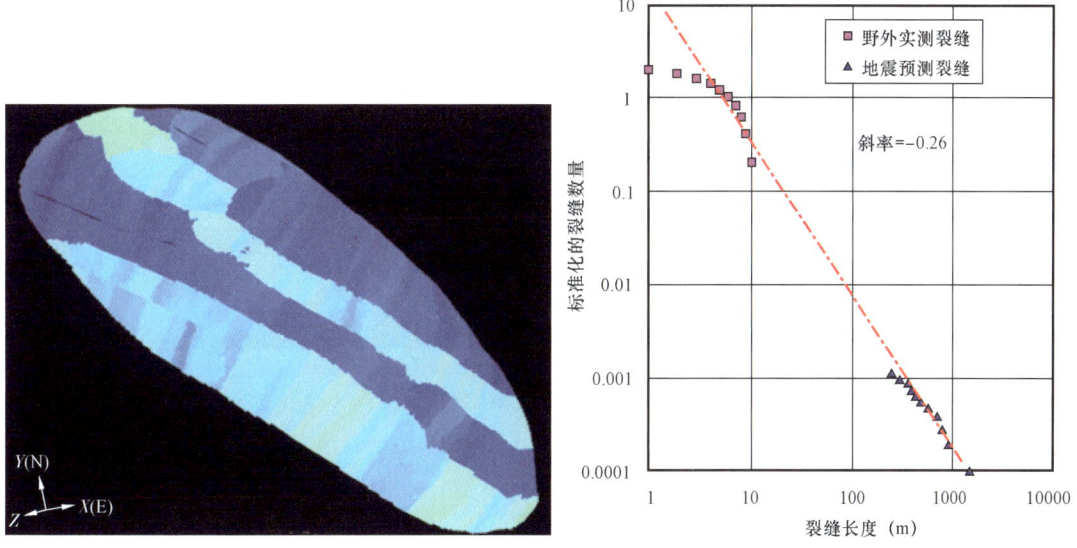

图12-108  K层断层走向对次级断层及断裂带在平面上的约束趋势

图12-109  野外测量裂缝与地震预测裂缝带均一化图

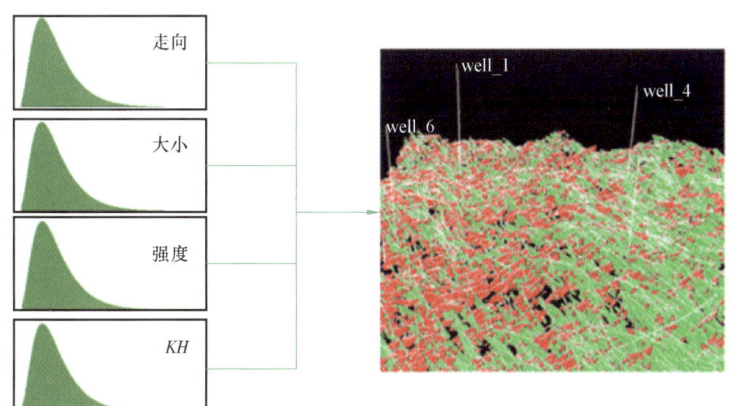

图12-110  裂缝属性的偏态分布特性

3. 离散裂缝模型的生成

通过单井分析,每口井相应井段的裂缝密度、走向、倾角及分布规律已确定,可作为离散裂缝生成时在纵向上的约束。而平面上通过前述四类平面约束方法,可控制储层裂缝在三维空间的分布。最终通过分层位、分方向、分级别进行裂缝建模(图12-111),T油田离散裂缝模型(DFN模型)如图12-112所示。

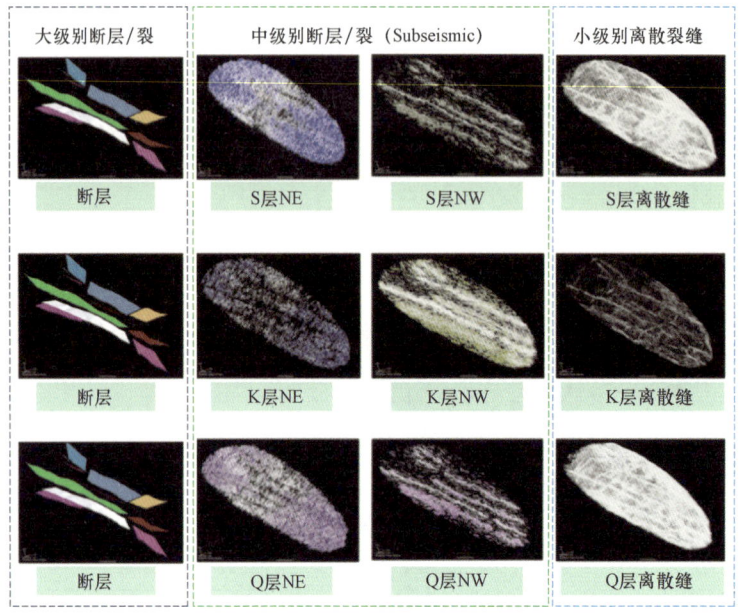

图 12-111　T 油田分层位、分方向、分级别逐级裂缝建模

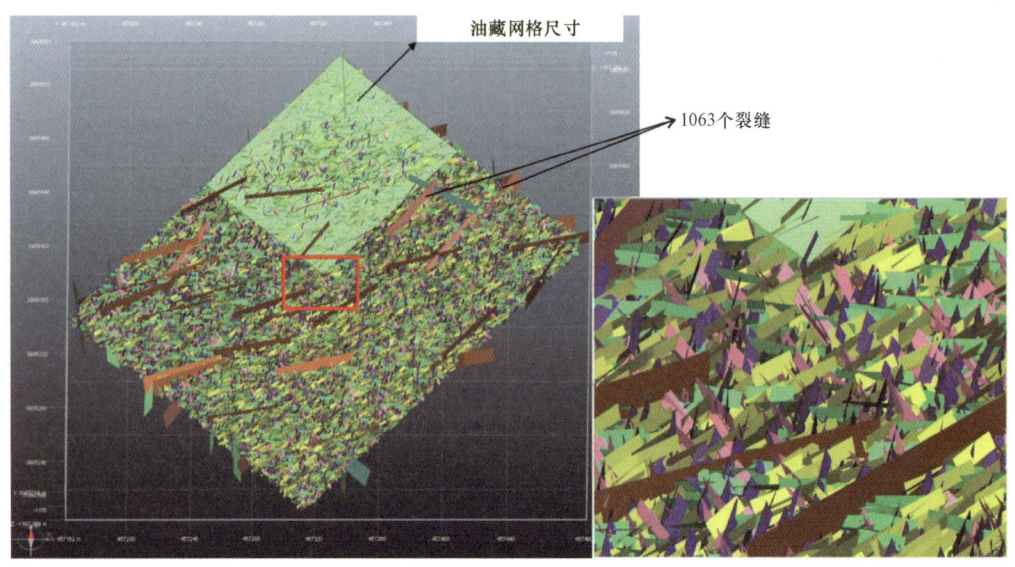

图 12-112　T 油田 S 层离散裂缝模型（DFN 模型）

**4. 裂缝模型校正**

模型校正是裂缝建模工作流程中的一个重要环节（见第五章）。裂缝模型校正通常是在裂缝 DFN 完成之后，对裂缝的空间展布进行局部修正，使其更符合裂缝的几何形态和分布规律。本次对裂缝模型的校正主要从以下三点进行考虑：(1) T 油田的真实露头得到的裂缝展布规律；(2) 钻井揭示的地下裂缝发育规律；(3) 地应力对裂缝分布的影响。

DFN 的第一个校正就是裂缝组织架构。实现这项工作的一种方法是比较模拟区的露头,通过真实露头的研究与对比,将露头的裂缝展布规律应用于 T 油田的概念断裂模型。本次比较了 K 组的 DFN 模型和露头(图 12-113)。裂缝网络的结构性还是较为相似的,在 DFN 模型中,裂缝的展布是按不同的层进行模拟的,也就是说,垂直于层面的高角度裂缝在不同的层中展布不同,这时就需要考虑不同层中裂缝相互之间的连接问题(有一些裂缝是穿过好几个层的)。这个问题可以通过野外露头观察统计得到,下一步就是校正 DFN 模型,并分析相关的影响控制因素。在 K 组中,根据前期的裂缝描述,裂缝的形成最主要的控制因素是岩性,裂缝密度很大程度上取决于石灰岩和白云岩的分布情况(石灰岩中的裂缝比白云岩中少)。根据露头的分析,结合之前建立的岩相模型,调整裂缝的密度,进而调整裂缝 DFN 模型(图 12-114)。

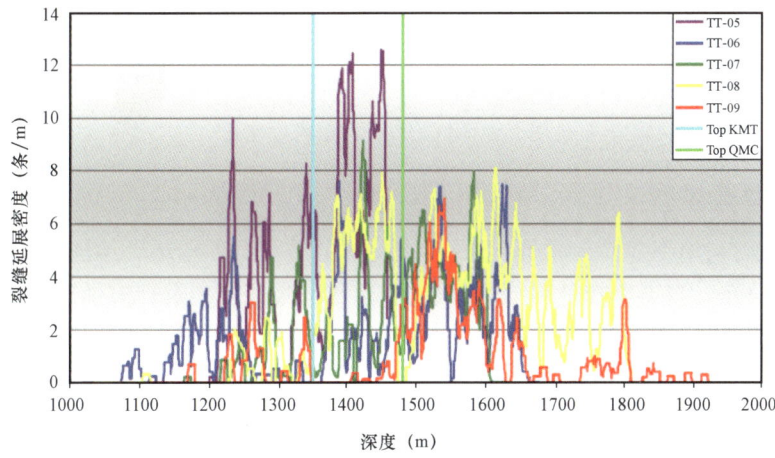

图 12-113　T 油田裂缝密度随深度的变化情况

图 12-114　DFN 模型及 T 油田 K 层真实露头裂缝分布特征

在裂缝模型中,裂缝片的多少受裂缝密度模型的控制,但随机模拟出的 DFN 中,有时难以体现出不同小层之间的裂缝数量差异。本次研究通过钻井揭示的裂缝发育情况,与深度建立一个关系(图 12-115),从而控制不同地层的裂缝发育情况,进而校正裂缝 DFN 模型。

另外,地应力分析与三维模型及生产动态揭示的流体运动特征,都可以作为裂缝几何分布的校正参考因素,可以在一定范围内帮助我们分析和判断裂缝在不同地层、不同区域中的分布情况,校正 DFN 模型。

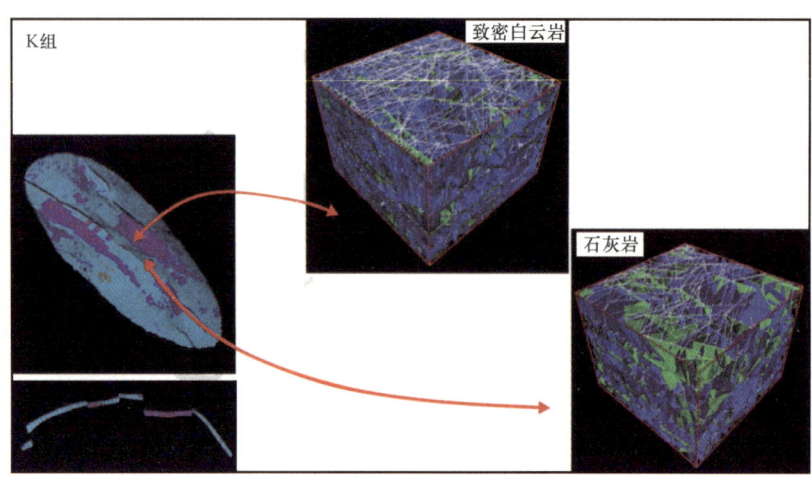

图 12-115　T 油田 K 组不同岩性的裂缝密度变化

### (四)裂缝物性参数模型

以网格模型为基础,利用裂缝几何参数,通过相关的计算公式(见第五章,裂缝建模)得到裂缝物性参数的空间分布。当裂缝离散模型建立后,为了满足数值模拟对计算速度的需求,还要对裂缝模型进行粗化,将一定的网格粗化成一个网格,然后通过数学方法可计算出粗化后的网格中的裂缝属性信息。粗化的裂缝模型属性有:裂缝孔隙度、裂缝渗透率、形状因子 $\delta$。在 T 油田裂缝属性模型中,根据网格体积大小,将裂缝片的属性信息粗化进网格(图 12-116)。采用一般数学平均化方法得到裂缝孔隙度模型(图 12-117);采用带有方向的基于流动模拟方法建立三个方向的裂缝渗透率模型(图 12-118)。形状因子反映了流体在裂缝中的流动能力情况,同样采用基于流动模拟方法进行粗化,形成三个方向形状因子模型(图 12-119)。粗化后的模型其每个网格单元内都对应一个裂缝属性值,而这个裂缝属性值是所在网格单元内所有裂缝片对网格贡献的综合体现。

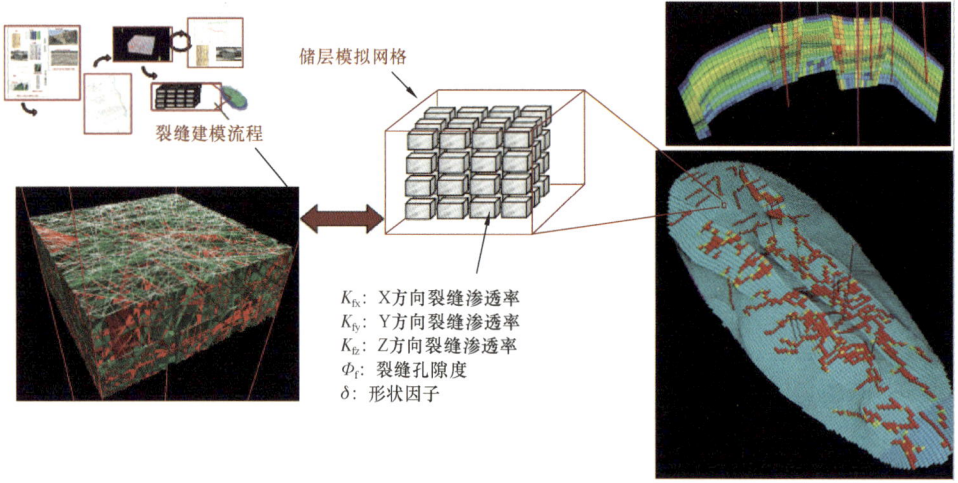

图 12-116　T 油田裂缝片(除断层外)粗化示意图

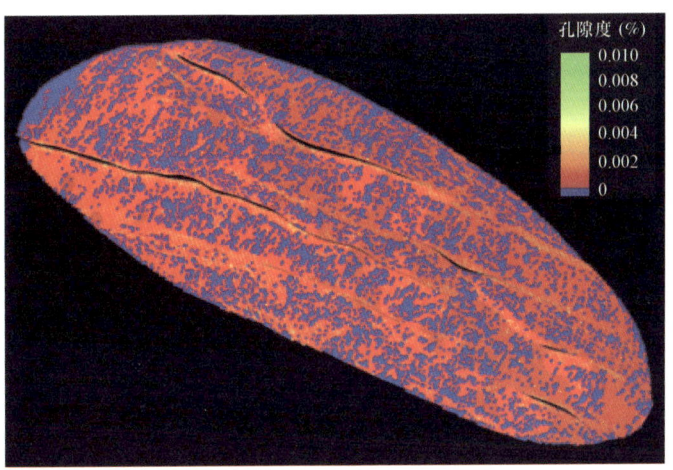

图 12 – 117　K 层顶部孔隙度分布

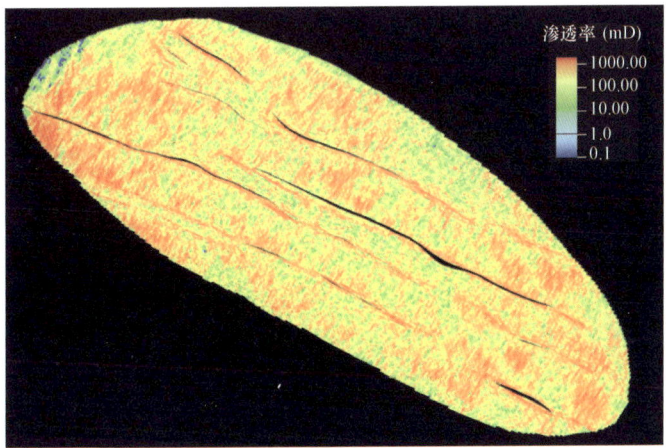

图 12 – 118　K 层顶部渗透率分布

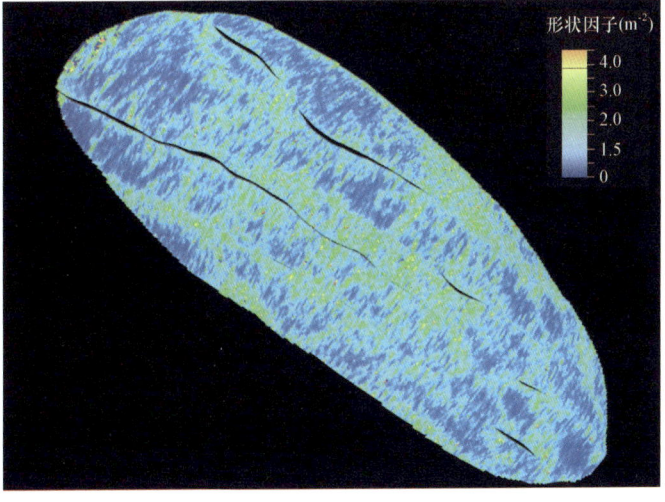

图 12 – 119　K 层顶部形状因子分布

## 参 考 文 献

李海燕,高阳,王延杰,等.2015.辫状河储集层夹层发育模式及其对开发的影响——以准噶尔盆地风城油田为例.石油勘探与开发,42(3):364-373.

牛博,高兴军,赵应成,等.2015.古辫状河心滩坝内部构型表征与建模——以大庆油田萨中密井网区为例.石油学报,36(01):89-100.

苏爱国,张水昌,向龙斌,等.2000.相控和气洗分馏作用对油气组分及碳同位素组成的影响.地球化学,29(6):549-555.

杨楚鹏,耿安松.2009.塔里木盆地塔中地区油藏气侵定量分析.中国科学,39(1):51-60.

张水昌,梁狄刚,张宝民.2004.塔里木盆地海相油气的生成.北京:石油工业出版社.

张文彪,段太忠,郑磊,等.2015.基于浅层地震的三维训练图像获取及应用.石油与天然气地质,36(6):1030-1037.

张文彪,段太忠,刘彦锋,等.2017.综合沉积正演与多点地质统计模拟碳酸盐岩台地——以巴西 Jupiter 油田为例.石油学报,38(8):925-934.

张文彪,段太忠,刘志强,等.2016.深水浊积水道多点地质统计模拟——以安哥拉 Plutonio 油田为例.石油勘探与开发,43(3):403-410.

张德民,段太忠,郝雁,等.2016.扎格罗斯盆地下白垩统 Qamchuqa 组白云岩储层形成机理.石油学报,37:121-130.

张德民,段太忠,张忠民,等.2018.湖相微生物碳酸盐岩沉积相模式——以桑托斯盆地 A 油田为例.西北大学学报(自然科学版),48(3):323-332.

朱扬明,苏爱国,梁狄刚,等.2003.柴达木盆地北缘南八仙油气藏的蒸发分馏作用.石油学报,24(4):31-35

赵晓明,吴胜和,刘丽.2012.西非陆坡区深水复合水道沉积构型.中国石油大学学报(自然科学版),36(6):1-5.

林煜.2013.海底扇浊积水道沉积构型及储层质量差异研究——以西非某深水研究区为例.北京:中国石油大学(北京).

王家华,刘卫丽,白军卫,等.2012.基于目标的随机建模方法.重庆科技学院学报(自然科学版),(01):162-163.

吴胜和,李宇鹏.2007.储层地质建模的现状与展望.海相油气地质,12(3):53-60.

尹艳树,吴胜和,张昌民,等.2006.用多种随机建模方法综合预测储层微相.石油学报,27(2):68-71.

陈玉琨,李少华,吴胜和,等.2011.多地质条件约束下利用基于目标的方法模拟水下分流河道.石油天然气学报,33(11):51-55.

吴胜和,李文克.2005.多点地质统计学:理论、应用与展望.古地理学报,7(1):137-143.

于兴河.2008.油气储层表征与随机建模的发展历程及展望.地学前缘.(01):1-15.

尹艳树,吴胜和.2006.储层随机建模研究进展.天然气地球科学.17(2):210-216.

段冬平,侯加根,刘钰铭,等.2012.多点地质统计学方法在三角洲前缘微相模拟中的应用.中国石油大学学报(自然科学版).36(2):22-26.

周金应,桂碧雯,林闻.2010.多点地质统计在滨海相储层建模中的应用.西南石油大学学报:自然科学版,32(6):70-74.

李少华,张昌民,林克湘,等.2004.储层建模中几种原型模型的建立.沉积与特提斯地质,24(9):102-106.

张伟,林承焰,董春梅.2008.多点地质统计学在秘鲁 D 油田地质建模中的应用.中国石油大学学报:自然科学版,32(4),24-28.

尹艳树,吴胜和,张昌民,等.2008.基于储层骨架的多点地质统计学方法.中国科学 D 辑:地球科学,38(增刊Ⅱ):157-164.

李宇鹏,吴胜和,岳大力.2008.现代曲流河道宽度与点坝长度的定量关系.大庆石油地质与开发,27(6):19-22.

# 第十二章　油气藏地质建模实例

吕明,王颖,徐微. 2010. 沉积模拟方法在 Bonaparte 盆地的应用. 中国海上油气,22(2):83-90.

王颖,吕明,王晓州. 数值沉积模拟在澳大利亚 W 区块沉积储层研究中的应用. 山东科技大学学报(自然科学版),31(2):10-17.

魏洪涛. 2015. 辽中凹陷北部东二下亚段湖底扇沉积数值模拟及应用. 岩性油气藏,27(5):184-188.

谭学群,廉培庆,张俊法. 2016. 基于岩石类型的碳酸盐岩油藏描述方法. 山东东营:中国石油大学出版社.

计秉玉,廉培庆,谭学群,等. 2017. 碳酸盐岩油藏地质建模与数值模拟技术. 北京:科学出版社.

王鸣川,段太忠,杜秀娟,等. 2017. 沉积相耦合岩石物理类型的孔隙型碳酸盐岩油藏建模方法. 石油实验地质,40(2):253-259.

王鸣川,段太忠,计秉玉. 2017. 多点统计地质建模技术研究进展与应用. 古地理学报,19(3):557-566.

李艳华,王红涛,王鸣川,等. 2017. 基于 PCA 和 KNN 的碳酸盐岩沉积相测井自动识别. 测井技术,41(1):57-63.

Kissin Y V. 1987. Catagenesis and composition of petroleum: origin of nalkanes and is oalkanes in petroleum rudes. Geochim Cosmochim Acta,51(9):2445-2457

Arpat B G, Cacrs J. 2004. A Multi-scale, Pattern-based Approach to Sequential Simulation. Geostatistics Banff. 1(10):255-264.

Kolla V, Al E. 2001. Evolution of deep-water Tertiary sinuous channels offshore Angola (west Africa) and implications for reservoir architecture. AAPG Bulletin,85(8):1373-1405.

Mutti E, Normark W R. 1987. Comparing examples of modern and ancient turbidite systems: problems and concepts. London: Graham and Trotman,1-38.

Russell B, Wynn Al E. 2007. Sinuous deep-water channels: Genesis, geometry and architecture. Marine and Petroleum Geology. 24:341-387.

Strebelle S. 2002. Conditional simulation of complex geological structures using multiple-point statistics [J]. Mathematical Geology,34(1):1-21.

Walker R G. 1978. Deep-water sandstonefacies and ancient submarine fans: Models for exploration for stratigraphic traps. AAPG Bulletin,62(6):932-966.

Burgess PM, Lammers H, Van Oosterhout C, et al. 2006. Multivariate sequence stratigraphy: tackling complexity and uncertainty with stratigraphic forward modeling, multiple scenarios, and conditional frequency maps. AAPG Bulletin,90(12):1883-1901.

Hoy R G, Ridgway K D. 2003. Sedimentology and sequence stratigraphy of fan-delta and river-deltadeposystems, Pennsylvanian Minturn Formation, Colorado. AAPG Bulletin,87(7):1169-1191.

Modica C J, Brush E R. 2004. Postrift sequence stratigraphy, paleogeography, and fill history of the deep-water Santos Basin, offshore southeast Brazil. AAPG Bulletin,88(7):923-945.

Riding R. 2002. Structure and composition of organic reef s and carbonate mud mounds: concepts andcategories. Earth-Science, Reviews,58(1-2):163-231.

Osleger D A. 1991. Subtidal carbonate cycles: Implications for allocyclic autocyclic control: Geology,19,917-920.

Tipper J C. 1997. Modeling carbonate platform sedimentation-lag comes naturally. Geology,25,495-498.

Yin X D, Huang W H, Wang P F, et al. 2015. Sedimentary evolution of overlapped sand bodies in terrestrial faulted lacustrine basin: Insights from 3D stratigraphic forward modeling, Marine and Petroleum Geology.

Al-Ajmi F A, Holditch S A. 2000. Permeability Estimation Using Hydraulic Flow Units in a Central Arabia Reservoir. SPE 63254.

Amaefule J O, Altunbay M, Tiab D, et al. 1993. Enhanced Reservoir Description: Using Core and Log Data to Identify Hydraulic (Flow) Units and Predict Permeability in Uncored Intervals/Wells. SPE 26436.

Jr. Kolodzie S. 1980. Analysis Of Pore Throat Size And Use Of The Waxman-Smits Equation To Determine Ooip In Spindle Field, Colorado. SPE 9382.

Michel R, Bruno L. 2014. Rock-typing In Carbonates: A Critical ReviewOf Clustering Methods. SPE 171759.